Moeller, Leitfaden der Elektrotechnik

Herausgegeben von Prof. Dr.-Ing. **H. Fricke**, Braunschweig, Prof. Dr.-Ing. **H. Frohne**, Hannover, und Prof. Dr.-Ing. **P. Vaske**, Hamburg

Band I
Grundlagen der Elektrotechnik
Herausgegeben und bearbeitet von Prof. Dr.-Ing. **H. Fricke**, Braunschweig, Prof. Dr.-Ing. **H. Frohne**, Hannover, und Prof. Dr.-Ing. **P. Vaske**, Hamburg
16., neubearbeitete und erweiterte Auflage. XVI, 548 Seiten mit 381 teils mehrfarbigen Bildern, 25 Tafeln und 239 Beispielen. Geb. DM 44,— ISBN 3-519-26400-5

Band II
Elektrische Maschinen und Umformer
Teil 1: Aufbau, Wirkungsweise und Betriebsverhalten
Von Prof. Dr.-Ing. **P. Vaske**, Hamburg
12., neubearbeitete und erweiterte Auflage. XII, 289 Seiten mit 248 teils zweifarbigen Bildern, 12 Tafeln und 61 Beispielen. Kart. DM 38,— ISBN 3-519-16401-9
Teil 2: Berechnung elektrischer Maschinen
Von Prof. Dr.-Ing. **P. Vaske**, Hamburg, und Dipl.-Ing. **J. H. Riggert** †, Köln
8., überarbeitete Auflage. X, 178 Seiten mit 108 Bildern und 17 Beispielen. Kart. DM 34,—
ISBN 3-519-16402-7

Band III
Bauelemente der Halbleiterelektronik
Von Prof. Dr. rer. nat. **H. Tholl**, Hamburg
Teil 1: Grundlagen, Dioden und Transistoren
XII, 236 Seiten mit 203 Bildern, 18 Tafeln und 60 Beispielen. Kart. DM 36,— ISBN 3-519-06418-9
Teil 2: Feldeffekt-Transistoren, Thyristoren und Optoelektronik
XII, 324 Seiten mit 309 Bildern, 32 Tafeln und 77 Beispielen. Kart. DM 38,— ISBN 3-519-0641-7

Band IV
Elektrische Meßtechnik
Von Dr.-Ing. **M. Stöckl**, Nürnberg, und Prof. Dr.-Ing. **K. H. Winterling**, Frankfurt/M.
unter Mitwirkung von Prof. Dr.-Ing. **H. Fricke**, Braunschweig, Prof. Dr.-Ing. **R. Thiel**, Darmstadt, und Prof. Dr.-Ing. **P. Vaske**, Hamburg
6., überarbeitete Auflage. XIV, 330 Seiten mit 325 Bildern und 39 Beispielen. Geb. DM 39,—
ISBN-3-519-26405-6

Band V
Grundlagen der Regelungstechnik
Von Prof. Dr.-Ing. **F. Dörrscheidt**, Paderborn, und Prof. Dr.-Ing. **W. Latzel**, Paderborn
ca. 300 Seiten. Kart. ca. DM 44,— ISBN 3-519-06421-9

Fortsetzung nächste Seite

B. G. Teubner Stuttgart

Moeller
Leitfaden der Elektrotechnik

Herausgegeben von

Dr.-Ing. Hans Fricke
Professor an der Technischen Universität Braunschweig

Dr.-Ing. Heinrich Frohne
Professor an der Technischen Universität Hannover

Dr.-Ing. Paul Vaske
Professor an der Fachhochschule Hamburg

Band VII

 B. G. Teubner Stuttgart

Programmierbare Taschenrechner in der Elektrotechnik

Anwendung der TI 58 und TI 59

Von
Dr.-Ing. Paul Vaske
Professor an der Fachhochschule Hamburg

Dr.-Ing. Frank Dörrscheidt
Professor an der Universität – Gesamthochschule – Paderborn

Dr.-Ing. Dieter Selle
Professor an der Fachhochschule Braunschweig/Wolfenbüttel

Unter Mitwirkung von

Dipl.-Ing. René Flosdorff
Professor an der Fachhochschule Aachen

und Dr.-Ing. Günther Hilgarth
Professor an der Fachhochschule Braunschweig/Wolfenbüttel

Mit 143 Bildern, 32 Tafeln, 129 Beispielen und 40 Programmen

 B. G. Teubner Stuttgart 1981

CIP-Kurztitelaufnahme der Deutschen Bibliothek

Leitfaden der Elektrotechnik / Moeller. Hrsg. von Hans Fricke ... –
Stuttgart : Teubner
NE: Moeller, Franz [Begr.] ; Fricke, Hans [Hrsg.]
Bd. 7. → Vaske, Paul: Programmierbare Taschenrechner in der Elektrotechnik

Vaske, Paul:
Programmierbare Taschenrechner in der Elektrotechnik : Anwendung d.
TI 58 u. TI 59 / von Paul Vaske ; Frank Dörrscheidt ; Dieter Selle. Unter
Mitw. von René Flosdorff u. Günter Hilgarth. – Stuttgart : Teubner, 1981.
 (Leitfaden der Elektrotechnik ; Bd. 7)
 ISBN 978-3-519-06420-6   ISBN 978-3-322-94047-6 (eBook)
 DOI 10.1007/978-3-322-94047-6
NE: Dörrscheidt, Frank; Selle, Dieter:

Das Werk ist urheberrechtlich geschützt. Die dadurch begründeten Rechte,
besonders die der Übersetzung, des Nachdrucks, der Bildentnahme, der Funksendung, der Wiedergabe auf photomechanischem oder ähnlichem Wege, der
Speicherung und Auswertung in Datenverarbeitungsanlagen, bleiben, auch bei
Verwertung von Teilen des Werkes, dem Verlag vorbehalten.
Bei gewerblichen Zwecken dienender Vervielfältigung ist an den Verlag gemäß § 54 UrhG eine Vergütung zu zahlen, deren Höhe mit dem Verlag zu
vereinbaren ist.

© B. G. Teubner, Stuttgart 1981

Satz: Elsner & Behrens GmbH, Oftersheim

Umschlaggestaltung: W. Koch, Sindelfingen

Vorwort

Band VII der Buchreihe „Moeller, Leitfaden der Elektrotechnik" hatte bisher die Aufgabe, Band I in für Studenten wünschenswerter Weise durch „Beispiele zu Grundlagen der Elektrotechnik" zu ergänzen. Diese Beispiele werden zukünftig weitgehend in Band I integriert sein. Andererseits hat in der Zwischenzeit der programmierbare Taschenrechner eine neue Entwicklung für das Lösen elektrotechnischer Aufgaben eingeleitet. Es lag daher nahe, Band VII auf diese veränderte Behandlungsweise auszurichten und so ein Lehrbuch für das zweckmäßige Anwenden von Taschenrechnern in der Elektrotechnik zu schaffen. Es soll mit vielen Beispielen aus den wichtigsten Gebieten die übrigen Leitfadenbände sinnvoll ergänzen.

Die Kenntnis der elektrotechnischen Grundlage wird vorausgesetzt; sie bzw. die benutzten Bestimmungsgleichungen werden daher nur als Postulat in knapper Form wiederholt. Für ihre Ableitung wird auf das im Anhang zusammengestellte weiterführende Schrifttum und insbesondere auf die übrigen Leitfadenbände (s. Verzeichnis auf den Innenseiten des Bucheinbands) verwiesen.

Das vollständige Lösen von Aufgaben aus der Praxis läßt sich nur mit einem bestimmten Rechnertyp zeigen. Es wurden hierfür die programmierbaren Taschenrechner TI 58 und TI 59 ausgewählt, da sie ein besonders günstiges Verhältnis von Leistungsfähigkeit (z.B. verfügbare Schrittzahl, Speicherkapazität, Rechenebenen, Software-Module) zu Anschaffungspreis aufweisen und mit ihren Spielarten (z.B. Permanentspeicher) und den lieferbaren Hilfseinrichtungen (z.B. mehrere Module, Magnetkarten, Drucker) die meisten Wünsche erfüllen können. Auch wenn es zukünftig noch leistungsfähigere Mikrocomputer geben dürfte, wird man für sie ein ähnliches Vorgehen, wie hier vorgeführt, und die gleichen Berechnungsverfahren anwenden. Darüber hinaus stellt das Arbeiten mit Taschenrechnern eine gute Vorübung für spätere Tätigkeiten an Mikroprozessoren und Großrechenanlagen dar.

Es wird vorausgesetzt, daß der Leser sich in das Handhaben der Taschenrechner TI 58 und TI 59 eingearbeitet und daß er die entsprechenden Gebrauchsanweisungen und Benutzeranleitungen für die angewandten Standard-Modul-Programme griffbereit zur Verfügung hat. Für die hier neu mitgeteilten Taschenrechnerprogramme sind in Abschn. 4 alle erforderlichen Unterlagen zusammengestellt.

Die meisten Programme von Abschn. 4 sind vielseitig einsetzbar und auch leicht erweiterbar; sie können daher auf die Bedürfnisse der verschiedenen Benutzer zugeschnitten werden. Sie zeigen unterschiedliche Ein- und Ausgabetechniken bzw. Programmierweisen und sind so Beispiele für mehr oder minder großen Bedienungskomfort. Der Leser kann auf diese Weise selbst beurteilen lernen, welcher Art er den Vorzug geben möchte.

Die Programme 4.37 bis 4.41 stammen von Prof. Dr.-Ing. Frank Dörrscheidt, die Programme 4.22 bis 4.25 von Prof. Dipl.-Ing. René Flosdorff, die Programme 4.26 bis 4.29 sowie 4.31 bis 4.35 von Prof. Dr.-Ing. Dieter Selle und die übrigen von Prof. Dr.-Ing. Paul Vaske. Im Inhaltsverzeichnis sind die Verfasser der einzelnen Abschnitte angegeben.

Niemand kann den Anspruch erfüllen, optimale Programme aufgestellt und jeden Umweg, Fehler oder andere Mängel vermieden zu haben. Die Verfasser bitten daher um Nachsicht, wenn der Leser Möglichkeiten für Verbesserungen entdecken oder Druckfehler u.ä. finden sollte; sie werden für Hinweise auf solche Mängel und bessere Lösungen stets dankbar sein.

Hamburg, Paderborn, Wolfenbüttel, im Sommer 1980

Paul Vaske   Frank Dörrscheidt   Dieter Selle

Inhaltsverzeichnis

1 Ingenieurgerechtes Anwenden von Taschenrechnern (Paul V a s k e)

- 1.1 Anforderungen und Anwendungen ... 2
  - 1.1.1 Neue Möglichkeiten ... 2
  - 1.1.2 Leistungsvermögen ... 3
    - 1.1.2.1 Begriffe. 1.1.2.2 Aufbau. 1.1.2.3 Taschenrechner oder Mikrocomputer. 1.1.2.4 Taschenrechner für elektrotechnische Aufgaben. 1.1.2.5 Anforderungen an programmierbare Taschenrechner. 1.1.2.6 Weitere Ausstattung.
  - 1.1.3 Anwendungsbereiche ... 9
    - 1.1.3.1 Bevorzugte Einsatzgebiete. 1.1.3.2 Anwendungsgrenzen.
- 1.2 Einstellen auf Ingenieuraufgaben ... 11
  - 1.2.1 Wiedergabe von Schrittfolgen ... 12
  - 1.2.2 Genauigkeit ... 12
    - 1.2.2.1 Vollständige Anzeige der Registerinhalte. 1.2.2.2 Rechnerfehler. 1.2.2.3 Verfahrensfehler. 1.2.2.4 Datenfehler. 1.2.2.5 Register-Vergleich.
  - 1.2.3 Anzeigeformate ... 18
    - 1.2.3.1 Standardanzeige. 1.2.3.2 Exponentialformat. 1.2.3.3 Technisches Anzeigeformat. 1.2.3.4 Festkomma-Einstellung. 1.2.3.5 Kombinierte Anzeigeformate. 1.2.3.6 Unterdrücken falscher Anzeigen.
  - 1.2.4 Winkelmodus ... 25
  - 1.2.5 Nützliche Besonderheiten ... 26
    - 1.2.5.1 T-Register. 1.2.5.2 Besseres Nutzen des Anzeigeregisters. 1.2.5.3 Hyperbel- und Area-Funktionen. 1.2.5.4 Erweiterung der Dekrement-Befehle. 1.2.5.5 Hire-Register. 1.2.5.6 Besondere Wirkungen einiger Tasten. 1.2.5.7 Weitere Wirkungen bestimmter Schrittfolgen.
- 1.3 Aufbereiten der Aufgaben ... 40
  - 1.3.1 Größengleichungen ... 40
  - 1.3.2 Taschenrechnerfreundliche Gleichungen ... 41
  - 1.3.3 Weitere Beispiele ... 43
- 1.4 Anwenden von Programmen ... 44
  - 1.4.1 Programmieren ... 44
    - 1.4.1.1 Vorgehen. 1.4.1.2 Eingabe und Ausgabe von Daten. 1.4.1.3 Unterprogramme. 1.4.1.4 Optimierung. 1.4.1.5 Programmierfehler.
  - 1.4.2 Benutzeranleitungen ... 51
    - 1.4.2.1 Vollständige Unterlagen. 1.4.2.2 Rationelles Arbeiten mit Programmen. 1.4.2.3 Benutzerfehler.

1.4.3 Software-Module 53
    1.4.3.1 Standard-Modul. 1.4.3.2 Modul Elektrotechnik. 1.4.3.3 Modul Praktische Mathematik. 1.4.3.4 Modul Statistik.

2 Netzwerkanalyse (Paul V a s k e)

2.1 Gleichstromnetzwerke 56
   2.1.1 Grundgesetze 56
   2.1.2 Ersatzquellen 60
   2.1.3 Leistungsanpassung 62
   2.1.4 Berechnung von Zweigströmen 64
      2.1.4.1 Maschenstrom-Verfahren. 2.1.4.2 Knotenpunktpotential-Verfahren.
   2.1.5 Weitere Beispiele 68

2.2 Sinusstromnetzwerke 70
   2.2.1 Grundgesetze 71
   2.2.2 Zeigerdiagramm 77
   2.2.3 Komplexe Rechnung 80
   2.2.4 Leistungsanpassung und Resonanztransformation 83
   2.2.5 Berechnung komplexer Teilströme 87
   2.2.6 Weitere Beispiele 91

2.3 Umformung von Netzwerken 96
   2.3.1 Stern-Dreieck-Umwandlung 96
   2.3.2 Umrechnen von Reihen- und Parallelschaltungen 99
   2.3.3 Unbedingt äquivalente Schaltungen 103

2.4 Frequenzgang 104
   2.4.1 Übertragungsfunktion 104
   2.4.2 Ortskurve und Bodediagramm 105
   2.4.3 Pol-Nullstellen-Diagramm 110

2.5 Übergangsverhalten linearer Netzwerke 113
   2.5.1 Laplace-Transformation 113
   2.5.2 Zeitfunktionen 114
   2.5.3 Faltungsintegral 119

2.6 Nichtlineare und nichtsinusförmige Vorgänge 121
   2.6.1 Approximation von Kennlinien 121
   2.6.2 Fourier-Analyse und -Synthese 124
   2.6.3 Übergangsverhalten nichtlinearer Schaltungen 128

3 Praktische Anwendungen

3.1 Meßtechnik (Paul V a s k e) 131
   3.1.1 Regressionsanalyse 132
      3.1.1.1 Zwei Regressionskoeffizienten. 3.1.1.2 Drei und vier Regressionskoeffizienten. 3.1.1.3 Rekursive Regressionsanalyse.
   3.1.2 Versuchsauswertung 143
      3.1.2.1 Belastungsversuch des Gleichstrom-Nebenschlußmotors. 3.1.2.2 Leerlauf- und Kurzschlußversuch des Drehstrom-Asynchronmotors.

3.2 Elektrische Energietechnik (Paul V a s k e und René F l o s d o r f f unter Mitwirkung von Günther H i l g a r t h) 149
   3.2.1 Dreiphasen-Wechselstrom 150
      3.2.1.1 Unsymmetrische Sternschaltung. 3.2.1.2 Symmetrische Komponenten.
   3.2.2 Elektrische Maschinen und Antriebe 153
      3.2.2.1 Spannungsänderung und Wirkungsgrad des Transformators. 3.2.2.2 Kurzschlußstrom der Synchronmaschine. 3.2.2.3 Langsamer Hochlauf eines Antriebs mit Drehstrom-Asynchronmotor. 3.2.2.4 Schneller Hochlauf eines Antriebs mit Gleichstrom-Nebenschlußmotor. 3.2.2.5 Zuleitungsunterbrechung des Dreiphasen-Asynchronmotors.
   3.2.3 Elektrische Energieverteilung 165
      3.2.3.1 Kennwerte von dreiphasigen Freileitungen. 3.2.3.2 Lastverteilung in Maschennetzen. 3.2.3.3 Zusatzlast für einseitig gespeiste Drehstromleitungen. 3.2.3.4 Dreisträngiger Kurzschlußstrom. 3.2.3.5 Begrenzung des einsträngigen Kurzschlußstroms. 3.2.3.6 Schrittspannung. 3.2.3.7 Gasdurchschlag koaxialer Zylinderelektroden.
3.3 Nachrichtentechnik (Dieter S e l l e) 179
   3.3.1 Schwingkreise und Bandfilter 179
      3.3.1.1 Reihenschwingkreis. 3.3.1.2 Parallelschwingkreis. 3.3.1.3 Schwingkreise mit großem Gütefaktor. 3.3.1.4 Bandfilter.
   3.3.2 Grundgleichungen linearer Zweitore 190
      3.3.2.1 Übertrager. 3.3.2.2 HF-Transistor. 3.3.2.3 Symmetrische T- und Π-Ersatzschaltungen.
   3.3.3 Wellenparameter passiver Zweitore 196
      3.3.3.1 Wellenparameter und Kettenparameter. 3.3.3.2 Filterelemente für Grundketten. 3.3.3.3 Filterelemente für Zobel-Halbglieder.
   3.3.4 Betriebsparameter 202
3.4 Regelungstechnik (Frank D ö r r s c h e i d t) 205
   3.4.1 Lineare stetige Regelkreise 206
      3.4.1.1 Darstellungsformen linearer Übertragungsglieder. 3.4.1.2 Grundschaltungen der Signalflußplan-Algebra. 3.4.1.3 Zeitverhalten einfacher Übertragungsglieder. 3.4.1.4 Reglerentwurf mit dem Frequenzkennlinienverfahren. 3.4.1.5 Reglerentwurf nach der Methode des Betragsoptimums.
   3.4.2 Nichtlineare stetige Regelungen 228
      3.4.2.1 Beschreibungsfunktion. 3.4.2.2 Phasenebene.

4 Programme

4.1 Leitlinien 245
   4.1.1 Auswahl der Programme 245
   4.1.2 Aufbau der Programme 246
   4.1.3 Hinweise für den Benutzer 246
4.2 Mathematische Programme und Programmteile 247
   4.2.1 Hinweise auf Algorithmen 247
   4.2.2 Periodische Funktionen 248

- 4.3 Parallel- und Kettenschaltungen der Sinusstromtechnik. Komplexe Spannungs- und Stromteilerregel ... 251
- 4.4 Zustandsgrößen komplexer Verbraucher. Transformationszweitore. Umrechnung unbedingt äquivalenter Schaltungen ... 255
- 4.5 Umrechnung von Reihen- und Parallelschaltungen ... 259
- 4.6 Komplexe Stern-Dreieck-Umwandlung ... 263
- 4.7 Lösung komplexer Gleichungssysteme ... 266
- 4.8 Frequenzgang aus gebrochen rationalen Übertragungsfunktionen ... 269
- 4.9 Frequenzgang des komplexen Eingangswiderstands eines Ketten-Netzwerks ... 273
- 4.10 Übergangsverhalten. Berechnung von Zeitfunktionen ... 277
- 4.11 Numerische Fourier-Analyse. Kennwerte nichtsinusförmiger Wechselvorgänge ... 283
- 4.12 Numerische Lösung von Differentialgleichungen 1. Grades. Einschalten einer Eisendrossel an Sinusspannung. Langsamer Hochlauf eines Antriebs mit Drehstrom-Asynchronmotor ... 287
- 4.13 Regressionsanalyse mit zwei Regressionskoeffizienten ... 292
- 4.14 Regressionsanalyse mit drei Regressionskoeffizienten ... 297
- 4.15 Regressionsanalyse mit vier Regressionskoeffizienten ... 302
- 4.16 Rekursive Regressionsanalyse ... 306
- 4.17 Auswertung des Belastungsversuchs von Gleichstrom-Nebenschlußmotoren ... 310
- 4.18 Berechnung der Belastungskennlinien von Drehstrom-Asynchronmotoren aus Leerlauf- und Kurzschlußversuch ... 313
- 4.19 Komplexe Ströme und Spannungen einer unsymmetrischen Dreiphasen-Sternschaltung. Symmetrische Komponenten ... 318
- 4.20 Spannungsänderung von Transformator und einseitig gespeister Leitung. Wirkungsgrad des Transformators ... 323
- 4.21 Zuleitungsunterbrechung des Drehstrom-Asynchronmotors ... 326
- 4.22 Kennwerte von dreiphasigen Freileitungen ... 328
- 4.23 Zusatzlast für einseitig gespeiste Drehstromleitungen ... 334
- 4.24 Dreisträngiger Kurzschlußstrom ... 338
- 4.25 Begrenzung des einsträngigen Kurzschlußstroms. Schrittspannung ... 341
- 4.26 Gasdurchschlag koaxialer Zylinderelektroden ... 344
- 4.27 Kennwerte und Frequenzgang einfacher Reihen- und Parallelschwingkreise ... 347
- 4.28 Kennwerte und Frequenzgang für Parallelschaltung von Spule und Kondensator ... 350
- 4.29 Frequenzgang induktiv und kapazitiv gekoppelter Bandfilter ... 353
- 4.30 Umrechnung von Zweitorparametern ... 357
- 4.31 Umrechnung von Transistor-Kennwerten ... 363
- 4.32 Ketten- und Wellenparameter von T- und Π-Gliedern ... 369

4.33 Bemessung von Tief-, Hoch- und Bandpaß sowie Bandsperre (Grund- und M-Halbglieder) ... 373
4.34 Betriebsdämpfungsmaß für Tiefpässe ... 380
4.35 Betriebsdämpfungsmaß für Bandpässe ... 383
4.36 Einfache reelle Nullstellen von Polynomen ... 386
4.37 Impuls-, Sprung- und Rampenantwort des PD-T_1-Gliedes ... 389
4.38 Impuls-, Rampen- und Sprungantwort des P-T_2-Gliedes ... 392
4.39 Beschreibungsfunktion des verallgemeinerten linearen Kennliniengliieds ... 397
4.40 Beschreibungsfunktion des verallgemeinerten Relais-Kennliniengliieds ... 402
4.41 Zustandskurven des einschleifigen Regelkreises ... 406
4.42 Anzeige des Inhalts der Hire-Register ... 410

Anhang

1 Formelzeichen (Auswahl) ... 412
2 Ergänzendes Schrifttum ... 415

Sachverzeichnis ... 418

Hinweise auf DIN-Normen in diesem Werk entsprechen dem Stande der Normung bei Abschluß des Manuskriptes. Maßgebend sind die jeweils neuesten Ausgaben der Normblätter des DIN Deutsches Institut für Normung e. V., Berlin, im Format A 4, die durch den Beuth-Verlag GmbH, Berlin und Köln, zu beziehen sind. − Sinngemäß gilt das gleiche für alle in diesem Buche angezogenen amtlichen Richtlinien, Bestimmungen, Verordnungen usw.

1 Ingenieurgerechtes Anwenden von Taschenrechnern

Der Taschenrechner stellt die kompakteste Ausführung des Mikrocomputers dar, der heute auch als Tischrechner mit Sichtgeräten, Plottern und ähnlichen Peripheriegeräten in sehr vielfältiger Form auf dem Markt ist. Ebenso mannigfaltig sind die Spielarten des Taschenrechners, die z. B. in Finanzmathematik, Statistik, Chemie, Physik, Regelungstechnik, Bautechnik, Maschinenbau oder Elektrotechnik eingesetzt werden. Es wird hier daher zunächst kurz erläutert, welche n e u e n M ö g l i c h k e i t e n der Taschenrechner erschließt. Anschließend wird erörtert, welche F o r d e r u n g e n der Ingenieur billigerweise an seinen Taschenrechner stellen kann bzw. muß.

Für technische Berechnungen haben Taschenrechner den Rechenschieber fast völlig verdrängt. Viele Berechnungsverfahren sind aber auch heute noch auf die begrenzten Möglichkeiten und die Vorteile des Rechenschiebers zugeschnitten, und viele graphische Verfahren und Diagramme finden hierdurch ihre Begründung.

Taschenrechner, insbesondere programmierbare, ermöglichen gegenüber dem bisherigen Vorgehen andere, u. U. für den Benutzer wesentlich einfachere, vielseitiger einsetzbare, schneller zum Ergebnis führende und genauere Berechnungsverfahren. Die Lösungswege sollten zweckmäßig auf diese veränderte Arbeitsweise eingerichtet und die Bestimmungsgleichungen auf dieses Vorgehen umgestellt werden.

In der Elektrotechnik kommen bestimmte Aufgabenstellungen häufiger vor. Die dann bei ihrer Lösung zu beachtenden Gesichtspunkte sollen hier exemplarisch angesprochen werden. Hierfür kann man den Taschenrechner gut auf die Bedürfnisse des Ingenieurs einstellen.

Computer überfluten den Benutzer oft mit einer nicht mehr verarbeitbaren Informationsfülle. Die Berechnungsergebnisse müssen daher auf ein auswertbares Maß reduziert werden, z. B. durch R u n d e n (bei größeren Rechnern auch durch Plotten von Diagrammen) oder Unterdrücken zu kleiner, nicht mehr relevanter Werte. Dabei sollte sich der Ingenieur über die auftretenden Fehler klar werden. Es wird hier außerdem auf wenig bekannte Eigenarten der behandelten Rechner hingewiesen.

Große Vorteile haben p r o g r a m m i e r b a r e Taschenrechner. Deshalb muß das Wichtigste über das Aufstellen und Anwenden solcher Programme – auch der Modul-Programme – behandelt werden. Schließlich soll noch einiges nützliches Zubehör, wie Magnetkarten, Drucker u. ä., kurz besprochen werden.

1.1 Anforderungen und Anwendungen

Hier sollen die vielfältigen Möglichkeiten, die ein programmierbarer Taschenrechner für das Bearbeiten technischer Aufgabenstellungen bietet, aufgezeigt und anschließend die wichtigsten F o r d e r u n g e n erörtert werden, die ein Ingenieur an seinen Taschenrechner stellen muß, wenn er mit ihm die meisten anfallenden Ingenieuraufgaben erledigen will. Hierfür wird auch kurz der Taschenrechner mit den übrigen Mikrocomputern verglichen. Sodann sollen normale und wünschenswerte Fähigkeiten unterschieden und anschließend die hauptsächlichen Einsatzgebiete und die Anwendungsgrenzen besprochen werden. Schließlich wird die Rechengenauigkeit untersucht und auf wichtige Besonderheiten der Rechner TI 58 und TI 59 hingewiesen.

1.1.1 Neue Möglichkeiten

Ingenieure können ihre Aufgaben meist in vielfältiger Weise lösen: Man kann z. B. für viele Schaltungen a l l g e m e i n e B e s t i m m u n g s g l e i c h u n g e n a b l e i t e n, so daß man anschließend nur noch Zahlenwerte in sie einzusetzen braucht, um im konkreten Fall zum Ergebnis zu kommen. P r o g r a m m i e r b a r e T a s c h e n r e c h n e r a r b e i t e n ä h n l i c h — auch sie verlangen eine allgemein entwickelte Rechenvorschrift, den A l g o r i t h m u s, und es brauchen schließlich nur noch vorgegebene Zahlenwerte eingegeben zu werden. Taschenrechner können aber viel mehr, als nur Gleichungen für vorgegebene Parameter ausrechnen — sie können komplizierte Gleichungssysteme lösen und fehlerfrei mit umfangreichen Algorithmen arbeiten; sie rechnen außerdem schnell und zuverlässig.

Beim Arbeiten mit dem R e c h e n s c h i e b e r ist das Festhalten von Z w i s c h e n e r g e b n i s s e n nicht zu umgehen. Sie weisen den erfahrenen Ingenieur frühzeitig auf Fehler hin, wenn die Rechenschritte zu übersehen und keine umfangreichen Gleichungen auszurechnen sind. S c h r i t t w e i s e s V o r g e h e n macht außerdem den Einfluß einzelner Größen deutlich. Diesen Vorteilen des Rechenschiebers stehen seine geringe Rechengeschwindigkeit, die Notwendigkeit, Zehnerpotenzen, Summen u. ä. getrennt berechnen zu müssen, sowie der doch recht begrenzte Einsatzbereich gegenüber. Taschenrechner können sehr viel mehr — und man kann mit ihnen natürlich auch Zwischenwerte auf Wunsch ausgeben.

Nach Einführung des wissenschaftlich einsetzbaren Taschenrechners entwickelte er sich zu einem der wichtigsten Hilfsmittel des Ingenieurs. Mit ihm hat der Ingenieur jetzt eine R e c h e n k a p a z i t ä t b u c h s t ä b l i c h i n d e r H a n d, die früher nur an Großrechenanlagen genutzt werden konnte. Der Taschenrechner macht nicht nur den Rechenschieber, viele T a b e l l e n w e r k e und mechanisch arbeitende Rechenmaschinen ü b e r f l ü s s i g, er kann auch die klassischen analytischen und graphischen Lösungsverfahren durch schnelle und

genaue numerische Methoden e r g ä n z e n, v e r b e s s e r n und u. U. ganz
v e r d r ä n g e n.

Taschenrechner haben gegenüber Tisch- oder Großrechnern den großen Vorteil, daß
sie a n j e d e m O r t, also o h n e l a n g e W e g e und o h n e W a r t e z e i t,
g r ö ß e r e K o s t e n oder irgendwelche Formalitäten genutzt werden können.
Ihr Benutzer braucht k e i n e besondere P r o g r a m m i e r s p r a c h e zu
lernen; er hat sich nur an die Betriebsanweisungen zu halten und kann ihn daher
sehr schnell umfassend anwenden.

Programmierbare Taschenrechner sind vielseitig einsetzbar: Wenn sie geschickt
programmiert sind, kann man mit ihnen erstaunlich viele, nämlich die meisten im
Alltag des Elektroingenieurs anfallenden Berechnungsaufgaben lösen. Sie liefern
die Rechenergebnisse besonders s c h n e l l, g e n a u und v e r l ä ß l i c h,
wenn ihre Programme von Magnetkarten übernommen oder mit Testwerten überprüft worden sind. Höchste Sicherheit erreicht man mit M o d u l p r o g r a m -
m e n. Durch besondere D r u c k e r kann man Programme, Speicherinhalte sowie Ein- und Ausgabedaten dokumentieren. Das Verhältnis von Leistung zu
Preis ist schon heute recht günstig; es dürfte sich zukünftig noch weiter verbessern.
Auf diese Weise ermöglichen programmierbare Taschenrechner auch einen wir-
kungsvollen, praxisnahen und preiswerten Einstieg in die Technik der Datenverarbeitung.

Um die Vorteile des Taschenrechners voll nutzen zu können, bedarf es einiger
Übung, muß man sich also mit seinen Eigenarten und Möglichkeiten vertraut
machen. Dieses Buch hat sich daher die Aufgabe gestellt, einige Hinweise zum
Anwenden programmierbarer Taschenrechner auf Aufgaben aus der Elektrotechnik mitzuteilen und sie in B e i s p i e l e n e x e m p l a r i s c h vorzuführen. Es
werden vielseitig einsetzbare Programme behandelt und Aufgabenstellungen für
sie aufbereitet. Der Leser ist aufgefordert, diese Übungen nachzuvollziehen, denn
nur durch aktives Lernen kann man die erforderliche Sicherheit beim Anwenden
der dargestellten Methoden gewinnen.

1.1.2 Leistungsvermögen

Mancher in der Praxis tätige Ingenieur verzichtet darauf, einen programmierbaren Taschenrechner zu verwenden, oder er nutzt die Programmierbarkeit nur un-
vollkommen aus. Auch dieser Elektrotechniker muß einige Forderungen an seinen
Rechner stellen.

Jeder, der etwas intensiver mit einem programmierbaren Taschenrechner gearbeitet hat, möchte seine großen Vorteile nicht mehr missen. Er ist sogar versucht,
immer mehr K o m f o r t von ihm zu verlangen; die Entwicklung der Mikroelek-
tronik ist diesem Wunsch in den letzten Jahren sehr entgegengekommen. Es zeichnet sich ab, daß sich dieser Trend fortsetzt. Hier soll kurz untersucht werden,

1.1 Anforderungen und Anwendungen

was z. Zt. in vernünftiger Abwägung von Leistung und Preis verlangt werden kann und welche Möglichkeiten noch sinnvoll genutzt werden können. Für Einzelheiten wird auf die Firmenprospekte verwiesen.

Zu unterscheiden hat man die Betriebsarten
— handgesteuertes Rechnen,
— Programmaufnehmen, also das Abspeichern von Befehlen im Programmspeicher,
— programmgesteuertes Rechnen, das dem handgesteuerten Rechnen in Schnelligkeit und Zuverlässigkeit weit überlegen ist.

Für diese Betriebsarten gibt es viele Taschenrechner, die in Leistungsfähigkeit — auch in der Eignung für technische Aufgaben — und Komfort beträchtlich voneinander abweichen können.

1.1.2.1 Begriffe. Digitalrechner können nicht mit beliebigen Zahlen rechnen, sondern nur mit Zahlen aus einem begrenzten Bereich, die man auch M a s c h i n e n - z a h l e n a nennt. Dies sind reelle Zahlen im Dezimalsystem, für die bei den Rechnern TI 58 und TI 59 eine normalisierte dezimale Gleitkommadarstellung

$$a = m \cdot 10^q \quad \text{mit} \quad 0,1 \leqslant |m| \leqslant 1 \tag{1.1}$$

mit der 13-ziffrigen M a n t i s s e m und dem zweistelligen E x p o n e n t e n $-99 \leqslant q \leqslant 99$ angegeben werden kann. Hinzu kommt die Zahl Null, die eine Sonderstellung einnimmt. In Verbindung mit positiven und negativen Vorzeichen für Mantisse und Exponent steht somit ein voll ausreichender Zahlenbereich für alle elektrotechnischen Berechnungen zur Verfügung.

Um Mißverständnisse auszuschließen, sei noch darauf hingewiesen, daß die Zahl 12 zweistellig und ganzzahlig ist und der Dezimalbruch 12,345 entsprechend 3 Nachkommastellen hat und aus 5 Z i f f e r n besteht. Für das Anzeigeformat (s. Abschn. 1.2.3) ist bei technischen Berechnungen die A n z a h l d e r g ü l - t i g e n Z i f f e r n maßgebend.

Die T a s t e n des Tastenfeldes der Rechner TI 58 und TI 59 sind durch Kurzzeichen (z. B. 1, 5, +, =, STO, SUM, ln x) gekennzeichnet; ihnen ist außerdem für das Programm eine zweistellige Zahl als T a s t e n k o d e zugeordnet. Eine Folge von Tastenkodes bildet das P r o g r a m m.

Ein Taschenrechnerprogramm besteht aus P r o g r a m m s c h r i t t e n, den P r o g r a m m b e f e h l e n (auch nur als Schritt oder Befehl bezeichnet). Es wird im P r o g r a m m s p e i c h e r aufbewahrt. Jeder Programmspeicherplatz kann eine P r o g r a m m z e i l e, die mehrere Befehle enthalten kann, aufnehmen; er hat außerdem bei den Rechnern TI 58 und TI 59 eine dreistellige Nummer als A d r e s s e. L a b e l s sind besonders gekennzeichnete Programm-Adressen. Alle Adressen (auch die von Datenregistern) und verschiedene andere Operationen können unmittelbar oder i n d i r e k t (über in Datenregistern gespeicherte, veränderbare Adressen) angesteuert werden.

Normalerweise wird ein Programm in der eingegebenen durchnumerierten Reihenfolge abgearbeitet. Eine S p r u n g a n w e i s u n g bewirkt eine V e r z w e i g u n g auf eine gewünschte Programm-Adresse. Neben den u n b e d i n g t e n Sprüngen führt das Programm nach dem Durchführen von V e r g l e i c h s t e s t s auch b e d i n g t e Sprünge aus, für die also bestimmte Bedingungen eingehalten sein müssen. Ferner kann man mit F l a g s Weichen für den Programmablauf stellen. Programmteile, die nach solchen Befehlen mehrfach durchlaufen werden, bilden S c h l e i f e n.

Für das Rechnen benötigte Zahlenwerte werden im D a t e n s p e i c h e r abgelegt. Ein Speicherplatz, der ebenfalls durch eine zweistellige Zahl gekennzeichnet ist, wird D a t e n r e g i s t e r genannt. (Den Platz mit der Nr. 12 bezeichnen wir hier z. B. mit R12.) Außerdem gibt es noch das T e s t r e g i s t e r T, das mit der Taste x ⇌ t belegt bzw. aufgerufen wird.

Daneben sind noch einige i n t e r n e V e r a r b e i t u n g s r e g i s t e r vorhanden, wie z. B. das Hire-Register, das nicht unmittelbar über das Tastenfeld, sondern nur durch manipulierte Befehlsfolgen aufgerufen und belegt werden kann (s. Abschn. 1.2.5.5). Einige fest gespeicherte interne Programme und Daten für über die Tasten zu erreichende Funktionen kann man nach [64] und [66] durch besondere Befehlsfolgen in den Programmspeicher holen. Zu anderen internen Registern, wie z. B. dem Unterprogrammrücksprung-Register, hat der Benutzer keinen Zugang.

Über das A n z e i g e r e g i s t e r nimmt man mit dem Rechner Kontakt auf. Es enthält die zuletzt eingetastete Zahl, das soeben berechnete Ergebnis oder den gerade aus einem Datenregister abgerufenen Inhalt. Es hat Platz für die 13stellige M a n t i s s e , den zweistelligen E x p o n e n t e n sowie die Vorzeichen für beide (in Form eines einziffrigen Zahlenkodes – s. [64] und [66]).

Die A n z e i g e macht den Inhalt des Anzeigeregisters mit maximal 10 Ziffern (oder 8 Ziffern der Mantisse und 2 für den Exponenten) mit Vorzeichen und Komma im A n z e i g e f e l d (D i s p l a y mit Leuchtdioden) sichtbar. Die Zahlenwertdarstellung, also das A n z e i g e f o r m a t (s. Abschn. 1.2.3), kann gewählt werden. Man kann auch den Programmkode zur Anzeige bringen (s. Abschn. 1.4).

Teile des Programms nennt man P r o g r a m m s e g m e n t e , wenn sie in sich überprüfbar sind, und U n t e r p r o g r a m m e , wenn sie gekennzeichnet durch ein L a b e l , also eine Marke, mehrfach aufgerufen werden. Funktionen, die mit internen Programmen berechnet werden (z. B. ln x, sin x), heißen f e s t v e r d r a h t e t e Funktionen.

Diese Begriffe werden in [19], [26], [35], [36], [44] näher erläutert; ihre Zusammenstellung dient hier nur einer klaren Terminologie.

1.1.2.2 Aufbau. Elektroingenieure, die elektronische Geräte einsetzen, sollten die Prinzipien ihres Aufbaus und somit die Grenzen ihrer Anwendbarkeit kennen. Daher wird hier mit Bild 1.1 kurz der Aufbau von Taschenrechnern beschrieben.

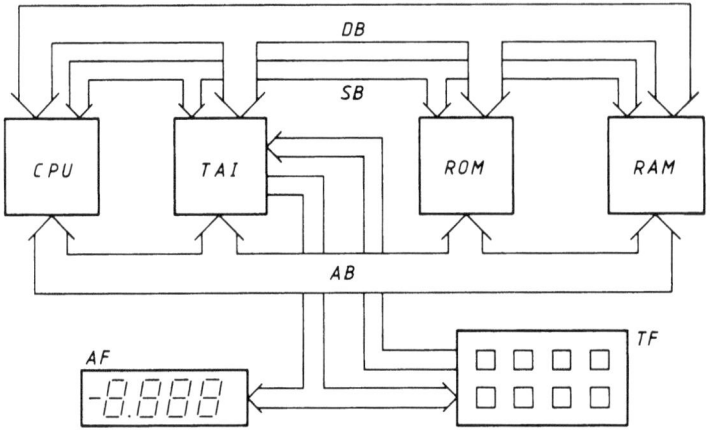

1.1 Blockschaltbild eines programmierbaren Taschenrechners
AF Anzeigefeld, TF Tastenfeld, CPU zentraler Prozessor (central processing unit), TAI Tasten- und Anzeige-Interface (I/O-Baustein), SB Steuerbus, AB Adressenbus, DB Datenbus, ROM Festwertspeicher (read only memory) für Betriebsprogramme, RAM Schreib-Lese-Speicher (random access memory) für Daten und Benutzerprogramme

Über das Tastenfeld TF wird ein Koppelglied TAI angesteuert, das über Steuer-, Adressen- und Datenbus (SB, AB, DB) mit dem zentralen Rechenwerk CPU und dem Anzeigefeld AF verbunden ist. Im Festwertspeicher ROM ist das interne Betriebsprogramm (z. B. für Rechenoperationen, zum Bestimmen von Funktionswerten und für Vergleiche) enthalten, und der Schreib-Lese-Speicher RAM kann Daten und Benutzerprogramme aufnehmen (s. Band X). Ein Software-Modul ist ein zusätzlicher Festwertspeicher ROM.

Das zentrale Rechenwerk CPU ist ein 4-bit-Mikroprozessor, der mit dem BCD-Kode (binär kodierte Dezimalzahlen – s. Band X) arbeitet. Man kann ihn jedoch nicht unmittelbar ansteuern, so daß sich der Taschenrechner in diesem Punkt entscheidend von den übrigen Mikrocomputern unterscheidet.

Jeder Tastendruck und jeder Programmbefehl verursacht mehrere CPU-Maschinenbefehle, indem das Betriebsprogramm einen Rechenbefehl aus dem Programmspeicher oder von der Tastatur holt bzw. erhält, ihn über eine interne Software-Tabelle dekodiert und ein zu diesem Befehl gehörendes Maschinenprogramm ablaufen läßt. Anschließend wird der nächste Programmschritt abgerufen und in gleicher Weise weiterverarbeitet.

1.1.2.3 Taschenrechner oder Mikrocomputer. Aus der in Abschn. 1.1.2.2 beschriebenen Wirkungsweise programmierbarer Taschenrechner ergeben sich die in Tafel 1.2 zusammengestellten wichtigsten Unterschiede gegenüber den übrigen Mikrocomputern. Obwohl alle Mikrocomputer als wichtigstes Bauelement einen

Tafel 1.2 Vergleich von programmierbaren Taschenrechnern und Mikrocomputern

Eigenschaft	Taschenrechner	Mikrocomputer
Rechengeschwindigkeit	gut bis ausreichend (s. Tafel 1.12)	für einfache Rechenoperationen schneller (**Nop**-Schritt z. B. 3 μs), für komplexe Operationen (z.B. sin, ln u.ä.) nicht schneller
Zahlenbereich	10^{-99} bis 10^{99}	kleiner
Genauigkeit	13. Ziffer unsicher	für Funktionswerte meist geringer
Programmiersprache	nur Tastenbefehle	BASIC, PASCAL u.ä.
Maschinenprogrammierung	nur in Sonderfällen möglich	unmittelbarer Zugriff zum Mikroprozessor normal
Datenmenge	auf etwa 100 Worte mit 13 Ziffern begrenzt	grundsätzlich unbegrenzt
Textverarbeitung	nur bei Sonderausführungen	normal
Dialog	nur mit Sonderprogrammen	komfortable Dialogsprachen üblich
Steuerung von oder durch externe Geräte	nur bei Sonderausführungen	wichtiges Einsatzgebiet

Mikroprozessor enthalten, arbeitet der Taschenrechner bei einfachen Operationen erheblich langsamer, da hierfür ebenfalls viele Schritte des Steuerwerks vollzogen werden müssen. Da er für numerische Berechnungen aller Art konzipiert ist, ist er aber für diese Anwendungen wegen seines größeren Zahlenbereichs und der größeren Genauigkeit den übrigen Minicomputern überlegen. In Verbindung mit einem Drucker kann man seine Ergebnisse festhalten und erläuternde Texte ausgeben.

Taschenrechner eignen sich dagegen nicht für das Lösen von Steueraufgaben und für das Verarbeiten großer Datenmengen oder von Texten. Für maschinenorientierte Steueraufgaben, umfangreiche Aufgaben der Datenverarbeitung, alphanumerische Textbearbeitungen und einen auch für Laien freundlicheren Dialog sind daher die übrigen Mikrocomputer vorzuziehen. Sie können auch gut mit weiteren Peripheriegeräten, wie Bildschirmen, Plottern, Kassettenrecordern u. ä., erweitert werden.

1.1.2.4 Taschenrechner für elektrotechnische Aufgaben. Taschenrechner für technische Zwecke müssen alle algebraischen O p e r a t i o n e n ($+, -, \times, \div$) ausführen sowie einfache arithmetisch-algebraische ($x^2, \sqrt{x}, 1/x, y^x, |x|$), trigonometrische (**sin, cos, tan, arc**) und logarithmische F u n k t i o n e n (**ln x, log**) berechnen können. Ergebnisse sollten sie im technischen und im Exponentialformat sowie mit wählbarem Fließkomma anzeigen können.

Für den Elektrotechniker ist besonders wichtig die **Umrechnung von Polar- in rechtwinkelige Koordinaten** (P → R) und umgekehrt, da hiermit die Exponentialform einer komplexen Größe (s. Band I und [6], [55]) unmittelbar in die Komponentenform und umgekehrt umgewandelt werden kann (s. Abschn. 2.2.3). Auf das Vorhandensein einer solchen Funktionstaste sollte man daher beim Kauf besonders achten.

Dagegen scheint es keine wesentlichen Gründe zu geben, ob man sich für einen UPN- oder einen AOS-Rechner entscheidet. Bei der **umgekehrten polnischen Notation** (UPN) kommt man häufig mit weniger Rechenschritten aus; man muß sich dann aber in ein vom normalen Rechnen abweichendes Vorgehen einarbeiten. Beim **algebraischen Operations-System** (AOS) gibt man die Aufgaben, wie sie geschrieben sind, ein und arbeitet dann u. U. mit Klammern. In diesem Buch wird wegen der größeren Verbreitung ausschließlich das zuletzt genannte System in vielen Beispielen angewendet.

1.1.2.5 Anforderungen an programmierbare Taschenrechner. Dieses Buch befaßt sich hauptsächlich mit dem Anwenden von programmierbaren Taschenrechnern, die natürlich auch die in Abschn. 1.1.2.4 angegebenen Forderungen erfüllen sollen. Außerdem sollten sie mindestens 100 Programmzeilen oder etwa 200 **Programmschritte** ermöglichen und mindestens 30 **Datenspeicher** aufweisen.

Es ist sehr vorteilhaft, wenn eigene **Programm-Adress-Tasten** vorhanden sind und darüber hinaus etwa 30 **Labels** aufgerufen werden können. Es sollten **Anzeigetests, Vergleiche, Testregister** für Schleifen und Indexregister mit automatischer Inkrementierung und Dekrementierung vorhanden sein. **Indirektes Adressieren** und **Flags** ermöglichen Programme, wie man sie sonst nur für größere Rechner kennt. Natürlich muß man das Programm auch redigieren, d. h., Schritte löschen, einfügen und überschreiben können.

In diesem Buch wird nur mit den Rechnern TI 58 und TI 59 gearbeitet, die mit ihren Spielarten die genannten Bedingungen erfüllen. Für weitere Einzelheiten s. [2], [3], [12], [19], [29], [35], [36], [38], [44], [63] bis [67].

1.1.2.6 Weitere Ausstattung. Taschenrechner mit **Permanentspeicher** haben Vorteile, wenn man über mehrere Tage mit dem gleichen Programm arbeitet, da das in ihn aufgenommene Programm auch nach dem Abschalten des Rechners von der Spannungsquelle erhalten bleibt — aber auch durch andere Programme ersetzt werden kann.

Vielseitiger einsetzbar und für den Benutzer bequemer ist ein Rechner, dessen Programme auf **Magnetkarten** gespeichert und von ihnen wieder in die

Programmspeicher eingelesen werden können. Sie ermöglichen vor allen Dingen den schnellen Zugriff zu getesteten Programmen und gewährleisten somit die Zuverlässigkeit der Rechenergebnisse.

Noch bequemer sind die einsteckbaren S o f t w a r e - M o d u l e , die für bestimmte Gebiete — bei den Rechnern TI 58/TI 59 u. a. auch für die Elektrotechnik — meist recht universell (auch als Unterprogramme) einsetzbare Programmsammlungen über Tasten leicht zugänglich machen (s. Abschn. 1.4.3). Sie sind fest programmiert und daher praktisch fehlerfrei.

Ein D r u c k e r (unmittelbar eingebaut oder als Zubehör) erleichtert das Aufstellen und Redigieren (also das Überarbeiten) eigener Programme, da mit ihm das Programm oder Speicherinhalte aufgelistet und der vollständige Ablauf einer Berechnung festgehalten werden kann. Außerdem ermöglicht er die Dokumentation von Ein- und Ausgabedaten (auch alphanumerischen), so daß längere Rechnungen ohne weitere Kontrollen automatisch ablaufen können. Einige in Abschn. 4 aufgelistete Programme enthalten Print-Befehle; sie können für einen Betrieb ohne Drucker meist einfach durch R/S-Befehle ersetzt werden.

Dies sind natürlich nur einige hervorstechende Gesichtspunkte; weitere findet man in den entsprechenden Firmenprospekten, in der zugehörigen Literatur [2], [3], [19], [29], [35], [38] und in Zeitschriften, wie z. B. [63] bis [66].

Für den normalen Benutzer von programmierbaren Taschenrechnern kann man die Bedeutung des besprochenen zusätzlichen Komforts in die folgende R e i h e n f o l g e einstufen:

— S o f t w a r e - M o d u l e für den vom Benutzer hauptsächlich zu bearbeitenden Anwendungsbereich, da sie besonders einfach, schnell und fehlerfrei einsetzbar sind,

— M a g n e t k a r t e n , da sie erlauben, auf den eigenen Bedarf besonders zugeschnittene Programme schnell und zuverlässig einzulesen, zu verändern und zu kopieren,

— D r u c k e r , da man mit ihnen längere Programme automatisch ablaufen lassen und dokumentieren sowie neue Programme leicht redigieren kann,

— P e r m a n e n t s p e i c h e r , wenn man an mehreren Orten mit gleichen Programmen nacheinander arbeiten muß.

Alle übrigen Zusätze (z. B. alphanumerische Anzeigen, Lesegriffel, Anschluß und Steuerung über Kassettenrecorder u. ä.) haben nur für Sonderfälle Vorteile. Sie stellen schon Übergänge zu den übrigen Mikrocomputern dar.

1.1.3 Anwendungsbereiche

Taschenrechner eignen sich in ihrer Normalausführung zum L ö s e n n u m e r i s c h e r A u f g a b e n , also zum Berechnen von Zahlenwerten. Ihre Anwendung erstreckt sich auf sehr viele Aufgaben der Elektrotechnik, sollte aber wegen der naturgemäß beschränkten Speicherkapazität, der im Vergleich mit Großrechnern geringeren Rechengeschwindigkeit und den eingeschränkten Ein- und Ausgabemöglichkeiten gewisse Grenzen nicht überschreiten. Es können hierfür die folgenden Überlegungen angestellt werden.

1.1.3.1 Bevorzugte Einsatzgebiete. Elektrische Schaltungen sind einerseits oft auf bestimmte Anforderungen hin aufzubauen, und ihre Bauelemente müssen diesen Bedingungen entsprechend bemessen werden. Für diese S y n t h e s e von Schaltungen kennt man Bemessungs- oder Entwurfsprogramme. Andererseits sind die Eigenschaften elektrischer Schaltungen zu berechnen, und ihr Verhalten ist abhängig von verschiedenen Parametern zu bestimmen. Hierfür benutzt man A n a l y s e programme. Die Theorie der Schaltungslehre stellt die notwendigen Berechnungsverfahren zur Verfügung (s. Band I und [3], [21], [23], [26], [54] bis [57], [59]); sie werden in Abschn. 2 und 3 ausführlich angewandt.

In Abschn. 2 werden hauptsächlich Aufgaben aus den Grundlagen der Elektrotechnik aufgegriffen. Dort wird auch gezeigt, welche Verfahren sich für eine numerische Lösung besonders eignen. So kann man beispielsweise leicht G l e i c h u n g s s y s t e m e mit mehreren Unbekannten lösen, aber auch umfangreiche oder k o m p l e x e G l e i c h u n g e n durchrechnen, n u m e r i s c h i n t e g r i e r e n u n d d i f f e r e n z i e r e n, M a x i m a u n d M i n i m a bestimmen, D i f f e r e n t i a l g l e i c h u n g e n l ö s e n, P o l e u n d N u l l s t e l l e n aufsuchen, F o u r i e r - R e i h e n entwickeln und die Werte von P o l y n o m e n und anderen Funktionen berechnen, während die entsprechenden analytischen Verfahren mitunter aufwendiger sind.

S t a t i s t i s c h e A u s w e r t u n g e n und die A p p r o x i m a t i o n von Meßwerten durch mathematische Funktionen sind für die M e ß t e c h n i k wichtig. Elektrische und magnetische Felder können besonders gut mit Digitalrechnern berechnet werden [10], wobei für einfache Aufgaben auch Taschenrechner ausreichen. Besonders rationell lassen sich auch die E i n f l ü s s e d e r T o l e r a n z e n von Bauelementen untersuchen, was für das richtige Bemessen oder die Auswahl von Schaltungen wichtig ist. Weitere Anwendungen in elektrischer E n e r g i e -, N a c h r i c h t e n - u n d R e g e l u n g s t e c h n i k werden in Abschn. 3 behandelt.

Ganz allgemein lohnt sich das Aufstellen eines Programms, wenn eine Rechnung, die aus mindestens 20 Schritten besteht, mehrfach wiederholt werden muß – z. B. wenn K e n n l i n i e n berechnet oder die A u s w i r k u n g e n v o n T o l e r a n z e n untersucht werden sollen. Besonders vorteilhaft sind solche Programme, wenn innerhalb einer Berechnung einzelne A l g o r i t h m e n mehrfach vorkommen oder w i e d e r h o l t d u r c h l a u f e n werden müssen. Oft sind solche Rechnungen nur mit schnellen Rechnern, zu denen auch die Taschenrechner zählen, rationell durchzuführen. Man sollte in diesen Fällen U n t e r p r o g r a m -

m e vorsehen, die über Labels angesteuert werden. Durch Vergleichstests kann man erreichen, daß die Schleifen in der erforderlichen Anzahl durchlaufen werden.

1.1.3.2 Anwendungsgrenzen. Der Taschenrechner eignet sich auch für die einfachsten Berechnungen. Vor dem Aufstellen eines Programms sollte man jedoch bedenken, daß das Programmieren selbst u. U. erhebliche Zeit beanspruchen kann. Ungeübte Programmierer machen leicht Fehler (s. Abschn. 1.4.1.5); mit einem manuell durchgerechneten T e s t b e i s p i e l muß man die Zuverlässigkeit des Programms prüfen. In ausführlichen B e n u t z e r a n l e i t u n g e n muß man außerdem alle Einzelheiten des Programms, der Ein- und Ausgabe, des Tastenplans und der Speicherverteilung schriftlich festhalten (s. Abschn. 4.1). Dieser Aufwand lohnt sich nur, wenn die Berechnung mehr als 20 Schritte umfaßt und Aussicht besteht, es mehr als fünfmal anzuwenden, also z. B. 5 Funktionswerte zu berechnen, oder der Aufwand — z. B. wegen wiederholter Schleifen oder umständlicher analytischer Methoden — bei manueller Rechnung noch größer wäre.

Für Berechnungen, die sehr viele Daten verarbeiten müssen, also bei den preiswerteren Rechnern mehr als 30, bei den teureren Taschenrechnern mehr als 100 Datenspeicher beanspruchen — oder die sehr viele Programmschritte verlangen (mehr als 320 bis 500), eignet sich ein Taschenrechner nicht mehr, auch wenn bis zu 960 Programmschritte beim TI 59 verarbeitet werden können. (Programme mit so vielen Schritten sind sehr unübersichtlich, und Fehler sind dann nur noch schwer zu finden.) Solche Probleme sollte man mit Tisch- oder wissenschaftlichen Großrechnern bearbeiten.

Das Modul-Programm EE-19 zur Netzwerk-Analyse umfaßt beispielsweise 832 Programmschritte und 100 Datenspeicher, ruft noch das Programm EE-04 mit zusätzlich 212 Programmschritten auf und verlangt außerdem das Einlesen von zwei weiteren Programmen mit je 240 Programmschritten über Magnetkarten. Es erfordert den Rechner TI 59 und den Drucker PC-100 C. Sicher ist es ein Beispiel für eine hervorragende Programmierleistung. Eine solch umfangreiche Aufgabe kann aber zweckmäßiger und komfortabler mit einem größeren Rechner gelöst werden, weil die Gefahr, daß der Benutzer Fehler macht, hier zu groß ist. In diesem Fall sind nach Ansicht der Verfasser die Anwendungsgrenzen für Taschenrechner schon überschritten.

1.2 Einstellen auf Ingenieuraufgaben

Technisch-wissenschaftliche Taschenrechner sollten optimal auf die Bedürfnisse der Ingenieure ausgerichtet sein. Nun können sich aber einmal die Wünsche und Aufgaben verschiedener Fachbereiche sehr unterscheiden, so daß es schwierig ist, alle mit vertretbarem Aufwand zu erfüllen — andererseits kann man sich auch über Optima (z. B. Permanentspeicher, Software-Modul oder Magnetkarte) streiten, oder viele günstige Möglichkeiten der verschiedenen Fabrikate sind nicht ausreichend bekannt.

1.2 Einstellen auf Ingenieuraufgaben

Hier soll zunächst die wünschenswerte oder erzielbare Rechengenauigkeit mit Beispielen besprochen werden. Anschließend werden Vorschläge für ein ingenieurgerechtes Anzeigeformat, also ein günstiges Runden der Ergebnisse, gemacht. Der Elektroingenieur arbeitet häufig mit Phasenwinkeln — ihre zweckmäßige Angabe soll daher ebenfalls besprochen werden. Schließlich soll noch auf einige interessante, in [44] aber wenig oder gar nicht herausgestellte Eigenschaften der Rechner TI 58 und TI 59 hingewiesen werden.

1.2.1 Wiedergabe von Schrittfolgen

In diesem Buch werden bei der Angabe von Schrittfolgen stets die bei den Rechnern TI 58 und TI 59 in der Tastatur benutzten Kurzzeichen vollständig aufgeführt und durch halbfette Schrift hervorgehoben — auch die Zahlenein- und -ausgaben. Lediglich das Tastenzeichen x ⮂ t ist überall (ausgenommen bei den Drucksymbolen) aus satztechnischen Gründen durch x ⇄ t ersetzt. Es werden also nicht die in [19] und [49] verwendeten besonderen Zeichen und auch nicht die u. U. abweichenden Drucksymbole eingesetzt.

In den Berechnungsbeispielen ist der Rechengang in der Reihenfolge

Größe   Eingabe   Befehle   Anzeige   Größe

(jedoch nicht alle Anzeigen) oder in einer Kurzform wiedergegeben. Gelegentlich werden auch Eingaben und Befehle zusammengefaßt. Bei den Benutzeranleitungen wird die Folge

Aufgabe   Schritt   Ziel   Eingabe   Befehle   Anzeige

bevorzugt.

In den aufgelisteten Programmen folgen auf Schrittnummer, Zahlenkode und Drucksymbol in einer 4. Spalte die Tastenzeichen, wenn diese vom Drucksymbol abweichen, so daß einerseits die Tastenfolge sofort nachvollzogen, das Programm also unmittelbar eingetastet werden kann, andererseits mit dem Zahlenkode aber auch eine eindeutige Identifizierung über die Anzeige gewährleistet ist.

1.2.2 Genauigkeit

Es scheint müßig zu sein zu fragen, wie genau ein Taschenrechner arbeitet, der 10 Ziffern anzeigen kann und intern mit bis zu 13 Stellen arbeitet. Für die meisten Ingenieuraufgaben rechnet er ausreichend genau; hier wird auf mögliche Fehler hingewiesen, um so den Benutzer vor unangenehmen Überraschungen zu bewahren.

Falsche Rechenergebnisse entstehen hauptsächlich durch Programm- oder Eingabefehler, also weil Programme falsch aufgestellt oder eingetastet oder falsche Daten eingegeben werden. Man kann sehr leicht Fehler machen (s. Abschn. 1.4.1.5

und 1.4.2.3); Programmfehler kann man anhand von Testbeispielen erkennen und weitgehend vermeiden. Die richtige Eingabe läßt sich — auch nach der Rechnung — überprüfen, wenn man alle Eingabedaten mit dem Drucker protokolliert.

Daneben können falsche Ergebnisse durch U n g e n a u i g k e i t e n infolge der begrenzten Anzahl der verfügbaren Stellen, durch Anwenden von N ä h e r u n g s - v e r f a h r e n oder durch ungenaue E i n g a b e d a t e n (Meßdaten) entstehen. Diese Ursachen sollen hier kurz erläutert werden. Zunächst soll daher gezeigt werden, wie man die letzten Ziffern, die zwar im Anzeigeregister stehen, aber normalerweise nicht zur Anzeige kommen, sichtbar machen kann. Fehler wirken sich insbesondere auf den Register-Vergleich x = t aus.

1.2.2.1 Vollständige Anzeige der Registerinhalte. Im Display der Rechner TI 58 und TI 59 können maximal 10 Ziffern angezeigt werden — das zugehörige Anzeige-Register nimmt jedoch 13 Ziffern der Mantisse sowie außerdem den zweistelligen Exponenten und eine Kodezahl für die Vorzeichen von beiden auf. Über die Ganzzahlfunktion **2nd Int** und die Bruchteilfunktion **INV 2nd INT** kann man den vollständigen Inhalt nacheinander zur Anzeige bringen, wie das folgende Beispiel zeigt.

Beispiel 1.1. Es soll die vollständige Maschinenzahl π, also die Zahl π, mit der der Rechner arbeitet, bestimmt werden.

Wir erhalten über die

Eingaben	und	Befehle	die	Anzeigen
1000000		x 2nd π =		3141592.654
		INV 2nd Int		0.65359

Die irrationale Zahl π wird also im Rechner mit 13 Ziffern als rationale Zahl 3.141592653590 (12. bis 14. Ziffern 897 auf 900 gerundet) behandelt. Man erkennt außerdem, daß in der 1. Anzeige die letzte 4 durch Aufrunden aus einer 3 entstanden ist.

1.2.2.2 Rechnerfehler. Funktionswerte, wie z.B. $\sin x$, $\cos x$, $\ln x$, e^x, die der Taschenrechner anzeigen oder verarbeiten soll, muß er im allgemeinen zunächst intern nach vom Hersteller meist nicht veröffentlichten Näherungsverfahren berechnen. Diese Werte können daher in den letzten Stellen ungenau sein. Entsprechende Hinweise findet man z.B. in [36] und [65].

Die endliche Ziffernzahl bewirkt ferner, daß bei der A d d i t i o n von Zahlen sehr unterschiedlicher Größe und bei der S u b t r a k t i o n von annähernd gleich großen Zahlenwerten Stellen verloren gehen, die sich bei weiteren Rechnungen als Fehler auswirken. Man kann sie hauptsächlich durch Wählen eines besseren Berechnungsverfahrens (s. Abschn. 1.2.2.3) oder durch Unterdrücken des falschen Wertes (s. Abschn. 1.2.3.6) vermeiden.

1.2 Einstellen auf Ingenieuraufgaben

Beispiel 1.2. Um die Größenordnung der auftretenden Rechnerfehler sowie die Anzahl der berechneten Stellen zu erkennen, berechne man folgende Funktionswerte über die

Eingaben und Befehle	sowie die	Anzeige
a) 3 1/x × 3 = − 1 =		1. −1. −12
b) 3 √x x² − 3 =		3. −1.7 −11
c) 65 y^x 4 − 65 x² x² =		−0.00005
d) 3 INV ln x ln x − 3 =		3. −1. −12
e) 3 ln x INV ln x -- 3 =		3. −2. −12
f) 9 INV 2nd log − 1 EE 9 =		−1.7 −02
g) 30 2nd sin − .5 =		0.5 0.
h) 60 2nd cos − .5 =		0.5 1.2 −12
i) 90.00000001 2nd tan + 89.99999999 2nd tan =		−5751565971. −33674273.83
j) 89.99995 2nd sin INV 2nd sin		1. blinkende 1
k) 89.99995 2nd sin − 1 =		1. 4. −12
l) 3 y^x 2nd π − (3 ln x × 2nd π) INV ln x =		0.
m) 15 y^x 5 − 759375 =		759375 −0.0000008
n) 1 EE 7 +/− 2nd sin − 89.9999999 2nd cos =		1.7453293 −09 −1.5874872 −12
o) 2 EE 12 2nd tan − 20 2nd tan =		3.1656908 −03
p) (1 EE 9 + .1919) × (2 EE 9 + .8282) − (2 EE 9 + .8282) × (1 EE 9 + .1919) =		− 8. 06

Jede dieser Berechnungen (bis auf j) hätte das Ergebnis Null bringen müssen. Es wird jedoch in 13 dieser betrachteten 15 Fällen durch die im Rechner benutzten internen Berechnungsverfahren für die hier benötigten Funktionswerte verhindert. (Bei sin 30° = 0,5 liegt offenbar ein Stützwert der im Rechner verwendeten Näherungsfunktion vor. Die Rechnung unter l) beweist, daß y^x über ln x berechnet wird.)

Diese Beispiele zeigen, daß man für solche Funktionen normalerweise mit Fehlern in der 12. Ziffer rechnen muß, in Sonderfällen aber auch größere Fehler (bei i) und o) schon in der 3. Ziffer) auftreten können. Die blinkende 1 bei j) weist darauf hin, daß der Rechner sich hier selbst eine Fehlerbedingung nach B-I, 2. [44] berechnet hat; k) bestätigt dies. Nach p) gilt sogar in bestimmten Grenzfällen das kommutative Gesetz nicht mehr, weil beim Multiplizieren unterschiedlich gerundet wird.

Beispiel 1.3. Man bestimme mit den

Eingaben	und	Befehlen	die	Anzeigen
6		INV 2nd log STO 1		1 000 000.
		2nd Int		999 999.
		RCL 1 INV 2nd Int		0.9999959
		RCL 1 −		
1 EE 6		=		−5. −06

Man erwartet, daß das Endergebnis $-4{,}1 \cdot 10^{-6}$ lautet. Offenbar wird jedoch durch die Rechenoperation (erst nach dem Minuszeichen) die 13. Ziffer einfach gelöscht − also nicht mehr gerundet. Auch solche Rechnerfehler kann man also nicht ausschließen.

1.2.2.3 Verfahrensfehler. Ein numerisches Berechnungsverfahren kann oft (s. Abschn. 4.2) umständliche analytische Umrechnungen ersparen. Diese liefern jedoch im allgemeinen eine exakte Lösung, während die numerischen Ergebnisse häufig nur Näherungen sind. Eine analytische Lösung ist daher vorzuziehen, wenn sie noch einfach zu finden ist.

Eine analytische Fourier-Analyse mithilfe der Integralrechnung liefert beispielsweise für viele mathematisch beschreibbare periodische Funktionen die in Handbüchern angegebenen genauen Fourier-Koeffizienten, während die numerische Fourier-Analyse nach Abschn. 4.11 zwar auf gemessene oder andere beliebige Kurvenformen einfach und schnell angewendet werden kann, aber wegen der erforderlichen Summierung von sin- und cos-Werten nur begrenzt (für technische Zwecke meist ausreichend) genau ist.

In [22] wird gezeigt, wie man einerseits durch Anwenden der Laplace-Transformation exakte Lösungen für das Übergangsverhalten findet, andererseits aber auch für einfache Netzwerke durch das numerische Lösen der geltenden Differentialgleichungen zu vertretbaren Näherungsergebnissen gelangen kann. Hier wird deutlich, daß die Laplace-Transformation für lineare elektrische Netzwerke sehr viel leistungsfähiger ist; daher wird auch in diesem Buch das Vorgehen von [22] und [58] nur für nichtlineare Systeme fortgeführt.

Die folgenden, aus [36] stammenden Beispiele sollen nochmals zeigen, daß man eine Division durch 0 und kleine Differenzen im Programmablauf vermeiden muß. Sie können außerdem die Grenzen des Taschenrechners demonstrieren.

16   1.2 Einstellen auf Ingenieuraufgaben

Beispiel 1.4. Man berechne mit den beiden (z. B. durch Erweitern mit $\sqrt{1+x}+\sqrt{1-x}$ ineinander überführbaren) Funktionsgleichungen

$$y = \frac{\sqrt{1+x} - \sqrt{1-x}}{x} \tag{1.2}$$

$$= \frac{2}{\sqrt{1+x} + \sqrt{1-x}} \tag{1.3}$$

die Werte y für $x_1 = 0$ und $x_2 = 2 \cdot 10^{-13}$.

Mit Gl. (1.2) kann ein Taschenrechner y_1 nicht bestimmen; sie liefert außerdem den falschen Wert $y_2 = 0$. (Für $x_3 = 2 \cdot 10^{-12}$ erhält man mit dem TI 59 noch den richtigen Wert $y_3 = 1$.) Dagegen findet man mit Gl. (1.3) die richtigen Werte $y_1 = y_2 = 1$.

Beispiel 1.5. Mit den beiden durch Erweitern ineinander überführbaren Funktionsgleichungen

$$y = \frac{1 - \cos x}{\sin x} \tag{1.4}$$

$$= \frac{\sin x}{1 + \cos x} \tag{1.5}$$

soll für $x = 2 \cdot 10^{-4}$ der Funktionswert y bestimmt werden.

Gl. (1.4) ergibt $y = 1{,}432 \cdot 10^{-6}$, Gl. (1.5) dagegen $y = 1{,}745 \cdot 10^{-6}$. Beim 1. Wert ist bereits die 2. Ziffer unsicher; er ist um 18% zu klein.

1.2.2.4 Datenfehler. In der Elektrotechnik muß man oft mit gemessenen Daten rechnen, sollte dann aber stets daran denken, daß diese wegen der endlichen Klassengenauigkeit der eingesetzten Meßgeräte meist in der 3. oder 4. Stelle unsicher sind. Wie sich solche Meßfehler auswirken können, zeigt das folgende Beispiel.

Beispiel 1.6. Die Schaltung in Bild 1.3 enthält zwei Quellen mit den inneren Widerständen $R_1 = R_2 = 1\,\Omega$ und den Verbraucherwiderstand $R_a = 100\,\Omega$. Es soll der Strom $I_a = 2\mathrm{A}$ fließen. Die Kirchhoffschen Gesetze (s. Abschn. 2.1) verlangen, daß dann die Gleichungen

$$I_1 + I_2 = I_a$$
$$R_1 I_1 + R_a I_a = U_{q1}$$
$$R_2 I_2 + R_a I_a = U_{q2}$$

erfüllt sind. Wenn die Quellenspannungen U_{q1} und U_{q2} frei wählbar sind, gibt es für diese Aufgabe beliebig viele Lösungen. Die in Tafel 1.4 wiedergegebenen beiden Möglichkeiten sind leicht überprüfbar.

Tafel 1.4 Lösungen für Beispiel 1.6

	a	b
U_{q1} in V	201	202
U_{q2} in V	201	200
I_1 in A	1	2
I_2 in A	1	0

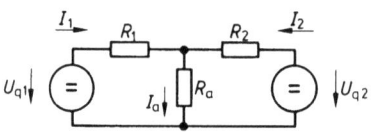

1.3 Elektrisches Netzwerk

1.2.2 Genauigkeit   17

Man erkennt, daß eine geringfügige Änderung der Quellenspannungen (z. B. vorgetäuscht durch die Meßwerte von 2 Spannungsmessern mit der Klassengenauigkeit 0,5) eine sehr unterschiedliche Stromverteilung verursachen kann.

Dies ist ein etwas krasses Beispiel, das nichts über die Güte eines Taschenrechners oder das verwendete numerische Verfahren aussagt; es macht vielmehr deutlich: Grundlage einer Berechnung, die gute Ergebnisse bringen soll, sind z u v e r l ä s s i g e   E i n g a b e d a t e n. Und Meßdaten darf man stets nur unter Beachtung der möglichen Meßfehler einsetzen.

Auch weist dieses Beispiel darauf hin, daß es Schaltungen gibt, die sehr e m p f i n d l i c h auf Änderungen bestimmter Größen reagieren und sich bei den unvermeidbar auftretenden Toleranzen sehr unterschiedlich verhalten. Der Mathematiker spricht dabei von s c h l e c h t   k o n d i t i o n i e r t e n Gleichungssystemen [36]. Einflüsse von Bauelement- und anderen Toleranzen sollten daher immer sorgfältig untersucht werden — Taschenrechnerprogramme erleichtern dies ganz wesentlich.

1.2.2.5 Register-Vergleich. Wenn man im Vertrauen auf die Gesetze der Mathematik auf die Ergebnisse von Beispiel 1.2 bis 1.5 den Vergleich $x = t$ anwendet und hiervon beispielsweise weitere Iterationen oder andere Schleifen abhängig macht, kann der Rechner wegen der ungenau berechneten Werte nicht wie erwartet reagieren, sondern er wird u. U. eine unendliche Folge von Schleifen bearbeiten und zu keinem abschließenden Ergebnis kommen. In solchen Fällen muß man entweder durch sinnvolles Runden und Löschen der überflüssigen Ziffern über die Taste EE (s. Abschn. 1.2.3.2) den Vergleich $x = t$ ermöglichen oder ihn auf $x \geq t$ oder $x < t$ oder auch auf $|x - t| < \epsilon$ umstellen.

Ähnliche Schwierigkeiten ergeben sich auch beim numerischen Suchen von Nullstellen (Modulprogramme ML-08 und EE-09), wenn man z. B. die Genauigkeit $\epsilon \leq 10^{-a}$ anstrebt, die Nullstelle aber bei $x > 10^{(13-a)}$ auftritt und daher die interne Stellenzahl einen zu kleinen Umfang für diesen Exponentialbereich aufweist. Man sollte daher Nullstellen nicht mit zu großer Genauigkeit suchen, sondern dies eher mit geringer Genauigkeit beginnen und das Ergebnis u. U. anschließend verfeinern.

Beispiel 1.7. Man bestimme mit den

	Eingaben	und	Befehlen	die	Anzeigen
a)	30		2nd sin −		0.5
	60		2nd cos =		−1.2 −12
			CLR		
b)	30		2nd sin −		0.5
	60		2nd cos EE =		0. 00

Ein Vergleich $x = t$ mit den Tastenfolgen unter a) würde also einen mathematisch nicht vorhandenen Unterschied anzeigen, während das Eintasten von EE nach der Anzeige des ungenau berechneten Wertes cos 60° den Vergleich ermöglicht. Nach Abschn. 1.2.3.2 werden nach Eintasten von **EE** jeweils die in der Anzeige nicht sichtbaren Stellen gelöscht.

1.2 Einstellen auf Ingenieuraufgaben

1.2.3 Anzeigeformate

EDV-Anlagen können den Benutzer mit Informationen überschwemmen. Man muß sie auf ein ü b e r s c h a u b a r e s und ein der zu lösenden Aufgabe angepaßtes M a ß r e d u z i e r e n. So sind die z. B. zehnziffrigen Anzeigen von Taschenrechnern für den Ingenieur in den meisten Fällen schon zu umfangreich.

Folgende Beispiele mögen dies verdeutlichen: Ganz sicher kann z. B. ein Kondensator mit der berechneten Kapazität $C = 2{,}4362384 \cdot 10^{-8}$ F in dieser Genauigkeit serienmäßig nicht hergestellt werden, und die Zehnerpotenz wird hier in einer in der Technik nicht üblichen Form angegeben. Eine berechnete Windungszahl $N = 52{,}60398645$ kann man nur mit 52 oder 53 Windungen realisieren. Ein für eine vollsymmetrische Dreiecksfunktion berechneter Fourier-Koeffizient $b_6 = -9{,}61666667 \cdot 10^{-12}$ ist nach der Theorie Null; er ergibt sich hier nur aufgrund von Rechnerfehlern (s. Abschn. 1.2.2.2), die bei der angewandten Summierung von Sinuswerten nicht zu vermeiden sind. Solche falschen Werte sollte aber ein gutes Programm unterdrücken.

Beim R e c h e n s c h i e b e r kann man auf seiner Normalskala Zahlenwerte, die mit einer 1 beginnen, und einige Sonderskalen vierziffrig ablesen. Alle übrigen Werte können nur dreiziffrig ermittelt werden. Dies reicht für viele Ingenieuraufgaben aus.

Zu beachten ist ferner, daß e l e k t r i s c h e M e s s u n g e n, die Grundlage solcher Berechnungen sind, aufgrund ihrer Klassengenauigkeit oder anderer Fehlermöglichkeiten in der 4. Ziffer unsicher sind, daß in vielen Berechnungen Sicherheitszuschläge oder Sicherheitsfaktoren einbezogen werden, die eine sehr genaue Bemessung überflüssig machen, und daß die eingesetzten Bauelemente unvermeidbare T o l e r a n z e n aufweisen oder auf 6 Ziffern Genauigkeit auszusuchende Einzelteile nicht zu bezahlen sind.

Andererseits ist zu beachten, daß für einige Berechnungen (z. B. in der Matrizenrechnung) das interne Rechnen mit 13 Ziffern gelegentlich nicht ausreicht. Es ist also sinnvoll, daß die Datenregister eine große Ziffernzahl aufnehmen können und i n t e r n e R e c h e n o p e r a t i o n e n s t e t s mit der g r ö ß t m ö g l i c h e n Z i f f e r n z a h l ablaufen — zumal dies keinen zusätzlichen Aufwand erfordert.

Die A n z e i g e sollte jedoch s i n n v o l l g e r u n d e t sein. Taschenrechner können die in DIN 1333 festgelegten Regeln für das Runden automatisch berücksichtigen; diese vorteilhafte Möglichkeit sollte man daher nutzen. Man muß das Anzeigeformat im allgemeinen dem vorliegenden Zweck anpassen, kann es also nicht einmal endgültig wählen. Es soll nun an einem Beispiel gezeigt werden, wie man geeignete Anzeigeformate einstellt, was man dann zu beachten hat und wo sie beispielsweise angewendet werden können.

Beispiel 1.8. Der Rechengang

Eingabe	Befehle
3	÷
17	= x
10	= x
10	=

soll in den folgenden unterschiedlichen Formaten angezeigt werden. (Ihre Vor- und Nachteile werden anschließend erläutert.) Man stellt den Rechner vorher jeweils durch Aus- und Einschalten auf das normale Anzeigeformat zurück und schreibt das abweichende Anzeigeformat dann v o r jeder Berechnung neu vor.

a)	Standardanzeige	.1764705882
		1.764705882
		17.64705882
b)	2nd Eng	176.47059−03
		1.7647059 00
		17.647059 00
c)	2nd Eng 2nd Fix 3	176.471−03
		1.765 00
		17.647 00
d)	EE 2nd Fix 3	1.765−01
		1.765 00
		1.765 01
e)	EE 2nd Fix 3	176.500−03
	(Im Anschluß an die 1. Teil-	1.765 00
	rechnung außerdem EE 2nd Eng)	17.650 00
f)	2nd Fix 0	0.
		2.
		18.

1.2.3.1 Standardanzeige. Die ohne jedes weitere Zutun sich einstellende, in Beispiel 1.8a gefundene zehnziffrige Standardanzeige ist für die meisten technischen Berechnungen zu umfangreich und daher unzweckmäßig. Sie ist nur sinnvoll, wenn sie als Ausgangsgröße für spätere Berechnungen durch Schreiben oder Drucken festgehalten werden muß.

1.2.3.2 Exponentialformat. Es ist in der einfachen Form für das Eingeben technischer Werte oder die Anzeige sehr kleiner oder sehr großer Werte nützlich. Man stellt es über die Taste EE ein. Welche Wirkungen außerdem noch erzielt werden, zeigt das folgende Beispiel.

Beispiel 1.9. Es soll untersucht werden, welche Zahlenteile durch die Taste EE gelöscht werden. Hierfür wird Abschn. 1.2.1.1 angewandt.

Man bestimme mit den

	Eingaben	und	Befehlen	die Anzeigen
a)	3 EE 7		÷	
	17		= STO 1	1.7647059 06
			2nd Int	1.764705 06
			RCL 1 INV 2nd Int	8.82352 −01

20   1.2 Einstellen auf Ingenieuraufgaben

	Eingabe	Befehle	Anzeige
b)		**CLR**	
	3	÷	
	17	=	.1764705882
		− **EE** =	3.52 −11
c)		**CLR EE 2nd Fix 3**	
	3 EE 7	÷	
	17	= **STO 1**	1.765 06
		INV 2nd Fix INV EE 2nd Int	1764705.
		RCL 1 INV 2nd Int	0.882352
d)		**EE 2nd Fix 3**	
	3 EE 7	÷	
	17	= **EE STO 1**	1.765 06
		INV 2nd Fix INV EE 2nd Int	1765000.
		RCL 1 INV 2nd Int	0.

Alle Rechnungen weisen zunächst nochmals darauf hin, daß jedes Betätigen der Taste **EE** − auch zur Eingabe einer Zahl mit Exponent − alle folgenden Anzeigen in das Exponentialformat bringt. Erst die Befehle **CLR** oder **INV EE** oder **INV Eng** heben dieses Anzeigeformat wieder auf. Die Beispiele a) und c) beweisen, daß trotzdem intern mit 13 Ziffern weitergerechnet wird.

Nach b) und d) wird durch den Befehl **EE** außerdem der v o m D i s p l a y n i c h t a n g e z e i g t e , aber im Anzeigeregister noch enthaltene hintere Z a h l e n t e i l durch diesen Befehl **EE** g e l ö s c h t. Wie d) zeigt, kann man auf diese Weise auf beliebige Anzahlen von Ziffern runden.

Nach [44] soll für diese Operation die Tastenfolge **EE INV EE** erforderlich sein. Dieser Hinweis ist mißverständlich. Tatsächlich genügt der Befehl **EE**; die Tasten **INV EE** bringen lediglich die Anzeige auf das vorher eingestellte Format (z. B. Standardformat oder Festkomma) zurück.

1.2.3.3 Technisches Anzeigeformat. Diese Abwandlung des Exponentialformats hat in ihrer einfachen Form entsprechend Beispiel 1.8b nur geringe Vorteile gegenüber dem Exponentialformat, indem es ein Arbeiten mit Vorsätzen für die Einheiten nach Tafel 1.8 erleichtert.

Man beachte, daß man bei vorgeschriebenem Format **2nd Eng** eine Zehnerpotenz nur im Anschluß an den Befehl **EE** eingeben kann.

1.2.3.4 Festkomma-Einstellung. Sie scheint wegen der meist auftretenden großen Zahlenbereiche für technische Zwecke wenig brauchbar zu sein. Trotzdem ergeben sich für sie einige nützliche Anwendungsbereiche.

2nd Fix 0. Diese Schrittfolge sorgt nach Beispiel 1.8f dafür, daß die Anzeige a u f g a n z e Z a h l e n g e r u n d e t wird. Dies ist z. B. sinnvoll, wenn nur ganze Zahlen technisch realisierbar sind (z. B. Windungs-, Leiter-, Zähnezahlen u. ä.).

1.2.3 Anzeigeformate

Mit der Schrittfolge **2nd Int** wird nach Abschn. 1.2.2.1 der Dezimalbruchteil in der Anzeige gelöscht. Dies muß nicht einem Runden nach DIN 1333 gleichkommen. So rundet z. B. **2nd Fix 0** die Anzeige 1.765 auf 2, die Schrittfolge **2nd Int** jedoch auf 1.

Beispiel 1.10. Ein Transformator soll bei dem Fluß $\Phi = 14$ mVs und der Frequenz $f = 50$ Hz die sekundäre Leerlaufspannung $U_{20} = 24$ V aufweisen. Welche Windungszahl muß die Sekundärwicklung erhalten?

Es gilt nach Band I und II die Spannungsgleichung $U = \sqrt{2}\,\pi f N \Phi$ und daher für die Windungszahl

$$N = \frac{U}{\sqrt{2}\,\pi f \Phi}$$

Daher ist der Rechengang

Größe	Eingabe	Befehle	Anzeige	Größe
U_{20}	24	$\div$	24.	U_{20}
	2	$\sqrt{x} \div$ 2nd $\pi \div$	5.401897897	
f	50	$\div$	.1080379579	
Φ	14 EE 3 +/−	=	7.716997 00	
		2nd Fix 0	8.00	N

Es sind also $N = 8$ Windungen vorzusehen. (Hierdurch wird allerdings entweder die gewünschte Sekundärspannung leicht überschritten, oder es muß die primäre Windungszahl entsprechend angepaßt werden.)

2nd Fix 1. Für Angaben von Pegeln in dB oder Phasenwinkeln, die normalerweise im Bereich $-180° \leq \varphi \leq 180°$ vorkommen, ist meist ein Runden auf eine Stelle nach dem Komma sinnvoll.

2nd Fix 2. Preise, Fertigungskosten u. ä. werden meist in Mark und Pfennig ausgewiesen, also mit 2 Stellen nach dem Komma angezeigt.

Beispiel 1.11. Das Spannungsverhältnis $U_a/U_e = 147$ soll in Dezibel angegeben werden.
Nach Abschn. 2.4.2 gilt

$$F_{dB} = 20 \log (U_a/U_e)$$

und daher ergeben sich mit den

Eingaben	und Befehlen	die Anzeigen
147	2nd Fix 1	147.0
	2nd log × 20 =	43.3

Daher gilt $U_a/U_e = 147 \triangleq 43{,}3$ dB.

2nd Fix 3 oder 2nd Fix 4. Auf einigen technischen Gebieten arbeitet man gern mit p e r - u n i t - G r ö ß e n , d. h. mit relativen Größen, die auf Nennwerte bezogen sind. Sie haben meist Werte $x < 10$ oder $x < 1$, so daß sich hier eine sinnvolle vier- oder fünfziffrige Anzeige mit der angegebenen Schrittfolge einstellt.

22   1.2 Einstellen auf Ingenieuraufgaben

1.2.3.5 Kombinierte Anzeigeformate. Die in Abschn. 1.2.3.2 bis 1.2.3.4 erläuterten Anzeigeformate können miteinander kombiniert werden; auf diese Weise erreicht man i n g e n i e u r g e r e c h t e Anzeigen.

Wenn man berücksichtigt, daß fast alle Eingabedaten nur beschränkt genau sind und die Anzeigen auch als Vorgabe für zu dimensionierende Bauteile oder als Eigenschaften von Baugruppen, Geräten oder Anlagen nur begrenzt genau bestimmt werden müssen, dürfte es für die meisten technischen Größen ausreichen, sie mit 4 Ziffern ihres Zahlenwerts zu kennzeichnen. Solche Angaben sind noch gut mit einem Blick zu überschauen; man kann sie noch leicht niederschreiben, ohne Fehler zu begünstigen, und u. U. auch noch behalten.

Vierziffriges Exponentialformat. Mit der Tastenfolge

    EE 2nd Fix 3

erreicht man eine vierziffrige Anzeige im Exponentialformat. Dieses Anzeigeformat genügt zwar noch nicht allen Ansprüchen, da man nach DIN 1301 das Ergebnis als Zahlenwert $1 \leqslant \{x\} \leqslant 9999$ mit Vorsatz bei der Einheit (s. Tafel 1.8) mitteilen soll, wird jedoch in diesem Buch wegen seiner knappen Form bevorzugt. Der Anfänger muß sich zunächst an die Exponentialschreibweise gewöhnen; dies sollte Ingenieuren aber nicht schwerfallen.

Die angegebene Tastenfolge kann auch vor dem Einschalten eines Modul-Programms eingegeben werden. Sie liefert beim Anwenden eines Druckers übersichtliche Zahlenkolonnen (s. Beispiel 1.8d).

Es wird empfohlen, diese Schrittfolge unmittelbar vor dem eigentlichen Rechengang einzutasten. Da nach **EE** keine Zahl eingegeben werden darf, da sie sonst als Exponent gewertet würde, sollte man die angegebene T a s t e n f o l g e e i n h a l t e n.

Durch jeden Befehl **CLR** wird **EE** aufgehoben und muß dann erneut eingetastet werden (z. B. auch beim Modul-Programm ML-02). Es ist zweckmäßig, die angegebene Schrittfolge in hierfür geeignete Programme einzubauen.

Da einige Bauelemente in ihren Kennwerten mit 2 oder 3 Ziffern genormt sind, kann es u. U. auch sinnvoll sein, mit den Befehlen **EE 2nd Fix 1** oder **EE 2nd Fix 2** eine zwei- oder dreiziffrige Anzeige im Exponentialformat vorzuschreiben. Dann müssen mit den ebenfalls fertigungstechnisch unvermeidbaren Toleranzen der Bauelemente die Eigenschaften der Schaltungen, Geräte und Anlagen nachgerechnet werden, was man mit Taschenrechnerprogrammen besonders rationell vornehmen kann.

Beispiel 1.12. Der Widerstand $R = 2{,}6 \text{ k}\Omega$ liegt an der Spannung $U = 220 \text{ V}$. Es ist der Strom I vierziffrig im Exponentialformat zu bestimmen.

Nach dem Ohmschen Gesetz gilt $I = U/R$ und man erhält den Rechengang

1.2.3 Anzeigeformate

Größe	Eingabe	Befehle	Anzeige	Größe
		EE 2nd Fix 3		
U	220	÷	2.200 02	U
R	2.6 EE 3	=	8.462 −02	I

Es fließt also der Strom I = 84,62 mA.

Technisches Anzeigeformat mit Festkomma. Nach der Tastenfolge

    2nd Eng 2nd Fix 3

ergibt sich der Vorteil, daß die Anzeige nur Exponenten als Vielfache von 3 kennt, also die Vorsätze nach DIN 1301 (s. Tafel 1.8) leicht angewendet werden können. Diese Befehle haben aber den Nachteil, daß die Anzeige 4 bis 6 Ziffern enthält. Beim Hinschreiben des Ergebnisses müssen also u. U. die beiden letzten Stellen noch manuell gerundet werden, wenn man, wie für Ergebnisse in der Elektrotechnik sinnvoll, nur 4 Ziffern angeben will. Wenn nebeneinander große und kleine Zahlenwerte auftreten, wenn also z. B. Schaltungen in Widerständen und Kapazitäten zu dimensionieren sind, kann dieses Anzeigeformat vorteilhaft angewendet werden.

Beispiel 1.13. Welche Kapazität C führt an der Spannung U = 15 V bei der Frequenz f = 800 Hz den Strom I = 6 mA?

Nach Abschn. 2.2.1 ist der Strom I = 2 πfCU, und daher gilt für die gesuchte Kapazität

$$C = \frac{I}{2\pi f U}$$

Man erhält den Rechengang

Größe	Eingabe	Befehle	Anzeige	Größe
		2nd Fix 3 2nd Eng		
I	6 EE 3 +/−	÷	6.000 −03	I
	2	÷ 2nd π ÷	954.930 −06	
f	800	÷	1.194 −06	
U	15	=	79.577 −09	C

und daher die Kapazität C = 79,6 nF.

Vierziffriges technisches Anzeigeformat. Wenn man mit den Taschenrechnern TI 58 und TI 59 zunächst mit **EE 2nd Fix 3** ein vierziffriges Exponentialformat vorschreibt, kann man nach Beispiel 1.8e die Anzeige durch die Tastenfolge

    EE 2nd Eng

zunächst durch Löschen der nicht angezeigten Ziffern und Hinzufügen weiterer Nullen in eine Anzeige im technischen Format mit 4 gültigen (und richtig gerundeten) Ziffern umwandeln. (Die überflüssigen Nullen sollte man dann bei der Niederschrift fortlassen.)

24   1.2 Einstellen auf Ingenieuraufgaben

Anschließend würde im technischen Format mit 3 Nachkommastellen weitergerechnet werden. Um dies zu verhindern, muß man nach Kenntnisnahme der Anzeige mit den Tasten

INV 2nd Eng EE

auf das vierziffrige Exponentialformat zurückstellen. Diese Schrittfolgen kann man als Unterprogramme, abrufbar über die Tasten **A** bis **E′** oder andere Label, in für sie geeignete Programme einbauen. Man muß allerdings im Programm dafür sorgen, daß nicht mit dem auf diese Weise gerundeten Wert, sondern mit dem vor der Änderung des Anzeigeformats vorhandenen, vollständigen Zahlenwert weitergerechnet wird. Das Programm 4.3 enthält mit dem Unterprogramm **2nd E′** eine hierfür geeignete Schrittfolge. Außerdem kann man auch, wie beim vierziffrigen Exponentialformat erläutert, auf nur 2- oder 3-ziffrige Anzeigen im technischen Format runden.

Beispiel 1.14. Man bestimme mit den

Eingaben	und	Befehlen	die	Anzeigen	
		EE 2nd Fix 3			
3		÷			
17		= STO 1		1.765	−01
		EE 2nd Eng		176.500	−03
		INV 2nd Fix RCL 01		176.47059	−03
		INV 2nd Eng		.1764705882	

Während der 1. Anzeige steht also noch das volle 13-ziffrige Ergebnis im Anzeigeregister. Mit dem anschließenden Befehl **EE** werden die nicht angezeigten Stellen gelöscht und durch den folgenden Befehl **2nd Eng** durch Nullen ersetzt. Durch die Befehle **INV 2nd Fix** und **INV 2nd Eng** kann man zur Standardanzeige zurückkehren. Der Befehl **INV EE** ist offenbar in **INV 2nd Eng** enthalten.

1.2.3.6 Unterdrücken falscher Anzeigen. Das in Abschn. 1.2.3.5 behandelte ingenieurgerechte Runden sorgt meist ausreichend dafür, daß technisch nicht relevante Stellen bzw. Ziffern bzw. die falschen Stellen gar nicht angezeigt, also die Auswirkungen von Rechnerfehlern nach Abschn. 1.2.2.2 vermieden werden. Es würde allerdings die in Beispiel 1.4 bis 1.6 bestimmten falschen Ausgabedaten nicht verhindern. In diesen Fällen muß der Benutzer selbst merken, daß er falsche Ergebnisse erhalten hat und welche Ursachen hierfür vorliegen.

Außerdem sollten im Verhältnis zu anderen Größen relativ kleine und somit technisch nicht zu beachtende Werte unterdrückt werden.

Meist liegt es nahe, eine bestimmte Größe als Bezug zu wählen und dann durch geeignete Vergleiche (z. B. über $x \leq t$) Zahlenwerte, die z. B. kleiner als $0{,}1\,^0/_{00}$ dieser Bezugsgröße sind, mit 0 auszugeben. Beispiele hierfür enthalten die Programme 4.11 und 4.19.

1.2.4 Winkelmodus

Die hier betrachteten Taschenrechner können die Winkel in den Einheiten
Grad (°) − eingestellt nach jedem Einschalten oder über den Befehl **2nd Deg** −
Radiant (rad) − vorgeschrieben über den Befehl **2nd Rad** − und
Gon (gon) (s. DIN 1301) − festgelegt durch **2nd Grad** −

angeben. Während die Winkeleinheit Gon für elektrotechnische Größen nicht benutzt wird, gibt man Phasenwinkel im allgemeinen in ° an. Gelegentlich (z. B. für Zeitwerte von Sinusfunktionen oder in der Leitungstheorie) arbeitet man auch mit dem Bogenmaß, also in der Einheit rad.
Die Rechner TI 58 und TI 59 sind nach dem Einschalten stets auf den Winkelmodus ° eingestellt. Dann ist z. B. bei den Umrechnungen mit

2nd P → R und **INV 2nd P → R**

der Winkel in der Einheit ° einzugeben bzw. wird in ° angezeigt.

Die Modul-Programme ML-04 bis 06 und EE-04 bis 06 arbeiten mit dem Winkelmodus rad, wenn die Daten z. B. über die Programmtasten **A** oder **2nd A'** eingegeben werden. Wenn anschließend ein Ergebnis aus der komplexen Komponentenform in die komplexe Polarform mit einer Winkelangabe in ° umgewandelt werden soll (s. Abschn. 2.2.3), muß vorher über die Tastenfolge

2nd Deg

dieser Winkelmodus eingestellt werden (s. Beispiel 2.17). Mit der Tastenfolge

2nd Rad

erhält man dagegen den Winkelmodus rad, also Angaben im Bogenmaß. Wenn beide Einheiten nebeneinander auftreten, muß man sie ineinander umrechnen; hierfür gilt

$$180° = \pi \text{ rad} \tag{1.8}$$

Beispiel 1.15. Es soll der Zeitwert $u = \hat{u} \sin(\omega t) = \sqrt{2}\, U \sin(2\pi f t)$ der normalen Netzspannung $U = 220$ V bei der Frequenz $f = 50$ Hz für die Zeit $t = 12{,}5$ ms bestimmt werden.

Man erhält den Rechengang

Größe	Eingabe	Befehle	Anzeige	Größe
		EE 2nd Fix 3 2nd Rad		
	2	x 2nd π x		
f	50	x	3.142 02	ω
t	12.5	EE 3 +/− = 2nd sin x	−7.071 −01	
	2	√x x	−1.000 00	
U	220	=	−2.200 02	u

Der Zeitwert beträgt also $u = -220$ V.

26 1.2 Einstellen auf Ingenieuraufgaben

Beispiel 1.16. Es soll für den komplexen Strom $\underline{I}$ = 1,37 A $\underline{/-30°}$, der die Frequenz f = 50 Hz hat, der Zeitwert i für die Zeit t = 3,5 ms berechnet werden.

Nach Band I und [55] gilt mit der Kreisfrequenz $\omega = 2\pi f$ und Gl. (2.22) für den Zeitwert des Sinusstroms

$$i = \sqrt{2}\, I \sin(\omega t + \varphi_I) = \sqrt{2}\, I \sin\left(\frac{2\pi f \cdot 180°}{\pi} t + \varphi_I\right)$$

$$= \sqrt{2} \cdot 1{,}37\, \text{A} \sin\left[360° \cdot 50\, \text{Hz} \cdot 3{,}5\, \text{ms} - 30°\right]$$

Hier ist der Rechengang

Größe	Eingabe	Befehle	Anzeige	Größe
		EE 2nd Fix 3		
	360	×	3.600 02	
f	50	×	1.800 04	
t	3.5	EE 3 +/− = −	6.300 01	
φ_I	30	= 2nd sin ×	5.446 −01	
	2	√x ×	7.702 −01	
I	1.37	=	1.055 00	i

Der Strom hat also den Zeitwert i = 1,055 A.

1.2.5 Nützliche Besonderheiten

Es wird hier auf Besonderheiten der Rechner TI 58 und TI 59 hingewiesen, die nicht unmittelbar aus den Benutzerhandbüchern [44], [49] herauszulesen oder dort überhaupt nicht angegeben sind. Sie können mit Vorteil genutzt werden, sorgen aber gelegentlich auch für Schwierigkeiten. Vollständig kann diese Zusammenstellung allerdings nicht sein.

1.2.5.1 T-Register. Das T-Register kann nach [44] in vielfältiger Weise für Vergleiche und bei der Umwandlung von Polar- in rechtwinkelige Koordinaten und umgekehrt eingesetzt werden. Hier wird noch darauf hingewiesen, wie es als Zwischen- oder Konstantenspeicher genutzt werden kann und welche Einschränkungen zu beachten sind.

Rechnen mit einer Konstanten. Gelegentlich sollen einige Werte um einen bestimmten Faktor oder Summanden verändert werden − z. B. in der Prozent- und Zinsrechnung − oder wenn für einige Ergebnisse falsche Faktoren oder Summanden benutzt wurden und dies für mehrere Werte korrigiert werden muß. Einige Rechner haben hierfür eine besondere Konstantentaste. Es kann aber auch, ohne die normalen Datenregister etwas umständlich einsetzen zu müssen, hierfür recht vorteilhaft das T-Register über den Befehl x ⇄ t benutzt werden. Konstante Subtrahenden und Divisoren wandelt man vorher in Summanden und Faktoren um.

Beispiel 1.17. Die Zahlenwerte 1,734, 15,98 und 213,9 sollen um den Betrag 27,54 vergrößert werden.

1.2.5 Nützliche Besonderheiten 27

Man erhält über die

Eingaben	und	Befehle	die	Anzeigen
		EE 2nd Fix 3		
27.54		+ x ⇄ t		
1.734		=		2.927 01
		x ⇄ t + x ⇄ t		
15.98		=		4.352 01
		x ⇄ t + x ⇄ t		
213.9		=		2.414 02

Beispiel 1.18. Die Ströme $I_1 = 3{,}74$ A, $I_2 = 4{,}97$ A und $I_3 = 2{,}53$ A sind um den Betrag $\Delta I = 1{,}28$ A zu groß gemessen worden. Es müssen daher die richtigen Werte berechnet werden.

Man findet mit dem Rechengang

Größe	Eingabe	Befehle	Anzeige	Größe
ΔI	1.28	+/− + x ⇄ t		
I_1	3.74	=	2.46	I_1'
		x ⇄ t + x ⇄ t		
I_2	4.97	=	3.69	I_2'
		x ⇄ t + x ⇄ t		
I_3	2.53	=	1.25	I_3'

Beispiel 1.19. Der Stromverzweigung nach Bild 1.5 wird der konstante Strom $I_q = 17{,}9$ mA zugeführt. Wie groß sind die Ströme I_1, wenn nacheinander die Ströme $I_{2a} = 8{,}75$ mA, $I_{2b} = 3{,}96$ mA und $I_{2c} = 13{,}56$ mA eingestellt werden?

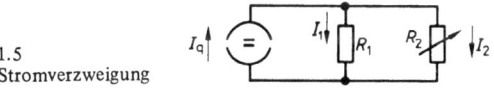

1.5 Stromverzweigung

Man erhält den Rechengang

Größe	Eingabe	Befehl	Anzeige	Größe
I_q	17.9	− x ⇄ t		
I_{2a}	8.75	=	9.15	I_{1a}
		x ⇄ t − x ⇄ t		
I_{2b}	3.96	=	13.94	I_{1b}
		x ⇄ t − x ⇄ t		
I_{2c}	13.56	=	4.34	I_{1c}

Beispiel 1.20. Durch den Widerstand $R = 15{,}67\ \Omega$ fließen nacheinander die Ströme $I_1 = 0{,}345$ A, $I_2 = 0{,}62$ A und $I_3 = 1{,}13$ A. Es sollen die Verluste bestimmt werden.
Nach Band I und [54] gilt für die Stromwärmeverluste $P_{Cu} = RI^2$. Daher ergibt sich der Rechengang

28   1.2 Einstellen auf Ingenieuraufgaben

Größe	Eingabe	Befehle	Anzeige	Größe
		EE 2nd Fix 3		
R	15.67	x x ⇄ t		
I_1	.345	x^2 =	1.865 00	P_{Cu1}
		x ⇄ t x x ⇄ t		
I_2	.62	x^2 =	6.024 00	P_{Cu2}
		x ⇄ t x x ⇄ t		
I_3	1.13	x^2 =	2.001 01	P_{Cu3}

Beispiel 1.21. Für 25 W-, 40 W- und 60 W-Glühlampen soll der Strom I bei Anschluß an die Spannung U = 220 V bestimmt werden.

Für die Leistung gilt nach Band I und [54] allgemein P = UI, für den Strom also I = P/U, und es ergibt sich der Rechengang

Größe	Eingabe	Befehle	Anzeige	Größe
		EE 2nd Fix 3		
U	220	1/x x x ⇄ t		
P_1	25	=	1.136 −01	I_1
		x ⇄ t x x ⇄ t		
P_2	40	=	1.818 −01	I_2
		x ⇄ t x x ⇄ t		
P_3	60	=	2.727 −01	I_3

Beispiel 1.22. In einem elektrischen Gerät fließt der Strom I = 14,67 A. Zur Verfügung stehen Drähte mit den Durchmessern d_1 = 1,5 mm, d_2 = 1,7 mm und d_3 = 2,2 mm. Welche Stromdichten würden sich für sie ergeben?

Nach Band I und [54] ist mit dem Drahtquerschnitt $A = \pi d^2/4$ die Stromdichte

$$S = \frac{I}{A} = \frac{4I}{\pi d^2}$$

Daher ist der Rechengang

Größe	Eingabe	Befehle	Anzeige	Größe
		CLR 2nd Fix 3		
	4	x		
I	14.67	÷ 2nd π = ÷ x ⇄ t		
d_1	1.5	x^2 =	8.302	S_1
		x ⇄ t ÷ x ⇄ t		
d_2	1.7	x^2 =	6.463	S_2
		x ⇄ t ÷ x ⇄ t		
d_3	2.2	x^2 =	3.859	S_3

(Je nach Güte der Kühlung sind meist Stromdichten im Bereich 2 A/mm² ⩽ S ⩽ 7 A/mm² zulässig.)

1.2.5 Nützliche Besonderheiten   29

Beispiel 1.23. Man bestimme die auf 47 folgenden nächsten 3 Normzahlen der Reihe E 24.

Viele Kennwerte (z. B. Widerstände, Kapazitäten, Drahtdurchmesser, Nennleistungen und -ströme – s. DIN 41 311, 41 431 bis 41 447, 41 572 bis 45 577, 41 660 bis 41 662, 41 668, 41 677, 41 687, 42 500 bis 42 524, 43 620, 43 635, 46 416, 46 460 bis 46 464) sind nach Normzahlreihen entsprechend DIN 323 oder 41 426 gestuft. Mit der Normzahlreihe R 10 kann man auch sehr einfach eine lineare Unterteilung in eine logarithmische Skala zur Basis 10 umbenennen.

Normzahlreihen bilden nach DIN 323 mit r als Anzahl der Stufen je Dezimalbereich und dem Stufensprung

$$q = \sqrt[r]{10}$$

(unendliche) geometrische Reihen, und es gilt für die auf n_m folgende Normzahl

$$n_{m+1} = q n_m$$

Die Hauptwerte sind meist auf 1 bis 3 Ziffern (mit beliebiger Zehnerpotenz) gerundet. Bei der Grundreihe R 20 ist beispielsweise r = 20, bei der Reihe E 24 entsprechend r = 24.

Daher ist der Rechengang

Größe	Eingabe	Befehle	Anzeige	Größe
		2nd Fix 0		
	10	INV y^x		
r	24	= x x $\rightleftarrows$ t		
n_m	47	=	52	n_{m+1}
		x $\rightleftarrows$ t x x $\rightleftarrows$ t =	57	n_{m+2}
		x $\rightleftarrows$ t x x $\rightleftarrows$ t =	63	n_{m+3}

Anwendungsgrenzen. Das T-Register wird genutzt

– für Umwandlungen mit den Tasten **2nd P → R**,
– für Vergleiche (z. B. x = t oder x ⩾ t),
– für Ein- und Ausgabe von Modul-Programmen (z. B. ML-04 bis 06 und EE-03 bis 09),
– als Zwischenspeicher (z. B. vor Druckoperationen) und
– als Konstantenspeicher.

Man hat dann darauf zu achten, daß sich diese Anwendungen nicht überschneiden. Daher sollte man das T-Register stets nur kurzzeitig belegen und es nicht mehr nach vielen Programmschritten oder nach Einschalten von Unterprogrammen aufrufen.

Ferner ist Vorsicht geboten, wenn es in Verbindung mit Modul-Programmen zusätzlich in Zwischenschritten genutzt werden soll. Man kann auf diese Weise u. U. Ergebnisse verfälschen. So wäre es beim Lösen komplexer Gleichungssysteme mit dem Modul-Programm ML-02 vorteilhaft, wenn man beim Eingeben der Koeffizienten zwischendurch die komplexe Exponentialform über **2nd P → R** in die Komponentenform zerlegen dürfte. Dies ist aber nicht zulässig, da nach Eingabe des 1. Koeffizienten der Inhalt des T-Registers verändert wird und so mit x ⇄ t nicht mehr der 2. Koeffizient herangeholt werden kann.

Auch kann man zwar n a c h eingetasteten Modul-Programmen ML-04 bis 06 eine komplexe Größe, die in Polarform vorliegt, über die Befehle **2nd Deg 2nd P → R** in die für diese Programme vorgeschriebene Komponentenform umwandeln, darf dann aber nicht den Imaginärteil im T-Register zwischenspeichern, da nach Drücken der Taste A das T-Register gelöscht wird, der Imaginärteil also verloren geht.

1.2.5.2 Besseres Nutzen des Anzeigeregisters. Es soll mit den folgenden Beispielen gezeigt werden, wie man beim manuellen Rechnen mit dem in der Anzeige stehenden Wert ohne Belegung von Zwischenspeichern weiterrechnen kann. Man darf diese Algorithmen in Programme einbauen und kann so Programmzeilen und Speicherplätze einsparen.

Beispiel 1.24. Man bestimme für $x = 7{,}6759$ folgende Funktionen:

	Eingabe	Befehle	Anzeige
a) $y = x + x^2$		EE 2nd Fix 3	
	7.6759	$+ x^2 =$	6.660 01
b) $y = x + \dfrac{1}{x}$	7.6759	$+ 1/x =$	7.806 00
c) $y = x - \ln x$	7.6759	$- \ln x =$	5.638 00
d) $y = \dfrac{\sin x}{x}$		2nd Rad	
	7.6759	÷ 2nd sin	
		$= 1/x$	1.282 −01

Die Funktion y^x darf nur auf Zahlenwerte $y > 0$ angewendet werden, da Werte $y \leq 0$ zum Blinken führen. Durch geschicktes Anwenden des Inhalts des Anzeigeregisters kann man aber auch bestimmte Potenzen negativer Zahlen bilden. Dies kann man insbesondere in Programmen nutzen.

Beispiel 1.25. Man bestimme für $x = -7{,}6759$ folgende Funktionen:

	Eingabe	Befehle	Anzeige
a) $y = x^3$		EE 2nd Fix 3	
	7.6759	+/− × $x^2 =$	−4.523 02
b) $y = x^5$	7.6759	+/− × $x^2 x^2 =$	−2.665 04

Das Benutzer-Handbuch [44] beschreibt unter V-15, wie man über den Befehl **CE** den Anzeigewert in eine Klammer hineinholen kann, ohne diesen Wert neu eintasten zu müssen. Allerdings wird hierdurch auch das Blinken der Anzeige als Hinweis auf eine Fehlerbedingung gelöscht. Wenn dieses Blinken aufrecht erhalten werden soll, muß man den Blindbefehl **CE** durch **2nd Ind** ersetzen. Die mitgeteilten Algorithmen benutzen interne Register. Der Befehl = schließt daher auch alle übrigen offenen Operationen ab und kann dann Ursache für ein falsches Ergebnis sein.

Daher sollten diese entweder ebenfalls durch den Befehl = vorher vollendet sein, oder die angegebenen Berechnungen sind als Klammeroperationen vorzuschreiben. Beispiele für ein geschicktes Nutzen des Anzeigeregisters zeigen mehrere Modulprogramme (z. B. ML-02) und auch einige Programme von [35].

1.2.5.3 Hyperbel- und Areafunktionen. In der Elektrotechnik (z. B. für die Leitungstheorie) benötigt man gelegentlich Hyperbelfunktionen, die nach [6] als

$$\sinh x = (e^x - e^{-x})/2 \tag{1.9}$$

$$\cosh x = (e^x + e^{-x})/2 \tag{1.10}$$

$$\tanh x = \sinh x/\cosh x \tag{1.11}$$

$$\coth x = 1/\tanh x \tag{1.12}$$

definiert sind, sowie die zugehörigen Areafunktionen

$$\operatorname{arsinh} x = \ln(x + \sqrt{x^2 + 1}) \tag{1.13}$$

$$\operatorname{arcosh} x = \ln(x + \sqrt{x^2 - 1}) \tag{1.14}$$

$$\operatorname{artanh} x = \frac{1}{2} \ln \frac{1+x}{1-x} \tag{1.15}$$

$$\operatorname{arcoth} x = \frac{1}{2} \ln \frac{x+1}{x-1} \tag{1.16}$$

Man kann sie leicht mit dem Modul-Programm ML-06, das grundsätzlich komplexe Argumente verarbeitet, bestimmen, was aus [45] nicht unmittelbar ersichtlich ist. Das Vorgehen wird mit dem folgenden Beispiel erläutert.

Beispiel 1.26. Man bestimme nacheinander – ausgehend von der jeweiligen Anzeige – bei Beschränkung auf eine fünfziffrige Anzeige über die

	Eingaben	und	Befehle	die	Anzeigen
a) sinh 2			2nd Fix 4		
			2nd Pgm 06		
	2		A B x ⇄ t		3.6269
b) arsinh 3,6269			2nd CMs		
			A 2nd B' x ⇄ t		2.0000
c) cosh 2			2nd CMs		
			A C		3.7622
d) arcosh 3,7622			2nd CMs		
			A 0 A 2nd C' x ⇄ t +/−		2.0000
e) tanh 2			2nd CMs		
			A D x ⇄ t		0.9640

32   1.2 Einstellen auf Ingenieuraufgaben

	Befehle	Anzeige
f) artanh 0,9640	**2nd CMs** A **2nd D′** x $\rightleftarrows$ t	2.0000
g) coth 2	**2nd CMs** A D x $\rightleftarrows$ t 1/x	1.0373
h) arcoth 1,0373	**2nd CMs** 1/x A **2nd D′** x $\rightleftarrows$ t	2.0000

Vor dem Berechnen eines neuen Funktionswerts sind die Datenregister über **2nd CMs** zu löschen.

1.2.5.4 Erweiterung der Dekrement-Befehle. Nach [44] kann der Befehl **2nd Dsz** X N nur auf den Inhalt der Datenregister X = 0 bis 9 angewendet werden, und man kann einen Speicher X > 9 gar nicht unmittelbar eintasten. Durch Überschreiben der Zeilen 42 STO xx oder 43 RCL xx durch **2nd Dsz** xx kann man diesen Algorithmus jedoch auf jedes Datenregister (außer R40 – hier wird der Tastenkode 40 als **Ind** gedeutet) anwenden. Man kann auch über andere Tasten (z. B. **INV** für 22) den Kode für das gewünschte Datenregister eintasten (z. B. Programm 4.36). Die erforderliche Schrittfolge zeigt exemplarisch folgendes Beispiel.

Beispiel 1.27. Es soll die Programmschrittfolge

```
050    97  DSZ
051    32  32
052    12  B          verwirklicht werden.
```

Nach GTO 50 LRN wird bei der Anzeige eingetastet

050 00	**STO**			
051 00	32			
052 00	**BST**			
051 32	**BST**	oder einfacher		
050 42	**2nd Dsz**	050 00	**2nd Dsz**
051 32	**SST**	051 00	x $\rightleftarrows$ t
052 00	**B**	052 00	**B**

Während bei dem Befehl **2nd Dsz** X N der Inhalt des Datenregisters X um 1 vermindert wird und das Programm zum Label N verzweigt, wenn dieser Inhalt $\neq 0$ ist, geschieht das gleiche bei dem Befehl **INV 2nd Dsz** X N, wenn dieser Inhalt 0 ist (s. Programm 4.9).

1.2.5.5 Hire-Register. Die Taschenrechner TI 58 und TI 59 enthalten einen internen Datenspeicher mit insgesamt 8 Registern, die z. B. für Klammerrechnungen, also nach Betätigen der Taste **(**, aber u. a. auch für die Operationen y^x, **2nd D.MS**, **INV 2nd D.MS**, **2nd P → R**, **INV 2nd P → R**, **2nd Σ +**, **INV 2nd Σ +**, **2nd $\bar{x}$**, **INV 2nd $\bar{x}$**, **2nd Op 01** bis **04** und **11** bis **15** belegt werden. Er wird Hire-Speicher (von to hire = mieten) genannt; zu ihm gehört der Tastenkode 82 und das Drucksymbol HIR, die in [44] nicht aufgeführt sind.

1.2.5 Nützliche Besonderheiten 33

Tafel 1.6 Belegung der Hire-Register

a) feste Zuordnung

Speicher	Operationen															
	2nd Op				y^x	2nd P→R	INV 2nd P→R	2nd Σ+	INV 2nd Σ+	2nd $\bar{x}$	INV 2nd $\bar{x}$	2nd Op				2nd D.MS	INV 2nd D.MS
H	01	02	03	04								11	12	13	14	15		
1. SW																		
2. SW																		
3. SW																		
4. SW	DK																	
5. SW		DK																
6. SW			DK				B	B	B	B		B				B	B	B
7. SW				DK			B	B	B	B								
8. SW							B		B						B	B	B	B

b) veränderbare Zuordnung, abhängig von der Anzahl der schon eingespeicherten Werte SW

	01	02	03	04	y^x	2nd P→R	INV 2nd P→R	2nd Σ+	INV 2nd Σ+	2nd $\bar{x}$	INV 2nd $\bar{x}$	11	12	13	14	15	2nd D.MS	INV 2nd D.MS
SW+1					B	B	B			B	B	B	B				B	B
SW+2							B				B	B	B	B			B	B
SW+3													B	B	B			
SW+4														B				

SW Speicherwert, DK Druckkode, B belegt

34   1.2 Einstellen auf Ingenieuraufgaben

Zugriff. Mit den für das Drucken alphanumerischer Zeichen vorgesehenen Befehlen **2nd Op 01** bis **04** kann man die Register H5 bis H8 entsprechend Tafel 1.6 unmittelbar (allerdings nur mit Dezimalbrüchen, die mit .00 beginnen – s. Beispiel 1.29) mit Inhalten versorgen und mit **2nd Op 00** entsprechend wieder alle löschen. Mit der Tastenfolge 0 + (0 + (0 + (0 + kann man ferner die Speicher H1 bis H4 auf 0 setzen; die Befehle **2nd CMs** und **2nd CP** wirken nicht auf die Hire-Register.

Es gibt keine einfache Tastenfolge, die einen anderen Zugriff ermöglicht. Dagegen kann man in Programmen eine Schrittfolge erreichen, die die in Tafel 1.7 aufgeführten Operationen ausführt, wenn man den Tastenkode XY im Anschluß an den Hire-Befehl (Tastenkode 82) verwirklicht.

T a f e l 1.7 Einzustellender Tastenkode für Hire-Operationen

Tastenkode		geforderte Operation
X	Y	
0	1 bis 8	**STO** in Hire-Register H1 bis H8
1	1 bis 8	**RCL** aus Hire-Register H1 bis H8
3	1 bis 8	**SUM** in Hire-Register H1 bis H8
4	1 bis 8	**2nd Prd** in Hire-Register H1 bis H8
5	1 bis 8	**INV SUM** in Hire-Register H1 bis H8
6	1 bis 8	**INV 2nd Prd** in Hire-Register H1 bis H8

Wie die erforderliche Programmschrittfolge eingestellt werden kann, zeigt das folgende Beispiel. Es macht auch deutlich, daß in diesem Fall das einmal auf eine Magnetkarte eingelesene Programm den großen Vorteil bietet, daß diese umständliche Programmherstellung nur einmal vorzunehmen ist.

Beispiel 1.28. Es soll die Programmschrittfolge

```
429  76 LBL        433  82 HIR
430  90 LST        434  11  11
431  01  1         435  91 R/S     verwirklicht werden.
432  91 R/S
```

Nach **GTO 429 LRN** muß man bei der

Anzeige	eintasten		
429 00	**2nd Lbl**	433 82	**SST**
430 00	**2nd List**	434 00	**STO**
431 00	**1**	435 00	**11**
432 00	**R/S**	436 00	**BST**
433 00	**STO**	435 11	**BST**
434 00	**82**	434 42	**2nd Del**
435 00	**BST**	434 11	**SST**
434 82	**BST**	435 00	**R/S**
433 42	**2nd Del**		

1.2.5 Nützliche Besonderheiten

Ein auf diese Weise erzeugtes Leseprogramm für die Inhalte der Hire-Register, über das man beispielsweise das Nutzen dieser Speicherplätze prüfen kann, findet man in Abschn. 4.42.

Wirkungen. Es sollen nun anhand des folgenden Beispiels einige Auswirkungen, die sich durch Umfang und Arbeitsweise der Hire-Register ergeben, deutlich gemacht werden.

Beispiel 1.29. Man gebe das Leseprogramm 4.42 ein und arbeite dann (am besten zusammen mit dem Drucker PC-100 C) die folgenden Aufgaben ab. (Jede Berechnung muß mit **CLR** beginnen oder die vorhergehende mit dem Befehl = enden.)

a) Man vollziehe folgende Schrittfolgen

Eingaben	Befehle	Anzeige	Befehle	Anzeige
3517151327	2nd Op 01	3517151327.	R/S	3
2700232435	2nd Op 02	2700232435.	R/S	0.
1720351722	2nd Op 03	1720351722.	R/S	4
2436371735	2nd Op 04	2436371735.	R/S	0.
	2nd Op 05		R/S	5
Bei Anschluß des Druckers ergibt sich der Ausdruck			R/S	.0035171513
			R/S	6
RECALL HIRE-REGISTER			R/S	.0027002324
	SBR 2nd List		R/S	7
	R/S	1	R/S	.0017203517
	R/S	0.	R/S	8
	R/S	2	R/S CE	.0024363717
	R/S	0.		

b) Im Anschluß an Teil a) berechne man

.001 x ⇄ t .002 INV 2nd P → R

Man findet dann mit dem Drucker PC-100 C über die Befehle den Ausdruck

2nd Op 05   RECALL HIR
2nd Op 06   63.

und außerdem

Befehle	Anzeige	Befehle	Anzeige
SBR 2nd List	1	R/S	5
R/S	0.	R/S	.0035171513
R/S	2	R/S	6
R/S	0.0002	R/S	.0027002324
R/S	3	R/S	7
R/S	0.	R/S	0.001
R/S	4	R/S	8
R/S	0.	R/S CE	0.002

36   1.2 Einstellen auf Ingenieuraufgaben

c) Man berechne die Schrittfolge

$$1 + 2 \times (3 + 4 \times (5 + 6 \times (7 + 8 \times (9 + 2 =$$

Nach Eintasten des letzten Pluszeichens blinkt die Anzeige, weist also auf Fehler hin. Die Rechnung

$$2 + 9 = \times 8 + 7 = \times 6 + 5 = \times 4 + 3 = \times 2 + 1 = 4607$$

führt dagegen zum richtigen Ergebnis.

d) Man berechne die Schrittfolge

$$\text{CLR } 1 + 2 \times (3 + 4 \times (5 + 6 \times (7 + 8 = 767$$

und lese dann die Inhalte der Hire-Register. Dieser Rechengang entspricht dem Testbeispiel von Programm 4.42.

e) Man berechne

$$1 + 2 \times (3 + 4 \times (5 \times (6 \, x \rightleftarrows t \, 7 \text{ INV 2nd P} \rightarrow \text{R} \, x \rightleftarrows t \,) =$$

Jetzt blinkt nach dem Befehl $P \rightarrow R$ die Anzeige.

f) Man berechne

$$1 + 2 \times (3 + 4 \times (5 \, x \rightleftarrows t \, 6 \text{ INV 2nd P} \rightarrow \text{R} \, x \rightleftarrows t \,) = 69.48199741$$

Das Hire-Leseprogramm 4.42 liefert jetzt

Befehle	Anzeige	Befehle	Anzeige
SBR 2nd List	1	R/S	5
R/S	1.	R/S	0.
R/S	2	R/S	6
R/S	2.	R/S	6.
R/S	3	R/S	7
R/S	3.	R/S	5.
R/S	4	R/S	8
R/S	4.	R/S CE	6.

Teil d) dieses Beispiels 1.29 liefert Hinweise zur Arbeitsweise des Hire-Speichers: Der vorhergehende Befehl **CLR** hat die Registerinhalte nicht gelöscht, veranlaßt aber, daß der nächste Rechengang beim Register H1 wieder anfängt. Ganz allgemein setzen die Befehle **CLR** und = den Zähler für die Hire-Register zurück, so daß die folgende Rechnung bei H1 neu einsetzt. Die Registerinhalte werden also mit dem Register H1 beginnend überschrieben; es stellt das von anderen Rechnern bekannte Last-x-Register dar. Im Gegensatz zu den bei UPN-Rechnern üblichen Stack-Registern mit 4 Speicherplätzen stehen hier 8 Register zur Verfügung.

Teil a), b) und f) zeigen, wo bestimmte Funktionswerte entsprechend Tafel 1.6 und in welcher Weise die Druckbefehle als Dezimalbruch gespeichert werden. Das Überschreiben in Beispiel 1.29b) führt dann beim Drucken zu verstümmelten Aussagen, die man am Druckstreifen erkennen kann. Daher darf man den Druckkode erst kurz vor dem Ausdrucken in die Register H5 bis H8 einlesen.

Nach Beispiel 1.29c) und e) kann man u. U. Aufgaben mit 4 bzw. 3 offenen Klammern nicht mehr mit den Rechnern TI 58 und TI 59 lösen. Der Hinweis in [44], daß „maximal 9 Klammern mit maximal 8 unvollständigen Operationen gleichzeitig geöffnet sein können", ist daher mißverständlich. Wie viele Klammern offen sein dürfen, hängt davon ab, wie viele Hire-Register für sie zu belegen sind. Die Operation **INV 2nd P → R** benötigt beispielsweise nach Beispiel 1.29f) schon 4 Hire-Register, so daß nur noch 4 weitere Plätze für Klammeroperationen zur Verfügung stehen. Wenn in solchen Fällen der Hire-Speicher im Begriff ist überzulaufen, wird auf diesen Fehler durch Blinken der Anzeige hingewiesen [44]. Man kann ihn fast immer durch einen anderen Programmaufbau vermeiden.

Anwendung. Da das Hire-Register noch nicht verarbeitete Werte eindeutig ortbar zwischenspeichert, kann man diese ohne Belegen anderer Datenregister erneut aufrufen und weiterverarbeiten. Es arbeitet allerdings nur für direkte Eingaben im Exponentialformat EE stets einwandfrei. Die Programme 4.13, 4.14 und 4.18 enthalten Programmsegmente, die diese Eigenschaft nutzen, um falsch eingegebene Wertepaare zu eliminieren. Dies hat beispielsweise für die Regressionsanalyse große Vorteile (s. Abschn. 3.1.1.1).

1.2.5.6 Besondere Wirkungen einiger Tasten. Bestimmte Tasten haben nicht nur die allgemein bekannten, aus dem Tastensymbol unmittelbar erkennbaren Wirkungen, sondern veranlassen weitere Befehlsfolgen – s. [36], [64], [66]. Da diese Wirkungen in [44] nicht oder nur unvollständig erklärt sind, werden sie hier zusammengestellt:

CLR löscht nicht nur die Anzeige und das Anzeigeregister, sondern bricht auch alle offenen Rechenoperationen ab, setzt also den Zähler für die Hire-Register (s. Abschn. 1.2.6.4) auf den Anfang zurück. Dieser Befehl hebt außerdem das Exponentialformat auf (s. Abschn. 1.2.3.2).

EE macht nicht nur die folgenden Zahleneingaben zu einem Exponenten, sondern legt auch für alle folgenden Ergebnisse das Exponentialformat fest. Ferner löscht dieser Befehl alle nicht im Anzeigefeld sichtbaren Stellen der im Anzeigeregister stehenden Zahl (s. Abschn. 1.2.3.2). Nach Beispiel 1.9b) kann man auch über die Befehle – EE = die nicht im Display stehenden Ziffern des Anzeigeregisters zur Anzeige bringen.

RST bringt nicht nur das Programm zur Adresse 000 zurück, sondern setzt auch alle Flags zurück und löscht das Unterprogrammrücksprung-Register. Außerdem werden Modulprogramme unterbrochen und abgeschaltet.

2nd $\bar{x}$ bildet nach [44] Mittelwerte. Daneben kann diese Tastenfolge, wie das folgende Beispiel zeigt, in Programmen für Divisionen von Registerinhalten angewendet werden, wobei sich in vorteilhafter Weise Programmschritte einsparen lassen.

1.2 Einstellen auf Ingenieuraufgaben

Beispiel 1.30. Man erhält mit den

Eingaben	und	Befehle	die	Anzeigen
6		STO 01		
2		STO 03		
7		STO 04		
		2nd $\bar{x}$		3.
		x ⇄ t		3.5

Die Schrittfolge **2nd $\bar{x}$** bringt also zunächst den Quotienten R1/R3 zur Anzeige und bildet gleichzeitig den Quotienten R4/R3, der über **x ⇄ t** aus dem T-Register abgerufen werden kann.

2nd Σ+ dient nach [44] der statistischen Summierung, kann aber auch, wie das folgende Beispiel zeigt, in Programmen zum Speichern, Quadrieren, Multiplizieren und Zählen benutzt werden. Hierdurch kann man u. U. Programmschritte einsparen, muß allerdings Veränderungen in den Datenregistern R1 bis R6 zulassen.
(Die Befehle **INV 2nd $\bar{x}$** und **2nd Op 11** bis **15** lassen sich praktisch nur für statistische Funktionen nutzen.)

Beispiel 1.31. Man berechne über die

Eingaben	und	Tasten	die	Anzeigen
2		x ⇄ t		
3		2nd Σ+		1.
		RCL 01		3.
		RCL 02		9.
		RCL 03		1.
		RCL 04		2.
		RCL 05		4.
		RCL 06		6.

Mit x = 2 und y = 3 ergeben sich daher nach nur 2 Eingaben bzw. 4 Programmschritten insgesamt 6 Registerinhalte, nämlich R1: y, R2: y^2, R3: Zähler, identisch mit der Anzeige nach der Dateneingabe, R4: x, R5: x^2 und R6: xy.

= schließt alle vorher eingetasteten Operationen ab, erübrigt also auch das Schließen von Klammern über den Befehl **)** und führt außerdem den Zähler für die Hire-Register auf H1 zurück.

· dient zunächst als Komma für Dezimalbrüche. Wenn diese Taste nach Eingabe des Exponenten gedrückt wird, bezieht der Rechner dieses Komma auf die Mantisse. Man kann dann Nachkommastellen hinzufügen und auch das Vorzeichen der Mantisse ändern.

Beispiel 1.32. Über die

Eingaben	und	Befehle	erhält man die	Anzeige
123		EE		
45		·		
67		+/−		−123.67 45

1.2.5 Nützliche Besonderheiten

1.2.5.7 Weitere Wirkungen bestimmter Schrittfolgen. Einige Wirkungen bestimmter Schrittfolgen auf das Anzeigeformat sind schon in Abschn. 1.2.3 eingehend beschrieben worden; andere, die nicht oder nur beiläufig in [44] behandelt sind, werden in Abschn. 1.2.5.1 bis 1.2.5.5 erklärt. Hier soll noch auf weitere nützliche Befehlsfolgen für Programme hingewiesen werden. Dem Anfänger wird empfohlen, die in den Software-Modulen verwirklichten Programme sorgfältig zu studieren, da sie die Vorteile bestimmter Schrittfolgen zweckmäßig nutzen.

In welcher Weise Speicherplätze mit 2 oder mehr Informationen belegt werden können, wird außerdem im Modulprogramm MU-08 gezeigt und in [24] vorgeführt.

n INV 2nd log erzeugt die n-te Zehnerpotenz ohne Benutzung der Taste **EE**, vermeidet also das Exponentialformat.

n + − führt zur blinkenden Anzeige der Zahl n.

CLR 1/x erzeugt die blinkende Anzeige 9.9999999   99 (z. B. als Hinweis auf einen Fehler).

9 1/x + − erzeugt die blinkende Anzeige .1111111111.

9 1/x x 8 = + − erzeugt die blinkende Anzeige .8888888889.

2nd Lbl A 2nd Exc 2 2nd Exc 1 RCL 2 CE INV SBR wirkt in einem Programm wie ein Schieberegister und liest 2 nacheinander (jeweils über **A**) eingetastete Werte in die Datenregister R1 und R2 ein, wobei der zuletzt eingegebene Wert noch in der Anzeige erscheint (s. Modulprogramm ML-04).

2nd Lbl 2nd A' INV 2nd Lbl A 2nd Stflg 1 .... setzt bei Betätigen der Taste **A** Flag 1 und setzt es bei Betätigen der Taste **2nd A'** wieder zurück (s. Modulprogramm EE-10).

n 2nd Op 17 2nd CMs 6 2nd Op 17 löscht den Inhalt der Datenregister R00 bis Rn9, ermöglicht also ein einfaches und schnelles Zurücksetzen von Datenregister-Gruppen.

2nd Prt 2nd Op 08 R/S INV SBR ermöglicht als Unterprogramm — jeweils untergebracht auf den allerletzten Stellen des Programmspeichers — nach einem Hinweis von A n d r i s in [66] einen automatischen Ablauf eines Rechengangs m i t Ausgabe der Ergebnisse über den Drucker PC-100 C o d e r   o h n e Drucker eine Ausgabe im Display über **R/S**-Befehle. (Da man den Befehl **INV SBR** im Learn-Modus nicht unmittelbar auf den letzten Programmspeicherplatz setzen kann, gibt man ihn z. B. zunächst auf den vorletzten Platz und fügt dann über **2nd Ins** den Befehl **R/S** ein. Um kurze Rechenzeiten zu erhalten, sollte man beim Aufruf der Routine die absolute Adressierung — z. B. mit **SBR 475** — einsetzen. Das Programm 4.10 zeigt eine leicht modifizierte Anwendung.)

1.3 Aufbereiten der Aufgaben

Taschenrechner lösen nur Z a h l e n g l e i c h u n g e n und geben, wenn dies nicht in der Druckroutine vorgeschrieben wird, keine Einheiten an. Daher sollte man nur mit G r ö ß e n g l e i c h u n g e n arbeiten und die Einheiten getrennt bestimmen.

Meist ist es nötig, auch noch in weiteren Punkten die vorliegende Aufgabe und die bekannten Berechnungsverfahren für den Taschenrechner zweckmäßig aufzubereiten. Hier wird zunächst an einem einfachen Beispiel gezeigt, wie t a s c h e n r e c h n e r f r e u n d l i c h e B e s t i m m u n g s g l e i c h u n g e n aussehen sollen und anschließend auf weitere Beispiele verwiesen, die exemplarisch zeigen, in welcher Weise die Probleme für ihre Lösung mit dem Taschenrechner aufbereitet werden können.

1.3.1 Größengleichungen

Für normale technische Berechnungen sollte man mit Größengleichungen nach DIN 1313 arbeiten. Die verwendeten F o r m e l z e i c h e n

$$x = \{x\} \, [x] \tag{1.17}$$

stehen für physikalische Größen, wobei $\{x\}$ den Z a h l e n w e r t und $[x]$ die E i n h e i t wiedergibt. Der Taschenrechner kann natürlich nur Zahlenwerte $\{x\}$ berechnen.

Größengleichungen haben den Vorteil, einfach in zwei getrennt zu behandelnde Gleichungen aufgelöst werden zu können. Z. B. ist beim Ohmschen Gesetz (s. Abschn. 2.1.1) mit Spannung U (Einheit V) und Widerstand R (Einheit Ω) der Strom (Einheit A)

$$I = U/R \tag{1.18}$$

wobei der Taschenrechner den Zahlenwert

$$\{I\} = \{U\}/\{R\} \tag{1.19}$$

berechnen kann und getrennt hierzu die Einheit

$$[I] = [U] / [R] = V/\Omega = A \tag{1.20}$$

zu bestimmen ist, wenn SI-Einheiten nach DIN 1301 benutzt werden.

Die Zahlenwerte sollen nach DIN 1301 im Bereich $1 \leqslant \{x\} \leqslant 9999$ angegeben werden, so daß für Zehnerpotenzen die in DIN 1301 und Tafel 1.8 aufgeführten V o r s ä t z e zu verwenden sind. Man beachte, daß diese Vorsätze Bestandteile der Einheit sind und E x p o n e n t e n sich daher auf das Ganze beziehen.

Tafel 1.8 Vorsätze zur Bezeichnung von dezimalen Vielfachen und Teilen von Einheiten nach DIN 1301

Faktor	Vorsatz	Zeichen	Faktor	Vorsatz	Zeichen
10^{-18}	Atto	a	10^{3}	Kilo	k
10^{-15}	Femto	f	10^{6}	Mega	M
10^{-12}	Piko	p	10^{9}	Giga	G
10^{-9}	Nano	n	10^{12}	Tera	T
10^{-6}	Mikro	μ	10^{15}	Peta	P
10^{-3}	Milli	m	10^{18}	Exa	E

Daher gilt z. B. $1\ m^2 = 10^6\ mm^2$

$$1\ kHz = 10^3\ s^{-1} = \frac{1}{10^{-3}\ s} = \frac{1}{ms} = 1\ ms^{-1}$$

$$10^{-3}\ K^{-1} = \frac{1}{10^3\ K} = \frac{1}{kK} = 1\ kK^{-1}$$

$$10^{-6}\ K^{-2} = \frac{1}{10^6\ K^2} = \frac{1}{kK^2} = 1\ kK^{-2}$$

Für solche Berechnungen eignet sich besonders das technische Anzeigeformat 2nd Eng (s. Abschn. 1.2.3.3 und 1.2.3.5).

Wenn Verwechslungsmöglichkeiten mit der Bildvariablen s bestehen, wird in diesem Buch die Einheit Sekunde nicht durch s sondern durch sec abgekürzt.

1.3.2 Taschenrechnerfreundliche Gleichungen

Mit dem Rechenschieber kann man besonders gut multiplizieren und dividieren, aber nicht addieren und subtrahieren. Auch ist das Bilden von Kehrwerten wegen der getrennt auszurechnenden Zehnerpotenzen umständlich und daher leicht mit Fehlern verbunden. Die auch heute noch üblichen Bestimmungsgleichungen nehmen auf diese Eigenarten so weit wie möglich Rücksicht.

Bei Berechnungen mit dem Taschenrechner kennt man diese Schwierigkeiten nicht. Man sollte jedoch dafür sorgen, möglichst jeden Z a h l e n w e r t n u r e i n m a l e i n g e b e n zu müssen, da dies meist erhebliche Zeit beansprucht und hierbei auch am ehesten Fehler gemacht werden. Deshalb müssen bekannte Bestimmungsgleichungen gelegentlich umgestellt und hierdurch t a s c h e n r e c h n e r f r e u n d - l i c h g e m a c h t werden. Dies soll mit dem folgenden einfachen Beispiel verdeutlicht werden.

Es sollen parallele Widerstände R_1 und R_2 nach Bild 1.9a durch einen Gesamtwiderstand R_g nach Bild 1.9b ersetzt werden. Nach Band I und [54] gilt dann

1.9 Parallelschaltung (a) der Widerstände R_1 und R_2 und Ersatzwiderstand R_g (b)

$$\frac{1}{R_g} = \frac{1}{R_1} + \frac{1}{R_2} \tag{1.21}$$

bzw. $$R_g = \frac{R_1 R_2}{R_1 + R_2} \tag{1.22}$$

und entsprechend bei drei parallelen Widerständen

$$\frac{1}{R_g} = \frac{1}{R_1} + \frac{1}{R_2} + \frac{1}{R_3} \tag{1.23}$$

oder $$R_g = \frac{R_1 R_2 R_3}{R_1 R_2 + R_2 R_3 + R_3 R_1} \tag{1.24}$$

Die Produkte und Quotienten in Gl. (1.22) und (1.24) lassen sich mit dem Rechenschieber gut berechnen; für den Taschenrechner sind Gl. (1.22) und (1.24) dagegen wenig geeignet, da entweder die Daten mehrfach eingegeben oder Speicher belegt werden müssen. Einfacher errechnet man mit ihm die Gesamtwiderstände

$$R_g = \frac{1}{\frac{1}{R_1} + \frac{1}{R_2}} \tag{1.25}$$

bzw. $$R_g = \frac{1}{\frac{1}{R_1} + \frac{1}{R_2} + \frac{1}{R_3}} \tag{1.26}$$

da hier nur mehrfach Kehrwerte zu bilden sind, also immer wieder der gleiche Algorithmus angewendet wird.

(Wenn einer dieser Widerstände den Wert Null annimmt, sind die übrigen widerstandslos überbrückt; der Rechner reagiert dann durch Blinken auf diese Fehlerbedingung 1/0.)

Beispiel 1.33. Die Widerstände $R_1 = 10\,\Omega$, $R_2 = 20\,\Omega$ und $R_3 = 25\,\Omega$ liegen entsprechend Bild 1.10 parallel; es soll ihr Gesamtwiderstand berechnet werden.
Wir finden die Lösung mit dem Rechengang

Größe	Eingabe	Befehle	Anzeige	Größe
		EE 2nd Fix 3		
R_1	10	1/x	1.000 −01	$1/R_1$
		+	1.000 −01	
R_2	20	1/x	5.000 −02	$1/R_2$
		+	1.500 −01	
R_3	25	1/x	4.000 −02	$1/R_3$
		=	1.900 −01	$1/R_g$
		1/x	5.263 00	R_g

Es ergibt sich also der Gesamtwiderstand $R_g = 5{,}263\,\Omega$.

Beispiel 1.34. Drei Widerstände liegen nach Bild 1.10 parallel an der Spannung U = 220 V und sollen die Gesamtleistung P = 1 kW aufnehmen. Wie groß muß der Widerstand R_3 sein, wenn die Widerstände $R_1 = 100\,\Omega$ und $R_2 = 200\,\Omega$ vorgegeben sind?

Es muß nach Gl. (2.8) der Gesamtwiderstand $R_g = U^2/P$ vorhanden sein. Dann gilt nach Gl. (1.23) für den gesuchten Teilwiderstand

$$R_3 = \frac{1}{\dfrac{1}{R_g} - \dfrac{1}{R_1} - \dfrac{1}{R_2}}$$

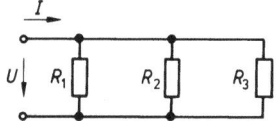

1.10 Drei parallele Widerstände

Daher ergeben sich mit dem Rechengang

Größe	Eingabe	Befehle	Anzeige	Größe
		EE 2nd Fix 3		
U	220	$x^2 \div$		
P	1000	=	4.840 01	R_g
		1/x −		
R_1	100	1/x = −		
R_2	200	1/x = 1/x	1.766 02	R_1

Es sind also Gesamtwiderstand $R_g = 48{,}4\,\Omega$ und Teilwiderstand $R_1 = 176{,}6\,\Omega$ zu verwirklichen.

1.3.3 Weitere Beispiele

Wichtigstes Ziel der Abschnitte 2 und 3 ist es zu zeigen, wie Aufgaben aus der Elektrotechnik mit Taschenrechnern p l a n v o l l , r a t i o n e l l und z u v e r l ä s s i g bearbeitet und numerisch gelöst werden können. Fast immer müssen zunächst einmal die g e e i g n e t e n B e r e c h n u n g s v e r f a h r e n a u s g e w ä h l t und u. U. die zu untersuchenden Schaltungen umgeformt werden (s. Abschn. 2.3). Es wird sich zeigen, daß bestimmte Methoden zu den Möglichkeiten programmierbarer Taschenrechner besonders gut passen, andere aber an Bedeutung verloren haben.

In den Beispielen 2.4, 2.7, 2.8, 2.10, 2.12, 2.17, 2.21 bis 2.24 und 2.26 werden daher verschiedene Lösungswege einander gegenübergestellt, um dem Leser die Vor- und Nachteile anschaulich vorzuführen. Bisher viel zu aufwendige numerische Verfahren werden in den Beispielen 2.33 bis 2.36, 2.41, 2.43 bis 2.46, 3.1 bis 3.5, 3.11 und Programmen 4.11 bis 4.16 eingesetzt; ihre Nutzung wurde erst durch die Digitalrechner ermöglicht.

In den Programmen 4.6 bis 4.9, 4.13 bis 4.16, 4.18, 4.26, 4.30, 4.32, 4.34 und 4.35 werden bisher wenig gebräuchliche Vorgehensweisen angewandt; sie zeigen, daß der Taschenrechner dem Einfallsreichtum der Programmierer große neue Möglichkeiten eröffnet. Trotzdem sollte der Anfänger zunächst einmal versuchen, mit wenigen S t a n d a r d v e r f a h r e n auszukommen, da sich hierdurch Fehler vermeiden lassen. Es gibt außerdem nur wenige unumstößliche Regeln für das Arbeiten

44 1.4 Anwenden von Programmen

mit Taschenrechnern. Dies beweisen auch die in den Beispielen 2.4, 2.7, 2.8, 2.10, 2.12, 2,17, 2.21 bis 2.24 oder 2.26 einander gegenübergestellten verschiedenen Lösungswege.

In Abschn. 1.3.2, 2.1.4, 2.2 bis 2.6, 3.1, 3.2.2.3, 3.3.3, 3.3.4, 3.4.2.1 werden weitere auf Taschenrechner besonders zugeschnittene Gleichungen angegeben. In den Programmen 4.6, 4.7, 4.12 bis 4.16, 4.32 bis 4.35, 4.39 bis 4.41 sind besonders taschenrechnerfreundliche numerische Verfahren angewandt und für die Programme 4.3, 4.8, 4.19, 4.30 wurden günstige Gleichungssysteme ausgewählt.

1.4 Anwenden von Programmen

Dieses Buch soll das Anwenden von Taschenrechnerprogrammen lehren und nur nebenbei einige Hinweise zum Aufstellen solcher Programme liefern. Ausführliche, gute Anleitungen zum Programmieren findet man in [19], [29], [35], [36], [44]; an dieser Stelle können nur einige für Programme der Elektrotechnik wichtige Ergänzungen nachgetragen werden.

Hier wird sehr dringlich geraten, möglichst vollständige Benutzeranleitungen schriftlich festzuhalten, und ferner gezeigt, wie man Programme — auch die der Software-Module — vielseitig und zweckmäßig einsetzen kann.

1.4.1 Programmieren

Wenn die in Abschn. 1.1.3 aufgeführten Bedingungen vorliegen, kann jeder Besitzer eines programmierbaren Taschenrechners brauchbare Programme aufstellen, indem er die in [19], [29], [35], [44] zusammengestellten Richtlinien für ein erfolgreiches Vorgehen beachtet. Für elektrotechnische Aufgaben muß er dann noch die physikalisch und mathematisch beschreibbare Theorie beachten.

Gegenüber den hervorragenden Anleitungen in [19], [35], [44] brauchen hier nur noch einige persönliche Erfahrungen mitgeteilt, weitere Gesichtspunkte hervorgehoben und einige dort noch nicht zu findende Hinweise ergänzt zu werden.

1.4.1.1 Vorgehen. Es ist selbstverständlich, daß vor dem Aufstellen eines Programms die zugehörigen Berechnungsgleichungen vorliegen müssen. Nach Abschn. 1.3.2 sind übliche Bestimmungsgleichungen jedoch nicht immer taschenrechnerfreundlich.

Noch deutlicher wird dies bei der Aufgabe, die 6 Zweitorparameter ineinander umzurechnen. Nach Band XI und [16] gibt es hierfür ein System von 36 quadratischen Matrizen, die keinesfalls alle in einem Taschenrechnerprogramm unterzubringen sind. Bei genauerer Betrachtung zeigt sich jedoch, daß vier Matrizenumformungen ausreichen, wobei allerdings ein zweimaliges Umformen für bestimmte Aufgaben in Kauf zu nehmen ist. Diese Zusammenhänge werden im Programm 4.30 genutzt.

Wenn das R e c h e n s c h e m a vorliegt, empfiehlt sich für den Anfänger, es in einen Programmablaufplan nach DIN 66001, also in ein F l u ß d i a g r a m m [19] oder ein S t r u k t o g r a m m [36], das auch N a s s i - S h n e i d e r m a n - Diagramm genannt wird [24], umzusetzen und so den Ablauf allgemein festzuhalten. Anschließend sollte die V e r t e i l u n g d e r D a t e n r e g i s t e r festgelegt werden, da ihr Belegen und Aufrufen in das Programm eingebaut werden muß. Wenn Faktoren in mehrere Speicher hineinmultipliziert oder Summanden in ihnen aufaddiert werden sollen, ist es zweckmäßig, hierfür aufeinanderfolgende Speicher zu wählen und sie beispielsweise mit indirekter Adressierung abzuarbeiten. Die Programme 4.8, 4.9, 4.23, 4.26 bis 4.29 und 4.31 bis 4.35 können als Beispiele dienen. Mit den Tasten A bis E' werden meist Programmteile aufgerufen; daher sollte man frühzeitig mit dem T a s t e n p l a n eine günstige Ein- und Ausgabe der Daten organisieren.

Anschließend kann das Programm mit den P r o g r a m m f o r m u l a r e n Schritt für Schritt entwickelt werden. Man muß es mit einem manuell durchgerechneten T e s t b e i s p i e l überprüfen, wobei man nicht erwarten sollte, daß der erste Test positiv abläuft. Auf Fehlermöglichkeiten wird ind Abschn. 1.4.1.5 hingewiesen.

Kürzere Programme kann man noch anhand der geschriebenen Programme r e d i - g i e r e n ; für längere ist dies schwierig. Wenn man häufiger Programme aufstellen will, hat es große Vorteile, für das Redigieren einen Drucker zur Verfügung zu haben. Mit ihm kann man leicht prüfen, ob das eingetastete Programm mit dem handgeschriebenen übereinstimmt, ob die Datenregister richtig belegt sind und wo sich Labels befinden. Man kann auch den gesamten Rechengang Schritt für Schritt registrieren und auf diese Weise feststellen, wo Fehler auftreten.

Bei umfangreichen Programmen sollte man, wenn Fehler sichtbar werden, das Programm durch Zwischenschalten von R/S-Befehlen in Teilen prüfen und verbessern. Zum Schluß sollte man das getestete Programm auf einer Magnetkarte festhalten, ausdrucken oder Schritt für Schritt mit der Niederschrift vergleichen und anschließend eine a u s f ü h r l i c h e B e n u t z e r a n l e i t u n g (s. Abschn. 1.4.2) mit Testwerten schriftlich festhalten. Wer diese Arbeit verschiebt, muß damit rechnen, daß sie unvollständig und somit unbrauchbar bleibt.

1.4.1.2 Eingabe und Ausgabe von Daten. Sie werden i. allg. durch die Programm-Adreßtasten A bis E' eingeleitet. Das Studium der in den Software-Modulen verwirklichten Programme (wie sie zugänglich sind, ist [45] zu entnehmen) gibt viele Hinweise für einen günstigen Programmaufbau. Insbesondere kann man dort 4 verschiedene Arten der Eingabe von Daten vorfinden:

Wenn v i e l e D a t e n in bestimmter Reihenfolge eingelesen werden müssen, hat die indirekte Adressierung Vorteile, wie sie z. B. in den Modul-Programmen ML-02 und ML-03 angewandt wird. Einige w e n i g e , aber u n b e d i n g t e r f o r d e r l i c h e D a t e n kann man zweckmäßig über eine Routine mit dem Befehl **Exc** einspeichern, wie dies z. B. in den Programmen ML-04 und ML-05 geschieht. Daneben gelangen E i n z e l w e r t e natürlich auch über die programmierten Befehle **STO** nn in ihre Datenspeicher, was Vorteile hat, wenn nicht immer alle Daten eingegeben werden müssen, wie z. B. in den Programmen 4.3 bis 4.6, 4.10 oder 4.19. Wenn Daten nur einmal verarbeitet werden, braucht man sie nicht zu speichern, sondern kann sie bei Bedarf in den Rechenvorgang einschleusen (s. Programm 4.17, 4.18).

Eingegebene Daten kann man unterschiedlich anzeigen: Normalerweise wird der Eingabewert nochmals im gewählten Format in den Display gebracht. Gelegentlich steht bei dem nächsten Stop auch schon ein Zwischenwert in der Anzeige. Wenn viele Daten mit indirekter Adressierung einzulesen sind, kann es Vorteile haben, v o r der Eingabe das zu belegende Datenregister oder den zugehörigen Index anzuzeigen (z. B. Programm 4.26 bis 4.29 und 4.31 bis 4.35).

K o m p l e x e G r ö ß e n kann man in P o l a r - oder K o m p o n e n t e n f o r m ein- oder ausgeben. Für die Modul-Programme ML-04 bis ML-06 muß die Komponentenform eingegeben werden, während die Ausgabewerte auch unmittelbar in die Exponentialform (allerdings mit dem Winkel in rad oder nach Betätigen von **2nd Deg** auch in °) umgerechnet werden können. Bei den übrigen in diesem Buch mitgeteilten Programmen sind die Formen für Ein- und Ausgabe der komplexen Werte so gewählt, daß das Programm möglichst einfach wird, Dies bewirkt auch keine Schwierigkeiten, da mit der Taste **P → R** beide Formen schnell gegeneinander vertauscht werden können (s. Beispiel 2.17, 2.18 oder 2.24).

Für die Ausgabe sollte das Format unter Beachtung der in Abschn. 1.2.3 dargestellten Gesichtspunkte gewählt werden. In diesem Buch wird allgemein eine vierziffrige Anzeige im Exponentialformat (s. Abschn. 1.2.3.5) bevorzugt.

Wenn ein Drucker zur Verfügung steht, kann man die Ein- und Ausgabedaten durch alphanumerische Zeichen kennzeichnen. Ihre Kodierung erfordert allerdings einen großen Aufwand an Programmschritten, so daß das Einschieben ganzer Wörter oder Sätze nur möglich ist, wenn das Programm hierfür noch Platz frei läßt.

In den Programmen 4.3, 4.4, 4.11, 4.19 sind verschiedene Berechnungen miteinander verschachtelt, und einige Programm-Adresstasten werden wahlweise für Ein- und Ausgabe benutzt. Dies hat für die dort zu lösenden Aufgaben Vorteile und wird durch das Setzen von F l a g s ermöglicht.

1.4.1.3 Unterprogramme. Wenn bei den Rechnern TI 58 und TI 59 k Folgen aus n gleichen Programmzeilen auftreten, kann man, da jedes Unterprogramm mit einem normalen Label 2 zusätzliche Zeilen am Beginn und einen am Ende sowie jeder Programmaufruf 2 weitere Programmzeilen erfordert, schließlich

$$m = k(n - 2) - (n + 3)$$

Programmzeilen einsparen. Unterprogramme verringern den Programmumfang, wenn die in Tafel 1.11 angegebenen Bedingungen erfüllt sind. Folgen von mehr als 7 gleichen Schritten brauchen nur zweimal vorzukommen, um ein Unterprogramm für sie mit Vorteil einsetzen zu können. Unterprogramme dürfen auf maximal 6 Ebenen ineinander verschachtelt werden.

Tafel 1.11 Vorteilhafter Einsatz für Unterprogramme

n Programmzeilen gleicher Folge	3	4	5	6	7	8
müssen mindestens k-mal auftreten	7	4	3	3	3	2

Außerdem fördern Unterprogramme die Übersichtlichkeit. Sie können leicht gegen andere Programmsegmente ausgetauscht und in anderen Programmen oft unverändert erneut eingesetzt werden.

Programmteile werden durch L a b e l s gekennzeichnet. Man unterscheidet hierfür Programm-Adresstasten **A** bis **E'**, allgemeine Labels N (bei den Rechnern TI 58 und TI 59 über 72 wie **INV**, **ln x**, **2nd log** usw.) sowie absolute Adressen zu einem Programmspeicherplatz nnn (z. B. 173). Während der Sprung zur Adresse nnn unmittelbar ausgeführt wird, müssen allgemeine Labels N mit der Adresse 000 beginnend zunächst gesucht werden, wobei jeder Suchschritt etwa 2 ms erfordert (der Sprung zum Label + auf Platz 300 also etwa 0,6 s). Wenn man kurze Rechenzeiten erreichen will, müssen die am häufigsten aufzurufenden allgemeinen Labels N also am weitesten vorne im Programm stehen.

Einige Unterprogramme ergeben sich zwangsläufig beim Aufstellen des Programms. Bei längeren Programmen kann man aber leicht Schrittfolgen übersehen, so daß man schließlich noch zum Schluß das Programm auf weitere Möglichkeiten, Unterprogramme abzuspalten, durchsehen sollte. Die bei den Rechnern TI 58 und TI 59 möglichen 72 allgemeinen Label reichen aus, um alle Wünsche zu erfüllen.

1.4.1.4 Optimierung. R e c h n e r können einiges besser als der Mensch; sie können besonders zuverlässig und sehr schnell
— Daten nach vorgegebenen Verfahren routinemäßig speichern, aufrufen, suchen, ordnen, verteilen, duplizieren und vergleichen,
— verschiedenste interne Vorgänge steuern und Rechenoperationen ausführen,
— Ergebnisse ausgeben und
— Programmabläufe protokollieren.

1.4 Anwenden von Programmen

Demgegenüber muß der B e n u t z e r

— die Aufgabe aufbereiten (s. Abschn. 1.3),
— geeignete Lösungsverfahren suchen,
— das Taschenrechnerprogramm entwickeln,
— Rechengenauigkeit, Anzeigeformat und andere Grenzbedingungen festlegen,
— erforderliche Daten eingeben,
— den äußeren Rechenablauf steuern, also z. B. starten, mit Zwischeneingaben fortführen und schließlich beenden sowie
— die Ergebnisse beurteilen und u. U. mit ihnen Entscheidungen treffen.

Das Ziel der Programmoptimierung sollte daher sein, das Zusammenwirken von Benutzer und Rechner möglichst rationell zu gestalten.

Das Optimieren von Programmen für Taschenrechner, die mit dem AOS-System arbeiten, wird ausführlich in [29] behandelt. Es möge daher hier genügen, auf die für die Rechner TI 58 und TI 59 geltenden Schwerpunkte hinzuweisen. Wegen ihres großen Programmschritt- und Datenregisterumfangs bei fast immer guter Rechengeschwindigkeit und infolge der Bereitstellung von Software-Modulen rücken für die Optimierung dieser Rechner die folgenden Gesichtspunkte in den Vordergrund:

— Ein Taschenrechnerprogramm muß vor allen Dingen z u v e r l ä s s i g sein, was man am einfachsten mit vollständigen T e s t b e i s p i e l e n prüft.

— Es soll auch b e n u t z e r f r e u n d l i c h , also e i n f a c h z u h a n d h a b e n und somit den praktischen Bedürfnissen gut angepaßt sein. Daten sollten daher einfach und übersichtlich ein- und ausgegeben werden können. Dies erreicht man mit sorgfältig geordneten, d u r c h d a c h t e n T a s t e n p l ä n e n und i n g e n i e u r g e r e c h t e n A n z e i g e f o r m a t e n (s. Abschn. 1.2.3). Wenn Serien von Werten als Ergebnisse anfallen, müssen sie ausreichend gekennzeichnet sein, um sie leicht unterscheiden zu können.

— Wenn der Programmschrittvorrat ausreicht, sollte man falsche Eingaben durch Schrittfolgen für Fehlerbedingungen — z. B. durch Blinken der Anzeige — zu verhindern versuchen.

— Programme sollten auch e f f i z i e n t , d. h. möglichst v i e l s e i t i g e i n s e t z b a r sein. Man sollte daher beim Aufstellen umfangreicher Programme beachten, daß sie nicht nur zum Lösen einer bestimmten Aufgabe geeignet sind, sondern bequem verändert werden können. Dies ist nur möglich, wenn das Programm selbst, die zugrundeliegende Theorie — möglichst mit Literaturhinweisen — und eine a u s f ü h r l i c h e B e n u t z e r a n l e i t u n g s o r g f ä l t i g d o k u m e n t i e r t sind. Der Benutzer sollte also über den angewandten A l g o r i t h m u s und die sich hieraus ergebenden A n w e n d u n g s g r e n z e n informiert sein. Das Ausfüllen eines normalen Programmformulars genügt meist nicht.

— Programme, die ü b e r s i c h t l i c h a u f g e b a u t sind, kann man besonders leicht veränderten Anforderungen anpassen; sie sind meist auch bequemer zu handhaben. Insbesondere sollte man der Versuchung widerstehen, ohne Not besonders raffinierte (trickreiche) Programme zu schreiben; meist versteht man sie nach kurzer Zeit selbst nicht mehr.

— Es ist anzustreben, die n o r m a l e S p e i c h e r b e r e i c h s v e r t e i l u n g beizubehalten und auch mit e i n e r M a g n e t k a r t e n s e i t e für das Programm (also mit 240 Programmzeilen) auszukommen, da dies eine einfache Benutzung gewährleistet und das Löschen von Magnetkarten und andere Fehler verhindern hilft. Hierfür kann es gelegentlich notwendig sein, die Anzahl der Programmschritte zu verringern, also mit U n t e r p r o g r a m m e n (s. Abschn. 1.4.1.3), günstigeren Schrittfolgen und insbesondere durch Einbau der M o d u l - P r o g r a m m e (s. Abschn. 1.4.3) zu optimieren.

— Eine kurze Rechenzeit erreicht man vornehmlich durch Auswahl eines s c h n e l l k o n v e r g i e r e n d e n B e r e c h n u n g s v e r f a h r e n s. Angaben zu den Rechenzeiten, die bestimmte Befehle erfordern, enthält Tafel 1.12. Außerdem arbeiten die Software-Module offenbar merkbar schneller als die gleichen Programme im Programmspeicher, während der Anschluß des Druckers PC-100 C die Rechenzeit um etwa 15% verlängert.

T a f e l 1.12. Anhaltswerte für Rechenzeiten des TI 59 (nach B e r t s c h e i t [64])

Zeit in ms $\leqslant$	Operation
20	**CE, CLR, Nop**
50	π, x $\rightleftarrows$ t, **EE, CMs, CP, INT,** |x|, **Deg, Rad, Grad, Lbl** N
100	**INV Fix, INV EE, INV Eng, INV INT,** +, −, x, ÷, **STO,** x^2, $\sqrt{x}$, 1/x, **GTO** nnn, x = t N
200	**RCL, SUM, Prd, INV SUM, INV Prd, Exc, STO Ind, RCL Ind, SUM Ind,** ln x, log, **INV** log, **INV** tan, **Op** 10, **Op** 16, **OP** 17, **Op** 2n, **Op** 3n, x = t nnn
500	y^x, **INV** y^x, sin, cos, tan, **INV** sin, **INV** cos, Σ +, **INV** Σ +, $\bar{x}$
1000	P → R, **INV** P → R, **D.MS, INV D.MS**
1500	**Pgm 01 SBR CLR, INV** $\bar{x}$, **Op** 12, **Op** 13, **Op** 14, **Op** 15

— Bei den Rechnern TI 58 und TI 59 kann man die S p e i c h e r b e r e i c h s - v e r t e i l u n g zwischen Programm- und Datenregister v e r s c h i e b e n, also längere Programme oder eine größere Datenkapazität einstellen. Wenn dies noch nicht ausreichen sollte, kann man in Sonderfällen auf die 8 H i r e - R e g i s t e r als Daten- oder Zwischenspeicher zurückgreifen (s. Abschn. 1.2.5.4).

Ganz allgemein ist es aber wenig rationell, nachdem ein benutzerfreundliches, zuverlässiges Programm aufgestellt wurde, noch weitere Zeit auf die Optimierung zu verschwenden. Ein geübter Programmierer wird sowieso von vornherein die wichtigsten Regeln, die für das Entwickeln guter Programme gelten, beobachten.

1.4.1.5 Programmierfehler. Beim A u f s t e l l e n eigener Programme kann man leicht Fehler machen, deren Häufigkeit und Verteilung von Programmierer zu Programmierer wechseln. Auf einige typische Fehlerquellen soll hier hingewiesen werden:

— Datenregister werden mehrfach belegt.
— Befehle (z.B. =, **SBR**, (,), **INV**, **2nd**, **x**) werden vergessen.
— Die Befehle **STO** oder **RCL** werden verwechselt.
— Unterprogramme oder Labels werden nicht programmiert.
— Labels werden mehrfach benutzt.
— Labels **INV lnx** oder **INV EE** werden stets als Label **INV** gedeutet, sind also nicht zulässig.
— Labels dürfen keine unmittelbar zusammengehörenden Befehle trennen (Ausnahme s. Abschn. 1.2.6.6).
— Es können unzulässige Rechenoperationen (z.B. ÷ **0**) auftreten. Für weitere Einzelheiten s. [44]
— Das Programm und seine Teile werden nicht ausreichend getestet.
— Der Winkelmodus wechselt innerhalb einer Berechnung und ist zeitweise falsch eingestellt.
— Es wird nicht beachtet, daß die Modul-Programme ML-04 bis 06 und EE-04 bis 06 mit dem Winkelmodus rad arbeiten.
— Adressen von Datenregistern und Zahlenwerte werden nicht richtig getrennt; dies kann besonders leicht durch falsches Redigieren verursacht werden.
— Man arbeitet mit zu vielen Unterprogrammebenen.
— Die indirekte Adressierung geht von falschen Registerinhalten aus.
— Der Zustand der Flags ist nicht eindeutig definiert.

Daher sollte man beim Aufstellen, Eingeben und Redigieren von Programmen folgende Regeln beachten:

— Man stelle parallel zur Entwicklung des Programms einen Datenregister-Belegungsplan und Listen der benutzten Label und Flags auf.

— Kurzformadressierung von Datenregistern ist nur zulässig, wenn auf diesen Befehl keine weitere Ziffer folgt.

— Kombinierte Befehle — wie **STO 12** oder **2nd Exc 2nd Ind 12** — sollte man stets nur vollständig eingeben (auch bei Korrektur der Ziffernadressen).

— Man versuche, mit möglichst wenigen Unterprogrammebenen auszukommen, obwohl insgesamt 6 genutzt werden können. (Einbau von Modul-Programmen und auch die P → R-Umrechnungen verlangen z.B. mindestens eine Unterprogrammebene.)

— Für Register-Vergleiche muß Abschn. 1.2.2.5 beachtet werden. Ein Vergleich $x = t$ ist daher zu vermeiden, wenn Ungenauigkeiten zu erwarten sind.

— Programmablaufpläne (Flußdiagramme oder Struktogramme) fördern die Übersicht.

1.4.2 Benutzeranleitungen

Ein Taschenrechnerprogramm ist nur dann unmittelbar und daher optimal einsetzbar, wenn dem Benutzer alle notwendigen Unterlagen zur Verfügung stehen. Auch sollen hier noch einige weitere Hinweise für ein zweckmäßiges Vorgehen mitgeteilt und auf Fehler, die Benutzern häufig unterlaufen, hingewiesen werden. Programmablaufpläne sind für das Aufstellen von Programmen nützlich, aber für ihre Anwendung nicht erforderlich, so daß dieses Buch aus Umfangsgründen keine enthält.

1.4.2.1 Vollständige Unterlagen. Um zu vermeiden, daß der Anwender eines Programms vor dem Einsatz seinen Ablauf jedesmal neu nachvollziehen muß, benötigt man ausführliche Programminstruktionen. Sie müssen eindeutig festlegen, in welcher Weise, also in welcher Reihenfolge mit welchen Tasten die notwendigen Daten einzugeben sind und wie man die Ergebnisse erhält. Gibt es bei vielseitig verwendbaren Programmen mehrere Möglichkeiten der Ein- und Ausgabe von Daten, so müssen alle vollständig beschrieben sein. Ein Tastenplan erleichtert die Übersicht.

Eine Zusammenstellung der Datenregister ermöglicht das Überprüfen ihrer Inhalte und unterstützt die Kontrolle des Rechengangs. Die eingesetzten Flags sollten ebenfalls angegeben sein. Mit den angegebenen Werten von Testbeispielen sollten alle Funktionen des Programms überprüft werden können. Vom Normalen abweichende Speicherbereichsverteilungen müssen angegeben sein.

Auch ist es für den Anwender eines Programms sehr nützlich, wenn die dem Rechenablauf zugrundeliegenden Theorien, also die zugehörigen Bestimmungsgleichungen, in knapper Form dargestellt und Hinweise auf weiterführende Literatur angegeben sind. Es liegt nahe, dann auch die wichtigsten Prinzipien, die den Aufbau des Programms bestimmen, kurz zu beschreiben.

Diese Gesichtspunkte werden in [2], [3], [8], [19], [24] vorbildlich beachtet und ebenfalls bei den in Abschn. 4 mitgeteilten Programmen berücksichtigt.

1.4.2.2 Rationelles Arbeiten mit Programmen. Ingenieure sollten stets darauf achten, ihre Zeit und ihre Arbeitskraft rationell einzusetzen. Dies gilt natürlich auch für das Lösen von Berechnungsaufgaben. Daher sollten sie beim Arbeiten mit Taschenrechnern nach folgenden Regeln vorgehen:

— Die Aufgabenstellung sollte als erstes möglichst umfassend geklärt werden.
— Die zu benutzenden Berechnungsverfahren und Bestimmungsgleichungen müssen anschließend bereitgestellt werden.
— Es sollten nur Rechenprogramme mit vollständigen Benutzungsanleitungen und Beschreibungen der angewandten Algorithmen benutzt werden.

1.4 Anwenden von Programmen

— Vor Beginn der eigentlichen Berechnung mit dem Taschenrechner müssen alle e r f o r d e r l i c h e n   E i n g a b e d a t e n   b e r e i t l i e g e n.

— Es empfiehlt sich — insbesondere für den Anfänger oder wenn neue umfangreiche Aufgaben begonnen werden sollen — die m a n u e l l   e i n z u g e b e n d e n D a t e n, die zu betätigenden Tasten und die gefundenen Ausgabedaten mit dem Schema

Größe	Eingabe	Befehle	Anzeige	Größe

s c h r i f t l i c h   f e s t z u h a l t e n. Dies wird in den Beispielen dieses Buches i.allg. so gehandhabt.

— Wenn man g l e i c h a r t i g e   B e r e c h n u n g e n mit unterschiedlichen Daten vornehmen will, sollte man möglichst a l l e   d i e s e   D a t e n   b e r e i t s t e l l e n und im Zusammenhang abarbeiten. (Man stellt dann leichter Fehler fest und hat auch weniger Leerzeiten.)

— Erst nach diesen Vorbereitungen sollte man das P r o g r a m m   e i n g e b e n (am einfachsten von einer Magnetkarte einlesen) und mit der Berechnung genau nach dem aufgeschriebenen Schema beginnen.

— Die E r g e b n i s s e   m ü s s e n   s o r g f ä l t i g   d o k u m e n t i e r t werden, d.h. so, daß man sie auch noch nach einiger Zeit klar identifizieren kann.

Ein derartiges systematisches Vorgehen erspart u.U. viel Zeit und anderen Aufwand, ist aber leider nicht selbstverständlich.

1.4.2.3 Benutzerfehler. Auch beim A n w e n d e n   v o n   P r o g r a m m e n kann man leicht Fehler machen — z.B.:

— Das vorgegebene Programm wird nicht vollständig eingelesen; es werden beispielsweise die Präfixe **2nd** oder **INV** vergessen.
— Es wird nicht ausreichend getestet.
— Es werden die Benutzeranleitungen nicht sorgfältig genug beachtet.
— Die Flags sind n i c h t durch den Befehl **RST** oder **INV St flg** n zurückgesetzt.
— Falsche Speicherinhalte sind nicht durch die Befehle **2nd CMs** und **2nd CP** (nur im Programmablauf — Run-Modus — zulässig) gelöscht.
— Es wird nicht beachtet, daß ein anderer Winkelmodus eingestellt ist (z.B. bei Modul-Programmen).
— Es werden falsche Zahlenwerte oder richtige in falscher Reihenfolge eingelesen.
— Die Komponenten komplexer Größen werden in falscher Reihenfolge eingetastet oder ausgegeben.
— Die erforderliche oder vorher für einen anderen Zweck eingestellte Speicherbereichsverteilung wird nicht beachtet.
— Nach dem Eintasten eines Programms sollte man stets überprüfen, ob die Anzahl der eingegebenen Befehle mit der Anzahl der notwendigen Programmschritte

übereinstimmt, ob also bei dem letzten Befehl die Adresse mit der vorgeschriebenen übereinstimmt.
— Schließlich muß vor dem Einlesen des Programms auf einer **M a g n e t k a r t e** das Anzeigeformat stets mit **CLR INV 2nd Fix** auf das Standardformat zurückgestellt sein.

Natürlich kann man auch schon beim normalen Arbeiten mit dem Taschenrechner Fehler machen:
— Man setzt den Dezimalpunkt falsch (z.B. bei einer Zahlenvorgabe 12.345,67).
— Man vergißt, zwischen zwei Klammern — z.B. in **(1 + 2) (3 + 4)** — das Malzeichen x einzutasten.
— Man drückt zwei Operationstasten — z.B. (, +, —, x, ÷,), = — unmittelbar hintereinander.
— Man vergißt erforderliche Vortasten **2nd** oder **INV**.
— Man vertauscht bei den Funktionen y^x oder **2nd P → R** bzw. **INV 2nd P → R** die beiden einzugebenden Operanden.
— Man wendet die Klammerfunktion () oder die Rechnerhierarchie („Punkt vor Strich") falsch an.
— Man beachtet nicht den veränderten Winkelmodus.
— Es werden nicht alle Klammern an den richtigen Stellen geöffnet oder geschlossen.
— Der Abschluß laufender Berechnungen wird nicht abgewartet.

1.4.3 Software-Module

Für die Taschenrechner TI 58 und TI 59 gibt es einige für Elektrotechniker sehr interessante Software-Module, deren wichtigste Programme hier kurz aufgeführt werden. Die Standard-Modulprogramme ML werden in vielen Beispielen und auch in den Programmen des Abschn. 4 als Unterprogramme mannigfaltig angewendet. Auf die übrigen Software-Module (z.B. auf EE-10 und 15 sowie MU-14 und 18) wird nur gelegentlich zurückgegriffen, da die Verfasser annehmen, daß diese nur wenigen Lesern zur Verfügung stehen. Man kann sie allerdings leicht in den Programmspeicher holen und dann kopieren [45].

Zu jedem Software-Modul gehört ein Handbuch mit Angabe der benutzten Berechnungsverfahren und ausführlichen Programminstruktionen. Gelegentlich muß man Grenzen für den Einsatz dieser Programme beachten; hierauf wird von Fall zu Fall eingegangen.

Insgesamt sind diese Modul-Programme sehr vielseitig nutzbar; sie können in eigene Programme eingebaut werden und entlasten dann den normalen Programmspeicher. Weitere Einzelheiten findet man in [44] bis [48].

1.4 Anwenden von Programmen

1.4.3.1 Standard-Modul. In Tafel 1.13 sind die für die Elektrotechnik wichtigen Programme und Beispiele für ihre Anwendung zusammengestellt.

Tafel 1.13 Beispiele für die Anwendung der Modulprogramme ML

Programm	Anwendungen
ML-01	Regressionsanalyse
ML-02	Lösung linearer (auch komplexer) Gleichungssysteme, Maschenstrom-, Knotenpunktpotentialverfahren, Lastverteilung, Feldberechnung, Kurzschlußstromverteilung
ML-03	Zweitortheorie
ML-04 und ML-05	Berechnung vom komplexen Gesamtwiderständen, Spannungs- und Stromteilern, Ersatzquellen, komplexe Funktionen, Umrechnung komplexer Schaltungen
ML-06	Leitungstheorie
ML-07	Berechnung von Polynomen
ML-08	Pole und Nullstellen von Übertragungsfunktionen
ML-09 und ML-10	Mittelwerte
ML-11 und ML-12	Bestimmen von Beträgen und Phasenwinkeln der Sinusstromtechnik

Teile der Programme ML-01, ML-02, ML-04, ML-05 und ML-08 werden auch in den Programmen von Abschn. 4 genutzt.

1.4.3.2 Modul Elektrotechnik. Der Modul Elektrotechnik ist natürlich in besonderer Weise auf elektrotechnische Belange zugeschnitten und daher in diesem Bereich vielseitig anwendbar, wie die in Tafel 1.14 aufgezählten Anwendungen zeigen.

Tafel 1.14 Beispiele für die Anwendung des Software-Moduls Elektrotechnik

Programm	Anwendungen
EE-01	wie ML-01
EE-02	Bemessung von Basis-PLL-Schaltungen
EE-03	Umrechnung von Zweitorparametern
EE-04 bis EE-06	wie ML-04 bis ML-06
EE-07	Pegel
EE-08	Rauschgrößen
EE-09	Nullstellen, Netzwerk-Analyse
EE-10	Multiplikation von Polynomen
EE-11	Berechnung von Blindwiderständen
EE-12	Umrechnung von Reihen- in Parallelschaltungen und umgekehrt
EE-13	Bemessung aktiver Filter
EE-14	Bemessung passiver Tschebyscheff- und Butterworth-Tiefpässe
EE-15	Berechnung des Übergangsverhaltens aus der Übertragungsfunktion

Programm	Anwendungen
EE-16	Wurzelortskurven
EE-17	numerische Fourier-Analyse und -Synthese
EE-18	Berechnungen zum Smith-Diagramm
EE-19	Frequenzgänge linearer Netzwerke

1.4.3.3 Modul Praktische Mathematik. Es werden in Tafel 1.15 nur die über das Standardmodul hinausgehenden, für Elektrotechniker wichtigen Anwendungen genannt.

Tafel 1.15 Beispiele für die Anwendung des Software-Moduls Praktische Mathematik

Programm	Anwendungen
MU-02 bis MU-04	Dialoge in Verbindung mit dem Drucker
MU-05	gleichzeitiges Zeichnen von bis zu 10 Kennlinien (mit allerdings nur 20 möglichen Werten) durch den Drucker
MU-08	Erhöhen der Speicherzahl durch Aufteilen in Pseudoregister
MU-11	Gammafunktion
MU-14	Interpolation
MU-16	Bestimmen der Maxima und Minima einer Funktion
MU-17	Romberg-Integration
MU-18	Lösen von Differentialgleichungen 1. und 2. Ordnung nach Runge-Kutta
MU-19	numerische Fourier-Analyse
MU-20	Überprüfen des Rechnerstatus

1.4.3.4 Modul Statistik. Er enthält vielfältig für statistische Zwecke einsetzbare Taschenrechnerprogramme, die z.B. für Messungen in der Massenfertigung angewendet werden können. Hingewiesen wird hier besonders auf die Programme von Tafel 1.16.

Tafel 1.16 Beispiele für die Anwendung des Software-Moduls Statistik

Programm	Anwendungen
ST-08	Mittelwerte
ST-11 und ST-12	Transformation von Eingabedaten (z.B. Logarithmieren)
ST-18	Regressionsanalyse mit 3 Regressionskoeffizienten
ST-19 bis ST-22	statistische Verteilungen

2 Netzwerkanalyse

Es sollen nun mit Beispielen aus der Gleichstrom- und Sinusstromtechnik, über Netzwerkumwandlung, von Frequenzgängen, vom Übergangsverhalten und von nichtlinearen und nichtsinusförmigen Vorgängen Lösungen für die Analyse von Netzwerken exemplarisch vorgeführt werden. Es werden die Berechnung ihrer Kennwerte und ihrer Kennlinien, also ihres Verhaltens, gezeigt.

Der rechnerischen Behandlung wird hier eine knappe Darstellung der angewandten Theorie, also der Berechnungsverfahren und der Bestimmungsgleichungen, vorangestellt. Für eingehendere Begründungen und Ableitungen wird auf den Leitfadenband I und die weiterführende Literatur [11], [23], [54] bis [57] verwiesen.

Die verwendeten Formelzeichen und die für sie geltenden Regeln sind im Anhang zusammengestellt.

2.1 Gleichstromnetzwerke

Gleichstromschaltungen sind rechnerisch noch recht einfach zu behandeln. Sie lassen das Wesentliche der angewandten Berechnungsverfahren erkennen und erleichtern den Einstieg in das Anwenden des Taschenrechners auf elektrotechnische Aufgaben.

Es werden also zunächst die besonders geeigneten Verfahren kurz erläutert und anschließend in einigen Beispielen angewendet. Überlagerungsgesetz und Schnittverfahren (s. Band I und [54]) brauchen in diesem Zusammenhang nicht behandelt zu werden, da sie für das Arbeiten mit dem Taschenrechner keine Vorteile bieten. Netzwerkumformungen werden erst in Abschn. 2.3 ausführlich besprochen.

2.1.1 Grundgesetze

Ausführliche Erläuterungen der hier anzuwendenden Berechnungsverfahren findet man in Band I und [54].

Es wird in diesem Buch ausschließlich mit dem Verbraucher-Zählpfeil-System (s. Band I und [54]), das nach DIN 5489 auch als Verbraucher-Pfeilsystem bezeichnet wird, gearbeitet (Bild 2.1). Es ermöglicht in Verbindung mit Schaltbildern Aussagen über die anzuwendenden Vorzeichen der Spannungen und Ströme.

2.1.1 Grundgesetze

Wenn an einem Widerstand R die Spannung u liegt, gilt nach dem Ohmschen Gesetz für den Strom

$$i = u/R \qquad (2.1)$$

(Die Zeitwerte i, u dürfen auch durch die Gleichstromwerte I, U ersetzt werden.)

2.1 Widerstand R mit Zählpfeilen

2.2 Knotenpunkt

Auf den Knotenpunkt einer Schaltung (s. Bild 2.2) oder einen Netzwerkteil kann man nach Band I das 1. Kirchhoffsche Gesetz, den Knotenpunktsatz

$$\Sigma \, i_\mu = 0 \qquad (2.2)$$

anwenden, d. h., in jedem Augenblick ist die Summe der einem Knotenpunkt zufließenden Ströme gleich der Summe der abfließenden.
Entsprechend besagt das 2. Kirchhoffsche Gesetz, der Maschensatz

$$\Sigma \, u_\mu = 0 \qquad (2.3)$$

daß die Umlaufspannung, also die Summe aller Teilspannungen (einschließlich der Quellenspannungen u_q) einer Masche (Bild 2.3) in jedem Augenblick Null ist.

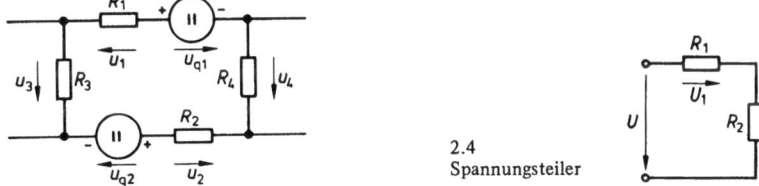

2.3 Masche

2.4 Spannungsteiler

Über diese drei Grundgesetze kann man alle Ströme und Spannungen in elektrischen Netzwerken berechnen. Mit ihnen ergibt sich bei Gleichstrom für den Gesamtwiderstand der in Reihe liegenden Teilwiderstände R_r

$$R_g = \Sigma \, R_r \qquad (2.4)$$

und für den Gesamtwiderstand der parallel geschalteten Widerstände R_p

$$R_g = \frac{1}{\Sigma \, 1/R_p} \qquad (2.5)$$

Dann gilt auch die Spannungsteilerregel (Bild 2.4)

$$\frac{U_1}{U} = \frac{R_1}{R_1 + R_2} = \frac{1}{1 + (R_2/R_1)} \qquad (2.6)$$

58 2.1 Gleichstromnetzwerke

und die Stromteilerregel (Bild 2.5)

$$\frac{I_1}{I} = \frac{R_2}{R_1 + R_2} = \frac{1}{1 + (R_1/R_2)} \tag{2.7}$$

wobei jedesmal der letzte Ausdruck in Gl. (2.6) und (2.7) wieder taschenrechnerfreundlich ist, da mit ihnen alle Daten nur einmal einzugeben sind.

Ferner ist die im Widerstand R von Bild 2.1 umgesetzte Leistung

$$P = UI = I^2 R = U^2/R \tag{2.8}$$

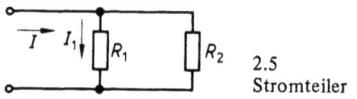
2.5 Stromteiler

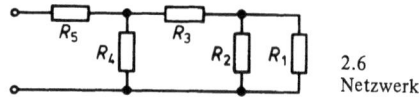
2.6 Netzwerk

Beispiel 2.1. Die Schaltung in Bild 2.6 besteht aus den Widerständen $R_1 = 10\,\Omega$, $R_2 = 20\,\Omega$, $R_3 = 30\,\Omega$, $R_4 = 40\,\Omega$, $R_5 = 50\,\Omega$. Es soll der Gesamtwiderstand berechnet werden.

Nach Band I und [54] ist

$$R_g = R_5 + \cfrac{1}{\cfrac{1}{R_4} + \cfrac{1}{R_3 + \cfrac{1}{\cfrac{1}{R_2} + \cfrac{1}{R_1}}}}$$

Daher ergibt sich der Rechengang

Größe	Eingabe	Befehle	Anzeige	Größe
		EE 2nd Fix 3		
R_1	10	1/x +	1.000 −01	
R_2	20	1/x = 1/x +	6.667 00	
R_3	30	= 1/x +	2.727 −02	
R_4	40	1/x = 1/x +	1.913 01	
R_5	50	=	6.913 01	R_g

Man findet also den Gesamtwiderstand $R_g = 69{,}13\,\Omega$.

Beispiel 2.2. Das Netzwerk in Bild 2.7 enthält die Widerstände $R_1 = 10\,\Omega$, $R_2 = 20\,\Omega$, $R_3 = 30\,\Omega$, $R_4 = 40\,\Omega$ sowie Quellen mit der Quellenspannung $U_q = 120$ V und dem Quellenstrom $I_q = 5$ A. Es soll der Strom I_4 bestimmt werden.

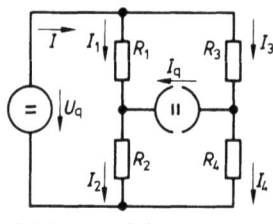
2.7 Brückenschaltung

Es können mit den in Bild 2.7 eingetragenen Zählpfeilen für die insgesamt 5 Unbekannten 3 Strom- und 2 Spannungsgleichungen

$I - I_1 - I_3 = 0$

$I_1 - I_2 = -I_q$ $\qquad R_1 I_1 + R_2 I_2 = U_q$

$-I + I_2 + I_4 = 0$ $\qquad R_3 I_3 + R_4 I_4 = U_q$

aufgestellt werden. Dieses Gleichungssystem schreibt man vorteilhaft in Matrizenform

2.1.1 Grundgesetze 59

$$\begin{bmatrix} 1 & -1 & 0 & -1 & 0 \\ 0 & 1 & -1 & 0 & 0 \\ -1 & 0 & 1 & 0 & 1 \\ 0 & R_1 & R_2 & 0 & 0 \\ 0 & 0 & 0 & R_3 & R_4 \end{bmatrix} \cdot \begin{bmatrix} I \\ I_1 \\ I_2 \\ I_3 \\ I_4 \end{bmatrix} = \begin{bmatrix} 0 \\ -I_q \\ 0 \\ U_q \\ U_q \end{bmatrix}$$

Es ist somit die für die Zahlenwerte geltende Matrizengleichung

$$\begin{bmatrix} 1 & -1 & 0 & -1 & 0 \\ 0 & 1 & -1 & 0 & 0 \\ -1 & 0 & 1 & 0 & 1 \\ 0 & 10 & 20 & 0 & 0 \\ 0 & 0 & 0 & 30 & 40 \end{bmatrix} \cdot \begin{bmatrix} \{I\} \\ \{I_1\} \\ \{I_2\} \\ \{I_3\} \\ \{I_4\} \end{bmatrix} = \begin{bmatrix} 0 \\ -5 \\ 0 \\ 120 \\ 120 \end{bmatrix}$$

zu lösen. Das Modul-Programm ML-02 erfordert dann den Rechengang

Eingabe	Befehle	Anzeige	Größe
	EE 2nd Fix 3 2nd Pgm 02		
5	A		
1	B R/S		
0	R/S		
1 +/−	R/S		
0	R/S R/S		
1 +/−	R/S +/− R/S		
0	R/S		
10	R/S		
0	R/S R/S		
1 +/−	R/S +/− R/S		
20	R/S		
0	R/S		
1 +/−	R/S		
0	R/S R/S R/S		
30	R/S		
0	R/S R/S		
1	R/S		
0	R/S		
40	R/S C	(nach 1 min) 2.100 03	Det
1	D		
0	R/S		
5 +/−	R/S		
0	R/S		
120	R/S R/S CLR EE E		
5	2nd A′ R/S	−4.286 −01	I_4

Es fließt also der Strom $I_4 = -428{,}6$ mA.

2.1.2 Ersatzquellen

Jedes aktive Netzwerk (symbolisiert in Bild 2.8b durch einen Block), das beliebig viele lineare Spannungs- und Stromquellen sowie beliebig viele feste Widerstände enthalten darf und über die beiden Klemmen a und b zugänglich ist, darf nach Band I und [54] entweder durch eine Spannungsquelle nach Bild 2.8a oder eine

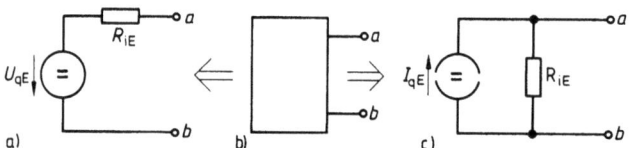

2.8 Aktives Netzwerk (b) mit Ersatz-Spannungsquelle (a) und Ersatz-Stromquelle (c)

Stromquelle nach Bild 2.8c ersetzt werden. Diese beiden Ersatzquellen sind gleichwertig und durch die 3 Größen Quellenspannung U_{qE}, Quellenstrom I_{qE} und Innenwiderstand R_{iE} gekennzeichnet. Im Leerlauf tritt an den Klemmen des Netzwerks die Ersatz-Quellenspannung

$$U_{qE} = U_{abl} \tag{2.9}$$

auf, und bei Kurzschluß dieser Klemmen fließt über sie der Ersatz-Quellenstrom

$$I_{qE} = I_{abk} \tag{2.10}$$

so daß zwischen den Klemmen a und b der Ersatz-Innenwiderstand

$$R_{iE} = U_{qE}/I_{qE} \tag{2.11}$$

wirksam ist. Man kann ihn auch unmittelbar berechnen, wenn man alle idealen Spannungsquellen des Netzwerks widerstandslos überbrückt, die idealen Stromquellen als Unterbrechungen ansieht und den Widerstand R_{ab} zwischen den Klemmen dieses reinen Widerstandsnetzwerks bestimmt (s. Band I und [54]).

Beispiel 2.3. Das Ergebnis von Beispiel 2.2 soll nun durch Anwenden der Ersatzquellen gefunden werden.

Strom- und Spannungsquelle in der Schaltung von Bild 2.7 können als ideale Quellen nicht ohne weiteres umgewandelt werden. Nach Band I und [54] darf man das Netzwerk von Bild 2.7

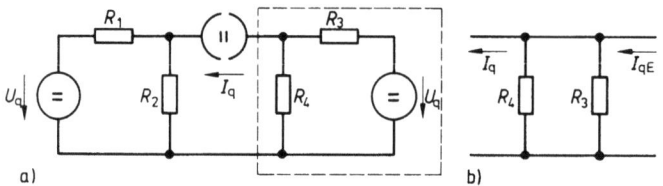

2.9 Umgeformte Brückenschaltung von Bild 2.7 nach Verdoppelung der Spannungsquelle (a) und Umwandlung der rechten Spannungs- in eine Stromquelle (b)

2.1.2 Ersatzquellen 61

jedoch in der folgenden Weise umformen: Die links befindliche Spannungsquelle wird verdoppelt und rechts zugeschaltet. Dann darf man die Brückenschaltung oben in der Mitte auftrennen, so daß die Schaltung in Bild 2.9a entsteht. Jetzt wird der Widerstand R_3 als Innenwiderstand der rechten Quelle aufgefaßt und diese Spannungsquelle in eine Stromquelle mit dem Ersatz-Quellenstrom

$$I_{qE} = U_q/R_3 = 120\,V/(30\,\Omega) = 4\,A$$

umgewandelt. Für den rechten Teil der Schaltung gilt daher Bild 2.9b, in dem der Strom $I_{qE} - I_q$ in den Widerständen R_3 und R_4 nach der Stromteilerregel von Gl. (2.7) aufgeteilt wird. Somit erhält man für den Strom

$$I_4 = \frac{I_{qE} - I_q}{1 + (R_4/R_3)}$$

und man rechnet

Größe	Eingabe	Befehle	Anzeige	Größe
I_{qE}	4	EE 2nd Fix 3 −	4.000 00	I_{qE}
I_q	5	= ÷ (	−1.000 00	
	1	+ (	1.000 00	
R_4	40	÷	4.000 01	
R_5	30	=	−4.286 −01	I_4

Dies ist eine gute Kontrolle für das zuerst gefundene Ergebnis und zeigt, daß einerseits das Suchen nach einem einfacheren Lösungsweg die Aufgabe sehr erleichtern kann, jedoch andererseits schematische Wege mit einem größeren Rechenaufwand ebenfalls zum Ziel führen.

Beispiel 2.4. Die Schaltung in Bild 2.10a enthält die Widerstände $R_1 = 3\,\Omega$, $R_2 = 5\,\Omega$, $R_3 = 100\,\Omega$ und Spannungsquellen mit den Quellenspannungen $U_{q1} = 111\,V$, $U_{q2} = 120\,V$. Die Kenngrößen der Ersatzquellen nach Bild 2.8 sollen bestimmt werden.

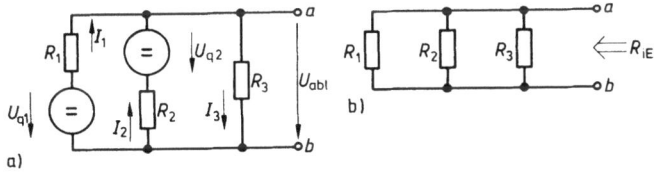

2.10 Aktiv wirkender Zweipol (a) mit Ersatzwiderstand R_{iE} (b)

a): Für Bild 2.10a kann man durch Anwenden der Kirchhoffschen Gesetze das Gleichungssystem

$$I_1 + I_2 - I_3 = 0$$
$$R_1 I_1 - R_2 I_2 = U_{q1} - U_{q2}$$
$$R_2 I_2 + R_3 I_3 = U_{q2}$$

aufstellen. Es gilt also mit den Zahlenwerten analog zu Beispiel 2.2 die Matrizengleichung

$$\begin{bmatrix} 1 & 1 & -1 \\ 3 & -5 & 0 \\ 0 & 5 & 100 \end{bmatrix} \cdot \begin{Bmatrix} I_1 \\ I_2 \\ I_3 \end{Bmatrix} = \begin{bmatrix} 0 \\ -9 \\ 120 \end{bmatrix}$$

Für sie liefert das Modulprogramm ML-02 (Schrittfolge ähnlich wie in Beispiel 2.2) unmittelbar den Strom $I_3 = 1{,}123$ A, so daß auch die Ersatz-Quellenspannung

$$U_{qE} = U_{abl} = R_3 I_3 = 100 \, \Omega \cdot 1{,}123 \, A = 112{,}3 \, V$$

angegeben werden kann. Nach Bild 2.10b gilt für den Ersatz-Innenwiderstand

$$R_{iE} = \frac{1}{\dfrac{1}{R_1} + \dfrac{1}{R_2} + \dfrac{1}{R_3}} = 1{,}840 \, \Omega$$

(Die Schrittfolge ist analog zu Beispiel 1.1 zu wählen.) Außerdem ist nach Gl. (2.11) der Ersatz-Quellenstrom

$$I_{qE} = U_{qE}/R_{iE} = 112{,}3 \, V/(1{,}84 \, \Omega) = 61{,}0 \, A$$

b): Einfacher ist es, zunächst die beiden Spannungsquellen in Stromquellen mit den Quellenströmen $I_{q1} = U_{q1}/R_1 = 111 \, V/(3 \, \Omega) = 37$ A und $I_{q2} = U_{q2}/R_2 = 120 \, V/(5 \, \Omega) = 24$ A umzuwandeln. Hiermit erhält man sofort den Ersatz-Quellenstrom

$$I_{qE} = I_{q1} + I_{q2} = 37 \, A + 24 \, A = 61 \, A$$

und somit auch die Ersatz-Quellenspannung $U_{qE} = R_{iE} I_{qE} = 1{,}84 \, \Omega \cdot 61 \, A = 112{,}3 \, V$.

2.1.3 Leistungsanpassung

Die Verbraucherwiderstände R_a in Bild 2.11 nehmen bei konstanten Werten von Innenwiderstand R_i und Quellenspannung U_q bzw. Quellenstrom I_q nach Band I und [54] die größte Leistung auf, wenn die A n p a s s u n g s b e d i n g u n g

$$R_a = R_i \tag{2.12}$$

eingehalten ist. Im Verbraucher fließt allgemein der Strom

$$I_a = \frac{U_q}{R_i + R_a} = \frac{I_q}{1 + (R_a/R_i)} \tag{2.13}$$

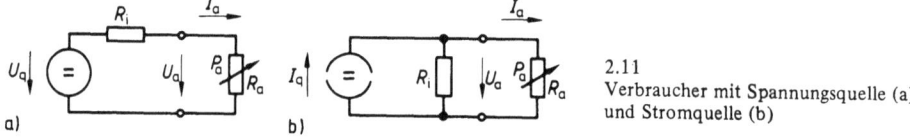

2.11
Verbraucher mit Spannungsquelle (a) und Stromquelle (b)

Am Verbraucher liegt die Spannung

$$U_a = \frac{U_q}{1 + (R_i/R_a)} = \frac{I_q}{\dfrac{1}{R_i} + \dfrac{1}{R_a}} \tag{2.14}$$

2.1.3 Leistungsanpassung   63

und es wird in ihm die Leistung

$$P_a = U_a I_a$$

umgesetzt. Gl. (2.13) und (2.14) sind wieder taschenrechnerfreundlich.

Beispiel 2.5. Die Schaltung in Bild 2.12 enthält die Widerstände $R_1 = 100\,\Omega$, $R_2 = 200\,\Omega$, $R_3 = 300\,\Omega$ und die Quellenspannung $U_q = 50\,V$. Für welchen Widerstand R_a liegt Anpassung vor? Für den Bereich $100\,\Omega \leqslant R_a \leqslant 1000\,\Omega$ ist der Verlauf von I_a, U_a, $P_a = f(R_a)$ darzustellen.

Es müssen zunächst die Daten einer Ersatzspannungsquelle nach Bild 2.8a bestimmt werden. Für den Innenwiderstand der Ersatzquelle gilt nach Abschn. 2.1.2

$$R_{iE} = \frac{1}{\frac{1}{R_1} + \frac{1}{R_2}} + R_3$$

2.12 Netzwerk

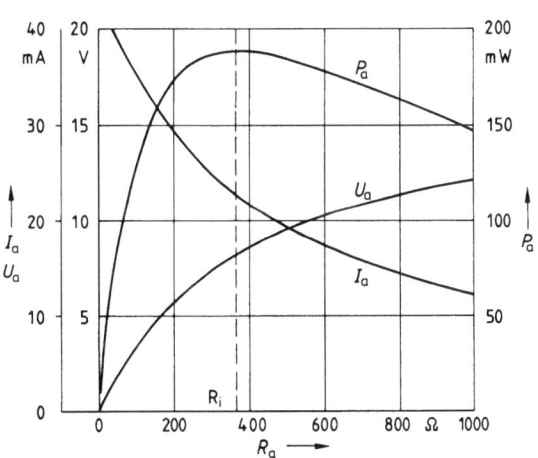

Man erhält den Rechengang

Größe	Eingabe	Befehle	Anzeige	Größe
R_1	100	EE 2nd Fix 3 1/x +	1.000 −02	
R_2	200	1/x = 1/x +	6.667 01	
R_3	300	=	3.667 02	R_a

Für Anpassung muß daher der Widerstand $R_a = R_{iE} = 366{,}7\,\Omega$ betragen.
Die Spannungsteilerregel liefert nach Gl. (2.6) die Ersatz-Quellenspannung

$$U_{qE} = \frac{U_q}{1 + (R_2/R_1)}$$

2.13
Kennlinien I_a, U_a, $P_a = f(R_a)$ des Netzwerks von Bild 2.12

Deshalb ist der Rechengang

Größe	Eingabe	Befehle	Anzeige	Größe
R_2	200	EE 2nd Fix 3 ÷	2.000 02	
R_1	100	= +	2.000 00	
	1	= 1/x ×	3.333 −01	
U_q	50	=	1.667 01	U_{qE}

und die Ersatz-Quellenspannung beträgt $U_{qE} = 16{,}67\,V$.

64   2.1 Gleichstromnetzwerke

Um das gewünschte Diagramm zeichnen zu können, sind Gl. (2.13) bis (2.15) anzuwenden. Hierfür wird das eigentlich für Sinusstrom ausgelegte Programm 4.4 genutzt. (Das dort angegebene 1. Testbeispiel bezieht sich auf dieses Beispiel und zeigt, wie man zu den Ergebnissen I_a, U_a, P_a = $f(R_a)$ gelangt.) Mit den so ermittelten Daten kann Bild 2.13 entworfen werden. Der Leser möge selbst durch manuelles Rechnen überprüfen, ob sich in diesem Fall schon das Anfertigen eines Programms lohnt.

2.1.4 Berechnung von Zweigströmen

Wenn bei vorgegebenen Widerständen R_μ und Quellenspannungen $U_{q\mu}$ oder -strömen $I_{q\mu}$ die Teilströme I_μ eines linearen Netzwerks bestimmt werden sollen, muß für ein Netzwerk mit z Zweigen ein System von z voneinander unabhängigen Gleichungen aufgestellt werden. Das Anwenden der K i r c h h o f f s c h e n G e s e t z e liefert bei k Knotenpunkten

$$r = k - 1 \qquad (2.15)$$

S t r o m g l e i c h u n g e n , so daß außerdem noch

$$m = z - r = z + 1 - k \qquad (2.16)$$

S p a n n u n g s g l e i c h u n g e n angegeben werden müssen (s. Band I und [54]).

Beim M a s c h e n s t r o m - Verfahren kann man das Gleichungssystem auf m, beim K n o t e n p u n k t p o t e n t i a l - Verfahren auf r Gleichungen reduzieren. Das Maschenstrom-Verfahren kann allerdings nur auf Netzwerke, die ausschließlich Spannungsquellen als aktive Zweipole enthalten, angewendet werden, und Netzwerke, die mit dem Knotenpunktpotential-Verfahren berechnet werden sollen, dürfen demgegenüber nur Stromquellen (also eingeprägte Ströme) aufweisen.

Da mit dem Taschenrechner TI 58 nur Gleichungssysteme bis maximal 6. und mit dem TI 59 bis maximal 8. Ordnung gelöst werden können und das Lösen von Gleichungssystemen niederer Ordnung sehr viel weniger Zeit beansprucht, sollte möglichst das Berechnungsverfahren mit der kleinsten Ordnungszahl ausgewählt werden.

2.1.4.1 Maschenstrom-Verfahren. Man kann nach [54] schematisch wie folgt vorgehen:

— In das Schaltbild des Netzwerks trägt man Z ä h l p f e i l e für die Quellenspannungen (vom Plus- zum Minuspol gerichtet) und für die durchnumerierten Zweigströme (hier mit beliebiger Richtung) ein.

— Es müssen dann — wie in Bild 2.14 — m M a s c h e n s t r ö m e entsprechend Gl. (2.16) so gewählt werden, daß jeder Zweigstrom I_μ mindestens einmal erfaßt wird. Zweckmäßig sind die gesuchten Zweigströme gleichzeitig Maschenströme. Der Umlaufsinn der Maschenströme kann grundsätzlich beliebig festgelegt werden; er folgt in diesem Buch stets dem Uhrzeigersinn (also rechtsherum).

2.1.4 Berechnung von Zweigströmen 65

– Anschließend müssen mit den Maschenströmen m S p a n n u n g s g l e i -
c h u n g e n aufgestellt werden. Die zugehörige Matrix kann man aber auch ganz schematisch hinschreiben: Die H a u p t d i a g o n a l e der Widerstandsmatrix

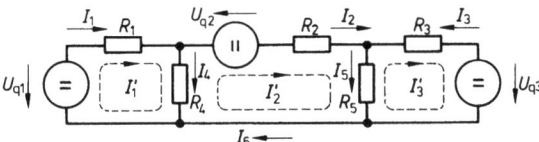

2.14
Netzwerk mit Maschenströmen

(Koeffizienten-Determinante) ist nämlich mit den Summenwiderständen R_μ, die von den gewählten Maschenströmen durchflossen werden, besetzt. Die N e -
b e n d i a g o n a l e n der Widerstandsmatrix enthalten Widerstände R_{ik}, die von den Maschenströmen I'_i und I'_k durchflossen werden. Sind die Zählpfeile für diese Maschenströme an diesen Koppelwiderständen gleichsinnig, so erhält dieser Widerstand das positive, andernfalls das negative Vorzeichen. Spiegelbildlich zur Hauptdiagonale liegende Koppelwiderstände sind daher gleich. Die Spannungen $U'_{q\mu}$ stellen die Summen der Quellenspannungen in den betrachteten Maschen dar. Die einzelnen Quellenspannungen haben in der Matrix negative Vorzeichen, wenn ihre Zählpfeile mit der Zählpfeilrichtung des Maschenstroms übereinstimmen; sie erhalten das positive Vorzeichen, wenn die Zählrichtungen entgegengesetzt sind.

Zum Netzwerk in Bild 2.14 gehört daher beispielsweise die Matrizengleichung

$$\begin{bmatrix} (R_1+R_4) & -R_4 & 0 \\ -R_4 & (R_2+R_4+R_5) & -R_5 \\ 0 & -R_5 & (R_3+R_5) \end{bmatrix} \cdot \begin{bmatrix} I'_1 \\ I'_2 \\ I'_3 \end{bmatrix} = \begin{bmatrix} U_{q1} \\ U_{q2} \\ -U_{q3} \end{bmatrix} \quad (2.17)$$

Dieses Gleichungssystem muß nach den unbekannten Strömen I'_1 bis I'_3 aufgelöst werden.

Beispiel 2.6. Die Schaltung in Bild 2.14 enthält die Widerstände $R_1 = 10\ \Omega$, $R_2 = 20\ \Omega$, $R_3 = 30\ \Omega$, $R_4 = 40\ \Omega$, $R_5 = 50\ \Omega$ und die Quellenspannungen $U_{q1} = 100\ V$, $U_{q2} = 200\ V$, $U_{q3} = 150\ V$. Es sollen alle Ströme berechnet werden.

Da $I_6 = I_2$ ist, gibt es 5 unbekannte Zweigströme, die über die in Gl. (2.17) enthaltenen Maschenströme bestimmt werden können. Über Gl. (2.17) erhält man die nur aus Zahlenwerten bestehende Matrizengleichung

$$\begin{bmatrix} 50 & -40 & 0 \\ -40 & 110 & -50 \\ 0 & -50 & 80 \end{bmatrix} \cdot \begin{bmatrix} \{I'_1\} \\ \{I'_2\} \\ \{I'_3\} \end{bmatrix} = \begin{bmatrix} 100 \\ 200 \\ -150 \end{bmatrix}$$

die man mit dem Modulprogramm ML-02 unmittelbar lösen kann.

Gl. (2.17) kann man auch in der Form

$$(R)(I) = (U)$$

66 2.1 Gleichstromnetzwerke

schreiben und als Ohmsches Gesetz in Matrizenform deuten. Es liefert die Einheit der Ströme

$$[I] = [U]/[R] = V/\Omega = A$$

Man erhält den Rechengang

Größe	Eingaben	Befehle	Anzeige	Größe
		EE 2nd Fix 3 2nd Pgm 02		
n	3	A		
	1	B		
R_{14}	50	R/S		
$-R_4$	40 +/−	R/S		
	0	R/S		
$-R_4$	40 +/−	R/S		
R_{245}	110	R/S		
$-R_5$	50 +/−	R/S		
	0	R/S		
$-R_5$	50 +/−	R/S		
R_{35}	80	R/S C (nach 15 sec)	1.870 05	Det
	1	D		
U_{q1}	100	R/S		
U_{q2}	200	R/S		
$-U_{q3}$	150 +/−	R/S CLR E EE 2nd A' R/S	5.187 00	I'_1
		R/S	3.984 00	I'_2
		R/S	6.150 −01	I'_3

Es fließen also die Ströme $I_1 = I'_1 = 5{,}187$ A, $I_2 = I_6 = I'_2 = 3{,}984$ A, $I_3 \doteq -I'_3 = -0{,}615$ A, $I_4 = I_1 - I_2 = 5{,}187$ A $- 3{,}984$ A $= 1{,}203$ A und $I_5 = I_2 + I_3 = 3{,}984$ A $- 0{,}615$ A $= 3{,}369$ A.

2.1.4.2 Knotenpunktpotential-Verfahren. Im Netzwerk von Bild 2.15 sind die Leitwerte G_1 bis G_5 und die eingeprägten Ströme I_a bis I_d bekannt, während über die zu berechnenden Spannungen (Potentiale gegenüber dem Knotenpunkt a) U'_{ab}, U'_{ac}, U'_{ad} alle übrigen Zweigströme bestimmt werden sollen. Auch hier kann man nach [54] wieder ganz schematisch vorgehen:

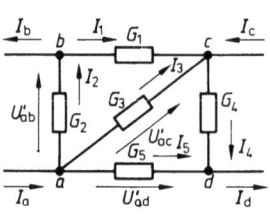

2.15 Netzwerk mit Knotenpunktpotentialen

— Man wählt als B e z u g s - K n o t e n p u n k t zweckmäßig einen Knotenpunkt mit den meisten Zweiganschlüssen bzw. einen Speisepunkt für die eingeprägten Ströme.

— Vom Bezugs-Knotenpunkt aus werden strahlenförmig zu den übrigen Knotenpunkten im Index durchnumerierte Z ä h l p f e i l e für die Knotenpunktpotentiale U'_{ik} und für die Quellenströme $I_{q\mu}$, die vom Minus- zum Pluspol der Quelle weisen sollen, eingetragen.

2.1.4 Berechnung von Zweigströmen

— Es müssen dann r **Stromgleichungen** aufgestellt werden. Auch hier kann man sofort die vollständige Matrix angeben: In die **Hauptdiagonale** der Leitwertmatrix (Koeffizienten-Determinante) werden die Summen der Leitwerte G_μ der zu diesem Knotenpunkt unmittelbar benachbarten Zweige eingetragen und in die **Nebendiagonalen** die stets negativen Koppelwerte G_{ik}, die zwischen die Knotenpunkte i und k geschaltet sind. Liegt zwischen zwei Knotenpunkten kein Leitwert, so wird an die zugehörige Stelle der Leitwertmatrix eine Null gesetzt. Die spiegelbildlich zur Hauptdiagonale einzutragenden Koppelleitwerte sind daher gleich. Der Spaltenvektor des Stromes enthält die Summen der den Knotenpunkten eingeprägten Ströme. Sie werden negativ eingesetzt, wenn sie dem Knotenpunkt zufließen, und positiv, wenn sie abfließen.

Zur Schaltung in Bild 2.15 gehört beispielsweise die Matrizengleichung

$$\begin{bmatrix} (G_1+G_2) & -G_1 & 0 \\ -G_1 & (G_1+G_3+G_4) & -G_4 \\ 0 & -G_4 & (G_4+G_5) \end{bmatrix} \cdot \begin{bmatrix} U'_{ab} \\ U'_{ac} \\ U'_{ad} \end{bmatrix} = \begin{bmatrix} I_b \\ -I_c \\ I_d \end{bmatrix} \quad (2.18)$$

Nach Lösen dieses Gleichungssystems kann man aus den Spannungen U'_{ab}, U'_{ac} und U'_{ad} alle Zweigströme I' berechnen.

Beispiel 2.7. Das Netzwerk in Bild 2.15 besteht aus den Leitwerten $G_1 = 10$ mS, $G_2 = 20$ mS, $G_3 = 30$ mS, $G_4 = 40$ mS, $G_5 = 50$ mS, und es fließen die eingeprägten Ströme $I_a = 10$ A, $I_b = 20$ A, $I_c = 30$ A. Es sollen die Zweigströme I_1 bis I_5 bestimmt werden.

Nach dem Knotenpunktsatz (s. Abschn. 2.1.1) muß dann gelten

$$I_d = I_a - I_b + I_c = 10 \text{ A} - 20 \text{ A} + 30 \text{ A} = 20 \text{ A}$$

Mit Gl. (2.18) erhält man die nur Zahlenwerte enthaltende Matrizengleichung

$$\begin{bmatrix} 30 & -10 & 0 \\ -10 & 80 & -40 \\ 0 & -40 & 90 \end{bmatrix} \cdot \begin{bmatrix} \{U'_{ab}\} \\ \{U'_{ac}\} \\ \{U'_{ad}\} \end{bmatrix} = \begin{bmatrix} 20 \\ -30 \\ 20 \end{bmatrix}$$

Nach dem Ohmschen Gesetz gilt dann für die Einheit der zunächst gesuchten Spannungen

$$[U] = [I]/[G] = \text{A/mS} = \text{kV}$$

Analog zu dem in Beispiel 2.2 vorgeführten Lösungsweg mit dem Modul-Programm ML-02 findet man die Spannungen $U'_{ab} = 584{,}9$ V, $U'_{ac} = -245{,}3$ V und $U'_{ad} = 113{,}2$ V. Daher fließen die Ströme

$$I_1 = G_1(U'_{ac} - U'_{ab}) = 10 \text{ mS} (-245{,}3 \text{ V} - 584{,}9 \text{ V}) = -8{,}302 \text{ A}$$

$$I_2 = G_2 U'_{ab} = 20 \text{ mS} \cdot 584{,}9 \text{ V} = 11{,}7 \text{ A}$$

$$I_3 = G_3 U'_{ac} = 30 \text{ mS} \cdot (-245{,}3 \text{ V}) = -7{,}359 \text{ A}$$

$$I_4 = G_4(U'_{ac} - U'_{ad}) = 40 \text{ mS} (-245{,}3 \text{ V} - 113{,}2 \text{ V}) = 14{,}34 \text{ A}$$

$$I_5 = G_5 U'_{ad} = 50 \text{ mS} \cdot 113{,}2 \text{ V} = 5{,}66 \text{ A}$$

2.1.5 Weitere Beispiele

Hier sollen noch Lösungen nach unterschiedlichen Verfahren einander gegenübergestellt werden.

Beispiel 2.8. Das Netzwerk von Bild 2.16 enthält die Widerstände $R_1 = 300\ \Omega$ und $R_2 = 150\ \Omega$ sowie die Quellenspannungen $U_{q1} = 120$ V, $U_{q2} = 60$ V und $U_{q3} = 90$ V.

a): Die Lösung soll durch Anwenden der Kirchhoffschen Gesetze, also das Aufstellen der erforderlichen Spannungs- und Stromgleichungen gefunden werden.

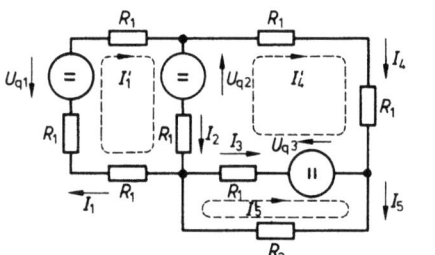

Man erhält das Gleichungssystem

$3 R_1 I_1 + R_1 I_2 = U_{q1} + U_{q2}$

$- R_1 I_2 - R_1 I_3 + 2 R_1 I_4 = - U_{q2} - U_{q3}$

$R_1 I_3 + R_2 I_5 = U_{q3}$

$I_1 - I_2 - I_4 = 0$

$I_3 + I_4 - I_5 = 0$

2.16 Netzwerk mit Maschenströmen

Daher ist mit den vorgegebenen Kenngrößen die Matrizengleichung der Zahlenwerte

$$\begin{bmatrix} 900 & 300 & 0 & 0 & 0 \\ 0 & -300 & -300 & 600 & 0 \\ 0 & 0 & 300 & 0 & 150 \\ 1 & -1 & 0 & -1 & 0 \\ 0 & 0 & 1 & 1 & -1 \end{bmatrix} \cdot \begin{bmatrix} \{I_1\} \\ \{I_2\} \\ \{I_3\} \\ \{I_4\} \\ \{I_5\} \end{bmatrix} = \begin{bmatrix} 180 \\ -150 \\ 90 \\ 0 \\ 0 \end{bmatrix}$$

Die zu suchenden Zahlenwerte für die Ströme haben nach dem Ohmschen Gesetz die Einheit $[I] = [U]/[R] = V/\Omega = A$. Das Modul-Programm ML-02 liefert unmittelbar die Ergebnisse $I_1 = 137{,}8$ mA, $I_2 = 186{,}5$ mA, $I_3 = 216{,}2$ mA, $I_4 = -48{,}65$ mA, $I_5 = 167{,}6$ mA.

b): Nun soll das Maschenstromverfahren angewendet werden.

Mit den in Bild 2.16 eingetragenen Maschenströmen erhält man für $I_1' = I_1$, $I_4' = I_4$ und $I_5' = I_5$ sofort die Matrizengleichung

$$\begin{bmatrix} 4 R_1 & -R_1 & 0 \\ -R_1 & 4 R_1 & -R_1 \\ 0 & -R_1 & (R_1 + R_2) \end{bmatrix} \cdot \begin{bmatrix} I_1 \\ I_4 \\ I_5 \end{bmatrix} = \begin{bmatrix} U_{q1} + U_{q2} \\ -U_{q2} - U_{q3} \\ U_{q3} \end{bmatrix}$$

also $\begin{bmatrix} 1200 & -300 & 0 \\ -300 & 1200 & -300 \\ 0 & -300 & 450 \end{bmatrix} \cdot \begin{bmatrix} \{I_1\} \\ \{I_4\} \\ \{I_5\} \end{bmatrix} = \begin{bmatrix} 180 \\ -150 \\ 90 \end{bmatrix}$

Es sind somit die Ströme $I_1 = 137{,}8$ mA, $I_4 = -48{,}65$ mA, $I_5 = 167{,}6$ mA, die zum gleichen Ergebnis wie unter a) führen. Die Matrizengleichung wurde wieder mit dem Modul-Programm ML-02 gelöst.

2.1.5 Weitere Beispiele

c): Mit welchem Widerstand R_2 fließt bei sonst unveränderten Kenngrößen in der Schaltung von Bild 2.16 der Strom $I_5 = 200$ mA?

Man kann die Matrizengleichung unter a) mit der neuen Unbekannten R_2 und der neuen bekannten Größe $I_5 = 0{,}2$ A umstellen auf

$$\begin{bmatrix} 900 & 300 & 0 & 0 & 0 \\ 0 & -300 & -300 & 600 & 0 \\ 0 & 0 & 300 & 0 & 0{,}2 \\ 1 & -1 & 0 & -1 & 0 \\ 0 & 0 & 1 & 1 & 0 \end{bmatrix} \cdot \begin{bmatrix} \{I_1\} \\ \{I_2\} \\ \{I_3\} \\ \{I_4\} \\ \{R_2\} \end{bmatrix} = \begin{bmatrix} 180 \\ -150 \\ 90 \\ 0 \\ 0{,}2 \end{bmatrix}$$

und findet wieder mit dem Modul-Programm ML-02 den erforderlichen Widerstand $R_2 = 90\ \Omega$.

Beispiel 2.9. Die Schaltung in Bild 2.17 besteht aus den Widerständen $R_1 = R_3 = R_4 = R_5 = 15\ \Omega$, $R_2 = 30\ \Omega$, $R_6 = R_7 = 22{,}5\ \Omega$ und liegt an der Spannung $U = 90$ V. Es sollen alle Ströme berechnet werden.

Es sind insgesamt 9 unbekannte Ströme zu berechnen, so daß bei Anwendung der Kirchhoffschen Gesetze ein System von 9 Spannungs- und Stromgleichungen zu lösen wäre.

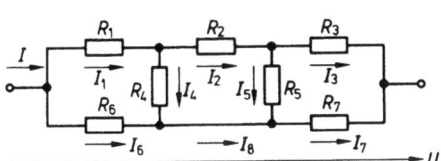
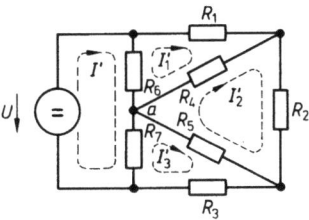

2.17 Netzwerk   2.18 Umgeformtes Netzwerk von Bild 2.17

Eine Umformung des Netzwerks nach Bild 2.18 zeigt, daß die Lösung leichter mit dem Maschenstromverfahren zu finden ist. Es gilt dann die Matrizengleichung

$$\begin{bmatrix} (R_6+R_7) & -R_6 & 0 & -R_7 \\ -R_6 & (R_1+R_4+R_6) & -R_4 & 0 \\ 0 & -R_4 & (R_2+R_4+R_5) & -R_5 \\ -R_7 & 0 & -R_5 & (R_3+R_5+R_7) \end{bmatrix} \cdot \begin{bmatrix} I' \\ I'_1 \\ I'_2 \\ I'_3 \end{bmatrix} = \begin{bmatrix} U \\ 0 \\ 0 \\ 0 \end{bmatrix}$$

oder in Zahlenwerten

$$\begin{bmatrix} 45 & -22{,}5 & 0 & -22{,}5 \\ -22{,}5 & 52{,}5 & -15 & 0 \\ 0 & -15 & 60 & -15 \\ -22{,}5 & 0 & -15 & 52{,}5 \end{bmatrix} \cdot \begin{bmatrix} \{I'\} \\ \{I'_1\} \\ \{I'_2\} \\ \{I'_3\} \end{bmatrix} = \begin{bmatrix} 90 \\ 0 \\ 0 \\ 0 \end{bmatrix}$$

Das Modul-Programm ML-02 liefert die Ströme $I = 4$ A, $I_1 = 2$ A, $I_2 = 1$ A und $I_3 = 2$ A.

2.2 Sinusstromnetzwerke

Entscheidend einfacher wird die Lösung, wenn man erkennt, daß bei den gegebenen Widerstandswerten das Netzwerk symmetrisch aufgebaut ist und daher entsprechend Bild 2.19 am Knotenpunkt a aufgetrennt werden darf, ohne die Stromverteilung zu verändern. Mit den vorgegebenen Werten kann man also die Ströme $I_1 = I_3 = I_6 = I_7 = 2$ A, $I_2 = I_4 = -I_5 = 1$ A sowie $I_8 = I_6 + I_4 = 3$ A auch im Kopf ausrechnen.

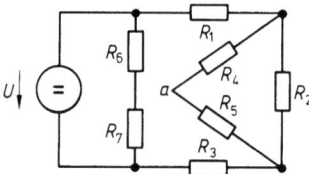

2.19
Umgeformtes Netzwerk von Bild 2.17

Dieses Beispiel soll darauf hinweisen, daß man u. U. erhebliche Rechenzeit einsparen kann, wenn man das zu untersuchende Netzwerk zunächst auf einfache Lösungsmöglichkeiten prüft, bevor man ein umfangreiches, schematisches (allerdings meist auch sicheres) Berechnungsverfahren einleitet.

2.2 Sinusstromnetzwerke

Hier sollen die in Abschn. 2.1.1 dargestellten Zusammenhänge auf Sinusstrom übertragen bzw. erweitert werden. Es müssen die linearen und zeitinvarianten (d. h. konstanten) Bauelemente I n d u k t i v i t ä t L und K a p a z i t ä t C eingeführt und zusätzlich Zeigerdiagramm, komplexe Größen und Resonanztransformation betrachtet werden. Die auch für Sinusstromnetzwerke wichtigen Netzumformungen werden in Absch. 2.3, ihre Frequenzgänge in Abschn. 2.4 und ihr Übergangsverhalten in Abschn. 2.5 behandelt. Die Untersuchung von Drehstromnetzwerken findet man im Abschn. 3.2.1.

Mit der F r e q u e n z f, der P e r i o d e n d a u e r

$$T = 1/f \tag{2.19}$$

der K r e i s f r e q u e n z

$$\omega = 2\pi f \tag{2.20}$$

dem S c h e i t e l w e r t $\hat{i}$ und der Z e i t t folgt ein Sinusstrom der Z e i t f u n k t i o n

$$i = \hat{i} \sin(\omega t) \tag{2.21}$$

Entsprechend gilt für den Zeitwert der Sinusspannung

$$u = \hat{u} \sin(\omega t + \varphi) \tag{2.22}$$

wobei der P h a s e n w i n k e l φ nach DIN 40110 vom Strom i zur Spannung u gemessen wird. In diesem Buch wird in Übereinstimmung mit Band I und [55] allerdings vorzugsweise mit den in die komplexe Zahlenebene transformierten Größen, also dem k o m p l e x e n S t r o m

$$\underline{I} = I \,\underline{/\varphi_I} = I_w + jI_b \tag{2.23}$$

und der k o m p l e x e n S p a n n u n g

$$\underline{U} = U \,\underline{/\varphi_U} = U_w + jU_b \tag{2.24}$$

gearbeitet. Mit I und U werden die E f f e k t i v w e r t e sowie mit dem Index w die W i r k - und mit dem Index b die B l i n d k o m p o n e n t e n bezeichnet. Der Unterstrich kennzeichnet die Formelzeichen komplexer Größen.

Es sollen nun die in Abschn. 2.1 dargestellten Zusammenhänge auf Sinusstromnetzwerke übertragen bzw. erweitert werden.

2.2.1 Grundgesetze

Gl. (2.1) bis (2.3) gelten allgemein für beliebige Zeitwerte. Mit der komplexen Spannung $\underline{U}$ ist daher der durch einen W i r k w i d e r s t a n d R (Bild 2.20a) fließende Strom

$$\underline{I} = \underline{U}/R \tag{2.25}$$

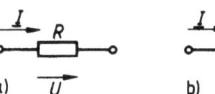
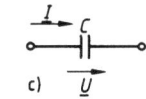

2.20
Schaltzeichen für Wirkwiderstand R,
Induktivität L und Kapazität C

a)   b)   c)

Zu berücksichtigen ist ferner die I n d u k t i v i t ä t L (Bild 2.20b), auf die das Induktionsgesetz

$$u = L \, di/dt \tag{2.26}$$

anzuwenden ist. Für sie kann ein i n d u k t i v e r B l i n d w i d e r s t a n d

$$X_L = \omega L \tag{2.27}$$

definiert werden, mit dem sich dann der komplexe Strom

$$\underline{I} = \underline{U}/(jX) \tag{2.28}$$

ergibt. Eine K a p a z i t ä t C (Bild 2.20c) führt den Strom

$$i = C \, du/dt \tag{2.29}$$

Daher wird für sie ein k a p a z i t i v e r B l i n d w i d e r s t a n d

$$X_C = -1/(\omega C) \tag{2.30}$$

definiert, und es gilt wieder Gl. (2.28). (Kapazitive Blindwiderstände haben also negative Zahlenwerte.)

72   2.2 Sinustromnetzwerke

Neben den Schaltzeichen in Bild 2.20 werden hier auch die Schaltzeichen in Bild 2.21 benutzt. Der k o m p l e x e   W i d e r s t a n d

$$\underline{Z} = Z\,\underline{/\varphi} = R + jX \tag{2.31}$$

gehört mit dem Scheinwiderstand Z daher zu einer Reihenschaltung von Wirkwiderstand R und Blindwiderstand X. Der zu $\underline{Z}$ inverse k o m p l e x e   L e i t w e r t

$$\underline{Y} = Y\,\underline{/-\varphi} = G + jB = 1/\underline{Z} \tag{2.32}$$

mit dem Scheinleitwert Y und einem Phasenwinkel $-\varphi$, der sich durch das entgegengesetzte Vorzeichen vom entsprechenden komplexen Widerstand unterscheidet, muß als Parallelschaltung von Wirkleitwert G und Blindleitwert B gedeutet werden.

2.21
Komplexer Widerstand $\underline{Z}$ (a, b) und komplexer Leitwert $\underline{Y}$ (b, c)

Das O h m s c h e   G e s e t z für komplexe Effektivwerte lautet daher

$$\underline{I} = \underline{U}/\underline{Z} = \underline{Y}\,\underline{U} \tag{2.33}$$

Analog besagen der k o m p l e x e   K n o t e n p u n k t s a t z

$$\Sigma \underline{I}_\mu = 0 \tag{2.34}$$

und der k o m p l e x e   M a s c h e n s a t z

$$\Sigma \underline{U}_\mu = 0 \tag{2.35}$$

Hiermit ergeben sich nach Band I und [55] für den komplexen Gesamtwiderstand einer Reihenschaltung

$$\underline{Z}_g = \Sigma \underline{Z}_\mu \tag{2.36}$$

und den komplexen Gesamtleitwert einer Parallelschaltung

$$\underline{Y}_g = \Sigma \underline{Y}_\mu \tag{2.37}$$

Außerdem gelten die k o m p l e x e   S p a n n u n g s t e i l e r r e g e l

$$\frac{\underline{U}_1}{\underline{U}} = \frac{\underline{Z}_1}{\underline{Z}_1 + \underline{Z}_2} = \frac{1}{1 + (\underline{Z}_2/\underline{Z}_1)} \tag{2.38}$$

und die k o m p l e x e   S t r o m t e i l e r r e g e l

$$\frac{\underline{I}_1}{\underline{I}} = \frac{\underline{Z}_2}{\underline{Z}_1 + \underline{Z}_2} = \frac{1}{1 + (\underline{Z}_1/\underline{Z}_2)} \tag{2.39}$$

wobei die beiden letzten Ausdrücke jeweils taschenrechnerfreundlich sind.

2.2.1 Grundgesetze   73

Ferner sind bei dem konjugiert komplexen Strom I* in der k o m p l e x e n
L e i s t u n g

$$\underline{S} = \underline{U}\underline{I}^* = S\,\underline{/\varphi} = P + jQ \qquad (2.40)$$

zu unterscheiden die S c h e i n l e i s t u n g

$$S = UI \qquad (2.41)$$

die W i r k l e i s t u n g

$$P = UI \cos \varphi = S \cos \varphi \qquad (2.42)$$

und die B l i n d l e i s t u n g

$$Q = UI \sin \varphi = S \sin \varphi \qquad (2.43)$$

mit dem Wirkfaktor $\cos \varphi$ und dem Blindfaktor $\sin \varphi$.

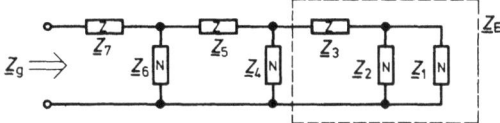

2.22
Kettenschaltung komplexer Widerstände

In Erweiterung von Gl. (2.36) und (2.37) ist daher der komplexe Widerstand der
Ersatzschaltung des rechten Teils der Schaltung von Bild 2.22

$$\underline{Z}_E = \underline{Z}_3 + \frac{1}{\dfrac{1}{\underline{Z}_1} + \dfrac{1}{\underline{Z}_2}} \qquad (2.44)$$

Wenn man diesen Widerstand als Parallelwiderstand zum komplexen Widerstand $\underline{Z}_4$
auffaßt, kann man schließlich den komplexen Gesamtwiderstand $\underline{Z}_g$ der Kettenschaltung von Bild 2.22 berechnen, indem man nach und nach die Teilwiderstände
von hinten her eliminiert. Dieses Verfahren wird im Programm 4.9 angewandt. Ähnlich arbeitet das Programm EE 11 in [49]; in beiden geht man allerdings unmittelbar von Widerstand R, Induktivität L, Kapazität C und Frequenz f aus.
Besonders wichtig für das Berechnen von Sinusstrom-Netzwerken mit k o m -
p l e x e r A r i t h m e t i k sind die Modulprogramme ML-04 und 05 bzw. EE-04
und 05. Sie lesen über die Taste **A** Real- und Imaginärteil in die Datenregister R01
und R02 sowie über **2nd A′** weitere Real- und Imaginärteile nach R03 und R04
ein; daher kann man diese Speicher auch unmittelbar belegen (s. Beispiel 2.12).
Das Ergebnis steht wieder in den Registern R01 und R02, so daß weitere Rechnungen leicht angeschlossen werden können. Die Nachteile dieser Modulprogramme (s. Abschn. 2.2.3) werden von dem in Abschn. 4 erläuterten Programm 4.3
vermieden.

74   2.2 Sinusstromnetzwerke

Beispiel 2.10. Die Schaltung nach Bild 2.23 besteht aus den komplexen Widerständen $\underline{Z}_1 = 10\,\Omega + j\,5\,\Omega$, $\underline{Z}_2 = 20\,\Omega - j\,10\,\Omega$, $\underline{Z}_3 = 30\,\Omega + j\,20\,\Omega$, und es fließt der komplexe Strom $\underline{I}_1 = 2\,A + j\,3\,A$. Es sollen die komplexen Teilströme $\underline{I}_2$ und $\underline{I}_3$ bestimmt werden.

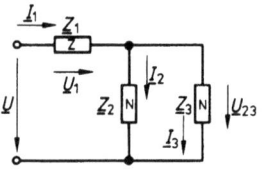

a): Wir wenden Gl. (2.34) und (2.39) an. Daher gilt für die Ströme

$$\underline{I}_2 = \frac{\underline{I}_1}{1 + (\underline{Z}_2/\underline{Z}_3)}$$

und $\quad \underline{I}_3 = \underline{I}_1 - \underline{I}_2$

2.23 Stromteiler

Für das Modul-Programm ML-04 ist der Rechengang

Größe	Eingabe	Befehle	Anzeige	Größe
		EE 2nd Fix 3 2nd Pgm 04		
R_2	20	A		
X_2	10 +/−	A		
R_3	30	2nd A'		
X_3	20	2nd A' 2nd C'	3.077 −01	
	1	2nd A'		
	0	2nd A' B	1.308 00	
		2nd E'		
I_{1w}	2	A		
I_{1b}	3	A 2nd C'	5.000 −01	I_{2w}
		x ⇄ t	2.500 00	I_{2b}
		2nd E'		
I_{1w}	2	A		
I_{1b}	3	A 2nd B'	1.500 −01	I_{3w}
		x ⇄ t	5.000 −01	I_{3b}

Es fließen also die Ströme $\underline{I}_2 = (0{,}5 + j\,2{,}5)$ A und $\underline{I}_3 = (1{,}5 + j\,0{,}5)$ A.

Hier wird deutlich, daß es außerordentlich wichtig ist, die richtige Schrittfolge aufzuschreiben und sie sorgfältig zu beachten.

b): Wir setzen jetzt das Programm 4.3 ein und finden über den Rechengang

Größe	Eingabe	Befehle	Anzeige	Größe
R_2	20	A		
X_2	10 +/−	A		
R_3	30	2nd A'		
X_3	20	2nd A'		
I_{1w}	2	B		
I_{1b}	3	B 2nd C'	5.000 −01	I_{2w}
		x ⇄ t	2.500 00	I_{2b}

und somit das gleiche Ergebnis wie unter a).

2.2.1 Grundgesetze 75

Beispiel 2.11: Die Schaltung in Bild 2.24 enthält die Wirkwiderstände $R_1 = 10\,\Omega$ und $R_2 = 40\,\Omega$ sowie die Kapazität $C = 1{,}1\,\mu F$ und die Induktivität $L = 2{,}54\,mH$. Sie liegt an der Sinusspannung $U_e = 22\,V$ bei der Frequenz $f = 5\,kHz$. Es soll die komplexe Ausgangsspannung $\underline{U}_a$ bestimmt werden.

Mit den komplexen Widerständen $\underline{Z}_1 = R_1 + jX_1$ und $\underline{Z}_2 = R_2 + jX_2$ gilt für die gesuchte Spannung nach Gl. (2.38)

$$\underline{U}_a = \frac{\underline{U}_e}{1 + (\underline{Z}_1/\underline{Z}_2)}$$

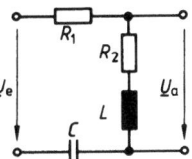

2.24 Spannungsteiler

Sie kann unmittelbar mit dem Programm 4.3 gefunden werden. Ω, F, H, Hz und V sind SI-Einheiten, so daß sich bei Berücksichtigung der Zehnerpotenzen automatisch eine Spannung in V ergibt.

Mit dem Programm 4.3 erhält man den Rechengang (u. U. vorher Winkelmodus mit **2nd Deg** klären)

Größe	Eingabe	Befehle	Anzeige	Größe
R_2	40	A		
f	5 EE 3	2nd B'		
L_2	2.54 EE 3 +/−	R/S E R/S R/S A	7.980 01	
R_1	10	2nd A'		
f	5 EE 3	2nd B'		
L_1	0	R/S		
C_1	1.1 EE 6 +/−	R/S R/S R/S R/S 2nd A'	−2.894 01	
U_{ew}	22	B		
U_{eb}	0	B C x⇄t	8.457 00	
		INV 2nd P → R	1.789 01	φ_a
		x⇄t	2.753 01	U_a

Um das Ergebnis im vierziffrigen technischen Anzeigeformat zu erhalten, müssen die beiden letzten Zeilen in der folgenden Weise getastet werden.

	INV 2nd P → R 2nd E'	17.890 00
	R/S x⇄t 2nd E'	27.530 00
	R/S	

Daher ist die gesuchte Spannung $\underline{U}_a = 27{,}53\,V\,\underline{/17{,}89°}$.

Beispiel 2.12. Die Schaltung in Bild 2.25 enthält die Wirkwiderstände $R_1 = 1\,k\Omega$, $R_3 = 670\,\Omega$, $R_4 = 5\,k\Omega$ und die Blindwiderstände $X_{L2} = 1\,k\Omega$, $X_{L3} = 285\,\Omega$, $X_{C1} = -500\,\Omega$. Der komplexe Gesamtwiderstand $\underline{Z}_g$ soll bestimmt werden.

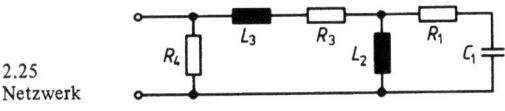

2.25 Netzwerk

76 2.2 Sinusstromnetzwerke

a): Für den Gesamtwiderstand gilt nach Band I und [55]

$$Z_g = \cfrac{1}{\cfrac{1}{R_4} + \cfrac{1}{R_3 + jX_{L3} + \cfrac{1}{\cfrac{1}{jX_{L2}} + \cfrac{1}{R_1 + jX_{C1}}}}}$$

Man beginnt mit dem Berechnen am Schluß der Gleichung und kann das Modulprogramm ML-05 anwenden, indem man Real- und Imaginärteile unmittelbar in die Datenregister R01 und R02 hineinsummiert. Dann ist der Rechengang

Größe	Eingabe	Befehle	Anzeige	Größe
		EE 2nd Fix 3 2nd Pgm 05		
R_1	1 EE 3	A		
X_{C1}	500 +/−	A E	8.000 −04	
X_{L2}	1 EE 3	1/x +/− SUM 2 E	8.000 02	
R_3	670	SUM 01		
X_{L3}	285	SUM 2 E	4.993 −04	
R_4	5 EE 3	1/x SUM 1 E	1.207 03	R_g
		x⇄t	5.188 02	X_g

Der Gesamtwiderstand ist daher $Z_g = (1207 + j\,518{,}8)\,\Omega$.

b): Bei Anwendung des Programms 4.3 hat man einzutasten

1 EE 3 A 500 +/− A 0 2nd A′ 1 EE 3 2nd A′ 670 B 285 B 2nd D′ 5 EE 3 2nd A′ 0 2nd A′

Man erhält über die

Befehle	die Anzeigen	und Größen
D	1.207 03	R_g
x⇄t 2nd Deg	5.188 02	X_g
INV 2nd P → R 2nd E′	23.260 00	φ_g
R/S x⇄t 2nd E′	1.314 03	Z_g
R/S		

Der komplexe Gesamtwiderstand ist daher $Z_g = 1{,}314\,\text{k}\Omega\,\underline{/23{,}26°}$.

Beispiel 2.13. Die Schaltung von Bild 2.26 enthält die Wirkwiderstände $R_1 = 500\,\Omega$, $R_3 = 600\,\Omega$, $R_5 = 400\,\Omega$, die Kapazitäten $C_2 = 1\,\text{nF}$, $C_4 = 1{,}5\,\text{nF}$ sowie die Induktivität $L_3 = 3\,\mu\text{H}$ und wird mit der Frequenz $f = 2\,\text{MHz}$ betrieben. Es soll der komplexe Gesamtwiderstand Z_g bestimmt werden.

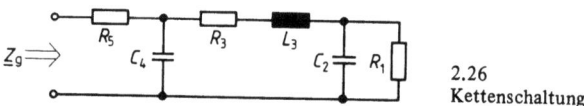

2.26 Kettenschaltung

2.2.2 Zeigerdiagramm 77

Wir wenden das Programm 4.9 an und finden mit dem Rechengang

Größe	Eingabe	Befehle	Anzeige	Größe
		A		
n	5	R/S	1.000 −09	
i	1	B	1.100 01	
R_1	500	R/S	5.000 02	R_1
i	3	B	1.300 01	
R_3	600	R/S	6.000 02	R_3
i	5	B	1.500 01	
R_5	400	R/S	4.000 02	R_5
i	3	C	2.300 01	
L_3	3 EE 6 +/−	R/S	3.000 −06	L_3
i	2	D	3.200 01	
C_2	1 EE 9 +/−	R/S	1.000 09	$1/C_2$
i	4	D	3.400 01	
C_4	1.5 EE 9 +/−	R/S	6.667 08	$1/C_4$
		2nd D'		
f	2 EE 6	E	1.257 07	ω
		R/S		
	1	R/S	1.000 00	
		R/S	1.257 07	ω
		R/S	4.079 02	Z_g
		R/S	−7.377 00	φ_g

Daher beträgt der Gesamtwiderstand $\underline{Z}_g$ = 407,9 Ω $\underline{/-7{,}4°}$.

2.2.2 Zeigerdiagramm

Die in linearen Sinusstrom-Netzwerken herrschenden Verhältnisse lassen sich nach Band I und [55] besonders anschaulich mit Zeigerdiagrammen darstellen. Ihre Auswertung kann man allerdings heute durch Anwenden der komplexen Rechnung (s. Abschn. 2.2.3) in Verbindung mit Taschenrechnerprogrammen entscheidend verbessern. Man kann aber auch mit Vorteil die Berechnungsprogramme ML-11 und ML-12 des Standard-Moduls für Dreiecke einsetzen.

Beispiel 2.14. Für die Schaltung in Bild 2.23 und Beispiel 2.10 soll das vollständige Zeigerdiagramm mit allen Strömen und Spannungen angegeben und die komplexe Leistung bestimmt werden.
Wir erhalten mit den in Beispiel 2.10 ermittelten Strömen für das Modul-Programm ML-04 den Rechengang

78 2.2 Sinusstromnetzwerke

Größe	Eingabe	Befehle	Anzeige		Größe
		EE 2nd Fix 3 2nd Pgm 04			
R_1	10	A			
X_1	5	A			
I_{1w}	2	2nd A'			
I_{1b}	3	2nd A' C	5.000	00	U_{1w}
		x⇄t	4.000	01	U_{1b}
R_3	30	A			
X_3	20	A			
I_{3w}	1.5	2nd A'			
I_{3b}	.5	2nd A' C	3.500	01	U_{23w}
		x⇄t	4.500	01	U_{23b}
U_{1w}	5	2nd A'			
U_{2w}	40	2nd A' B	4.000	01	U_w
		x⇄t	8.500	01	U_b

Daher betragen die komplexen Spannungen

$$\underline{U}_1 = \underline{Z}_1 \underline{I}_1 = (5 + j\,40)\,\text{V} \qquad \underline{U}_{23} = \underline{Z}_3 \underline{I}_3 = (35 + j\,45)\,\text{V}$$

$$\underline{U} = \underline{U}_1 + \underline{U}_{23} = (40 + j\,85)\,\text{V}$$

Wir können mit den bestimmten Komponenten das Zeigerdiagramm von Bild 2.27 darstellen und somit auch die resultierenden Strom- und Spannungszeiger eintragen. Für die komplexe Leistung erhält man mit Gl (2.40) unmittelbar im Anschluß an die 1. Rechnung über die Folge von

Größe	Eingabe	Befehle	Anzeige		Größe
I_{1w}	2	2nd A'			
$-I_{1b}$	3 +/−	2nd A' C	3.350	02	P
		x⇄t	5.000	01	Q

das Ergebnis $\underline{S} = \underline{U}\underline{I}^* = P + jQ = 335\,\text{W} + j\,50\,\text{Var}$.

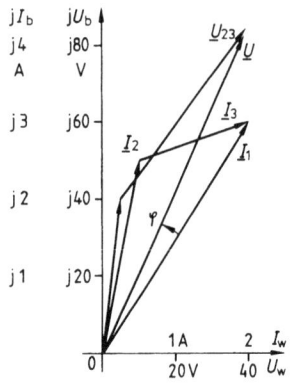

2.27 Zeigerdiagramm für Beispiel 2.14

Beispiel 2.15. Eine Drossel wird mit der Drei-Spannungsmesser-Methode (s. Band IV) nach Bild 2.28a bei der Frequenz f = 50 Hz ($\omega = 314{,}2\,\text{s}^{-1}$) untersucht. Die verwendeten Spannungsmesser haben so große Innenwiderstände, daß der durch sie verursachte Meßfehler vernachlässigbar klein bleibt. Es wird der bekannte Widerstand $R_1 = 20\,\Omega$ verwendet und die Drossel als Reihenschaltung von Wirkwiderstand R_{Dr} und Induktivität L_{Dr} aufgefaßt. Dann mißt man die Spannungen U = 70 V, $U_1 = 40$ V und $U_{Dr} = 50$ V. Wirkwiderstand R_{Dr} und Induktivität L_{Dr} sollen bestimmt werden.

Für die Ersatzschaltung von Bild 2.28a gilt das Zeigerdiagramm in Bild 2.28b. Mit dem Modulprogramm ML-11 kann der Phasenwinkel φ_{Dr} = 78,46° über den Rechengang

Größe	Eingabe	Befehle	Anzeige	Größe
		2nd Deg EE 2nd Fix 3 2nd Pgm 11 2nd E'		
U	70	A		
U_1	40	B		
U_{Dr}	50	C 2nd A' +/− +	−1.015 02	−α
	180	=	7.846 01	φ_{Dr}

bestimmt werden. Daher betragen Wirkwiderstand

$$R_{Dr} = \frac{U_{Dr} \cos \varphi_{Dr}}{I} = \frac{50 \text{ V} \cdot \cos 78{,}46°}{2 \text{ A}} = 5 \text{ } \Omega$$

und Induktivität

$$L_{Dr} = \frac{X_{LDr}}{\omega} = \frac{U_{Dr} \sin \varphi_{Dr}}{I\omega} = \frac{R_{Dr} \tan \varphi_{Dr}}{\omega} = \frac{5 \text{ } \Omega \cdot \tan 78{,}46°}{314{,}2 \text{ s}^{-1}} = 77{,}94 \text{ mH}$$

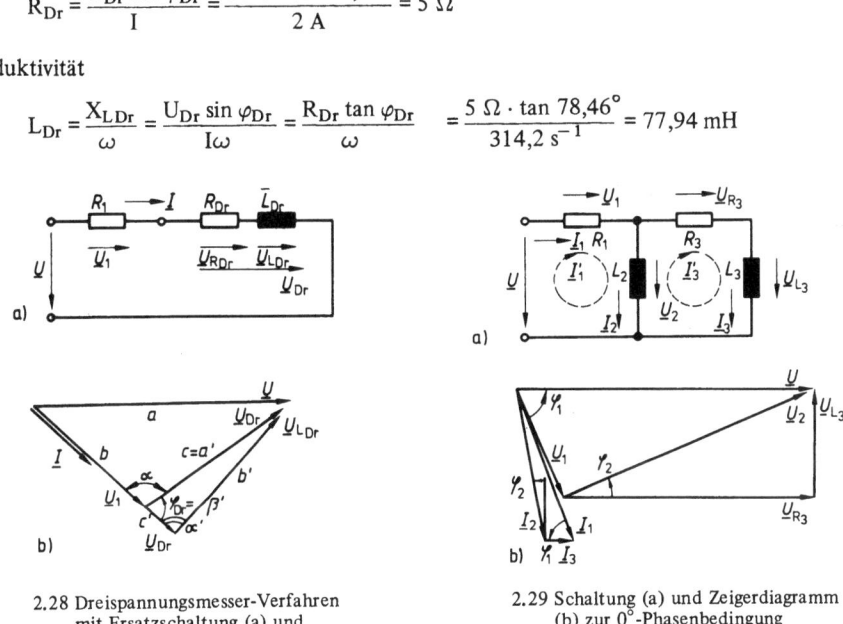

2.28 Dreispannungsmesser-Verfahren mit Ersatzschaltung (a) und Zeigerdiagramm (b)

2.29 Schaltung (a) und Zeigerdiagramm (b) zur 0°-Phasenbedingung

Beispiel 2.16. Die Schaltung nach Bild 2.29a liegt mit den Widerständen R_3 = 6 kΩ und X_{L3} = 2 kΩ an der Sinusspannung $\underline{U}$ = 220 V. Der Strom $\underline{I}_3$ = 30 mA soll in Phase mit der Spannung $\underline{U}$ sein. Wie groß müssen die Widerstände R_1 und X_{L1} gewählt werden?

Es gilt das (nicht maßstäbliche) Zeigerdiagramm von Bild 2.29b, und wir wollen seine Auswertung mit dem Taschenrechner unterstützen. Zunächst bestimmen wir die Teilspannungen

$$U_{R3} = R_3 I_3 = 6 \text{ k}\Omega \cdot 30 \text{ mA} = 180 \text{ V}$$

$$U_{L3} = X_{L3} I_3 = 2 \text{ k}\Omega \cdot 30 \text{ mA} = 60 \text{ V}$$

$$U_2 = \sqrt{U_{R3}^2 + U_{L3}^2} = \sqrt{180^2 + 60^2} \text{ V} = 189{,}7 \text{ V}$$

$$U_1 = \sqrt{(U - U_{R3})^2 - U_{L3}^2} = \sqrt{(220 \text{ V} - 180 \text{ V})^2 + 60^2 \text{ V}^2} = 72{,}11 \text{ V}$$

und die Phasenwinkel

$$\varphi_1 = \arcsin(U_{L3}/U_1) = \arcsin(60\text{ V}/72{,}11\text{ V}) = 56{,}31°$$

$$\varphi_2 = \arctan(U_{L3}/U_{R3}) = \arctan(60\text{ V}/180\text{ V}) = 18{,}43°$$

Das Dreieck der Stromzeiger hat daher die Seitenlänge $I_3 = 30$ mA und nach Bild 2.30b die unteren Winkel $\varphi_1 = 56{,}31°$ und $90° + \varphi_2 = 90° + 18{,}43° = 108{,}4°$. Man findet dann mit dem Modulprogramm ML-12 die beiden anderen Seiten über den Rechengang

Größe	Eingabe	Befehle	Anzeige	Größe
		EE 2nd Fix 3 2nd Pgm 12		
I_3	30 EE 3 +/−	A		
φ_1	56.31	B		
$90° + \varphi_2$	108.4	C 2nd A′ D	9.466 −02	I_2
		E	1.079 −01	I_1

Deshalb betragen die Ströme $I_1 = 107{,}9$ mA und $I_2 = 94{,}66$ mA. Es müssen daher verwirklicht werden die Widerstände

$$R_1 = U_1/I_1 = 72{,}11\text{ V}/(107{,}9\text{ mA}) = 668\ \Omega$$

$$X_{L2} = U_2/I_2 = 189{,}7\text{ V}/(94{,}66\text{ mA}) = 2004\ \Omega$$

2.2.3 Komplexe Rechnung

Da der Taschenrechner unmittelbar oder mittelbar komplex rechnen kann, macht er Zeigerdiagramme, Ortskurven, Bode-, Smith- und andere Diagramme (s. Band I und XI, [55], [57]) zwar nicht überflüssig, kann aber eine ungenaue graphische Auswertung durch eine numerische Berechnung sinnvoll ergänzen. Die graphischen Darstellungen ermöglichen eine anschauliche Kontrolle und liefern weiterhin einen schnellen Überblick.

Komplex addieren und subtrahieren kann man nach Band I und [55] besonders gut in der K o m p o n e n t e n f o r m

$$\underline{r} = a + jb \tag{2.45}$$

komplex multiplizieren und dividieren dagegen besonders einfach in der E x p o - n e n t i a l - oder P o l a r f o r m

$$\underline{r} = re^{j\varphi} = r\exp j\varphi = r\,\underline{/\varphi} \tag{2.46}$$

Da diese Rechenoperationen sehr häufig vorkommen, ist das Umrechnen der einen Form in die andere besonders wichtig. Benötigt werden hierfür die Tastenfolge

    2nd P → R

die Polarkoordinaten (also die Exponentialform) in rechtwinklige Koordinaten (also die Komponentenform) überführt, und die Tastenfolge

2.2.3 Komplexe Rechnung   81

INV 2nd P → R

die diese Umwandlung wieder rückgängig macht bzw. umkehrt. Man beachte, daß hierbei nur Winkel im Bereich $-90° \leq \varphi \leq 270°$ berechnet werden.

Außerdem erhalten die Modul-Programme ML-04 bis ML-06 und EE-04 bis EE-06 eine besondere komplexe Arithmetik und weitere komplexe Funktionen, die vor allem für elektrotechnische Aufgaben wichtig sind. Diese komplexen Rechnungen gehen jeweils von der Komponentenform aus und liefern auch das Ergebnis wieder in dieser Form. Sie arbeiten im Winkelmodus rad. Wenn daher die angezeigte Komponentenform über **INV 2nd P → R** in die Exponentialform umgewandelt und der Winkel hierbei in ° angegeben werden soll, muß vorher **2nd Deg** getastet werden.

Beispiel 2.17. Die Schaltung in Bild 2.30 enthält die Widerstände $R = 1\,\text{k}\Omega$, $X_L = 0{,}5\,\text{k}\Omega$ und $X_C = -1{,}5\,\text{k}\Omega$ und liegt an der komplexen Sinusspannung $\underline{U} = 75\,\text{V}$. Es ist der komplexe Strom $\underline{I}$ zu bestimmen.

a) Es soll die Schrittfolge für den 1. Lösungsweg mit dem komplexen Gesamtleitwert

$$\underline{Y} = \frac{1}{R + jX_L} + \frac{1}{jX_C}$$

2.30 Netzwerk

und dem komplexen Strom $\underline{I} = \underline{U}\,\underline{Y}$ angegeben werden. Man erhält mit dem Rechengang

Größe	Eingabe	Befehle	Anzeige	Größe
		EE 2nd Fix 3		
R	1 EE 3	x⇄t		
X_L	500	INV 2nd P→R +/− x⇄t 1/x x⇄t 2nd P→R		
		STO 2 x⇄t STO 01	8.000 −04	
X_C	1.5 +/− EE 3	1/x INV SUM 2 RCL 1 x⇄t RCL 2 INV 2nd		
		P→R	1.843 01	φ_I
		x⇄t x	8.433 −04	
U	75	=	6.325 −02	I

Es fließt daher der komplexe Strom $\underline{I} = 63{,}25\,\text{mA}\;\underline{/18{,}43°}$.

b) Mit den Modul-Programmen ML-04 und ML-05 ist der Rechengang

Größe	Eingabe	Befehle	Anzeige	Größe
		EE 2nd Fix 3 2nd Pgm 05		
R	1 EE 3	A		
X_L	500	A E 2nd Pgm 04		
	0	2nd A'		
X_C	1.5 +/− EE 3	1/x +/− 2nd A' B 2nd Deg x⇄t INV 2nd		
		P→R	1.843 01	φ_I
		x⇄t x		
U	75	=	6.325 −02	I

2.2 Sinusstromnetzwerke

c) Mit dem eingelesenen Programm 4.3 kann man den komplexen Gesamtwiderstand $\underline{Z}_g$ der Parallelschaltung unmittelbar bestimmen und erhält so über $\underline{I} = \underline{U}/\underline{Z}_g$ mit dem Rechengang (im Anschluß an b) zunächst **2nd Pgm 00** oder **RST**).

Größe	Eingabe	Befehle	Anzeige	Größe
R	1 EE 3	A		
X_L	500	A		
	0	2nd A'		
X_C	1.5 +/− EE 3	2nd A' D	1.125 03	
		x⇄t	−3.750 02	
		INV 2nd P → R +/− x⇄t 1/x x	8.433 −04	
U	75	=	6.325 −02	I

Um die Ergebnisse im vierziffrigen technischen Anzeigeformat zu erhalten, muß man die letzten Schritte in der folgenden Weise ablaufen lassen:

Größe	Eingabe	Befehle	Anzeige	Größe
		INV 2nd P → R +/− 2nd E'	18.430 00	φ
		R/S x⇄t 1/x x		
U	75	= 2nd E'	63.250 −03	I
		R/S		

d) Man kann den Gesamtstrom

$$\underline{I} = I\,\underline{/\varphi_I} = \underline{I}_1 + \underline{I}_2 = \frac{U}{R + jX_L} + \frac{U}{jX_C}$$

in diesem Fall auch einfach über die Teilströme berechnen, wobei

$$\underline{I}_2 = \frac{U}{jX_C} = \frac{75\,\text{V}}{-j\,1{,}5\,\text{k}\Omega} = j\,50\,\text{mA}$$

auch ohne Taschenrechner angegeben werden kann. Den Strom $\underline{I}_1$ findet man über die Schrittfolge

Größe	Eingabe	Befehle	Anzeige	Größe
		2nd Pgm 04		
U_w	75	2nd Fix 3 2nd Eng A		
U_b	0	A		
R	1 EE 3	2nd A'		
X_L	500	2nd A' 2nd C'	60.000 −03	I_{1w}
		x⇄t	−30.000 −03	I_{1b}

Mit $\underline{I}_1 = (60 - j\,30)$ mA fließt also der Gesamtstrom

$$\underline{I} = (60 - j\,30 + j\,50)\,\text{mA} = (60 + j\,20)\,\text{mA}$$

ein Ergebnis, das natürlich mit denen von a) bis c) übereinstimmt.

(In diesem Beispiel werden auch unterschiedliche Anzeigeformate angewandt. Nach Ansicht der Verfasser ist das vierziffrige Exponentialformat gerade für die komplexe Rechnung am einfachsten und zweckmäßigsten, so daß es in diesem Buch bevorzugt wird.)

Es wird dringend empfohlen, diese Beispiele selbst durchzurechnen; denn es erweist sich immer wieder, daß man äußerst sorgfältig vorgehen muß und dies eigentlich nur durch negative Erfahrungen ausreichend lernt. R e d u n d a n t e B e r e c h n u n g e n (also das Anwenden verschiedener Verfahren zur Lösung der gleichen Aufgabe) fördern die Sicherheit, das richtige Ergebnis gefunden zu haben.

Ein Vergleich der Lösungen a) bis d) von Beispiel 2.17 zeigt, daß oft verschiedene Lösungswege bereitstehen, daß aber durch Überlegen der einfachste und dann meist auch am wenigsten durch Fehlermöglichkeiten gefährdete Weg gesucht werden sollte.

Während der Gesamtwiderstand einer Parallelschaltung gleichartiger Widerstände nach Beispiel 1.31 noch leicht manuell gefunden werden kann, sollte man zur Ermittlung des Gesamtwiderstandes einer Schaltung aus komplexen Teilwiderständen die Schrittfolge genau aufschreiben, also ein Programm festlegen. Dann ist es wohl sinnvoll, diese erprobte Schrittfolge in einem Programmbericht oder auf einer Magnetkarte für immer festzuhalten — dies nennt man grundsätzlich schon Programmieren — und daher programmierbare Taschenrechner einzusetzen. Hieraus kann man später, wenn sich dies wegen des häufigen Einsatzes als zweckmäßig erweist, leicht ein vollständiges Programm mit ausführlichen Benutzeranleitungen (s. Abschn. 1.4.2) entwickeln. Das hier eingesetzte Programm 4.3 erleichtert in diesem Sinn das Berechnen komplexer Widerstände und das Anwenden der komplexen Spannungs- und Stromteilerregeln.

Komplexes Rechnen mit dem Taschenrechner wird in den folgenden Beispielen vielfältig angewandt.

2.2.4 Leistungsanpassung und Resonanztransformation

Im einfachen Sinusstromkreis wird nach Band I und [55] Leistungsanpassung mit den B e d i n g u n g e n

$$\underline{Z}_a = \underline{Z}_i^* \quad \text{oder} \quad \underline{Y}_a = \underline{Y}_i^* \tag{2.47}$$
$$R_a = R_i \quad \quad\quad G_a = G_i \tag{2.48}$$
$$X_a = -X_i \quad\quad B_a = -B_i \tag{2.49}$$

erreicht. Innerer (Index i) und äußerer (Index a) Widerstand bzw. Leitwert haben demnach konjugiert komplex zu sein. Wirk- und Blindwiderstände bzw. -leitwerte von Quelle und Verbraucher müssen also gleich groß sein und die Blindwiderstände X bzw. -leitwerte B noch das entgegengesetzte Vorzeichen, d. h. einen unterschiedlichen Charakter haben. Wenn sich beispielsweise die Quelle induktiv verhält, muß der Verbraucher kapazitiv (und umgekehrt) sein.

84 2.2 Sinusstromnetzwerke

Auch für den Fall, daß diese Bedingungen nicht erfüllt sind, gilt nach [55] mit der Quellenspannung U_q für den im Verbraucher fließenden Strom

$$I_a = \frac{U_q}{|\underline{Z}_i + \underline{Z}_a|} \qquad (2.50)$$

die am Verbraucher herrschende Spannung

$$U_a = \frac{U_q Z_a}{|\underline{Z}_i + \underline{Z}_a|} = Z_a I_a \qquad (2.51)$$

und die im Verbraucher umgesetzte Leistung

$$P_a = \frac{U_q^2 R_a}{|\underline{Z}_i + \underline{Z}_a|^2} = R_a I_a^2 \qquad (2.52)$$

die bei Anpassung den Maximalwert, die verfügbare Leistung

$$P_{a\,max} = U_q^2/(4R_i) \qquad (2.53)$$

erreicht.

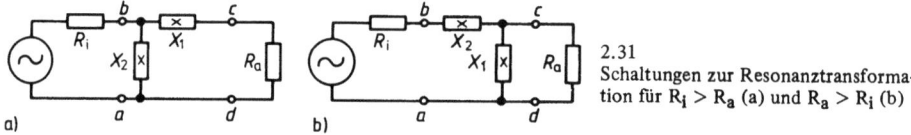

2.31 Schaltungen zur Resonanztransformation für $R_i > R_a$ (a) und $R_a > R_i$ (b)

Wenn der Innenwiderstand der Quelle als Wirkwiderstand R_i und der Verbraucherwiderstand ebenfalls als Wirkwiderstand R_a angesehen werden dürfen, aber unterschiedlich groß sind, kann man durch Transformationszweitore nach Bild 2.31 mit den Klemmen a bis d Leistungsanpassung einstellen. Seine Teilwiderstände sind reine Blindwiderstände X_1 und X_2, und die Schaltung von Bild 2.31a ist für den Fall $R_i > R_a$, die Schaltung b jedoch für $R_a > R_i$ geeignet. In der Schaltung nach Bild 2.31a muß dann der Blindwiderstand

$$|X_1| = \pm \sqrt{R_a(R_i - R_a)} \qquad (2.54)$$

sowie in der Schaltung nach Bild 2.31b

$$|X_1| = \pm R_a \sqrt{\frac{R_i}{R_a - R_i}} \qquad (2.55)$$

verwirklicht sein. Es können also sowohl Induktivitäten L_2 als auch Kapazitäten C_2 gewählt werden. Der andere Blindwiderstand

$$X_2 = -R_a R_i/X_1 \qquad (2.56)$$

muß den entgegengesetzten Charakter von X_1 haben — zu einer Kapazität C_1 gehört also eine Induktivität L_2 und umgekehrt. Diese Bestimmungsgleichungen zur Leistungsanpassung sind in das Programm 4.4 eingearbeitet.

2.2.4 Leistungsanpassung und Resonanztransformation

Beispiel 2.18. Die Schaltung in Bild 2.32 enthält die komplexen Widerstände $\underline{Z}_1 = 1\,\text{k}\Omega\,\underline{/70°}$, $\underline{Z}_2 = 2\,\text{k}\Omega + j\,5\,\text{k}\Omega$ und $\underline{Z}_3 = 0{,}5\,\text{k}\Omega\,\underline{/-50°}$ und eine Spannungsquelle mit der Quellenspannung $\underline{U}_q = 20\,\text{V}$. Welche Leistung kann auf den Wirkwiderstand R_a übertragen werden? Welche Wirkwiderstände R_a nehmen die Leistung $P = 3\,\text{mW}$ auf?

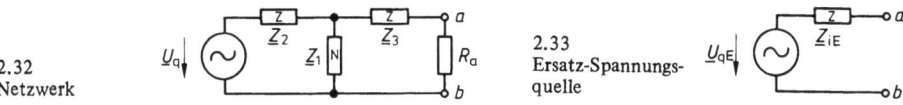

2.32 Netzwerk

2.33 Ersatz-Spannungsquelle

Es muß nach Band I die Ersatz-Spannungsquelle nach Bild 2.33 bestimmt werden. Die komplexe Spannungsteilerregel ergibt nach Gl. (2.38) die Ersatz-Quellenspannung

$$\underline{U}_{qE} = \frac{\underline{U}_q \underline{Z}_1}{\underline{Z}_1 + \underline{Z}_2} = 3{,}132\,\text{V}\,\underline{/1{,}52°}$$

Man findet ihre Zahlenwerte mit dem Programm 4.3 über den Rechengang

Größe	Eingabe	Befehle	Anzeige		Größe
Z_1	1 EE 3	x⇄t			
φ_1	70	2nd P→R x⇄t A x⇄t A	9.397	02	
R_2	2 EE 3	2nd A′			
X_2	5 EE 3	2nd A′			
U_{qw}	20	B			
U_{qb}	0	B C x⇄t INV 2nd P→R	1.520	00	φ_{qE}
		x⇄t	3.132	00	U_{qE}

Der komplexe Ersatz-Innenwiderstand ist nach Band I mit dem gleichen Programm

$$\underline{Z}_{iE} = \underline{Z}_3 + \underline{Z}_2 \| \underline{Z}_1 = (613{,}8 + j\,408{,}1)\,\Omega = 737{,}1\,\Omega\,\underline{/33{,}62°} = R_{iE} + jX_{iE}$$

Hierfür gilt der Rechengang

Größe	Eingabe	Befehle	Anzeige		Größe
Z_1	1 EE 3	x⇄t			
φ_1	70	2nd P→R x⇄t A x⇄t A	9.397	02	
R_2	2 EE 3	2nd A′			
X_2	5 EE 3	2nd A′			
Z_3	500	x⇄t			
φ_3	50 +/−	2nd P→R x⇄t B x⇄t B 2nd D′	6.138	02	R_{iE}
		x⇄t	4.081	02	X_{iE}
		INV 2nd P→R	3.362	01	φ_{iE}
		x⇄t	7.371	02	Z_{iE}

Daher ist nach Gl. (2.53) die verfügbare Leistung

$$P_{a\,max} = U_{qE}^2/(4R_{iE}) = 3{,}132^2\,\text{V}^2/(4\cdot 613{,}8\,\Omega) = 3{,}995\,\text{mW}$$

86 2.2 Sinusstromnetzwerke

Außerdem gilt mit den gesuchten Wirkwiderständen R_a für die vorgegebene Leistung

$$P_a = I_a^2 R_a = \frac{U_{qE}^2 R_a}{(R_a + R_{iE})^2 + X_{iE}^2}$$

und man findet über

$$P_a(R_a^2 + 2R_a R_{iE} + R_{iE}^2) + P_a X_{iE}^2 = U_{qE}^2 R_a$$

für die quadratische Gleichung

$$P_a R_a^2 + (2R_{iE} P_a - U_{qE}^2)R_a + P_a(R_{iE}^2 + X_{iE}^2) = 0$$

$$R_a^2 + [2R_{iE} - (U_{qE}^2/P_a)]R_a + Z_{iE}^2 = 0$$

$$R_a^2 + \left(2 \cdot 613{,}8\ \Omega - \frac{3{,}132^2\ V^2}{3\ mW}\right) R_a + 737{,}1^2\ \Omega^2 = 0$$

die Lösungen

$$R_a = \left[\frac{2042}{2} \pm \sqrt{\left(\frac{2042}{2}\right)^2 - 0{,}5433 \cdot 10^6}\right] \Omega$$

also die Widerstände $R_{a1} = 1728\ \Omega$ und $R_{a2} = 314{,}5\ \Omega$.

Beispiel 2.19. Eine Stromquelle mit dem inneren Widerstand $R_i = 0{,}5\ k\Omega$, dem Quellenstrom $\underline{I}_q = 15\ mA\ \underline{/30°}$ und der Frequenz $f = 0{,}3\ MHz$ soll nach Bild 2.34 auf den Widerstand $R_a = 5\ k\Omega$ die verfügbare Leistung übertragen. Wie groß müssen Kapazität C und Induktivität L des zwischengeschalteten Transformationszweitors sein? Welche Wirkleistung wird dann auf den Verbraucher R_a übertragen?

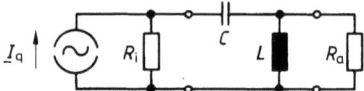

2.34
Quelle und Verbraucher mit Transformationszweitor

Mit dem Programm 4.4 erhält man über den Rechengang

Größe	Eingabe	Befehle	Anzeige	Größe
		E		
R_i	500	A		
R_a	5 EE 3	R/S		
f	.3 EE 6	x 2 x 2nd π = 2nd A′ C 2nd E′	884.200 −06	L_1
		R/S x ⇄ t 2nd E′	353.700 −12	C_2
		R/S 2nd C′ 2nd E′	318.300 −12	C_1
		R/S x ⇄ t 2nd E′	795.800 −06	L_2
		R/S		

Es können also entweder $L_1 = 884{,}2\ \mu H$ zusammen mit $C_2 = 353{,}7\ pF$ oder $C_1 = 318{,}3\ pF$ mit $L_2 = 795{,}8\ \mu H$ als Transformationszweitor zwischengeschaltet werden. Der Verbraucher nimmt dann nach Gl. (2.53) die Wirkleistung $P_{amax} = U_q^2/(4R_i) = I_q^2 R_i/4 = 15^2\ mA^2 \cdot 500\ \Omega/4 = 28{,}13\ mW$ auf.

2.2.5 Berechnung komplexer Teilströme

Die in Abschn. 2.1.4 behandelten Verfahren kann man in einfacher Weise auf Sinusstromnetzwerke übertragen, wenn man alle Gleichstromgrößen durch komplexe Größen nach Abschn. 2.2.1 ersetzt.

Mit den Modulprogrammen ML-02 und ML-03 kann man lineare Gleichungssysteme lösen und lineare Matrizen behandeln. Bei Sinusstrom liegen jedoch k o m p l e x e G l e i c h u n g s s y s t e m e in der Form

$$\begin{matrix} \underline{A}_{11}\underline{X}_1 & \ldots & \underline{A}_{1n}\underline{X}_n = \underline{B}_1 \\ \vdots & & \vdots \\ \underline{A}_{n1}\underline{X}_1 & \ldots & \underline{A}_{nn}\underline{X}_n = \underline{B}_n \end{matrix} \qquad (2.57)$$

vor. Ein solches System hat die Ordnung n; man schreibt es zweckmäßig als komplexe Matrizengleichung

$$\begin{bmatrix} \underline{A}_{11} & \ldots & \underline{A}_{1n} \\ \vdots & & \vdots \\ \underline{A}_{n1} & \ldots & \underline{A}_{nn} \end{bmatrix} \cdot \begin{bmatrix} \underline{X}_1 \\ \vdots \\ \underline{X}_n \end{bmatrix} = \begin{bmatrix} \underline{B}_1 \\ \vdots \\ \underline{B}_n \end{bmatrix} \qquad (2.58)$$

Da jede komplexe Größe in der K o m p o n e n t e n f o r m

$$\underline{C} = C_w + jC_b \qquad (2.59)$$

als komplexe Summe von Realteil C_w und Imaginärteil C_b aufgefaßt werden kann, darf man das komplexe Gleichungssystem (2.57) in ein reelles Gleichungssystem der Ordnung 2n überführen. Hierfür gilt dann analog zu Gl. (2.58) und (2.59) die reelle Matrizengleichung

$$\begin{bmatrix} A_{11w} & -A_{11b} & \ldots & A_{1nw} & -A_{1nb} \\ A_{11b} & A_{11w} & \ldots & A_{1nb} & A_{1nw} \\ \vdots & \vdots & & \vdots & \vdots \\ A_{n1w} & -A_{n1b} & \ldots & A_{nnw} & -A_{nnb} \\ A_{n1b} & A_{n1w} & \ldots & A_{nnb} & A_{nnw} \end{bmatrix} \cdot \begin{bmatrix} X_{1w} \\ X_{1b} \\ \vdots \\ X_{nw} \\ X_{nb} \end{bmatrix} = \begin{bmatrix} B_{1w} \\ B_{1b} \\ \vdots \\ B_{nw} \\ B_{nb} \end{bmatrix} \qquad (2.60)$$

Man erkennt, daß in der Koeffizientenmatrix alle geraden Spalten gegenüber den vorhergehenden ungeraden Spalten in den geraden und ungeraden Zeilen vertauschte Werte aufweisen, wobei die neuen Werte in den ungeraden Zeilen noch das entgegengesetzte Vorzeichen erhalten. Man kann daher das Einlesen der geraden Spalten programmieren und hierdurch mögliche Eingabefehler verhindern helfen. Dies ist Grundlage des Programms 4.7.

In der Sinusstromtechnik muß man daher alle Größen in ihre Komponenten (Index w für Wirk- und b für Blindkomponenten) zerlegen, also die komplexen Ströme $\underline{I}_i = I_{iw} + jI_{ib}$, die komplexen Spannungen $\underline{U}_i = U_{iw} + jU_{ib}$, die komplexen Widerstände $\underline{Z}_i = R_i + jX_i$ und die komplexen Leitwerte $\underline{Y}_i = G_i + jB_i$ einführen.

2.2 Sinusstromnetzwerke

Beispiel 2.20. Die Schaltung in Bild 2.35 enthält den Wirkwiderstand $R = 10\ \Omega$ und die Blindwiderstände $X_L = 5\ \Omega$, $X_C = -20\ \Omega$ und wird durch die Quellenspannungen $\underline{U}_{q1} = 380$ V und $\underline{U}_{q2} = 380$ V $\underline{/-120°}$ gespeist. Es sollen die drei komplexen Verbraucherströme bestimmt werden.

Wir wenden das Maschenstromverfahren mit $\underline{I}_R = \underline{I}'_1$ und $\underline{I}_C = -\underline{I}'_2$ an. Es gilt also die komplexe Matrizengleichung

$$\begin{bmatrix} (R+jX_L) & -jX_L \\ -jX_L & j(X_L+X_C) \end{bmatrix} \cdot \begin{bmatrix} \underline{I}'_1 \\ \underline{I}'_2 \end{bmatrix} = \begin{bmatrix} \underline{U}_{q1} \\ \underline{U}_{q2} \end{bmatrix}$$

Wir wandeln sie um in die reelle Zahlenwertmatrizengleichung

$$\begin{bmatrix} 10 & -5 & 0 & 5 \\ 5 & 10 & -5 & 0 \\ 0 & 5 & 0 & 15 \\ -5 & 0 & -15 & 0 \end{bmatrix} \cdot \begin{bmatrix} \{I'_{1w}\} \\ \{I'_{1b}\} \\ \{I'_{2w}\} \\ \{I'_{2b}\} \end{bmatrix} = \begin{bmatrix} 380 \\ 0 \\ 380\cos 120° \\ -380\sin 120° \end{bmatrix}$$

Ihre Lösung findet man mit dem Modulprogramm ML-02 (analoge Schrittfolge wie in Beispiel 2.2). Das Programm 4.7 kann das Eingeben der Koeffizientenmatrix erleichtern.

Es ergeben sich nach dem Testbeispiel zu Programm 4.7 die komplexen Ströme

$$\underline{I}_R = \underline{I}'_1 = (35{,}76 - j\,12{,}87)\ \text{A} = 38{,}0\ \text{A}\ \underline{/-19{,}79°}$$

$$\underline{I}_C = -\underline{I}'_2 = -(10{,}02 - j\,8{,}378)\ \text{A} = 13{,}06\ \text{A}\ \underline{/140{,}1°}$$

$$\underline{I}'_L = \underline{I}'_2 - \underline{I}'_1 = (-25{,}74 + j\,4{,}492)\ \text{A} = 26{,}12\ \text{A}\ \underline{/170{,}1°}$$

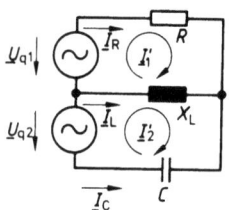

2.35 Netzwerk

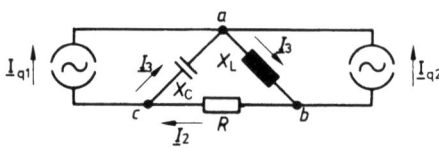

2.36 Netzwerk

Beispiel 2.21. Die Schaltung in Bild 2.36 enthält den Wirkwiderstand $R = 5\ \Omega$ sowie die Blindwiderstände $X_L = 10\ \Omega$ und $X_C = -20\ \Omega$ und führt die Quellenströme $\underline{I}_{q1} = 3$ A und $\underline{I}_{q2} = -j\,4$ A. Die übrigen komplexen Ströme sollen bestimmt werden.

a): Nach Abschn. 2.2.1 gelten bei einfachem Anwenden der Kirchhoffschen Gesetze die komplexen Strom- und Spannungsgleichungen

$$\underline{I}_1 - \underline{I}_2 = \underline{I}_{q2}$$

$$\underline{I}_2 - \underline{I}_3 = \underline{I}_{q1}$$

$$jX_L\underline{I}_1 + R\underline{I}_2 + jX_C\underline{I}_3 = 0$$

2.2.5 Berechnung komplexer Teilströme

Man erhält also die komplexe Matrizengleichung

$$\begin{bmatrix} 1 & -1 & 0 \\ 0 & 1 & -1 \\ jX_L & R & jX_C \end{bmatrix} \cdot \begin{bmatrix} \underline{I}_1 \\ \underline{I}_2 \\ \underline{I}_3 \end{bmatrix} = \begin{bmatrix} \underline{I}_{q2} \\ \underline{I}_{q1} \\ 0 \end{bmatrix}$$

Analog zu Gl. (2.60) wird sie umgeformt in die reelle Matrizengleichung der Zahlenwerte

$$\begin{bmatrix} 1 & 0 & -1 & 0 & 0 & 0 \\ 0 & 1 & 0 & -1 & 0 & 0 \\ 0 & 0 & 1 & 0 & -1 & 0 \\ 0 & 0 & 0 & 1 & 0 & -1 \\ 0 & -10 & 5 & 0 & 0 & 20 \\ 10 & 0 & 0 & 5 & -20 & 0 \end{bmatrix} \cdot \begin{bmatrix} \{I_{1w}\} \\ \{I_{1b}\} \\ \{I_{2w}\} \\ \{I_{2b}\} \\ \{I_{3w}\} \\ \{I_{3b}\} \end{bmatrix} = \begin{bmatrix} 0 \\ -4 \\ 3 \\ 0 \\ 0 \\ 0 \end{bmatrix}$$

Mit dem Modulprogramm ML-02 (vorteilhaft ergänzt durch das Programm 4.7) findet man die komplexen Ströme $\underline{I}_1 = (3{,}2 - j\,9{,}6)$ A $= 10{,}12$ A $\underline{/-71{,}57°}$, $\underline{I}_2 = (3{,}2 - j\,5{,}6)$ A $= 6{,}45$ A $\underline{/-60{,}26°}$ und $\underline{I}_3 = (0{,}2 - j\,5{,}6)$ A $= 5{,}604$ A $\underline{/-87{,}95°}$.

b): Nach Abschn. 2.1.1.4 und [55] ist es günstig, die Schaltung von Bild 2.36 mit dem Knotenpunktpotential-Verfahren zu untersuchen. Mit den Leitwerten $G = 1/R$, $B_L = -1/X_L$ und $B_C = -1/X_C$ erhält man dann die komplexe Matrizengleichung

$$\begin{bmatrix} (G + jB_L) & -G \\ -G & (G + jB_C) \end{bmatrix} \cdot \begin{bmatrix} \underline{U}'_{ab} \\ \underline{U}'_{ac} \end{bmatrix} = \begin{bmatrix} \underline{I}_{q2} \\ \underline{I}_{q1} \end{bmatrix}$$

sowie nach Einsetzen der Zahlenwerte die reelle Matrizengleichung

$$\begin{bmatrix} 0{,}2 & 0{,}1 & -0{,}2 & 0 \\ -0{,}1 & 0{,}2 & 0 & -0{,}2 \\ -0{,}2 & 0 & 0{,}2 & -0{,}05 \\ 0 & -0{,}2 & 0{,}05 & 0{,}2 \end{bmatrix} \cdot \begin{bmatrix} \{U'_{abw}\} \\ \{U'_{abb}\} \\ \{U'_{acw}\} \\ \{U'_{acb}\} \end{bmatrix} = \begin{bmatrix} 0 \\ -4 \\ 3 \\ 0 \end{bmatrix}$$

und daher wieder mit dem Modul-Programm ML-02 die komplexen Spannungen $\underline{U}'_{ab} = (96 + j\,32)$ V $= 101{,}2$ V $\underline{/18{,}43°}$ und $\underline{U}'_{ac} = (112 + j\,4)$ V $= 112{,}1$ V $\underline{/2{,}045°}$ bzw. die Ströme $\underline{I}_1 = jB_L \underline{U}'_{ab} = -j\,0{,}1$ S $\cdot 101{,}2$ V $\underline{/18{,}43°} = 10{,}12$ A $\underline{/-71{,}57°}$ und $\underline{I}'_3 = -jB_C \underline{U}'_{ac} = -j\,0{,}05$ S $\cdot 112{,}1$ V $\underline{/2{,}045°} = 5{,}604$ A $\underline{/-87{,}95°}$.

Man beachte, daß Taschenrechner Gleichungssysteme 4. Ordnung in wesentlich kürzerer Zeit lösen als das vorher betrachtete von 6. Ordnung.

Beispiel 2.22. Das Netzwerk in Bild 2.37 besteht aus den Wirkwiderständen $R_1 = 10\,\Omega$, $R_2 = 20\,\Omega$, den Blindwiderständen $X_L = 10\,\Omega$, $X_C = -20\,\Omega$ und den komplexen Widerständen $\underline{Z}_1 = 12\,\Omega\,\underline{/34°}$, $\underline{Z}_2 = 25\,\Omega\,\underline{/-72°}$. Es fließen die Quellenströme $\underline{I}_{q1} = 3$ A und $\underline{I}_{q2} = -j\,4$ A; es herrscht die Quellenspannung $\underline{U}_q = j\,20$ V. Der komplexe Strom $\underline{I}_1$ soll berechnet werden.

a) Die komplexen Widerstände $\underline{Z}_1$ und $\underline{Z}_2$ wirken sich auf die Stromverteilung nicht aus. Die Spannungsquelle kann man in eine Stromquelle umwandeln, die dann den Quellenstrom $\underline{I}_q = \underline{U}_q/R_2 = j\,20$ V$/(20\,\Omega) = j\,1$ A aufweist. Daher gilt mit den Strömen $\underline{I}_a = -\underline{I}_{q1} - \underline{I}_q = (-3 - j\,1)$ A,

2.2 Sinusstromnetzwerke

$\underline{I}_b = (3 - j4)$ A, $\underline{I}_c = j\,5$ A und den Leitwerten $G = (1/R_1) + (1/R_2) = (1/10\,\Omega) + (1/20\,\Omega) = 0,15$ S, $B_L = -1/X_L = -1/(10\,\Omega) = -0,1$ S, $B_C = -1/X_C = -1/(-20\,\Omega) = 0,05$ S hier auch die Schaltung von Bild 2.37b.

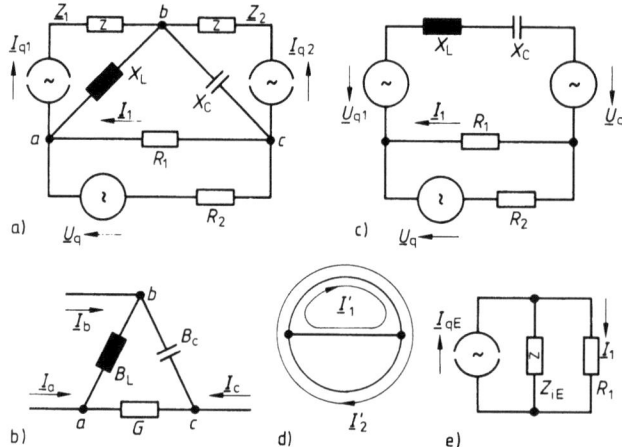

2.37
Netzwerk (a) mit Umformung zur Anwendung des Knotenpunktpotential-Verfahrens (b), der Stromquellen in Spannungsquellen (c) und des zugehörigen Graphen (d) sowie in eine Ersatzstromquelle (e)

Auf sie kann man das Knotenpunktpotentialverfahren anwenden. Man findet dann bei Wahl des Bezugsknotenpunkts a nach Abschn. 2.1.4.2 die komplexe Matrizengleichung

$$\begin{bmatrix} j(B_L + B_C) & -jB_C \\ -jB_C & (G + jB_C) \end{bmatrix} \cdot \begin{bmatrix} \underline{U}'_{ab} \\ \underline{U}'_{ac} \end{bmatrix} = \begin{bmatrix} -\underline{I}_b \\ -\underline{I}_c \end{bmatrix}$$

und nach Einsetzen der Zahlenwerte auch die reelle Matrizengleichung

$$\begin{bmatrix} 0 & 0,05 & 0 & 0,05 \\ -0,05 & 0 & -0,05 & 0 \\ 0 & 0,05 & 0,15 & -0,05 \\ -0,05 & 0 & 0,05 & 0,15 \end{bmatrix} \cdot \begin{bmatrix} \{U'_{abw}\} \\ \{U'_{abb}\} \\ \{U'_{acw}\} \\ \{U'_{acb}\} \end{bmatrix} = \begin{bmatrix} -3 \\ 4 \\ 0 \\ -5 \end{bmatrix}$$

Das Modulprogramm ML-02 liefert die komplexe Spannung $\underline{U}'_{ac} = (-13,85 - j\,50,77)$ V = 52,62 V $\underline{/-105,3°}$, so daß sich schließlich der Strom $\underline{I}_1 = -\underline{U}'_{ac}/R_1 = -(52,62\text{ V }\underline{/-105,3°})/(10\,\Omega) = 5,262$ A $\underline{/74,7°}$ ergibt.

b) Man kann auch die Stromquellen von Bild 2.37a wie in Bild 2.37c zunächst in Spannungsquellen mit den Quellenspannungen $\underline{U}_{q1} = jX_L\underline{I}_{q1} = j\,10\,\Omega \cdot 3$ A = $j\,30$ V und $\underline{U}_{q2} = jX_C\underline{I}_{q2} = -j\,20\,\Omega$ $(-j\,4$ A$) = -80$ V umwandeln und zusammenfassen zu einer Quelle mit der Quellenspannung $\underline{U}_{q12} = \underline{U}_{q1} - \underline{U}_{q2} = (80 + j\,30)$ V und dem Innenwiderstand $\underline{Z}_{12} = j(X_L + X_C) = j(10 - 20)\,\Omega = -j\,10\,\Omega$, die parallel zur 3. Quelle liegt.

Auf diese Schaltung kann man das Maschenstromverfahren nach Abschn. 2.1.4.1 anwenden, wobei man zweckmäßig, wie im Graphen (s. [55]) von Bild 2.37d dargestellt, die Maschenströme so wählt, daß $\underline{I}_1 = \underline{I}'_1$ wird. Es gilt dann die komplexe Matrizengleichung

$$\begin{bmatrix} R_1 + j(X_L + X_C) & j(X_L + X_C) \\ j(X_L + X_C) & R_2 + j(X_L + X_C) \end{bmatrix} \cdot \begin{bmatrix} \underline{I}'_1 \\ \underline{I}'_2 \end{bmatrix} = \begin{bmatrix} \underline{U}_{q1} - \underline{U}_{q2} \\ \underline{U}_{q1} - \underline{U}_{q2} - \underline{U}_q \end{bmatrix}$$

bzw. mit den Zahlenwerten die reelle Matrizengleichung

$$\begin{bmatrix} 10 & 10 & 0 & 10 \\ -10 & 10 & -10 & 0 \\ 0 & 10 & 20 & 10 \\ -10 & 0 & -10 & 20 \end{bmatrix} \cdot \begin{bmatrix} \{I'_{1w}\} \\ \{I'_{1b}\} \\ \{I'_{2w}\} \\ \{I'_{2b}\} \end{bmatrix} = \begin{bmatrix} 80 \\ 30 \\ 80 \\ 10 \end{bmatrix}$$

die mit dem Modulprogramm ML-02 berechnet werden kann und wieder die Lösung $\underline{I}_1 = (1{,}385 + j\,5{,}077)$ A hat.

c) Schließlich kann man noch die Spannungsquellen von Bild 2.37c in Stromquellen umwandeln und wie in Bild 2.37e zusammenfassen.

Diese Ersatzquelle führt den Quellenstrom

$$\underline{I}_{qE} = \frac{\underline{U}_{q12}}{\underline{Z}_{12}} + \frac{\underline{U}_q}{R_2} = \frac{80\,V + j\,30\,V}{-j\,10\,\Omega} + \frac{j\,20\,V}{20\,\Omega} = (-3 + j\,9)\,A$$

und hat den komplexen Innenwiderstand

$$\underline{Z}_{iE} = \frac{1}{\dfrac{1}{\underline{Z}_{12}} + \dfrac{1}{R_2}} = \frac{1}{\dfrac{1}{-j\,10\,\Omega} + \dfrac{1}{20\,\Omega}} = (4 - j\,8)\,\Omega$$

Die Stromteilerregel liefert dann über das Modul-Programm ML-04 oder das Programm 4.3 das Ergebnis

$$\underline{I}_1 = \frac{\underline{I}_{qE}}{1 + (R_1/\underline{Z}_{iE})} = \frac{(-3 + j\,9)\,A}{1 + [10\,\Omega/(4 - j\,8)\,\Omega]} = (1{,}385 + j\,5{,}077)\,A = 5{,}262\,A\,\underline{/74{,}74°}$$

2.2.6 Weitere Beispiele

Meist gibt es mehrere Lösungswege, die zum richtigen Ergebnis einer Aufgabe führen. Sie unterscheiden sich aber oft im Aufwand und in der Eignung für den Taschenrechner. So ist das reine Überlagerungsverfahren (s. Band I) für das numerische Rechnen fast immer zu umständlich — seine gezielte Anwendung in Verbindung mit Maschenstrom- oder Knotenpunktpotential-Verfahren dagegen u. U. vorteilhaft.

Der Anfänger kann am leichtesten über das Durchrechnen vieler Übungsaufgaben nach verschiedenen Verfahren ausreichende Erfahrungen sammeln und so lernen, wann er welches Verfahren zweckmäßig einsetzen sollte. Der Taschenrechner verlangt darüber hinaus eine Anpassung und Aufbereitung der Algorithmen. All dies kann mit den folgenden Beispielen geübt werden.

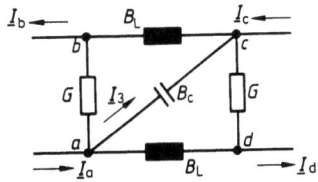

2.38 Netzwerkmasche

Beispiel 2.23. Die Schaltung in Bild 2.38 enthält die Wirkleitwerte $G = 1$ mS und die Blindleitwerte $B_L = -10$ mS,

2.2 Sinusstromnetzwerke

$B_C = 5$ mS und führt die Ströme $\underline{I}_a = 10$ A, $\underline{I}_b = -j\,20$ A, $\underline{I}_c = j\,30$ A. Der komplexe Strom $\underline{I}_3$ soll berechnet werden.

a) Es liegt nahe, das Knotenpunktpotential-Verfahren anzuwenden. Man stellt mit dem Strom $\underline{I}_d = \underline{I}_a - \underline{I}_b + \underline{I}_c = 10$ A $+ j\,50$ A für den Bezugsknotenpunkt a entsprechend Abschn. 2.1.4.1 die komplexe Matrizengleichung

$$\begin{bmatrix} (G+jB_L) & -jB_L & 0 \\ -jB_L & G+j(B_L+B_C) & -G \\ 0 & -G & (G+jB_L) \end{bmatrix} \cdot \begin{bmatrix} U'_{ab} \\ U'_{ac} \\ U'_{ad} \end{bmatrix} = \begin{bmatrix} \underline{I}_b \\ -\underline{I}_c \\ \underline{I}_d \end{bmatrix}$$

und die zugehörige reelle Zahlenwert-Matrizengleichung doppelter Ordnung auf

$$\begin{bmatrix} 1 & 10 & 0 & -10 & 0 & 0 \\ -10 & 1 & 10 & 0 & 0 & 0 \\ 0 & -10 & 1 & 5 & -1 & 0 \\ 10 & 0 & -5 & 1 & 0 & -1 \\ 0 & 0 & -1 & 0 & 1 & 10 \\ 0 & 0 & 0 & -1 & -10 & 1 \end{bmatrix} \cdot \begin{bmatrix} \{U'_{abw}\} \\ \{U'_{abb}\} \\ \{U'_{acw}\} \\ \{U'_{acb}\} \\ \{U'_{adw}\} \\ \{U'_{adb}\} \end{bmatrix} = \begin{bmatrix} 0 \\ -20 \\ 0 \\ -30 \\ 10 \\ 50 \end{bmatrix}$$

Mit dem Modulprogramm ML-02 (u. U. durch Ergänzung mit dem Programm 4.7) erhält man zunächst die komplexe Spannung $\underline{U}'_{ac} = U'_{acw} + jU'_{acb} = (-9{,}101 - j\,2{,}33)$ kV $= 9{,}395$ kV $\underline{/194{,}4°}$ und anschließend den komplexen Strom $\underline{I}_3 = jB_C \underline{U}'_{ac} = j\,5$ mS $\cdot\,9{,}395$ kV $\underline{/194{,}4°} = 46{,}97$ A $\underline{/-75{,}63°}$.

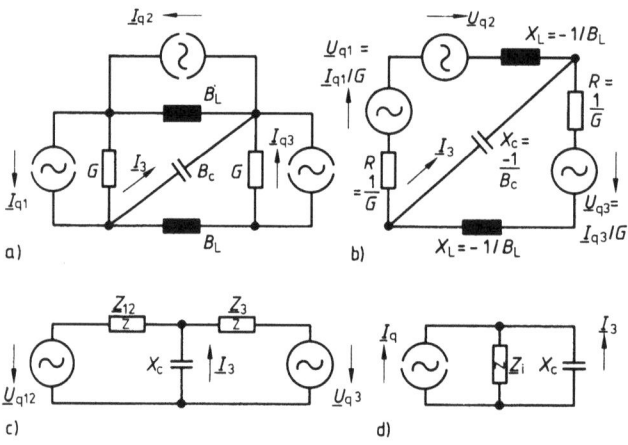

2.39
Umgeformte Schaltungen zu Beispiel 2.23 mit Einführung von Stromquellen (a), ihrer Umwandlung in Spannungsquellen (b) und Zusammenfassung (c) sowie Umformung in eine Ersatzstromquelle (d)

b) Außerdem kann man wie in Bild 2.39a anstelle der Einströmungen Stromquellen mit den Quellenströmen $\underline{I}_{q1} = 10$ A, $\underline{I}_{q2} = (10 + j\,20)$ A, $\underline{I}_{q3} = (10 + j\,50)$ A einführen, diese entsprechend Bild 2.39b in Spannungsquellen mit den Quellenspannungen $\underline{U}_{q1} = \underline{I}_{q1}/G = 10$ A/(1 mS) = 10 kV, $\underline{U}_{q2} = \underline{I}_{q2}/(jB_L) = (10$ A $+ j\,20$ A$)/(-j\,10$ mS$) = (-2 + j\,1)$ kV und $\underline{U}_{q3} = \underline{I}_{q3}/G = (10$ A $+ j\,50$ A$)/$ (1 mS) = $(10 + j\,50)$ kV umwandeln und zu der Schaltung in Bild 2.39c zusammenfassen. Hier ist $\underline{Z}_{12} = \underline{Z}_3 = (1/G) + (1/jB_L) = (1000 + j\,100)$ Ω und $\underline{U}_{q12} = -\underline{U}_{q1} - \underline{U}_{q2} = (-8 - j\,1)$ kV.

Eine Umformung in die Ersatzstromquelle nach Bild 2.39d ergibt über das Modulprogramm ML-04 den Quellenstrom

$$\underline{I}_q = \frac{\underline{U}_{q12} + \underline{U}_{q3}}{\underline{Z}_{12}} = \frac{-8\text{ kV} - j\,1\text{ kV} + 10\text{ kV} + j\,50\text{ kV}}{1000\,\Omega + j\,100\,\Omega} = (6{,}832 + j\,48{,}32)\text{ A}$$

und den komplexen inneren Widerstand

$$\underline{Z}_i = \underline{Z}_{12}/2 = 500\,\Omega + j\,50\,\Omega$$

Die Stromteilerregel (s. Abschn. 2.2.1) liefert dann mit dem Modulprogramm ML-04 oder dem Programm 4.3 den gesuchten Strom

$$\underline{I}_3 = \frac{-\underline{I}_q}{1 + (1/j B_C \underline{Z}_{12})} = \frac{(6{,}832 + j\,48{,}32)\text{ A}}{1 + [1/j\,5\text{ mS}\,(500 + j\,50)\,\Omega]} = (11{,}65 - j\,45{,}51)\text{ A}$$
$$= 46{,}96\text{ A}\,\underline{/-75{,}64°}$$

Diese Lösung verlangt also einen geringeren Taschenrechnereinsatz.

Beispiel 2.24. Die Brückenschaltung von Bild 2.40 liegt an der Sinusspannung $\underline{U} = 120$ V und enthält die Widerstände $R_1 = 5\,\Omega$, $R_4 = 3\,\Omega$, $X_2 = 7\,\Omega$, $X_3 = 8\,\Omega$. Die komplexe Spannung $\underline{U}_{CD}$ soll für Leerlauf bestimmt werden.

Nach Bild 2.40 gilt für die gesuchte Spannung

$$\underline{U}_{CD} = \underline{U}_3 - \underline{U}_1 = jX_3\underline{I}_3 - R_1\underline{I}_1$$

$$= \underline{U}\left(\frac{jX_3}{R_4 + jX_3} - \frac{R_1}{R_1 + jX_2}\right)$$

2.40 Brückenschaltung

a) Wir wenden unmittelbar das Modulprogramm ML-04 an und erhalten den Rechengang

Größe	Eingabe	Befehle	Anzeige	Größe
		EE 2nd Fix 3 2nd Pgm 04		
R_1	5	A		
X_1	0	A		
R_1	5	2nd A'		
X_2	7	2nd A' 2nd C' STO 11	3.378 −01	
		x ⇄ t STO 12	−4.730 −01	
R_3	0	A		
X_3	8	A		
R_4	3	2nd A'		
X_3	8	2nd A' 2nd C' RCL 11 2nd A' RCL 12 2nd A' 2nd B'	5.389 −01	
			8.017 −01	
		x ⇄ t 2nd Deg		
		INV 2nd P → R	5.609 01	φ_{CD}
		x ⇄ t x	9.660 −01	
U_w	120	=	1.159 02	U_{CD}

Wir finden daher die komplexe Spannung $\underline{U}_{CD} = 115{,}6$ V $\underline{/56{,}09°}$.

94 2.2 Sinusstromnetzwerke

b) Taschenrechnerfreundlicher ist die Bestimmungsgleichung

$$\underline{U}_{CD} = \underline{U}\left(\frac{1}{(R_4/jX_3) + 1} - \frac{1}{(jX_2/R_1) + 1}\right)$$

Sie ergibt den Rechengang

Größe	Eingabe	Befehle	Anzeige	Größe
		EE 2nd Fix 3 2nd Pgm 05		
	1	A		
X_2	7	÷		
R_1	5	= A E STO 11	3.378 −01	
		x ⇄ t STO 12	−4.730 −01	
	1	A		
R_4	3	÷		
X_3	8	= +/− A E	8.767 −01	
		2nd Pgm 04 RCL 11 2nd A'	3.378 −01	
		RCL 12 2nd A' 2nd B' x ⇄ t	8.017 −01	
		2nd Deg INV 2nd P → R	5.609 01	φ_{CD}
		x ⇄ t x		
U	120	=	1.159 02	U_{CD}

Dieses gleiche Ergebnis erfordert gegenüber a) weniger Eingaben und Tastenbefehle.

c) Eine Lösung ohne Anwenden des Software-Moduls liefert den Rechengang

Größe	Eingabe	Befehle	Anzeige	Größe
		EE 2nd Fix 3		
	1	x ⇄ t		
X_2	7	÷		
R_1	5	= INV 2nd P → R +/− x ⇄ t 1/x x ⇄ t 2nd P → R STO 11		
		x ⇄ t STO 12		
	1	x ⇄ t		
R_4	3	÷		
X_3	8	= +/− INV 2nd P → R +/− x ⇄ t 1/x x ⇄ t		
		2nd P → R − RCL 11 = x ⇄ t − RCL 12 =		
		x ⇄ t INV 2nd P → R	5.609 01	φ_{CD}
		x ⇄ t x		
U	120	=	1.159 02	U_{CD}

Dieses Vorgehen verlangt einige zusätzliche Schritte. Klammern des AOS-Systems können bei den komplexen Zahlen nicht, Datenspeicher sollten dagegen, um Eingabefehler zu vermeiden, eingesetzt werden.

Dieses Beispiel zeigt erneut, daß, wenn komplex gerechnet werden muß, die Schrittfolge sorgfältig aufgeschrieben werden sollte. Nur sehr geübte Benutzer kommen ohne eine solche Rechenanweisung aus. Bei der Anwendung der Modul-Programme ML-04 bis ML-06 muß man vor Betätigen der Tasten 2nd P → R noch 2nd Deg eintasten, um den Winkel in ° zu erhalten.

2.2.6 Weitere Beispiele

Beispiel 2.25. Die Schaltung in Bild 2.41 enthält die Wirkwiderstände $R_1 = 350\,\Omega$, $R_2 = 600\,\Omega$ und die Blindwiderstände $X_{L1} = 200\,\Omega$, $X_{L2} = 300\,\Omega$, $X_{C1} = -120\,\Omega$ und liegt an der Sinus-Eingangsspannung $\underline{U}_e = 150\,\text{V}$. Die Ausgangsspannung $\underline{U}_a$ soll bestimmt werden.

Die Spannungsteilerregel (s. Abschn. 2.2.1) ermöglicht über das Programm 4.3 den Rechengang

Eingaben und Befehle	Anzeige	Größe
350 A 0 A 0 2nd A' 200 − 120 = 2nd A' 150 B 0 B C ⇄ t INV 2nd P → R	−1.288 01	φ_a
x ⇄ t	1.462 02	U_a

Es ist also $\underline{U}_a = 146{,}2\,\text{V}\,\underline{/-12{,}88°}$.

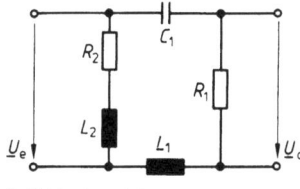

2.41 Zweitor (Vierpol)

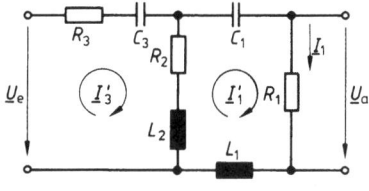

2.42 Zweitor (Vierpol)

Beispiel 2.26. Die Schaltung in Bild 2.42 enthält außer den in Beispiel 2.25 aufgeführten Bauelementen noch den Wirkwiderstand $R_3 = 90\,\Omega$ und den kapazitiven Blindwiderstand $X_{C3} = -40\,\Omega$. Es soll wieder die Ausgangsspannung $\underline{U}_a$ berechnet werden.

a): Es werden zunächst mit dem Programm 4.3, der

Tastenfolge	den Anzeigen und Größen	
350 A 200 − 120 = A 600 2nd A' 300 2nd A' 90 B 40 +/− B		
2nd D' x ⇄ t INV 2nd P → R x ⇄ t	3.159 02	Z_g
1/x × 150 =	4.749 −01	
x ⇄ t +/−	−5.691 00	φ_e
2nd P → R x ⇄ t B	4.725 −01	
x ⇄ t B	−4.709 −02	I_e

der Gesamtwiderstand $\underline{Z}_g = 315{,}9\,\Omega\,\underline{/5{,}691°}$ sowie der Gesamtstrom $\underline{I}_e = 0{,}4749\,\text{A}\,\underline{/-5{,}691°}$ bestimmt und über die Taste B sofort wieder in die Datenregister eingetastet. Mit der Stromteilerregel (s. Abschn. 2.2.1) ergibt sich der komplexe Teilstrom

$$\underline{I}_1 = \frac{\underline{I}_e(R_2 + jX_{L2})}{(R_2 + jX_{L2}) + [R_1 + j(X_{L1} + X_{C1})]}$$

und schließlich mit dem Ohmschen Gesetz die gesuchte Ausgangsspannung $\underline{U}_a = R_1 \underline{I}_1$. Deshalb findet man mit dem Programm 4.3 schließlich über die weitere

Tastenfolge	die Anzeigen und Größen	
350 A 200 − 120 = A 600 2nd A' 300 2nd A'		
2nd C' x ⇄ t INV 2nd P → R x ⇄ t	3.113 01	I_1
× 350 =	1.090 02	U_a
x ⇄ t	−9.276 −01	φ_a

96   2.3 Umformung von Netzwerken

Bei dem Teilstrom $\underline{I}_1$ = 0,3113 A $\underline{/-0,9276°}$ ist daher die komplexe Ausgangsspannung $\underline{U}_a$ = 109 V $\underline{/-0,9276°}$.

b): Das Maschenstromverfahren liefert mit $\underline{I}_1 = \underline{I}'_1$ und $\underline{I}_3 = \underline{I}'_3$ nach Abschn. 2.1.4.1 und 2.2.5 die komplexe Matrizengleichung

$$\begin{bmatrix} R_1 + R_2 + j(X_{L1} + X_{L2} + X_{C1}) & -(R_2 + jX_{L2}) \\ -(R_2 + jX_{L2}) & R_2 + R_3 + j(X_{L2} + X_{C3}) \end{bmatrix} \cdot \begin{bmatrix} \underline{I}'_1 \\ \underline{I}'_3 \end{bmatrix} = \begin{bmatrix} 0 \\ \underline{U}_e \end{bmatrix}$$

die entsprechend Gl. (2.60) in die reelle Matrizengleichung mit Zahlenwerten

$$\begin{bmatrix} 950 & -380 & -600 & 300 \\ 380 & 950 & -300 & -600 \\ -600 & 300 & 690 & -260 \\ -300 & -600 & 260 & 690 \end{bmatrix} \cdot \begin{bmatrix} \{I'_{1w}\} \\ \{I'_{1b}\} \\ \{I'_{3w}\} \\ \{I'_{3b}\} \end{bmatrix} = \begin{bmatrix} 0 \\ 0 \\ 150 \\ 0 \end{bmatrix}$$

überführt werden kann. Mit dem Modul-Programm ML-02 findet man dann den Strom $\underline{I}_1$ = (0,3113 − j 0,00504) A = 0,3113 A $\underline{/-0,9275°}$.

2.3 Umformung von Netzwerken

Durch ein geeignetes rechnerisches Umformen von Netzwerken oder von Schaltungsteilen kann man oft Schaltungen vereinfachen und so einer einfacheren Berechnung zugänglich machen. Diese Verfahren werden in Band I und [54], [55] eingehend behandelt. Sie erfordern für Schaltungen mit komplexen Widerständen meist einigen Rechenaufwand, so daß es sich lohnt, für sie Taschenrechnerprogramme zu entwerfen, die die Kennwerte der umgewandelten Schaltungen berechnen.

Hier werden nur kurz die Bestimmungsgleichungen zusammengestellt und die in Abschn. 4 ausführlich beschriebenen Umrechnungsprogramme auf Beispiele angewendet. Einfachere Umwandlungen werden auch schon in Abschn. 2.2 betrachtet.

2.3.1 Stern-Dreieck-Umwandlung

Um Netzwerke zu vereinfachen oder z. B. T-Zweitore in Π-Zweitore oder umgekehrt umzurechnen, können Stern- in Dreieckschaltungen und umgekehrt umgewandelt werden − s. Band I und [54], [55].

Wenn beispielsweise die in Bild 2.43a dargestellte Sternschaltung in eine bedingt äquivalente (d. h. für eine feste Frequenz gleichwertige) Dreieckschaltung nach Bild 2.43b umgewandelt werden soll, muß nach [55] in der D r e i e c k s c h a l ‐ t u n g der komplexe Widerstand

$$\underline{Z}_{ab} = \frac{\underline{Z}_a \underline{Z}_b + \underline{Z}_b \underline{Z}_c + \underline{Z}_a \underline{Z}_c}{\underline{Z}_c} \tag{2.61}$$

verwirklicht werden, und die übrigen Widerstände erhält man durch zyklisches Vertauschen der Indizes.

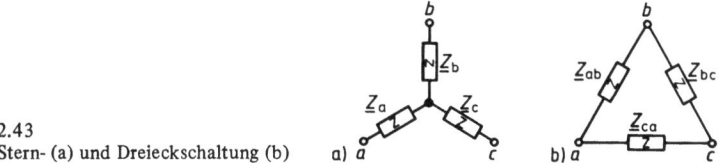

2.43
Stern- (a) und Dreieckschaltung (b)

Soll andererseits eine Dreieckschaltung durch eine gleichwertige Sternschaltung ersetzt werden, gilt nach [55] für den komplexen Widerstand der S t e r n s c h a l t u n g

$$\underline{Z}_a = \frac{\underline{Z}_{ab}\underline{Z}_{ac}}{\underline{Z}_{ab} + \underline{Z}_{bc} + \underline{Z}_{ac}} \qquad (2.62)$$

und die übrigen Bestimmungsgleichungen findet man wieder durch zyklisches Vertauschen der Indizes.

Durch Erweitern von Gl. (2.62) auf

$$\underline{Z}_a = \frac{\underline{Z}_{ab}\underline{Z}_{ca}\underline{Z}_{bc}}{\underline{Z}_{ab} + \underline{Z}_{bc} + \underline{Z}_{ac}} \cdot \frac{1}{\underline{Z}_{bc}} = \frac{\underline{D}}{\underline{Z}_{bc}} \qquad (2.63)$$

und Einführen der komplexen Faktoren

$$\underline{D} = \frac{\underline{Z}_{ab}\underline{Z}_{ca}\underline{Z}_{bc}}{\underline{Z}_{ab} + \underline{Z}_{bc} + \underline{Z}_{ac}} \qquad (2.64)$$

sowie

$$\underline{S} = \underline{Z}_a\underline{Z}_b + \underline{Z}_b\underline{Z}_c + \underline{Z}_c\underline{Z}_a \qquad (2.65)$$

kann man für jeden zu berechnenden Widerstand mit dem gleichen Algorithmus

$$\underline{Z}_a = \underline{D}/\underline{Z}_{bc} \quad \text{bzw.} \quad \underline{Z}_{ab} = \underline{S}/\underline{Z}_c \qquad (2.66)$$

arbeiten; er ist Grundlage des Programms 4.6. Man beachte, daß sich bei diesen Umrechnungen auch negative Wirkwiderstandswerte, also Phasenwinkel $|\varphi| > 90°$ ergeben können.

Beispiel 2.28. Die Π-Schaltung eines Zweitors nach Bild 2.44a besteht aus Wirkwiderstand R = 5 kΩ und den Blindwiderständen $X_L = 10$ kΩ und $X_C = -20$ kΩ. Sie soll in die bedingt äquivalente T-Schaltung nach Bild 2.44b umgerechnet werden.

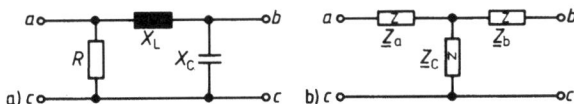

2.44 Zweitor (Vierpol) in Π-Schaltung (a) und T-Schaltung (b)

98 2.3 Umformung von Netzwerken

Diese Aufgabe kann mit dem Programm EE 1-11 aus [49] gelöst werden. Wir wenden hier das Programm 4.6 an und finden den Rechengang

Eingaben und Befehle	Anzeige		Größe
RST E 0 A 10 EE 3 R/S 0 B 20 +/− EE 3 R/S 5 EE 3 C D 2nd A'	−4.000	03	R_a
R/S	2.000	03	X_a
2nd B'	8.000	03	R_b
R/S	1.600	04	X_b
2nd C'	8.000	03	R_c
R/S	−4.000	03	X_c

Die gleichwertige T-Schaltung in Bild 2.44b muß also enthalten die komplexen Widerstände

$$\underline{Z}_a = (-4 + j\, 2)\, k\Omega = 4{,}472\, k\Omega\, \underline{/153{,}4°}$$

$$\underline{Z}_b = (8 + j\, 16)\, k\Omega = 17{,}89\, k\Omega\, \underline{/63{,}43°}$$

$$\underline{Z}_c = (8 - j\, 4)\, k\Omega = 8{,}944\, k\Omega\, \underline{/-26{,}57°}$$

(Das Umrechnen in die Polarform geschieht jeweils über **INV 2nd P→ R**.)

Beispiel 2.29. Die Schaltung in Bild 2.45a enthält die Wirkwiderstände R = 0,1 MΩ und die Kapazitäten C = 5 nF. Für die Kreisfrequenz $\omega = 1 \cdot 10^3\, s^{-1}$ soll das komplexe Spannungsverhältnis $\underline{U}_a/\underline{U}_e$ bestimmt werden.

Es ist nach Gl. (2.30) der kapazitive Blindwiderstand $X_C = -1/(\omega C) = -1/(1 \cdot 10^3\, s^{-1} \cdot 5\, nF) = -0{,}2\, M\Omega$.

Man könnte das Maschenstromverfahren (s. Abschn. 2.1.4.1) anwenden und erhielte dann über die in Bild 2.45a eingetragenen Ströme die Ausgangsspannung $\underline{U}_a = R(\underline{I}'_1 + \underline{I}'_2 + \underline{I}'_3)$. Es verlangt aber das Lösen eines Gleichungssystems mit 3 komplexen bzw. 6 reellen Unbekannten − ebenso das Anwenden des Knotenpunktpotential-Verfahrens analog zu Beispiel 2.33.

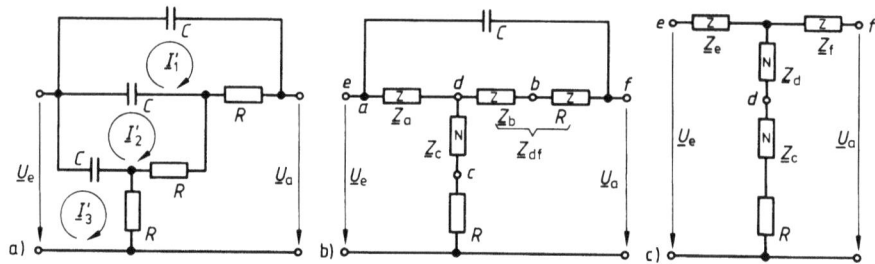

2.45 Netzwerk (a) nach einmaliger (b) und zweimaliger (c) Dreieck-Stern-Umwandlung

Wir wandeln daher hier entsprechend Bild 2.45b und c zweimal eine Dreieck- in eine Sternschaltung um und können dann für den Spannungsteiler in Bild 2.45c leicht das komplexe Spannungsverhältnis

$$\frac{\underline{U}_a}{\underline{U}_e} = \frac{R + \underline{Z}_c + \underline{Z}_d}{R + \underline{Z}_c + \underline{Z}_d + \underline{Z}_e}$$

2.3.2 Umrechnung von Reihen- und Parallelschaltungen

berechnen. Es wird zunächst das Programm 4.6 eingelesen und man erhält den Rechengang

Eingaben und Befehle	Anzeige		Größe
RST E 0 A .2 +/− EE 6 R/S .1 EE 6 B 0 C .2 +/− EE 6 R/S D 2nd A'	−2.353	04	R_a
R/S	−9.412	04	X_a
2nd B'	4.706	04	R_b
R/S	−1.176	04	X_b
2nd C'	4.706	04	R_c
R/S	−1.176	04	X_c

Es ist also $\underline{Z}_c = (0{,}04706 - j\,0{,}01176)$ MΩ und $\underline{Z}_{df} = R + \underline{Z}_b = 0{,}1$ MΩ + $(0{,}04706 - j\,0{,}01176)$ MΩ = $(0{,}1471 - j\,0{,}01176)$ MΩ. Somit ergeben sich weiter mit den

Eingaben und Befehlen	Anzeige		Größe
RST E 2.353 +/− EE 4 A 9.412 +/− EE 4 R/S 0 B .2 +/− EE 6 R/S .1471 EE 6 C .01176 +/− EE 6 R/S D 2nd A'	3.295	04	R_d
R/S	−2.824	04	X_d
2nd B'	−3.460	04	R_e
R/S	−4.756	04	X_e

Es ist also $\underline{Z}_d = (0{,}03295 - j\,0{,}02824)$ MΩ und $\underline{Z}_e = (-0{,}03460 - j\,0{,}04756)$ MΩ und somit über das Modulprogramm ML-04 das komplexe Spannungsverhältnis

$$\frac{\underline{U}_a}{\underline{U}_e} = \frac{0{,}1 + 0{,}04706 - j\,0{,}01176 + 0{,}03295 - j\,0{,}02824}{0{,}1 + 0{,}04706 - j\,0{,}01176 + 0{,}03295 - j\,0{,}02824 - 0{,}03460 - j\,0{,}04756}$$

$$= 1{,}03 + j\,0{,}3452 = 1{,}086 \,\underline{/18{,}53°}$$

2.3.2 Umrechnung von Reihen- und Parallelschaltungen

Wenn die in Bild 2.46 dargestellten Reihen- und Parallelschaltungen für eine feste Frequenz f ineinander umgerechnet werden sollen, erhält man nach Band I und [55] aus den Größen der Parallelschaltung (Index p) den Wirkwiderstand der Reihenschaltung (Index r)

$$R_r = \frac{R_p X_p^2}{R_p^2 + X_p^2} = \frac{1}{\dfrac{1}{R_p} + \dfrac{R_p}{X_p^2}} \quad (2.67)$$

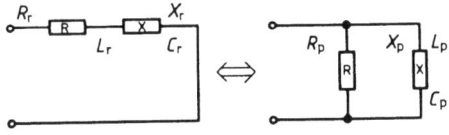

und den Blindwiderstand

2.46 Reihen- (a) und Parallel-Ersatzschaltung (b)

$$X_r = \frac{X_p R_p^2}{R_p^2 + X_p^2} = R_r \frac{R_p}{X_p} \quad (2.68)$$

Umgekehrt gilt

$$R_p = \frac{R_r^2 + X_r^2}{R_r} = R_r + \frac{X_r^2}{R_r} \quad (2.69)$$

100 2.3 Umformung von Netzwerken

$$X_p = \frac{R_r^2 + X_r^2}{X_r} = R_p \frac{R_r}{X_r} \tag{2.70}$$

Wenn außerdem Frequenz f bzw. Kreisfrequenz ω bekannt sind, kann man auch unter Beachtung von Gl. (2.27) und (2.30) unmittelbar Induktivität L oder Kapazität C der einen Schaltung in die andere umrechnen. In diesem Punkt geht das Programm 4.5 über das Modulprogramm EE-12 hinaus, das hierfür zum Modulprogramm EE-11 überwechseln muß [46].

Beispiel 2.30. Die Schaltung in Bild 2.47 enthält die Wirkwiderstände $R_1 = 100\,\Omega$, $R_2 = 2\,k\Omega$, $R_3 = 1\,k\Omega$, $R_4 = 50\,\Omega$, $R_5 = 100\,\Omega$, die Induktivitäten $L_1 = 1\,mH$, $L_2 = 2\,mH$ und die Kapazitäten $C_1 = 3\,nF$, $C_2 = 4\,nF$, $C_3 = 20\,nF$ und wird mit der Frequenz $f = 5\,kHz$ gespeist. In welchem Bereich ändert sich die Stromaufnahme der Schaltung, wenn Spannung und Frequenz um ± 10% schwanken?

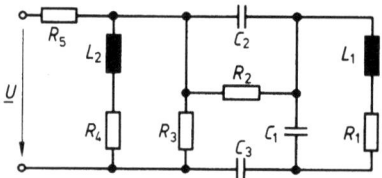

2.47 Netzwerk

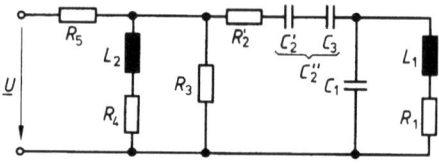

2.48 Umgeformtes Netzwerk von Bild 2.47

Wir formen zunächst die Parallelschaltung von Wirkwiderstand R_2 und Kapazität C_2 mit dem Programm 4.5 in eine Reihen-Ersatzschaltung um, müssen aber beachten, daß die Ersatzgrößen frequenzabhängig sind. Für die Frequenz $f = 4{,}5\,kHz$ erhält man den Rechengang

Eingaben und Befehle	Anzeige	Größe
A 2 EE 3 B 4 EE 9 +/− D 4.5 EE 3 E 2nd B′	1.903 03	R_2'
2nd D′	8.218 −08	C_2'

Zusammengefaßt findet man für

die Frequenzen	f =	4,5	5	5,5	kHz
die Wirkwiderstände	R_2' =	1903	1881	1858	Ω
und die Kapazitäten	C_2' =	82,18	67,33	56,34	nF

Außerdem wird die Kapazität C_3 nach oben verlegt und mit C_2' zusammengefaßt zu

$$C_2'' = \frac{1}{\dfrac{1}{C_2'} + \dfrac{1}{C_3}}$$

So kann man die Ersatzschaltung in Bild 2.48 angeben. Für sie findet man mit dem Programm 4.9 für die Frequenz $f = 4{,}5\,kHz$ den Rechengang

2.3.2 Umrechnung von Reihen- und Parallelschaltungen

Größe	Eingabe	Befehle	Anzeige	Größe
		A		
n	7	R/S	1.000 −09	
i	1	B	1.100 01	
R_1	100	R/S	1.000 02	R_1
i	3	B	1.300 01	
R_2'	1903	R/S	1.903 03	R_2'
i	4	B	1.400 01	
R_3	1 EE 3	R/S	1.000 03	R_3
i	6	B	1.600 01	
R_4	50	R/S	5.000 01	R_4
i	7	B	1.700 01	
R_5	100	R/S	1.000 02	R_5
i	1	C	2.100 01	
L_1	1 EE 3 +/−	R/S	1.000 −03	L_1
i	6	C	2.600 01	
L_2	2 EE 3 +/−	R/S	2.000 −03	L_2
i	2	D	3.200 01	
C_1	3 EE 9 +/−	R/S	3.333 08	$1/C_1$
i	3	D	3.300 01	
C_2'	82.18 EE 9 +/−	1/x +	1.217 07	$1/C_2'$
C_3	20 EE 9 +/−	1/x =	6.217 07	
		1/x R/S 2nd D'	6.217 07	
f	4.5 EE 3	E	2.827 04	ω_1
		R/S	1.777 05	$2\pi\omega_1$
	.9	1/x R/S R/S	2.827 04	
		R/S	1.597 02	Z_{g1}
		R/S	1.823 01	φ_{g1}
		R/S	3.142 04	ω_2
		R/S	1.623 02	Z_{g2}
		R/S	1.996 01	φ_{g2}
	1.1	STO 43	1.100 00	
		R/S	3.456 04	ω_3
		R/S	1.652 02	Z_{g3}

Somit gehören zu

den Frequenzen $\quad f = \quad 4{,}5 \quad 5 \quad 5{,}5 \quad$ kHz
die Gesamtwiderstände $\quad Z_g = \quad 159{,}7 \quad 162{,}3 \quad 165{,}2 \quad \Omega$

Bei Nennfrequenz und Nennspannung fließt bei dem Scheinwiderstand $Z_g = 162{,}4\ \Omega$ der Nennstrom I_N. Bei dem größten Widerstand und der kleinsten Spannung beträgt er dann nur $0{,}9\ (162{,}4\ \Omega / 165{,}3\ \Omega)\ I_N = 0{,}8842\ I_N$, sowie umgekehrt bei dem kleinsten Widerstand und der größten Spannung wächst er auf $1{,}1\ (162{,}4\ \Omega / 159{,}7\ \Omega)\ I_N = 1{,}119\ I_N$.

102   2.3 Umrechnung von Netzwerken

Beispiel 2.31. In der Schaltung von Bild 2.49, die die Wirkwiderstände $R_i = 500\,\Omega$ und $R_a = 5\,k\Omega$ enthält und in die der Quellenstrom $\underline{I}_q = 15\,mA\,\underline{/30°}$ einspeist, wird nach Beispiel 2.19 bei der Frequenz $f = 0{,}3\,MHz$ die optimale Leistung auf den Verbraucher R_a übertragen, wenn das Transformationszweitor aus der Kapazität $C = 318{,}3\,pF$ und der Induktivität $L = 795{,}8\,\mu H$ besteht. Lieferbar seien entsprechend der Reihe E 12 aber nur Bauelemente mit $C = 330\,pF$ und $L = 820\,\mu H$ mit jeweils $\pm 10\%$ Toleranz. In welchem Bereich kann dann die aufgenommene Wirkleistung P_a liegen?

Wir formen zunächst die Stromquelle von Bild 2.49 um in eine Spannungsquelle und finden für sie nach Abschn. 2.1.2 die Quellenspannung

$$\underline{U}_q = R_i \underline{I}_q = 500\,\Omega \cdot 15\,mA\,\underline{/30°} = 7{,}5\,V\,\underline{/30°}$$

Der kapazitive Blindwiderstand

$$X_C = \frac{-1}{\omega C} = \frac{-1}{2\pi f C} = \frac{-1}{2\pi \cdot 0{,}3\,MHz \cdot 330\,pF} = -1608\,\Omega$$

kann also den Größtwert $X_{Cmax} = -1786\,\Omega$ und den Kleinstwert $X_{Cmin} = -1461\,\Omega$ annehmen.

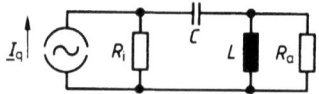
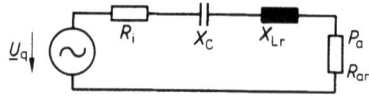

2.49 Netzwerk   2.50 Umgeformtes Netzwerk von Bild 2.49

Die Induktivität kann mit dem Größtwert $L_{max} = 902\,\mu H$ und dem Kleinstwert $L_{min} = 738\,\mu H$, der induktive Blindwiderstand also im Bereich $1391\,\Omega \leq X_L \leq 1700\,\Omega$ ausfallen. Wenn dann mit dem Programm 4.5 die Parallelschaltung von Induktivität L und äußerem Widerstand R_a in eine Reihenschaltung nach Bild 2.50 umgerechnet wird, ergeben sich die Grenzwerte

$$X_{Lr} = 1391\,\Omega \quad \text{bei } R_{ar} = 359{,}2\,\Omega$$

und $\quad X_{Lr} = 1524\,\Omega \quad \text{bei } R_{ar} = 518{,}1\,\Omega$

Bei dem komplexen Gesamtwiderstand

$$\underline{Z}_g = (500 - j\,1786 + 359{,}2 + j\,1391)\,\Omega = 945{,}6\,\Omega\,\underline{/-24{,}68°}$$

fließt dann der Strom $I_a = U/Z = 7{,}5\,V/(945{,}6\,\Omega) = 7{,}931\,mA$, so daß im äußeren Widerstand nur noch die Wirkleistung $P_a = R_a I_a^2 = 359{,}2\,\Omega \cdot 7{,}247^2\,mA^2 = 22{,}59\,mW$ umgesetzt wird, während nach Gl. (2.53) bei der im untersuchten Bereich auch möglichen Anpassung die höchste Wirkleistung

$$P_{amax} = U_q^2/(4R_i) = 7{,}5^2\,V^2/(4 \cdot 500\,\Omega) = 28{,}13\,mW$$

auftritt. Mit den vorgegebenen Bauelement-Toleranzen schwankt daher die Leistungsaufnahme im Bereich $22{,}59\,mW \leq P_a \leq 28{,}13\,mW$.

Die Toleranzbetrachtungen in Beispiel 2.30 und 2.31 sind für die praktische Ausführung von Schaltungen sehr wichtig; ohne Taschenrechnerprogramme wären sie sehr aufwendig.

2.3.3 Unbedingt äquivalente Schaltungen

Die Schaltungen in Bild 2.51 verhalten sich nach Band I für jede Frequenz f bzw. Kreisfrequenz $\omega = 2\pi f$ völlig gleichartig, sind also unbedingt äquivalent, wenn die komplexen Widerstände $\underline{Z}_{1a}$, $\underline{Z}_{2a}$, $\underline{Z}_{1b}$, $\underline{Z}_{2b}$, sowie die komplexen Widerstände $\underline{Z}_{3a}$, $\underline{Z}_{3b}$ untereinander jeweils gleichartig sind, d. h., den gleichen Charakter aufweisen, wenn also z. B. diese Schaltungen die Wirkwiderstände R_{1a}, R_{2a}, R_{1b}, R_{2b} und die Kapazitäten C_{3a}, C_{3b} enthalten. Außerdem müssen die folgenden Bedingungen eingehalten sein.

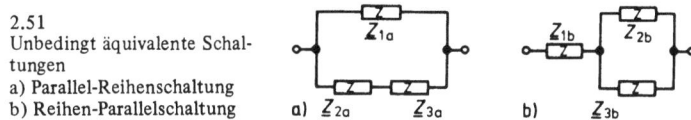

2.51
Unbedingt äquivalente Schaltungen
a) Parallel-Reihenschaltung
b) Reihen-Parallelschaltung

Wenn die Schaltung von Bild 2.51a in die nach Bild 2.51b umgerechnet werden soll, muß diese nach Band I die Scheinwiderstände

$$Z_{1b} = \frac{1}{\frac{1}{Z_{1a}} + \frac{1}{Z_{2a}}} \tag{2.71}$$

$$Z_{2b} = Z_{1a} Z_{1b} / Z_{2a} \tag{2.72}$$

$$Z_{3b} = (Z_{1b}/Z_{2a})^2 Z_{3a} \tag{2.73}$$

aufweisen. Beim umgekehrten Umrechnen von Schaltung b in Schaltung a muß dagegen erfüllt sein

$$Z_{1a} = Z_{1b} + Z_{2b} \tag{2.74}$$

$$Z_{2a} = Z_{1b} Z_{1a} / Z_{2b} \tag{2.75}$$

$$Z_{3a} = (Z_{2a}/Z_{1b})^2 Z_{3b} \tag{2.76}$$

Statt mit Scheinwiderständen kann man in Gl. (2.71) bis (2.76) auch unmittelbar mit Wirkwiderständen R und Induktivitäten L sowie den Kehrwerten der Kapazitäten $1/C$ rechnen. Diesen Berechnungsvorschriften folgt das Programm 4.4.

Beispiel 2.32. Die Schaltung in Bild 2.52a besteht aus den Wirkwiderständen $R_1 = 5$ kΩ, $R_2 = 30$ kΩ und den Kapazitäten $C_1 = 10$ nF und $C_2 = 5$ nF. Es sollen alle Wirkwiderstände und Kapazitäten der zu ihr unbedingt äquivalenten Schaltungen in Bild 2.52b und c berechnet werden.

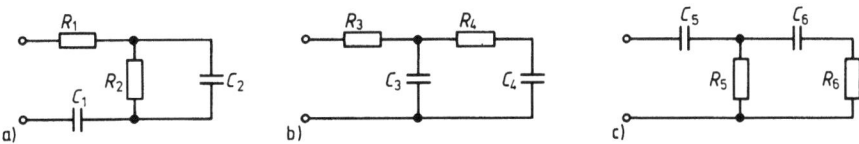

2.52 Netzwerk (a) mit zwei unbedingt äquivalenten Ersatzschaltungen (b und c)

104 2.4 Frequenzgang

Für die Schaltung in Bild 2.52b bleibt $R_3 = R_1 = 5\ k\Omega$ und der Rest der Schaltung ist entsprechend Bild 2.51b in die Schaltung 2.51a umzuwandeln. Mit dem Programm 4.4 findet man über den Rechengang

Eingaben und Befehle	Anzeige	Größe
E 10 EE 9 +/− 1/x B 5 EE 9 +/− 1/x R/S 30 EE 3 R/S 2nd D' 1/x	3.333 −09	C_3
1/x R/S 1/x	6.667 −09	C_4
1/x R/S	6.750 04	R_4

Daher sind $R_4 = 67,5\ k\Omega$, $C_3 = 3,333\ nF$ und $C_4 = 6,667\ nF$.

In der Schaltung von Bild 2.52c bleibt dagegen unverändert $C_5 = C_1 = 10\ nF$, und man erhält wieder über das Programm 4.4 und den Rechengang

Eingaben und Befehle	Anzeige	Größe
E 5 EE 3 B 30 EE 3 R/S 5 EE 9 +/− 1/x R/S 2nd D'	3.500 04	R_5
R/S	5.833 03	R_6
R/S 1/x	3.673 −09	C_6

Also müssen sein $R_5 = 35\ k\Omega$, $R_6 = 5,833\ k\Omega$ und $C_6 = 3,673\ nF$.

2.4 Frequenzgang

Es sollen Ortskurven und Bodediagramme mit Amplituden- und Phasengang berechnet werden. Da es sich in den hier zu betrachtenden Fällen meist nicht um einfache Ortskurven, wie z. B. Gerade oder Kreis, handelt, wird stets vorher die Übertragungsfunktion bestimmt und diese als Ausgangsbasis zur Berechnung des Frequenzgangs herangezogen. Die Programme 4.9, 4.27 bis 4.29 sowie 4.34 und 4.35 berechnen auch unmittelbar Frequenzgänge.

2.4.1 Übertragungsfunktion

Alle in Abschn. 2.1 bis 2.3 angewandten Verfahren können nach [57] zur Ermittlung der Übertragungsfunktion F(s) benutzt werden. Für elektrotechnische Schaltungen gibt man sie meist an in der Normalform 1. Art als g e b r o c h e n r a t i o n a l e F u n k t i o n

$$F(s) = \frac{b_0 + b_1 s + b_2 s^2 + \ldots b_m s^m}{a_0 + a_1 s + a_2 s^2 + \ldots a_n s^n} \qquad (2.77)$$

des k o m p l e x e n O p e r a t o r s (Bildvariable)

$$s = \sigma + j\omega \qquad (2.78)$$

der mit dem Realteil σ und der Kreisfrequenz ω auch als komplexe Frequenz bezeichnet wird. Die Koeffizienten a_i und b_i sind reell und konstant. Wie man für bestimmte Schaltungen diese Übertragungsfunktion findet, wird in [57] ausführlich dargestellt und in den folgenden Beispielen gezeigt.

2.4.2 Ortskurve und Bodediagramm

Aus der Übertragungsfunktion in Gl. (2.73) erhält man sofort die komplexe Gleichung des Frequenzgangs, wenn man den Operator s durch jω ersetzt, also in Gl. (2.74) σ = 0 werden läßt. Nach [15] stellt der Frequenzgang die Übertragungsfunktion auf der Imaginärachse dar.

Mit dem Programm 4.8 kann man die O r t s k u r v e des Frequenzgangs $\underline{F}$ unmittelbar über die vorzugebenden Koeffizienten a_i und b_i sowie die Exponenten n und m berechnen und z. B. über Realteil F_w und Imaginärteil F_b oder Amplitude F und Winkel φ in der komplexen Ebene darstellen (s. Beispiel 2.33f.).

Gebräuchlich ist außerdem die getrennte Wiedergabe von Amplitudengang und Phasengang im B o d e d i a g r a m m , wobei der Phasenwinkel in ° und die Amplitude i. allg. über

$$F_{dB} = 20 \log F \quad \text{in dB}$$

in Dezibel angegeben sowie für die Kreisfrequenz ω ebenfalls eine logarithmische Skala gewählt wird. Diese Betrachtungsweise ermöglicht ein sehr einfaches graphisches Aufzeichnen [57]. Mit den Programmen 4.8 und 4.9 kann man die Ergebnisse ebenfalls unmittelbar in dB und ° erhalten und so die groben, zeichnerisch gefundenen Werte in wünschenswerter Weise numerisch verbessern.

Beispiel 2.33. Für das Netzwerk in Bild 2.53a, das aus Wirkwiderständen R = 5 kΩ und Kapazitäten C = 0,3 μF besteht, soll das Bodediagramm für das Spannungsverhältnis $\underline{U}_a/\underline{U}_e$ im Bereich $0,5 \cdot 10^3 \text{ sec}^{-1} \leq \omega \leq 1 \cdot 10^5 \text{ sec}^{-1}$ bestimmt werden.[1]

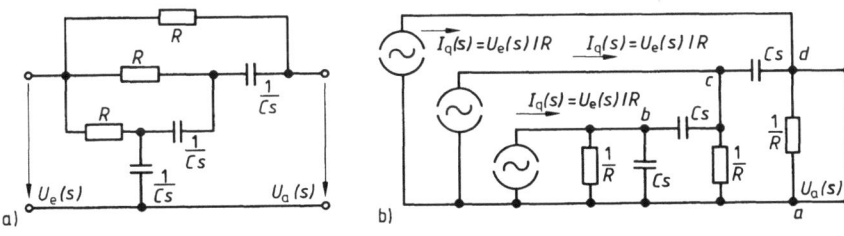

2.53 RC-Netzwerk (a) mit Umformung (b)

Wir wenden auf die Schaltung in Bild 2.53a das Knotenpunktpotential-Verfahren an und müssen sie daher entsprechend Bild 2.53b umwandeln. Für den Bildbereich kann man bei Wahl des Bezugsknotenpunkts a und mit $U_a(s) = - U'_{ad}(s)$ sowie den dort eingetragenen Größen die Matrizengleichung

---
[1] Zur Unterscheidung von der Bildvariablen s wird in diesem Buch die Einheit Sekunde mit dem Kurzzeichen sec geschrieben.

2.4 Frequenzgang

$$\begin{bmatrix} \left(\frac{1}{R}+2Cs\right) & -Cs & 0 \\ -Cs & \left(\frac{1}{R}+2Cs\right) & -Cs \\ 0 & -Cs & \left(\frac{1}{R}+Cs\right) \end{bmatrix} \cdot \begin{bmatrix} U'_{ab}(s) \\ U'_{ac}(s) \\ U'_{ad}(s) \end{bmatrix} = \begin{bmatrix} -U_e(s)/R \\ -U_e(s)/R \\ -U_e(s)/R \end{bmatrix}$$

angeben. Daher können wir auch die Übertragungsfunktion

$$F(s) = U_a(s)/U_e(s) = -U'_{ad}(s)/U_e(s)$$

$$= \frac{\begin{vmatrix} \left(\frac{1}{R}+2Cs\right) & -Cs & \frac{1}{R} \\ -Cs & \left(\frac{1}{R}+2Cs\right) & \frac{1}{R} \\ 0 & -Cs & \frac{1}{R} \end{vmatrix}}{\begin{vmatrix} \left(\frac{1}{R}+2Cs\right) & -Cs & 0 \\ -Cs & \left(\frac{1}{R}+2Cs\right) & -Cs \\ 0 & -Cs & \left(\frac{1}{R}+Cs\right) \end{vmatrix}}$$

$$= \frac{1}{R} \cdot \frac{\left(\frac{1}{R}+2Cs\right)^2 + Cs\left(\frac{1}{R}+2Cs\right)}{\left(\frac{1}{R}+2Cs\right)^2\left(\frac{1}{R}+Cs\right) - C^2s^2\left(\frac{2}{R}+3Cs\right)}$$

$$= \frac{(1+2RCs)^2 + RCs(1+2RCs)}{(1+2RCs)^2(1+RCs) - R^2C^2s^2(2+3RCs)} = \frac{1+5RC\,s + 6R^2C^2s^2}{1+5RC\,s + 6R^2C^2s^2 + R^3C^3s^3}$$

entwickeln. Mit der Zeitkonstante $T = RC = 5\,k\Omega \cdot 0{,}3\,\mu F = 1{,}5 \cdot 10^{-3}$ sec gelten daher für die Übertragungsfunktion

$$F(s) = \frac{b_0 + b_1 s + b_2 s^2}{a_0 + a_1 s + a_2 s^2 + a_3 s^3} = \frac{1+5Ts+6T^2s^2}{1+5Ts+6T^2s^2+T^3s^3}$$

die Koeffizienten

$a_0 = 1 = b_0$

$a_1 = b_1 = 5T = 5 \cdot 1{,}5 \cdot 10^{-3}$ sec $= 7{,}5 \cdot 10^{-3}$ sec

$a_2 = b_2 = 6T^2 = 6 \cdot 1{,}5^2 \cdot 10^{-6}$ sec$^2 = 13{,}5 \cdot 10^{-6}$ sec^2

$a_3 = T^3 = 1{,}5^3 \cdot 10^{-9}$ sec$^3 = 3{,}375 \cdot 10^{-9}$ sec^3

2.4.2 Ortskurve und Bodediagramm   107

Das Programm 4.8 erfordert den Rechengang

Größe	Eingabe	Befehl	Anzeige	Größe
		EE 2nd Fix 3		
n	3	A	3.000 00	
a_3	3.375 EE 9 +/−	R/S	2.000 00	
a_2	13.5 EE 6 +/−	R/S	1.000 00	
a_1	7.5 EE 3 +/−	R/S	0.000 00	
a_0	1	R/S	−1.000 00	
m	2	B	2.000 00	
b_2	13.5 EE 6 +/−	R/S	1.000 00	
b_1	7.5 EE 3 +/−	R/S	0.000 00	
b_0	1	R/S	−1.000 00	
ω_E	1 EE 5	2nd A'		
	10	y^x		
	.1	= R/S 2nd D'	1.259 00	k_ω
ω_A	.5 EE 3	C		

Die Ergebnisse dieser fortgesetzten Berechnung sind in Bild 2.54 dargestellt.

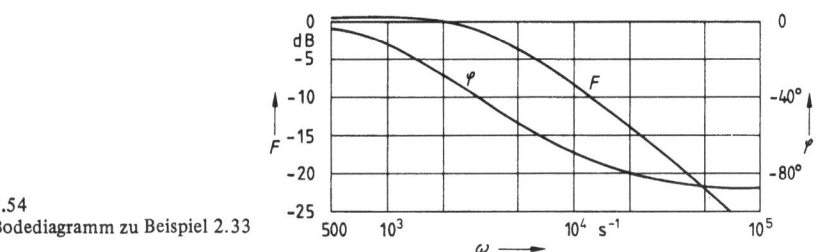

2.54
Bodediagramm zu Beispiel 2.33

Beispiel 2.34. Für den aktiven Bandpaß nach Bild 2.55 gilt nach [46] die Übertragungsfunktion

$$F(s) = \frac{U_a(s)}{U_e(s)} = \frac{\left(\frac{1}{R_1 C_1}\right) s}{\frac{R_1 + R_2}{R_1 R_2 R_3 C_1 C_2} + \frac{C_1 + C_2}{R_3 C_1 C_2} s + s^2} = \frac{b_1 s}{a_0 + a_1 s + a_2 s^2}$$

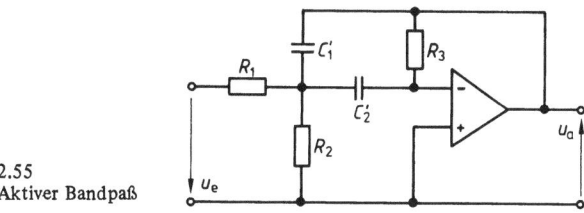

2.55
Aktiver Bandpaß

Er bestehe aus den Widerständen $R_1 = 3$ kΩ, $R_2 = 700$ Ω, $R_3 = 0{,}2$ MΩ und den Kapazitäten $C_1 = C_2 = 0{,}1$ μF. Wie ändert sich der Amplitudengang, wenn für diese Bauelemente die Toleranz ± 10% zugelassen wird?

2.4 Frequenzgang

Ein Koeffizientenvergleich liefert sofort die Bestimmungsgleichungen für die Koeffizienten, die mit den vorgegebenen Größen und Toleranzen die Werte von Tafel 2.56 annehmen.

Tafel 2.56 Koeffizienten für Beispiel 2.34

	Koeffizienten bei Bauelementen mit		
	Normalwerten	Größtwerten	Kleinstwerten
a_0	$0{,}8810 \cdot 10^6$	$0{,}5494 \cdot 10^6$	$1{,}343 \cdot 10^6$
a_1	100	80,64	123,4
a_2	1	1	1
b_1	$3{,}333 \cdot 10^3$	$2{,}755 \cdot 10^3$	$4{,}115 \cdot 10^3$

Für den Fall, daß alle Widerstände ihre Größt- und alle Kapazitäten ihre Kleinstwerte haben, bzw. den umgekehrten Fall ergeben sich wieder die Normalwerte, so daß 3 Amplitudengänge mit dem Koeffizienten von Tafel 2.56 mit dem Programm 4.8 über einen zum Beispiel 2.33 analogen Rechengang zu bestimmen sind. Sie sind in Bild 2.57 dargestellt. Während also Größe der Resonanzamplitude und Bandbreite durch die Toleranzen der Bauelemente kaum beeinflußt werden, ändert sich die Resonanzfrequenz durch sie beträchtlich.

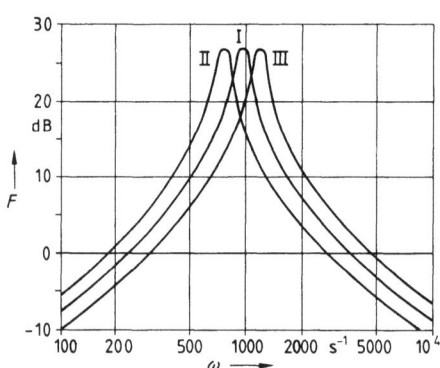

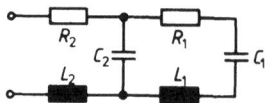

2.57 Amplitudengänge für Beispiel 2.34 mit Bauelementkombination I, II und III nach Tafel 2.56

2.58 Netzwerk

Beispiel 2.35. Die Schaltung in Bild 2.58 enthält Wirkwiderstände $R_1 = 50\,\Omega$ und $R_2 = 10\,\Omega$, Induktivitäten $L_1 = 80\,\mu H$ und $L_2 = 20\,\mu H$ sowie die Kapazitäten $C_1 = 12{,}5\,nF$ und $C_2 = 5\,nF$. Es soll die Ortskurve des Frequenzgangs des Eingangswiderstands für den Kreisfrequenzbereich $4 \cdot 10^5\,\text{sec}^{-1} \leqslant \omega \leqslant 5 \cdot 10^6\,\text{sec}^{-1}$ bestimmt werden.

Wir können unmittelbar das Programm 4.9 einsetzen und erhalten mit einem zu Beispiel 2.30 analogen Rechengang die in Bild 2.59 dargestellte Ortskurve.

Man könnte die Ortskurve auch mit dem Programm 4.8 berechnen, müßte hierfür aber vorher die Übertragungsfunktion ableiten.

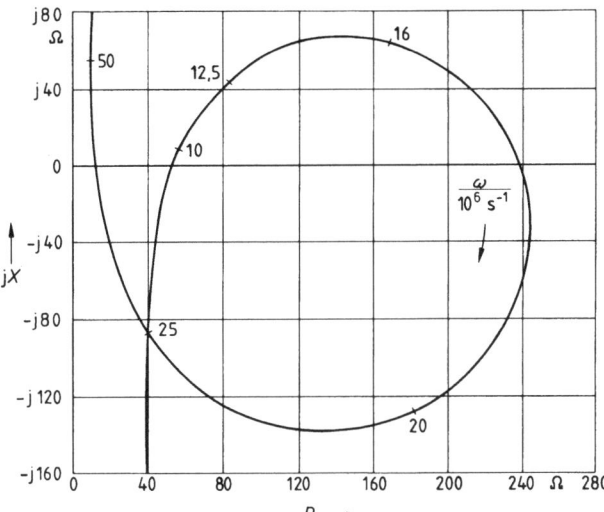

2.59
Ortskurve des komplexen Widerstands $\underline{Z} = f(\omega)$ für Beispiel 2.35

Beispiel 2.36. Die Schaltung von Bild 2.60 enthält die Wirkwiderstände $R_5 = 50\,\Omega$, $R_2 = 5{,}7\,\text{k}\Omega$, die Kapazitäten $C_5 = 20\,\text{pF}$, $C_4 = 200\,\text{pF}$ sowie eine Drossel mit der Induktivität $L_1 = 1\,\mu\text{H}$ und dem Gütefaktor $Q_1 = 80$. Es sollen die Resonanzfrequenzen bestimmt werden.

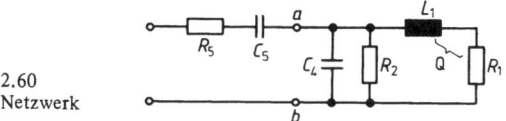

2.60 Netzwerk

Nach [55] hat der rechts von den Klemmen a und b befindliche Schwingkreis die Resonanzkreisfrequenz

$$\omega_\rho = \frac{1}{\sqrt{L_1 C_4}}\sqrt{1 - \frac{1}{Q_1^2}} = \sqrt{\frac{1 - (1/Q_1^2)}{L_1 C_4}} = \sqrt{\frac{1 - (1/80)^2}{1\,\mu\text{H} \cdot 200\,\text{pF}}} = 70{,}71 \cdot 10^6\,\text{sec}^{-1}$$

Die Resonanzfrequenzen der gesamten Schaltung werden daher in der Nähe dieser Frequenz liegen. Außerdem gilt nach [55] für den Widerstand

$$R_1 = \frac{1}{Q_1}\sqrt{\frac{L_1}{C_4}} = \frac{1}{80}\sqrt{\frac{1\,\mu\text{H}}{200\,\text{pF}}} = 0{,}8839\,\Omega$$

Nach Bild 2.60 wird für $\omega = 0$ der komplexe Gesamtwiderstand $\underline{Z}_g = \infty$ und für $\omega = \infty$ weiter $\underline{Z}_g = R_1$. Für wachsende Kreisfrequenzwerte ist der Phasenwinkel zunächst negativ – ebenso für die größten Frequenzwerte; er kann jedoch zwischendurch bei Überwiegen des induktiven Anteils positiv sein. Allgemein sind daher 2 Resonanzstellen mit $X_g = 0$ zu erwarten. Man kann mit dieser Bedingung für die beiden Resonanzfrequenzen allgemeine Bestimmungsgleichungen ableiten, was aber recht aufwendig wäre.

2.4 Frequenzgang

Einfacher ist es, über das Programm 4.9 zunächst mit einem groben Frequenzfaktor k_ω (z. B. $\sqrt{10}$) die interessanten Frequenzbereiche festzustellen und dann durch Iteration die Resonanzfrequenzen zu bestimmen. Man beachte, daß das Netzwerk in Bild 2.60 für dieses Programm 4.9 mit 5 Zweigen anzusetzen ist.

Durch Iteration findet man die beiden Resonanzfrequenzen

$$\omega_{p1} = 67{,}66 \text{ sec}^{-1} \text{ mit } \underline{Z}_{g1} = 268{,}3 \text{ } \Omega \approx R_{g1}$$

und

$$\omega_{p2} = 70{,}47 \text{ sec}^{-1} \text{ mit } \underline{Z}_{g2} = 2692 \text{ } \Omega \approx R_{g2}$$

Für die 2. Resonanzfrequenz ist z. B. der Rechengang

Größe	Eingabe	Befehle	Anzeige	Größe
		A		
n	5	R/S	1.000 −09	
i	1	B	1.100 01	i + 10
R_1	.8839	R/S	8.839 −01	R_1
i	1	C	2.100 01	i + 20
L_1	1 EE 6 +/−	R/S	1.000 −06	L_1
i	2	B	1.200 01	i + 10
R_2	5700	R/S	5.700 03	R_2
i	4	D	3.400 01	i + 30
C_4	200 EE 12 +/−	R/S	5.000 09	$1/C_4$
i	5	D	3.500 01	i + 30
C_5	20 EE 12 +/−	R/S	5.000 10	$1/C_5$
i	5	B	1.500 01	i + 10
R_5	50	R/S	5.000 01	R_5
	70.47 EE 6	÷		
	2	÷ 2nd π = E	7.047 07	ω_{p2}
			4.428 08	$2\pi\omega_{p2}$
	1	R/S	1.000 00	k_ω
		R/S	7.047 07	ω_{p1}
		R/S	2.692 03	R_{p2}
		R/S	−1.124 −01	X_{p2}

2.4.3 Pol-Nullstellen-Diagramm

Die mit Gl. (2.77) wiedergegebene Normalform 1. Art einer Übertragungsfunktion läßt nicht unmittelbar erkennen, wie sich das betrachtete System verhält. Wenn dagegen für Zähler und Nenner von Gl. (2.77) getrennt die Wurzeln aufgesucht werden und somit die N u l l s t e l l e n und P o l e von Gl. (2.77) gefunden sind, kann man das zu untersuchende System als Kettenschaltung bekannter Baugruppen auffassen und ihre Eigenschaften einfach beschreiben – s. [57] und Abschn. 3.4.1.1.

2.4.3 Pol-Nullstellen-Diagramm

Polynome der Bildvariablen s haben meist reelle Nullstellen s_{0i}, die man mit den in [45] bis [47] vorgestellten Programmen bestimmen kann. Die wünschenswerte Kombination der Modulprogramme ML-07 und ML-08 wird allerdings erschwert, da sie die gleichen Datenregister belegen; deshalb wird hier das Programm 4.36 mitgeteilt.

Außerdem treten im allgemeinen Fall mit der **A b k l i n g k o n s t a n t e n** δ und der **E i g e n k r e i s f r e q u e n z** ω_d noch **k o n j u g i e r t k o m p l e x e Nullstellen**

$$s_{0i,k} = -\delta \pm j\omega_d \qquad (2.79)$$

auf; alle Nullstellen können mit dem Modulprogramm EE-09 bestimmt werden.

Die reellen Nullstellen kann man als **E c k k r e i s f r e q u e n z e n** ω_E deuten [57]; sie werden meist mit ihren Reziprokwerten, den **Z e i t k o n s t a n t e n**

$$T_i = 1/\omega_{Ei} = 1/s_{0i} \qquad (2.80)$$

in weitere Betrachtungen einbezogen. Die konjugiert komplexen Nullstellen berücksichtigt man nach [57] durch die zugehörigen Größen **K e n n k r e i s f r e q u e n z**

$$\omega_0 = \sqrt{\omega_d^2 + \delta^2} \qquad (2.81)$$

und **D ä m p f u n g s g r a d**

$$\vartheta = \delta/\omega_0 \qquad (2.82)$$

Dieser ist dann stets kleiner als 1. Dann gilt auch für die **E i g e n k r e i s f r e q u e n z**

$$\omega_d = \omega_0 \sqrt{1 - \vartheta^2} \qquad (2.83)$$

Die Nullstellen des Nenners bilden die **P o l e**, d. h. Unendlichkeitsstellen, der gebrochen rationalen Funktion von Gl. (2.77). Mit einem Pol-Nullstellen-Diagramm nach Bild 2.61 wird die Funktion von Gl. (2.77) bis auf einen konstanten Faktor K vollständig beschrieben.

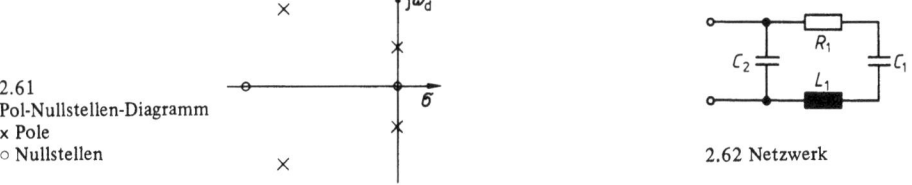

2.61 Pol-Nullstellen-Diagramm
x Pole
o Nullstellen

2.62 Netzwerk

Beispiel 2.37. Die Schaltung in Bild 2.62 besteht aus Wirkwiderstand $R_1 = 50\,\Omega$, Induktivität $L_1 = 80\,\mu H$ sowie den Kapazitäten $C_1 = 12{,}5$ nF und $C_2 = 5$ nF. Es soll das Pol-Nullstellen-Diagramm für den komplexen Eingangswiderstand aufgestellt, und es sollen die Kenngrößen der Übertragungsglieder angegeben werden.

Für die Übertragungsfunktion kann man nach [57] entwickeln

2.4 Frequenzgang – 2.5 Übergangsverhalten linearer Netzwerke

$$Z(s) = F(s) = \cfrac{1}{C_2 s + \cfrac{1}{R_1 + L_1 s + \cfrac{1}{C_1 s}}} = \cfrac{1}{C_2 s + \cfrac{C_1 s}{1 + R_1 C_1 s + L_1 C_1 s^2}}$$

$$= \frac{1 + R_1 C_1 s + L_1 C_1 s^2}{C_1 s + C_2 s(1 + R_1 C_1 s + L_1 C_1 s^2)} = \frac{1 + R_1 C_1 s + L_1 C_1 s^2}{(C_1 + C_2)s + R_1 C_1 C_2 s^2 + L_1 C_1 C_2 s^3}$$

$$= \frac{1}{(C_1 + C_2)s} \cdot \frac{1 + R_1 C_1 s + L_1 C_1 s^2}{1 + \dfrac{R_1 C_1 C_2}{C_1 + C_2} s + \dfrac{L_1 C_1 C_2}{C_1 + C_2} s^2} = \frac{K_I}{s} \cdot \frac{1 + 2\dfrac{\vartheta_Z}{\omega_{0Z}} s + \dfrac{1}{\omega_{0Z}^2} s^2}{1 + 2\dfrac{\vartheta_N}{\omega_{0N}} s + \dfrac{1}{\omega_{0N}^2} s^2}$$

Durch Koeffizientenvergleich findet man den Integrierbeiwert

$$K_I = \frac{1}{C_1 + C_2} = \frac{1}{(12{,}5 + 5)\,\mathrm{nF}} = 5{,}714 \cdot 10^7 \frac{\Omega}{\mathrm{sec}}$$

die Kennkreisfrequenzen

$$\omega_{0Z} = \frac{1}{\sqrt{L_1 C_1}} = \frac{1}{\sqrt{80\,\mu\mathrm{H} \cdot 12{,}5\,\mathrm{nF}}} = 1 \cdot 10^6\,\mathrm{sec}^{-1}$$

$$\omega_{0N} = \sqrt{\frac{C_1 + C_2}{L_1 C_1 C_2}} = \sqrt{\frac{12{,}5\,\mathrm{nF} + 5\,\mathrm{nF}}{80\,\mu\mathrm{H} \cdot 12{,}5\,\mathrm{nF} \cdot 5\,\mathrm{nF}}} = 1{,}871 \cdot 10^6\,\mathrm{sec}^{-1}$$

und die Dämpfungsgrade

$$\vartheta_Z = R_1 C_1 \frac{\omega_{0Z}}{2} = 50\,\Omega \cdot 12{,}5\,\mathrm{nF}\,\frac{1 \cdot 10^6\,\mathrm{sec}^{-1}}{2} = 0{,}3125$$

$$\vartheta_N = \frac{R_1 C_1 C_2}{C_1 + C_2} \cdot \frac{\omega_{0N}}{2} = \frac{50\,\Omega \cdot 12{,}5\,\mathrm{nF} \cdot 5\,\mathrm{nF}}{12{,}5\,\mathrm{nF} + 5\,\mathrm{nF}} \cdot \frac{1{,}871 \cdot 10^6\,\mathrm{sec}^{-1}}{2} = 0{,}167$$

Nach Gl. (2.82) sind daher die Abklingkonstanten

$$\delta_Z = \vartheta_Z \omega_{0Z} = 0{,}3125 \cdot 1 \cdot 10^6\,\mathrm{sec}^{-1} = 0{,}3125 \cdot 10^6\,\mathrm{sec}^{-1}$$

$$\delta_N = \vartheta_N \omega_{0N} = 0{,}167 \cdot 1{,}871 \cdot 10^6\,\mathrm{sec}^{-1} = 0{,}3125 \cdot 10^6\,\mathrm{sec}^{-1}$$

und nach Gl. (2.83) die Eigenkreisfrequenzen

$$\omega_{dZ} = \omega_{0Z}\sqrt{1 - \vartheta_Z^2} = 1 \cdot 10^6\,\mathrm{sec}^{-1}\sqrt{1 - 0{,}3125^2} = 0{,}9499 \cdot 10^6\,\mathrm{sec}^{-1}$$

$$\omega_{dN} = \omega_{0N}\sqrt{1 - \vartheta_N^2} = 1{,}871 \cdot 10^6\,\mathrm{sec}^{-1}\sqrt{1 - 0{,}167^2} = 1{,}845 \cdot 10^6\,\mathrm{sec}^{-1}$$

Die komplexen Nullstellen

$$s_{0Z} = -\delta_Z \pm j\omega_{dZ} = (-0{,}3125 \pm j\,0{,}9499)\,10^6\,\mathrm{sec}^{-1}$$

$$s_{0N} = -\delta_N \pm j\omega_{dN} = (-0{,}3125 \pm j\,1{,}845)\,10^6\,\mathrm{sec}^{-1}$$

kann man ebenso mit dem Modulprogramm EE-09 finden; sie sind als Pol-Nullstellen-Diagramm in Bild 2.63 dargestellt. Es liegt also die Kettenschaltung je eines T_2-, eines T_2^{-1}- und eines I-Gliedes [57] vor.

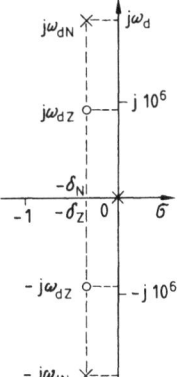

2.63
Pol-Nullstellen-Diagramm
für Beispiel 2.37
× Pole
○ Nullstellen

2.5 Übergangsverhalten linearer Netzwerke

Nach [57] ist heute die Ü b e r t r a g u n g s f u n k t i o n F(s) nach Abschn. 2.4.1 Grundlage für das Berechnen des Übergangsverhaltens linearer Netzwerke. Sie gilt für den B i l d b e r e i c h und ergibt in Verbindung mit der Bildfunktion der Eingangsvariablen die Bildfunktion der Ausgangsvariablen, so daß man anschließend für sie über eine L a p l a c e - T r a n s f o r m a t i o n die Ausgangs-Zeitfunktion, also die S y s t e m a n t w o r t , finden kann.

Auch in diesem Buch wird vorausgesetzt, daß die Gleichung der Z e i t f u n k t i o n normalerweise auf diesem analytischen Weg durch algebraische Umformungen und Transformationen gefunden wird. Es wird ein Taschenrechnerprogramm angewendet, das wegen seines sehr allgemeinen Ansatzes ermöglicht, die meisten in der Praxis auftretenden Übergangsvorgänge numerisch zu berechnen.

Große Vorteile hat auch das Anwenden des F a l t u n g s i n t e g r a l s , da für seine numerische Auswertung nur die Übertragungsfunktion und die Erregungsfunktion in mathematischer Form vorzuliegen brauchen. Diese Verfahren werden hier in Beispielen exemplarisch vorgeführt.

2.5.1 Laplace-Transformation

Das Zeitverhalten stetiger, linearer Systeme wird ganz allgemein durch Differentialgleichungen beschrieben. Ihre Lösungen kann man am einfachsten über die Laplace-Transformation [6], [21], [59] finden. Ziel dieser Funktionaltransformation ist es, schwierige Rechenoperationen in einfachere zu überführen − z. B. das Differenzieren in eine Multiplikation und das Integrieren in eine Division, nachdem die Differentialgleichung in eine algebraische Gleichung umgewandelt ist.

114   2.5 Übergangsverhalten linearer Netzwerke

Die Differentialgleichung gilt im Z e i t - , dem O r i g i n a l - oder O b e r b e r e i c h ; sie wird in den F r e q u e n z - , den B i l d - oder U n t e r b e r e i c h , transformiert. Dort vollzieht man die erforderlichen Rechenoperationen niederer Ordnung, transformiert schließlich das so erhaltene Zwischenergebnis in den Zeitbereich zurück und findet auf diese Weise das Endergebnis.

Dieses Vorgehen wird in [21], [57], [59] eingehend behandelt. Für die Elektrotechnik hat es den großen Vorteil, daß man die Gleichungen des Frequenzbereichs unmittelbar unter Beachtung der für elektrische Schaltungen geltenden Gesetze (s. Abschn. 2.1 bis 2.4) aufstellen kann.

Zum Rücktransformieren bedient man sich besonderer K o r r e s p o n d e n z t a b e l l e n und einiger Regeln, die in [6], [21], [57], [59] ausführlich angegeben sind, in diesem Buch jedoch aus Umfangsgründen nicht aufgeführt werden können. Die Bildfunktion muß u. U. durch eine Partialbruchzerlegung in eine Reihe von Summanden aufgeteilt werden, für die die Korrespondenzen zur Rücktransformation leichter zu finden sind [6], [57], [59].

2.5.2 Zeitfunktion

Die Eigenschaften linearer Netzwerke sind durch ihre K e n n g r ö ß e n , wie z. B. Widerstand $\underline{Z}$, Leitwert $\underline{Y}$, Übertragungsfunktion F(s) (s. Abschn. 2.4.1), festgelegt. Den augenblicklichen Zustand beschreiben Z u s t a n d s g r ö ß e n , wie z. B. Strom i, Spannung u, Ladung Q_t usw.

Diese sind u. a. abhängig von der E i n g a n g s f u n k t i o n , die man auch E r r e g u n g nennt [57]. Wichtig sind beispielsweise Sprung-, Anstiegs-, Impuls-, Sinus- und Exponentialerregung (s. Abschn. 3.4.1.3). Sie verursachen A u s g a n g s f u n k t i o n e n , die man auch als A n t w o r t bezeichnet. (Anstiegsantwort ist beispielsweise die Ausgangsfunktion eines Netzwerks, das einer Anstiegserregung ausgesetzt wird.) Die Sprungantwort wird Ü b e r g a n g s f u n k t i o n h(t) genannt, wenn die Sprungantwort auf die Rückenhöhe der Sprungerregung bezogen wird. Für weitere Einzelheiten s. Band V, [57] und Abschn. 3.4.1.3.

Es soll nun mit einigen Beispielen gezeigt werden, wie man die mathematische Form der Ausgangsfunktion findet und wie dann mit dem Programm 4.10 ihr Verlauf berechnet werden kann.

Beispiel 2.38. Für die Schaltung in Bild 2.55 mit den Daten von Beispiel 2.34 soll die Übergangsfunktion für die Zeit $t_A = 0$ bis $t_E = 5$ msec dargestellt werden.

Zunächst wird die in Beispiel 2.34 angegebene Übertragungsfunktion in die Normalform 2. Art

$$F(s) = \frac{\dfrac{R_2 R_3 C_2}{R_1 + R_2} s}{1 + \dfrac{R_1 R_2 (C_1 + C_2)}{R_1 + R_2} s + \dfrac{R_1 R_2 R_3 C_1 C_2}{R_1 + R_2} s^2} = \frac{K_D s}{1 + 2\dfrac{\vartheta}{\omega_0} s + \dfrac{1}{\omega_0^2} s^2}$$

2.5.2 Zeitfunktion

umgeformt. Es betragen dann mit den Werten von Beispiel 2.34 die Kenngrößen (s. [57])

Differenzierbeiwert

$$K_D = \frac{R_2 R_3 C_2}{R_1 + R_2} = \frac{700\ \Omega \cdot 0{,}2\ M\Omega \cdot 0{,}1\ \mu F}{3\ k\Omega + 700\ \Omega} = 3{,}784\ msec$$

Kennkreisfrequenz

$$\omega_0 = \sqrt{\frac{R_1 + R_2}{R_1 R_2 R_3 C_1 C_2}} = \sqrt{\frac{3\ k\Omega + 700\ \Omega}{3\ k\Omega \cdot 700\ \Omega \cdot 0{,}2\ M\Omega \cdot 0{,}1\ \mu F \cdot 0{,}1\ \mu F}} = 938{,}6\ sec^{-1}$$

Dämpfungsgrad

$$\vartheta = \frac{\omega_0 R_1 R_2 (C_1 + C_2)}{2(R_1 + R_2)} = \frac{938{,}6\ sec^{-1} \cdot 3\ k\Omega \cdot 700\ \Omega \cdot 2 \cdot 0{,}1\ \mu F}{2(3\ k\Omega + 700\ \Omega)} = 0{,}05327$$

Die Sprungfunktion hat noch die Korrespondenz $\epsilon(t) \circ\!\!-\!\!\bullet 1/s = X_e(s)$. Daher gilt für die Bildfunktion der Ausgangsgröße

$$X_a(s) = F(s) X_e(s) = \frac{K_D}{1 + 2\frac{\vartheta}{\omega_0} s + \frac{1}{\omega_0^2} s^2}$$

und somit bei der Eigenkreisfrequenz

$$\omega_d = \omega_0 \sqrt{1 - \vartheta^2} = 938{,}6\ sec^{-1} \sqrt{1 - 0{,}05327^2} = 937{,}3\ sec^{-1}$$

und der Abklingkonstante

$$\delta = \vartheta \omega_0 = 0{,}05327 \cdot 938{,}6\ sec^{-1} = 50\ sec^{-1}$$

nach [57] und [59] die Übergangsfunktion

$$h(t) = K_D \frac{\omega_0^2}{\omega_d} e^{-\delta t} \sin(\omega_d t)$$

$$= 3{,}784\ msec\ \frac{938{,}6^2\ sec^{-2}}{937{,}3\ sec^{-1}} e^{-50\ sec^{-1} t} \sin(937{,}3\ sec^{-1}\ t)$$

$$= 3{,}557\ e^{-50\ sec^{-1} t} \sin(937{,}3\ sec^{-1}\ t)$$

Für das Taschenrechnerprogramm 4.10 sind nur die Faktoren $\omega_1 = 937{,}3\ sec^{-1}$, $c_1 = 0$, $d_1 = 3{,}557$ und $f_3 = 50\ sec^{-1}$ zu beachten. Bei dem vorgegebenen Zeitbereich ist daher der Rechengang

Größe	Eingabe	Befehle	Anzeige	Größe
		E		
t_E	5 EE 3 +/−	A	5.000 −03	t_E
Δt	5 EE 4 +/−	R/S	5.000 −04	Δt
ω_1	937.3	C	9.373 02	ω_1
c_1	0	R/S	0.000 00	c_1
d_1	3.557	R/S	3.557 00	d_1
f_3	50	R/S	5.000 01	f_3
t_A	0	D	0.000 00	t_A

116   2.5 Übergangsverhalten linearer Netzwerke

Anschließend wird bei Anschluß des Druckers PC-100 C die Funktion schrittweise ausgedruckt oder manuell über **R/S**-Befehle abgerufen. Die zugehörige Übergangsfunktion ist in Bild 2.64 dargestellt.

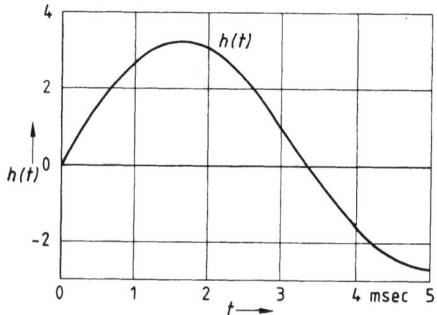

2.64 Übergangsfunktion h(t) für Beispiel 2.38

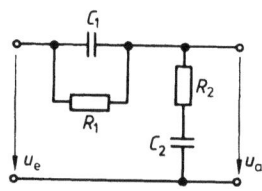

2.65 RC-Netzwerk

Beispiel 2.39. Die Schaltung in Bild 2.65 besteht aus den Wirkwiderständen $R_1 = 2$ kΩ, $R_2 = 1$ kΩ und den Kapazitäten $C_1 = 2$ μF und $C_2 = 1$ μF. Es soll die Übergangsfunktion für den Zeitbereich $0 \leqslant t \leqslant 10$ msec bestimmt werden.

Nach der Spannungsteilerregel gilt für die Übertragungsfunktion

$$F(s) = \frac{U_a(s)}{U_e(s)} = \frac{R_2 + \frac{1}{C_2 s}}{R_2 + \frac{1}{C_2 s} + \frac{1}{\frac{1}{R_1} + C_1 s}} = \frac{\left(R_2 + \frac{1}{C_2 s}\right)\left(\frac{1}{R_1} + C_1 s\right)}{1 + \left(R_2 + \frac{1}{C_2 s}\right)\left(\frac{1}{R_1} + C_1 s\right)}$$

$$= \frac{(1 + R_2 C_2 s)(1 + R_1 C_1 s)}{1 + (R_1 C_1 + R_2 C_2 + R_1 C_2)s + R_1 C_1 R_2 C_2 s^2} = \frac{(1 + T_1 s)(1 + T_2 s)}{1 + (T_1 + T_2 + T_{12})s + T_1 T_2 s^2}$$

$$= \frac{(1 + T_1 s)(1 + T_2 s)}{(1 + T_a s)(1 + T_b s)}$$

Man erhält die Zeitkonstanten

$T_1 = R_1 C_1 = 2$ k$\Omega \cdot 2$ μF $= 4$ msec

$T_2 = R_2 C_2 = 1$ k$\Omega \cdot 1$ μF $= 1$ msec

$T_{12} = R_1 C_2 = 2$ k$\Omega \cdot 1$ μF $= 2$ msec

und über einen Koeffizientenvergleich

$T_1 + T_2 + T_{12} = (4 + 1 + 2)$ msec $= 7$ msec $= T_a + T_b$

$T_1 T_2 = 4$ msec $\cdot 1$ msec $= 4$ msec$^2 = T_a T_b$

ferner $T_b = 4$ msec$^2/T_a$ $T_a + \dfrac{4 \text{ msec}^2}{T_a} = 7$ msec $T_a^2 - 7$ msec $T_a + 4$ msec$^2 = 0$

2.5.2 Zeitfunktion

$$T_a = \frac{7\text{ msec}}{2} + \sqrt{\left(\frac{7\text{ msec}}{2}\right)^2 - 4\text{ msec}^2} = 6{,}372\text{ msec}$$

$T_b = 4\text{ msec}^2/(6{,}372\text{ msec}) = 0{,}6277\text{ msec}$

Daher gilt für die Übergangsfunktion

$$h(t) \circ\!\!-\!\!\bullet \frac{1 + (T_1 + T_2)s + T_1 T_2 s^2}{s(1 + T_a s)(1 + T_b s)}$$

und anhand der Korrespondenztabellen in [57], [59] auch

$$h(t) = 1 - \frac{1}{T_a - T_b}(T_a e^{-t/T_a} - T_b e^{-t/T_b}) + \frac{T_1 + T_2}{T_a - T_b}(e^{-t/T_a} - e^{-t/T_b}) +$$

$$+ \frac{T_1 T_2}{T_a T_b (T_a - T_b)}(T_a e^{-t/T_b} - T_b e^{-t/T_a}) = 1 - \frac{T_{12}}{T_a - T_b}(e^{-t/T_a} - e^{-t/T_b})$$

Für das Programm 4.10 sind die Summanden bzw. Faktoren

$a_1 = 1$

$b_1 = -b_3 = -\dfrac{T_{12}}{T_a - T_b} = \dfrac{-2\text{ msec}}{6{,}372\text{ msec} - 0{,}6277\text{ msec}} = -0{,}3482$

$f_1 = 1/T_a = 1/(6{,}372\text{ msec}) = 156{,}9\text{ sec}^{-1}$

$T_1 = 0$

$f_4 = 1/T_b = 1/(0{,}6277\text{ msec}) = 1593\text{ sec}^{-1}$

einzusetzen. Mit den Eingaben und Befehlen **E 10 EE 3 +/− A 1 EE 3 +/− R/S 1 R/S .3482 +/− B 156,9 R/S 0 2nd A′ .3482 2nd B′ 1593 R/S 0 D** findet man analog zu Beispiel 3.38 den Kurvenverlauf in Bild 2.66.

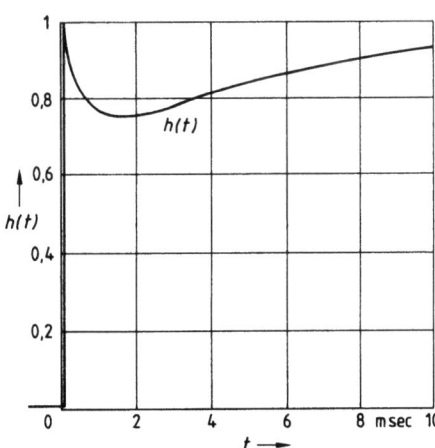

2.66
Übergangsfunktion h(t)
für Beispiel 2.39

Beispiel 2.40. Die Schaltung in Bild 2.67a besteht aus Wirkwiderstand R = 1 kΩ und Kapazität C = 2 µF und wird mit einer Dreieckimpuls-Eingangsspannung der Amplitude U_{e0} = 5 V während der Zeit T_i = 3 msec entsprechend Bild 2.67b erregt. Es soll der Verlauf der Ausgangsspannung $u_a(t)$ berechnet werden.

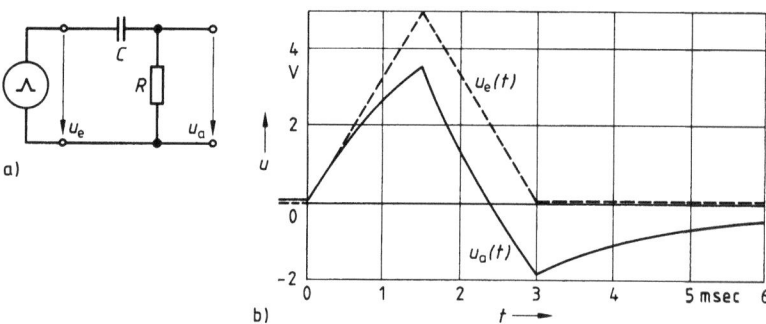

2.67 RC-Schaltung (a) mit Verlauf von Eingangsspannung $u_e(t)$ und Ausgangsspannung $u_a(t)$

Wir entwickeln zunächst mit der Spannungsteilerregel nach Abschn. 2.2.1 die Übertragungsfunktion

$$F(s) = \frac{U_a(s)}{U_e(s)} = \frac{R}{R + \frac{1}{Cs}} = \frac{RCs}{1 + RCs} = \frac{K_D s}{1 + Ts}$$

Differenzierbeiwert K_D bzw. Zeitkonstante

$$T = K_D = RC = 1\ k\Omega \cdot 2\ \mu F = 2\ msec$$

bestimmen daher das Verhalten der Schaltung. Die Dreieckimpuls-Erregung hat nach Bild 2.67b die Zeitfunktion

$$u_e(t) = \begin{cases} 0 \text{ für } t < 0 \\ 2\,U_{e0}t/T_i = 2 \cdot 5\ V\ t/(3\ msec) = 3{,}333\ msec^{-1}\ t \text{ für } 0 \leqslant t \leqslant T_i/2 = 1{,}5\ msec \\ 2\,U_{e0}\left(1 - \frac{t}{T_i}\right) = 10\ V\left(1 - \frac{t}{3\ msec}\right) \text{ für } \frac{T_i}{2} = 1{,}5\ msec \leqslant t \leqslant T_i = 3\ msec \\ 0 \text{ für } t > T_i = 3\ msec \end{cases}$$

Mit den Korrespondenzen aus [57], [59] erhält man hierfür die Bildfunktion

$$U_e(s) = \frac{2\,U_{e0}}{T_i} \cdot \frac{1}{s^2}(1 - e^{-sT_i/2})^2$$

und es gilt für die Bildfunktion der Ausgangsspannung

$$U_a(s) = \frac{2\,U_{e0}}{T_i} \cdot \frac{K_D}{s(1+Ts)}(1 - e^{-sT_i/2})^2 = \frac{2\,U_{e0}}{T_i} \cdot \frac{T}{s(1+Ts)}(1 - 2e^{-sT_i/2} + e^{-sT_i})$$

Zur Rücktransformation kann man den Verschiebungssatz [59] anwenden. Er liefert die Dreieckimpuls-Antwort der Ausgangsspannung

$$u_a(t) = \frac{2 U_{e0} T}{T_i} \left\{ [1 - e^{-t/T}] \epsilon(t) - 2 [1 - e^{-(t-T_i/2)/T}] \epsilon(t - \frac{T_i}{2}) \right.$$
$$\left. + [1 - e^{-(t-T_i)/T}] \epsilon(t - T_i) \right\}$$

Um das Programm 4.10 anwenden zu können, benötigt man daher die Summanden und Faktoren

$a_1 = 2\, U_{e0} T/T_i = 2 \cdot 5\text{ V} \cdot 2\text{ msec}/(3\text{ msec}) = 6{,}667\text{ V} = a_5$

$b_1 = -a_1 = -6{,}667\text{ V} = b_5$

$f_1 = 1/T = 1/(2\text{ msec}) = 500\text{ sec}^{-1} = f_4 = f_7$

$a_3 = -2\, a_1 = -2 \cdot 6{,}667\text{ V} = -13{,}33\text{ V}$

$b_3 = -a_3 = 13{,}33\text{ V}$

$T_1 = T_i/2 = 3\text{ msec}/2 = 1{,}5\text{ msec}$

$T_2 = T_i = 3\text{ msec} \qquad a_6 = 0$

Wir wählen die Zeiten $t_E = 16$ msec und $\Delta t = 0{,}5$ msec bei $t_A = 0$ und erhalten dann mit dem Programm 4.10 einen zu Beispiel 3.38 analogen Rechengang mit der Schrittfolge

E 6 EE 3 +/− A .5 EE 3 +/− R/S 6.667 R/S +/− B 500 R/S 1.5 EE 3 +/− 2nd A′ 13.33 +/−
R/S +/− 2nd B′ 500 R/S 3 EE 3 +/− 2nd D′ 6.667 R/S 0 R/S 6.667 +/− R/S 500 R/S 0 D

Der so gefundene Spannungsverlauf $u_a(t)$ ist ebenfalls in Bild 2.67b dargestellt.

2.5.3 Faltungsintegral

Wenn die I m p u l s a n t w o r t $g(t)$ eines linearen Systems, die auch G e w i c h t s f u n k t i o n genannt wird, bekannt ist, kann man die Antwort, also die Ausgangsfunktion $x_a(t)$ für eine beliebige Eingangsfunktion $x_e(t)$, also die Erregung, nach [46] über das Faltungsintegral

$$x_a(t) = \int_0^t x_e(\tau) g(t - \tau) d\tau \qquad (2.84)$$

bestimmen. Die erforderliche Integration kann mit der Trapezregel [46] numerisch ausreichend angenähert werden. Während für die Anzeige mit der Schrittweite $\Delta t'$ gearbeitet wird, unterteilt man sie für die Integration zweckmäßig noch m-fach auf in $\Delta t'' = \Delta t'/m$. Es gilt dann die numerische Näherungsgleichung

$$x_a(t) \approx \frac{\Delta t''}{2} \left[x_e(0) g(t) + 2 \sum_{i=1}^{i=m-1} x_e(i \Delta t'') g(t - i \Delta t'') + x_e(t) g(0) \right] \qquad (2.85)$$

120 2.5 Übergangsverhalten linearer Netzwerke

Die Impulsantwort g(t) ist für die meisten Systeme leicht aus ihrer Übertragungsfunktion F(s) anhand der Korrespondenztabellen der Laplace-Transformation [57], [59] zu ermitteln; die Erregung $x_e(t)$ muß in eine analytische Form gebracht werden, was ebenfalls häufig ohne Schwierigkeiten möglich ist.

Die Anwendung der numerischen Lösung des Faltungsintegrals zeigt das folgende Beispiel.

Beispiel 2.41. Die Schaltung in Bild 2.68a enthält Wirkwiderstand R und Kapazität C und werde bei der Zeit t und der Zeitkonstanten T = RC entsprechend Bild 2.68a an den sinusförmigen Eingangs-Spannungsimpuls

$$u_e(t) = 1 \text{ V} \sin (60° \text{ t/T}) \quad \text{für } 0 \leqslant t/T \leqslant 3$$

gelegt. Es soll der Verlauf der Ausgangsspannung $u_a(t)$ im Bereich $0 \leqslant t/T \leqslant 6$ bestimmt werden.

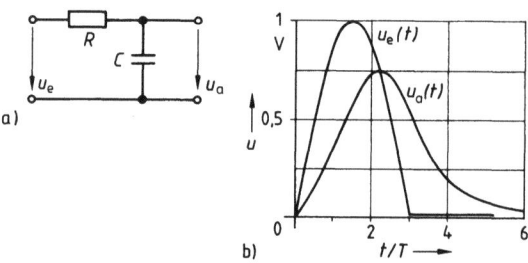

2.68
RC-Schaltung (a) mit Verlauf von Eingangsspannung $u_e(t)$ und Ausgangsspannung $u_a(t)$

Die Schaltung in Bild 2.68a hat die Übertragungsfunktion

$$F(s) = \frac{U_a(s)}{U_e(s)} = \frac{1/(Cs)}{R + (1/Cs)} = \frac{1}{1 + RCs} = \frac{1}{1 + Ts}$$

und daher nach [57], [59] die Impulsantwort

$$g(t) = e^{-t/T}$$

Für den Eingangsimpuls und die Impulsantwort müssen deshalb folgende Zusatzprogramme aufgestellt werden.

```
000  76  LBL   2nd Lbl      008  38  SIN   2nd sin      016  92  RTN   INV SBR
001  16  A'    2nd A'       009  29  CP    2nd Op       017  76  LBL   2nd Lbl
002  53  (                  010  77  GE    2nd x ⩾ t    018  17  B'    2nd B'
003  24  CE                 011  68  NOP                019  24  CE
004  65  ×                  012  32  X:T                020  94  +/-
005  06  6                  013  76  LBL   2nd Lbl      021  22  INV
006  00  0                  014  68  NOP   2nd Nop      022  23  LNX
007  54  )                  015  24  CE                 023  92  RTN   INV SBR
```

Mit dem Modulprogramm EE-15 und der gewählten Anzahl der Teilschritte $n_0 = 4$, der vorgegebenen Schrittweite $\Delta t/T = 0,5$ und dem Rechengang

Größe	Eingabe	Befehle	Anzeige	Größe
		EE 2nd Fix 3		
n_0	4	A	4.000 00	n_0
N	10	B	1.000 01	N
$\Delta t/T$	.5	C	5.000 −01	$\Delta t/T$
		2nd E' R/S	1.099 −01	$u_a(t_1)$
		R/S	3.484 −01	$u_a(t_2)$

usw.

erhält man den Spannungsverlauf $u_a(t)$ in Bild 2.68b.

2.6 Nichtlineare und nichtsinusförmige Vorgänge

Meist setzt man bei der Behandlung elektrischer Netzwerke voraus, daß ihre Bauelemente linear sind, also unabhängig von den übrigen Zustandsgrößen konstante Kennwerte, wie Wirkwiderstand R, Wirkleitwert G, Induktivität L, Kapazität C u. ä., aufweisen. Halbleiterbauelemente (z. B. Dioden, Transistoren oder Thyristoren), aber auch bestimmte Widerstände (z. B. Heiß- oder Kaltleiter – s. Band I und III/2) oder Eisendrosseln verhalten sich jedoch nichtlinear, und ihre Eigenschaften müssen durch nichtlineare Kennlinien beschrieben werden. Es ist wünschenswert, diese meist nur gemessenen Kennlinien durch mathematische Funktionen zu approximieren. Besonders geeignet ist hierfür die Regressionsanalyse (s. Abschn. 3.1.1).

Nichtlineare Bauelemente verursachen, wenn sie an Sinusspannungen angeschlossen oder von Sinusströmen durchflossen werden, nach Band I nichtlineare Verzerrungen. Ganz allgemein kann man nach Band I und [6] beliebige nichtsinusförmige, periodische Funktionen in F o u r i e r - R e i h e n zerlegen. Diese Analyse läßt sich in einfacher Weise numerisch mit Taschenrechnerprogrammen vornehmen.

Schließlich sollen hier noch kurz n i c h t l i n e a r e D i f f e r e n t i a l g l e i c h u n g e n , die nicht mehr einfach über die Laplace-Transformation zu lösen sind, aber z. B. Übergangsvorgänge bestimmen, betrachtet und einer numerischen Lösung zugeführt werden.

2.6.1 Approximation von Kennlinien

Ganz allgemein soll man gemessene Kennlinien nach Möglichkeit durch physikalisch begründbare Funktionen anzunähern versuchen. So weiß man beispielsweise, daß sich die Leistungsaufnahme eines konstanten Widerstands quadratisch mit der Spannung ändert. Der Leistungsbedarf eines Radiallüfters hängt dagegen kubisch

2.6 Nichtlineare und nichtsinusförmige Vorgänge

von der Drehzahl ab. Viele Vorgänge, z. B. Energiespeicherungen (Wärme, elektrische und magnetische Energie) oder den statistischen Gesetzen folgende Umwandlungsprozesse in Werkstoffen, sind durch e-Funktionen gekennzeichnet. So stellt auch die Diodenkennlinie eine e-Funktion dar, und Magnetisierungskurven lassen sich in eine Summe von e-Funktionen zerlegen (s. Abschn. 3.1.1.3).

Grundsätzlich kann man durch n Meßpunkte ein Polynom des Grades (n − 1) legen. Diese I n t e r p o l a t i o n kann man für technische Zwecke aber nur in Sonderfällen anwenden, da das gefundene Polynom meist nicht den physikalischen Hintergrund berücksichtigt, auch die Ungenauigkeiten der Messungen vernachlässigt und oft in einer wenig realistischen Schlangenlinie den Meßpunkten folgt − insbesondere an den beiden Enden des Meßbereichs. Für die Meßtechnik ist daher die in Abschn. 3.1.1 behandelte Regressionsanalyse sehr viel wichtiger als die mit dem Modulprogramm MU-14 einfach vorzunehmende Interpolation. Sie kann allerdings für allgemeine Betrachtungen Vorteile haben, da Polynome leicht zu berechnen sind (z. B. mit dem Modulprogramm ML-07 oder durch einen unmittelbaren Einbau des Modulprogramms MU-14 in eigene Programme).

Hier sollen zwei einfache Beispiele betrachtet werden.

Beispiel 2.42. Die Quellenkennlinie eines Solargenerators (s. Band III) folgt mit dem Kurzschlußstrom I_k sowie den weiteren Kennwerten I_0 und k abhängig von der Spannung U der Stromfunktion

$$I = I_k - I_0(e^{kU} - 1)$$

und wird in den Herstellerlisten meist durch die 3 Datenpaare von Tafel 2.69 beschrieben. Es sollen die Kenngrößen I_k, I_0 und k bestimmt werden.

T a f e l 2.69 Kennlinien von Solargenerator und Diode

I in mA	U in V	$I_D = I - I_k$ in mA
685	0	0
630	18,4	55
0	23,5	685

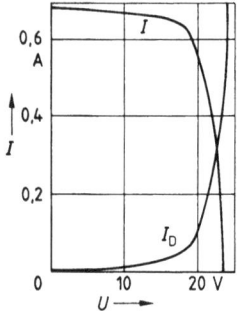

2.70 Quellenkennlinie I = f(U) eines Solargenerators. I_D Diodenkennlinie

Die Quellenkennlinie kann aus der Diodenkennlinie

$$I_D = I_0 e^{kU}$$

mit $I = -(I_D - I_k)$ abgeleitet werden.

Nach Logarithmieren dieser Gleichung erhält man die Gleichung einer Geraden

$$\ln I_D = \ln I_0 + kU$$

deren Kennwerte mit den Daten von Tafel 2.69 über die in den Rechnern TI 58 und TI 59

2.6.1 Approximation von Kennlinien

fest verdrahtete lineare Regression und mit einer Vorbereitung über das Modul-Programm ML-01 bestimmt werden können. Man erhält den Rechengang

Eingabe	Befehle	Anzeige	Größe
	EE 2nd Fix 3 2nd Pgm 01 SBR CLR		
23.5	x ⇄ t		
685 EE 3 +/−	lnx 2nd Σ+	1.000 00	
18.4	x ⇄ t		
55 EE 3 +/−	lnx 2nd Σ+	2.000 00	
	2nd Op 12	−1.200 01	
	INV lnx	6.146 −06	I_0
	x ⇄ t	4.945 −01	k

Daher gilt mit $I_k = 685$ mA, $I_0 = 6{,}146$ μA und $k = 0{,}4945$ V^{-1} für den betrachteten Solargenerator die Quellenkennlinie (s. Bild 2.70)

$$I = 685 \text{ mA} - 6{,}146 \text{ μA} \left(e^{0{,}4945 \text{ V}^{-1} U} - 1\right)$$

Beispiel 2.43. Es soll die mit den Meßwertpaaren in Tafel 2.71 festgelegte und in Bild 2.72 dargestellte Drehmoment-Schlupf-Kennlinie eines Drehstrom-Asynchronmotors durch ein Polynom approximiert werden.

Tafel 2.71 Relatives Drehmoment M_r eines Drehstrom-Asynchronmotors abhängig vom Schlupf s

Meßpunkte	1	2	3	4	5	6	7	8	9
s	0,001	0,07	0,3	0,6	1	1,25	1,5	1,75	2
M_r	0	1	2,1	2	1,8	1,7	1,63	1,63	1,6

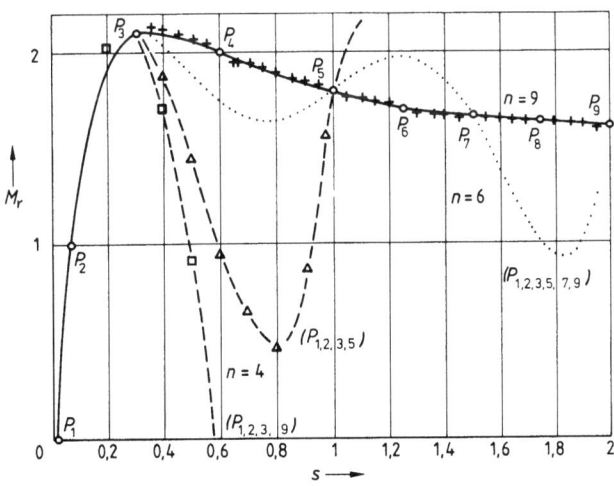

2.72
Drehmoment-Schlupf-Kennlinie $M_r = f(s)$ eines kleinen Drehstrom-Asynchronmotors mit Approximationspolynomen unterschiedlichen Grades $n - 1$.
P_i Meßpunkte

124   2.6 Nichtlineare und nichtsinusförmige Vorgänge

Es wird das Modulprogramm MU-14 entsprechend der in [47] angegebenen Benutzeranleitung eingesetzt und eine Approximation mit n = 4, 6 und 9 Meßwertpaaren P_i untersucht. Es wird also, wie aus Bild 2.72 unmittelbar hervorgeht, eine Auswahl aus den vorliegenden Meßpunkten getroffen. In Bild 2.72 sind die unter diesen Bedingungen für die Approximationspolynome berechneten Werte und Funktionen eingetragen. Als Kontrolle kann dienen, daß jedes Approximationspolynom in diesen Meßpunkten mit der vorgegebenen Kennlinie übereinstimmt. Der Rechengang ergibt sich unmittelbar aus [47].

Die relativ einfach verlaufende Kennlinie von Bild 2.72 kann daher nur durch ein Polynom 8. Grades ausreichend angenähert werden. Im Bereich s < 0,2 liefern alle Polynome gute Näherungen.

2.6.2 Fourier-Analyse und -Synthese

Eine periodische Zeitfunktion ist nach Band I und [6] bei der Periodendauer T und den ganzen Zahlen m durch die Bedingung

$$y(t) = y(t + mT) \tag{2.86}$$

gekennzeichnet. Sie kann bei der Grundkreisfrequenz ω und der Zeit t nach Band I und [6] in die F o u r i e r - R e i h e

$$\begin{aligned}y(t) &= \frac{a_0}{2} + \sum_{\nu=1}^{\infty} [a_\nu \cos(\nu\omega t) + b_\nu \sin(\nu\omega t)] \\ &= \overline{y} + \sum_{\nu=1}^{\infty} c_\nu \cos(\nu\omega t + \varphi_\nu)\end{aligned} \tag{2.87}$$

zerlegt werden. Wenn die Funktion y(t) an n Stützstellen mit den Stützwerten y_i bekannt ist, kann man nach [6] für die O r d n u n g s z a h l e n

$$\nu = 1, 2, \ldots, \left(\frac{n}{2} - 1\right) \tag{2.88}$$

die F o u r i e r k o e f f i z i e n t e n

$$a_\nu = \frac{2}{n} \sum_{i=1}^{n} y_i \cos \frac{2\pi i \nu}{n} \tag{2.89}$$

$$b_\nu = \frac{2}{n} \sum_{i=1}^{n} y_i \sin \frac{2\pi i \nu}{n} \tag{2.90}$$

und den l i n e a r e n M i t t e l w e r t

$$\overline{y} = \frac{a_0}{2} = \frac{1}{n} \sum_{i=1}^{n} y_i \tag{2.91}$$

bestimmen. A m p l i t u d e c_ν und P h a s e n w i n k e l φ_ν erhält man durch Umwandeln der mit a_ν und b_ν gegebenen Komponentenform einer komplexen

2.6.2 Fourier-Analyse und -Synthese

Größe in ihre Polarform — s. Band I und [6]. In der Elektrotechnik benötigt man nach Band I ferner den **E f f e k t i v w e r t**

$$y_{eff} = \sqrt{\frac{1}{n} \sum_{i=1}^{n} y_i^2} \tag{2.92}$$

den **E f f e k t i v w e r t   d e s   W e c h s e l a n t e i l s**

$$y_{eff\sim} = \sqrt{y_{eff}^2 - \bar{y}^2} \tag{2.93}$$

den **S c h w i n g u n g s g e h a l t**

$$s = y_{eff\sim}/y_{eff} \tag{2.94}$$

den **G l e i c h r i c h t w e r t**

$$\overline{|y|} = \frac{1}{n} \sum_{i=1}^{n} |y_i| \tag{2.95}$$

den **F o r m f a k t o r**

$$F = y_{eff\sim}/\overline{|y|} \tag{2.96}$$

die **W e l l i g k e i t**

$$w = y_{eff\sim}/\bar{y} \tag{2.97}$$

mit dem Scheitelwert $\hat{y}$ den **S c h e i t e l f a k t o r**

$$\xi = \hat{y}/y_{eff\sim} \tag{2.98}$$

den **K l i r r f a k t o r**

$$k = \frac{1}{\sqrt{2}\, y_{eff}} \sqrt{\sum_{\nu=2}^{\infty} c_\nu^2} \tag{2.99}$$

und den **G r u n d s c h w i n g u n g s g e h a l t**

$$g = \sqrt{1-k^2} \tag{2.100}$$

Die numerische Lösung mit Gl. (2.89) bis (2.92), (2.95) und (2.99) kann nur Näherungswerte liefern, die aber für $n \geqslant 24$ den tatsächlichen Werten meist ausreichend nahekommen.

Mit dem Programm 4.11 kann man alle Größen von Gl. (2.89) bis (2.100) berechnen. Die Größen von G. (2.91), (2.92) und (2.95) können über das Modul-Programm ML-10 mit der Simpson-Näherung genauer bestimmt werden. An Sprungstellen sind hier wie dort die arithmetischen Mittel der Sprungordinaten als Stützwert y_i zu nehmen.

Für den in einer konstanten Induktivität L bei der Ordnungszahl ν und der zugehörigen Kreisfrequenz $\omega_\nu = \nu\omega$ wirksamen **i n d u k t i v e n   B l i n d w i d e r-**

126   2.6 Nichtlineare und nichtsinusförmige Vorgänge

s t a n d gilt nach Band I in Erweiterung von Gl. (2.27)

$$X_{L\nu} = \omega_\nu L = \nu\omega L \tag{2.101}$$

Entsprechend ist der B l i n d l e i t w e r t einer Kapazität C nach Erweiterung von Gl. (2.30)

$$B_{C\nu} = \omega_\nu C = \nu\omega C \tag{2.102}$$

Beispiel 2.44. Die Ausgangsspannung u einer Zweiweggleichrichtung mit Anschnittsteuerung verläuft mit dem Anschnittwinkel α entsprechend Bild 2.73. Es sollen die Teilschwingungsamplituden $\hat{u}_\nu$, der lineare Mittelwert $\bar{u}$, der Effektivwert U, der Formfaktor F und die Welligkeit w abhängig vom Anschnittwinkel α bestimmt und dargestellt werden.

Wegen der Periodizität genügt es, die Fourier-Analyse für eine Halbperiode der ursprünglichen Sinusschwingung vorzunehmen. Es wird mit n = 18 Stützstellen (bei α = 160° auch mit n = 36), also der Winkelschrittweite 10° (bzw. 5°) gearbeitet. An der Sprungstelle setzt man den halben Funktionswert an. Um einfacher rechnen , nämlich die letzten Funktionswerte fortlassen zu können, darf man, ohne an den gesuchten Werten etwas zu ändern, auch den abgeschnittenen Teil der Sinusfunktion nach hinten verlegen.

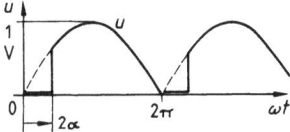

2.73 Spannungsverlauf u einer Zweiweggleichrichtung mit Anschnittsteuerung

α Anschnittwinkel

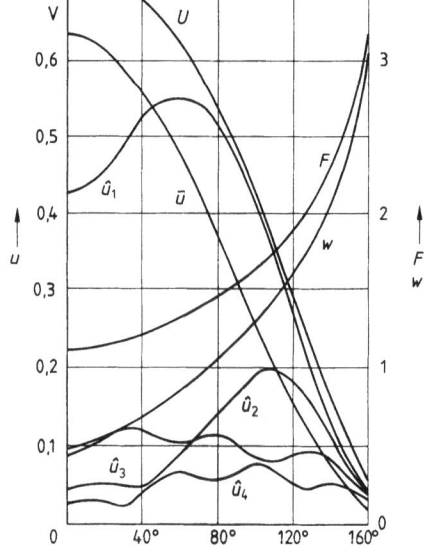

2.74
Teilspannungsamplituden $\hat{u}_1$ bis $\hat{u}_4$, Gleichspannungsanteil $\bar{u}$, Effektivwert U, Scheitelfaktor F und Welligkeit w einer Zweiweggleichrichtung mit Anschnittsteuerung abhängig vom Anschnittwinkel α

Eine Zweiweggleichrichtung hat nach Band I die Pulszahl m = 2; die Grundschwingung hat daher die doppelte Netzfrequenz f_1 = 2f. Die Ergebnisse findet man einfach mit dem Programm 4.11; auf eine Wiedergabe des umfangreichen Rechengangs (mit sehr vielen Eingaben) wird daher hier verzichtet. Die gefundenen Kennlinien sind in Bild 2.74 dargestellt.

2.6.2 Fourier-Analyse und -Synthese

Wie erwartet sinken Gleichspannungsanteil ū und Effektivwert U sowie steigen Formfaktor F und Welligkeit w mit dem Aussteuerungswinkel α. Die Teilschwingungsamplituden durchlaufen dagegen Maxima und Minima.

Beispiel 2.45. Wirkwiderstand R = 50 Ω und Induktivität L = 400 mH liegen bei dem Anschnittwinkel α = 80° an einer Spannung nach Bild 2.73 mit der Amplitude û = 100 V und der Netzfrequenz f = 50 Hz. Es soll der Verlauf des Stromes i = f(t) bestimmt werden.

Wir nehmen zunächst mit dem Programm 4.11 eine numerische Fourier-Analyse analog zu dem dort mitgeteilten Testbeispiel vor, wählen hierfür 36 Stützstellen, also den Winkelschritt 5°, und müssen, um die richtigen Phasenwinkel zu erhalten, mit den Spannungswerten u = 0 beginnen. So findet man die Ergebnisse von Tafel 2.75. (Das Programm 4.11 liefert insgesamt 11 Teilschwingungen. – Wenn man diese Analyse häufiger vornehmen will, lohnt es sich, für die Dateneingabe ein kleines Zusatzprogramm aufzustellen.)

T a f e l 2.75. Fourier-Reihen für Beispiel 2.45

f in Hz	100	200	300	400	500	600
$û_\nu$ in V	51,6	14,4	12,1	6,6	6,6	4,4
$\varphi_{U\nu}$ in °	232	66	207	13	172	− 32
i_ν in mA	201,4	28,5	16,01	6,6	5,2	2,9
$\varphi_{I\nu}$ in °	153,3	− 18,3	120,8	− 74,2	84,3	−120,1

Es fließt mit dem gleichzeitig bestimmten Gleichspannungsanteil ū = 37,33 V der Gleichstrom
ī = ū/R = 37,33 V/(50 Ω) = 746,6 mA.

Für die komplexen Scheitelwerte der Sinusströme gilt mit dem Blindwiderstand $X_{L1} = 2\pi f_1 L$
= 2π · 100 Hz · 400 mH = 251,3 Ω ganz allgemein

$$\hat{\underline{i}}_\nu = \hat{i}_\nu \underline{/\varphi_{I\nu}} = \frac{\hat{u}_\nu \underline{/\varphi_{U\nu}}}{R + j\nu X_{L1}}$$

Für die Teilschwingungen erhält man die in Tafel 2.75 zusammengestellten Werte. Mit dem Programm 4.10 kann man eine Fourier-Synthese für maximal 3 Teilschwingungen durchführen. Hierfür werden die jeweils größten Amplituden ausgewählt, also die ersten 3 Teilschwingungen und der Gleichstromanteil.

Mit dem Programm 4.10 können die abgebrochenen Fourier-Reihen von Spannung und Strom

$$f(t) = a_1 + c_1 \cos(\omega_1 t) + d_1 \sin(\omega_1 t) + c_2 \cos(\omega_2 t) + d_2 \sin(\omega_2 t) + c_3 \cos(\omega_3 t) +$$
$$+ d_3 \sin(\omega_3 t)$$

verarbeitet werden. Man muß also noch zerlegen sin (ωt + φ) = cos φ sin (ωt) + sin φ cos (ωt). Daher erhält man mit den Kreisfrequenzen $\omega_1 = 2\pi f_1 = 628,3 \text{ sec}^{-1}$, $\omega_2 = 1257 \text{ sec}^{-1}$ und $\omega_3 = 1885 \text{ sec}^{-1}$ für die Spannung die Koeffizienten $a_1 = \bar{u} = 37,33$ V, $c_1 = \hat{u}_1 \sin \varphi_{U1} = 51,6$ V sin 232° = − 40,66 V, $d_1 = \hat{u}_1 \cos \varphi_{U1} = 31,77$ V, $c_2 = \hat{u}_2 \sin \varphi_{U2} = 14,4$ V sin 66° = 13,16 V, $d_2 = \hat{u}_2 \cos \varphi_{U2} = 5,857$ V, $c_3 = \hat{u}_3 \sin \varphi_{U3} = 12,1$ V sin 207° = − 5,493 V und $d_3 = \hat{u}_3 \cos \varphi_{U3}$
= − 10,78 V sowie für den Strom entsprechend die Koeffizienten $a_1 = \bar{i} = 746,6$ mA, $c_1 = \hat{i}_1$

128   2.6 Nichtlineare und nichtsinusförmige Vorgänge

$\sin \varphi_{11} = 201{,}4$ mA $\cdot \sin 153{,}3° = 90{,}49$ mA, $d_1 = \hat{i} \cos \varphi_{11} = -179{,}9$ mA, $c_2 = \hat{i}_2 \sin \varphi_{12} =$ 28,5 mA $\sin(-18{,}5°) = -9{,}043$ mA, $d_2 = \hat{i}_2 \cos \varphi_{12} = 27{,}03$ mA, $c_3 = \hat{i}_3 \sin \varphi_{13} = 16{,}01$ mA $\cdot \sin 120{,}8° = 13{,}75$ mA, $d_3 = \hat{i}_3 \cos \varphi_{13} = -8{,}198$ mA.

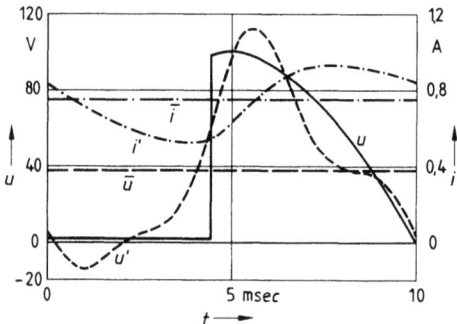

2.76
Spannungsverlauf u einer Zweiweggleichrichtung bei dem Anschnittwinkel $\alpha = 80°$ sowie Fourier-Synthese aus 3 Teilschwingungen für Spannung u' und Strom i'

Hiermit ergeben sich mit einem zu Beispiel 2.38 analogen Rechengang bei der noch vorzugebenden Schrittweite $\Delta t = 0{,}5$ msec die Spannungs- und Stromverläufe in Bild 2.76. Die Summe der Teilspannungen u' zeigt also schon eine brauchbare Näherung an die tatsächliche Kurvenform. Beim Strom i' wird die glättende Wirkung der Induktivität L deutlich.

2.6.3 Übergangsverhalten nichtlinearer Schaltungen

Die in Abschn. 2.5 angewendeten Verfahren dürfen nur für lineare, zeitunabhängige Systeme eingesetzt werden. Wenn nichtlineare Schaltungssysteme vorliegen, muß man auf die stets geltenden Differentialgleichungen zurückgreifen. Man kann sie, wie in [19], [22], [35] und [58] erläutert, numerisch mit Taschenrechnerprogrammen lösen. Geeignete Taschenrechnerprogramme sind angegeben für das

— verbessertes Polygonzugverfahren in [19] und [22],
— Differenzenschemaverfahren in [19],
— Runge-Kutta-Verfahren in [35], [47] und [58].

In [19] wird vorgeführt, mit welchen Fehlern man bei den beiden ersten Verfahren rechnen muß. Nach [58] kann man den Fehler des Runge-Kutta-Verfahrens leicht durch Variation der Schrittweite abschätzen; daher ist in [58] auch dargestellt, wie man die jeweils günstigste Schrittweite einstellen kann. Hier wird das Verfahren nach Runge-Kutta mit dem Programm 4.12 eingesetzt. Es enthält das Modulprogramm MU-18 als Unterprogramm.

Betrachtet werden sollen Eisendrosseln, deren nichtlineares Verhalten mit Induktion B und magnetischer Feldstärke H durch die Magnetisierungskennlinie $B = f(H)$ bestimmt wird (s. Band I). In Abschn. 3.1.1.3 wird gezeigt, daß eine solche Kennlinie gut durch die Funktion

$$B = a_1 + b_1 H + a_2 e^{b_2 H} + a_3 e^{b_3 H} \tag{2.103}$$

2.6.3 Übergangsverhalten nichtlinearer Schaltungen

beschrieben werden kann. Wenn eine Eisendrossel die wirksame Eisenlänge l_{Fe} bei der Windungszahl N aufweist, hat sie nach Band I bei dem Strom i die zeitabhängige magnetische Feldstärke

$$H_t = iN/\ell_{Fe} \tag{2.104}$$

Mit dem wirksamen Eisenquerschnitt A_{Fe} und der Permeabilität

$$\mu = dB/dH = b_1 + a_2 b_2 e^{b_2 H} + a_3 b_3 e^{b_3 H}$$
$$= b_1 + a_2 b_2 e^{ib_2 N/\ell_{Fe}} + a_3 b_3 e^{ib_3 N/\ell_{Fe}} \tag{2.105}$$

entsteht daher an der von Feldstärke H_t bzw. Strom i abhängigen Induktivität

$$L = \frac{N^2 A_{Fe}}{\ell_{Fe}} \mu = \frac{N^2 A_{Fe}}{\ell_{Fe}} \left[b_1 + a_2 b_2 e^{|i|b_2 N/\ell_{Fe}} + a_3 b_3 e^{|i|b_3 N/\ell_{Fe}} \right] \tag{2.106}$$

nach Band I die induktive Spannung[1])

$$u_L = d(Li)/dt \approx di/dt \tag{2.107}$$

Wenn man für die einfache Eisendrossel die Ersatzschaltung von Bild 2.77 einführt, gilt nach der Maschenregel (s. Abschn. 2.2.1) die Spannungsgleichung

$$u = iR + u_L = iR + L(di/dt) \tag{2.108}$$

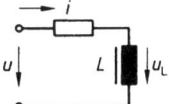

2.77 Ersatzschaltung der Eisendrossel

Zur Lösung dieser Differentialgleichung benötigt man den Differentialquotienten[1])

$$\frac{di}{dt} = \frac{u - iR}{L(i)} \tag{2.109}$$

Beispiel 2.46. Eine Eisendrossel hat einen Kern aus Elektroblech, das die Magnetisierungskurve (s. Beispiel 3.3)

$$B = a_1 + b_1 H + a_2 e^{b_2 H} + a_3 e^{b_3 H}$$

mit dem Koeffizienten $a_1 = 2,074$ T, $b_1 = 1,256 \cdot 10^{-4}$ T cm/A, $a_2 = -0,705$ T, $b_2 = -6,411 \cdot 10^{-3}$ cm/A, $a_3 = -1,369$ T, $b_3 = -0,1948$ cm/A aufweist. Sie hat außerdem den Kernquerschnitt $A_{Fe} = 17,7$ cm², die wirksame Eisenlänge $\ell_{Fe} = 31$ cm und bei N = 400 Windungen den Wicklungs-Wirkwiderstand R = 2,1 Ω. Sie soll an die Sinusspannung U = 220 V der Frequenz f = 50 Hz eingeschaltet werden. Es ist der Stromverlauf in der 1. Periode für Einschalten a) im Spannungsnulldurchgang und b) im Spannungsmaximum zu bestimmen.

Wir wenden das Programm 4.12 an und müssen daher ein Zusatzprogramm für den Differentialquotienten

$$\frac{di}{dt} = K \frac{\hat{u} \sin(\omega t + \psi) - iR}{b_1 + A_2 e^{B_2|i|} + A_3 e^{B_3|i|}}$$

---
[1]) Streng genommen müßte hier mit $u_L = \left[L(i) + \frac{dL(i)}{di} i \right] \frac{di}{dt}$ die Pfaffsche Differentialform eingeführt werden (s. Band II, Teil 1).

130 2.6 Nichtlineare und nichtsinusförmige Vorgänge

aufstellen. Hierbei sind der Scheitelwert der Spannung $\hat{u} = \sqrt{2} \cdot U = \sqrt{2} \cdot 220\,V = 311{,}1\,V$, die Kreisfrequenz $\omega = 2\pi f = 2\pi \cdot 50\,Hz = 314{,}2\,sec^{-1}$ und die Koeffizienten

$$K = \frac{\ell_{Fe}}{N^2 A_{Fe}} = \frac{31\,cm}{400^2 \cdot 17{,}7\,cm^2} = 1{,}095 \cdot 10^{-3}\,m^{-1}$$

$$b_1 = 1{,}256 \cdot 10^{-6}\,Vs/(Am)$$

$$A_2 = a_2 b_2 = 0{,}705\,T \cdot 6{,}411 \cdot 10^{-3}\,\frac{cm}{A} = 4{,}52 \cdot 10^{-5}\,\frac{Vs}{Am}$$

$$B_2 = \frac{b_2 N}{\ell_{Fe}} = \frac{-6{,}411 \cdot 10^{-3}(cm/A)400}{31\,cm} = -8{,}272 \cdot 10^{-2}\,A^{-1}$$

$$A_3 = a_3 b_3 = 1{,}369\,T \cdot 0{,}1948\,\frac{cm}{A} = 0{,}2667 \cdot 10^{-2}\,\frac{Vs}{Am}$$

$$B_3 = \frac{b_3 N}{\ell_{Fe}} = \frac{-0{,}1948\,(cm/A)\,400}{31\,cm} = -2{,}514\,A^{-1}$$

Für den Fall a) gilt der Rechengang des Testbeispiels für das Programm 4.12.

Für Fall b) ist zusätzlich einzutasten

Größe	Eingabe	Befehle	Anzeige	Größe
ψ		2nd π ÷	3.142 00	
	2	= STO 20	1.571 00	
t_A	0	A	0.000 00	
i_A	0	B E	1.000 −03	t_1
		R/S	3.373 −05	i_1

Die gefundenen Stromverläufe sind in Bild 2.78 wegen der sehr unterschiedlichen Scheitelwerte mit verschiedenen Maßstäben dargestellt. Ihr Vergleich zeigt den großen Rush-Effekt, der beim Einschalten eines leerlaufenden Transformators auftritt (s. Band II/I).

Ein weiteres Beispiel für das Lösen nichtlinearer Differentialgleichungen enthält Abschn. 3.2.2.

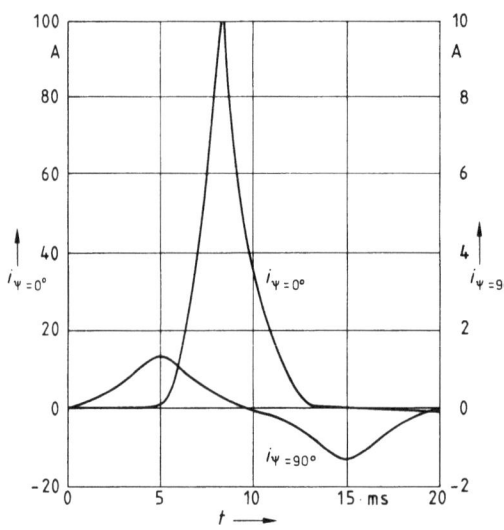

2.78
Stromverlauf $i = f(t)$ beim Einschalten einer Eisendrossel an Sinusspannung mit Schaltphasenwinkel $\psi = 0$ und $\psi = 90°$ (Beispiel 2.46)

3 Praktische Anwendungen

Während Abschn. 1 und 2 hauptsächlich Anwendungen programmierbarer Taschenrechner auf Beispiele aus den Grundlagen der Elektrotechnik behandeln, sollen in diesem Abschnitt einige Beispiele aus den Gebieten Meßtechnik, Energietechnik, Nachrichtentechnik und Regelungstechnik in exemplarischer Weise betrachtet werden. Sie können aus Umfangsgründen nicht das vollständige Spektrum der vielfältigen Anwendungsmöglichkeiten darstellen, sollen aber lehrreiche Anregungen und wichtige Hinweise vermitteln; sie beziehen sich insbesondere auf die weiterführenden Bände der Reihe „Leitfaden der Elektrotechnik" (Zusammenstellung s. Innenseiten des Einbandes).

Weitere Anwendungen programmierbarer Taschenrechner auf Aufgaben aus der Elektrotechnik findet man noch in [3], [19] und [22]. In [46] und [49] werden auch einige Programme zur Bemessung von Schaltungen, Verstärkern, Filtern u. ä. mitgeteilt. Sie sind meist einfach zu handhaben, so daß sie in diesem Buch nicht näher betrachtet zu werden brauchen.

3.1 Meßtechnik

Das elektrische Messen physikalischer Größen stützt sich auf außerordentlich viele Verfahren und Meßgeräte; es wird in Band IV grundlegend behandelt. Während größere Rechner mit entsprechendem Interface unmittelbar in eine Meßanlage eingebaut sein können (z. B. als Prozeßrechner) und Mikropozessoren u. a. auch Meßvorgänge steuern können, setzt man Taschenrechner im allgemeinen nur zur indirekten Auswertung von Meßergebnissen ein.

Meßwerte werden stets mit einer gewissen Unsicherheit bestimmt. Während früher nach Band IV für Kennlinien dann ein graphischer Fehlerausgleich vorgenommen wurde, kann man hierfür heute besser die R e g r e s s i o n s a n a l y s e anwenden. Sie wird daher hier ausführlich mit Rechnerprogrammen behandelt. Schließlich werden weitere Beispiele für die V e r s u c h s a u s w e r t u n g mit dem Taschenrechner vorgeführt.

Für die Qualitätskontrolle in der Massenfertigung sind statistische Verfahren wichtig. Da sie in [8], [34] und [48] eingehend behandelt werden und auch ein eigener Software-Modul Statistik für die Rechner TI 58/TI 59 zur Verfügung steht [48], kann in diesem Buch auf ihre Behandlung verzichtet werden. Für Hinweise zum Modul Statistik s. Abschn. 1.4.3.4.

132   3.1 Meßtechnik

3.1.1 Regressionsanalyse

Ziel der Regressionsanalyse ist es, eine mathematische Funktion y = f(x) zu finden, die die gemessenen Wertepaare x_i, y_i einer Kennlinie möglichst gut approximiert. Dies ist erreicht, wenn nach dem G a u ß schen Prinzip die Summe aller Quadrate der Abweichungen der Meßwertpaare von der Regressionsfunktion ein Minimum beträgt.

Die Rechner TI 58 und TI 59 haben fest verdrahtete statistische Funktionen für die lineare Regression. Über den Befehl **2nd Σ+** können die Meßwertpaare x_i, y_i eingegeben und statistisch summiert sowie über die Befehle

2nd Op 12 der Schnittpunkt der Regressionsgeraden mit der Ordinatenachse und weiter über

x ⇄ t ihre S t e i g u n g und

2nd Op 13 der K o r r e l a t i o n s k o e f f i z i e n t

aufgerufen werden.

Die gefundene Regressionsfunktion ersetzt einen g r a p h i s c h e n F e h l e r a u s g l e i c h, und sie kann vor allem eine einfache m a t h e m a t i s c h e W e i t e r v e r a r b e i t u n g der Meßergebnisse ermöglichen.

Leider kann man nicht alle gemessenen Kennlinien unmittelbar durch einfache Regressionsfunktionen ersetzen. Außer den in Abschn. 3.1.1.1 bis 3.1.1.3 angewandten Substitutionen kann man noch die Meßgrößen transformieren, also in einen mathematisch günstigeren Wertebereich verlegen. Dies ist beispielsweise nötig, wenn die für die Regression erforderliche Summation zum Überschreiten der vom Rechner verarbeitbaren Zahlen führt, aber z. B. auch, wenn die anzuwendende Funktion für einen Zahlenbereich nicht existiert – wie Logarithmen für negative Zahlen.

Um zu erfahren, mit welchen Funktionen eine Approximation Erfolg zu versprechen scheint, sollte man sich zunächst den Verlauf dieser Funktionen anschauen. Auch empfiehlt sich der Versuch einer Regression mit zuerst nur wenigen charakteristischen Meßpunkten und eine Iteration durch geeignete Änderungen der wählbaren Parameter.

Es soll nun gezeigt werden, wie man diese statistischen Funktionen nicht nur für eine Regressions g e r a d e , sondern auch für andere Regressionskennlinien anwenden kann.

3.1.1.1 Zwei Regressionskoeffizienten. Nach Band IV und [44] kann man für n Meßwertpaare x_i und y_i die R e g r e s s i o n s g e r a d e

$$Y = a_0 + a_1 X \tag{3.1}$$

angeben, deren Summe der Abstandsquadrate von den einzelnen Meßpunkten ein Minimum aufweist. Es gilt dann für die beiden Koeffizienten, nämlich die S t e i g u n g d e r G e r a d e n

$$a_1 = \frac{n \sum_{i=1}^{n} x_i y_i - \sum_{i=1}^{n} x_i \sum_{i=1}^{n} y_i}{n \sum_{i=1}^{n} x_i^2 - \left(\sum_{i=1}^{n} x_i\right)^2} \qquad (3.2)$$

und ihren S c h n i t t p u n k t mit der Y-Achse

$$a_0 = \frac{1}{n}\left\{\sum_{i=1}^{n} y_i - a_1 \sum_{i=1}^{n} x_i\right\} \qquad (3.3)$$

Der K o r r e l a t i o n s k o e f f i z i e n t

$$r = \frac{n \sum_{i=1}^{n} x_i y_i - \sum_{i=1}^{n} x_i \sum_{i=1}^{n} y_i}{\sqrt{\left\{n \sum_{i=1}^{n} x_i^2 - \left(\sum_{i=1}^{n} x_i\right)^2\right\}\left\{n \sum_{i=1}^{n} y_i^2 - \left(\sum_{i=1}^{n} y_i\right)^2\right\}}} \qquad (3.4)$$

liegt nahe bei $r = \pm 1$ (-1 für negative Steigungen a_1), wenn die Datenmenge weitgehend dem angenommenen Verlauf einer Geraden folgt.

Mit dem Modulprogramm ML-01 kann man die Taschenrechner TI 58 und TI 59 auf diese l i n e a r e R e g r e s s i o n vorbereiten und sie dann über die Tasten **2nd Σ +** und die Befehle **2nd Op 12** und **13** vornehmen.

Daneben kann man durch geeignete Substitionen einige weitere Funktionen nach Tafel 3.1 auf Gl. (3.1) zurückführen und auf sie die in den genannten Rechnern

T a f e l 3.1 Regressionsfunktionen mit 2 Regressionskoeffizienten

Programm-adresse	Funktion y =	Substitutionen Y =	X =	a_0 =	a_1 =	Bedingungen
A	$a_0 + a_1 x^b$	y	x^b	a_0	a_1	$b \neq 0$
B	$\dfrac{1}{a_0 + a_1 x^b}$	$\dfrac{1}{y}$	x^b	a_0	a_1	$b \neq 0$ $y > 0$
C	$a_0 + a_1 \ln x$	y	$\ln x$	a_0	a_1	$x > 0$
D	$\dfrac{1}{a_0 + a_1 \ln x}$	$\dfrac{1}{y}$	$\ln x$	a_0	a_1	$x > 0$ $y > 0$
A'	$a_0 x^{a_1} + b$	$\ln(y - b)$	$\ln x$	$\ln a_0$	a_1	$x > 0$ $y - b > 0$
B'	$a_0 a_1^{bx}$	$\ln y$	bx	$\ln a_0$	$\ln a_1$	$y > 0$ $b \neq 0$
C'	$a_0 e^{a_1 x^b}$	$\ln y$	x^b	$\ln a_0$	a_1	$y > 0$ $b \neq 0$

3.1 Meßtechnik

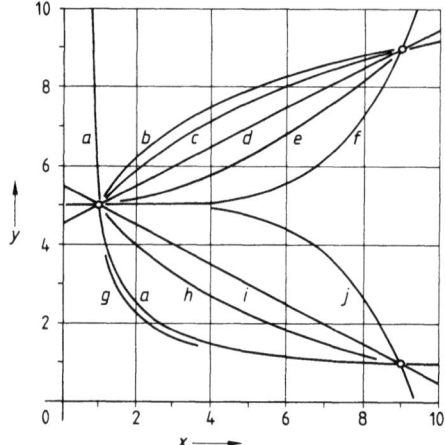

3.2
Beispiele für Regressionsfunktionen mit 2 Regressionskoeffizienten
a) $y = (-1{,}25 + 1{,}45 \sqrt[5]{x})^{-1}$
b) $y = 5 + 1{,}82 \ln x$
c) $y = 1{,}3 + 3{,}7 \sqrt[3]{x}$
d) $y = 4{,}5 + 0{,}5 x$
e) $y = 4{,}95 + 0{,}05 x^2$
f) $y = 5 + 6{,}7 \cdot 10^{-5} x^5$
g) $y = (0{,}2 + 0{,}36 \ln x)^{-1}$
h) $y = 6{,}1 \, e^{-0{,}2 x} = 6{,}1 \cdot 1{,}03^{-0{,}4 x}$
i) $y = 5{,}5 - 0{,}5 x$
j) $y = 5 - 6{,}7 \cdot 10^{-5} x^5$

fest verdrahtete Regression anwenden, wenn man die angegebenen Bedingungen beachtet. Bild 3.2 zeigt Beispiele für mögliche Verläufe dieser Funktionen, für die drei Bezugspunkte gewählt wurden. Diese Funktionen eignen sich besonders zur Approximation in bestimmten, durch die vorliegenden Datenpaare festgelegten Bereichen. Zum Extrapolieren sollte man sie nur in engen Grenzen einsetzen. Sie lassen sich mit dem Programm 4.13 über die in Tafel 3.1 angegebenen Programmadressen verwirklichen.

Beispiel 3.1. Die in Tafel 3.3 aufgeführten Meßwertpaare von Drehmoment M_i und Ständerstrom I_{1i} gehören zu der Kennlinie von Bild 3.4 und sind für einen kleinen Drehstrom-Asynchronmotor gemessen worden. Es soll eine Regressionskennlinie bestimmt werden.

T a f e l 3.3 Kennlinie $I_1 = f(M)$

M in Nm	0	2	4	6	8	10	12
I_{1M} in A	1,77	1,83	1,96	2,22	2,49	2,8	3,15
I_{1R} in A	1,731	1,829	2,007	2,237	2,51	2,819	3,162
$\dfrac{I_{1M} - I_{1R}}{I_{1R}}$ in %	2,2	0,05	−2,4	−0,8	−0,8	−0,7	−0,4

M in Nm	14	16	18	20	22	24
I_{1M} in A	3,58	3,96	4,4	4,85	5,24	5,72
I_{1R} in A	3,534	3,933	4,359	4,809	5,281	5,776
$\dfrac{I_{1M} - I_{1R}}{I_{1R}}$ in %	1	0,7	0,9	0,8	−0,8	−1

3.1.1 Regressionsanalyse   135

Da nach Bild 3.2 eine gute Korrelation mit der Kennlinie

$$I_1 = a_0 + a_1 M^b$$

für $b \leq 2$ zu erwarten ist, wird die Regressionsanalyse mit dem Programm 4.13 und dem Programmsegment A versucht. Man beginnt z. B. die Regression mit dem Exponenten $b = 2$, geht zu $b = 1{,}6$ über und kontrolliert das Ergebnis nochmals durch die benachbarten Werte $b = 1{,}4$ bzw. 1,5 (s. Tafel 3.5).

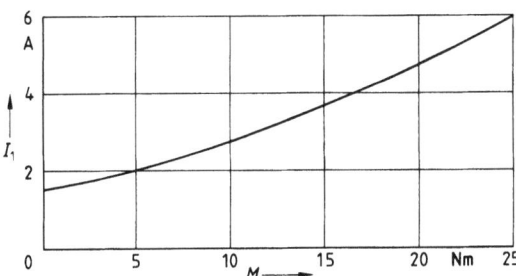

3.4 Stromaufnahme I_1 eines Drehstrom-Asynchronmotors abhängig vom Drehmoment M

Tafel 3.5
Kennwerte der Regressionskennlinien

b	r	a_0	a_1
2	0,9928	2,019	0,006741
1,6	0,9993	1,799	0,02481
1,5	0,9997	1,731	0,0344
1,4	0,9994	1,657	0,04772

Der beste Korrelationsfaktor r ergibt sich bei dem Exponenten $b = 1{,}5$. Dann lautet die gesuchte Funktion

$$I_{1R} = 1{,}731 \text{ A} + 0{,}0344 \text{ A} \left(\frac{M}{Nm}\right)^{1,5}$$

für die die berechenbaren Werte und ihre relativen Abweichungen von den gemessenen Werten I_{1M} noch in Tafel 3.3 eingetragen sind. Da der Meßfehler bei den kleineren Meßwerten ebenfalls größer ist, kann man sich mit diesem Ergebnis zufrieden geben. Nach Tafel 3.5 muß man aber Korrelationsfaktoren r sehr nahe bei 1 erreichen, wenn man eine gute Approximation erzielen will.

3.1.1.2 Drei und vier Regressionskoeffizienten. Nach [6] kann man für n Meßwertpaare x_i und y_i u. a. das R e g r e s s i o n s p o l y n o m 2. Ordnung

$$Y = A_0 + A_1 X + A_2 X^2 \tag{3.5}$$

angeben, dessen Summe der Abstandsquadrate von den einzelnen Meßpunkten ein Minimum aufweist. Zur Bestimmung der 3 Regressionskoeffizienten A_0, A_1 und A_2 muß man die Matrizengleichung

$$\begin{bmatrix} n & \sum x_i & \sum x_i^2 \\ \sum x_i & \sum x_i^2 & \sum x_i^3 \\ \sum x_i^2 & \sum x_i^3 & \sum x_i^4 \end{bmatrix} \cdot \begin{bmatrix} A_0 \\ A_1 \\ A_2 \end{bmatrix} = \begin{bmatrix} \sum y_i \\ \sum x_i y_i \\ \sum x_i^2 y_i \end{bmatrix} \tag{3.6}$$

lösen. Durch Substitution kann man u. a. außerdem die Regressionsfunktionen von

3.1 Meßtechnik

Tafel 3.6 bestimmen. Beispiele für diese Funktionen, die durch die gleichen Diagrammpunkte verlaufen, zeigt Bild 3.7. Der Graph g stellt die Gaußsche Glockenkurve dar. Die Regressionsfunktionen können nicht beliebige Kennlinien approximieren. Man muß vielmehr die geeignete jeweils neu suchen. (Die Punkte in Bild 3.7 sind beispielsweise für eine exponentielle Regression nach C nicht geeignet.)

Tafel 3.6 Regressionsfunktionen mit 3 Regressionskoeffizienten

Programm-adresse	Regressionsfunktion y =	Substitutionen					Bedingungen
		Y =	X =	A_0 =	A_1 =	A_2 =	
A	$a_0 + a_1 x^b + a_2 x^{2b}$	y	x^b	a_0	a_1	a_2	$b \geq 1$
B	$\dfrac{1}{a_0 + a_1 x^b + a_2 x^{2b}}$	$\dfrac{1}{y}$	x^b	a_0	a_1	a_2	$b \geq 1$ $y \neq 0$
C	$a_0 a_1^{x^b} a_2^{x^{2b}}$	ln y	x^b	ln a_0	ln a_1	ln a_2	$b \geq 1$ $y > 0$
D	$a_0 e^{a_1 (x - a_2)^2}$	ln y	x	ln a_0 + $a_1 a_2^2$	$-2 a_1 a_2$	a_1	$y > 0$

Die in Tafel 3.6 zusammengestellten Regressionsfunktionen können mit dem Programm 4.14 bestimmt werden.

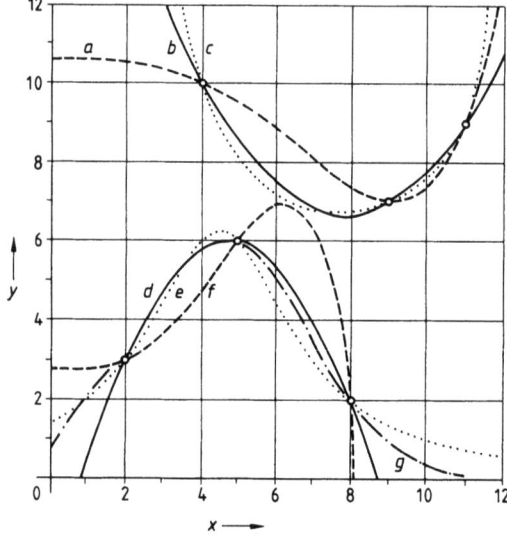

3.7
Beispiele für Regressionsfunktionen mit 3 Regressionskoeffizienten
a) $y = 10{,}6 - 9{,}4 \cdot 10^{-3} x^3 + 6{,}2 \cdot 10^{-6} x^6$
b) $y = 20{,}6 - 3{,}6 x + 0{,}23 x^2$
c) $y = (-0{,}06 + 0{,}054 x - 0{,}0035 x^2)^{-1}$
d) $y = -2{,}9 + 3{,}7 x - 0{,}39 x^2$
e) $y = (0{,}72 - 0{,}25 x + 0{,}028 x^2)^{-1}$
f) $y = 2{,}7 + 0{,}035 x^3 - 7{,}1 \cdot 10^{-5} x^6$
g) $y = 6 e^{-0{,}1 (x - 4{,}7)^2}$

Ferner kann man nach [6] für n Meßwertpaare x_i und y_i das Regressionspolynom 3. Ordnung

$$Y = A_0 + A_1 X + A_2 X^2 + A_3 X^3 \qquad (3.7)$$

angeben, dessen Summe der Abstandsquadrate von den einzelnen Meßpunkten wieder ein Minimum aufweist. Zur Bestimmung der 4 Regressionskoeffizienten A_0, A_1, A_2 und A_3 muß man die Matrizengleichung

$$\begin{bmatrix} n & \Sigma x_i & \Sigma x_i^2 & \Sigma x_i^3 \\ \Sigma x_i & \Sigma x_i^2 & \Sigma x_i^3 & \Sigma x_i^4 \\ \Sigma x_i^2 & \Sigma x_i^3 & \Sigma x_i^4 & \Sigma x_i^5 \\ \Sigma x_i^3 & \Sigma x_i^4 & \Sigma x_i^5 & \Sigma x_i^6 \end{bmatrix} \cdot \begin{bmatrix} A_0 \\ A_1 \\ A_2 \\ A_3 \end{bmatrix} = \begin{bmatrix} \Sigma y_i \\ \Sigma x_i y_i \\ \Sigma x_i^2 y_i \\ \Sigma x_i^3 y_i \end{bmatrix} \qquad (3.8)$$

lösen. Durch geeignete Substitutionen kann man auch andere Regressionsfunktionen bestimmen; die in dem Programm 4.15 verwirklichten sind in Tafel 3.8 zusammengestellt. Für praktische Zwecke sind insbesondere gebrochene Exponenten

Tafel 3.8 Regressionsfunktionen mit 4 Regressionskoeffizienten

Programmadresse	Regressionsfunktion y =	Substitution	
		Y =	X =
A	$a_0 + a_1 x^b + a_2 x^{2b} + a_3 x^{3b}$	y	x^b
B	$\dfrac{1}{a_0 + a_1 x^b + a_2 x^{2b} + a_3 x^{3b}}$	$\dfrac{1}{y}$	x^b

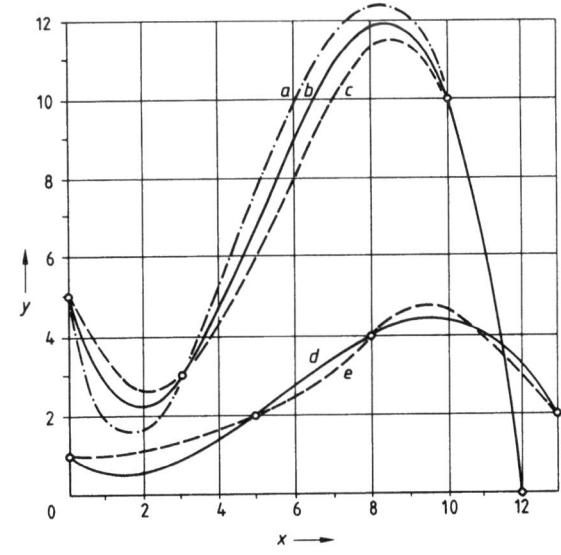

3.9
Beispiele für Regressionsfunktionen mit 4 Regressionskoeffizienten
a) $y = 5 - 4{,}912\, x^{0,9} + 1{,}987\, x^{1,8} - 0{,}1623\, x^{2,7}$
b) $y = 5 - 3{,}25\, x + 1{,}069\, x^2 - 0{,}06944\, x^3$
c) $y = 5 - 2{,}239\, x^{1,1} + 0{,}5921\, x^{2,2} - 0{,}0304\, x^{3,3}$
d) $y = 1 - 0{,}6814\, x + 0{,}25\, x^2 - 0{,}01474\, x^3$
e) $y = (1 - 0{,}06554\, x - 0{,}0125\, x^2 + 1{,}122 \cdot 10^{-3}\, x^3)^{-1}$

138   3.1 Meßtechnik

b wichtig. Man beachte, daß für y = 0 die Verarbeitung unter **B** mit 1/y zum Blinken führt — ebenso für x = 0 bei dem Exponenten b = − 1.

Beispiele für Funktionen nach Tafel 3.8 zeigt Bild 3.9 — insbesondere auch den Einfluß des Exponenten b. Die Regressionsfunktionen können nicht beliebige Kennlinien approximieren; man muß vielmehr die geeignete jeweils neu suchen. Dies geschieht am einfachsten analog zu Bild 3.9 mit nur 4 charakteristischen Punkten. Anschließend kann man dann durch Variation des Exponenten unter Berücksichtigung aller Meßdaten die beste Regressionsfunktion ermitteln.

Beispiel 3.2. An dem Motor von Beispiel 3.1 mißt man die Wertepaare Drehzahl n_i und Leistungsaufnahme P_{1i} von Tafel 3.10. Es soll eine gute Regressionskennlinie gefunden werden.

Tafel 3.10   Kennlinie $P_1 = f(n)$

n in min^{-1}	0	100	200	300	400	500	600	700	800	900	1000
P_1 in W	8844	8906	8750	8594	8438	8281	8225	8063	7875	7563	7188

n in min^{-1}	1100	1200	1300	1400	1430	1460	1470	1480	1490	1500
P_1 in W	6688	6063	4750	2940	2268	1540	1220	1030	730	130

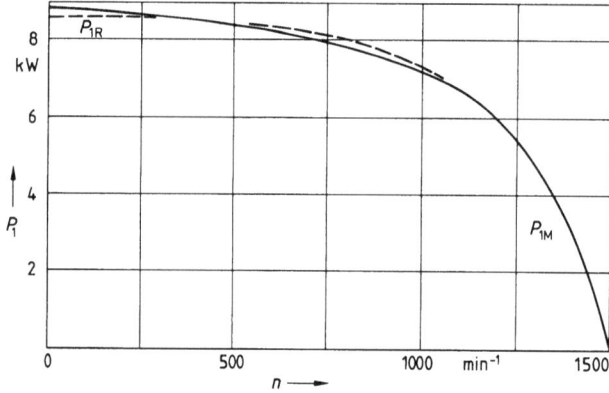

3.11
Leistungsaufnahme P_1 eines Drehstrom-Asynchronmotors abhängig von der Drehzahl n

Nach Bild 3.7 könnte der in Bild 3.11 dargestellten Kennlinie am ehesten eine Funktion

$$P_1 = a_0 + a_1 n^b + a_2 n^{2b}$$

im Exponentenbereich $1 \leqslant b < 5$ nahekommen. Dies kann mit dem Programm 4.14 und dem Programmsegment A untersucht werden, wobei die Benutzeranleitung von Abschn. 4.14 zu beachten ist. Wegen der umfangreichen Eingaben wird hier auf die Wiedergabe des Rechengangs verzichtet.

3.1.1 Regressionsanalyse   139

Tafel 3.12 Regressionskoeffizienten für Beispiel 3.2

b	a_0 in W	a_1 in Wmin^b	a_2 in Wmin^{2b}
1	8041	5,221	$-6,553 \cdot 10^{-3}$
2,5	8572	$-8,896 \cdot 10^{-6}$	$-9,585 \cdot 10^{-13}$
3	8572	$-7,374 \cdot 10^{-7}$	$-4,946 \cdot 10^{-16}$
3,5	8555	$-3,043 \cdot 10^{-8}$	$-2,437 \cdot 10^{-19}$
4	7690	$-2,785 \cdot 10^{-10}$	$-2,389 \cdot 10^{-22}$

Mit dem Programm 4.14 findet man die Regressionskoeffizienten von Tafel 3.12 und für b = 3 die beste Regression. Die Regressionskennlinie ist ebenfalls in Bild 3.11 dargestellt; sie weicht nur im unteren Drehzahlbereich sichtbar von der gemessenen Kennlinie ab. Wenn man die Regressionskennlinie allerdings für weitere Berechnungen benutzen will, ist es erforderlich, für die unteren und oberen Drehzahlbereiche eigene Approximationspolynome oder solche höherer Ordnung zu wählen.

3.1.1.3 Rekursive Regressionsanalyse. Bild 3.13 zeigt, wie man aus einer Geraden $y_1 = a_1 + b_1 x$ und zwei e-Funktionen $y_2 = a_2 e^{b_2 x}$ und $y_3 = a_3 e^{b_3 x}$, wenn gleichzeitig $a_1 + a_2 + a_3 = 0$ und $b_3 < b_2 < 0$ sind, die Funktion

$$y = y_1 + y_2 + y_3 = a_1 + b_1 x + a_2 e^{b_2 x} + a_3 e^{b_3 x} \qquad (3.9)$$

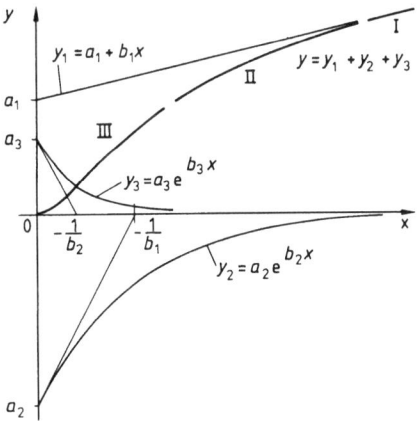

3.13
Kennlinie y, die die Summe von drei Funktionen darstellt.
I, II, III Bereiche für die Regressionsanalyse

zusammensetzen kann. Diese einfache mathematische Funktion mit dem Summanden a_1 und den Faktoren a_2, a_3, b_1, b_2 und b_3 kommt vielen vom Werkstoff Eisen abhängigen Magnetisierungskennlinien B = f(H) sehr nahe, wobei b_1 mit der magnetischen Induktion B für sehr große magnetische Feldstärken H die Induktionskonstante $\mu_0 = 0,4\pi \cdot 10^{-6}$ H/m = B/H sein muß. Für $b_1 = 0$ ergibt sich ferner beispielsweise der Einschaltstrom eines Netzwerks, in dem außer Wirkwiderständen noch zwei Energiespeicher Induktivität L wirksam sind.

140 3.1 Meßtechnik

An der Funktion von Gl. (3.9) ist vorteilhaft, daß im Bereich der großen Funktionswerte der Anteil y_2 und im Bereich der großen und mittelgroßen Werte außerdem der Anteil y_3 vernachlässigbar klein ist.

Wenn die Magnetisierungskurve $B = f(H)$ wie allgemein üblich aus einer Messung gewonnen ist, kann man sie durch eine rekursive Regressionsanalyse in die mathematische Form von Gl. (3.9) überführen, indem man zunächst für den Bereich der großen Feldstärken H (allgemein also große Werte x) eine lineare Regression vornimmt und hierdurch die Größen a_1 und b_1 bestimmt. Anschließend werden die Funktionswerte $y_1 = a_1 + b_1 x$ von den gemessenen Werten y im übrigen Bereich abgezogen.

Die e-Funktion $y_2 = a_2 e^{b_2 x}$ kann man durch Logarithmieren in die Form $\ln y_2 = \ln a_2 + b_2 x$ transformieren, auf diese Weise linearisieren und so, wie schon in Abschn. 3.1.1.1 gezeigt, für eine lineare Regressionsanalyse aufbereiten. Im mittleren Wertebereich darf man daher nach Abziehen der Funktion y_1 auf die Restfunktion das gleiche Regressionsverfahren anwenden und somit hier die Faktoren a_2 und b_2 bestimmen. Schließlich wird außerdem noch im unteren Wertebereich die Funktion y_2 von der Restfunktion abgezogen, und mit den verbleibenden Wertepaaren werden nach der gleichen Regressionsanalyse die Faktoren a_3 und b_3 ermittelt. Dieses Vorgehen ist in dem Programm 4.16 verwirklicht; es kann leicht auf weitere e-Funktionsteile erweitert werden.

Beispiel 3.3. Die Magnetisierungskurve $B = f(H)$ von Bild 3.14 für Elektroblech soll durch eine mathematische Funktion beschrieben werden. (Eine solche Kennlinie stellt man, um mit ihr praktisch arbeiten zu können, meist mit 3 verschiedenen Maßstäben für die magnetische Feldstärke H dar.)

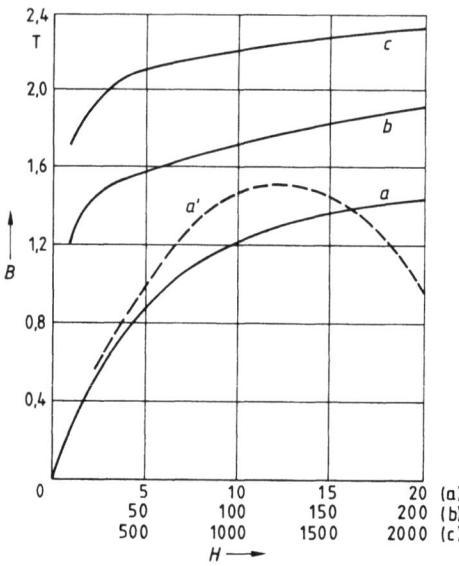

3.14
Magnetisierungskurve $B = f(H)$ für Elektroblech mit Regressionsfunktion a'
a, b, c Feldstärkebereiche

3.1.1 Regressionsanalyse   141

Tafel 3.15 Vier Punkte der Magnetisierungskurve B = f(H) für Beispiel 3.3

H in A/cm	0	2	16	200
B in T	0	0,46	1,38	1,9

a): Wir wenden das Programm 4.15 an und suchen zunächst für die 4 Punkte von Tafel 3.15 Regressionsfunktionen mit verschiedenen Exponenten b. Der 1. Rechengang läuft in folgender Weise ab:

Größe	Eingabe	Befehle	Anzeige	Größe
		D	0.000 00	
b	1	A	1.000 00	b
H_1	0	R/S	0.000 00	
B_1	0	R/S	1.000 00	
H_2	2	R/S	1.000 00	
B_2	.46	R/S	2.000 00	
H_3	16	R/S	3.000 00	
B_3	1.38	R/S	3.000 00	
H_4	200	R/S	1.700 01	
B_4	1.9	R/S	4.000 00	
		E	−2.219−07	a_0
		R/S	2.521−01	a_1
		R/S	−1.116−02	a_2
		R/S	4.975−05	a_3
H_1	0	2nd A'	0.000 00	H_1
ΔH	2	R/S	2.000 00	ΔH
		R/S	0.000 00	B_1
		R/S	2.000 00	H_2
		R/S	4.600−01	B_2
H_3	16	2nd A'	1.600 01	H_3
ΔH	184	R/S	1.840 02	ΔH
		R/S	1.600 01	H_3
		R/S	1.380 00	B_3
		R/S	2.000 02	H_4
		R/S	1.900 00	B_4

Man findet für die in Tafel 3.16 aufgeführten Exponenten b die dort angegebenen Regressionskoeffizienten. Sie stimmen zwar für die 4 in Tafel 3.15 ausgewählten Punkte mit der tatsächlichen Magnetisierungskurve überein; eine vollständige Regressionsanalyse mit allen Punkten zeigt jedoch, daß mit diesen Exponenten keine ausreichende Korrelation zu erreichen ist. In Bild 3.14 ist auch noch mit a' eine Regressionsfunktion für b = 1 und den unteren Kennlinienteil eingetragen; sie ist unbrauchbar.

Tafel 3.16 Regressionskoeffizienten für Exponent b und Kennwerte aus Tafel 3.15

b	a_0	a_1	a_2	a_3
1	$-2{,}219 \cdot 10^{-7}$	0,2521	$-0{,}01116$	$4{,}975 \cdot 10^{-5}$
2/3	$-2{,}957 \cdot 10^{-9}$	0,3168	$-0{,}0175$	$2{,}883 \cdot 10^{-4}$
0,5	$-6{,}252 \cdot 10^{-10}$	0,3019	$-0{,}01971$	$-2{,}231 \cdot 10^{-3}$

Dagegen kann man, indem man nur für den Teil a der Magnetisierungskurve von Bild 3.14 eine Regressionsanalyse durchführt, mit dem angegebenen Rechengang das Regressionspolynom

$$B = 0{,}01152\,\text{T} + 0{,}2496\,\frac{\text{cm T}}{\text{A}}\,H - 0{,}01743\,\frac{\text{cm}^2\text{T}}{\text{A}^2}\,H^2 + 0{,}4514 \cdot 10^{-3}\,\frac{\text{cm}^3\text{T}}{\text{A}^3}\,H^3$$

finden, die diesen Kennlinienteil so weit approximiert, daß der Unterschied in einem Diagramm nicht mehr sichtbar ist.

b): Wir wählen für eine rekursive Regressionsanalyse mit dem Programm 4.16 die Wertepaare von Tafel 3.17 aus. Der Rechengang ergibt sich unmittelbar aus der Benutzeranleitung zum Programm 4.16. Die in Tafel 3.17 mitgeteilten Korrelationskoeffizienten sind sehr gut. Man erhält dann mit dem Programm 4.16 die Regressionsfunktion

$$B = 2{,}074\,\text{T} + 1{,}256 \cdot 10^{-4}\,\frac{\text{T cm}}{\text{A}}\,H - 0{,}705\,\text{T}\,e^{-6{,}411 \cdot 10^{-3}(\text{cm/A})H} - 1{,}369\,\text{T}\,e^{-0{,}1948(\text{cm/A})H}$$

Nach der 3. Zeile von Tafel 3.17 weicht sie nur wenig von den vorgegebenen Daten ab. (Der größte Wert B_{max} ist errechnet, um den Koeffizienten $b_1 = \mu_0$ zu erhalten.)

Tafel 3.17 Magnetisierungskurve B = f(H) für Beispiel 3.3b

H in A/cm	2000	1800	200	180	140	100	80	60
B_M in T	2,3256	2,3	1,9	1,88	1,8	1,72	1,66	1,6
B_R in T	2,325	2,3	1,903	1,874	1,804	1,715	1,662	1,602
Bereich	oberer		mittlerer					
Korrelations-koeffizient	$r_1 = 1$		$r_2 = -0{,}9989$					

H in A/cm	16	14	12	10	8	6	4	2
B_M in T	1,38	1,34	1,3	1,2	1,1	0,98	0,77	0,46
B_R in T	1,379	1,342	1,29	1,219	1,117	0,9708	0,7592	0,4509
Bereich	unterer							
Korrelations-koeffizient	$r_3 = -0{,}9985$							

3.1.2 Versuchsauswertung

Für die in Versuchen gemessenen und somit mit Fehlern behafteten Kennlinien liegt es oft nahe, den früher üblichen graphischen Fehlerausgleich (s. Band IV) durch eine Regressionsanalyse zu ersetzen; sie wird in Abschn. 3.1.1 ausführlich behandelt. Die so gefundenen mathematischen Funktionen kann man dann mit Rechnerprogrammen leicht weiterverarbeiten. Dies wird hier mit der Auswertung eines Belastungsversuchs exemplarisch vorgeführt; dieses Vorgehen kann man auf andere Versuche übertragen.

Versuche wurden früher auch oft mit Diagrammen, wie Smith-Diagramm oder andere Kreisdiagramme, ausgewertet. Diese graphischen Methoden liefern nur dann ausreichende Ergebnisse, wenn sie sehr sorgfältig ausgeführt und große Diagramme gezeichnet werden. Sie sind jedoch meist vorteilhaft anschaulich und können so Fehler vermeiden helfen. Mit Taschenrechnerprogrammen kann man sie teilweise ganz ersetzen oder die Versuchsauswertung verbessern oder automatisieren. Anhand der Verarbeitung von Leerlauf- und Kurzschlußdaten eines Dreiphasen-Asynchronmotors wird hier gezeigt, wie man die Kenngrößen einer Ersatzschaltung ermitteln und aus ihr die Belastungskennlinie bestimmen kann.

3.1.2.1 Belastungsversuch des Gleichstrom-Nebenschlußmotors. Nach Band II/1 soll die D r e h z a h l k e n n l i n i e des kompensierten Gleichstrom-Nebenschlußmotors mit der Leerlaufdrehzahl n_0 und dem Drehzahlkoeffizienten b_n abhängig von dem D r e h m o m e n t M der Geraden

$$n = n_0 + b_n M \tag{3.10}$$

folgen. Ebenso soll die A n k e r s t r o m k e n n l i n i e mit dem Leerlaufstrom I_{A0} und dem Stromkoeffizienten b_I durch eine Gerade

$$I_A = I_{A0} + b_I M \tag{3.11}$$

beschreibbar sein. Es liegt daher nahe, auf sie die in den Rechnern TI 58 und TI 59 fest verdrahtete lineare Regression anzuwenden und über sie die Kenngrößen n_0, b_n, I_{A0} und b_I zu bestimmen. Wenn gleichzeitig auch die zugehörigen Korrelationskoeffizienten r_n bzw. r_I berechnet werden, erhält man ein gutes Maß für die erwartete Linearität.

Ferner gilt mit Netzspannung U, Erregerleistung P_E und dem Ankerstrom I_A von Gl. (3.11) für die L e i s t u n g s a u f n a h m e

$$P_1 = UI_A + P_E = (I_{A0}U + P_E) + Ub_I M = P_{10} + b_P M \tag{3.12}$$

Für das Darstellen dieser Leistungskennlinie genügt es daher, die Leerlaufleistungsaufnahme P_{10} und den Leistungskoeffizienten b_P zu berechnen.

Die L e i s t u n g s a b g a b e ist nach Band II/1 mit der Drehzahl von Gl. (3.10)

$$P_2 = 2\pi nM = 2\pi(n_0 + b_n M)M \tag{3.13}$$

3.1 Meßtechnik

Den Wirkungsgrad erhält man mit der Leistungsaufnahme von Gl. (3.12) aus

$$\eta = \frac{P_2}{P_1} = \frac{P_2}{P_{10} + b_P M} \tag{3.14}$$

Die angegebenen Kennlinien lassen sich mit dem Programm 4.17 berechnen.

Beispiel 3.4. An einem Gleichstrom-Nebenschlußmotor für die Nennspannung $U_N = 220$ V und die Nennleistungsabgabe $P_{2N} = 7$ kW werden bei dem Nennerregerstrom $I_{EN} = 1{,}27$ A abhängig vom Drehmoment M die in Tafel 3.18 aufgeführten Werte für Drehzahl n und Ankerstrom I_A gemessen. Es sollen die Belastungskennlinien n, I_A, P_1, P_2, η = f(M) dargestellt werden.

T a f e l 3.18 Belastungskennlinien eines Gleichstrom-Nebenschlußmotors

M in Nm	49,5	43	38,5	33,5	29	24	19	15	9,5	4,8	0,8
n in min^{-1}	1440	1447	1452	1457	1461	1470	1472	1483	1486	1494	1502
I_A in A	37,5	32	28,3	24,7	21,2	17,5	14,7	11	8	4,5	1,8

Zunächst bestimmen wir die Erregungsleistung $P_E = I_{EN} U_N = 1{,}27$ A · 220 V = 279,4 W. Anschließend sind die Meßwertpaare einzugeben mit dem Rechengang

Größe	Eingabe	Befehle	Anzeige		Größe
		EE 2nd Fix 3 A	0.000	00	
M_1	49.5	x⇄t	0.000	00	
n_1	1440	2nd Σ+	1.000	00	
$\vdots$	$\vdots$	$\vdots$	$\vdots$		
M_{11}	.8	x⇄t			
n_{11}	1502	2nd Σ+	1.100	01	
		2nd A'	1.499	03	n_0
		R/S	−1.230	00	b_n
		R/S	−9.805	−01	r_n
		B	0.000	00	
M_1	49.5	x⇄t	0.000	00	
I_{A1}	37.5	2nd Σ+	1.000	00	
$\vdots$	$\vdots$	$\vdots$	$\vdots$		
M_{11}	.8	x⇄t			
I_{A11}	1.8	2nd Σ+	1.100	01	
		2nd B'	7.615	−01	I_{A0}
		R/S	7.233	−01	b_I
		R/S	9.990	−01	r_I
U	220	C	2.200	02	U
P_E	279.4	R/S	2.794	02	P_E
		2nd C'	4.469	02	P_{10}
		R/S	1.591	02	b_P

3.1.2 Versuchsauswertung   145

Größe	Eingabe	Befehle	Anzeige		Größe
ΔM	5	D	5.000	00	ΔM
		R/S	0.000	00	M_1
		R/S	0.000	00	P_{21}
		R/S	0.000	00	η_1
		⋮	⋮		⋮
		R/S	5.000	01	M_{11}
		R/S	7.528	03	P_{211}
		R/S	8.959	−01	η_{11}

Die Korrelationskoeffizienten r_n und r_I liegen ausreichend nahe bei 1. Die Kennlinien sind in Bild 3.19 dargestellt.

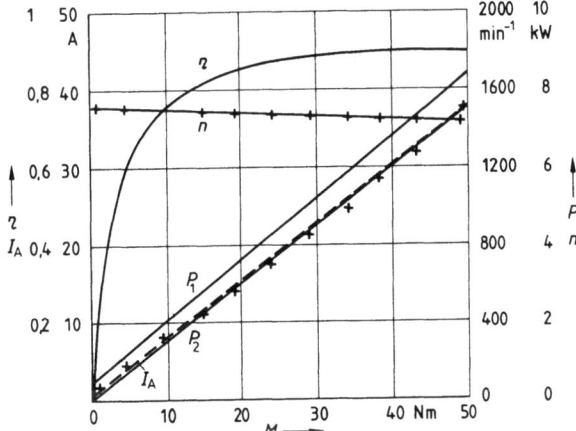

3.19
Belastungskennlinien eines Gleichstrom-Nebenschlußmotors mit Drehmoment M, Drehzahl n, Ankerstrom I_A, Leistungsaufnahme P_1, Leistungsabgabe P_2 und Wirkungsgrad η

3.1.2.2 Leerlauf- und Kurzschlußversuch des Drehstrom-Asynchronmotors. Nach VDE 0530 soll dem Leerlauf- und Kurzschlußversuch eine Messung des kalten Ständerstrangwiderstandes R_{1k} vorausgehen. Dieser bei der Temperatur ϑ_k gemessene Widerstand muß auf die Betriebstemperatur ϑ_w umgerechnet werden. Für Kupferwicklungen gilt dann nach VDE 0530 für den w a r m e n Ständerstrangwiderstand

$$R_{1w} = \frac{\vartheta_w + 235\,\text{K}}{\vartheta_k + 235\,\text{K}} R_{1k} \tag{3.15}$$

Der Leerlaufversuch liefert abhängig von der Leerlaufspannung U_{10} Meßwertpaare Leerlaufleistungsaufnahme P_{10} und Leerlaufstrom I_{10}. Wenn man voraussetzt, daß die Ständerwicklungen in D r e i e c k geschaltet sind, entstehen hierbei nach Band II/1 die Ständerkupferverluste

$$P_{Cu1} = R_1 I_1^2 \tag{3.16}$$

146   3.1 Meßtechnik

Trägt man wie in Bild 3.20 die Leistung $P_{10} - P_{Cu10}$ über dem Quadrat der Leerlaufspannung U_{10}^2 auf, so erhält man zumindest im unteren Teil dieser Kennlinie eine Gerade, deren Schnittpunkt mit der Ordinate die Reibungsverluste P_{R0} für Leerlauf ergibt. Außerdem können hierdurch nach Band II/1 die Eisenverluste P_{FeN} bei Nennspannung U_{1N} bestimmt werden.

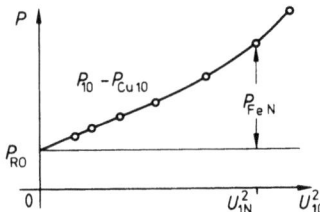

3.20 Zur Zerlegung der Leerlauf-Leistungsaufnahme von Drehstrom-Asynchronmotoren

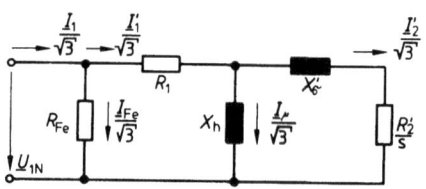

3.21 Einsträngige Ersatzschaltung des Dreiphasen-Asynchronmotors in Dreieckschaltung

Für die weiteren Betrachtungen wird entsprechend Band I und II/1 eine einsträngige Ersatzschaltung nach Bild 3.21 vorausgesetzt. Die angegebenen Widerstände, nämlich Hauptblindwiderstand X_h, Streublindwiderstand X'_σ, Ständerstrangwiderstand R_1, Läuferwirkwiderstand R'_2 und Eisenverlustwiderstand R_{Fe} gelten für den Strang; bei Spannungen und Strömen soll jedoch wie üblich mit den Außenleiterwerten gerechnet werden. Mit ' gekennzeichnete Größen sind auf den Ständer umgerechnet.

Es gilt dann für den Eisenverluststrom

$$I_{Fe} = P_{FeN}/(\sqrt{3}\, U_{1N}) \tag{3.17}$$

und den zugehörigen Eisenverlustwiderstand

$$R_{Fe} = \sqrt{3}\, U_{1N}/I_{Fe} \tag{3.18}$$

Nach Band II/1 ist für den Synchronlauf der Wirkfaktor

$$\cos \varphi_0 = \frac{P_{10} - P_{R0}}{\sqrt{3}\, U_{10} I_{10}} \tag{3.19}$$

so daß für den Synchronlauf der komplexe Strom $\underline{I}_{1L} = I_{10}\,\underline{/\varphi_0}$ angegeben werden kann. Dann gilt für den Hauptblindwiderstand

$$X_h = \mathrm{Im}\,\frac{\sqrt{3}\, U_{1N}}{\underline{I}_{1L} - \underline{I}_{Fe}} \tag{3.20}$$

Im Kurzschlußversuch werden bei der Spannung U_{1A} der Strom I_{1A} und die Leistungsaufnahme P_{1A} gemessen, wobei die Spannung U_{1A} gegenüber der Nennspannung U_{1N} so weit herabgesetzt sein soll, daß als Stillstandsstrom etwa der Nennstrom I_{1N} fließt. Dann erhält man den Wirkfaktor

$$\cos\varphi_A = \frac{P_{1A}}{\sqrt{3}\,U_{1A}I_{1A}} \qquad (3.21)$$

und man kann mit Bild 3.21 bei Vernachlässigung des Eisenverlustwiderstandes R_{Fe} für den komplexen Strangwiderstand im Stillstand angeben

$$\underline{Z}_{1A} = \frac{\sqrt{3}\,\underline{U}_{1A}}{\underline{I}_{1A}} = R_1 + \frac{1}{\dfrac{1}{jX_h} + \dfrac{1}{R_2' + jX_\sigma'}} \qquad (3.22)$$

Daher gilt für den auf den Ständer bezogenen Läuferwirkwiderstand R_2' sowie den zugehörigen Streublindwiderstand X_σ'

$$R_2' + jX_\sigma' = \frac{1}{\dfrac{1}{\dfrac{\sqrt{3}\,\underline{U}_{1A}}{\underline{I}_{1A}} - R_1} - \dfrac{1}{jX_h}} \qquad (3.23)$$

Auf diese Weise kann man alle Widerstände der Ersatzschaltung von Bild 3.21 bestimmen. Durch ihren Vergleich kann man prüfen, ob die folgenden Berechnungen von richtigen Größen ausgehen.

Wenn man anschließend Schlupfwerte s vorgibt, kann man für sie den zugehörigen komplexen S t ä n d e r s t r o m

$$\underline{I}_1 = \underline{I}_{Fe} + \frac{\sqrt{3}\,U_{1N}}{R_1 + \dfrac{1}{\dfrac{1}{jX_h} + \dfrac{1}{(R_2'/s) + jX_\sigma'}}} \qquad (3.24)$$

und durch Anwenden der Stromteilerregel den auf den Ständer bezogenen komplexen L ä u f e r s t r o m

$$\underline{I}_2' = \frac{\underline{I}_1'}{1 + \dfrac{(R_2'/s) + jX_\sigma'}{jX_h}} \qquad (3.25)$$

berechnen. Dann erhält man auch die L e i s t u n g s a u f n a h m e

$$P_1 = \sqrt{3}\,U_{1N}I_1\cos\varphi_1 \qquad (3.26)$$

Nach Band II/1 findet man alle übrigen Kenngrößen über eine Leistungsaufteilung. Es treten auf die L ä u f e r k u p f e r v e r l u s t e

$$P_{Cu2} = R_2' I_2'^2 \qquad (3.27)$$

Für die bei der Leerlaufdrehzahl n_0 gemessenen Reibungsverluste P_{R0} wird angenommen, daß sie sich kubisch mit der Drehzahl n ändern, also allgemein gilt

$$P_R = P_{R0}\,(n/n_0)^3 \qquad (3.28)$$

3.1 Meßtechnik

Die Nenn-Z u s a t z v e r l u s t e werden nach VDE 0530 bei Drehstrom-Asynchronmotoren mit 0,5% der Nennleistungsabgabe P_{2N} angesetzt, und es wird angenommen, daß sie sich quadratisch mit dem Ständerstrom I_1 ändern. Daher ist

$$P_{Zu} = 0{,}005\, P_{2N}\, (I_1/I_{1N})^2 \tag{3.29}$$

Es wird vereinfachend vorausgesetzt, daß die Zusatzverluste P_{Zu} im Läufer auftreten. Somit gilt für die D r e h f e l d l e i s t u n g

$$P_d = P_1 - P_{Cu1} - P_{FeN} \tag{3.30}$$

und die L e i s t u n g s a b g a b e

$$P_2 = P_d - P_{Cu2} - P_{Zu} - P_R \tag{3.31}$$

Die D r e h z a h l könnte man aus dem vorgegebenen Schlupf s bestimmen. Genauer ist mit der Drehfelddrehzahl n_d nach Band II/1

$$n = n_d \left(1 - \frac{P_{Cu2}}{P_d}\right) \tag{3.32}$$

und man erhält das D r e h m o m e n t

$$M = P_2/(2\pi n) \tag{3.33}$$

und den W i r k u n g s g r a d

$$\eta = P_2/P_1 \tag{3.34}$$

Das Programm 4.18 berechnet die Kenngrößen der Ersatzschaltung von Bild 3.21 und über die dargestellte Leistungsaufteilung die Belastungskennlinien n, I_1, P_1, P_2, $\cos\varphi$, $\eta = f(M)$.

Beispiel 3.5. Ein vierpoliger Dreiphasen-Asynchronmotor für die Nennspannung $U_{1N} = 220$ V in Dreieckschaltung bei der Nennfrequenz f = 50 Hz führt bei der Nennleistungsabgabe $P_{2N} = 7{,}5$ kW den Nennstrom $I_{1N} = 27$ A. Bei der Temperatur $\vartheta_k = 20\,°C$ wird der Ständerstrangwiderstand $R_{1k} = 0{,}4361\,\Omega$ gemessen. Ein Leerlaufversuch liefert neben der Leerlaufdrehzahl $n_0 = 1498\ \text{min}^{-1}$ die Daten von Tafel 3.22.

Tafel 3.22 Leerlaufversuch

U_{1L} in V	220	200	190	180	160	140	120	100	80	60	40
P_{1L} in W	335	265	237	211	153	141	137,5	86	66,4	50,5	38,3
I_{1L} in A	7,33	5,92	5,51	5,13	4,5	3,87	3,31	2,75	2,22	1,72	1,26

Der Kurzschlußversuch zeigt bei der Spannung $U_{1A} = 54{,}8$ V den Strom $I_{1A} = 27{,}83$ A und die Leistungsaufnahme $P_{1A} = 1000$ W. Für den Nennbetrieb wird die Betriebstemperatur $\vartheta_w = 95\,°C$ vorausgesetzt.

Es sollen die Belastungskennlinien n, I_1, P_1, P_2, cos φ, η = f(M) für den Drehmomentbereich $0 \leqslant M \leqslant 1,5\ M_N$ bestimmt werden.

Dieser Motor hat nach Band II/1 die Drehfelddrehzahl n_d = 1500 min^{-1}. Wenn man die Nenndrehzahl n_N = 1420 min^{-1} voraussetzt, beträgt nach Gl. (3.33) das Nennmoment

$$M_N = \frac{P_{2N}}{2\pi n_N} = \frac{7500\ W \cdot 60\ sec/min}{2\pi \cdot 1420\ min^{-1}} = 50{,}44\ Nm$$

Wir wollen daher die Belastungskennlinie im Bereich $0 \leqslant M \leqslant 75$ Nm darstellen und wählen für eine ausreichend enge Folge der Daten den Schlupfschritt Δs = 0,02.

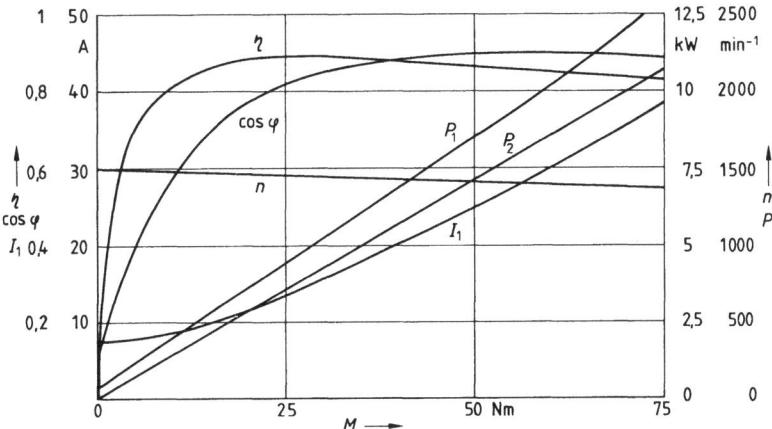

3.23 Belastungskennlinien eines Dreiphasen-Asynchronmotors mit Drehmoment M, Drehzahl n, Ständerstrom I_1, Leistungsaufnahme P_1, Leistungsabgabe P_2, Leistungsfaktor cos φ und Wirkungsgrad η

Der Rechengang ist aus dem Testbeispiel von Programm 4.18 zu ersehen. (Bei der Auswertung des Leerlaufversuchs werden die Werte für die Nennspannung U_{1N} ausgelassen, da sie entsprechend Bild 3.20 im nichtlinearen Kennlinienbereich liegen. Dies sollte man jeweils gesondert prüfen. Im Gegensatz zum Testbeispiel sollten aber alle übrigen Leerlauf-Meßdaten eingegeben werden.) Eine Fortsetzung dieser Berechnung führt zu den Kennlinien von Bild 3.23.

3.2 Elektrische Energietechnik

Hier sollen zunächst Beispiele zum Dreiphasen-Wechselstrom nachgetragen, einige Anwendungen bei elektrischen Maschinen und Antrieben gezeigt sowie Aufgaben aus der Energieverteilung und der Hochspannungstechnik behandelt werden. Dieser Abschnitt ergänzt daher Band I, II, VIII und IX.

150 3.2 Elektrische Energietechnik

3.2.1 Dreiphasen-Wechselstrom

Unsymmetrische Schaltungen und Belastungen von Dreiphasennetzen kann man grundsätzlich mit den in Abschn. 2.2.5 dargestellten Verfahren untersuchen. Wie Beispiel 2.20 nachweist, ist der Rechenaufwand auch nicht groß. Das hier mitgeteilte Programm 4.19 erlaubt darüber hinaus ein unmittelbares Berechnen weiterer Spannungen und der symmetrischen Komponenten. Die Voraussetzungen für dieses Programm werden hier kurz erläutert.

3.2.1.1 Unsymmetrische Sternschaltung. Wenn die drei beliebig unterschiedlichen komplexen Widerstände $\underline{Z}_i = Z_i \; \underline{/\varphi_i}$ einer d r e i s t r ä n g i g e n S t e r n s c h a l t u n g bekannt sind und an ein symmetrisches Dreileiternetz mit den drei Außenleiterspannungen $\underline{U}_{12} = U_{12} \; \underline{/\varphi}$, $\underline{U}_{23} = U_{12} \; \underline{/\varphi - 120°}$ und $\underline{U}_{31} = U_{12} \; \underline{/\varphi + 120°}$ nach Bild 3.24 angeschlossen sind, gilt nach Band I und [56] mit dem komplexen N e n n e r

$$\underline{N} = \underline{Z}_1\underline{Z}_2 + \underline{Z}_2\underline{Z}_3 + \underline{Z}_3\underline{Z}_1 \qquad (3.35)$$

für die komplexe S t e r n p u n k t s p a n n u n g

$$\underline{U}_E = \frac{\underline{U}_{12} \; \underline{/-30°}}{\sqrt{3}\,\underline{N}} (\underline{Z}_1\underline{Z}_2 \; \underline{/120°} + \underline{Z}_2\underline{Z}_3 + \underline{Z}_3\underline{Z}_1 \; \underline{/-120°}) \qquad (3.36)$$

und die komplexen A u ß e n l e i t e r s t r ö m e

$$\underline{I}_1 = \frac{\underline{U}_{12}}{\underline{N}} (\underline{Z}_3 + \underline{Z}_2 \; \underline{/-60°}) \qquad (3.37)$$

$$\underline{I}_2 = \frac{\underline{U}_{12}}{\underline{N}} \; \underline{/-120°} (\underline{Z}_1 + \underline{Z}_3 \; \underline{/-60°}) \qquad (3.38)$$

$$\underline{I}_3 = \frac{\underline{U}_{12}}{\underline{N}} \; \underline{/120°} (\underline{Z}_2 + \underline{Z}_1 \; \underline{/-60°}) \qquad (3.39)$$

sowie die zugehörigen komplexen S t e r n s p a n n u n g e n

$$\underline{U}_1 = \underline{Z}_1\underline{I}_1 \qquad (3.40)$$

$$\underline{U}_2 = \underline{Z}_2\underline{I}_2 \qquad (3.41)$$

$$\underline{U}_3 = \underline{Z}_3\underline{I}_3 \qquad (3.42)$$

Die Größen von Gl. (3.36) bis (3.42) können mit dem Programm 4.19 unmittelbar berechnet werden.

Beispiel 3.6. Für die Schaltung in Bild 2.36 mit den Daten von Beispiel 2.20 sollen jetzt außer den Strömen $\underline{I}_1$ bis $\underline{I}_3$ noch die zugehörigen Sternspannungen $\underline{U}_1$ bis $\underline{U}_3$ sowie die Sternpunktspannung $\underline{U}_E$ bestimmt und in einem Zeigerdiagramm dargestellt werden.

3.2.1 Dreiphasen-Wechselstrom 151

Mit den Werten von Beispiel 2.20 sind entsprechend Bild 3.24 die komplexen Widerstände $\underline{Z}_1$ = R = 10 Ω $\underline{/0°}$, $\underline{Z}_2 = jX_L$ = 5 Ω $\underline{/90°}$ und $\underline{Z}_3 = jX_C$ = 20 Ω $\underline{/-90°}$ bei der Spannung $\underline{U}_{12} = \underline{U}_{q1}$ = 380 V $\underline{/0°}$ wirksam. Das Programm 4.19 erfordert den Rechengang

Größe	Eingabe	Befehle	Anzeige		Größe
		RST			
$\underline{Z}_1$	10	A	1.000	01	Z_1
$\underline{Z}_2$	5	B	5.000	00	Z_2
φ_2	90	R/S	9.000	01	φ_2
$\underline{Z}_3$	20	C	2.000	01	Z_3
φ_3	90 +/−	R/S	−9.000	01	φ_3
$\underline{U}_{12}$	380	D	3.800	02	U_{12}
		2nd A'	3.800	02	I_1
		R/S	−1.979	01	φ_{I1}
		R/S	3.800	02	U_1
		R/S	−1.979	01	φ_{U1}
		2nd B'	2.612	01	I_2
		R/S	1.701	02	φ_{I2}
		R/S	1.306	02	U_2
		R/S	2.601	02	φ_{U2}
		2nd C'	1.306	01	I_3
		R/S	1.401	02	φ_{I3}
		R/S	2.612	02	U_3
		R/S	5.010	01	φ_{U3}
		2nd D'	1.686	02	U_E
		R/S	1.735	02	φ_E

3.24 Unsymmetrische Sternschaltung am Dreiphasennetz

3.25 Zeigerdiagramm für Beispiel 3.6

Mit diesen Daten ergibt sich das Zeigerdiagramm von Bild 3.25, das die aus Bild 3.24 sich ergebenden Maschen- und Knotenpunktbedingungen voll erfüllt.

3.2.1.2 Symmetrische Komponenten. Ein dreiphasiges unsymmetrisches Strom- (oder Spannungs-)System, das aus den komplexen Strömen $\underline{I}_1, \underline{I}_2, \underline{I}_3$ (oder den Spannungen $\underline{U}_1, \underline{U}_2, \underline{U}_3$) besteht, kann ferner nach [56] in seine symmetrischen

152   3.2 Elektrische Energietechnik

Komponenten zerlegt werden, wobei das M i t s y s t e m durch den komplexen Strom

$$\underline{I}_m = \frac{1}{3} (\underline{I}_1 + \underline{I}_2 \underline{/120°} + \underline{I}_3 \underline{/-120°}) \qquad (3.43)$$

das G e g e n s y s t e m durch die komplexe Stromkomponente

$$\underline{I}_g = \frac{1}{3} (\underline{I}_1 + \underline{I}_2 \underline{/-120°} + \underline{I}_3 \underline{/120°}) \qquad (3.44)$$

und das N u l l s y s t e m durch

$$\underline{I}_0 = \frac{1}{3} (\underline{I}_1 + \underline{I}_2 + \underline{I}_3) \qquad (3.45)$$

gekennzeichnet ist. Analoges gilt für die Zerlegung der unsymmetrischen Spannungen.

Häufig interessiert noch der U n s y m m e t r i e g r a d I_g/I_m bzw. U_g/U_m. Diese Größen kann man ebenfalls mit dem Programm 4.19 berechnen.

Beispiel 3.7. Für die Ströme und Sternspannungen von Beispiel 3.6 sollen die symmetrischen Komponenten ermittelt werden.

	Befehl	Anzeige	Größe
Unmittelbar nach Lösen von Beispiel 3.6 sind schon die Sternspannungen in den richtigen Datenregistern, und man erhält mit dem rechts stehenden Rechengang die Spannungskomponenten.	2nd E'	2.194 02	U_m
		−3.000 01	φ_m
		8.606 −10	U_g
		6.960 01	φ_g
		1.686 02	U_0
		−6.461 00	φ_0
		3.923 −12	U_g/U_m

Anschließend liefert der Rechengang

Größe	Eingabe	Befehle	Anzeige	Größe
		E		
I_1	38	2nd A'	3.800 01	I_1
φ_1	19.79 +/−	R/S	−1.979 01	φ_1
I_2	26.12	2nd B'	2.612 01	I_2
φ_2	170.1	R/S	1.701 02	φ_2
I_3	13.06	2nd C'	1.306 02	I_3
φ_3	140.1	R/S	2.601 02	φ_3
		2nd E'	2.194 01	I_m
		R/S	−3.000 01	φ_m
		R/S	1.686 01	I_g
		R/S	−6.462 00	φ_g
		R/S	0.000 00	I_0
		R/S	0.000 00	φ_0
		R/S	7.686 −01	I_g/I_m

3.2.2 Elektrische Maschinen und Antriebe   153

die Stromkomponenten. Die Sternspannungen enthalten also keine Gegenkomponente (die angezeigten Werte sind Rundungsfehler); dagegen eine Nullkomponente, die ebenso groß wie die Sternpunktspannung U_E ist. Die Strangströme können demgegenüber keine Nullkomponente haben; ihr Unsymmetriegrad ist jedoch relativ groß.

Beispiel 3.8. In einem Dreiphasen-Dreileiternetz werden die Außenleiterspannungen U_{L1} = 400 V, U_{L2} = 380 V, U_{L3} = 350 V gemessen. Es soll der Unsymmetriegrad U_g/U_m bestimmt werden.

Wir müssen zunächst die Phasenwinkel der Spannungen berechnen, wählen hierfür als Bezugsgröße die Außenleiterspannung $\underline{U}_{L1}$ = 400 V $/0°$ und erhalten dann die Verhältnisse in Bild 3.26. Die Winkel α, β und γ sowie φ_{U2} und φ_{U3} findet man mit dem Modulprogramm ML-11 mit dem Rechengang

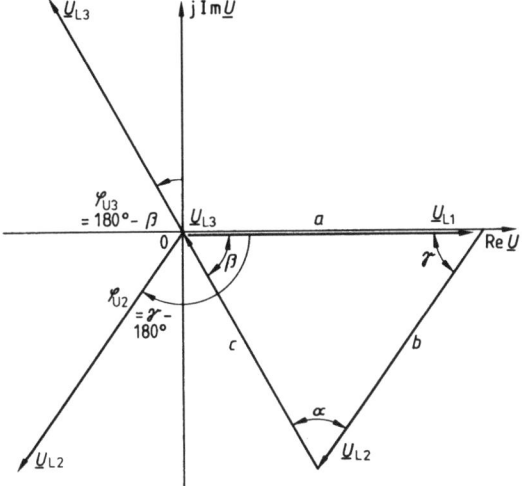

3.26 Zeigerdiagramm für Beispiel 3.8

Größe	Eingabe	Befehle	Anzeige		Größe
		EE 2nd Fix 3 2nd Pgm 11 2nd E′ 2nd Deg			
U_{L1}	400	A	4.000	02	U_{L1}
U_{L2}	380	B	3.800	02	U_{L2}
U_{L3}	350	C	3.500	02	U_{L3}
		2nd A′	6.630	01	α
		2nd B′ +/− +	−6.045	01	$-\beta$
	180	=	1.196	02	φ_{U3}
		2nd C′ −	5.325	01	γ
	180	= 2nd Pgm 00	−1.268	02	φ_{U2}

Das Programm 4.19 erfordert einen zu Beispiel 3.7 analogen Rechengang und liefert dann den Unsymmetriegrad U_m/U_g = 0,07728 = 7,728%.

3.2.2 Elektrische Maschinen und Antriebe

Schon in Abschn. 3.1 werden Fragen, die elektrische Maschinen betreffen, angesprochen. Darüber hinaus können Taschenrechnerprogramme für viele Aufgaben, die bei der Erzeugung und Anwendung elektrischer Energie, also bei Generatoren und Motoren, anfallen, eingesetzt werden. Während für das Berechnen und den

154   3.2 Elektrische Energietechnik

Entwurf der elektrischen Maschinen selbst seit Jahren größere Rechner Verwendung finden, kann man auch für diese Aufgaben schon Taschenrechner heranziehen. Dieses spezielle Gebiet soll hier jedoch nicht behandelt werden.

Aus der Fülle der anfallenden Berechnungsaufgaben sind hier einige charakteristische Probleme des Anwenders elektrischer Maschinen herausgegriffen worden. So werden Spannungsänderung und Wirkungsgrad des Transformators sowie der Verlauf des Kurzschlußstroms beim Synchrongenerator betrachtet. Für die Antriebstechnik werden außerdem der Hochlauf von Antrieben mit Drehstrom-Asynchronmotor und Gleichstrom-Nebenschlußmotor berechnet und das Verhalten des Drehstrom-Asynchronmotors beim Störfall Zuleitungsunterbrechung bestimmt.

3.2.2.1 Spannungsänderung und Wirkungsgrad des Transformators. Für Energieübertragungsleitungen mit vernachlässigbaren Querkapazitäten sowie Leistungstransformatoren darf man nach Band IX und II/1 die vereinfachte Ersatzschaltung von Bild 3.27a anwenden, und es gilt dann das Zeigerdiagramm von Bild 3.27b.

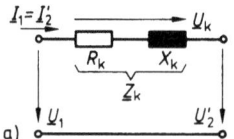
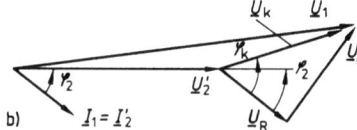

3.27 Ersatzschaltung (a) des Leistungstransformators bzw. der Energieübertragungsleitung mit Zeigerdiagramm (b)

Die Spannungsbilanz ergibt mit dem komplexen Widerstand $\underline{Z}_k = R_k + jX_k$ des Transformators bzw. der Leitung, der an ihm bzw. ihr auftretenden Spannung $\underline{U}_k$, der Eingangsspannung $\underline{U}_1$ und den Strömen $\underline{I}_1 = \underline{I}'_2$ für die (auf die Primärseite umgerechnete – gekennzeichnet mit ') Ausgangsspannung (Index 2)

$$\underline{U}'_2 = \underline{U}_1 - \underline{U}_k = \underline{U}_1 - \underline{Z}_k \underline{I}'_2 \qquad (3.46)$$

Beim Leistungstransformator ist die relative Kurzschlußspannung u_k vorgegeben. Mit der Leistungsaufnahme P_k im Kurzschlußversuch bzw. den Nennkupferverlusten $V_{CuN} = P_k$ und der Nennscheinleistung S_N läßt sich der P h a s e n w i n k e l

$$\varphi_k = \arccos(P_k/u_k S_N) \qquad (3.47)$$

berechnen. Mit dem Wirkwiderstand R_k und dem induktiven Blindwiderstand X_k sowie dem Nennstrom $I_{1N} = I'_{2N}$ und der Eingangsspannung U_1 kann man auch für eine Energieübertragungsleitung eine komplexe relative Kurzschlußspannung

$$\underline{u}_k = u_k \underline{/\varphi_k} = (R_k + jX_k) I_{1N}/U_1 \qquad (3.48)$$

definieren bzw. bestimmen. Mit dem relativen Strom bzw. der relativen Scheinleistung $I_r = I_1/I_{1N} = I_2/I_{2N} = S/S_N$ findet man daher für den Betrag der relativen Ausgangsspannung

$$U'_2/U_1 = 1 - u_k I_r \underline{/\varphi_2 - \varphi_k} \qquad (3.49)$$

sowie die Spannungsänderung

$$U'_{2\varphi}/U_1 = 1 - (U'_2/U_1) \tag{3.50}$$

Bei der Nennscheinleistung S_N, dem relativen Laststrom $I_r = I/I_N = S/S_N$, dem Leistungsfaktor $\cos\varphi$ der Last, der Leistungsaufnahme P_0 im Leerlauf, den Eisenverlusten $V_{Fe} = P_0$, den Nennkupferverlusten $V_{CuN} = P_k$ werden die bezogenen Verluste $V_r = V_{CuN}/V_{Fe}$ und die bezogene Scheinleistung $S_r = S_N/V_{Fe}$ eingeführt. Dann gilt für den **Wirkungsgrad**

$$\eta = P_2/P_1 = \frac{S_N I_r \cos\varphi}{V_{Fe} + V_{CuN} I_r^2 + S_N I_r \cos\varphi} = \frac{1}{1 + \dfrac{1 + V_r I_r^2}{S_r I_r \cos\varphi}} \tag{3.51}$$

Gl. (3.49) und (3.51) eignen sich gut, um Taschenrechner-Programme für die Kennlinien $U'_2/U_1 = f(\cos\varphi)$ bei dem Parameter I_r oder $\eta = f(I_r)$ bzw. $\eta = f(P_{2r})$ bei dem Parameter $\cos\varphi$ aufzustellen (s. Programm 4.20).

Beispiel 3.9. Ein Drehstrom-Leistungstransformator für die Nennleistung $S_N = 500$ kVA hat die relative Kurzschlußspannung $u_k = 0.06$, die Leerlaufleistungsaufnahme $P_0 = 1$ kW und die Kurzschlußleistungsaufnahme $P_k = 7.8$ kW.

a): Es soll der Verlauf der relativen Spannungsänderung U'_2/U_1 abhängig vom Leistungsfaktor $\cos\varphi$ bei dem relativen Strom $I_r = 1$ bestimmt werden.

Wir berechnen zunächst den Phasenwinkel (s. Band II/1)

$$\varphi_k = \arccos\frac{P_k}{u_k S_n} =$$
$$= \arccos\frac{7.8 \text{ kW}}{0.06 \cdot 500 \text{ kVA}} = 74.93°$$

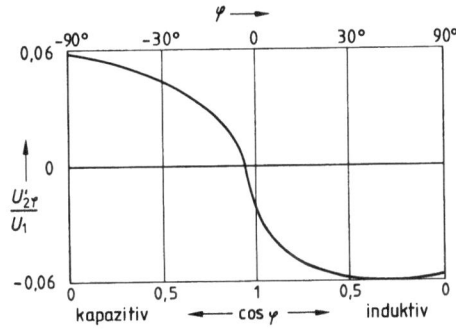

3.28 Relative Spannungsänderung $U'_{2\varphi}/U_1$ eines Transformators für 500 kVA abhängig vom Leistungsfaktor $\cos\varphi$

Die gesuchte Kennlinie findet man dann mit dem Programm 4.20 über den Rechengang

Größe	Eingabe	Befehle	Anzeige	Größe
		EE 2nd Fix 3		
u_k	.06	A	6.000 −02	u_k
φ_k	74.93	R/S	−7.493 02	$-\varphi_k$
I_r	1	R/S	1.000 00	I_r
φ_{min}	90 +/−	R/S	−9.000 01	φ_{min}
φ_{max}	90	R/S	9.000 01	φ_{max}
$\Delta\varphi$	10	R/S	1.000 01	$\Delta\varphi$
		B	0.000 00	$\cos\varphi_1$
		R/S	1.058 00	U'_2/U_1
		R/S	5.805 −02	$U'_{2\varphi}/U_1$

usw. Das Ergebnis ist in Bild 3.28 dargestellt.

156   3.2 Elektrische Energietechnik

b): Es soll der Verlauf des Wirkungsgrads η abhängig von dem relativen Strom $I_r = I_2/I_{2N}$ für den Leistungsfaktor $\cos \varphi = 0{,}9$ ermittelt werden.

Zunächst haben wir die relativen Verluste

$$V_r = P_k/P_o = 7{,}8 \text{ kW}/(1 \text{ kW}) = 7{,}8$$

und die relative Scheinleistung

$$S_r = S_N/P_o = 500 \text{ kVA}/(1 \text{ kW}) = 500$$

zu bestimmen. Wir beginnen den Rechengang mit $I_r = 0{,}1$ und gehen bis $I_r = 1{,}5$. Hierfür finden wir

Größe	Eingabe	Befehle	Anzeige	Größe
V_r	7.8	C	7.800 00	V_r
S_r	500	R/S	5.000 02	S_r
I_{r1}	.1	2nd C'	1.000 −01	I_{r1}
$\cos \varphi$	.9	R/S	9.000 −01	$\cos \varphi$
		D	9.000 −02	P_{2r}
		R/S	9.766 −01	
I_{r2}	.2	2nd C'	2.000 −01	I_{r2}
		D		

usw.

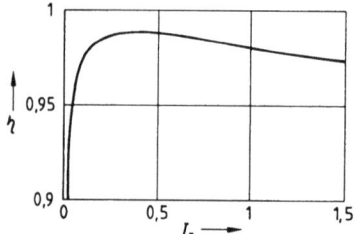

Der Verlauf des Wirkungsgrads $\eta = f(I_r)$ ist in Bild 3.29 dargestellt.

3.29
Wirkungsgrad η eines Transformators für 500 kVA bei $\cos \varphi = 0{,}9$ induktiv abhängig vom relativen Strom $I_r = I/I_N$

3.2.2.2 Kurzschlußstrom der Synchronmaschine. Nach Band II/1 gilt mit den relativen Blindwiderständen x_d, x'_d, x''_d und den zugehörigen Zeitkonstanten T'_d, T''_d, T_- sowie der Kreisfrequenz ω und dem Schaltphasenwinkel ψ für den auf den Nennstrom I_N bezogenen **dreisträngigen Kurzschlußstrom** einer Synchronmaschine mit Vollpolläufer

$$\frac{i_k}{I_N} = \sqrt{2}\left\{\left[\left(\frac{1}{x''_d} - \frac{1}{x'_d}\right)e^{-t/T''_d} + \left(\frac{1}{x'_d} - \frac{1}{x_d}\right)e^{-t/T'_d} + \frac{1}{x_d}\right]\cos(\omega t + \psi)\right.$$
$$\left. - \frac{1}{x''_d}e^{-t/T_-}\cos\psi\right\} \tag{3.52}$$

Gl. (3.52) kann man mit dem Programm 4.10 berechnen.

3.2.2 Elektrische Maschinen und Antriebe   157

Beispiel 3.10. Es soll für eine Vollpolmaschine mit den relativen Blindwiderständen $x_d = 1,6$, $x'_d = 0,2$, $x''_d = 0,1$ und den Zeitkonstanten $T'_d = 1,3$ sec, $T''_d = 0,06$ sec, $T_- = 0,2$ sec für die Schaltphasenwinkel $\psi = 0°$, $30°$ und $60°$ bei der Nennfrequenz $f = 50$ Hz (Kreisfrequenz $\omega = 314,2$ sec^{-1}) der zeitliche Verlauf des relativen dreisträngigen Kurzschlußstromes für die 1. Periode dargestellt werden.

Zunächst ist mit $\cos(\omega t + \psi) = \cos\psi \cos(\omega t) - \sin\psi \sin(\omega t)$ und den vorgegebenen Daten Gl. (3.52) in die für das Programm 4.10 geeignete Form

$$\frac{i_k}{I_N} = b_1 e^{-f_1 t} + [c_1 \cos(\omega_1 t) + d_1 \sin(\omega_1 t)] e^{-f_3 t} + [c_2 \cos(\omega_2 t) + d_2 \sin(\omega_2 t)] e^{-f_6 t}$$
$$+ c_3 \cos(\omega_3 t) + d_3 \sin(\omega_3 t)$$

zu bringen. Es wird bei dem Zeitbereichsende $t_E = 20$ msec der Zeitschritt $\Delta t = 2$ msec gewählt. Im Anschluß an die daher jeweilig ersten Eingabedaten

E 20 EE 3 +/− A 2 EE 3 +/− R/S

sind die Daten von Tafel 3.30 in der dort angegebenen Reihenfolge einzulesen, und mit **0 D** ist die Berechnung zu beginnen.

T a f e l 3.30. Vom Schaltphasenwinkel ψ abhängige Eingabedaten für Beispiel 3.10

Größe	Schaltphasenwinkel ψ			Befehl
	0°	30°	60°	
$b_1 = -\sqrt{2} \cos\psi / x''_d$	−14,14	−12,25	−7,071	B
$f_1 = 1/T_-$	5	5	5	R/S
$\omega_1 = 2\pi f$	314,2	314,2	314,2	C
$c_1 = \sqrt{2}\left(\frac{1}{x''_d} - \frac{1}{x'_d}\right)\cos\psi$	7,071	6,124	3,535	R/S
$d_1 = -\sqrt{2}\left(\frac{1}{x''_d} - \frac{1}{x'_d}\right)\sin\psi$	0	−3,535	−6,124	R/S
$f_3 = 1/T''_d$	16,67	16,67	16,67	R/S
T_1	0	0	0	2nd A'
ω_2	314,2	314,2	314,2	2nd C'
$c_2 = \sqrt{2}\left(\frac{1}{x'_d} - \frac{1}{x_d}\right)\cos\psi$	6,187	5,358	3,094	R/S
$d_2 = -\sqrt{2}\left(\frac{1}{x'_d} - \frac{1}{x_d}\right)\sin\psi$	0	−3,094	−5,358	R/S
$f_6 = 1/T'_d$	0,7692	0,7692	0,7692	R/S
T_2	0	0	0	2nd D'
ω_3	314,2	314,2	314,2	2nd E'
$c_3 = \sqrt{2} \cos\psi / x_d$	0,8839	0,7655	0,4419	R/S
$d_3 = -\sqrt{2} \sin\psi / x_d$	0	−0,4419	−0,7655	R/S

158   3.2 Elektrische Energietechnik

Bild 3.31 zeigt den Verlauf des relativen Kurzschlußstroms $i_k/I_N = f(t)$ für die drei vorgegebenen Schaltphasenwinkel ψ. (Wenn solche Verläufe häufiger berechnet werden müssen, lohnt sich auch – analog zum Programm 4.20 – das Aufstellen eines eigenen Taschenrechnerprogramms.)

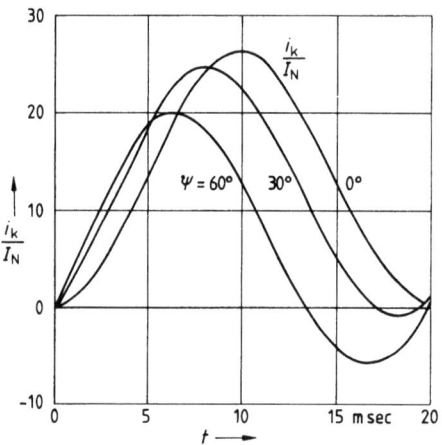

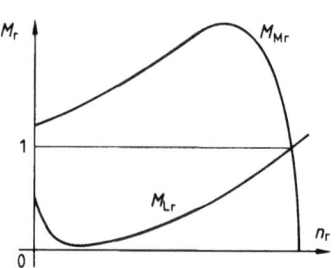

3.31 Verlauf des relativen Kurzschlußstroms $i_k/I_N = f(t)$ eines Dreiphasen-Synchrongenerators mit Vollpolläufer für drei verschiedene Schaltphasenwinkel ψ

3.32 Relatives Drehmoment M_{Mr} eines Dreiphasen-Asynchronmotors und relatives Lastmoment M_{Lr} eines Antriebs abhängig von der relativen Drehzahl n_r

3.2.2.3 Langsamer Hochlauf eines Antriebs mit Drehstrom-Asynchronmotor.

Ein Drehstrom-Asynchronmotor hat bei der relativen Drehzahl $n_r = n/n_d$ (mit Drehfelddrehzahl n_d) nach Band II/1 oft eine Drehmoment-Drehzahl-Kennlinie $M_{Mr} = M_M/M_N = f(n_r)$ nach Bild 3.32 (mit Nennmoment M_N). Die anzutreibende Arbeitsmaschine kann nach Band VIII u. a. die in Bild 3.32 eingetragene Lastkennlinie $M_{Lr} = f(n_r)$ aufweisen. Das Drehmoment $M_B = M_M - M_L$ dient nach dem Einschalten des Motors der Beschleunigung des Trägheitsmoments J auf die Nenndrehzahl n_N; hierfür gilt nach Band VIII die allgemeine **Zustandsgleichung des Antriebs**

$$M_M - M_L - 2\pi J \frac{dn}{dt} = 0 \tag{3.53}$$

Man erhält daher den **Differentialquotienten** der Drehzahl

$$\frac{dn}{dt} = \frac{M_M - M_L}{2\pi J} = \frac{M_N}{2\pi J}(M_{Mr} - M_{Lr}) \tag{3.54}$$

Daher kann man wieder mit dem Programm 4.12 den Verlauf der Drehzahl $n = f(t)$ während des Hochlaufs berechnen.

Beispiel 3.11. Die in Bild 3.32 dargestellten Kennlinien sollen den mathematischen Funktionen

$$M_{Mr} = a_0 + a_1 n_r^3 + a_2 n_r^6 \quad \text{und} \quad M_{Lr} = a_3 e^{-a_4 n_r} + a_5 n_r^2$$

mit dem Koeffizienten $a_0 = 0,9$, $a_1 = 6,5$, $a_2 = -7,5$, $a_3 = 0,3$, $a_4 = 10$ und $a_5 = 1,02$ folgen.

3.2.2 Elektrische Maschinen und Antriebe

(Die Arbeitsmaschine hat also eine Lüfterkennlinie, und das Losbrechmoment wird durch eine e-Funktion berücksichtigt.)

a): Es soll der Drehzahlverlauf für den Hochlauf bestimmt werden.

Um eine allgemeine Darstellung zu erhalten, wird mit der bezogenen Zeit $t_r = tM_N/(2\pi n_d J)$ gearbeitet. Dann ist für den Differentialquotienten

$$\frac{dn_r}{dt_r} = a_0 + a_1 n_r^3 + a_2 n_r^6 - a_3 e^{-a_4 n_r} - a_5 n_r^2$$

ein Zusatzprogramm aufzustellen. Es ist im Abschn. 4.12 aufgeführt. Nach dem Einlesen aller Programmteile haben wir einzutasten

2nd E' 2nd B' .9 R/S 6.5 R/S 7.5 +/− R/S .3 R/S 10 R/S 1.02 R/S 0 A 0 B 1 EE 1 +/− C 4 D E

(Die zuletzt angegebene Schrittweite kann man durch Überlegen oder durch Probieren festlegen; sie muß so eng sein, daß eine Verfeinerung des Schritts die Ergebnisse nicht mehr entscheidend verändert.)

Den gefundenen Verlauf der bezogenen Drehzahl n_r von der bezogenen Zeit t_r zeigt Bild 3.33; er ist typisch für derartige Antriebe.

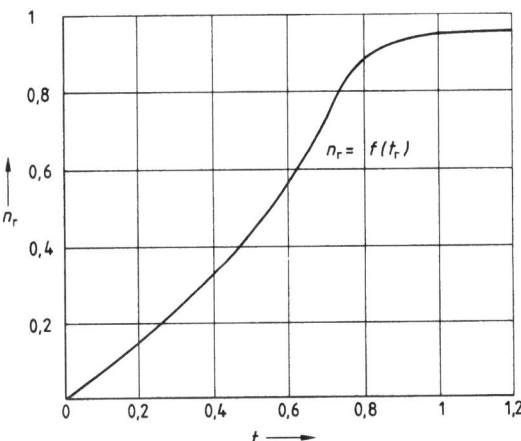

3.33
Verlauf der relativen Drehzahl n_r abhängig von der relativen Zeit t_r für einen Antrieb nach Beispiel 3.11

b): Welche Zeit erfordert ein Antrieb zum Erreichen der Nenndrehzahl, wenn die Drehfelddrehzahl $n_d = 1500 \text{ min}^{-1}$, das Nennmoment $M_N = 280$ Nm und das Trägheitsmoment $J = 0,9 \text{ Wsec}^3$ betragen?

In Bild 3.33 hat die relative Drehzahl ihren Endwert $n_{r\infty}$ zur bezogenen Zeit $t_r = 1,2$ erreicht bzw. nach der numerischen Berechnung des Hochlaufs ändert sich ab $t_r = 1,2$ die bezogene Drehzahl n_r nicht mehr. Daher beträgt die Hochlaufzeit

$$t_{an} = \frac{t_r \cdot 2\pi J n_d}{M_N} = \frac{1,2 \cdot 2\pi \cdot 0,9 \text{ Wsec}^3 \cdot 1500 \text{ min}^{-1}}{280 \text{ Wsec} \cdot 60 \text{ sec/min}} = 0,606 \text{ sec}$$

3.2.2.4 Schneller Hochlauf eines Antriebs mit Gleichstrom-Nebenschlußmotor.

Nach [57] kann man das Übergangsverhalten eines konstant erregten Gleichstrom-Nebenschlußmotors mit den Blöcken 1 bis 4 des Signalflußplans von Bild 3.34 beschreiben. Setzt man voraus, daß das von der Arbeitsmaschine verlangte Lastmoment M_L linear mit der Drehzahl n bzw. der Winkelgeschwindigkeit Ω wächst,

3.34
Signalflußplan für einen Antrieb mit der Lastkennlinie $M_L = K \Omega$ und Gleichstrom-Nebenschlußmotor

so ist noch der Block 5 in Bild 3.34 hinzuzufügen. Die in Bild 3.34 eingetragenen Kenngrößen kann man wie in [57] abgeleitet berechnen. Außerdem gilt mit Nennmoment M_N und Nennwinkelgeschwindigkeit Ω_N für den Übertragungsbeiwert

$$K = M_N / \Omega_N \tag{3.55}$$

Nach Band VIII und [57] kann man die aus den Blöcken 3 und 5 gebildete Rückkopplung zu einem Block mit der Übertragungsfunktion

$$F_1(s) = \frac{1/(Js)}{1 + (K/Js)} = \frac{1/K}{1 + \frac{J}{K}s} \tag{3.56}$$

zusammenfassen. So werden diese Blöcke durch ein P-T_1-Glied mit der Zeitkonstante $T_1 = J/K$ ersetzt. Außerdem treten mit der Ankerkreisinduktivität L_A und dem Ankerkreiswiderstand R_A noch die Zeitkonstante $T_A = L_A/R_A$, mit dem Ankernennstrom I_N die Motorkonstante $c = M_N/I_N$ sowie das Trägheitsmoment J auf.

Für den Übergang von der Eingangsspannung U_e zur Ausgangs-Winkelgeschwindigkeit Ω erhält man in analoger Weise die im Bildbereich (s. Abschn. 2.5.1) geltende Übertragungsfunktion

$$F_{U\Omega}(s) = \frac{\frac{1/R_A}{1+T_A s} \cdot c \cdot \frac{1/K}{1+T_1 s}}{1 + \frac{1/R_A}{1+T_A s} \cdot c^2 \cdot \frac{1/K}{1+T_1 s}} = \frac{\frac{c}{KR_A}}{(1+T_A s)(1+T_1 s) + \frac{c^2}{KR_A}}$$

$$= \frac{c}{KR_A + c^2} \cdot \frac{1}{1 + \frac{KR_A(T_A + T_1)}{KR_A + c^2}s + \frac{KR_A T_1 T_A}{KR_A + c^2}s^2}$$

$$= \frac{K_{PU\Omega}}{1 + 2\frac{\vartheta}{\omega_o}s + \frac{1}{\omega_o^2}s^2} \tag{3.57}$$

3.2.2 Elektrische Maschinen und Antriebe

Es handelt sich also um ein P-T$_2$-Glied mit dem Proportionalbeiwert

$$K_{PU\Omega} = \frac{c}{KR_A + c^2} \tag{3.58}$$

der Kennkreisfrequenz

$$\omega_o = \sqrt{\frac{KR_A + c^2}{KR_A T_1 T_A}} = \sqrt{\frac{KR_A + c^2}{JL_A}} \tag{3.59}$$

und dem Dämpfungsgrad

$$\vartheta = \frac{\omega_o}{2} \cdot \frac{KR_A}{KR_A + c^2}(T_A + T_1) = \frac{KR_A(T_A + T_1)}{2\sqrt{JL_A(KR_A + c^2)}} \tag{3.60}$$

Nach [57] gehört hierzu bei dem Dämpfungsgrad $\vartheta < 1$ mit der Eigenkreisfrequenz ω_d nach Gl. (2.83), dem Dämpfungswinkel

$$\Theta = \arcsin \vartheta \tag{3.61}$$

und der Abklingkonstante δ nach Gl. (2.82) beim sprungartigen Einschalten der Eingangsspannung $U_e(t) = U_{eo}\epsilon(t)$ die Sprungantwort der Winkelgeschwindigkeit

$$\begin{aligned}\Omega_\Gamma(t) &= U_{eo} K_{PU\Omega} \left[1 - \frac{\omega_o}{\omega_d} e^{-\delta t} \cos(\omega_d t - \Theta)\right] \\ &= U_{eo} K_{PU\Omega} \left\{1 - e^{-\delta t}\left[\cos(\omega_d t) + \frac{\delta}{\omega_d}\sin(\omega_d t)\right]\right\}\end{aligned} \tag{3.62}$$

Hierbei ist mit $\cos \Theta = \omega_d/\omega_o$ und $\sin \Theta = \delta/\omega_o = \vartheta$ sowie $\cos(\omega_d t - \Theta) = \cos(\omega_d t)\cos \Theta + \sin(\omega_d t)\sin \Theta = (\omega_d/\omega_o)\cos(\omega_d t) + \vartheta \sin(\omega_d t)$ umgerechnet worden. Gl. (3.62) kann unmittelbar mit dem Programm 4.37 berechnet werden.

Für den Übergang von der Eingangsspannung U_e auf den Ankerstrom I findet man analog die Übertragungsfunktion

$$\begin{aligned}F_{UI}(s) &= \frac{\dfrac{1/R_A}{1 + T_A s}}{1 + \dfrac{1/R_A}{1 + T_A s} \cdot c^2 \cdot \dfrac{1/K}{1 + T_1 s}} = \frac{(1 + T_1 s)/R_A}{(1 + T_A s)(1 + T_1 s) + \dfrac{c^2}{KR_A}} \\ &= \frac{1}{R_A + \dfrac{c^2}{K}} \cdot \frac{1 + T_1 s}{1 + \dfrac{KR_A}{KR_A + c^2}(T_A + T_1)s + \dfrac{KR_A}{KR_A + c^2}T_A T_1 s^2} \\ &= \frac{K_{PUI}(1 + T_v s)}{1 + 2\dfrac{\vartheta}{\omega_o}s + \dfrac{1}{\omega_o^2}s^2}\end{aligned} \tag{3.63}$$

162 3.2 Elektrische Energietechnik

In diesem Fall wirkt der Antrieb wie ein PD-T$_2$-Glied mit dem P r o p o r t i o n a l b e i w e r t

$$K_{PUI} = \frac{1}{R_A + (c^2/K)} \tag{3.64}$$

und der Kennkreisfrequenz von Gl. (3.59) sowie dem Dämpfungsgrad nach Gl. (3.60). Hinzu kommt die V o r h a l t z e i t $T_v = T_1$. Nach [57] gehört hierzu analog zu Gl. (3.62) die S p r u n g a n t w o r t d e s S t r o m e s

$$i_\lrcorner(t) = U_{eo} K_{PUI} \left\{ 1 + \frac{\omega_o}{\omega_d} e^{-\delta t} \left[T_v \omega_o \sin(\omega_d t) - \cos(\omega_d t - \Theta) \right] \right\} \tag{3.65}$$

$$= U_{eo} K_{PUI} \left\{ 1 + e^{-\delta t} \left[\frac{T_v \omega_o - \vartheta}{\sqrt{1 - \vartheta^2}} \sin(\omega_d t) - \cos(\omega_d t) \right] \right\} \tag{3.66}$$

Beispiel 3.12. Ein konstant erregter Gleichstrom-Nebenschlußmotor mit den Kennwerten Ankerkreiswiderstand $R_A = 0{,}24\ \Omega$, Ankerzeitkonstante $T_A = 32$ msec, Nennmoment $M_N = 273$ Nm, Ankernennstrom $I_N = 100$ A, Nenndrehzahl $n_N = 1400$ min^{-1}, also Nennwinkelgeschwindigkeit $\Omega_N = 146{,}6$ sec^{-1}, treibt eine Arbeitsmaschine, die die Lastkennlinie $M_L = K\Omega$ aufweist, an. Der Antrieb hat das Trägheitsmoment $J = 0{,}8$ Wsec^3. Der Gleichstrommotor wird mit der Teilspannung $U_e = 70$ V angelassen. Es ist der Verlauf von Winkelgeschwindigkeit $\Omega(t)$ und Ankerstrom $I(t)$ für den Hochlauf zu berechnen.

Wir bestimmen zunächst weitere Kennwerte, nämlich Übertragungsbeiwert

$$K = M_N/\Omega_N = 273 \text{ Wsec}/(146{,}6 \text{ sec}^{-1}) = 1{,}862 \text{ Wsec}^2$$

Übertragungsbeiwert

$$c = M_N/I_N = 273 \text{ Wsec}/(100 \text{ A}) = 2{,}73 \text{ Vsec}$$

Ankerinduktivität

$$L_A = R_A T_A = 0{,}24\ \Omega \cdot 32 \text{ msec} = 7{,}68 \text{ mH}$$

Vorhaltzeit

$$T_v = T_1 = J/K = 0{,}8 \text{ Wsec}^3/(1{,}862 \text{ Wsec}^2) = 0{,}4296 \text{ sec}$$

Dämpfungsgrad

$$\vartheta = \frac{KR_A(T_A + T_1)}{2\sqrt{JL_A(KR_A + c^2)}} = \frac{1{,}862 \text{ Wsec}^2 \cdot 0{,}24\ \Omega\ (32 \text{ msec} + 429{,}6 \text{ msec})}{2\sqrt{0{,}8 \text{ Wsec}^3 \cdot 7{,}68 \text{ mH}\ (1{,}862 \text{ Wsec}^2 \cdot 0{,}24\ \Omega + 2{,}73^2 \text{ V}^2\text{sec}^2)}} = 0{,}4682$$

Kennkreisfrequenz

$$\omega_o = \sqrt{\frac{KR_A + c^2}{JL_A}} = \sqrt{\frac{1{,}862 \text{ Wsec}^2 \cdot 0{,}24\ \Omega + 2{,}73^2 \text{ V}^2\text{s}^2}{0{,}8 \text{ Wsec}^3 \cdot 7{,}68 \text{ mH}}} = 35{,}85 \text{ sec}^{-1}$$

Eigenkreisfrequenz

$$\omega_d = \omega_o \sqrt{1 - \vartheta^2} = 35{,}85 \text{ sec}^{-1} \sqrt{1 - 0{,}4682^2} = 31{,}68 \text{ sec}^{-1}$$

Abklingkonstante

$$\delta = \vartheta \omega_o = 0{,}4682 \cdot 35{,}85 \text{ sec}^{-1} = 16{,}78 \text{ sec}^{-1}$$

Proportionalbeiwert der Winkelgeschwindigkeit

$$K_{PU\Omega} = \frac{c}{KR_A + c^2} = \frac{2{,}73 \text{ Vsec}}{1{,}862 \text{ Wsec}^2 \cdot 0{,}24 \text{ }\Omega + 2{,}73^2 \text{ V}^2\text{sec}^2} = 0{,}3456 \frac{1}{\text{Vsec}}$$

Proportionalbeiwert des Stromes

$$K_{PUI} = \frac{1}{R_A + (c^2/K)} = \frac{1}{0{,}24 \text{ }\Omega + (2{,}73^2 \text{ V}^2\text{sec}^2/1{,}862 \text{ Wsec}^2)} = 0{,}2357 \text{ S}$$

Den zeitlichen Verlauf der Winkelgeschwindigkeit $\Omega(t)$ könnte man unmittelbar mit dem Programm 4.37 bestimmen. Wir wenden hier das Programm 4.10 an. Für den Drehzahlverlauf benötigt man dann die Summanden und Faktoren

$a_1 = U_{eo}K_{PU\Omega} = 70 \text{ V} \cdot 0{,}3456 \text{ }(1/\text{Vs}) = 24{,}19 \text{ sec}^{-1}$

$\omega_1 = \omega_d = 31{,}68 \text{ sec}^{-1}$

$c_1 = -U_{eo}K_{PU\Omega} = -a_1 = -24{,}19 \text{ sec}^{-1}$

$d_1 = -U_{eo}K_{PU\Omega}/\omega_d = -24{,}19 \text{ sec}^{-1} \cdot 16{,}79 \text{ sec}^{-1}/31{,}68 \text{ sec}^{-1} = -12{,}82 \text{ sec}^{-1}$

$f_3 = \delta = 16{,}78 \text{ sec}^{-1}$

Analog gelten für den Stromverlauf

$a_1 = U_{eo}K_{PUI} = 70 \text{ V} \cdot 0{,}2357 \text{ S} = 16{,}5 \text{ A}$

$\omega_1 = \omega_d = 31{,}68 \text{ sec}^{-1}$

$c_1 = -U_{eo}K_{PUI} = -a_1 = -16{,}5 \text{ A}$

$d_1 = U_{eo}K_{PUI}\frac{T_1\omega_o - \vartheta}{\sqrt{1-\vartheta^2}} = 16{,}5 \text{ A}\frac{0{,}4296 \text{ sec} \cdot 35{,}85 \text{ sec}^{-1} - 0{,}4682}{\sqrt{1-0{,}4682^2}} = 278{,}8 \text{ A}$

$f_3 = \delta = 16{,}78 \text{ sec}^{-1}$

Es ist sinnvoll, den zeitlichen Verlauf von der Zeit $t_A = 0$ bis $t_E = 0{,}25$ sec mit dem Zeitschritt $\Delta t = 0{,}01$ sec zu betrachten. Dann sind die Eingaben und Befehle für den Drehzahlverlauf

E .25 A 1 EE 2 +/− R/S 24.19 R/S 31.68 C 24.19 +/− R/S 12.82 +/− R/S 16.78 R/S 0 D

sowie den Stromverlauf

E .25 A 1 EE 2 +/− R/S 16.5 R/S 31.68 C 16.5 +/− R/S 278.8 R/S 16.78 R/S 0 D

In Bild 3.35 sind die beiden Verläufe $\Omega = f(t)$ und $i = f(t)$, die sich aus diesen Berechnungen

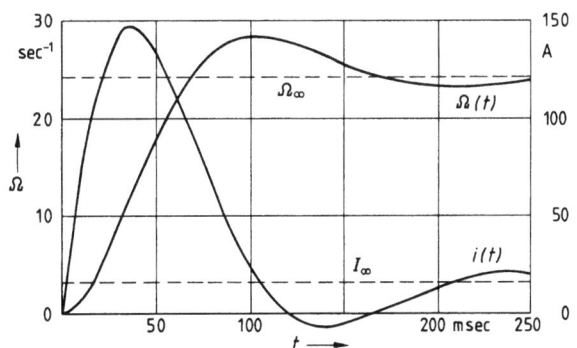

3.35
Hochlaufdiagramm des Antriebs
von Beispiel 3.12 mit Verlauf von
Strom i(t) und Winkelgeschwindigkeit $\Omega(t)$

ergeben, dargestellt. Als Endwert der Winkelgeschwindigkeit muß sich $\Omega_\infty = a_{1\Omega} = 24{,}19 \text{ sec}^{-1}$, als Endwert des Stromes $I_\infty = a_{1I} = 16{,}5$ A einstellen. Sie sind erheblich kleiner als die Nennwerte, da sie nur für die Teilspannung $U_e = 70$ V gelten.

3.2.2.5 Zuleitungsunterbrechung des Dreiphasen-Asynchronmotors. Nach Band II/1 kann man, wenn die Netzströme I_{pn} und I_{nn} für positive Drehzahlwerte (Index pn), also für den Motorbereich, und die gleichen negativen Drehzahlwerte (Index nn), also für den Gegenlaufbereich, die zugehörigen Leistungsaufnahmen P_{1pn} und P_{1nn} sowie die zugehörigen Drehmomente M_{pn} und M_{nn} für den Betrieb einer Drehstrom-Asynchronmaschine an einem symmetrischen Dreiphasennetz bekannt sind, die Kennlinien für den Betrieb bei Unterbrechung einer Zuleitung nach Bild 3.36 mit Hilfe der symmetrischen Komponenten (s. Band II/1 und [56]) berechnen.

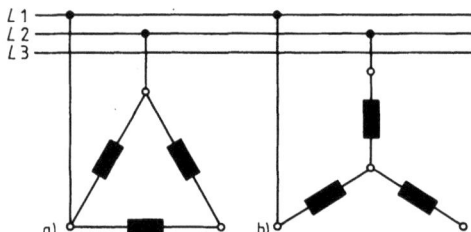

3.36
Zuleitungsunterbrechung der Dreieck- (a) und der Sternschaltung (b)

Zunächst sind mit der Netzspannung U die P h a s e n w i n k e l des M i t s y s t e m s (Index m)

$$\varphi_m = \arccos \frac{P_{1pn}}{\sqrt{3}\, UI_{pn}} \tag{3.67}$$

und des G e g e n s y s t e m s (Index g)

$$\varphi_g = \arccos \frac{P_{1nn}}{\sqrt{3}\, UI_{nn}} \tag{3.68}$$

sowie der Nenner

$$N = 1 + (I_{pn}/I_{nn})^2 + 2(I_{pn}/I_{nn}) \cos(\varphi_m - \varphi_g) \tag{3.69}$$

zu bestimmen. Dann gilt nach Band II/1 bei einer bestimmten Drehzahl n für den A u ß e n l e i t e r s t r o m bei Zuleitungsunterbrechung

$$I_V = I_{pn} \sqrt{3/N} \tag{3.70}$$

die resultierende L e i s t u n g s a u f n a h m e

$$P_{1res} = \frac{1}{N} \left[P_{pn} + P_{nn} \left(\frac{I_{pn}}{I_{nn}} \right)^2 \right] \tag{3.71}$$

und das resultierende D r e h m o m e n t

$$M_{res} = \frac{1}{N}\left[M_{pn} - M_{nn}\left(\frac{I_{pn}}{I_{nn}}\right)^2\right] \qquad (3.72)$$

Außerdem sind nach Band II/1 die L e i s t u n g s a b g a b e

$$P_{2res} = 2\pi n M_{res} \qquad (3.73)$$

und der Wirkungsgrad

$$\eta = P_{2res}/P_{1res} \qquad (3.74)$$

Diese Größen können mit dem Programm 4.21 berechnet werden.

Beispiel 3.13. Ein Dreiphasen-Asynchronmotor für die Nennleistungsabgabe $P_{2N} = 30$ kW und die Nennspannung $U_N = 380$ V in Dreieckschaltung hat bei der Nenndrehzahl $n_N = 980$ min^{-1} den Nennstrom $I_{1N} = 57$ A, die Nennleistungsaufnahme $P_{1N} = 33{,}1$ kW und das Nennmoment $M_N = 293$ Nm. Für die Drehzahl $n = -980$ min^{-1} (also Gegenlauf) betragen Strom $I_1 = 390$ A, Leistungsaufnahme $P_1 = 130{,}3$ kW und Drehmoment $M = 835$ Nm. Es sollen Außenleiterstrom I_V, Leistungsaufnahme P_1, Drehmoment M, Leistungsabgabe P_2 und Wirkungsgrad η für eine Zuleitungsunterbrechung bei fester Drehzahl n bestimmt werden.

Die gesuchten Werte werden im Testbeispiel des Programms 4.21 berechnet. Hiernach erhöht sich der Strom auf $I_V = 87{,}58$ A, während Leistungsaufnahme $P_1 = 28{,}24$ kW, Drehmoment $M = 216{,}5$ Nm, Leistungsabgabe $P_2 = 21{,}65$ kW und Wirkungsgrad $\eta = 0{,}787$ geringer werden. Gegenüber den Nennverlusten $P_{VN} = P_{1N} - P_{2N} = 33{,}1$ kW $- 30$ kW $= 3{,}1$ kW steigen insbesondere die Verluste $P_V = P_1 - P_2 = 28{,}24$ kW $- 21{,}65$ kW $= 6{,}59$ kW auf über das Doppelte, so daß eine beträchtlich größere Erwärmung zu erwarten ist.

3.2.3 Elektrische Energieverteilung

Taschenrechnerprogramme kann man für Berechnungsaufgaben der elektrischen Energieverteilung vielfältig einsetzen. In diesem Abschnitt werden wichtige Probleme exemplarisch angesprochen; man kann außerdem einige Beispiele aus Abschn. 2 für solche Zwecke erweitern.

Insbesondere liegt es nahe, auf Gleichungssysteme, die z. B. das Verhalten vermaschter Netze oder auch elektrische Felder beschreiben, die Modulprogramme ML-02 und ML-03 anzuwenden. Hier wird beispielhaft die Lastverteilung in einem vermaschten Netz berechnet.

Außerdem werden Taschenrechnerprogramme für umfangreiche Berechnungen, die beispielsweise beim Bestimmen von Leitungskennwerten, von Kurzschlußströmen und bei ähnlichen Aufgaben anfallen, benutzt. Für Hochspannungsanlagen werden Schritt- und Durchschlagspannungen berechnet.

3.2.3.1 Kennwerte von dreiphasigen Freileitungen. Nach Band IX gilt entsprechend Bild 3.37 mit dem Seilradius r, der Teilleiterzahl n je Strang, dem Abstand a im Bündel, der Induktionskonstante $\mu_0 = 0{,}4\pi$ mH/km und bei den Einzelabständen d_{12}, d_{23}, d_{31} der drei Leiter voneinander mit dem **mittleren geometrischen Leiterabstand**

$$d_{gmi} = \sqrt[3]{d_{12} d_{23} d_{31}} \qquad (3.75)$$

für die auf die Leitungslänge bezogene **Induktivität** einer beliebigen Dreiphasen-Freileitung (Einseil- oder Bündelleiter)

$$L' = \frac{\mu_0}{2\pi} \left(\ln \frac{d_{gmi}}{\sqrt[n]{kra^{n-1}}} + \frac{1}{4n} \right) \qquad (3.76)$$

Der Bündelfaktor k nach Tafel 3.38 berücksichtigt die Anordnung der Teilleiter und ihre Anzahl n.

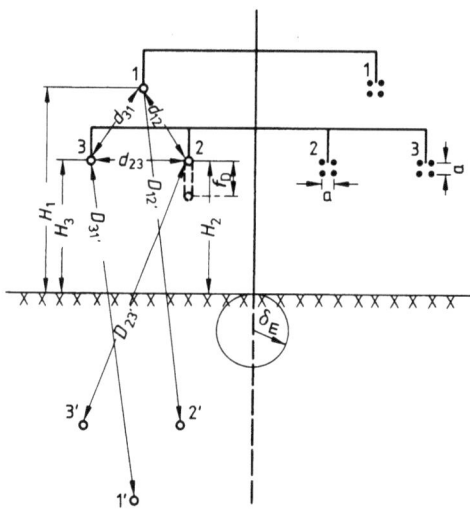

Tafel 3.38 Bündelfaktor k

n	1 bis 3	4	6	8
k	1	$\sqrt{2}$	6	52

3.37
Drehstromfreileitung mit Einseilleiter (links) und Bündelleiter (rechts — hier Teilleiterzahl n = 4)
d_{12}, d_{23}, d_{31} Leiterabstände,
H_1, H_2, H_3 Aufhängehöhe,
f_D Durchhang,
D_{12}', D_{23}', D_{31}' gespiegelte Abstände,
δ_E Eindringtiefe

Bei der Frequenz f bzw. der Kreisfrequenz $\omega = 2\pi f$ ist dann die längenbezogene **Reaktanz**

$$X' = \omega L' \qquad (3.77)$$

Mit den durch Bild 3.37 erläuterten Abmessungen, also den einzelnen Aufhängehöhen H_1, H_2, H_3, dem Durchhang f_D, der durchschnittlichen Seilhöhe (nach Band IX) je Seil

$$h_1 = H_1 - 0{,}7 f_D \qquad (3.78)$$

(für h_2 ist H_2 und für h_3 entsprechend H_3 einzusetzen) und der **mittleren**

3.2.3 Elektrische Energieverteilung

geometrischen Seilhöhe

$$h_{gmi} = \sqrt[3]{h_1 h_2 h_3} \tag{3.79}$$

sowie den Abständen $D_{12'}$, $D_{23'}$, $D_{31'}$ der Leiter 1, 2, 3 von ihren an der Erdlinie gespiegelten Leitern 1', 2', 3' (s. Bild 3.37) und dem mittleren Spiegelabstand

$$D_{gmi} = \sqrt[3]{D_{12'} D_{23'} D_{31'}} \tag{3.80}$$

und der Verschiebungskonstante $\epsilon_o = 8{,}8542 \cdot 10^{-9}$ F/km ist ferner die längenbezogene Betriebskapazität einer verdrillten Dreiphasenleitung ohne Erdseil

$$C'_b = \frac{2\pi\epsilon_o}{\ln[2 h_{gmi} d_{gmi}/(D_{gmi} \sqrt[n]{kr a^{n-1}})]} \tag{3.81}$$

Mit den Potentialkoeffizienten

$$\alpha'_1 = \frac{1}{2\pi\epsilon_o} \ln \frac{2 h_{gmi}}{\sqrt[n]{kr a^{n-1}}} \tag{3.82}$$

und

$$\alpha'_2 = \frac{1}{2\pi\epsilon_o} \ln \frac{D_{gmi}}{d_{gmi}} \tag{3.83}$$

gilt für die längenbezogene Leiterkapazität

$$C'_L = \frac{\alpha'_1 \alpha'_2 - \alpha'^2_2}{\alpha'^3_1 + 2\alpha'^3_2 - 3\alpha'_1 \alpha'^2_2} \tag{3.84}$$

$$= \frac{1}{\alpha'_2} \cdot \frac{(\alpha'_1/\alpha'_2) - 1}{(\alpha'_1/\alpha'_2)^3 + 2 - 3(\alpha'_1/\alpha'_2)} \tag{3.85}$$

und man erhält schließlich die längenbezogene Erdkapazität

$$C'_E = C'_b - 3C'_L \tag{3.86}$$

Zur Berechnung unsymmetrischer Fehler benötigt man noch die Nullimpedanz, die hier wieder auf die Länge bezogen berechnet werden soll. Die Wirkkomponente

$$R'_o = R' + 3R'_{Er} = R' + 3 \cdot \pi^2 \cdot 10^{-7} \cdot f (\Omega/m) \tag{3.87}$$

setzt sich aus dem längenbezogenen Erdwiderstand $R'_{Er} = \pi^2 \cdot 10^{-7}$ Ω/m und dem dreifachen Strangwiderstand R' zusammen. Mit der Erdkonstante $k_E = 658{,}386$ m $(Hz/\Omega m)^{1/2}$, dem spezifischen Widerstand ρ_E des Erdreichs, der Frequenz f und der Eindringtiefe des Erdstroms

$$\delta_E = k_E \sqrt{\rho_E/f} \tag{3.88}$$

gilt dann nach Band IX für die Nullreaktanz in Ω/m

168   3.2. Elektrische Energietechnik

$$X'_o = \omega \frac{\mu_o}{2\pi} \ln \frac{366{,}357 \cdot 10^6 \, m^3 \left(\frac{\rho_E}{f} \frac{Hz}{\Omega m}\right)^{3/2}}{d^2_{gmi} \sqrt[n]{kra^{n-1}}} \tag{3.89}$$

Beispiel 3.14. Eine 110 kV-Drehstrom-Freileitung ist mit einem Seil je Strang belegt. Der Radius des Seils mit dem Querschnitt A = 265/35 mm² Al/Stahl ist r = 11,2 mm. Die Leiterabstände betragen $d_{12} = d_{31}$ = 4,3 m, d_{23} = 3,2 m, die Aufhängehöhen am Isolator H_1 = 22,2 m, $H_2 = H_3$ = 17,7 m, der Durchgang ist f_D = 6,5 m. Die gespiegelten Abstände sind $D_{12'} = D_{31'}$ = 40 m, $D_{23'}$ = 36 m. Der längenbezogene Wirkwiderstand je Seil ist R' = 0,107 Ω/km und der spezifische Erdreichwiderstand ρ_E = 100 Ωm. Die Netzfrequenz ist f = 50 Hz.

Man bestimme die längenbezogenen Kenngrößen Induktivität L', Reaktanz X', Betriebskapazität C'_b, Leiterkapazität C'_L, Erdkapazität C_E, Nullwirkwiderstand R'_0 und Nullreaktanz X'_0 der Leitung.

Die gesuchten Werte, die mit dem Testbeispiel von Programm 4.22 berechnet werden, sind L' = 1,22 mH/km, X' = 0,383 Ω/km, C'_b = 9,981 nF/km, C'_L = 1,839 nF/km, C'_E = 4,463 nF/km, R'_0 = 0,37 Ω/km, X'_0 = 1,41 Ω/km. Zwischenwerte können den Datenregistern entnommen werden.

Beispiel 3.15. Eine 380 kV-Drehstrom-Freileitung ist mit drei Viererbündelleitungen belegt. Der Radius jedes Seils mit dem Querschnitt A = 240/40 mm² Al/Stahl ist r = 10,95 mm, der Abstand im Bündel beträgt a = 0,4 m, die Bündel haben untereinander die Abstände d_{12} = 11,07 m, d_{23} = 7 m, d_{31} = 11,82 m, ihre Aufhängehöhen am Isolator über dem Erdboden betragen H_1 = 35,2 m, $H_2 = H_3$ = 24,7 m, der Durchhang ist f_D = 9,5 m, die gespiegelten Abstände sind $D_{12'} = D_{31'}$ = 51 m, $D_{23'}$ = 42 m. Der längenbezogene Wirkwiderstand je Seil ist R' = 0,116 Ω/km. Es wird der spezifische Erdreichwiderstand ρ_E = 50 Ωm vorausgesetzt. Die Netzfrequenz ist f = 50 Hz. Man bestimme die gleichen Kenndaten wie in Beispiel 3.14.

Die gesuchten Werte, die mit dem Testbeispiel von Programm 4.22 berechnet werden, sind L' = 0,813 mH/km, X' = 0,2554 Ω/km, C'_b = 14,339 nF/km, C'_L = 2,64 nF/km, C'_E = 6,418 nF/km, R'_0 = 0,1364 Ω/km, X'_0 = 1,057 Ω/km. Zwischenwerte können den Datenregistern entnommen werden.

3.2.3.2. Lastverteilung in Maschennetzen.

Die Lastverteilung in einem Maschennetz nach Bild 3.39 kann man nach Band IX durch Lösen eines Gleichungssystems bestimmen, das so viele Gleichungen wie Abnahmepunkte hat. Es stellt eine Spielart des Knotenpunktpotential-Verfahrens nach Abschn. 2.1.4.2 dar. Die symmetrische K n o t e n p u n k t - L e i t w e r t - M a t r i x kennzeichnet die Verknüpfung der einzelnen Knotenpunkte miteinander.

Mit dem jeweils auf die Länge bezogenen Wirkwiderstand R' und dem bezogenen Blindwiderstand X', sowie mit dem mittleren Phasenverschiebungswinkel φ_{mi} sind der mittlere s p e z i f i s c h e L ä n g s w i d e r s t a n d

$$\psi_{mi} = R' - X' \tan \varphi_{mi} \tag{3.90}$$

und mit der Streckenlänge ℓ der S t r e c k e n l e i t w e r t

$$\lambda = 1/(\ell \psi_{mi}) \tag{3.91}$$

3.2.3 Elektrische Energieverteilung 169

In der Hauptdiagonalen der Knotenpunkt-Leitwert-Matrix stehen die Summen der Streckenleitwerte der Netzzweige, die in die jeweiligen Knotenpunkte einmünden. Die Elemente außerhalb der Hauptdiagonalen enthalten die negativen Leitwerte der Strecken, die jeweils zwei Knotenpunkte unmittelbar verbinden. Besteht zwischen zwei Knoten keine Verbindung, so ist der Streckenleitwert Null einzusetzen.

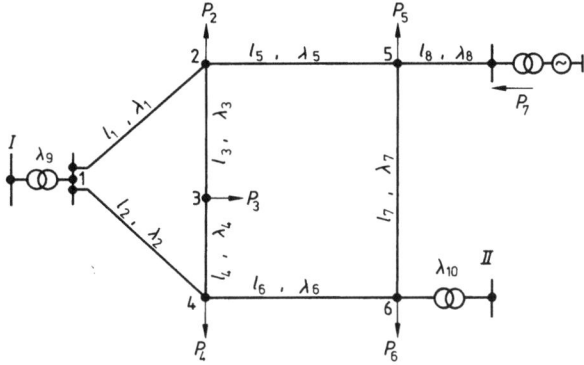

3.39 Maschennetz mit 2 Speisepunkten I, II, konstanter Spannung, einem Speisepunkt 7 konstanter Leistung und 7 Knotenpunkten 1 bis 7

Die Knotenpunkt-Leitwert-Matrix wird mit dem Spaltenvektor der gesuchten Spannungen U_1 bis U_n multipliziert.

Auf der rechten Seite des Gleichungssystems steht zunächst die S p e i s e - p u n k t - L e i t w e r t - M a t r i x , die so viele Reihen wie Knotenpunkte und so viele Spalten wie Speisepunkte enthält. Sie kennzeichnet die Verknüpfung der Speisepunkte mit den Knotenpunkten durch die jetzt nur positiven Streckenleitwerte. Von dieser Speisepunkt-Leitwert-Matrix werden zeilenweise die durch die Nennspannung dividierten Knotenpunkt-Abnahmeleistungen subtrahiert. In einen Knotenpunkt einspeisende Leistungen mit freier Spannung werden negativ eingesetzt. Transformatoren werden wie Leitungen der Länge 1 km behandelt, ihr Wirkwiderstand kann vernachlässigt werden.

Für das Maschennetz in Bild 3.39 ergibt sich somit die Matrizengleichung

$$\begin{bmatrix} (\lambda_1+\lambda_2+\lambda_9) & -\lambda_1 & 0 & -\lambda_2 & 0 & 0 & 0 \\ -\lambda_1 & (\lambda_1+\lambda_3+\lambda_5) & -\lambda_3 & 0 & -\lambda_5 & 0 & 0 \\ 0 & -\lambda_3 & (\lambda_3+\lambda_4) & -\lambda_4 & 0 & 0 & 0 \\ -\lambda_2 & 0 & -\lambda_4 & (\lambda_2+\lambda_4+\lambda_6) & 0 & -\lambda_6 & 0 \\ 0 & -\lambda_5 & 0 & 0 & (\lambda_5+\lambda_7+\lambda_8) & -\lambda_7 & -\lambda_8 \\ 0 & 0 & 0 & -\lambda_6 & -\lambda_7 & (\lambda_6+\lambda_7+\lambda_{10}) & 0 \\ 0 & 0 & 0 & 0 & -\lambda_8 & 0 & \lambda_8 \end{bmatrix} \cdot$$

$$\begin{bmatrix} U_1 \\ U_2 \\ U_3 \\ U_4 \\ U_5 \\ U_6 \\ U_7 \end{bmatrix} = \begin{bmatrix} \lambda_9 & 0 \\ 0 & 0 \\ 0 & 0 \\ 0 & 0 \\ 0 & 0 \\ 0 & \lambda_{10} \\ 0 & 0 \end{bmatrix} \cdot \begin{bmatrix} U_I \\ U_{II} \end{bmatrix} - \frac{1}{U_N} \begin{bmatrix} P_1 \\ P_2 \\ P_3 \\ P_4 \\ P_5 \\ P_6 \\ P_7 \end{bmatrix} \qquad (3.92)$$

3.2 Elektrische Energietechnik

In diesem Gleichungssystem sind die Außenleiterspannungen U_1 bis U_7 zu bestimmen. Mit U_i bzw. U_k als Außenleiterspannungen der Knotenpunkte i bzw. k, sowie mit dem zwischen ihnen liegenden Streckenleitwert λ_{ik} ist bei der Nennspannung U_N die Streckenlast von i nach k

$$P_{ik} = (U_i - U_k) U_N \lambda_{ik} \tag{3.93}$$

Ist hierbei $U_k > U_i$, erhält man eine negative Leistung; diese fließt dann vom Knoten k zum Knoten i.

Beispiel 3.16. Von dem Maschennetz nach Bild 3.39 sind folgende Daten gegeben: Nennspannung U_N = 30 kV, mittlerer Leistungsfaktor $\cos \varphi_{mi}$ = 0,9 induktiv, Leistungsabgaben P_1 = 0, P_2 = 5 MW, P_3 = 3 MW, P_4 = 8 MW, P_5 = 2 MW, P_6 = 4 MW. Das Netz wird an den Stellen I und II aus einem überlagerten 110 kV-Netz über Transformatoren eingespeist. Deren Daten sind Nennscheinleistung S_{NTI} = 16 MVA, relative Kurzschlußspannung u_k = 0,08, Übersetzung ü = 110 kV/30 kV bzw. S_{NTII} = 10 MVA, u_k = 0,07, ü = 110 kV/30 kV. In Punkt 7 speist ein Generator über einen Transformator die konstante Wirkleistung P_7 = 6 MW ein. Die Leitungslängen sind ℓ_1 = 2 km, ℓ_2 = 3,5 km, ℓ_3 = 1,8 km, ℓ_4 = 1,2 km, ℓ_5 = 4 km, ℓ_6 = 2,2 km, ℓ_7 = 3,4 km, ℓ_8 = 1,5 km. Es werden zwei Kabelquerschnitte verwendet, nämlich A_1 = 150 mm² Cu mit dem längenbezogenen Wirk- und Blindwiderstand R' = 0,124 Ω/km und X' = 0,125 Ω/km, dem Kabelnennstrom I_N = 324 A für die Leitungen ℓ_3, ℓ_4 und ℓ_5, sowie A_2 = 240 mm² Cu mit R' = 0,0754 Ω/km und X' = 0,116 Ω/km, I_N = 428 A für die übrigen Leitungen.

Nach Gl. (3.90) sind die spezifischen Längswiderstände für die beiden Querschnitte mit dem induktiven Phasenverschiebungswinkel $\varphi_{mi} = -\arccos 0{,}9 = -25{,}84°$

A_1 = 150 mm²: $\psi_{mi} = R' - X' \tan \varphi_{mi}$ = 0,124 Ω/km − 0,125 (Ω/km) (−0,4843) = 0,1845 Ω/km

A_2 = 240 mm²: $\psi_{mi} = R' - X' \tan \varphi_{mi}$ = 0,0754 Ω/km − 0,116 (Ω/km) (−0,4843)
= 0,1316 Ω/km.

Gl. (3.91) liefert die Streckenleitwerte der Leitungen 1 bis 8 mit den Längen ℓ_1 bis ℓ_8

$\lambda_1 = 1/(\ell_1 \psi_{mi}) = 1/(2 \text{ km} \cdot 0{,}1316 \text{ Ω/km}) = 3{,}8$ S
$\lambda_2 = 1/(\ell_2 \psi_{mi}) = 1/(3{,}5 \text{ km} \cdot 0{,}1316 \text{ Ω/km}) = 2{,}1714$ S
$\lambda_3 = 1/(\ell_3 \psi_{mi}) = 1/(1{,}8 \text{ km} \cdot 0{,}1845 \text{ Ω/km}) = 3{,}0111$ S
$\lambda_4 = 1/(\ell_4 \psi_{mi}) = 1/(1{,}2 \text{ km} \cdot 0{,}1845 \text{ Ω/km}) = 4{,}5167$ S
$\lambda_5 = 1/(\ell_5 \psi_{mi}) = 1/(4 \text{ km} \cdot 0{,}1845 \text{ Ω/km}) = 1{,}355$ S
$\lambda_6 = 1/(\ell_6 \psi_{mi}) = 1/(2{,}2 \text{ km} \cdot 0{,}1316 \text{ Ω/km}) = 3{,}4545$ S
$\lambda_7 = 1/(\ell_7 \psi_{mi}) = 1/(3{,}4 \text{ km} \cdot 0{,}1316 \text{ Ω/km}) = 2{,}2353$ S
$\lambda_8 = 1/(\ell_8 \psi_{mi}) = 1/(1{,}5 \text{ km} \cdot 0{,}1316 \text{ Ω/km}) = 5{,}0667$ S

Für den Streckenleitwert des Transformators 9 ergibt sich über seine Reaktanz $X_{T9} = u_{k9} U_N^2 / S_{N9}$ = 0,08 · (30 kV)²/(16 MVA) = 4,5 Ω bei Vernachlässigung seines Wirkwiderstands ($R_T \ll X_T$) mit Gl. (3.90) und mit der Einheitslänge ℓ = 1 km der spezifische Längswiderstand $\psi_9 \approx -X_{T9} \tan \varphi_{mi}$ = −4,5 (Ω/km) · (−0,4843) = 2,1794 Ω/km und mit Gl. (3.91) ebenfalls mit ℓ = 1 km schließlich λ_9 = 1/(1 km · 2,1794 Ω/km) = 0,4589 S. Die gleiche Rechnung liefert für den Transformator 10 über seine Reaktanz $X_{T10} = u_{k10} U_N^2 / S_{N10}$ = 0,07 · (30 kV)²/(10 MVA) = 6,3 Ω und den spezifischen Längswiderstand $\psi_{10} \approx X'_{T10} \tan \varphi_{mi}$ = −6,3 (Ω/km) · (−0,4843) = 3,0512 Ω/km den Streckenleitwert λ_{10} = 1/(1km · 0,3051 Ω/km) = 0,3278 S.

3.2.3 Elektrische Energieverteilung

Jetzt werden die Zahlenwerte in die Matrizengleichung eingesetzt. Ihr rechter Teil hat zunächst die Form

$$\begin{bmatrix} 0{,}4589 & 0 \\ 0 & 0 \\ 0 & 0 \\ 0 & 0 \\ 0 & 0 \\ 0 & 0{,}3278 \\ 0 & 0 \end{bmatrix} \cdot \begin{bmatrix} 30 \cdot 10^3 \\ \\ \\ \dfrac{1}{30 \cdot 10^3} \\ \\ 30 \cdot 10^3 \\ \end{bmatrix} - \dfrac{1}{30 \cdot 10^3} \begin{bmatrix} 0 \\ 5 \cdot 10^6 \\ 3 \cdot 10^6 \\ 8 \cdot 10^6 \\ 2 \cdot 10^6 \\ 4 \cdot 10^6 \\ -6 \cdot 10^6 \end{bmatrix}$$

Der resultierende Spaltenvektor wird zeilenweise berechnet z.B. für die 1. Zeile

$$0{,}4589 \cdot 30 \cdot 10^3 = 13767$$

oder die 2. Zeile

$$-5 \cdot 10^6 / 30 \cdot 10^3 = -166{,}6667$$

und man erhält schließlich die Matrizengleichung der Zahlenwerte

$$\begin{bmatrix} 6{,}4308 & -3{,}8 & 0 & -2{,}1714 & 0 & 0 & 0 \\ -3{,}8 & 8{,}1661 & -3{,}0111 & 0 & -1{,}355 & 0 & 0 \\ 0 & -3{,}0111 & 7{,}5278 & -4{,}5167 & 0 & 0 & 0 \\ -2{,}1714 & 0 & -4{,}5167 & 10{,}1426 & 0 & -3{,}4545 & 0 \\ 0 & -1{,}355 & 0 & 0 & 8{,}657 & -2{,}2353 & -5{,}0667 \\ 0 & 0 & 0 & -3{,}4545 & -2{,}2353 & 6{,}0176 & 0 \\ 0 & 0 & 0 & 0 & -5{,}0667 & 0 & 5{,}0667 \end{bmatrix} \cdot \begin{bmatrix} \{U_1\} \\ \{U_2\} \\ \{U_3\} \\ \{U_4\} \\ \{U_5\} \\ \{U_6\} \\ \{U_7\} \end{bmatrix} = \begin{bmatrix} 13767 \\ -166{,}67 \\ -100 \\ -266{,}67 \\ -66{,}67 \\ 9700{,}67 \\ 200 \end{bmatrix}$$

die man, wie in [45] ausführlich erläutert, mit dem Modulprogramm ML-02 lösen kann. Vorab ist die erforderliche Speicherbereichverteilung (hier 319.79) einzustellen. Das Programm liefert die Außenleiterspannungen (mit den zugehörigen Datenspeichern in Klammern)

$U_1 = 29310$ V (R64) $U_5 = 29321$ V (R68)
$U_2 = 29267$ V (R65) $U_6 = 29294$ V (R69)
$U_3 = 29242$ V (R66) $U_7 = 29360$ V (R70)
$U_4 = 29248$ V (R67)

Mit Gl. (3.93) ergeben sich die Streckenlasten, wenn man an den beiden Einspeisestellen I und II die Nennspannung 30 kV vorgibt.

Wenn die gefundenen Außenleiterspannungswerte noch in den angegebenen Datenregistern gespeichert sind, erhält man die Leistungen, die über die Netzteile übertragen werden, mit folgenden Rechengängen (sie wenden das Zwischenspeichern im T-Register an)

Größe	Eingabe	Befehle	Anzeige		Größe
		2nd Fix 3			
U_N	**30 EE 3**	x (CE –	3.000	04	U_N
		x ⇄ t RCL 64	2.931	04	U_1
		) x			
λ_9	.4589	=	9.459	06	P_{I1}

3.2 Elektrische Energietechnik

Größe	Eingabe	Befehle	Anzeige	Größe
		x⇌t x x⇌t		
		(RCL 64 –	2.931 04	U_1
		RCL 65	2.927 04	U_2
		) x		
λ_1	3.8	=	4.998 06	P_{12}
usw.				

Alle Ergebnisse sind in Bild 3.40 eingetragen. Im Querschnitt $A_1 = 150$ mm² tritt im Abschnitt 2 – 3 mit $I_{23} = P_{23}/(\sqrt{3}\ U_N \cos \varphi_{mi}) = 2{,}199$ MW/($\sqrt{3}$ · 30 kV · 0,9) = 46,77 A sowie für den Querschnitt $A_2 = 240$ mm² Cu im Abschnitt 7–5 mit $I_{75} = P_{75}/\sqrt{3}\ U_N \cos \varphi_{mi}) = 6$ MW/ ($\sqrt{3}$ · 30 kV · 0,9) = 128,3 A der größte Strom auf. Daher werden die Kabel an keiner Stelle thermisch überlastet, solange nicht Leitungen oder Einspeisungen ausfallen.

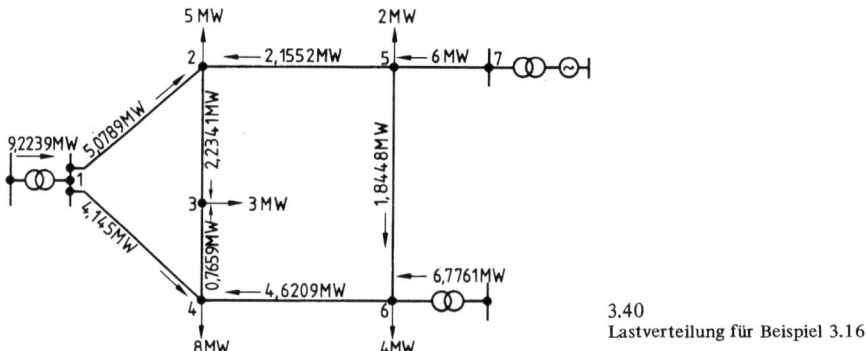

3.40 Lastverteilung für Beispiel 3.16

Das Beispiel kann in dieser Hinsicht mehrfach abgewandelt werden. Für solche Fälle empfiehlt es sich, die Knotenpunkt-Leitwert-Matrix auf einer Magnetkarte zu speichern (Block 3 und 4 bei der Speicherbereichverteilung 319.79), weil geringfügige Änderungen in der Knotenpunkt-Leitwert-Matrix weniger Zeit beanspruchen als die Neueingabe der geänderten vollständigen Matrix.

3.2.3.3 Zusatzlast für einseitig gespeiste Drehstromleitungen. Zwischen Anfang und Ende einer einseitig gespeisten Verteilungsleitung mit n Abnehmern P_ν im Abstand L_ν nach Bild 3.41 ist nach dem in Band IX beschriebenen Verfahren die Außenleiterspannungsdifferenz

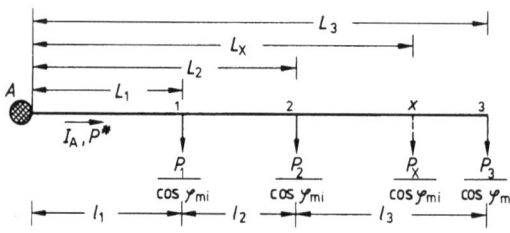

3.41 Einseitig gespeiste Leitung mit verteilten Lastabnehmern P_1, P_2, P_3 und einer Zusatzlast P_x

3.2.3 Elektrische Energieverteilung

$$\Delta U_L = \frac{\psi_{mi}}{U_N} \sum_{\nu=1}^{\nu=n} (P_\nu L_\nu) + P_x L_x \qquad (3.94)$$

Mit der Nennspannung U_N, der zu bestimmenden, noch zulässigen Zusatzlast P_x in wählbarer Entfernung L_x sowie mit dem längenbezogenen Wirkwiderstand R' und dem längenbezogenen Blindwiderstand X' der Leitung und dem mittleren Phasenverschiebungswinkel φ_{mi} der Übertragung (bei induktiver Last ist der Zahlenwert für φ_{mi} negativ einzusetzen, bei kapazitiver Last positiv) ist der spezifische Längswiderstand der Leitung

$$\psi_{mi} = R' - X' \tan \varphi_{mi} \qquad (3.95)$$

Dann gilt für die relative Spannungsdifferenz

$$\Delta u = \frac{\Delta U_L}{U_N} = \frac{\psi_{mi}}{U_N^2} \left[\sum_{\nu=1}^{\nu=n} (P_\nu L_\nu) + P_x L_x \right] \qquad (3.96)$$

Mit der vorgegebenen zulässigen relativen Spannungsdifferenz Δu_z ist die zulässige Zusatzlast P_x im Abstand L_x

$$P_x = \left[\frac{\Delta u_z U_N^2}{\psi_{mi}} - \sum_{\nu=1}^{\nu=n} P_\nu L_\nu \right] \frac{1}{L_x} \qquad (3.97)$$

Die Summe aller Leistungen im ersten Leitungsabschnitt muß dabei stets kleiner sein als die aus dem nach VDE 0298 bzw. DIN 48201 bzw. 48204 zulässigen Leitungsnennstrom I_N berechnete, thermisch zulässige Leistung

$$P^* = \sqrt{3}\ U_N I_N \cos \varphi_{mi} \qquad (3.98)$$

Andernfalls ist die maximal zulässige zusätzliche Leistung P_x^* im Abstand L_x

$$P_x^* = P^* - \sum_{\nu=1}^{\nu=n} P_\nu \qquad (3.99)$$

Gl. (3.94) bis (3.99) sind Grundlage für das Programm 4.23.

Beispiel 3.17. Eine 20-kV-Drehstromleitung als Dreileiterkabel NKBA mit dem Querschnitt $A = 240\ mm^2$ Cu, dem Kabelnennstrom $I_N = 453$ A, dem Widerstandsbelag $R' = 0,074\ \Omega/km$, dem Blindwiderstandsbelag $X' = \omega L' = 0,107\ \Omega/km$ hat drei Abnehmer mit den Wirkleistungen $P_1 = 3000$ kW, $P_2 = 6000$ kW, $P_3 = 2500$ kW in den Entfernungen $\ell_1 = 4,8$ km, $\ell_2 = 3,2$ km, $\ell_3 = 4,3$ km. Der Leistungsfaktor ist im Mittel $\cos \varphi_{mi} = 0,9$ induktiv. Im Abstand $L_x = 10,2$ km von der Einspeisestelle soll eine Zusatzlast P_x angeschlossen werden. Die relative Spannungsdifferenz bis zum Kabelende darf $\Delta u = 0,06$ und der Strom I_I im ersten Kabelabschnitt den zulässigen Wert $I_N = 453$ A nicht überschreiten. Die Zusatzlast und die tatsächliche Spannungsdifferenz sind zu bestimmen.

Der Rechengang ist aus dem Testbeispiel zum Programm 4.23 ersichtlich. Daher ist die Zusatzlast $P_x^* = 2,623$ MW zulässig, und es entsteht die Spannungsdifferenz $\Delta u = 0,038 = 3,8\%$.

3.2 Elektrische Energietechnik

3.2.3.4 Dreisträngiger Kurzschlußstrom. Nach Band IX gilt für Dreiphasennetze mit dem komplexen Kurzschlußwiderstand

$$\underline{Z}_k = R_k + jX_k = Z_k \, \underline{/\varphi_k} \tag{3.100}$$

also bei dem Kurzschluß-Wirkwiderstand R_k, dem Kurzschluß-Blindwiderstand X_k und dem Impedanzwinkel φ sowie der Nennspannung U_N bei der Frequenz f bzw. der Kreisfrequenz $\omega = 2\pi f$ und dem Spannungsfaktor c für den **Anfangs-kurzschlußwechselstrom**

$$I_k'' = cU_N/(\sqrt{3}\, Z_k) \tag{3.101}$$

Mit dem **Kurzschlußwinkel** $\varphi_k = -\varphi$ und dem **Schaltphasen-winkel** der Spannung ψ bzw. des Stromes

$$\gamma = \psi + \varphi_k \tag{3.102}$$

sowie der **Zeitkonstanten**

$$T = X_k/(\omega R_k) \tag{3.103}$$

und der **Zeit** t ist daher mit $\omega t = 360°t/T = 360° tf$ oder der Kreisfrequenz $\omega = 360° f$ die **Zeitfunktion** des Kurzschlußstroms

$$i_k = \sqrt{2}\, I_k'' \left[\sin(\omega t + \gamma) - e^{-t/T} \sin \gamma\right] \tag{3.104}$$

Der **Stoßkurzschlußstrom**

$$I_s = \kappa \sqrt{2}\, I_k'' \tag{3.105}$$

tritt bei $\psi = 0$, also $\gamma = \varphi_k$ und somit für $\omega t = (\pi/2) - \gamma = (\pi/2) - \varphi_k$ zur Zeit

$$t_s = (\frac{\pi}{2} - \varphi_k)/\omega \tag{3.106}$$

auf. Hierbei gilt für die **Stoßziffer**

$$\kappa = 1 - e^{-t/T} \sin \gamma \tag{3.107}$$

Diese Größen kann man mit dem Programm 4.24 berechnen.

Beispiel 3.18. Ein Drehstromnetz weist folgende Kenndaten auf: Kurzschluß-Wirkwiderstand $R_k = 0{,}179\ \Omega$, Kurzschluß-Blindwiderstand $X_k = 0{,}37\ \Omega$, Nennspannung $U_N = 10$ kV, Spannungsfaktor c = 1,1, Frequenz f = 50 Hz.

a) Man bestimme den Anfangskurzschlußwechselstrom I_k'', die Stoßziffer κ und den Stoßkurzschlußstrom I_s.

Die gesuchten Werte werden im Testbeispiel des Programms 4.24 berechnet. Hiernach betragen Anfangskurzschlußwechselstrom $I_k'' = 15{,}451$ kA, Stoßziffer $\kappa = 1{,}245$ und Stoßkurzschlußstrom $I_s = 27{,}202$ kA.

b) Man berechne für eine Periode bei dem Schaltphasenwinkel $\psi = 30°$ den zeitlichen Verlauf des Kurzschlußstroms i_k.

3.2.3 Elektrische Energieverteilung 175

Im Anschluß an die Berechnung unter a) findet man, wie im Testbeispiel des Programms 4.24 berechnet, unter D den Schaltphasenwinkel des Stroms $\gamma = -34{,}2°$ und nach Eingeben der gewählten Schrittweite $\Delta t = 2$ ms und des Endwerts $t_E = 20$ ms den in Bild 3.42 dargestellten Verlauf des Kurzschlußstroms.

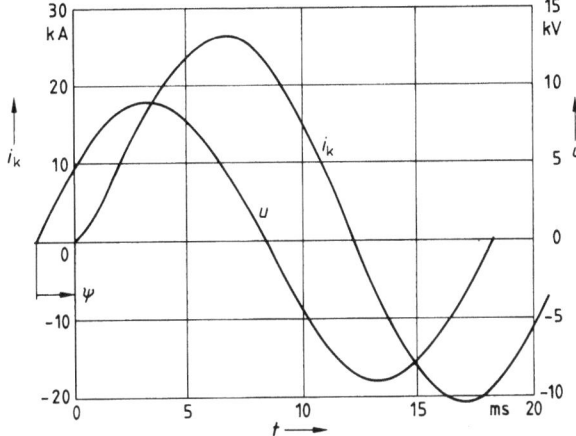

3.42
Zeitlicher Verlauf des Kurzschlußstroms $i_k = f(t)$ beim Schaltphasenwinkel $\psi = 30°$ der Spannung u für eine Periode T (Beispiel 3.18)

3.2.3.5 Begrenzung des einsträngigen Kurzschlußstroms. Der einsträngige Kurzschlußstrom zwischen Außenleiter und Erde kann durch Einschalten eines Wirkwiderstands R_M zwischen Transformatorsternpunkt und der Erdungsanlage mit dem Ausbreitungswiderstand R_E auf einen Wert $I_{k(1)}$ begrenzt werden. Nach Band IX gilt, wenn man die übrigen Wirkwiderstände vernachlässigt, mit Spannungsfaktor c, Nennspannung U_N und den Blindwiderständen von Null- (Index o), Mit- (Index m) und Gegensystem (Index g) allgemein für den **einsträngigen Kurzschlußstrom**

$$I_{k(1)} = \frac{cU_N\sqrt{3}}{R_{oE} + R_{oM} + j(X_o + X_m + X_g)} \tag{3.108}$$

Mit $R_M = R_{oM}/3$ ist der zu bestimmende **Begrenzungswiderstand**

$$R_M = \frac{1}{3}\left[\sqrt{\left(\frac{cU_N\sqrt{3}}{I_{k(1)}}\right)^2 - (X_o + X_m + X_g)^2} - R_{oE}\right] \tag{3.109}$$

Hierbei bilden die Teilreaktanzen von Netz (Index ne) und Transformator (Index T) die **Mitreaktanz**

$$X_m = X_{m\,ne} + X_{m\,T} \tag{3.110}$$

und die **Gegenreaktanz**

$$X_g = X_{g\,ne} + X_{g\,T} \tag{3.111}$$

Als Nullreaktanz X_0 wird nur die Nullreaktanz X_{0T} des Transformators eingesetzt. Für die Teilreaktanzen gilt mit Spannungsfaktor c, Nennspannung U_N, Kurzschluß-

3.2 Elektrische Energietechnik

leistung S_k'', Transformatornennleistung S_{NT}, Kurzschlußspannung u_k und Faktor p der Nullreaktanz des Transformators

$$X_{mne} = X_{gne} = X_{ne} = cU_N^2/S_k'' \qquad (3.112)$$

$$X_{mT} = X_{gT} = X_T = u_k U_N^2/S_{NT} \qquad (3.113)$$

$$X_{oT} = pX_{mT} = pX_T \qquad (3.114)$$

Der Maschenerder mit der Länge a und der Breite b, also der Fläche

$$A = ab \qquad (3.115)$$

und dem spezifischen Erdwiderstand ρ_E hat nach [28] den Ausbreitungswiderstand

$$R_E = \rho_E/(2\sqrt{A}) \qquad (3.116)$$

Seine Nullresistanz ist dann

$$R_{oE} = 3R_E \qquad (3.117)$$

Beispiel 3.19. Es soll die Wirkung der Strombegrenzung in zwei verschiedenen Drehstromnetzen mit den Nennspannungen 110 kV und 10 kV untersucht werden. Die Werte für das 10 kV-Netz stehen in Klammern.

Von diesen Netzen sind folgende Kenndaten vorgegeben: Nennspannung U_N = 110 kV (10 kV), Spannungsfaktor c = 1,1 (1,1), zulässiger einsträngiger Kurzschlußstrom $I_{k(1)}''$ = 1,5 kA (4 kA), Kurzschlußleistung des vorgeschalteten Netzes S_k'' = 2000 MVA (200 MVA), Kurzschlußspannung des Transformators u_k = 0,12 (0,1), Nennleistung des Transformators S_{NT} = 100 MVA (40 MVA), Faktor der Nullreaktanz p = 1,5 (0,80), Länge a und Breite b des Maschenerders jeweils 100 m (20 m), spezifischer Erdwiderstand ρ_E = 50 Ωm (100 Ωm). Es sind die erforderlichen Begrenzungswiderstände R_M zu bestimmen.

Die gesuchten Werte werden für U_N = 110 kV im Testbeispiel des Programms 4.25 berechnet. Es liefert den erforderlichen Begrenzungswiderstand R_M = 41,1 Ω. Analog ist der Rechengang für das Netz mit der Nennspannung U_N = 10 kV

Größe	Eingabe	Befehle	Anzeige	Größe
		2nd E'	0.000 00	
c	1.1	A	1.100 00	c
U_N	10 EE 3	R/S	110.000 06	cU_N^2
S_k''	200 EE 6	R/S	550.000 –03	X_{ne}
u_k	.1	R/S	10.000 06	$u_k U_N^2$
S_{NT}	40 EE 6	R/S	250.000 –03	X_T
p	.8	R/S	200.000 –03	X_{oT}
ρ_E	100	R/S	50.000 00	$\rho_E/2$
a	20	R/S	20.000 00	a
b	20	R/S	2.500 00	R_E
		R/S	19.053 03	$\sqrt{3}\,cU_N$
I_k''	4 EE 3	R/S	–1.030 00	R_M

3.2.3 Elektrische Energieverteilung 177

Für $U_N = 10$ kV ergibt sich der negative Begrenzungswiderstand $R_M = -1,03$ Ω. Der Erderwiderstand R_E ist also schon zu groß, um die Forderung $I''_{k(1)} = 4$ kA zu erfüllen. Im 10 kV-Netz müßte entweder die Fläche der Erdungsanlage vergrößert werden, oder man müßte einen kleineren Kurzschlußstrom als 4 kA zulassen. Diese Frage muß endgültig auch unter selektivschutztechnischen Gesichtspunkten beantwortet werden.

3.2.3.6 Schrittspannung. Das Potential des M a s c h e n e r d e r s ist mit der Fläche A nach Gl. (3.115) nach [28]

$$\varphi = I_E R_E \frac{2}{\pi} \arcsin \frac{\sqrt{A}}{2x} \quad \text{mit } x \geqslant \sqrt{A}/2 \tag{3.118}$$

Hierbei sind der E r d s t r o m $I_E = I_{k(1)}$ nach Gl. (3.108) und die E n t f e r n u n g von der Maschenerdermitte x. Das Argument wird im Bogenmaß gerechnet. Die Differenz der Potentiale benachbarter Punkte x_i ist die S c h r i t t s p a n n u n g

$$U_{Sch12} = \varphi_1 - \varphi_2 \tag{3.119}$$

Sie darf die zulässigen Werte nach VDE 0100, 0101 und 0141 nicht überschreiten. Die Schrittweite ist hiernach mit 1 m anzusetzen. Den Potentialverlauf kann man mit dem Programm 4.25 berechnen.

Beispiel 3.20. Für die Daten des 110 kV-Netzes von Beispiel 3.19 sind die Potentiale und die Schrittspannungen außerhalb der Erdungsanlage im Bereich 50 m $\leqslant x \leqslant$ 58 m zu berechnen.

Das Testbeispiel des Programms 4.25 enthält den Beginn dieser Berechnung. Bild 3.43 zeigt den so berechneten Potentialverlauf und eine Schrittspannung U_{Sch23}.

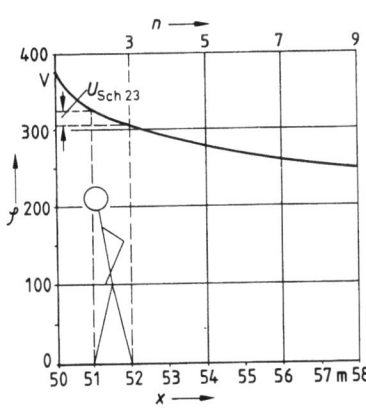

3.43
Elektrisches Potential φ abhängig von der Entfernung x von der Erdmitte sowie Schrittspannung U_{Sch} (Beispiel 3.20)
n Standorte

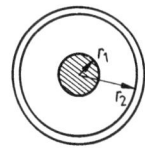

3.44
Koaxiale Zylinderelektroden

3.2.3.7 Gasdurchschlag koaxialer Zylinderelektroden. Für koaxiale Zylinderelektroden nach Bild 3.44 mit den Radien r_1 und r_2, der S c h l a g w e i t e s = $r_2 - r_1$, dem A u s n u t z u n g s f a k t o r

178   3.2 Elektrische Energietechnik

$$\eta = \frac{\ln(r_2/r_1)}{(r_2/r_1) - 1} \tag{3.120}$$

und der **Anfangsfeldstärke** E_A ist nach Band VI die **Durchschlagspannung**

$$U_d = E_A s \eta \tag{3.121}$$

Gl. (3.121) gilt allerdings nur für Ausnutzungsfaktoren $\eta \geqslant 0,2$.

Das Durchschlagsverhalten beschreibt mit der an der Oberfläche der Innenelektrode (Radius r_1) auftretenden elektrischen Feldstärke E_1, den Gaskonstanten A und B und dem Druck p die Funktion

$$f(E_1) = \frac{AE_1 r_1}{B} \left[e^{-\frac{Bp}{E_1}} - e^{-\frac{Bp}{E_1} \cdot \frac{r_2}{r_1}} \right] \tag{3.122}$$

Die den Durchschlag einleitende Anfangsfeldstärke $E_A = E_1$ liegt vor, wenn diese Funktion den kritischen Wert $f(E_1) = K$ erreicht. Für Luft darf mit K = 13,3, A = 645 (bar mm)$^{-1}$ und B = 19 kV/(bar mm) gerechnet werden.

Da die Anfangsfeldstärke E_A in Gl. (3.122) nur implizit zur Verfügung steht, muß sie durch ein Näherungsverfahren ermittelt werden. Nach Einsetzen von K in Gl. (3.122) kommt dies dem Bestimmen von Nullstellen für die Variable E_1 gleich, was man z. B. mit dem Modulprogramm ML-08 durchführen kann. Dieses Vorgehen wird daher im hier mitgeteilten Programm 4.26 angewandt.

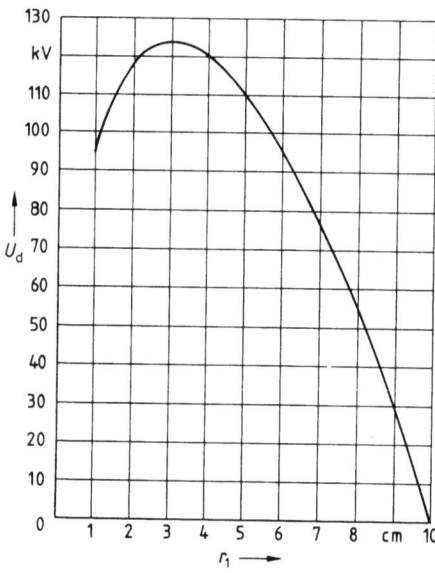

Beispiel 3.21. Für die koaxialen Zylinderelektroden nach Bild 3.44 mit dem Außenradius r_2 = 10 cm sollen die Durchschlagspannungen U_d für die Innenradien r_1 = 1 cm bis 9 cm für Luft mit dem Druck p = 1,013 bar ermittelt werden. Gegeben sind die Gaskonstanten A = 645 (bar mm)$^{-1}$ und B = 19 kV (bar mm)$^{-1}$ sowie der kritische Wert K = 13,3.

Der Rechengang ist für die Schrittweite Δr_1 = 1 cm und die Höchstfeldstärke $E_{A\,max}$ = 50 MV/m als Testbeispiel des Programms 4.26 angegeben. Alle Werte werden in SI-Einheiten ein- und ausgegeben. Bild 3.45 zeigt die so berechnete Kennlinie $U_d = f(r_1)$.

3.45 Durchschlagspannung U_d von koaxialen Zylinderelektroden in Luft abhängig vom Innenradius r_1 (Außenradius r_2 = 10 cm, Druck p = 1,013 bar)

3.3 Nachrichtentechnik

Aufgrund der bisher erreichten Leistungsfähigkeit programmierbarer Tisch- und Taschenrechner lassen sich heute viele nachrichtentechnische Teilprobleme am Schreibtisch schneller und bequemer lösen, als es in der Vergangenheit mit größeren Rechenanlagen möglich war. Zur Analyse und Synthese nachrichtentechnischer Schaltungen und zur Beurteilung elektrischer Signale steht den Benutzern der Taschenrechner TI 58/59 an Modul- und Anwendungsprogrammen eine vielseitig nutzbare Software-Unterstützung zur Verfügung.

Aus dem Gebiet der Zweitor- und Leitungstheorie lassen sich sehr viele Aufgaben mit den TI 58/59 lösen, weil z. B. mit dem Standardmodul ML die komplexe Arithmetik, zahlreiche komplexe Funktionen und bestimmte Matrizenoperationen zur Verfügung stehen. Hinsichtlich der Genauigkeit lassen sich die bekannten Lösungsverfahren mit Kreis- und Leitungsdiagrammen wesentlich verbessern, wenn die entsprechenden numerischen Berechnungen parallel durchgeführt werden.

Die Bemessung aktiver und passiver Filter wird durch die Modulprogramme EE-13, EE-14 und EE-09 in Verbindung mit den in [41], [51] angegebenen Berechnungsverfahren sehr erleichtert. Für Stabilitätsuntersuchungen gegengekoppelter Schaltungen ist das Modul-Programm EE-09 ebenfalls vielseitig einsetzbar.

Für Modulation, Demodulation, Feld- und Antennentheorie war man in der Vergangenheit häufig auf Tabellenwerke höherer Funktionen oder auf spezielle Diagramme angewiesen, deren Bedeutung zunehmend zurückgeht. Die gebräuchlichsten Funktionen lassen sich mit der Standardsoftware bzw. den Modulprogrammen der TI 58/59 unter Berücksichtigung geeigneter Algorithmen mit hinreichender Genauigkeit kurzfristig zur Verfügung stellen [24].

Aus der Fülle nachrichtentechnischer Anwendungsmöglichkeiten wurden hier einige Beispiele ausgewählt, die in engem Zusammenhang zu Band I und XI stehen und im Studium bzw. in der Praxis häufig wiederkehren.

3.3.1 Schwingkreise und Bandfilter

Elektrische Schwingkreise zählen zu den einfachsten Zweipolen und sollen im folgenden durch verlustbehaftete Spulen und Kondensatoren nach Bild 3.46 beschrieben werden.

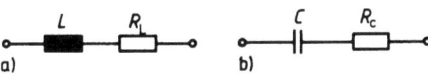

3.46
Ersatzschaltung einer Drossel (a) Induktivität L und Verlustwiderstand R_L und eines Kondensators (b) mit Kapazität C und Verlustwiderstand R_C

3.3.1.1 Reihenschwingkreis. Das elektrische Verhalten des Reihenschwingkreises in Bild 3.47 wird nach Band I und XI durch den frequenzabhängigen komplexen Widerstand

$$\underline{Z} = R_r + jX_r \tag{3.123}$$

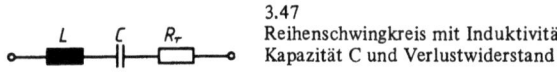

3.47 Reihenschwingkreis mit Induktivität L, Kapazität C und Verlustwiderstand R_r

mit dem Blindwiderstand

$$X_r = \omega L - (1/\omega C) \tag{3.124}$$

charakterisiert. Die Verluste der Spule und des Kondensators sind im Wirkwiderstand

$$R_r = R_L + R_C \tag{3.125}$$

zusammengefaßt. Bei der Resonanzfrequenz f_ρ bzw. der Resonanzkreisfrequenz $\omega_\rho = 2\pi f_\rho$ verschwindet der Blindwiderstand

$$X_r = X_L + X_C = \omega_\rho L - (1/\omega_\rho C) = 0 \tag{3.126}$$

und man erhält die Resonanzkreisfrequenz

$$\omega_\rho = 1/\sqrt{LC} \tag{3.127}$$

bzw. die Resonanzfrequenz

$$f_\rho = \frac{1}{2\pi\sqrt{LC}} \tag{3.128}$$

Weitere kennzeichnende Größen sind der Resonanz-Blindwiderstand

$$X_\rho = \omega_\rho L = 1/(\omega_\rho C) = \sqrt{L/C} \tag{3.129}$$

und der Verlustfaktor

$$d = \frac{R_r}{X_\rho} = \frac{R_r}{\omega_\rho L} = \omega_\rho R_r C = R_r \sqrt{\frac{C}{L}} \tag{3.130}$$

Der Gütefaktor

$$Q = 1/d = X_\rho/R_r \tag{3.131}$$

ist als reziproker Wert des Verlustfaktors d definiert. Häufig interessiert die Bandbreite des Schwingkreises

$$B = f_{c2} - f_{c1} = f_\rho/Q = df_\rho \tag{3.132}$$

die sich aus der oberen Grenzfrequenz f_{c2} und der unteren f_{c1} ergibt und sich aus der Resonanzfrequenz f_ρ und dem Gütefaktor Q ermitteln läßt. Bei den beiden Grenzfrequenzen ist der Scheinwiderstand Z gegenüber dem Resonanzfall um den Faktor $\sqrt{2}$ größer. Die Kenngrößen von Gl. (3.126) bis (3.132) und den Frequenzgang kann man mit dem Programm 4.27 bestimmen.

Beispiel 3.22. Der Reihenschwingkreis in Bild 3.48 mit der Induktivität L = 0,2 mH, der Kapazität C = 550 pF sowie den Verlustwiderständen R_L = 1,5 Ω und R_C = 0,5 Ω wird mit der Quellenspannung $\underline{U}_q$ = 2,0 V, dem inneren Widerstand R_i = 3,0 Ω und der Frequenz f = 481,864 kHz erregt. Wie groß sind Resonanzfrequenz f_ρ, Resonanz-Blindwiderstand X_ρ, Verlustfaktor d, Gütefaktor Q und der Strom I_ρ bei Resonanz? Wie groß sind komplexer Schwingkreiswiderstand $\underline{Z}_r$ und komplexer Strom $\underline{I}$ bei der Betriebsfrequenz f?

Es wird zunächst der resultierende Verlustwiderstand $R_r = R_L + R_C + R_i$ = 5,0 Ω bestimmt, in den der Innenwiderstand R_i der Spannungsquelle mit eingeht.

Die gesuchten Werte f_ρ = 479,9 kHz, Q = 120,6, X_ρ = 603,0 Ω, B = 3,979 kHz und d = 8,292 · 10^{-3} sind dem Testbeispiel a) des Programms 4.27 zu entnehmen.

Bei der Resonanzfrequenz fließt der Strom $I_\rho = U_q/R_r$ = 2 V/(5 Ω) = 400 mA, während man für die Frequenz f = 481,864 kHz den Strom $\underline{I}$ = 282,8 mA $\underline{/-45°}$ dem Testbeispiel entnimmt. Der Realteil des komplexen Widerstands $\underline{Z}$ ist im Datenregister R13 und der Imaginärteil X_r in R12 gespeichert.

Da der Strom I um den Faktor $\sqrt{2}$ geringer ist als im Resonanzfall und der komplexe Widerstand $\underline{Z}$ = (5,0 + j 5,0) Ω beträgt, ist die vorgegebene Betriebsfrequenz mit der oberen Grenzfrequenz f_{c2} identisch.

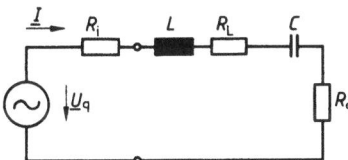 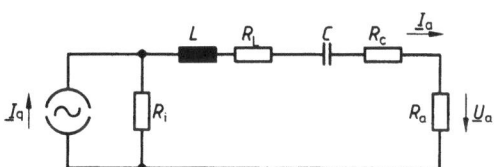

3.48 Reihenschwingkreis zu Beispiel 3.22   3.49 Reihenschwingkreis mit Stromquelle

Beispiel 3.23. Der in Bild 3.49 dargestellte Reihenschwingkreis besteht aus Induktivität L = 168,8 μH, Kapazität C = 150 pF sowie den Verlustwiderständen R_L = 2,8 Ω und R_C = 0,2 Ω. Die Sinusstromquelle führt den Quellenstrom $\underline{I}_q$ = 300 mA und enthält den Innenwiderstand R_i = 5,0 Ω, während der Lastwiderstand R_a = 4,0 Ω beträgt. Man bestimme unter Vernachlässigung der äußeren Beschaltung ($R_i = R_a$ = 0) Resonanzfrequenz f_ρ, Resonanz-Blindwiderstand X_ρ, Gütefaktor Q und Bandbreite B des Schwingkreises. Welchen Einfluß hat die äußere Beschaltung auf die Bandbreite? Der Strom $\underline{I}_a$ ist für die Frequenz f = 1,1 MHz zu berechnen.

Es empfiehlt sich, die Stromquelle in eine äquivalente Spannungsquelle mit der Quellenspannung $\underline{U}_q = \underline{I}_q R_i$ = 300 mA · 5,0 Ω = 1,5 V und dem Innenwiderstand R_i = 5,0 Ω umzuwandeln. Unter Vernachlässigung der in den Wirkwiderständen R_i und R_a entstehenden Verluste erhält man für den Verlustwiderstand $R_r = R_L + R_C$ = 3,0 Ω und mit Programm 4.27 den Rechengang

182 3.3 Nachrichtentechnik

Größe	Eingabe	Befehle	Anzeige	Größe
		2nd Eng 2nd Fix 3 A	13.000 00	
R_r	3	R/S	14.000 00	
L	168.8 EE 6 +/−	R/S	15.000 00	
C	150 EE 12 +/−	R/S	150.000 −12	C
		2nd B′	19.000 00	
		2nd C′	1.000 06	f_p
		R/S	1.061 03	X_p
		R/S	2.828 −03	d
		R/S	353.606 00	Q
		R/S	2.829 03	B

Die Wirkwiderstände R_i und R_a führen zu einer Vergrößerung des resultierenden Verlustwiderstands $R_r = R_L + R_C + R_i + R_a = 2,8 \, \Omega + 0,2 \, \Omega + 5 \, \Omega + 4 \, \Omega = 12 \, \Omega$. Ändert man im Programm 4.27 diesen einen Wert in R13, so erhält man über den Rechengang

Größe	Eingabe	Befehle	Anzeige	Größe
R_r	12	STO 13	12.000 00	R_r
		2nd B′	19.000 00	
		2nd C′	1.000 06	f_p
		R/S	1.061 03	X_p
		R/S	11.312 −03	d
		R/S	88.401 00	Q
		R/S	11.314 03	B

den wesentlich geringeren Gütefaktor Q = 88,4 und die entsprechend größere Übertragungsbandbreite B = 11,314 kHz. Für die Frequenz f = 1,1 MHz ermittelt man mit den gespeicherten Werten und dem Rechengang

Größe	Eingabe	Befehle	Anzeige	Größe
		2nd A′	16.000 00	
f_A	1.1 EE 6	R/S	17.000 00	
Δf	100	R/S	18.000 00	
f_E	1.1 EE 6	R/S	1.100 06	f_E
		2nd B′	19.000 00	
U_q	1.5	R/S	1.500 00	U_q
		C	1.100 06	f
		R/S	7.410 −03	I_a
		R/S	−86.602 00	φ_I

den komplexen Strom $\underline{I}_a = 7,41$ mA $\underline{/-86,60°}$.

3.3.1.2 Parallelschwingkreis. In selektiven Verstärkerschaltungen werden vorwiegend Parallelschwingkreise eingesetzt, die im allgemeinen von Sinusstromquellen mit sehr großen Innenwiderständen gespeist werden. Hier werden die wichtigsten Gleichungen für den verlustbehafteten Parallelschwingkreis in Bild 3.50 zusammengestellt.

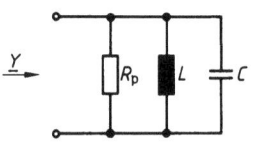

3.50 Parallelschwingkreis

Ausgehend von dem komplexen Leitwert

$$\underline{Y} = \frac{1}{R_p} + j\left(\omega C - \frac{1}{\omega L}\right) \tag{3.133}$$

erhält man nach Band I den komplexen Widerstand $\underline{Z} = 1/\underline{Y}$ und die Kenngrößen Resonanzfrequenz f_ρ über Gl. (3.128), Resonanz-Blindwiderstand X_ρ über Gl. (3.129), Bandbreite B über Gl. (3.132) sowie

$$\text{Verlustfaktor} \quad d = X_\rho/R_p \tag{3.134}$$

$$\text{Gütefaktor} \quad Q = 1/d = R_p/X_\rho \tag{3.135}$$

Beispiel 3.24. Der Parallelschwingkreis von Bild 3.51 besteht aus Induktivität L = 620,2 μH, Kapazität C = 6,8 nF und Wirkwiderstand R_p = 68,0 kΩ. Die Schaltung wird von einer Sinusstromquelle mit dem Quellenstrom I_q = 40 μA gespeist, deren Innenwiderstand R_i = 220 kΩ beträgt, während die nachfolgende Verstärkerstufe durch den Wirkwiderstand R_a = 270 kΩ berücksichtigt ist: Gesucht sind Bandbreite B und Verlauf der Ausgangsspannung U_a in Abhängigkeit der Frequenz f im Bereich $f_\rho - 1\,\text{kHz} \leq f \leq f_\rho + 1\,\text{kHz}$.

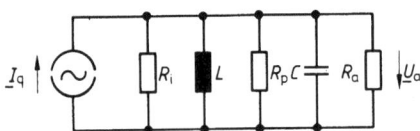

3.51 Parallelschwingkreis zu Beispiel 3.24

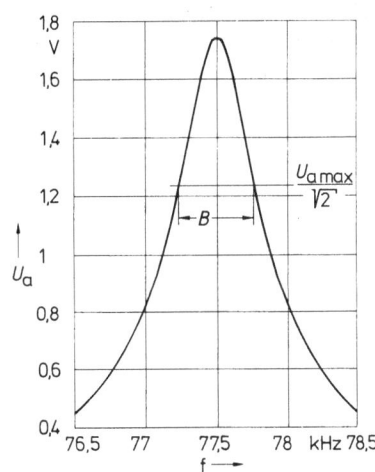

3.52
Resonanzkurve der Spannung U_a eines Parallelschwingkreises der Bandbreite B in Abhängigkeit der Frequenz f

Die parallelgeschalteten Wirkwiderstände R_i, R_a und R_p kann man in dem resultierenden Verlustwiderstand

$$R_V = \frac{1}{\frac{1}{R_i} + \frac{1}{R_a} + \frac{1}{R_p}} = \frac{1}{\frac{1}{220\,\text{k}\Omega} + \frac{1}{270\,\text{k}\Omega} + \frac{1}{68\,\text{k}\Omega}} = 43{,}56\,\text{k}\Omega$$

zusammenfassen; er bestimmt den Verlustfaktor. Als Schrittweite für die Frequenz wählt man zweckmäßig Δf = 100 Hz. Die gesuchten Werte werden im Testbeispiel des Programms 4.27 berechnet und in Bild 3.52 dargestellt. Die berechnete Bandbreite B = 537,27 Hz ist eingezeichnet.

3.3.1.3 Schwingkreise mit großem Gütefaktor. Die in selektiven Schaltungen eingesetzten Schwingkreise zeichnen sich durch sehr geringe Verlustfaktoren aus, so daß in den meisten Fällen der Gütefaktor Q > 10 ist. Unter dieser Voraussetzung gelten in der Nähe der Resonanzfrequenz für die Reihen-Parallelumwandlung in Bild 3.53 mit den Verlustfaktoren

$$d_L = \frac{R_L}{\omega_\rho L} \tag{3.136}$$

$$d_C = \omega_\rho R_C C \tag{3.137}$$

und der Nebenbedingung

$$d = d_L + d_C \leq 0{,}1 \tag{3.138}$$

nach [7] die N ä h e r u n g e n für Induktivität

$$L_p = L\left[1 + \left(\frac{R_L}{\omega_p L}\right)^2\right] = L(1 + d_L^2) \approx L \tag{3.139}$$

und Kapazität

$$C_p = \frac{C}{1 + (\omega_\rho R_C C)^2} = \frac{C}{1 + d_C^2} \approx C \tag{3.140}$$

Dann unterscheiden sich die Größen in Bild 3.53b nur geringfügig von denen in Bild 3.53a.

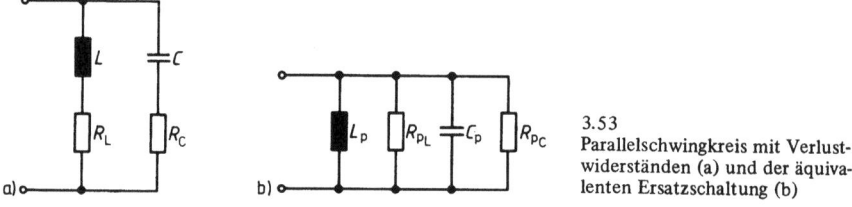

3.53 Parallelschwingkreis mit Verlustwiderständen (a) und der äquivalenten Ersatzschaltung (b)

Aus der Reihen-Parallelumwandlung erhält man bei der Resonanzfrequenz

$$f_\rho = \frac{1}{2\pi\sqrt{L_p C_p}} = \frac{1}{2\pi}\sqrt{\frac{1 - (R_L^2 C/L)}{LC(1 - R_C^2 C/L)}} \approx \frac{1}{2\pi\sqrt{LC}} \tag{3.141}$$

für die Verlustwiderstände die Näherungen

$$R_{pL} = R_L\left[1 + \left(\frac{\omega_\rho L}{R_L}\right)^2\right] \approx \frac{(\omega_\rho L)^2}{R_L} \approx \frac{X_\rho^2}{R_L} \tag{3.142}$$

$$R_{pC} = R_C\left[1 + \left(\frac{1}{\omega_\rho R_C C}\right)^2\right] \approx \frac{1}{\omega_\rho^2 C^2 R_C} \approx \frac{X_\rho^2}{R_C} \tag{3.143}$$

3.3.1 Schwingkreise und Bandfilter   185

die zu dem resultierenden Wirkwiderstand

$$R_p = \frac{1}{\frac{1}{R_{pL}} + \frac{1}{R_{pC}}} \quad (3.144)$$

führen. Mit den angegebenen Näherungen werden die Rechnungen einfacher und übersichtlicher. Die Zulässigkeit dieser Näherungen zeigt das folgende Beispiel.

Beispiel 3.25. Der Parallelschwingkreis in Bild 3.53a mit Induktivität L = 5,71 µH, Kapazität C = 22 pF und den Wirkwiderständen R_L = 50 Ω und R_C = 0,5 Ω ist durch Reihen-Parallelumwandlungen in die Ersatzschaltung nach Bild 3.53b zu überführen. Die mit den Näherungen gewonnenen Ergebnisse sind mit den exakten Lösungen zu vergleichen.
Mit den in Abschn. 3.3.1.3 beschriebenen Näherungen und Gl. (3.141) erhält man die Resonanzfrequenz

$$f_\rho = \frac{1}{2\pi\sqrt{L_p C_p}} \approx \frac{1}{2\pi\sqrt{LC}} = \frac{1}{2\pi\sqrt{5{,}71\ \mu H \cdot 22\ pF}} = 14{,}2\ \text{MHz}$$

den Resonanz-Blindwiderstand

$$X_\rho = \omega_\rho L_p \approx \omega_\rho L = 2\pi \cdot 14{,}2\ \text{MHz} \cdot 5{,}71\ \mu H = 509{,}46\ \Omega$$

und mit Gl. (3.142) und (3.143) die Verlustwiderstände

$$R_{pL} \approx X_\rho^2/R_L = 509{,}46^2\ \Omega^2/(50\ \Omega) = 5{,}191\ \text{k}\Omega$$

$$R_{pC} \approx X_\rho^2/R_C = 509{,}46^2\ \Omega^2/(0{,}5\ \Omega) = 519{,}1\ \text{k}\Omega$$

die den resultierenden Verlustwiderstand

$$R_p = \frac{1}{\frac{1}{R_{pL}} + \frac{1}{R_{pC}}} = \frac{1}{\frac{1}{5{,}191\ \text{k}\Omega} + \frac{1}{519{,}1\ \text{k}\Omega}} = 5{,}14\ \text{k}\Omega$$

bestimmen. Die im Testbeispiel zu Programm 4.28 berechneten exakten Werte und die Ergebnisse der Näherungslösung sind in Tafel 3.54 zusammengestellt.

Tafel 3.54 Ersatzelemente des Schwingkreises von Bild 3.53b

	f_ρ in MHz	R_p in kΩ	L_p in µH	C_p in pF
Berechnung mit Näherungsformeln	14,2	5,14	5,710	22,0
Exakte Lösung	14,13	5,14	5,766	22,0

Obwohl der im Testbeispiel ermittelte Gütefaktor nur Q = 10,04 beträgt, besteht zwischen der Näherungslösung und der exakten Berechnung eine gute Übereinstimmung, die bei größeren Gütefaktoren noch besser wäre.

3.3.1.4 Bandfilter. Ein Bandfilter besteht aus zwei oder mehreren Parallelschwingkreisen, die lose miteinander gekoppelt sind. Sie werden in selektiven Verstärkern als Koppelnetzwerke zwischen den einzelnen Verstärkerstufen und in Demodulatoren für frequenzmodulierte Signale eingesetzt. Bild 3.55 zeigt die beiden gebräuchlichsten Schaltungen. Die Theorie ist in [7], [13], [37], [41], [61] umfassend dargestellt.

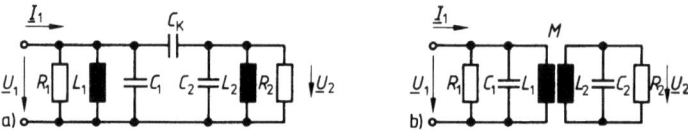

3.55 Zweikreisiges Bandfilter mit (a) kapazitiver und (b) induktiver Kopplung

Programmierbare Taschenrechner ermöglichen die exakte Berechnung des Frequenzgangs aus den Schaltungsdaten, die meistens nur mit Näherungsformeln hinreichend genau bestimmt werden können. Unterscheidet sich der berechnete Verlauf des Frequenzgangs vom gewünschten Verlauf, so kann durch eine geringfügige Korrektur der Schaltungsdaten die Übereinstimmung erzielt werden.

Am Beispiel des kapazitiv gekoppelten Zweikreisbandfilters nach Bild 3.55a, das zwei gleiche Parallelschwingkreise aufweist, sollen die wichtigsten Näherungsformeln diskutiert werden, die zur Schaltungsanalyse und -synthese erforderlich sind. Der Zusammenhang zwischen der komplexen Ausgangsspannung $\underline{U}_2$ und dem komplexen Eingangsstrom $\underline{I}_1$ läßt sich nach [7], [37] und [41] durch den komplexen p r i m ä r e n K e r n w i d e r s t a n d

$$\underline{Z}_{21} = \frac{\underline{U}_2}{\underline{I}_1} = \pm jKR \frac{1}{1 + K^2 - \Omega^2 + j2\Omega} \tag{3.145}$$

wie er in Band XI für Zweitore beschrieben ist, in Abhängigkeit der n o r m i e r t e n F r e q u e n z Ω und des n o r m i e r t e n K o p p l u n g s f a k t o r s K hinreichend genau angeben. Das positive Vorzeichen gilt für kapazitive Kopplung, das negative für induktive. Der Verlustwiderstand R bezieht sich nach Bild 3.55 auf den einzelnen Schwingkreis.

In Bild 3.56 ist die S e l e k t i o n

$$\sigma = \frac{Z_{21}(\Omega)}{Z_{21}(\Omega = 0)} = \frac{1 + K^2}{\sqrt{(1 + K^2 - \Omega^2)^2 + 4\Omega^2}} \tag{3.146}$$

in Abhängigkeit der normierten Frequenz Ω dargestellt; dort wird der Einfluß des normierten Kopplungsfaktors K deutlich.

Man bezeichnet den Fall

K = 1 als k r i t i s c h e Kopplung, die durch ein flaches Maximum gekennzeichnet ist;

K > 1 als überkritische Kopplung und
K < 1 als unterkritische Kopplung. (Dieser Fall ist technisch unbedeutend.)

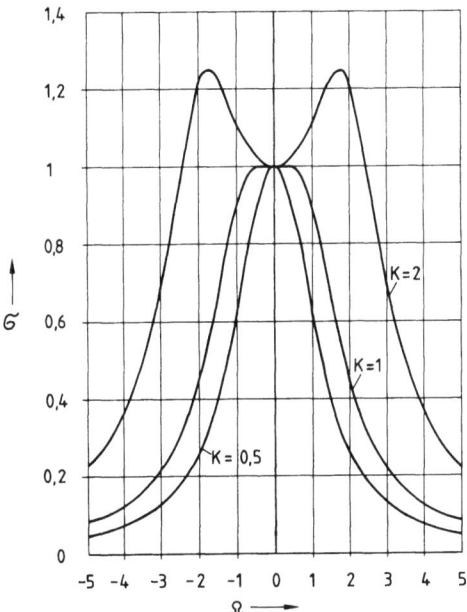

3.56
Selektion σ eines zweikreisigen Bandfilters in Abhängigkeit der normierten Frequenz Ω für drei normierte Kopplungsfaktoren K

Extremwerte treten für $K > 1$ bei $\Omega = 0$ und bei den beiden Höckerfrequenzen $\Omega_H = \pm\sqrt{K^2 - 1}$ auf. Zwischen normiertem Kopplungsfaktor K und maximaler Selektion σ_{max} bestehen die Abhängigkeiten

$$\sigma_{max} = \frac{1 + K^2}{2K} \qquad (3.147)$$

$$K = \sigma_{max} + \sqrt{\sigma_{max}^2 - 1} \qquad (3.148)$$

Die beiden normierten Grenzfrequenzen

$$\Omega_{c12} = \pm\sqrt{K^2 - 1 + \sqrt{2(1 + K^4)}} \qquad (3.149)$$

ergeben sich aus der Bedingung $\sigma_{(\Omega_{c12})} = 1/\sqrt{2}$.

Für Bandfilter mit kapazitiver Kopplung nach Bild 3.55a bestehen zwischen den Bauelementen und den normierten Größen nach [37], [41] und [61] sehr einfache Zusammenhänge. Der normierte Kopplungsfaktor

$$K = \omega_m R C_K = Q \frac{C_K}{C} \qquad (3.150)$$

188   3.3. Nachrichtentechnik

ist durch den Verlustwiderstand R, die Koppelkapazität C_K und die K r e i s m i t t e n f r e q u e n z

$$\omega_m = \sqrt{\omega_{c1}\omega_{c2}} \approx \frac{1}{\sqrt{L(C + C_K)}} \qquad (3.151)$$

bestimmt, die das geometrische Mittel der beiden Kreisgrenzfrequenzen ω_{c1} und ω_{c2} ist. Aus der Kreisfrequenz ω, der Kreismittenfrequenz ω_m und dem Gütefaktor

$$Q = \omega_m RC \qquad (3.152)$$

erhält man die normierte Frequenz

$$\Omega = Q\left(\frac{\omega}{\omega_m} - \frac{\omega_m}{\omega}\right) = Q\left(\frac{f}{f_m} - \frac{f_m}{f}\right) \qquad (3.153)$$

Bei Bandfiltern mit induktiver Kopplung ist nach Bild 3.55b und Band I der K o p p l u n g s f a k t o r

$$k = \frac{M}{\sqrt{L_1 L_2}} = \frac{M}{L} \qquad (3.154)$$

des Übertragers durch Gegeninduktivität M und Induktivitäten L der Primär- bzw. Sekundärwicklung bestimmt. Die Kreismittenfrequenz

$$\omega_m = \sqrt{\omega_{c1}\omega_{c2}} \approx \frac{1}{\sqrt{LC}} \qquad (3.155)$$

hängt praktisch nur von der Induktivität L des Übertragers und von der Schwingkreiskapazität C ab. Der Gütefaktor

$$Q = \frac{R}{\omega_m L} = \omega_m RC = R\sqrt{C/L} \qquad (3.156)$$

stellt den Zusammenhang zwischen dem normierten Kopplungsfaktor

$$K = kQ \qquad (3.157)$$

und dem Kopplungsfaktor k des Übertragers her. Zur Berechnung der normierten Frequenz Ω ist ebenfalls von Gl. (3.153) auszugehen.

Beispiel 3.26. Für die beiden Grenzfrequenzen $f_{c1} = 0{,}99$ MHz und $f_{c2} = 1{,}01$ MHz ist ein Bandfilter mit kapazitiver Kopplung gemäß Bild 3.55a zu bemessen. Für den normierten Kopplungsfaktor ist $K = 1$ zu wählen, während die Koppelkapazität $C_K = 4{,}7$ pF nicht unterschreiten soll. Man berechne normierte Grenzfrequenz Ω_c, Gütefaktor Q, resultierende Verlustwiderstände R, Induktivitäten L und Kapazitäten C beider Parallelschwingkreise. Für diese Schaltungselemente ist der Verlauf der Selektion σ in Abhängigkeit der Frequenz f im Bereich $0{,}99$ MHz $\leq f \leq 1{,}05$ MHz zu ermitteln.

Mit dem normierten Kopplungsfaktor $K = 1$ erhält man aus Gl. (3.149) die normierte Grenzfrequenz

3.3.1 Schwingkreise und Bandfilter

$$\Omega_{c12} = \pm \sqrt{K^2 - 1 + \sqrt{2(1+K^4)}} = \pm \sqrt{2}$$

Durch Gl. (3.151) und die beiden Grenzfrequenzen f_{c1} und f_{c2} ist die Kreismittenfrequenz ω_m und die Mittenfrequenz

$$f_m = \frac{\omega_m}{2\pi} = \sqrt{f_{c1} f_{c2}} = \sqrt{0{,}99 \cdot 1{,}01} \text{ MHz} = 999{,}95 \text{ kHz}$$

bestimmt, so daß Gl. (3.153) nach dem Gütefaktor

$$Q = \frac{\Omega_{c2}}{\left(\frac{f_{c2}}{f_m} - \frac{f_m}{f_{c2}}\right)} = \frac{1{,}414}{\frac{1{,}01 \text{ MHz}}{0{,}99995 \text{ MHz}} - \frac{0{,}99995 \text{ MHz}}{1{,}01 \text{ MHz}}} = 70{,}71$$

aufgelöst werden kann, wenn eine der beiden Grenzfrequenzen eingesetzt wird.

Mit dem normierten Kopplungsfaktor K, der Koppelkapazität C_K und dem berechneten Gütefaktor Q erhält man mit Gl. (3.150) die Schwingkreiskapazität

$$C = Q\, C_K / K = 70{,}71 \cdot 4{,}7 \text{ pF} / 1 = 332{,}3 \text{ pF}$$

und den resultierenden Verlustwiderstand

$$R = \frac{K}{2\pi f_m C_K} = \frac{1}{2\pi \cdot 999{,}95 \text{ kHz} \cdot 4{,}7 \text{ pF}} = 33{,}86 \text{ k}\Omega$$

Gl. (3.151) läßt sich nach der Induktivität

$$L = \frac{1}{(2\pi f_m)^2 (C + C_K)} = \frac{1}{(2\pi \cdot 999{,}95 \cdot \text{kHz})^2 \cdot 337 \text{ pF}} = 75{,}17\ \mu\text{H}$$

der beiden Schwingkreise auflösen, so daß sämtliche Schaltungsdaten bekannt sind.

Die in Bild 3.57 dargestellte Selektionskurve wird mit dem Testbeispiel a) zu Programm 4.29 aus den ermittelten Schaltungselementen berechnet. Die maximale Ausgangsspannung $U_2 = 1$ V wird mit dem Eingangsstrom $I_1 = 59{,}103\ \mu$A erreicht. Die Mittenfrequenz f_m ist um den Faktor $\alpha = 1{,}007$ zu höheren Frequenzen hin verschoben. Diese Abweichung ist durch die Näherung bedingt, die der Gl. (3.145) zugrunde liegt.

Führt man mit dem Faktor α eine Korrektur der Induktivität $L = (1{,}007)^2 \cdot 75{,}17\ \mu\text{H} = 76{,}23\ \mu\text{H}$ und des Verlustwiderstandes $R = 1{,}007 \cdot 33{,}86 \text{ k}\Omega = 34{,}1 \text{ k}\Omega$ durch, so stimmt der mit diesen korrigierten Werten berechnete Frequenzgang mit dem gewünschten Verlauf praktisch überein.

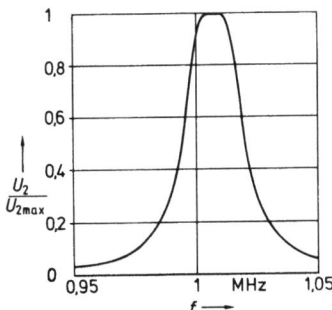

3.57
Übertragungskurve $U_2/U_{2\,\text{max}} = f(f)$ des in Beispiel 3.26 berechneten Bandfilters mit kapazitiver Kopplung

3.3.2 Grundgleichungen linearer Zweitore

In der Nachrichtenübertragungstechnik haben die linearen Schaltungen, bei denen man zwei Eingangs- und Ausgangsklemmen unterscheiden kann, eine große praktische Bedeutung und werden als Z w e i t o r e (früher V i e r p o l e) bezeichnet. Da in vielen Fällen nur der Zusammenhang zwischen den Spannungen und Strömen an den Klemmen der Tore interessiert, lassen sich die elektrischen Eigenschaften eines beliebigen Zweitors durch vier komplexe Größen, die Z w e i t o r p a r a m e t e r, vollständig beschreiben.

Die Theorie der Zweitore ist in Band XI und [16] ausführlich dargestellt und wird in den folgenden Abschnitten auf einige Beispiele angewendet, die die vielfältigen Einsatzmöglichkeiten programmierbarer Taschenrechner zeigen.

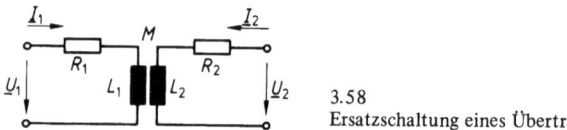

3.58
Ersatzschaltung eines Übertragers

3.3.2.1 Übertrager.

Der in zahlreichen Schaltungen eingesetzte Übertrager wird nach Band I durch die Ersatzschaltung in Bild 3.58 beschrieben und läßt sich nach [7], [41] durch die Zweitorgleichungen in W i d e r s t a n d s f o r m

$$\underline{U}_1 = \underline{Z}_{11}\underline{I}_1 + \underline{Z}_{12}\underline{I}_2 \tag{3.158}$$

$$\underline{U}_2 = \underline{Z}_{21}\underline{I}_1 + \underline{Z}_{22}\underline{I}_2 \tag{3.159}$$

einfach darstellen. Zwischen den komplexen Widerständen $\underline{Z}_{ij}$ und den Wirkwiderständen R_1, R_2, den Induktivitäten L_1, L_2 und der Gegeninduktivität M der Ersatzschaltung bestehen bei der Kreisfrequenz ω die einfachen Zusammenhänge

$$\underline{Z}_{11} = R_1 + j\omega L_1 \tag{3.160}$$

$$\underline{Z}_{12} = \underline{Z}_{21} = j\omega M \tag{3.161}$$

$$\underline{Z}_{22} = R_2 + j\omega L_2 \tag{3.162}$$

Mitunter wird anstelle der Gegeninduktivität M der K o p p l u n g s f a k t o r des Übertragers

$$k = M/\sqrt{L_1 L_2} \tag{3.163}$$

angegeben. Die komplexen Parameter $\underline{Z}_{12}$ und $\underline{Z}_{21}$ sind wegen der Kopplungssymmetrie des Übertragers gleich groß.

Sind für eine bestimmte Frequenz die komplexen Zweitorparameter in W i d e r s t a n d s f o r m

$$\underline{U}_1 = \underline{Z}_{11}\underline{I}_1 + \underline{Z}_{12}\underline{I}_2 \tag{3.164}$$

$$\underline{U}_2 = \underline{Z}_{21}\underline{I}_1 + \underline{Z}_{22}\underline{I}_2 \tag{3.165}$$

3.3.2 Grundgleichungen linearer Zweitore   191

L e i t w e r t f o r m

$$\underline{I}_1 = \underline{Y}_{11}\underline{U}_1 + \underline{Y}_{12}\underline{U}_2 \tag{3.166}$$

$$\underline{I}_2 = \underline{Y}_{21}\underline{U}_1 + \underline{Y}_{22}\underline{U}_2 \tag{3.167}$$

K e t t e n f o r m

$$\underline{U}_1 = \underline{A}_{11}\underline{U}_2 + \underline{A}_{12}\underline{I}_2 \tag{3.168}$$

$$\underline{I}_1 = \underline{A}_{21}\underline{U}_2 + \underline{A}_{22}\underline{I}_2 \tag{3.169}$$

oder H y b r i d f o r m

$$\underline{U}_1 = \underline{H}_{11}\underline{I}_1 + \underline{H}_{12}\underline{U}_2 \tag{3.170}$$

$$\underline{I}_2 = \underline{H}_{21}\underline{I}_1 + \underline{H}_{22}\underline{U}_2 \tag{3.171}$$

bekannt, so können mit dem Programm 4.30 die Parameter der einen Form leicht in die einer anderen Form umgerechnet werden.

T a f e l 3.59 Umrechnungen von Zweitormatrizen

Widerstands-matrix ($\underline{Z}$)	$=\begin{pmatrix} \underline{Z}_{11} & \underline{Z}_{12} \\ \underline{Z}_{21} & \underline{Z}_{22} \end{pmatrix}$	$=\begin{pmatrix} \dfrac{\underline{Y}_{22}}{\Delta \underline{Y}} & \dfrac{-\underline{Y}_{12}}{\Delta \underline{Y}} \\ \dfrac{-\underline{Y}_{21}}{\Delta \underline{Y}} & \dfrac{\underline{Y}_{11}}{\Delta \underline{Y}} \end{pmatrix}$	$=\begin{pmatrix} \dfrac{\Delta \underline{H}}{\underline{H}_{22}} & \dfrac{\underline{H}_{12}}{\underline{H}_{22}} \\ \dfrac{-\underline{H}_{21}}{\underline{H}_{22}} & \dfrac{1}{\underline{H}_{22}} \end{pmatrix}$	$=\begin{pmatrix} \dfrac{\underline{A}_{11}}{\underline{A}_{21}} & \dfrac{\Delta \underline{A}}{\underline{A}_{21}} \\ \dfrac{1}{\underline{A}_{21}} & \dfrac{\underline{A}_{22}}{\underline{A}_{21}} \end{pmatrix}$
Leitwert-matrix ($\underline{Y}$)	$=\begin{pmatrix} \dfrac{\underline{Z}_{22}}{\Delta \underline{Z}} & \dfrac{-\underline{Z}_{12}}{\Delta \underline{Z}} \\ \dfrac{-\underline{Z}_{21}}{\Delta \underline{Z}} & \dfrac{\underline{Z}_{11}}{\Delta \underline{Z}} \end{pmatrix}$	$=\begin{pmatrix} \underline{Y}_{11} & \underline{Y}_{12} \\ \underline{Y}_{21} & \underline{Y}_{22} \end{pmatrix}$	$=\begin{pmatrix} \dfrac{1}{\underline{H}_{11}} & \dfrac{-\underline{H}_{12}}{\underline{H}_{11}} \\ \dfrac{\underline{H}_{21}}{\underline{H}_{11}} & \dfrac{\Delta \underline{H}}{\underline{H}_{11}} \end{pmatrix}$	$=\begin{pmatrix} \dfrac{\underline{A}_{22}}{\underline{A}_{12}} & \dfrac{-\Delta \underline{A}}{\underline{A}_{12}} \\ \dfrac{-1}{\underline{A}_{12}} & \dfrac{\underline{A}_{11}}{\underline{A}_{12}} \end{pmatrix}$
Hybrid-matrix ($\underline{H}$) (Reihen-Parallelmatrix)	$=\begin{pmatrix} \dfrac{\Delta \underline{Z}}{\underline{Z}_{22}} & \dfrac{\underline{Z}_{12}}{\underline{Z}_{22}} \\ \dfrac{-\underline{Z}_{21}}{\underline{Z}_{22}} & \dfrac{1}{\underline{Z}_{22}} \end{pmatrix}$	$=\begin{pmatrix} \dfrac{1}{\underline{Y}_{11}} & \dfrac{-\underline{Y}_{12}}{\underline{Y}_{11}} \\ \dfrac{\underline{Y}_{21}}{\underline{Y}_{11}} & \dfrac{\Delta \underline{Y}}{\underline{Y}_{11}} \end{pmatrix}$	$=\begin{pmatrix} \underline{H}_{11} & \underline{H}_{12} \\ \underline{H}_{21} & \underline{H}_{22} \end{pmatrix}$	$=\begin{pmatrix} \dfrac{\underline{A}_{12}}{\underline{A}_{22}} & \dfrac{\Delta \underline{A}}{\underline{A}_{22}} \\ \dfrac{-1}{\underline{A}_{22}} & \dfrac{\underline{A}_{21}}{\underline{A}_{22}} \end{pmatrix}$
Ketten-matrix ($\underline{A}$)	$=\begin{pmatrix} \dfrac{\underline{Z}_{11}}{\underline{Z}_{21}} & \dfrac{\Delta \underline{Z}}{\underline{Z}_{21}} \\ \dfrac{1}{\underline{Z}_{21}} & \dfrac{\underline{Z}_{22}}{\underline{Z}_{21}} \end{pmatrix}$	$=\begin{pmatrix} \dfrac{-\underline{Y}_{22}}{\underline{Y}_{21}} & \dfrac{-1}{\underline{Y}_{21}} \\ \dfrac{-\Delta \underline{Y}}{\underline{Y}_{21}} & \dfrac{-\underline{Y}_{11}}{\underline{Y}_{21}} \end{pmatrix}$	$=\begin{pmatrix} \dfrac{-\Delta \underline{H}}{\underline{H}_{21}} & \dfrac{-\underline{H}_{11}}{\underline{H}_{21}} \\ \dfrac{-\underline{H}_{22}}{\underline{H}_{21}} & \dfrac{-1}{\underline{H}_{21}} \end{pmatrix}$	$=\begin{pmatrix} \underline{A}_{11} & \underline{A}_{12} \\ \underline{A}_{21} & \underline{A}_{22} \end{pmatrix}$

Die in Tafel 3.59 zusammengestellten Beziehungen, die zwischen den Parametern der unterschiedlichen Zweitorformen bestehen, basieren bei der Widerstands-, Leit-

192 3.3 Nachrichtentechnik

wert- und Hybridform auf symmetrischen Zählpfeilen entsprechend Bild 3.58. Der Kettenform liegen unsymmetrische Zählpfeile entsprechend Bild 3.64 zugrunde.

$$\Delta\underline{Z} = \underline{Z}_{11}\underline{Z}_{22} - \underline{Z}_{12}\underline{Z}_{21} \tag{3.172}$$

ist die D e t e r m i n a n t e der komplexen Widerstandsmatrix ($\underline{Z}$). Analoges gilt für $\Delta\underline{Y}$, $\Delta\underline{H}$ und $\Delta\underline{A}$. Da es einige einfache Grundschaltungen gibt, die nicht in allen Gleichungsformen darstellbar sind, empfiehlt es sich, vor der Umwandlung zu prüfen, ob die Determinante annähernd den Wert Null annimmt. Beim idealen Übertrager mit den Widerständen $R_1 = R_2 = 0$ und dem Kopplungsfaktor $k = 1$ verschwindet z. B. die Determinante der Matrix ($\underline{Z}$), so daß eine Umwandlung in andere Gleichungsformen nicht möglich ist.

Beispiel 3.27. Ein induktiv gekoppeltes Bandfilter nach Bild 3.60 ist für die beiden Grenzfrequenzen $f_{c1} = 0{,}99$ MHz, $f_{c2} = 1{,}01$ MHz, die Bandbreite $B = 20$ kHz und den normierten Kopplungsfaktor $K = 1$ zu entwerfen. Die resultierenden Verlustwiderstände betragen $R_1 = R_2 = 47$ kΩ. Das Verhältnis U_2/I_q ist in Abhängigkeit der Frequenz zu berechnen.

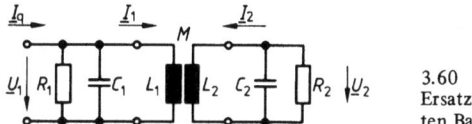

3.60 Ersatzschaltung eines induktiv gekoppelten Bandfilters

Bei der Bemessung der Schaltungselemente wird wie in Beispiel 3.26 aus dem normierten Kopplungsfaktor $K = 1$ mit Gl. (3.149) die normierte Grenzfrequenz

$$\Omega_{c12} = \pm\sqrt{K^2 - 1 + \sqrt{2(1 + K^4)}} = \pm\sqrt{2}$$

und mit Gl. (3.151) die Mittenfrequenz

$$f_m = \frac{\omega_m}{2\pi} = \sqrt{f_{c1}f_{c2}} = \sqrt{0{,}99 \cdot 1{,}01} \text{ MHz} = 999{,}95 \text{ kHz}$$

bestimmt. Gl. (3.153) läßt sich nach dem Gütefaktor

$$Q = \frac{\Omega_{c2}}{\dfrac{f_{c2}}{f_m} - \dfrac{f_m}{f_{c2}}} = \frac{1{,}414}{\dfrac{1{,}01 \text{ MHz}}{0{,}99995 \text{ MHz}} - \dfrac{0{,}99995 \text{ MHz}}{1{,}01 \text{ MHz}}} = 70{,}71$$

auflösen, wenn für die Kreisfrequenz ω die Kreisgrenzfrequenz ω_{c2} eingesetzt wird. Aus dem normierten Kopplungsfaktor und dem Gütefaktor erhält man mit Gl. (3.157) den Kopplungsfaktor

$$k = K/Q = 1/70{,}71 = 0{,}014$$

der Spulenanordnung und aus Gl. (3.156) die Induktivitäten

$$L_1 = L_2 = L = \frac{R}{2\pi f_m Q} = \frac{47 \text{ k}\Omega}{2\pi \cdot 999{,}95 \text{ kHz} \cdot 70{,}71} = 105{,}8 \text{ }\mu\text{H}$$

des symmetrischen Bandfilters, so daß sich mit Gl. (3.154) auch die Gegeninduktivität

$$M = kL = 0{,}014 \cdot 105{,}8\ \mu H = 1{,}496\ \mu H$$

angeben läßt. Die Schwingkreiskapazitäten

$$C_1 = C_2 = C = \frac{1}{(2\pi f_m)^2 L} = \frac{1}{(2\pi \cdot 999{,}95\ kHz)^2\ 105{,}8\ \mu H} = 239{,}4\ pF$$

sind aus Gl. (3.155) bestimmbar.

Das in Bild 3.61 dargestellte Übertragungsverhalten $U_2/I_q = Z_{21}(f)$ des induktiv gekoppelten Bandfilters wird im Testbeispiel b) zu Programm 4.29 berechnet und stimmt mit dem gewünschten Verlauf überein.

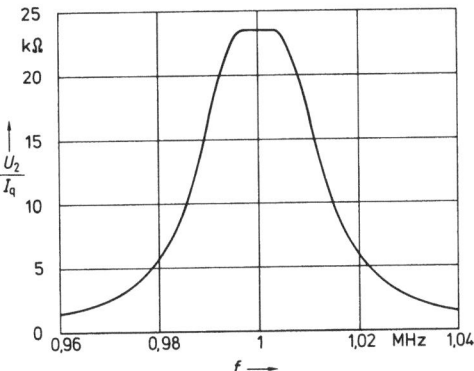

3.61
Übertragungsverhalten $U_2/I_q = f(f)$ eines induktiv gekoppelten Bandfilters in Abhängigkeit der Frequenz f

3.3.2.2 HF-Transistor. Bei höheren Frequenzen wird für Transistoren in E m i t t e r s c h a l t u n g häufig die in Bild 3.62 angegebene Ersatzschaltung nach G i a c o l e t t o benutzt, um die Frequenzabhängigkeit der Transistordaten zu berücksichtigen. Diese Ersatzschaltung ist bis zu der Frequenzgrenze $f \leqslant 0{,}1 f_\alpha$ brauchbar, wobei für f_α die Grenzfrequenz der Basisschaltung einzusetzen ist.

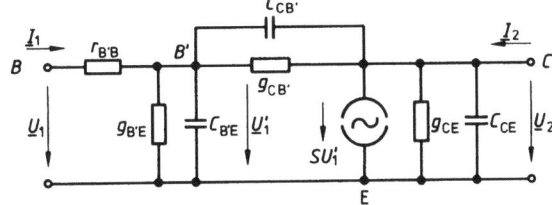

3.62
Giacoletto-Ersatzschaltung eines Transistors in Emitterschaltung

Mit programmierbaren Taschenrechnern lassen sich aus den Transistordaten der Giacoletto-Ersatzschaltung die frequenzabhängigen Zweitorparameter bestimmen, die für Schaltungsberechnungen oft benötigt werden. Da die Ergebnisse innerhalb sehr kurzer Zeit zur Verfügung stehen, kann auf Näherungsformeln verzichtet werden, die nur in bestimmten Frequenzbereichen gültig sind.

Die Zweitorgleichungen in Leitwertform

$$\underline{I}_1 = \underline{Y}_{11}\underline{U}_1 + \underline{Y}_{12}\underline{U}_2$$
$$\underline{I}_2 = \underline{Y}_{21}\underline{U}_1 + \underline{Y}_{22}\underline{U}_2 \tag{3.173}$$

erhält man aus den Elementen der Ersatzschaltung in Bild 3.62.
Der Einfluß des S t e u e r w i r k l e i t w e r t e s $g_{B'E}$ und der D i f f u s i o n s -
k a p a z i t ä t $C_{B'E}$ der Emitterdiode läßt sich im komplexen Leitwert

$$\underline{Y}_{B'E} = g_{B'E} + j\omega C_{B'E} \tag{3.174}$$

zusammenfassen, während der A u s g a n g s w i r k l e i t w e r t g_{CE} und die
A u s g a n g s k a p a z i t ä t C_{CE} zwischen Kollektor und Emitter den komplexen
Leitwert

$$\underline{Y}_{CE} = g_{CE} + j\omega C_{CE} \tag{3.175}$$

ergeben. Der komplexe Leitwert

$$\underline{Y}_{CB'} = g_{CB'} + j\omega C_{CB'} \tag{3.176}$$

berücksichtigt den R ü c k w i r k u n g s w i r k l e i t w e r t $g_{CB'}$ und die S p e r r -
s c h i c h t k a p a z i t ä t $C_{CB'}$ der Kollektordiode. Mit dem B a s i s b a h n w i -
d e r s t a n d $r_{B'B}$, der T r a n s i s t o r s t e i l h e i t S und der Abkürzung

$$\underline{A} = 1 + (\underline{Y}_{B'E} + \underline{Y}_{B'C})r_{B'B} \tag{3.177}$$

erhält man die in [1] angegebenen Bestimmungsgleichungen für die Leitwertparameter

$$\underline{Y}_{11} = (\underline{Y}_{B'E} + \underline{Y}_{CB'})/\underline{A} \tag{3.178}$$
$$\underline{Y}_{12} = -\underline{Y}_{CB'}/\underline{A} \tag{3.179}$$
$$\underline{Y}_{21} = (S - \underline{Y}_{CB'})/\underline{A} \tag{3.180}$$
$$\underline{Y}_{22} = \frac{1}{\underline{A}} r_{BB'}\underline{Y}_{CB'}(S - \underline{Y}_{CB'}) + \underline{Y}_{CB'} + \underline{Y}_{CE} \tag{3.181}$$

Ausgehend von den bekannten Zweitorparametern in Leitwertform lassen sich vielfältige Transistorschaltungen berechnen, mit dem Programm 4.30 Umrechnungen in andere Zweitorparameter durchführen oder mit dem Programm 4.31 für die Basis- bzw. Kollektorschaltung die entsprechenden Zweitorparameter in Leitwertform angeben.

Beispiel 3.28. Bild 3.62 zeigt die Sinusstrom-Ersatzschaltung eines HF-Transistors. Aus den Daten der Giacoletto-Ersatzschaltung mit Basisbahnwiderstand $r_{BB'}$ = 3,0 Ω, Steuerwirkleitwert $g_{B'E}$ = 1,1 mS, Diffusionskapazität $C_{B'E}$ = 20 pF, Ausgangswirkleitwert g_{CE} = 5 μS, Ausgangskapazität C_{CE} = 1,0 pF, Rückwirkungswirkleitwert $g_{CB'}$ = 0, Sperrschichtkapazität $C_{CB'}$ = 0,6 pF und Transistorsteilheit S = 34 mS sind für die Frequenz f = 35 MHz die komplexen Leitwertparameter zu bestimmen.

Der Rechengang ist aus dem Testbeispiel für Programm 4.31 zu ersehen und führt auf die Ergebnisse $\underline{Y}_{11} = (1{,}157 + j\,4{,}5)$ mS, $\underline{Y}_{12} = (-1{,}781 - j\,131{,}5)\,\mu$S, $\underline{Y}_{21} = (33{,}88 - j\,0{,}590)$ mS und $\underline{Y}_{22} = (5{,}234 + j\,365{,}3)\,\mu$S, die für weitere Berechnungen zur Verfügung stehen.

3.3.2.3 Symmetrische T- und Π-Ersatzschaltungen. Siebschaltungen, Verzögerungsglieder, Widerstandsnetzwerke für Digital-Analog-Wandler und andere Schaltungen bestehen oft aus einer Kettenschaltung symmetrischer Zweitore, die sich nach Bild 3.63 als T- oder Π-Ersatzschaltung darstellen lassen. Wenn gleichartige Zweitore zusammengeschaltet werden, sind die Übertragungseigenschaften der Gesamtschaltung aus den Kettenparametern eines Zweitors bestimmbar, wodurch die Schaltungsberechnung wesentlich vereinfacht wird.

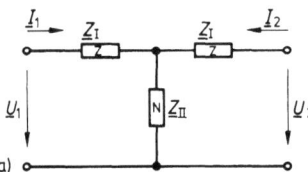
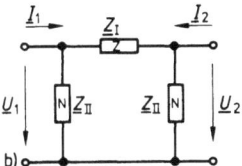
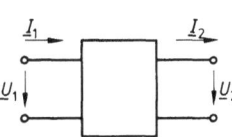

3.63 Widerstandssymmetrische T-Schaltung (a) und Π-Schaltung (b) mit symmetrischen Zählpfeilen

3.64 Zweitor mit unsymmetrischen Zählpfeilen (Kettenzählpfeile)

Für die widerstandssymmetrische T - S c h a l t u n g in Bild 3.63a sind in Band XI die K e t t e n p a r a m e t e r

$$\underline{A}_{11} = \underline{A}_{22} = 1 + (\underline{Z}_I/\underline{Z}_{II}) \qquad (3.182)$$

$$\underline{A}_{12} = \underline{Z}_I\,[2 + (\underline{Z}_I/\underline{Z}_{II})] \qquad (3.183)$$

$$\underline{A}_{21} = 1/\underline{Z}_{II} \qquad (3.184)$$

angegeben, bei denen die Eingangsgrößen

$$\underline{U}_1 = \underline{A}_{11}\underline{U}_2 + \underline{A}_{12}\underline{I}_2 \qquad (3.185)$$

$$\underline{I}_1 = \underline{A}_{21}\underline{U}_2 + \underline{A}_{22}\underline{I}_2 \qquad (3.186)$$

in Abhängigkeit der Ausgangsgrößen $\underline{U}_2$ und $\underline{I}_2$ dargestellt sind. Zu beachten ist, daß bei diesem Gleichungssystem die unsymmetrischen Zählpfeile nach Bild 3.64 zugrunde gelegt sind, die für Kettenschaltungen vorteilhaft sind.

Bei der symmetrischen Π - S c h a l t u n g in Bild 3.63b gilt nach Band XI für die Kettenparameter

$$\underline{A}_{11} = \underline{A}_{22} = 1 + (\underline{Z}_I/\underline{Z}_{II}) \qquad (3.187)$$

$$\underline{A}_{12} = \underline{Z}_I \qquad (3.188)$$

$$\underline{A}_{21} = [2 + (\underline{Z}_I/\underline{Z}_{II})]/\underline{Z}_{II} \qquad (3.189)$$

3.3 Nachrichtentechnik

Ausgehend von den komplexen Widerständen der Ersatzschaltung werden mit dem Programm 4.32 die Kettenparameter der symmetrischen T- und Π-Ersatzschaltung berechnet. Der komplexe W e l l e n w i d e r s t a n d

$$\underline{Z}_L = \sqrt{\underline{A}_{12}/\underline{A}_{21}} \qquad (3.190)$$

und das komplexe W e l l e n d ä m p f u n g s m a ß

$$\underline{g}_w = \ln\left(\underline{A}_{11} + \frac{\underline{A}_{12}}{\underline{Z}_L}\right) \qquad (3.191)$$

sind ebenfalls mit dem Programm 4.32 bestimmbar.

Beispiel 3.29. Für den Tiefpaß in Bild 3.65 mit Wirkwiderstand $R = 0,6\ \Omega$, Induktivität $L = 1,65\ \mu H$ und Kapazität $C = 330\ pF$ sind die Kettenparameter für die Frequenz $f = 5$ MHz zu ermitteln.

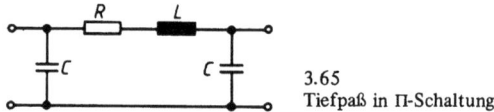

3.65
Tiefpaß in Π-Schaltung

Für die Frequenz $f = 5$ MHz, also die Kreisfrequenz $\omega = 2\pi f = 2\pi \cdot 5$ MHz $= 31,42 \cdot 10^6\ s^{-1}$ werden die komplexen Widerstände der Π-Ersatzschaltung

$$\underline{Z}_I = R + j\omega L = 0,6\ \Omega + j\ 31,42 \cdot 10^6\ s^{-1} \cdot 1,65\ \mu H = (0,6 + j\ 51,84)\ \Omega$$

$$\underline{Z}_{II} = 1/(j\omega C) = 1/(j\ 31,42 \cdot 10^6\ s^{-1} \cdot 330\ pF) = -j\ 96,46\ \Omega$$

berechnet und entsprechend dem Testbeispiel a) zu Programm 4.32 eingegeben. Die mit ihm berechneten Kettenparameter sind $\underline{A}_{11} = (462,6 + j\ 6,220) \cdot 10^{-3}$, $\underline{A}_{12} = (0,6 + j\ 51,84)\ \Omega$ und $\underline{A}_{21} = (-0,064 + j\ 15,16)$ mS.

3.3.3 Wellenparameter passiver Zweitore

In vielen Fällen sind passive Zweitore widerstandssymmetrisch aufgebaut, so daß nach Band XI ein Vertauschen der Eingangs- und Ausgangsklemmen auf die Übertragungseigenschaften keinen Einfluß hat. Diese Zweitore sind durch zwei komplexe Parameter vollständig bestimmt.

In Analogie zur elektrischen Leitung beschreibt man das widerstandssymmetrische Zweitor durch den komplexen Z w e i t o r w e l l e n w i d e r s t a n d $\underline{Z}_L$ und das komplexe W e l l e n d ä m p f u n g s m a ß $\underline{g}_w$. Mit diesen Wellenparametern wird zwischen den Zweitorgleichungen für unsymmetrische Kettenzählpfeile

$$\underline{U}_1 = \underline{U}_2 \cosh \underline{g}_w + \underline{I}_2 \underline{Z}_L \sinh \underline{g}_w \qquad (3.192)$$

$$\underline{I}_1 = \underline{U}_2 [(\sinh \underline{g}_w)/\underline{Z}_L] + \underline{I}_2 \cosh \underline{g}_w \qquad (3.193)$$

und den L e i t u n g s g l e i c h u n g e n eine formale Übereinstimmung erzielt.

3.3.3.1 Wellenparameter und Kettenparameter.
Der sehr einfache Zusammenhang

$$\underline{A}_{11} = \underline{A}_{22} = \cosh \underline{g}_w \tag{3.194}$$

$$\underline{A}_{12} = \underline{Z}_L \sinh \underline{g}_w \tag{3.195}$$

$$\underline{A}_{21} = (\sinh \underline{g}_w)/\underline{Z}_L \tag{3.196}$$

der bei widerstandssymmetrischen Zweitoren zwischen den Wellen- und Kettenparametern besteht, ist aus Gl. (3.185), (3.186) und (3.192), (3.193) ersichtlich und soll zur numerischen Berechnung der Wellenparameter herangezogen werden. Der komplexe W e l l e n w i d e r s t a n d

$$\underline{Z}_L = \pm \sqrt{\underline{A}_{12}/\underline{A}_{21}} \tag{3.197}$$

ist durch Gl. (3.195) und (3.196) bis auf das V o r z e i c h e n bestimmbar. Bei passiven Netzwerken kann der Realteil des Wellenwiderstands

$$\text{Re } \underline{Z}_L \geqslant 0 \tag{3.198}$$

nicht negativ sein, so daß die Vorzeichen physikalisch sinnvoll festgelegt werden können.

Hiernach erhält man mit Gl. (3.196) und (3.197) den Hauptwert des k o m p l e x e n   W e l l e n d ä m p f u n g s m a ß e s

$$\underline{g}_w = a_w + jb_w = \ln(\underline{A}_{11} + \underline{Z}_L \underline{A}_{21}) \tag{3.199}$$

Der Realteil

$$a_w = \ln|\underline{A}_{11} + \underline{Z}_L \underline{A}_{21}| \tag{3.200}$$

ist das W e l l e n d ä m p f u n g s m a ß, während der I m a g i n ä r t e i l

$$b_w = \text{arc}(\underline{A}_{11} + \underline{Z}_L \underline{A}_{21}) \quad \text{mit} \quad 0 \leqslant b_w < 2\pi \tag{3.201}$$

den Hauptwert des W e l l e n p h a s e n m a ß e s angibt. Gl. (3.197) bis (3.199) gelten z. B. bei Siebschaltungen sowohl im Durchlaß- als auch im Sperrbereich.

Das Programm 4.32 nutzt das Modulprogramm ML-05 und berechnet die Wellenparameter für ein widerstandssymmetrisches Zweitor aus den Kettenparametern oder aus den komplexen Widerständen der T- bzw. Π-Ersatzschaltung.

Beispiel 3.30. Für den Tiefpaß in Bild 3.65 sind die Wellenparameter für die beiden Frequenzen $f_1 = 5$ MHz und $f_2 = 12,5$ MHz zu ermitteln, wobei von den in Beispiel 3.29 berechneten Kettenparametern auszugehen ist.

Für $f_1 = 5$ MHz sind die gesuchten Werte im Testbeispiel a) des Programms 4.32 berechnet. Aus den ermittelten Wellenparametern $\underline{Z}_L = (58,47 - j\,0,463)\,\Omega$, $a_w = 7,016$ mNp $= 0,061$ dB, $b_w = 62,45°$ erkennt man am annähernd reellen Wellenwiderstand $\underline{Z}_L$ und dem geringen Wellendämpfungsmaß a_w, daß die Frequenz f_1 in den Durchlaßbereich des Tiefpasses fällt.

198   3.3 Nachrichtentechnik

Für die Frequenz f_2 = 12,5 MHz sind mit der Kreisfrequenz $\omega = 2\pi f_2 = 2\pi \cdot 12,5$ MHz = $78,54 \cdot 10^6$ s^{-1} die komplexen Widerstände

$$\underline{Z}_I = R + j\omega L = 0,6 \ \Omega + j \ 78,54 \cdot 10^6 \ \text{s}^{-1} \cdot 1,65 \ \mu\text{H} = (0,6 + j \ 129,59) \ \Omega$$

$$\underline{Z}_{II} = 1/(j\omega C) = 1/(j \ 78,54 \cdot 10^6 \ \text{s}^{-1} \cdot 330 \ \text{pF}) = -j \ 38,58 \ \Omega$$

und für das Programm 4.32 erhält man den Rechengang

Größe	Eingaben	Befehle	Anzeigen	Größe
		2nd Eng 2nd Fix 3		
		2nd A'	10.000 00	
R_I	.6	R/S	11.000 00	
X_I	129.6	R/S	12.000 00	
R_{II}	0	R/S	13.000 00	
X_{II}	38.58 +/−	R/S	−38.580 00	
		B	−2.359 00	
		R/S	15.552 −03	
		R/S	600.000 −03	
		R/S	129.600 00	
		R/S	−403.113 −06	
		R/S	−35.232 −03	
		C	1.503 00	a_w in Np
		R/S	3.134 00	b_w in rad
		R/S	206.555 −03	R_L
		R/S	−60.648 00	X_L
		R/S	13.057 00	a_w in dB
		R/S	179.583 00	b_w in °

Man erkennt am weitgehend imaginären Wellenwiderstand $\underline{Z}_L$ und am wesentlich größeren Wellendämpfungsmaß a_w, daß die Frequenz f_2 in den Sperrbereich des Tiefpasses fällt.

3.3.3.2 Filterelemente für Grundketten. Der Entwurf elektrischer Siebschaltungen wird durch programmierbare Taschenrechner wesentlich erleichtert. So können z. B. aktive Tiefpässe, Hochpässe und Bandpässe mit dem Modulprogramm EE-13 entworfen werden, während die Induktivitäten und Kapazitäten für Tschebyscheff- oder Butterworth-Tiefpässe mit dem Modulprogramm EE-14 zu bestimmen sind.

Das Programm 4.33 berechnet die Induktivitäten und Kapazitäten für Tief-, Hochbzw. Bandpässe oder Bandsperren, die auf der in Band XI beschriebenen Wellenparametertheorie basieren. Dabei wird von den entsprechenden Halbgliedern ausgegangen, die in Bild 3.66 dargestellt sind. Widerstandsymmetrische T- oder Π-Ersatzschaltungen sind nach Band XI stets durch zwei Halbglieder darstellbar.

Aus dem vorgesehenen Abschlußwiderstand R_a wird entsprechend Band XI zunächst der Nennwert des Wellenwiderstands für die T-Schaltung

$$R = R_T = 1,25 \ R_a \tag{3.202}$$

oder für die Π-Schaltung

$$R = R_\Pi = 0{,}8\, R_a \tag{3.203}$$

ermittelt, um im gesamten Durchlaßbereich des Filters eine möglichst gute Anpassung zu erzielen.

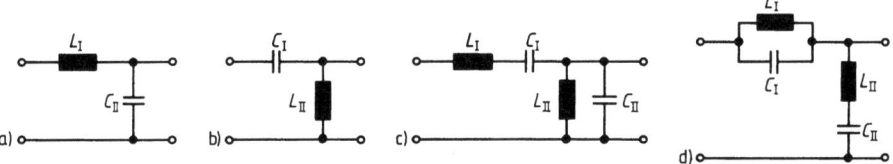

3.66 Halbglieder
a) Tiefpaß-Grundkettenhalbglied, b) Hochpaß-Grundkettenhalbglied
c) Bandpaß-Grundkettenhalbglied, d) Bandsperren-Grundkettenhalbglied

Mit dem Nennwert des Wellenwiderstands R, dem gewählten Filtertyp und den vorgegebenen Grenzfrequenzen erhält man mit dem Programm 4.33 die gesuchten Induktivitäten L und Kapazitäten C der in Bild 3.66 dargestellten Halbglieder, die mit den in Band XI abgeleiteten folgenden Bestimmungsgleichungen berechnet werden.

Tiefpaß

$$L_I = R/\omega_c \tag{3.204}$$
$$C_{II} = 1/(\omega_c R) \tag{3.205}$$

Hochpaß

$$C_I = 1/(\omega_c R) \tag{3.206}$$
$$L_{II} = R/\omega_c \tag{3.207}$$

Bandpaß

$$L_I = \frac{R}{\omega_{c2} - \omega_{c1}} \tag{3.208}$$

$$C_I = \frac{\omega_{c2} - \omega_{c1}}{R\omega_{c1}\omega_{c2}} \tag{3.209}$$

$$L_{II} = R\,\frac{\omega_{c2} - \omega_{c1}}{\omega_{c1}\omega_{c2}} \tag{3.210}$$

$$C_{II} = \frac{1}{R(\omega_{c2} - \omega_{c1})} \tag{3.211}$$

Bandsperre

$$L_I = R\,\frac{\omega_{c2} - \omega_{c1}}{\omega_{c1}\omega_{c2}} \tag{3.212}$$

$$C_I = \frac{1}{R(\omega_{c2} - \omega_{c1})} \tag{3.213}$$

$$L_{II} = \frac{R}{\omega_{c2} - \omega_{c1}} \tag{3.214}$$

$$C_{II} = \frac{\omega_{c2} - \omega_{c1}}{R\omega_{c1}\omega_{c2}} \tag{3.215}$$

Beispiel 3.31. Ein Bandpaß ist als T-Schaltung nach Bild 3.67 für die beiden Grenzfrequenzen $f_{c1} = 70$ kHz, $f_{c2} = 85$ kHz und den Abschlußwiderstand $R_a = 150\ \Omega$ zu bemessen.

Als Nennwert des Wellenwiderstands der T-Schaltung ist nach Gl. (3.202) $R = R_T = 1{,}25\ R_a = 1{,}25 \cdot 150\ \Omega = 187{,}5\ \Omega$ zu wählen. Mit dem Testbeispiel c) des Programms 4.33 erhält man für das Bandpaß-Halbglied die Induktivitäten $L_{IH} = 1{,}989$ mH, $L_{IIH} = 75{,}231\ \mu$H und die Kapazitäten $C_{IH} = 2{,}140$ nF, $C_{IIH} = 56{,}588$ nF, aus denen sich die Induktivitäten des T-Gliedes in Bild 3.67 mit $L_{IT} = L_{IH} = 1{,}989$ mH, $L_{IIT} = L_{IIH}/2 = 37{,}615\ \mu$H und die Kapazitäten $C_{IT} = C_{IH} = 2{,}140$ nF, $C_{IIT} = 2C_{IIH} = 113{,}2$ nF unmittelbar ergeben.

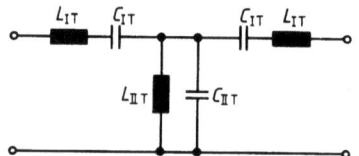

3.67
Bandpaß in symmetrischer T-Schaltung

3.3.3.3 Filterelemente für Zobel-Halbglieder. Bei den in Abschn. 3.3.3.2 beschriebenen Grundgliedern ist der in Band XI dargestellte Wellenwiderstand stark frequenzabhängig, was sich durch zwei zusätzliche Zobel-Halbglieder wesentlich verbessern läßt.

Liegt bei den Grundkettengliedern eine T-Ersatzschaltung vor, so ist das in Bild 3.68b dargestellte Zobel-Endhalbglied zu wählen. Der Wellenwiderstand $\underline{Z}_{LT}$ stimmt mit dem der Grundglieder in T-Schaltung überein, während der frequenzabhängige Wellenwiderstand $\underline{Z}_{M\Pi}$ für einen Faktor $M = 0{,}6$ im größten Teil des Durchlaßbereichs annähernd konstant verläuft. Optimale Abschlußverhältnisse erzielt man nach [37] für $M = 0{,}6$, wenn für alle Grundglieder in T-Schaltung der Nennwert des Wellenwiderstands $R = 1{,}02\ R_a$ ist.

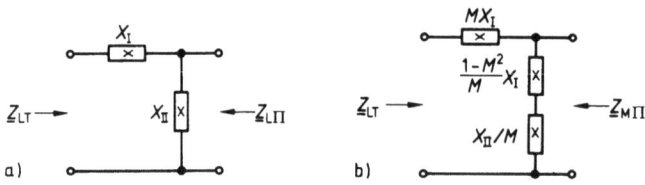

3.68 Halbglied für Grundketten mit den Wellenwiderständen $\underline{Z}_{LT}$ und $\underline{Z}_{L\Pi}$ (a) und Zobelglieder mit den Wellenwiderständen $\underline{Z}_{LT}$ und $\underline{Z}_{M\Pi}$ (b)

Mit dem Programm 4.33 lassen sich für den vorgegebenen Filtertyp nicht nur die Induktivitäten und Kapazitäten der Grundglieder bestimmen, sondern auch die der Zobel-Halbglieder.

Liegt bei den Grundkettengliedern eine Π-Schaltung vor, so ist das in Bild 3.69b angegebene Zobel-Halbglied zu wählen. Während der Wellenwiderstand $\underline{Z}_{L\Pi}$ mit dem frequenzabhängigen Wellenwiderstand der Grundglieder übereinstimmt, ist der Wellenwiderstand $\underline{Z}_{MT}$ für M = 0,6 im größten Teil des Durchlaßbereichs annähernd konstant. Für einen Abschlußwiderstand R_a und M = 0,6 ist der Nennwert des Wellenwiderstands aller Glieder R = 0,98 R_a zu wählen. Zobel-Glieder werden ebenfalls zur Versteilerung des Dämpfungsanstiegs im Sperrbereich eingesetzt. In diesen Fällen ist der Faktor M innerhalb der Grenzen 0 < M < 1 frei wählbar.

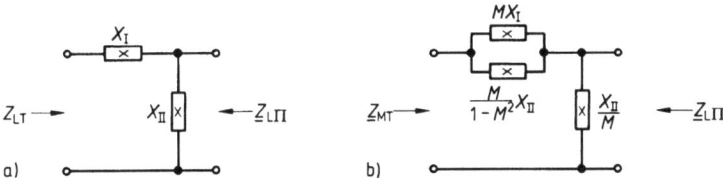

3.69 Halbglieder für Grundketten mit den Wellenwiderständen $\underline{Z}_{LT}$ und $\underline{Z}_{L\Pi}$ (a) und Zobelglieder mit den Wellenwiderständen $\underline{Z}_{MT}$ und $\underline{Z}_{L\Pi}$ (b)

Beispiel 3.32. Für den Tiefpaß nach Bild 3.70, der in zwei Grund- und zwei Zobel-Halbglieder zerlegbar ist, sind die Induktivitäten und Kapazitäten zu berechnen. Das Filter ist für den Abschlußwiderstand R_a = 600 Ω, die Grenzfrequenz f_c = 2,0 MHz und den Faktor M = 0,6 zu bemessen.

Da das Grundglied als Π-Glied zu realisieren ist, beträgt der Nennwert des Wellenwiderstands R = 0,98 R_a = 0,98 · 600 Ω = 588 Ω. Im Testbeispiel a) zu Programm 4.33 wird für das Halbglied eines Grundglieds nach Bild 3.68a die Induktivität L_I = 46,792 μH und die Kapazität C_{II} = 135,336 pF ermittelt.

Induktivität L_1 = 28,075 μH und Kapazität C_1 = 144,358 pF des Tiefpasses erhält man ebenfalls unmittelbar aus den im Testbeispiel a) von Programm 4.33 berechneten Elementen des Zobel-Halbglieds, während die Kapazität $C_2 = C_{II} + C_{IIM}$ = 135,336 pF + 81,202 pF = 216,538 pF durch die Querkapazität des Zobel-Halbglieds C_{IIM} und des Grundglieds C_{II} gebildet wird.

Die Induktivität $L_2 = 2L_I$ = 2 · 46,792 μH = 93,584 μH ergibt sich aus der Zusammenfassung der beiden Halbglieder zu einem Grundglied.

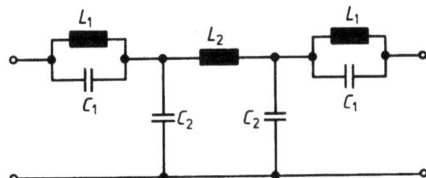

3.70
Tiefpaß mit Zobel-Endhalbgliedern

3.3.4 Betriebsparameter

Im Gegensatz zu den Wellenparametern, die nur durch das Zweitor bestimmt sind, hängen nach Band XI die Betriebsparameter sowohl vom Zweitor als auch von der gewählten Beschaltung ab. Bild 3.71 zeigt ein Übertragungssystem, das von einem Generator mit der Quellenspannung $\underline{U}_q$ und dem komplexen Innenwiderstand $\underline{Z}_i$ gespeist wird. Der Ausgang ist mit dem komplexen Widerstand $\underline{Z}_a$ abgeschlossen.

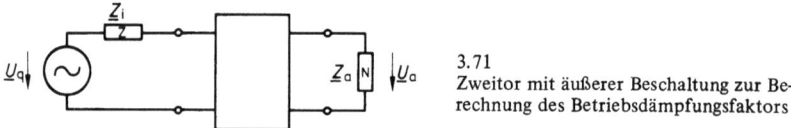

3.71
Zweitor mit äußerer Beschaltung zur Berechnung des Betriebsdämpfungsfaktors

Der komplexe Betriebsdämpfungsfaktor

$$\underline{D}_B = \frac{\underline{U}_q}{2\underline{U}_a} \sqrt{\frac{\underline{Z}_a}{\underline{Z}_i}} = e^{\underline{g}_B} \tag{3.216}$$

läßt sich in vielen Fällen mit einfachen Taschenrechnerprogrammen unmittelbar aus den Schaltungselementen angeben. Die Frequenzabhängigkeit des komplexen Betriebsdämpfungsmaßes

$$\underline{g}_B = a_B + jb_B = \ln \underline{D}_B \tag{3.217}$$

kann auf diese Weise für eine Vielzahl von Schaltungen berechnet werden. Die Toleranzen der Bauelemente lassen sich schon bei der Dateneingabe berücksichtigen.

Bei dem angewandten Berechnungsverfahren, das den Programmen 4.34 und 4.35 zugrunde liegt, wird für die Ausgangsspannung in Bild 3.72 $\underline{U}_a = 1{,}0$ V vorgegeben und der Strom $\underline{I}_a = \underline{U}_a / R_a$ berechnet. Die Knoten sind fortlaufend von hinten mit 1 beginnend durchnumeriert. Die zwischen den Knoten 0 und einem Knoten k liegenden Querblindleitwerte B_k sind durch den Index k bezeichnet. Die Indizes der Längsblindwiderstände $X_{k,k+1}$ weisen auf die unmittelbar benachbarten Knotenpunkte hin.

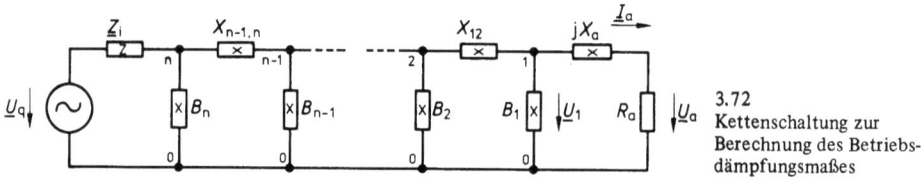

3.72
Kettenschaltung zur Berechnung des Betriebsdämpfungsmaßes

Ist unter Berücksichtigung des Blindwiderstands X_a die Spannung $\underline{U}_1$ am Knoten 1 bestimmt, so erhält man mit dem Strom $\underline{I}_a$ und dem Blindleitwert B_1 den durch den Längswiderstand X_{12} fließenden Strom. Für die Knotenspannungen und die Ströme, die in den Längswiderständen fließen, gelten die beiden Rekursionsgleichungen

3.3.4 Betriebsparameter   203

$$\underline{U}_{k+1} = \underline{U}_k + jX_{k,k+1}\underline{I}_k \qquad (3.218)$$

$$\underline{I}_{k+1} = \underline{I}_k + jB_k\underline{U}_k \qquad (3.219)$$

die letztlich zur Quellenspannung $\underline{U}_q$ führen. Das komplexe Betriebsdämpfungsmaß $\underline{g}_B$ wird mit Gl. (3.216) und (3.217) ermittelt.

Dieses Berechnungsverfahren, das von bekannten Schaltungsdaten ausgeht, ist auch zur Beurteilung der Bauelementtoleranzen geeignet. Nach geringfügigen Programmänderungen ließe sich auch der Verlauf des komplexen Eingangswiderstands $\underline{Z} = \underline{U}/\underline{I}$ berechnen.

Beispiel 3.33. Von einem Tiefpaß 5. Ordnung nach Bild 3.73 mit den Widerständen $R_i = R_a = 600\,\Omega$ sind die Induktivitäten $L_{12} = L_{23} = 117{,}4\,\mu H$ und die Kapazitäten $C_1 = C_3 = 452\,pF$ und $C_2 = 674\,pF$ bekannt. (Sie können z. B. mit dem Modulprogramm EE-14 bestimmt werden.) Der Verlauf der Betriebsdämpfung a_B ist in Abhängigkeit der Frequenz f für den Bereich $f \leq 1{,}2\,MHz$ darzustellen.

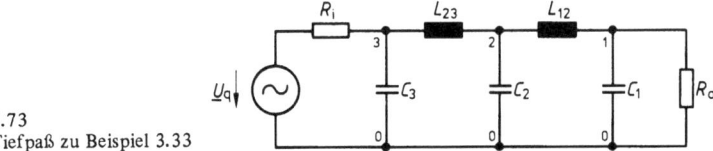

3.73
Tiefpaß zu Beispiel 3.33

Die frequenzabhängige Betriebsdämpfung wird mit dem Programm 4.34 berechnet, wobei von der in Bild 3.74 dargestellten Schaltung auszugehen ist. Für die Induktivitäten L_i und L_a ist der Wert Null einzugeben. Die Anzahl der Knoten beträgt n = 3. Der Rechengang ist aus dem Testbeispiel zu Programm 4.34 ersichtlich. Hier ist die Schrittweite $\Delta f = 100\,kHz$ sinnvoll.

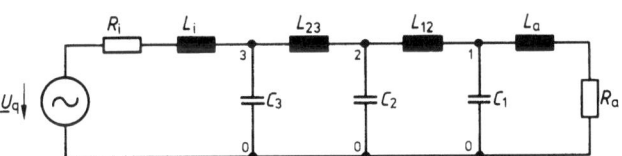

3.74
Tiefpaß-Ersatzschaltung für Beispiel 3.33, die dem Programm 4.34 zur Berechnung des Betriebsdämpfungsmaßes zugrunde liegt

Aus dem in Bild 3.75 dargestellten Verlauf des Betriebsdämpfungsmaßes ist innerhalb des Durchlaßbereichs die für Tschebyscheff-Filter charakteristische gleichmäßige Dämpfungsschwankung erkennbar. Die 3 dB-Grenzfrequenz $f_c = 1{,}0593\,MHz$ ist aus Bild 3.75 ersichtlich.

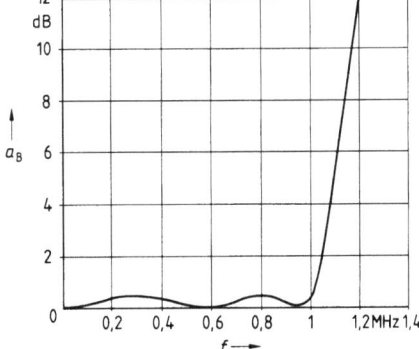

3.75
Betriebsdämpfungsmaß a_B eines Tschebyscheff-Tiefpasses in Abhängigkeit der Frequenz f (Beispiel 3.33)

204 3.3 Nachrichtentechnik

Beispiel 3.34. Bild 3.76 zeigt eine Anpassungsschaltung, die innerhalb des Frequenzbereichs 3,25 MHz $\leq f \leq$ 4,25 MHz den Abschlußwiderstand $R_a = 50\ \Omega$ an den Innenwiderstand des Generators $R_i = 2,0$ kΩ anpaßt. Die Frequenzabhängigkeit der Betriebsdämpfung ist für die Induktivitäten $L_1 = 6,21\ \mu$H, $L_{12} = 29,53\ \mu$H und die Kapazitäten $C_a = 357,39$ pF, $C_2 = 51,31$ pF im Bereich $f \leq 7$ MHz darzustellen.

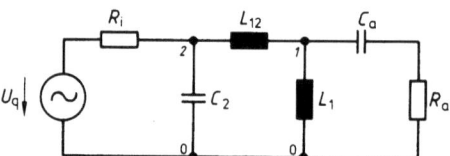

3.76
Breitband-Transformationsschaltung
mit vier Blindwiderständen

Für die Berechnung mit dem Programm 4.35 geht man von der Schaltung in Bild 3.77 aus. Bei der Dateneingabe ist den Induktivitäten L_a, L_i und der Kapazität C_1 der Wert Null zuzuweisen. Für die Kapazitäten C_{12}, C_i und die Induktivität L_2 sind so große Werte einzugeben, daß der Einfluß dieser Schaltungselemente im zu untersuchenden Frequenzbereich vernachlässigbar gering bleibt. Für die beiden Knoten (n = 2) ist der Rechengang aus dem Testbeispiel zu Programm 4.35 ersichtlich.

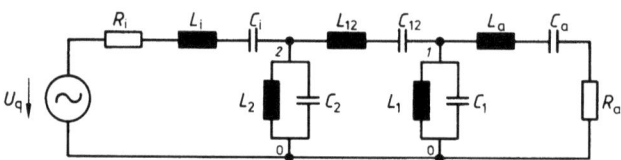

3.77 Bandpaß-Ersatzschaltung für Beispiel 3.34, die dem Programm 4.35
zur Berechnung des Betriebsdämpfungsmaßes zugrunde liegt

Bild 3.78 zeigt den Verlauf des Betriebsdämpfungsmaßes; das Bandpaßverhalten ist offensichtlich. Das Programm 4.35 ist vielseitig einsetzbar, weil zahlreiche Möglichkeiten in der Reduktion von Bauelementen bestehen. So sind z. B. zwei- oder mehrkreisige Bandfilter mit diesem Programm leicht berechenbar.

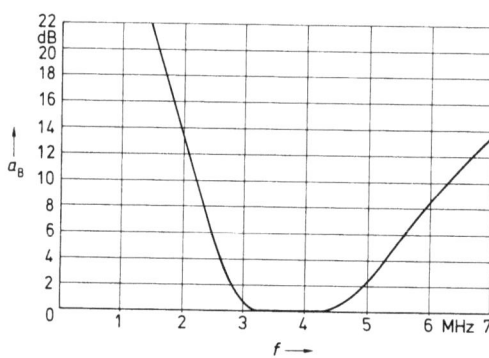

3.78
Betriebsdämpfungsmaß $a_B = f(f)$
für Beispiel 3.34

3.4 Regelungstechnik

Die Verfahren der klassischen Regelungstechnik streben überwiegend eine Lösung des Analyse- und Entwurfproblems auf graphoanalytischem Wege an, während die numerischen Methoden nur eine untergeordnete Rolle spielen. Bei allen Beschränkungen bezüglich der Handhabbarkeit und der Genauigkeit haben die graphischen Verfahren wie das Frequenzkennlinien- und das Wurzelortskurven-Verfahren den Vorteil der Übersichtlichkeit. Durch den Einsatz von programmierbaren Taschenrechnern sollte man daher diese Verfahren nicht ersetzen, sondern versuchen, sie handlicher zu machen.

Andere Verfahren der klassischen Regelungstechnik sind dagegen durch die Entwicklung des programmierbaren Taschenrechners als überholt anzusehen, wie z. B. das Routh-Hurwitz-Kriterium, die D-Zerlegung, das Kriterium nach Cremer-Leonhard und andere [31]. Auch das Verwenden von Monogrammen und Tabellen beispielsweise zur Kennwertermittlung dynamischer Systeme ist weitgehend überflüssig geworden.

Trotz der Vielfältigkeit der Aufgaben, die dem Regelungstechniker gestellt werden, lassen sich die meisten Probleme der klassischen Regelungstechnik auf vergleichsweise wenige grundlegende Rechenoperationen zurückführen, die man mit dem programmierbaren Taschenrechner gut durchführen kann. Solche Grundoperationen und ihre hauptsächlichen Anwendungsgebiete sind nach Band V beispielsweise:

– Addition, Subtraktion, Multiplikation und Division von Polynomen (Umrechnungen zwischen den verschiedenen Darstellungsformen linearer Übertragungsglieder, Vereinfachen von Signalflußplänen, Berechnen der inversen $\mathfrak{Z}$-Transformierten),
– Bestimmen reeller und komplexer Nullstellen von Polynomen (Stabilitätsanalyse linearer Regelkreise, Berechnen der inversen $\mathfrak{L}$- und $\mathfrak{Z}$-Transformierten),
– Berechnung der Residuen der Partialbruchzerlegung von gebrochen rationalen Funktionen (Berechnen der inversen $\mathfrak{L}$- und $\mathfrak{Z}$-Transformierten),
– Auswerten von Polynomen und algebraischen Funktionen komplexer Variabler (Ermitteln von Frequenzgängen und Beschreibungsfunktionen),
– Aufsuchen des Maximums oder Minimums reeller Funktionen mit Such- oder Gradientenverfahren (Parameteroptimierung von Regelkreisen),
– Lösen von gewöhnlichen Differential- und Differenzengleichungen bei vorgegebenen Anfangsbedingungen und Eingangszeitfunktionen (Bestimmen des transienten Verhaltens stetiger und zeitdiskreter Regelungen).

Für alle diese Aufgaben stellt die numerische Mathematik geeignete Algorithmen zur Verfügung (s. beispielsweise [4], [17], [30], [39], [42], [43], [62]). Ein Teil der Aufgaben kann mit den Modulprogrammen der TI 58/59 oder der Standardsoftware vergleichbarer Rechner bearbeitet werden.

Die Verfahren der auf der Zustandsdarstellung dynamischer Systeme beruhenden modernen Regeltheorie gestatten es, auch stark vermaschte nichtlineare und/oder zeitvariante Regelungen zu analysieren und zu entwerfen [14], und sind von vornherein auf das Verwenden von Digitalrechnern zugeschnitten.

Typische Grundoperationen sind hier beispielsweise:

— Addition, Subtraktion, Multiplikation und Inversion von Matrizen,
— Bestimmen der Eigenwerte und Eigenvektoren von Matrizen,
— Lösen von (u. U. nichtlinearen und zeitvarianten) Vektordifferentialgleichungen.

Bei Regelsystemen niedriger Ordnung können diese Aufgabenstellungen auch mit den heutigen programmierbaren Taschenrechnern bearbeitet werden. Allerdings gelangt man hier bald an die Grenze des sinnvollen Einsatzes derartiger Geräte, da die Speicherkapazität meist nicht ausreicht, die Rechenzeiten zu groß werden und die Ein- und Ausgabe großer Matrizen mühevoll und fehleranfällig ist. Man sollte hierfür auf leistungsfähige Tischrechner oder wissenschaftliche Großrechner übergehen. Daher sollen die Verfahren der modernen Regeltheorie im folgenden ausgeklammert werden; auch ist nicht zu übersehen, daß sich die modernen Verfahren in der industriellen Praxis bisher kaum durchgesetzt haben.

Nachfolgend wird an Beispielen der Einsatz von programmierbaren Taschenrechnern bei

— linearen stetigen Regelkreisen und
— nichtlinearen stetigen Regelkreisen

gezeigt; Vollständigkeit wird dabei nicht angestrebt.

3.4.1 Lineare stetige Regelkreise

Obwohl praktisch alle Regelstrecken nichtlinear und/oder zeitvariant sind (Band V), hat die Theorie der linearen zeitinvarianten Regelkreise die größte Bedeutung erlangt. Sie ermöglicht es, das dynamische Verhalten von Regelkreisen mit vergleichsweise einfachen Mitteln zu analysieren und durch gezielte Maßnahmen zu verbessern. Häufig gelten die hierbei erzielten Ergebnisse näherungsweise auch bei nichtlinearen Regelungen, was man allerdings durch eine analoge oder digitale Simulation im Einzelfall überprüfen sollte.

Nachfolgend sollen die wichtigsten Verfahren zur Analyse und zum Entwurf linearer stetiger einschleifiger Regelkreise mit konstanten Parametern (Band V oder [15], [27], [31]) und der zugehörigen systemtechnischen Grundlagen an Beispielen behandelt werden. Auf die folgenden Aufgabenstellungen wird eingegangen:

— Umrechnung zwischen den verschiedenen Darstellungsformen linearer Übertragungsglieder,
— Zusammenfassung der Grundschaltungen linearer Signalflußpläne,
— Ermittlung der Sprung- und Impulsantworten einfacher linearer Übertragungsglieder,

— Analyse und Entwurf einschleifiger Regelkreise mit dem Frequenzkennlinien-Verfahren,
— Reglerentwurf mit dem Betragsoptimum.

Für einen Teil der Aufgabenstellungen sind in Abschn. 4 fertige Programme angegeben, die für die praktische Arbeit des entwickelnden Ingenieurs von Nutzen sein können.

3.4.1.1 Darstellungsformen linearer Übertragungsglieder. Die Abhängigkeit der Ausgangsgröße $x_a(t)$ eines linearen Übertragungsgliedes von der Eingangsgröße $x_e(t)$ wird mit der Laplace-Transformierten $X_a(s)$ der Ausgangszeitfunktion $x_a(t)$, der Laplace-Transformierten $X_e(s)$ der Eingangsgröße $x_e(t)$, und der Laplace-Transformierten $F(s)$ der Gewichtsfunktion $g(t)$ des Übertragungsgliedes im Bildbereich durch die Operatorgleichung

$$X_a(s) = F(s) X_e(s) \qquad (3.220)$$

beschrieben (Band V).

$F(s)$ heißt auch Ü b e r t r a g u n g s f u n k t i o n. Der Zusammenhang zwischen $X_a(s)$ und $X_e(s)$ wird im S i g n a l f l u ß p l a n, wie in Bild 3.79 gezeigt, in sinnfälliger Weise dargestellt.

Für totzeitfreie Systeme — nur diese sollen nachfolgend behandelt werden — ist $F(s)$ im allgemeinen Fall mit der komplexen Bildvariablen $s^{1)}$, den reellen Koeffizienten a_i und b_i und den Exponenten $m \leq n$ eine gebrochen rationale Funktion

$$F(s) = \frac{b_0 + b_1 s + b_2 s^2 + \ldots + b_m s^m}{a_0 + a_1 s + a_2 s^2 + \ldots + a_n s^n} \qquad (3.221)$$

Der Koeffizient a_n wird häufig auf den Wert „1" normiert. Eine andere gebräuchliche gebrochen rationale Form der Übertragungsfunktion ist

$$F(s) = K_0 \frac{1 + \tau_{z1} s + \tau_{z2}^2 s^2 + \ldots + \tau_{zm}^m s^m}{1 + \tau_1 s + \tau_2^2 s^2 + \ldots + \tau_n^n s^n} \qquad (3.222)$$

die man mit dem Übertragungsbeiwert

$$K_0 = \frac{b_0}{a_0} \qquad (3.223)$$

sowie den Zeitkonstanten

$$\tau_{zi} = \sqrt[i]{b_i/b_0} \quad (i = 1, 2, \ldots m) \qquad (3.224)$$

und $\qquad \tau_j = \sqrt[j]{a_j/a_0} \quad (j = 1, 2, \ldots n) \qquad (3.225)$

---

[1]) Dem allgemeinen Brauch in der Regelungstechnik folgend, werden komplexe Größen im Folgenden nicht unterstrichen.

208   3.4 Regelungstechnik

aus Gl. (3.221) erhält. Man beachte, daß Gl. (3.222) einen Koeffizienten weniger aufweist als Gl. (3.221). Die Umrechnung von Gl. (3.221) in Gl. (3.222) ist daher eindeutig, während man bei der umgekehrten Rechnung einen Parameter vorgeben muß; meist wird man $a_n = 1$ festlegen. Die bei der Auswertung von Gl. (3.224) bis Gl. (3.225) auftretenden Umrechnungen mit den Konstanten a_0 und b_0 führt man zweckmäßigerweise mit dem T-Register aus (s. Abschn. 1.2.6.1).

Beispiel 3.35. Die gebrochen rationale Übertragungsfunktion

$$F(s) = \frac{b_0 + b_1 s + b_2 s^2 + b_3 s^3}{a_0 + a_1 s + a_2 s^2 + a_3 s^3}$$

hat die Koeffizienten $b_0 = 2{,}5$, $b_1 = 1{,}7$ sec, $b_2 = 0{,}8$ sec^2, $b_3 = 0{,}1$ sec^3, $a_0 = 6{,}3$, $a_1 = 4{,}5$ sec, $a_2 = 1{,}2$ sec^2 und $a_3 = 1$ sec^3. Man berechne den Koeffizienten K_0 sowie die Zeitkonstanten τ_{zi} und τ_j von Gl. (3.222).

Analog zum Vorgehen in Abschn. 1.2.6.1 ergibt sich der Rechengang:

Größe	Eingabe	Befehle	Anzeige	Größe
		EE 2nd FIX 3	0.000 00	
b_0	2.5	÷	2.500 00	
a_0	6.3	=	3.968−01	K_0
b_0	2.5	1/x × x⇄t	0.000 00	
b_1	1.7	=	6.800−01	τ_{z1}
		x⇄t × x⇄t	6.800−01	
b_2	.8	=√x	5.657−01	τ_{z2}
		x⇄t × x⇄t	5.657−01	
b_3	.1	= INV y^x 3 =	3.420−01	τ_{z3}
a_0	6.3	1/x × x⇄t	4.000−01	
a_1	4.5	=	7.143−01	τ_1
		x⇄t × x⇄t	7.143−01	
a_2	1.2	=√x	4.364−01	τ_2
		x⇄t × x⇄t	4.364−01	
a_3	1	= INV y^x 3 =	5.414−01	τ_3

Falls derartige Umrechnungen zwischen den beiden Darstellungsformen häufiger durchgeführt werden müssen, empfiehlt sich das Schreiben eines einfachen Programms.

Neben dieser Darstellung der Übertragungsfunktion F(s) als Quotient zweier Polynome der Bildvariablen s werden in der Regelungstechnik weitere Formen verwendet, die ihre speziellen Anwendungsgebiete haben. Die wichtigsten sind

— die Produktdarstellung von F(s) mit Anwendungen beim Frequenzkennlinien- und Wurzelortskurvenverfahren,

— die Darstellung durch Partialbrüche zur Rücktransformation in den Zeitbereich, und

— die Darstellung durch Kettenbrüche zur Approximation von komplizierten Übertragungsfunktionen durch einfachere und zur Ermittlung von RC-Netzwerken in der Reglersynthese.

Der programmierbare Taschenrechner gestattet es, diese Darstellungsformen auf eine effiziente Weise ineinander umzurechen, wie nachfolgend an Beispielen gezeigt werden soll.

Bei der Produktdarstellung der Übertragungsfunktion F(s) werden das Zähler- und Nennerpolynom als Produkt von Polynomen 1. oder — bei komplexen Polen und Nullstellen von F(s) — 2. Ordnung angeschrieben. Nimmt man an, daß alle Wurzeln des Zähler- und Nennerpolynoms reell und einfach sind, erhält man zwei Darstellungsformen, die sich einfach ineinander umrechnen lassen:

Produktform 1. Art

$$F(s) = K_0 \frac{(1 + T_{z1}s)(1 + T_{z2}s)(\ldots)\ldots(1 + T_{zm}s)}{(1 + T_1 s)(1 + T_2 s)(\ldots)\ldots(1 + T_n s)}$$

$$= K_0 \frac{\prod_{i=1}^{m}(1 + T_{zi}s)}{\prod_{j=1}^{n}(1 + T_j s)} \qquad (3.226)$$

mit dem Übertragungsbeiwert K_0 und den Zeitkonstanten T_{zi} und T_j.

Produktform 2. Art

$$F(s) = K_\infty \frac{(s - s_{z1})(s - s_{z2})(\ldots)\ldots(s - s_{zm})}{(s - s_1)(s - s_2)(\ldots)\ldots(s - s_n)}$$

$$= K_\infty \frac{\prod_{i=1}^{m}(s - s_{zi})}{\prod_{j=1}^{n}(s - s_j)} \qquad (3.227)$$

Die Übertragungsfunktion F(s) hat in dieser Darstellung die m Nullstellen s_{zi} des Zählerpolynoms und die n Nullstellen s_j des Nennerpolynoms. Die Umrechnung zwischen Gl. (3.226) und (3.227) ergibt den Übertragungsbeiwert

$$K_\infty = K_0 \frac{\prod_{i=1}^{m} T_{zi}}{\prod_{j=1}^{n} T_j} \qquad (3.228)$$

und die Wurzeln

$$s_{zi} = -1/T_{zi} \qquad (3.229)$$
$$s_j = -1/T_j \qquad (3.230)$$

und erfordert nur elementare Operationen.

3.4 Regelungstechnik

Beispiel 3.36. Gegeben sei die Übertragungsfunktion

$$F(s) = K_0 \frac{(1 + T_{z1}s)(1 + T_{z2}s)}{(1 + T_1s)(1 + T_2s)(1 + T_3s)}$$

mit dem Übertragungsbeiwert $K_0 = 2,5$ und den Zeitkonstanten $T_{z1} = 0,3$ sec, $T_{z2} = 0,1$ sec, $T_1 = 1,2$ sec, $T_2 = 0,8$ sec und $T_3 = 0,5$ sec. Man berechne den Übertragungsbeiwert K_∞ und die Wurzeln s_{zi} und s_j.

Um eine zweimalige Eingabe der Zeitkonstanten T_{zi} und T_j zu vermeiden, benutzt man vorteilhaft die Registerarithmetik des Rechners und läßt die Produkte in einem Datenregister (hier R00) zusammenlaufen. Man erhält den Rechengang

Größe	Eingabe	Befehle	Anzeige	Größe
		EE 2nd FIX 3	0.000 00	
K_0	2.5	STO 00	2.500 00	K_0
T_{z1}	.3	2nd Prd 00 1/x +/−	−3.333 00	s_{z1}
T_{z2}	.1	2nd Prd 00 1/x +/−	−1.000 01	s_{z2}
T_1	1.2	INV 2nd Prd 00 1/x +/−	−8.333−01	s_1
T_2	.8	INV 2nd Prd 00 1/x +/−	−1.250 00	s_2
T_3	.5	INV 2nd Prd 00 1/x +/−	−2.000 00	s_3
		RCL 00	1.563−01	K_∞

Die 2. Produktform kann in die 1. nach Umstellen von Gl. (3.228) bis (3.230) auf analoge Weise umgerechnet werden.

Aufwendiger ist das Umformen der Produktform in die gebrochen rationale Form und umgekehrt. Benötigt werden hierfür Programme zur

— rekursiven Multiplikation von Polynomen beim Umrechnen von der Produktform in die gebrochen rationale Form und zum
— Bestimmen der (möglicherweise komplexen) Nullstellen von Polynomen.

Mit dem Modulprogramm EE-10 kann man für die Polynome

$$P(s) = p_0 + p_1 s + p_2 s^2 + \ldots + p_l s^l \qquad (3.231)$$

und

$$Q(s) = q_0 + q_1 s + q_2 s^2 + \ldots + q_m s^m \qquad (3.232)$$

das Polynomprodukt

$$R(s) = P(s) \cdot Q(s) = r_0 + r_1 s + r_2 s^2 + \ldots + r_n s^n \qquad (3.233)$$

bilden, also aus den Koeffizienten p_i und q_i die neuen Koeffizienten r_i berechnen.

Beispiel 3.37. Die Übertragungsfunktion

$$F(s) = \frac{K_p}{(1 + T_1s)(1 + T_2s)(1 + T_3s)(1 + T_4s)}$$

ist durch den Proportionalbeiwert $K_p = 2,5$ sowie die Zeitkonstanten $T_1 = 2$ sec, $T_2 = 0,5$ sec,

3.4.1 Lineare stetige Regelkreise   211

$T_3 = 0,2$ sec und $T_4 = 0,1$ sec gekennzeichnet. Man bestimme die Koeffizienten a_i der gebrochen rationalen Übertragungsfunktion nach Gl. (3.221).

Für das Modulprogramm EE-10 erhält man den Rechengang

Größe	Eingabe	Befehle	Anzeige	Größe
		2nd Pgm 10 2nd D' E A	0.	i
p_0	1	R/S	1.	i = 1
p_1	2	R/S	2.	1 + 1
		B	0.	i
q_{01}	1	R/S	1.	i = m_1
q_{11}	.5	R/S	2.	m_1 + 1
		B	0.	i
q_{02}	1	R/S	1.	i = m_2
q_{12}	.2	R/S	2.	m_2 + 1
		B	0.	i
q_{03}	1	R/S	1.	i = m_3
q_{13}	.1	R/S	2.	m_2 + 1
		C	5.	n
		R/S	1.	a_0
		R/S	2.8	a_1
		R/S	1.77	a_2
		R/S	0.35	a_3
		R/S	0.02	a_4

Daher ist die gesuchte Übertragungsfunktion

$$F(s) = \frac{2,5}{1 + 2,8 \text{ sec } s + 1,77 \text{ sec}^2 s^2 + 0,35 \text{ sec}^3 s^3 + 0,02 \text{ sec}^4 s^4}$$

Das Polynom

$$P(s) = a_0 + a_1 s + a_2 s^2 + \ldots + a_n s^n \qquad (3.234)$$

hat nach [6] mit den reellen Koeffizienten a_i stets n N u l l s t e l l e n, die entweder reell oder konjugiert komplex sind. Mit dem Modulprogramm ML-07 kann man Funktionswerte solcher Polynome berechnen und mit dem Modulprogramm ML-08 ganz allgemein r e e l l e Nullstellen beliebiger Funktionen bestimmen. Leider lassen sich diese Modulprogramme nicht unmittelbar miteinander koppeln, da sie gleiche Datenregister benutzen. Mit dem Programm 4.36 (Abschn. 4) wird deshalb ein Zusatzprogramm für das Modulprogramm ML-08 mitgeteilt, mit dem e i n f a c h e reelle Nullstellen von Polynomen bestimmt werden können.

Das Modulprogramm MU-15 sucht reelle Nullstellen nach dem Verfahren von Newton-Raphson, während mit dem Modulprogramm EE-09 alle reellen und komplexen Nullstellen eines Polynoms nach der Lin-Bairstow-Methode unmittelbar gefunden werden können.

3.4 Regelungstechnik

Beispiel 3.38. Man berechne die reellen Nullstellen des Polynoms

$$P(s) = 3{,}952 + 8{,}801s + 10{,}23s^2 + 5{,}9s^3 + s^4$$

im Bereich $-10 \leqslant s \leqslant 0$.

Wir wählen die Intervallbreite $\Delta s = 1$ und die Fehlerschranke $\epsilon = 0{,}001$ und erhalten dann den Rechengang für das Programm 4.36

Größe	Eingabe	Befehle	Anzeige		Größe
		2nd B'			
n	4	R/S	4.000	00	n
i	0	2nd C'	0.000	00	i
a_0	3.952	R/S	3.952	00	a_0
a_1	8.801	R/S	8.801	00	a_1
a_2	10.23	R/S	1.023	01	a_2
a_3	5.9	R/S	5.900	00	a_3
a_4	1	R/S	1.000	00	a_4
		2nd Pgm 08			
a	10 +/−	A	−1.000	01	a
b	0	B	0.000	00	b
Δs	1	C	1.000	00	Δs
ϵ	.001	D	1.000	−03	ϵ
		E	−3.700	00	s_1
		E	−1.200	00	s_2
		E	9.999	99 (blinkend)	

Weitere einfache reelle Nullstellen werden nicht gefunden; da insgesamt 4 Nullstellen vorhanden sein müssen, sind die beiden verbleibenden entweder konjugiert komplex, reell und doppelt oder liegen außerhalb des Bereichs a, b. Um diese zu bestimmen, reduziert man P(s) mit dem Horner-Schema [4]

P(s)	a_4	a_3	a_2	a_1	a_0
$s = s_1$	0	$a'_4 s_1$	$a'_3 s_1$	$a'_2 s_1$	$a'_1 s_1$
$P_3(s)$	a'_4	a'_3	a'_2	a'_1	0
$s = s_2$	0	$a''_4 s_2$	$a''_3 s_2$	$a''_2 s_2$	
$P_2(s)$	a''_4	a''_3	a''_2	0	

mit $a'_3 = a_3 + a'_4 s_1$, $a'_2 = a_2 + a'_3 s_1$, und so fort. Das reduzierte Polynom

$$P_2(s) = a''_4 s^2 + a''_3 s + a''_2$$

hat dann nur noch die 2. Ordnung; seine beiden Nullstellen sind

$$s_{3,4} = -\frac{a''_3}{2a''_4} \pm \sqrt{\left(\frac{a''_3}{2a''_4}\right)^2 - \frac{a''_2}{a''_4}}$$

Im vorliegenden Fall erhält man

Größe	Eingabe	Befehle	Anzeige	Größe
s_1	3.7	+/− x	−3.7	s_1
		x ⇄ t	0.	
a_4	1	+		
a_3	5.9	=	2.2	a'_3
		x ⇄ t x	−3.7	s_1
		x ⇄ t +	2.2	
a_2	10.23	=	2.09	a'_2
		x ⇄ t x	−3.7	
		x ⇄ t +		
a_1	8.801	=	1.068	a'_1
		x ⇄ t x	−3.7	
		x ⇄ t +	1.068	
a_0	3.952	=	0.0004	a'_0

Das um die Ordnung 1 reduzierte Polynom ist also

$$P_3(s) = s^3 + 2{,}20 s^2 + 2{,}09 s + 1{,}068$$

Die nochmalige Reduktion mit der Nullstelle $s_2 = -1{,}2$ erbringt die quadratische Gleichung

$$P_2(s) = s^2 + s + 0{,}890$$

deren Nullstellen

$$s_{3,4} = -\frac{1}{2} \pm j \sqrt{0{,}89 - \frac{1}{4}} = -0{,}5 \pm j\, 0{,}8$$

man auf elementare Weise errechnet. Das Polynom kann daher in der Produktform

$$P(s) = (s + 3{,}7)(s + 1{,}2)(s + 0{,}5 - j\, 0{,}8)(s + 0{,}5 + j\, 0{,}8)$$

geschrieben werden. Mit dem beschriebenen Vorgehen kann man also eine gegebene gebrochen rationale Übertragungsfunktion F(s) in die Produktform überführen, solange Zähler- und Nennerpolynom **nicht mehr als eine konjugiert komplexe oder doppelte reelle** Nullstelle haben. Hiermit ist ein großer Teil der regelungstechnischen Anwendungen abgedeckt; in den restlichen Fällen kann man beispielsweise das Lin-Bairstow-Verfahren (Modul-Programm EE-09) einsetzen.

3.4.1.2 Grundschaltungen der Signalflußplan-Algebra.
Komplexe dynamische Prozesse kann man in übersichtlicher und sinnfälliger Weise durch Signalflußpläne erfassen (s. Band V oder beispielsweise [15], [31], [32]), in denen die wirkungsmäßigen Verknüpfungen zwischen den Elementen eines Systems oder zwischen

3.79
Blockdarstellung eines linearen zeitinvarianten Übertragungsgliedes im Zeit- und Frequenzbereich

mehreren Systemen durch Wirkungslinien symbolisiert werden. Die Übertragungseigenschaften eines einzelnen Elementes stellt man durch Blöcke (Bild 3.79) dar, in denen man das Übertragungsverhalten in symbolischer Form, beispielsweise durch die Übertragungsfunktion F(s), angibt.

214 3.4 Regelungstechnik

Bei der Analyse von linearen Prozessen wird man immer wieder auf drei Grundschaltungen geführt (Bild 3.80), nämlich

- die Parallelschaltung (Bild 3.80a),
- die Kettenschaltung (Bild 3.80b), und
- die Kreisschaltung (Bild 3.80c)

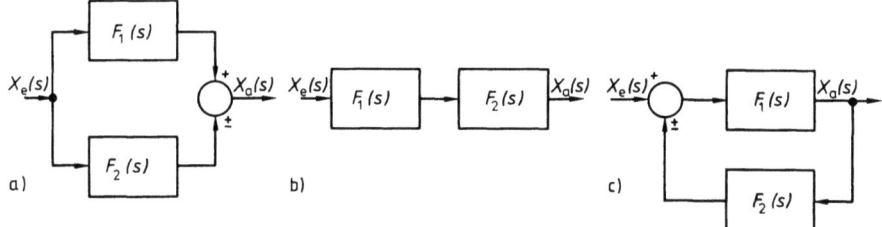

3.80 Grundschaltungen der Signalflußplan-Algebra
 a) Parallelschaltung, b) Kettenschaltung, c) Kreisschaltung

zweier Blöcke $F_1(s)$ und $F_2(s)$. Für die Stabilitätsprüfung und den Reglerentwurf muß man häufig diese Grundschaltungen zu einem Block F(s) zusammenfassen, wobei der programmierbare Taschenrechner gute Dienste leisten kann. Für die drei Grundschaltungen gilt bei der Gesamtübertragungsfunktion F(s)

Parallelschaltung $\quad F(s) = F_1(s) \pm F_2(s)$ \hfill (3.235)

Kettenschaltung $\quad F(s) = F_1(s) F_2(s)$ \hfill (3.236)

Kreisschaltung $\quad F(s) = \dfrac{F_1(s)}{1 \mp F_1(s) F_2(s)}$ \hfill (3.237)

Wenn die Teilübertragungsfunktionen $F_1(s)$ und $F_2(s)$ keine Totzeiten enthalten, kann man $F_1(s)$, $F_2(s)$ und F(s) als gebrochen rationale Funktionen, also als Quotienten zweier Polynome in s darstellen; man setzt

$$F_1(s) = \frac{Z_1(s)}{N_1(s)} = \frac{\text{Polynom } m_1\text{-ter Ordnung in s}}{\text{Polynom } n_1\text{-ter Ordnung in s}} \quad (3.238)$$

$$F_2(s) = \frac{Z_2(s)}{N_2(s)} = \frac{\text{Polynom } m_2\text{-ter Ordnung in s}}{\text{Polynom } n_2\text{-ter Ordnung in s}} \quad (3.239)$$

$$F(s) = \frac{Z(s)}{N(s)} = \frac{\text{Polynom } m\text{-ter Ordnung in s}}{\text{Polynom } n\text{-ter Ordnung in s}} \quad (3.240)$$

Durch Auswerten von Gl. (3.235) bis (3.237) mit den Definitionen in Gl. (3.238) bis (3.240) erhält man Tafel 3.81, in der für die drei Grundschaltungen die Gleichungen für F(s), Z(s), N(s) und die Ordnungszahlen des Zählerpolynoms Z(s) und des Nennerpolynoms N(s) angegeben sind. Das Auswerten dieser Gleichungen erfordert nur zwei Operationen, nämlich die Multiplikation und die Addition oder Subtraktion von Polynomen. Hierfür kann man das schon in Abschn. 3.4.1.1 verwendete Modulprogramm EE-10 zur Polynommultiplikation vorteilhaft anwenden.

3.4.1 Lineare stetige Regelkreise 215

Tafel 3.81 Übertragungsfunktionen der Grundschaltungen linearer Signalflußpläne

Schaltung	F(s)	Z(s)	N(s)	Ordnungszahlen	
				m	n
Parallel-schaltung	$F_1(s) \pm F_2(s)$	$Z_1(s)N_2(s) \pm Z_2(s)N_1(s)$	$N_1(s)N_2(s)$	max $(m_1 + n_2, m_2 + n_1)$	$n_1 + n_2$
Ketten-schaltung	$F_1(s)F_2(s)$	$Z_1(s)Z_2(s)$	$N_1(s)N_2(s)$	$m_1 + m_2$	$n_1 + n_2$
Kreis-schaltung[1)]	$\dfrac{F_1(s)}{1 \mp F_1(s)F_2(s)}$	$Z_1(s)N_2(s)$	$N_1(s)N_2(s) \mp Z_1(s)Z_2(s)$	$m_1 + n_2$	max $(n_1 + n_2, m_1 + m_2)$

[1)] oberes Vorzeichen: Mitkopplung, unteres Vorzeichen: Gegenkopplung.

Beispiel 3.39. Die Teilübertragungsfunktionen

$$F_1(s) = \frac{K_1}{s(1 + T_1 s)} \quad \text{und} \quad F_2(s) = \frac{K_2}{1 + T_2 s}$$

haben die Übertragungsbeiwerte $K_1 = 2{,}5 \text{ sec}^{-1}$, $K_2 = 1$ und die Zeitkonstanten $T_1 = 1{,}2$ sec, $T_2 = 0{,}8$ sec. Der Block 1 liegt im Vorwärts- und der Block 2 im Rückwärtszweig einer Gegenkopplung. Man berechne die Gesamtübertragungsfunktion dieser Kreisschaltung.
Nach Gl. (3.237) gilt für die Übertragungsfunktion

$$F(s) = \frac{F_1(s)}{1 + F_1(s)F_2(s)} = \frac{K_1}{s(1 + T_1 s)\left[1 + \dfrac{K_1 K_2}{s(1 + T_1 s)(1 + T_2 s)}\right]}$$

$$= \frac{K_1(1 + T_2 s)}{K_1 K_2 + s(1 + T_1 s)(1 + T_2 s)}$$

Wir berechnen das Polynomprodukt $(1 + T_1 s)(1 + T_2 s)$ mit dem Modulprogramm EE-10 und erhalten den Rechengang

Größe	Eingabe	Befehle	Anzeige	Größe
		2nd Pgm 10 2nd D' E A	0.	i
p_0	1	R/S	1.	i = 1
p_1	1.2	R/S	2.	1 + 1
		B	0.	i
q_0	1	R/S	1.	i = m
q_1	.8	R/S	2.	m + 1
		C	3.	n
		R/S	1.	r_0
		R/S	2.	r_1
		R/S	0.96	r_2

216   3.4 Regelungstechnik

Mit $K_1T_2 = 2{,}5 \text{ sec}^{-1} \cdot 0{,}8 \text{ sec} = 2$ und $K_1K_2 = 2{,}5 \text{ sec}^{-1} \cdot 1 = 2{,}5 \text{ sec}^{-1}$ hat daher die Gesamtübertragungsfunktion

$$F(s) = \frac{b_0 + b_1 s}{a_0 + a_1 s + a_2 s^2 + a_3 s^3}$$

die Koeffizienten $a_0 = 2{,}5 \text{ sec}^{-1}$, $a_1 = 1$, $a_2 = 2 \text{ sec}$, $a_3 = 0{,}96 \text{ sec}^2$, $b_0 = 2{,}5 \text{ sec}^{-1}$ und $b_1 = 2$.

3.4.1.3 Zeitverhalten einfacher Übertragungsglieder. In der System- und Regelungstechnik ist es üblich, das dynamische Verhalten linearer Übertragungsglieder durch ihre Antwort auf spezielle Testfunktionen zu beschreiben, die zum Zeitpunkt t = 0 auf den Eingang des Übertragungsgliedes geschaltet werden. Die wichtigsten nichtperiodischen Testfunktionen sind (vgl. Band V)

— die (Einheits-) Impulsfunktion (Nadelimpuls, Dirac-Stoß) $\delta(t)$,
— die (Einheits-) Sprungfunktion $\epsilon(t)$, und
— die (Einheits-) Rampenfunktion $r(t)$.

Die Kenngrößen dieser Zeitfunktionen sind in Tafel 3.82 zusammengefaßt. Die Reaktionen eines Übertragungsgliedes auf diese Testfunktionen heißen Impulsantwort (Gewichtsfunktion), Sprungantwort (Übergangsfunktion) und Rampenantwort (Anstiegsantwort).

T a f e l 3.82 Wichtige nichtperiodische Testfunktionen

Bezeichnung	Zeitfunktion	Definition im Zeitbereich	Laplace-Transformierte
Impuls $\delta(t)$	$\delta(t)$ Nadelimpuls bei 0	$\delta(t) = \begin{cases} \infty \text{ für } t = 0 \\ 0 \text{ sonst} \end{cases}$	1
Sprung $\epsilon(t)$	$\epsilon(t)$ Stufe auf 1 bei 0	$\epsilon(t) = \begin{cases} 0 \text{ für } t < 0 \\ 1 \text{ für } t \geqslant 0 \end{cases}$	$\frac{1}{s}$
Rampe $r(t)$	$r(t)$ ansteigende Gerade ab 0	$r(t) = \begin{cases} 0 \text{ für } t < 0 \\ t \text{ für } t \geqslant 0 \end{cases}$	$\frac{1}{s^2}$

Für die Analyse und den Entwurf von Regelkreisen ist es vorteilhaft, die Impuls-, Sprung- und Rampenantwort der am häufigsten auftretenden linearen Übertragungsglieder zur Verfügung zu haben. Hierfür waren bisher graphische Darstellungen der Zeitfunktionen, Tabellen oder Nomogramme üblich; diese sind aber häufig zu ungenau und zu unhandlich. Der programmierbare Taschenrechner kann dagegen die gewünschten Zeitfunktionen schnell, mit großer Genauigkeit und für beliebige Parameterwerte berechnen (z. B. mit dem Programm 4.10).

Tafel 3.83 Impuls-, Sprung- und Rampenantwort des $PD-T_1$- bzw. $PP-T_1$-Gliedes

$PD-T_1$- bzw. $PP-T_1$-Glied	$T\dot{x}_a(t) + x_a(t) = K[x_e(t) + T_v\dot{x}_e(t)]$
Eingangszeitfunktion $x_e(t)$	Ausgangszeitfunktion $x_a(t)$ für $t \geq 0$
Impuls $\delta(t)$	$\dfrac{K}{T}\left\{T_v\delta(t) + \left(1 - \dfrac{T_v}{T}\right)e^{-t/T}\right\}$
Sprung $\epsilon(t)$	$K\left\{1 - \left(1 - \dfrac{T_v}{T}\right)e^{-t/T}\right\}$
Rampe $r(t)$	$KT\left\{\dfrac{t}{T} - \left(1 - \dfrac{T_v}{T}\right)\left(1 - e^{-t/T}\right)\right\}$

In Abschn. 4 sind die Programme 4.37 und 4.38 für zwei in den Anwendungen häufig auftretende lineare Übertragungsglieder, nämlich das $PD-T_1$-Glied und das $P-T_2$-Glied, und ihre Sonderfälle angegeben. Die diesen Programmen zugrundeliegenden Gleichungen für die Impuls-, Sprung- und Rampenantwort sind in den Tafeln 3.83 und 3.84 zusammengefaßt; diese Zeitfunktionen entsprechen mit den Übertragungsbeiwerten K, der Vorhaltzeit T_v, den Zeitkonstanten T, T_1, T_2, der Kennzeit T_0 und dem Dämpfungsgrad ϑ den folgenden Laplace-Transformierten:

$PD-T_1$-Glied Impulsantwort $X_a(s) = K\dfrac{1 + T_v s}{1 + Ts}$ (3.241)

Sprungantwort $X_a(s) = K\dfrac{1 + T_v s}{s(1 + Ts)}$ (3.242)

Rampenantwort $X_a(s) = K\dfrac{1 + T_v s}{s^2(1 + Ts)}$ (3.243)

$P-T_2$-Glied Impulsantwort $X_a(s) = \dfrac{K}{(1 + T_1 s)(1 + T_2 s)}$ für $\vartheta > 1$ (3.244)

$X_a(s) = \dfrac{K}{(1 + T_0 s)^2}$ für $\vartheta = 1$ (3.245)

$X_a(s) = \dfrac{K}{1 + 2\vartheta T_0 s + T_0^2 s^2}$ für $\vartheta < 1$ (3.246)

Sprungantwort $X_a(s) = \dfrac{K}{s(1 + T_1 s)(1 + T_2 s)}$ für $\vartheta > 1$ (3.247)

218   3.4 Regelungstechnik

$$X_a(s) = \frac{K}{s(1 + T_0 s)^2} \text{ für } \vartheta = 1 \quad (3.248)$$

$$X_a(s) = \frac{K}{s(1 + 2\vartheta T_0 s + T_0^2 s^2)} \text{ für } \vartheta < 1 \quad (3.249)$$

Rampenantwort $$X_a(s) = \frac{K}{s^2(1 + T_1 s)(1 + T_2 s)} \text{ für } \vartheta > 1 \quad (3.250)$$

$$X_a(s) = \frac{K}{s^2(1 + T_0 s)^2} \text{ für } \vartheta = 1 \quad (3.251)$$

$$X_a(s) = \frac{K}{s^2(1 + 2\vartheta T_0 s + T_0^2 s^2)} \text{ für } \vartheta < 1 \quad (3.252)$$

Man kann also mit diesen Programmen die Zeitfunktion $x_a(t)$ zu einer vorgegebenen Laplace-Transformierten $X_a(s)$ „aufschlagen" und erspart sich damit das mühevolle Arbeiten mit Korrespondenztabellen der Laplace-Transformation.

Beispiel 3.40. Ein PD-T_1-Glied hat den Proportionalbeiwert K = 2, die Zeitkonstante T = 1 sec und die Vorhaltzeit T_v = 2 sec. Man berechne Impuls-, Sprung- und Rampenantwort dieses Übertragungsgliedes im Zeitbereich $0 \leq t \leq 4$ sec mit dem Zeitschritt $\Delta t = 0{,}2$ sec.
Nach dem Einlesen des Programms 4.37 berechnet man die Impulsantwort mit den Schritten

Größe	Eingabe	Befehle	Anzeige	Größe
		2nd Fix 3 A		
K	2	R/S	2.000	K
T	1	R/S	1.000	T
T_v	2	R/S	2.000	T_v
t_A	0	R/S	0.000	t_A
Δt	.2	R/S	0.200	Δt
t_E	4	R/S	2.000	T_v/T
		B	0.	t_A
		R/S	999.	x_e
		R/S	999.	x_a
		R/S	0.200	$t_A + \Delta t$
		R/S	0.000	x_e
		R/S	−1.637	x_a
		⋮	⋮	
		R/S	4.000	t_E
		R/S	0.000	x_e
		R/S	−0.037	x_a

3.4.1 Lineare stetige Regelkreise

Tafel 3.84 Impuls-, Sprung- und Rampenantwort des P-T_2-Gliedes

P-T_2-Glied $\quad T_0^2 \ddot{x}_a(t) + 2\vartheta T_0 \dot{x}_a(t) = K x_e(t)$

Eingangszeitfunktion $x_e(t)$	Dämpfungsgrad	Ausgangszeitfunktion $x_a(t)$ für $t \geq 0$	Parameter
Impuls $\delta(t)$	$\vartheta > 1$	$\dfrac{K}{T_1 - T_2}\{e^{-t/T_1} - e^{-t/T_2}\}$	$T_1 = T_0(\vartheta + \sqrt{\vartheta^2 - 1})$, $T_2 = T_0(\vartheta - \sqrt{\vartheta^2 - 1})$
	$\vartheta = 1$	$\dfrac{K}{T_0} \cdot \dfrac{t}{T_0} e^{-t/T_0}$	---
	$\vartheta < 1$	$K \dfrac{\omega_0^2}{\omega_d} e^{-\delta t} \sin(\omega_d t)$	$\omega_0 = 1/T_0,\ \omega_d = \omega_0 \sqrt{1 - \vartheta^2}$, $\delta = \vartheta \omega_0$
Sprung $\epsilon(t)$	$\vartheta > 1$	$K\left\{1 - \dfrac{T_1 e^{-t/T_1} - T_2 e^{-t/T_2}}{T_1 - T_2}\right\}$	$T_1 = T_0(\vartheta + \sqrt{\vartheta^2 - 1})$, $T_2 = T_0(\vartheta - \sqrt{\vartheta^2 - 1})$
	$\vartheta = 1$	$K\left\{1 - \left(1 + \dfrac{t}{T_0}\right) e^{-t/T_0}\right\}$	---
	$\vartheta < 1$	$K\left\{1 - \dfrac{\omega_0}{\omega_d} e^{-\delta t} \sin(\omega_d t + \psi)\right\}$	$\omega_0 = 1/T_0,\ \omega_d = \omega_0 \sqrt{1 - \vartheta^2}$, $\delta = \vartheta \omega_0,\ \psi = \arcsin \sqrt{1 - \vartheta^2}$
Rampe $r(t)$	$\vartheta > 1$	$K\left\{t - \dfrac{T_1^2(1 - e^{-t/T_1}) - T_2^2(1 - e^{-t/T_2})}{T_1 - T_2}\right\}$	$T_1 = T_0(\vartheta + \sqrt{\vartheta^2 - 1})$, $T_2 = T_0(\vartheta - \sqrt{\vartheta^2 - 1})$
	$\vartheta = 1$	$K\{t(1 + e^{-t/T_0}) - 2T_0(1 - e^{-t/T_0})\}$	---
	$\vartheta < 1$	$K\left\{t - T_0\left[2\vartheta - \dfrac{\omega_0}{\omega_d} e^{-\delta t} \sin(\omega_d t + \phi)\right]\right\}$	$\omega_0 = 1/T_0,\ \omega_d = \omega_0 \sqrt{1 - \vartheta^2}$, $\delta = \vartheta \omega_0,\ \phi = \arcsin(2\vartheta \sqrt{1 - \vartheta^2})$

220 3.4 Regelungstechnik

Ganz entsprechend berechnet man die Sprung- und Rampenantwort; der zeitliche Verlauf der Systemantworten ist in Bild 3.85 dargestellt.

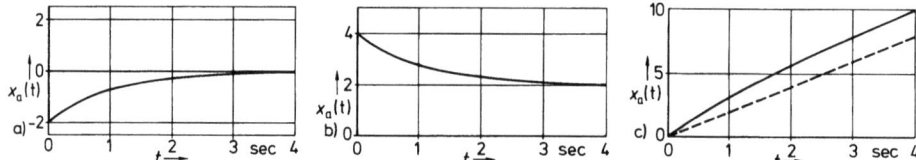

3.85 Reaktion des PD-T_1-Gliedes auf nichtperiodische Testfunktionen
  a) Impulsantwort, b) Sprungsntwort, c) Rampenantwort

Beispiel 3.41. Ein P-T_2-Glied hat den Proportionalbeiwert K = 0,527, den Dämpfungsgrad ϑ = 0,616 und die Kennzeit T_0 = 0,062 sec. Man berechne Impuls-, Sprung- und Rampenantwort des Systems im Bereich $0 \leqslant t \leqslant 0{,}5$ sec mit dem Zeitschritt Δt = 0,02 sec.

Um die Impulsantwort zu berechnen, liest man das Programm 4.37 ein und rechnet

Größe	Eingabe	Befehle	Anzeige	Größe
		2nd Fix 3 A		
K	1	R/S	1.000	K
ϑ	.616	R/S	0.616	ϑ
T_0	.062	R/S	9.935	ϑ/T_0
t_A	0	R/S	0.	t_A
Δt	.02	R/S	0.02	Δt
t_E	.5	R/S	1.327	T_2
		B	0.	t_A
		R/S	999.	x_e
		R/S	0.	x_a
		R/S	0.02	$t_A + \Delta t$
		R/S	0.	x_e
		R/S	4.22	x_a
		⋮	⋮	
		R/S	0.5	t_E
		R/S	0.	x_e
		R/S	0.010	x_a

Die Berechnung der Sprung- und Rampenantwort verläuft ähnlich; die entstehenden Zeitfunktionen sind in Bild 3.86 aufgetragen.

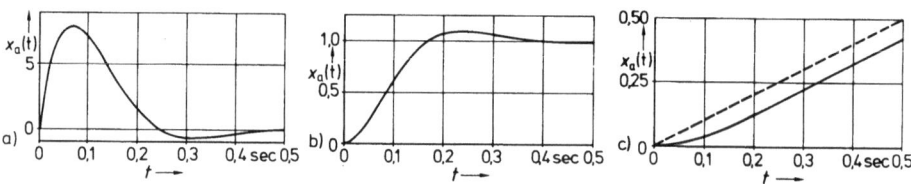

3.86 Reaktion des P-T_2-Gliedes auf nichtperiodische Testfunktionen
  a) Impulsantwort, b) Sprungantwort, c) Rampenantwort

3.4.1.4 Reglerentwurf mit dem Frequenzkennlinienverfahren.

An die stationären und dynamischen Eigenschaften von Regelkreisen werden meist Forderungen bezüglich Genauigkeit, Stabilität sowie Dämpfung und Schnelligkeit des Einschwingvorgangs gestellt, die sich nur mit speziellen Maßnahmen, beispielsweise dem Einbau von Kompensationsnetzwerken im Vorwärtszweig des Regelkreises, erfüllen lassen. Derartige Kompensationsschaltungen kann man mit vergleichsweise geringem Aufwand im Frequenzbereich mit dem Frequenzkennlinienverfahren entwerfen, wobei ein Taschenrechner-Programm zur Berechnung der Frequenzkennlinien sehr nützlich ist. Die genannten Forderungen an das Verhalten des Regelkreises kann man in entsprechende Bedingungen an den Verlauf der Frequenzkennlinien umsetzen; beispielsweise verlangt eine hohe stationäre Genauigkeit sehr große Werte des Betrags des Frequenzgangs $|F_0(j\omega)|$ des offenen Kreises für kleine Werte der Kreisfrequenz ω. Um einen stabilen, gut bedämpften und schnellen Einschwingvorgang zu erhalten, verlangt man häufig (s. Band V), daß die Phase von $F_0(j\omega)$ bei $|F_0(j\omega)| = 1$ zwischen $-140°$ und $-110°$ liegt, der offene Regelkreis also den Phasenrand $\varphi_R = 40°$ bis $70°$ hat. Die erforderliche Schnelligkeit des Einschwingvorgangs erzielt man häufig dadurch, daß man die größten Zeitkonstanten der Regelstrecke durch entsprechende Reglerzeitkonstanten kompensiert und damit die Bandbreite des geschlossenen Regelkreises vergrößert; diesem Vorgehen sind allerdings durch Anwachsen der Stellgrößen und zunehmende Empfindlichkeit des Regelkreises gegenüber Rauschstörungen gewisse Grenzen gesetzt.

Nachfolgend soll das Entwerfen eines Kompensationsreglers für einen einschleifigen linearen Regelkreis mit dem Frequenzgangprogramm 4.8 gezeigt werden.

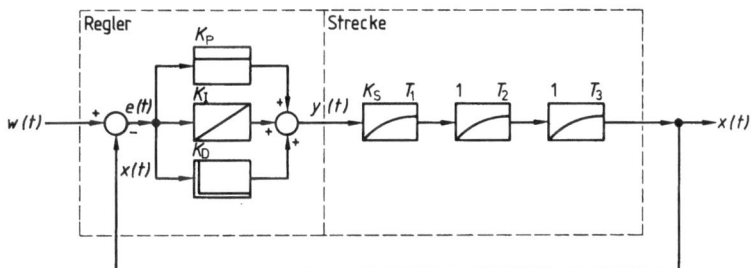

3.87 Signalflußplan des einschleifigen Regelkreises

Beispiel 3.42. Für den in Bild 3.87 dargestellten linearen einschleifigen Regelkreis lege man einen Kompensationsregler derart aus, daß der Regelkreis auf Sollwertsprünge stabil, gut gedämpft und schnell reagiert und keine stationäre Regeldifferenz zeigt. Der Phasenrand φ_R des offenen Kreises soll $60°$ und die Grenzkreisfrequenz des geschlossenen Kreises mindestens $\omega_g = 10 \text{ sec}^{-1}$ betragen. Die Regelstrecke sei durch ein Verzögerungsverhalten 3. Ordnung (P-T_3) mit der Übertragungsfunktion

222   3.4 Regelungstechnik

$$F_s(s) = \frac{K_s}{(1 + T_1 s)(1 + T_2 s)(1 + T_3 s)} \tag{3.253}$$

beschrieben. Die Kennwerte der Strecke Proportionalbeiwert $K_s = 25$ und Zeitkonstanten $T_1 = 0,8$ sec, $T_2 = 0,2$ sec, $T_3 = 0,05$ sec seien gegeben. Als Regler soll ein idealer PID-Regler mit der Übertragungsfunktion

$$F_R(s) = K_R \frac{(1 + T_{v1} s)(1 + T_{v2} s)}{s} \tag{3.254}$$

verwendet werden. Verstärkung K_R und Vorhaltzeiten T_{v1} und T_{v2} des Reglers sind zu bestimmen.

Nach einer einfachen heuristischen Methode des Reglerentwurfs kompensiert man die größten Zeitkonstanten der Regelstrecke zunächst durch die Vorhaltzeiten T_{v1}, T_{v2} des Reglers und macht den Regelkreis dadurch hinreichend schnell. Anschließend erfüllt man die Forderung an die Dämpfung des Einschwingvorgangs durch Festlegen der Regelverstärkung derart, daß der Phasenrand $\varphi_R = 60°$ beträgt.

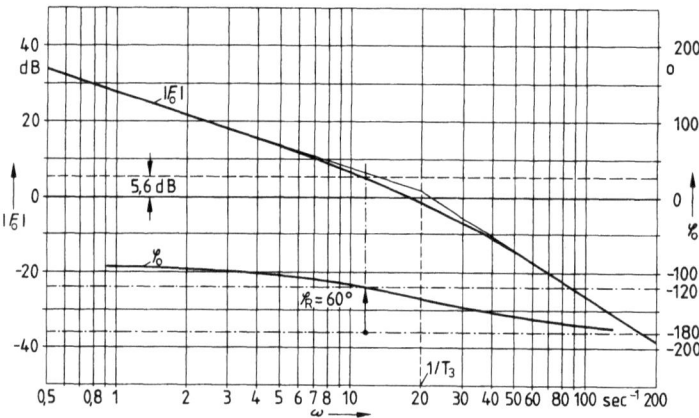

3.88 Frequenzkennlinien des offenen einschleifigen Regelkreises
$|F_0|$ Amplitudengang, φ_0 Phasengang

Man setzt also $T_{v1} = T_1 = 0,8$ sec und $T_{v2} = T_2 = 0,2$ sec und erhält den Frequenzgang des offenen Kreises

$$F_0(j\omega) = F_R(j\omega) F_s(j\omega)$$

$$= 25 K_R \frac{(1 + 0,8 \text{ sec } s)(1 + 0,2 \text{ sec } s)}{s(1 + 0,8 \text{ sec } s)(1 + 0,2 \text{ sec } s)(1 + 0,05 \text{ sec } s)} = \frac{K_0}{s(1 + 0,05 \text{ sec } s)}$$

mit der Kreisverstärkung $K_0 = K_R K_s = 25 K_R$. Anschließend zeichnet man für $K_R = 1$ die Asymptoten des Amplitudengangs $|F_0(\omega)|$ in das Bode-Diagramm von Bild 3.88 ein und berechnet mit dem Frequenzgangprogramm 4.8 die Frequenzkennlinien des offenen Kreises im interessierenden Frequenzbereich $\omega = 1 \text{ sec}^{-1}$ bis $\omega = 100 \text{ sec}^{-1}$ wie folgt

3.4.1 Lineare stetige Regelkreise

Größe	Eingabe	Befehle	Anzeige		Größe
		EE 2nd FIX 3			
n	2	A	2.000	00	n
a_2	.05	R/S	1.000	00	n − 1
a_1	1	R/S	0.000	00	n − 2
a_0	0	R/S	−1.000	00	n − 3
m	1	B	1.000	00	m
b_1	0	R/S	0.000	00	m − 1
b_0	25	R/S	−1.000	00	m − 2
ω_E	100	2nd A′	1.000	02	ω_E
	10	y^x			
	.2	= R/S	1.585	00	k_ω
		2nd D′			
ω_A	1	C	1.000	00	ω_A
		R/S −			
	360	=	−9.286	01	φ
		R/S	2.795	01	$|F|$
		R/S	1.585	00	ω
		R/S −	2.655	02	
	360	=	−9.453	01	φ
		R/S	2.393	01	$|F|$
		⋮	⋮		
		R/S	1.000	02	ω_E
		R/S −	1.913	02	
	360	=	−1.687	02	φ
		R/S	−2.619	01	$|F|$

Der Phasenwinkel φ ist also um 360° abzusenken. Der Verlauf der Frequenzkennlinien ist in Bild 3.88 dargestellt.

Die Phasenkennlinie schneidet die −120°-Linie bei der Kreisfrequenz $\omega \approx 11,5$ sec^{-1}. Der Amplitudengang hat hier den Wert $|F_0| \approx 5,6$ dB; um diesen Wert auf 0 dB (entsprechend $|F_0| = 1$) abzusenken, muß die Reglerverstärkung auf

$$K_R \approx -5,6 \text{ dB} \,\hat{=}\, 0,525 \text{ sec}^{-1}$$

herabgesetzt werden. Die Übertragungsfunktionen des Kompensationsreglers und des offenen Kreises werden daher

$$F_R(s) = 0,525 \text{ sec}^{-1} \frac{(1 + 0,8 \text{ sec } s)(1 + 0,2 \text{ sec } s)}{s}$$

und $\quad F_0(s) = \dfrac{13,1 \text{ sec}^{-1}}{s\,(1 + 0,05 \text{ sec}^{-1}\, s)}$

Den Frequenzgang des geschlossenen Kreises berechnet man anschließend mit dem Frequenzprogramm 4.8 im Bereich $\omega = 1$ sec^{-1} bis 10 sec^{-1} wie folgt

224   3.4 Regelungstechnik

Größe	Eingabe	Befehle	Anzeige	Größe
		EE 2nd FIX 3		
n	2	A	2.000 00	n
a_2	.05	R/S	1.000 00	n − 1
a_1	1	R/S	0.000 00	n − 2
a_0	0	R/S	−1.000 00	n − 3
m	1	B	1.000 00	m
b_1	0	R/S	0.000 00	m − 1
b_0	13.1	R/S	−1.000 00	m − 2
ω_E	100	2nd A′	1.000 02	ω_E
	10	y^x		
	.2	= R/S	1.585 00	k_ω
		2nd D′		
ω_A	1	D	1.000 00	ω_A
		R/S	−4.382 00	φ
		R/S	7.789−03	$|F|_{dB}$
		R/S	1.585 00	ω_1
		R/S	−6.964 00	φ
		R/S	1.935−02	$|F|_{dB}$
		⋮	⋮	
		R/S	1.585 02	ω_{E+1}
		R/S	1.873 02	φ
		R/S	−3.961 01	$|F|_{dB}$

Dem Verlauf der Frequenzkennlinien in Bild 3.89 entnimmt man die Grenzfrequenz des geschlossenen Kreises $\omega_g \approx 16\ \text{sec}^{-1}$, so daß die Entwurfsforderung $\omega_g > 10\ \text{sec}^{-1}$ erfüllt ist. Impuls-, Sprung- und Rampenantwort des geschlossenen Kreises sind schon in Beispiel 3.41 berechnet worden. Wie man dem Verlauf der Sprungantwort in Bild 3.86b entnimmt, reagiert der Regelkreis auf einen Sollwertsprung mit einem schnellen und gut gedämpften Einschwingvorgang. Wegen des integrierenden Anteils im Regler ist die bleibende Regeldifferenz Null, so daß auch die Forderung nach einer guten stationären Genauigkeit erfüllt ist.

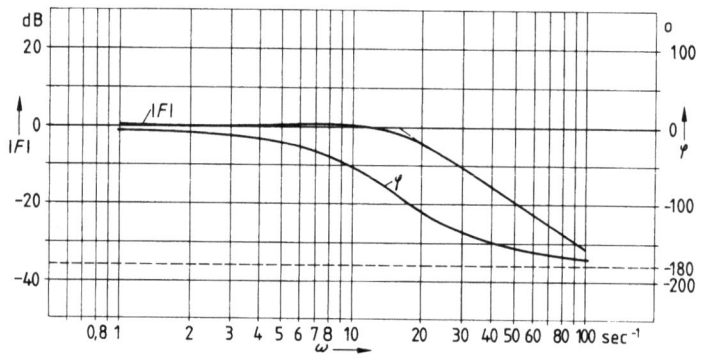

3.89 Frequenzkennlinien des geschlossenen einschleifigen Regelkreises
|F| Amplitudengang
φ Phasengang

3.4.1.5 Reglerentwurf nach der Methode des Betragsoptimums. Mit dem in Abschn. 3.4.1.4 dargestellten Frequenzkennlinien-Verfahren kann der Regelungstechniker praktisch alle bei linearen Regelkreisen auftretenden Entwurfsaufgaben mit vergleichsweise geringem Aufwand lösen. Das Anwenden des Verfahrens erfordert aber eine gewisse Erfahrung und Übung, die man nicht immer voraussetzen kann. Benötigt werden daher einfache Rechenregeln, mit denen man die Reglerparameter direkt aus den Streckenparametern berechnen kann. Derartige Faustformeln kann man naturgemäß nur auf bestimmte Typen von Regelstrecken anwenden, wie sie in einzelnen Arbeitsgebieten immer wieder auftreten. Ein solches Verfahren, das sich besonders beim Auslegen von Regelkreisen der elektrischen Antriebstechnik bewährt, ist das nachfolgend vorgestellte Verfahren des Betragsoptimums.

Der Amplitudengang des Führungsfrequenzgangs $F_w(j\omega)$ des geschlossenen Regelkreises soll von der Kreisfrequenz $\omega = 0$ bis zu mittleren Kreisfrequenzen ω den Wert $|F_w(j\omega)| \approx 1$ haben, um eine gute stationäre Genauigkeit und einen schnellen und gut bedämpften Einschwingvorgang zu erhalten. Setzt man einen Streckenfrequenzgang

$$F_s(j\omega) = \frac{1}{a_0 + a_1(j\omega) + a_2(j\omega)^2 + \ldots + a_n(j\omega)^n} \tag{3.255}$$

mit $a_0 \neq 0$, also ein proportional-verzögerndes Streckenverhalten an, und verwendet als Regler einen idealen PID-Regler mit dem Frequenzgang

$$F_R(j\omega) = \frac{K_I}{j\omega} + K_P + K_D(j\omega), \tag{3.256}$$

erhält man nach einer elementaren Rechnung (s. z. B. [15]) das folgende lineare Gleichungssystem für die Reglerparameter Integrierbeiwert K_I, Proportionalbeiwert K_P und Differenzierbeiwert K_D

$$a_1 K_I - a_0 K_P = a_0^2/2 \tag{3.257}$$

$$a_3 K_I - a_2 K_P + a_1 K_D = a_0 a_2 - (a_1^2/2) \tag{3.258}$$

$$a_5 K_I - a_4 K_P + a_3 K_D = a_0 a_4 - a_1 a_3 + (a_2^2/2) \tag{3.259}$$

Hierdurch werden die Reglerparameter so festgelegt, daß in der Potenzreihenentwicklung von $F_w(j\omega)$ nach der Kreisfrequenz ω alle Potenzen bis einschließlich ω^6 verschwinden. In Gl. (3.257) bis (3.259) treten nur die Parameter a_0 bis a_5 der Regelstrecke auf; das Verhalten der Regelstrecke bei hohen Kreisfrequenzen wird also im Entwurf nicht berücksichtigt.

226 3.4 Regelungstechnik

Für das Berechnen der Reglerparameter, also das Lösen des linearen Gleichungssystems (3.257) bis (3.259), kann man vorteilhaft den programmierbaren Taschenrechner einsetzen.

Beispiel 3.43. Gegeben sei der schon im Beispiel 3.42 behandelte und in Bild 3.87 dargestellte lineare einschleifige Regelkreis. Die Parameter des PID-Reglers sollen mit dem Verfahren des Betragsoptimums bestimmt werden.

Da der Frequenzgang der Regelstrecke $F_s(j\omega)$ nach Gl. (3.253) nicht die vorgeschriebene Form von Gl. (3.255) hat, stellen wir diese her, indem wir zunächst den Nenner mit dem Modulprogramm EE-10 ausmultiplizieren

Größe	Eingabe	Befehle	Anzeige	Größe
		2nd Pgm 10 2nd D' E A	0.	i
p_0	1	R/S	1.	$i = \ell$
p_1	.8	R/S	2.	$\ell + 1$
		B	0	i
q_{01}	1	R/S	1.	$i = m$
q_{11}	.2	R/S	2.	$m + 1$
		B	0	i
q_{01}	1	R/S	1.	$i = m$
q_{02}	.05	R/S	2.	$m + 1$
		C	4.	n
		R/S	1.	r_0
		R/S	1.05	r_1
		R/S	0.21	r_2
		R/S	0.008	r_3

Anschließend dividieren wir die Polynomkoeffizienten durch $K_s = 25$ und erhalten die gesuchten Koeffizienten $a_0 = r_0/25 = 4 \cdot 10^{-2}$, $a_1 = r_1/25 = 4{,}2 \cdot 10^{-2}$ sec, $a_2 = r_2/25 = 8{,}4 \cdot 10^{-3}$ sec^2, $a_3 = r_3/25 = 3{,}2 \cdot 10^{-4}$ sec^3, $a_4 = a_5 = 0$. Mit diesen Werten berechnet man die rechten Seiten von Gl. (3.257) bis (3.259)

$$b_1 \equiv a_0^2/2 = 4^2 \cdot 10^{-4}/2 = 8{,}000 \cdot 10^{-4}$$

$$b_2 \equiv a_0 a_2 - (a_1^2/2) = 4 \cdot 10^{-2} \cdot 8{,}4 \cdot 10^{-3} \text{ sec}^2 - (4{,}2^2 \cdot 10^{-4} \text{ sec}^2/2)$$

$$= -5{,}460 \cdot 10^{-4}$$

$$b_3 \equiv a_0 a_4 - a_1 a_3 + (a_2^2/2) = 4 \cdot 10^{-2} \cdot 0 - 4{,}2 \cdot 10^{-2} \text{ sec} \cdot 3{,}2 \cdot 10^{-4} \text{ sec}^3 +$$

$$(8{,}4^2 \cdot 10^{-6} \text{ sec}^4/2) = 2{,}184 \cdot 10^{-5}$$

Zu lösen ist also nach Gl. (3.257) bis (3.259) das lineare Gleichungssystem

$$4{,}2 \cdot 10^{-2} K_I - 4 \cdot 10^{-2} K_P = 8{,}000 \cdot 10^{-4}$$

$$3{,}2 \cdot 10^{-4} K_I - 8{,}4 \cdot 10^{-3} K_P + 4{,}2 \cdot 10^{-2} K_D = -5{,}460 \cdot 10^{-4}$$

$$3{,}2 \cdot 10^{-4} K_D = 2{,}184 \cdot 10^{-5}$$

3.4.1 Lineare stetige Regelkreise

Wir lösen es mit dem Modul-Programm ML-02 wie folgt

Größe	Eingabe	Befehle	Anzeige	Größe
		2nd Pgm 02 EE 2nd FIX 3		
n	3	A	3.000 00	n
	1	B	1.000 00	
a_{11}	4.2 EE 2 +/−	R/S	4.200 −00	a_{11}
a_{21}	3.2 EE 4 +/−	R/S	3.200 −04	a_{21}
a_{31}	0	R/S	0.000 00	a_{31}
a_{12}	4 +/− EE 2 +/−	R/S	−4.000 −02	a_{12}
a_{22}	8.4 +/− EE 3 +/−	R/S	−8.400 −03	a_{22}
a_{32}	0	R/S	0.000 00	a_{32}
a_{13}	0	R/S	0.000 00	a_{13}
a_{23}	4.2 EE 2 +/−	R/S	4.200 −02	a_{23}
a_{33}	3.2 EE 4 +/−	R/S	3.200 −04	a_{33}
		C	−1.088 −07	$|A|$
	1	D	1.000 00	
b_1	8 EE 4 +/−	R/S	8.000 −04	b_1
b_2	5.46 +/− EE 4 +/−	R/S	−5.460 −04	b_2
b_3	2.184 EE 5 +/−	R/S	2.184 −05	b_3
		CLR E EE		
	1	2nd A	1.000 00	
		R/S	4.213 −01	K_I
		R/S	4.223 −01	K_P
		R/S	6.825 −02	K_D

Der PID-Regler hat also den Frequenzgang

$$F_R(j\omega) = \frac{0{,}4213 \text{ sec}^{-1}}{j\omega} + 0{,}4223 + 0{,}06825 \text{ sec } j\omega$$

Um die Wirkung dieses Reglers zu verdeutlichen, bringt man $F_R(j\omega)$ auf den Hauptnenner und zieht den Faktor $K_I = 0{,}4213 \text{ sec}^{-1}$ heraus. Das Zählerpolynom des Frequenzgangs

$$F_R(j\omega) = 0{,}4213 \text{ sec}^{-1} \frac{1 + 1{,}002 \text{sec } j\omega + 0{,}162 \text{ sec}^2 (j\omega)^2}{j\omega}$$

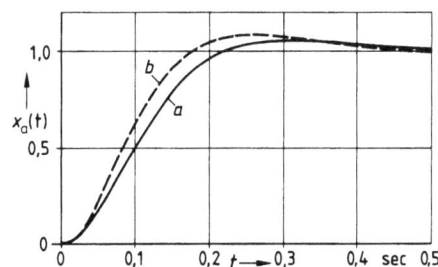

3.90
Sprungantworten des nach unterschiedlichen Entwurfsverfahren ausgelegten einschleifigen Regelkreises
a) Auslegung nach dem Betragsoptimum
b) Auslegung auf die Phasenreserve 60°

228   3.4 Regelungstechnik

hat die Nullstellen $-0,8$ sec und $-0,2$ sec, so daß man die Produktdarstellung

$$F_R(j\omega) = 0,4213 \text{ sec}^{-1} \frac{(1 + 0,8 \text{ sec } j\omega)(1 + 0,2 \text{ sec } j\omega)}{j\omega}$$

erhält. Auch dieser Regler kompensiert also die beiden größten Zeitkonstanten der Regelstrecke; die Verstärkung des nach dem Verfahren des Betragsoptimums berechneten PID-Reglers ist aber etwas geringer (0,4213 sec^{-1} gegenüber 0,525 sec^{-1}) als die des auf 60° Phasenreserve entworfenen (s. Beispiel 3.42). Die Sprungantwort des Regelkreises kann man mit dem Programm 4.38 zur Ermittlung der Sprungantwort des P-T$_2$-Gliedes berechnen; sie ist in Bild 3.90 im Vergleich zu der in Beispiel 3.42 berechneten Sprungantwort dargestellt. Entsprechend der geringeren Reglerverstärkung ist jetzt der Übergangsvorgang etwas langsamer, aber auch besser bedämpft.

3.4.2 Nichtlineare stetige Regelungen

Die in Abschn. 3.4.1 beispielhaft dargestellten Verfahren der linearen System- und Regelungstheorie ermöglichen es in den meisten in der Praxis auftretenden Fällen, das Verhalten einer Regelstrecke zumindest näherungsweise zu beschreiben und eine Reglerschaltung zu entwerfen, die dem Regelkreis das gewünschte Verhalten gibt. Dennoch wird man häufiger auf Aufgabenstellungen geführt, in denen eine lineare Behandlung nicht mehr ausreicht, insbesondere dann, wenn man besondere Anforderungen an die Eigenschaften der Regelung stellt oder aus wirtschaftlichen Gründen einfache und preiswerte Bauelemente für die gerätetechnische Realisierung der Regeleinrichtung verwenden will. Neben vielfältigen nichtlinearen Eigenschaften der Regelstrecke kommen daher besonders in der Regeleinrichtung immer wieder einige typische nichtlineare Bauelemente vor, wie beispielsweise

— Schaltkennlinien bei schaltenden Reglern (Relaisregler),
— Begrenzungskennlinien im Regelverstärker und im Stellglied,
— Lose- und Hysteresekennlinien im Meßumformer für die Regelgröße.

Für die mathematische Behandlung nichtlinearer Regelkreise ist es bedeutsam, daß man die Übertragungsglieder des Regelkreises fast immer in lineare dynamische und nichtlineare statische Glieder zerlegen kann. Für die Analyse von Regelkreisen, die nur e i n e statische Nichtlinearität aufweisen, haben sich insbesondere zwei Verfahren in der Praxis bewährt:

— Das Verfahren der B e s c h r e i b u n g s f u n k t i o n oder h a r m o n i s c h e n B a l a n c e bei Regelkreisen mit überwiegendem Tiefpaßcharakter (s. z. B. [14], [18], [31], [40], [53]), und

— die Methode der P h a s e n e b e n e bei Regelkreisen, die sich hinreichend genau durch Differentialgleichungen 2. Ordnung beschreiben lassen (s. z. B. [14], [18], [27], [31]).

Diese beiden Verfahren sollen nachfolgend an Beispielen behandelt werden.

3.4.2 Nichtlineare stetige Regelkreise

3.4.2.1 Beschreibungsfunktion. Mit der Beschreibungsfunktion steht ein vergleichsweise einfach anzuwendendes heuristisches Verfahren zur Verfügung, mit dem man bei Regelkreisen mit überwiegendem Tiefpaßverhalten das Vorhandensein und die Parameter von Grenzschwingungen feststellen kann. Mittelbar kann man daraus Aussagen über die asymptotische Stabilität des Regelkreises und die erforderlichen Maßnahmen zu seiner Stabilisierung ableiten.

Die Ausgangszeitfunktion $x_a(t)$ eines nichtlinearen statischen Übertragungsglieds, das mit einer periodischen Eingangszeitfunktion

$$x_e(t) = \hat{x}_e \sin(\omega t) \tag{3.260}$$

angeregt wird, ist ebenfalls eine mit der Kreisfrequenz ω periodische, allerdings nichtharmonische Funktion. Diese Zeitfunktion kann man nach F o u r i e r in eine unendliche Reihe von harmonischen Funktionen mit den Kreisfrequenzen $\nu\omega$ (mit der Ordnungszahl $\nu = 1, 2, ...$) und einen Gleichterm zerlegen (s. Abschn. 2.6.2). Bei symmetrischer Ansteuerung einer punktsymmetrischen Kennlinie verschwindet der Gleichterm, was im Folgenden angenommen sei. Haben darüber hinaus die linearen dynamischen Übertragungsglieder des Regelkreises überwiegend verzögerndes Verhalten, werden die höheren Harmonischen beim Durchlaufen des Regelkreises stärker bedämpft als die Grundschwingung, so daß am Eingang der Nichtlinearität praktisch eine sinusförmige Eingangsgröße nach Gl. (3.260) anliegt (Bild 3.91). Unter bestimmten Bedingungen, auf die noch eingegangen wird, bildet sich ein Schwingungsgleichgewicht heraus, d. h., die Regelgröße führt nichtharmonische Grenzschwingungen aus.

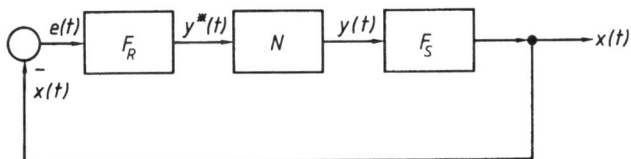

3.91 Signalflußplan des nichtlinearen Standardregelkreises
F_R linearer Regler, N nichtlineares Stellglied, F_S lineare Regelstrecke, $e(t)$ Regeldifferenz, $x(t)$ Regelgröße, $y(t)$ Stellgröße, $y^*(t)$ Reglerausgangsgröße

Unter den genannten Bedingungen reicht es aus, die Grundschwingung

$$x_{a1}(t) = a_1(\hat{x}_e) \sin(\omega t) + b_1(\hat{x}_e) \cos(\omega t)$$

der Ausgangszeitfunktion $x_a(t)$ des nichtlinearen statischen Übertragungsgliedes mit der Kreisfrequenz ω und der Periodendauer T zu betrachten. Man beschreibt die Wirkung der Nichtlinearität auf die Eingangsgröße $x_e(t)$ durch einen **ä q u i v a l e n t e n k o m p l e x e n V e r s t ä r k u n g s f a k t o r**, indem man zur komplexen Schreibweise übergeht und die Werte $a_1(\hat{x}_e)$ und $b_1(\hat{x}_e)$ auf die Amplitude $\hat{x}_e$ der Eingangsfunktion bezieht. Dies ist die **B e s c h r e i b u n g s f u n k t i o n**

$$N(\hat{x}_e) \equiv X(\hat{x}_e) + jY(\hat{x}_e) = \frac{a_1(\hat{x}_e)}{\hat{x}_e} + j\frac{b_1(\hat{x}_e)}{\hat{x}_e} \qquad (3.261)$$

mit den Komponenten

$$a_1(\hat{x}_e) = \frac{2}{T}\int_0^T x_a(t)\sin(\omega t)\,dt \qquad (3.262)$$

und $$b_1(\hat{x}_e) = \frac{2}{T}\int_0^T x_a(t)\cos(\omega t)\,dt. \qquad (3.263)$$

Neben der Beschreibungsfunktion $N(\hat{x}_e)$ werden wir nachfolgend auch die **negativ inverse Beschreibungsfunktion**

$$N_I(\hat{x}_e) = -1/N(\hat{x}_e) \qquad (3.264)$$

verwenden.

Da die Ausgangszeitfunktion $x_a(t)$ nur von der Form und den Parametern der nichtlinearen Kennlinie und der Eingangsamplitude $\hat{x}_e$ abhängt, kann man Gl. (3.261) und (3.262) analytisch auswerten und sich einen Katalog von Beschreibungsfunktionen $N(\hat{x}_e)$ bzw. negativ inversen Beschreibungsfunktionen $N_I(\hat{x}_e)$ in Form von Taschenrechner-Programmen anlegen.

Um den Umfang eines derartigen Programmkatalogs zu begrenzen, empfiehlt sich das Verwenden möglichst allgemeiner Kennlinien, aus denen man durch Spezialisierung einfachere Kennlinien und ihre Beschreibungsfunktion ableiten kann. Hierfür bieten sich besonders zwei Kennlinientypen an, aus denen man die meisten der in den regelungstechnischen Anwendungen auftretenden Kennlinien ableiten kann, nämlich eine

– verallgemeinerte lineare Charakteristik (Bild 3.92a) und eine
– verallgemeinerte Relais-Charakteristik (Bild 3.93a).

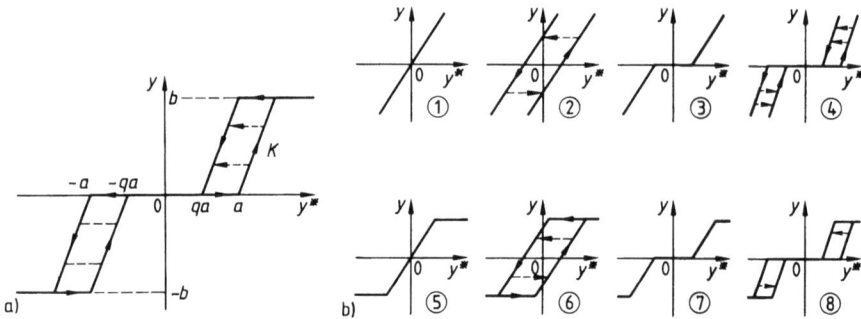

3.92 Verallgemeinertes lineares Kennlinienglied
  a) Kennlinie, a obere Schaltschwelle, b Begrenzungswert, K Verstärkung im linearen Bereich, q Verhältnis untere Schaltschwelle zu oberer Schaltschwelle
  b) Sonderfälle. 1 linear (a = 0), 2 linear mit Hysterese (q = – 1), 3 linear mit Totzone (q = 1), 4 linear mit Hysterese und Totzone, 5 linear mit Sättigung (a = 0), 6 linear mit Sättigung und Hysterese (q = 1), 7 linear mit Sättigung und Totzone (q = 1), 8 linear mit Sättigung, Hysterese und Totzone

Aus diesen Kennlinien lassen sich durch Vorgabe der Parameter a, b, K und q die in den Bildern (3.92b) und (3.93b) dargestellten Kennlinientypen gewinnen.

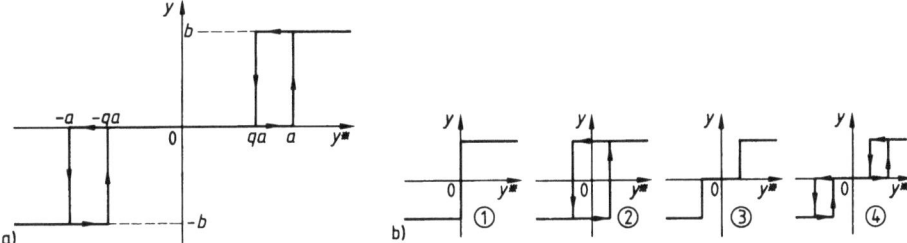

3.93 Verallgemeinerte Relais-Kennlinie
a) Kennlinie. a obere Schaltschwelle, b Begrenzungswert, q Verhältnis untere Schaltschwelle zu oberer Schaltschwelle
b) Sonderfälle. 1.Zweipunktschalter (a = 0), 2 Zweipunktschalter mit Hysterese (q = −1), 3 Dreipunktschalter (q = 1), 4 Dreipunktschalter mit Hysterese

Für diese beiden allgemeinen Kennlinien können die Realteile $X(\hat{x}_e)$ und die Imaginärteile $Y(\hat{x}_e)$ durch intervallweise Berechnung der Integrale von Gl. (3.262) und (3.263) angegeben werden:

Verallgemeinerte lineare Charakteristik

$$X(\hat{x}_e) = \frac{K}{\pi} \left\{ \arcsin \frac{b + Ka}{K\hat{x}_e} + \arcsin \frac{b + Kqa}{K\hat{x}_e} - \arcsin \frac{a}{\hat{x}_e} - \arcsin \frac{qa}{\hat{x}_e} \right.$$

$$+ \frac{b + Ka}{K\hat{x}_e} \sqrt{1 - \left(\frac{b + Ka}{K\hat{x}_e}\right)^2} + \frac{b + Kqa}{K\hat{x}_e} \sqrt{1 - \left(\frac{b + Kqa}{K\hat{x}_e}\right)^2}$$

$$\left. - \frac{a}{\hat{x}_e} \sqrt{1 - \left(\frac{a}{\hat{x}_e}\right)^2} - \frac{qa}{\hat{x}_e} \sqrt{1 - \left(\frac{qa}{\hat{x}_e}\right)^2} \right\} \quad (3.265)$$

$$Y(\hat{x}_e) = -\frac{2ab}{\pi \hat{x}_e^2} (1 - q) \quad (3.266)$$

Solange die Kennlinie nicht voll ausgesteuert wird, wird der Begrenzungswert b reduziert auf

$$b = \begin{cases} 0 \text{ für } 0 \leq \hat{x}_e < a \\ K(\hat{x}_e - a) \text{ für } 0 \leq K(\hat{x}_e - a) < b \end{cases} \quad (3.267)$$

Verallgemeinerte Relais-Charakteristik

$$X(\hat{x}_e) = \frac{2b}{\pi \hat{x}_e} \left\{ \sqrt{1 - \left(\frac{a}{\hat{x}_e}\right)^2} + \sqrt{1 - \left(\frac{qa}{\hat{x}_e}\right)^2} \right\} \quad (3.268)$$

$$Y(\hat{x}_e) = -\frac{2b}{\pi \hat{x}_e} \cdot \frac{a}{\hat{x}_e} (1 - q) \quad (3.269)$$

mit der Bedingung $\hat{x}_e > a$.

232   3.4 Regelungstechnik

Nach Gl. (3.265) bis (3.269) können Real- und Imaginärteil der Beschreibungsfunktion $N(\hat{x}_e)$ berechnet werden, wobei sich der Einsatz programmierbarer Rechner geradezu aufdrängt. Bemerkenswert ist das (allgemeingültige) Ergebnis, daß für hysteresefreie Kennlinien (q = 1) der Imaginärteil verschwindet. Für die Beschreibungsfunktion $N_I(\hat{x}_e) = -1/N(\hat{x}_e)$ erhält man die Komponenten

$$X_I(\hat{x}_e) \equiv \text{Re}\{N_I(\hat{x}_e)\} = -\frac{X(\hat{x}_e)}{X^2(\hat{x}_e) + Y^2(\hat{x}_e)} \tag{3.270}$$

$$Y_I(\hat{x}_e) \equiv \text{Im}\{N_I(\hat{x}_e)\} = \frac{Y(\hat{x}_e)}{X^2(\hat{x}_e) + Y^2(\hat{x}_e)} \tag{3.271}$$

Bei dieser Umrechnung kann man die Koordinatentransformation R → P und P → R vorteilhaft einsetzen. Rechenprogramme zur Ermittlung von $N(\hat{x}_e)$ und $N_I(\hat{x}_e)$ der verallgemeinerten linearen Charakteristik und der verallgemeinerten Relais-Charakteristik sind in Abschn. 4 (Programm 4.39 und 4.40) angegeben.

Beispiel 3.44. Man berechne mit dem Programm 4.39 die negativ inverse Beschreibungsfunktion der verallgemeinerten linearen Charakteristik mit den Parametern

a) Schaltschwelle a = 0, Begrenzungswert b = 1, Übertragungsbeiwert K = 2, Schwellenverhältnis q = 1 (Kennlinie ohne Hysterese),
b) Schaltschwelle a = 0,2, Begrenzungswert b = 1, Übertragungsbeiwert K = 2, Schwellenverhältnis q = −1 (Kennlinie mit Hysterese).

Man stelle die negativ inverse Beschreibungsfunktion $N_I(\hat{x}_e)$ in der komplexen X_I-Y_I-Ebene als Funktion der Eingangsamplitude $\hat{x}_e$ dar.

Im Fall a) ist die Kennlinie für $\hat{x}_e \leq b/K = 0,5$ linear. Die negativ inverse Beschreibungsfunktion nimmt in diesem Bereich nach Gl. (3.265) bis (3.267) sowie (3.270) und (3.271) den konstanten Wert Re$\{N_I\} = -1/K = -0,5$ und Im$\{N_I\} = 0$ an. Man beginnt daher mit der Eingangsamplitude $\hat{x}_e = 0,5$ und geht in Schritten $\Delta\hat{x}_e = 0,1$ vor:

Größe	Eingabe	Befehle	Anzeige	Größe
		2nd FIX 3 RST A		
K	2	R/S	2.000	K
b	1	R/S	1.000	b
		2nd A′ 2nd E′		
$\hat{x}_e$	.5	R/S	−0.500	Re$\{N_I\}$
		R/S	0.000	Im$\{N_I\}$
$\hat{x}_e$	.6	R/S	−0.543	Re$\{N_I\}$
		R/S	0.000	Im$\{N_I\}$

usw.

Durch Fortführen der Rechnung mit wachsenden Eingangsamplituden erhält man die Wertetafel 3.94.

T a f e l 3.94 Komponenten der negativ inversen Beschreibungsfunktion der verallgemeinerten linearen Charakteristik für Beispiel 3.44

$\hat{x}_e$	0,5	0,6	0,7	0,8	0,9	1,0	1,1	1,2	1,3	1,4
Re$\{N_I\}$	−0,5	−0,543	−0,606	−0,675	−0,747	−0,821	−0,896	−0,971	−1,047	−1,124
Im$\{N_I\}$	0	0	0	0	0	0	0	0	0	0

Da die Kennlinie frei von Hysterese ist, erhält man eine reelle negativ inverse Beschreibungsfunktion. Die Rechnung zum Fall b läuft ganz entsprechend. Die negativ inversen Beschreibungsfunktionen sind in Bild 3.95 in der komplexen X_I-Y_I-Ebene dargestellt.

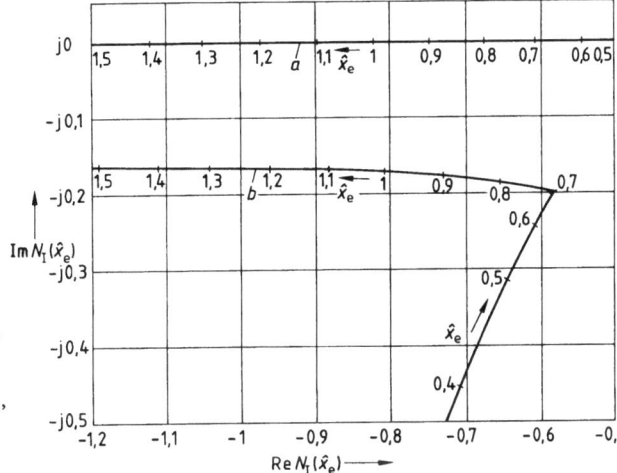

3.95
Negativ inverse Beschreibungsfunktion des verallgemeinerten linearen Kennliniengliedes
a) linear mit Sättigung (a = 0, b = 1, K = 2, q = 1)
b) linear mit Sättigung und Hysterese (a = 0,2, b = 1, K = 2, q = −1)

Beispiel 3.45. Man berechne mit dem Programm 4.40 die negativ inverse Beschreibungsfunktion der verallgemeinerten Relais-Charakteristik mit den folgenden Parametern:

a) Schaltschwelle a = 0,2, Begrenzungswert b = 1, Schwellenverhältnis q = 1 (Dreipunktschalter),
b) Schaltschwelle a = 0,2, Begrenzungswert b = 1, Schwellenverhältnis q = 0,5 (Dreipunktschalter mit Hysterese).

Man stelle $N_I(\hat{x}_e)$ in der komplexen X_I-Y_I-Ebene als Funktion der Eingangsamplitude $\hat{x}_e$ dar.

Nach Gl. (3.268) bis (3.271) ist die negativ inverse Beschreibungsfunktion nur für $\hat{x}_e > a$ definiert. Um einen Wert nahe bei $\hat{x}_e = a = 0,2$ zu erhalten, beginnt man beispielsweise mit der Eingangsamplitude $\hat{x}_e = 0{,}200001$. Außerdem überlegt man sich anhand der Form der Relais-Charakteristik, daß sich die größten Änderungen von N_I für Eingangsamplituden ergeben, die nur wenig die Schaltschwelle überschreiten, während für große Eingangsamplituden der Einfluß von Änderungen von $\hat{x}_e$ geringer ist. Man beginnt daher mit einer kleinen Schrittweite, z.B. $\Delta\hat{x}_e = 0{,}01$, und vergrößert diese allmählich. Für den interessanteren Fall b erhält man den Rechenablauf

234 3.4 Regelungstechnik

Größe	Eingabe	Befehle	Anzeige	Größe
		EE 2nd FIX 3 RST D		
a	.2	R/S	2.000 −01	a
b	1	R/S	1.000 00	b
q	.5	R/S	5.000 −01	q
		2nd A' 2nd E'		
$\hat{x}_e$	.200001	R/S	−2.716 −01	Re $\{N_I\}$
		R/S	−1.562 −01	Im $\{N_I\}$
$\hat{x}_e$	.21	R/S	−2.398 −01	Re $\{N_I\}$
		R/S	−9.641 −02	Im $\{N_I\}$

usw.

Fortführen der Rechnung mit wachsenden Eingangsamplituden liefert die Wertetafel 3.96.

T a f e l 3.96 Komponenten der negativ inversen Beschreibungsfunktion der verallgemeinerten Relais-Charakteristik für Beispiel 3.45

$\hat{x}_e$	0,20	0,21	0,22	0,23	0,24	0,25
Re $\{N_I\}$	−0,272	−0,240	−0,236	−0,236	−0,239	−0,242
Im $\{N_I\}$	−0,157	−0,096	−0,082	−0,074	−0,068	−0,064

$\hat{x}_e$	0,30	0,35	0,40	0,45	0,50
Re $\{N_I\}$	−0,269	−0,301	−0,336	−0,373	−0,410
Im $\{N_I\}$	−0,053	−0,048	−0,046	−0,044	−0,043

Da die Kennlinie in diesem Fall eine Hysterese aufweist, erhält man für $N_I\{\hat{x}_e\}$ eine komplexe Funktion.

Die Berechnung verläuft im Fall a analog. Die negativ inversen Beschreibungsfunktionen sind in Bild 3.97 in der komplexen $X_I Y_I$-Ebene dargestellt.

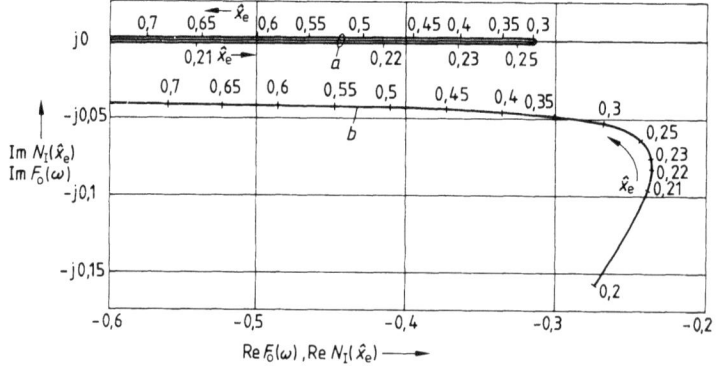

3.97
Negativ inverse Beschreibungsfunktion der verallgemeinerten Relais-Kennlinie
a) Dreipunktschalter (a = 0,2, b = 1, q = 1)
b) Dreipunktschalter mit Hysterese (a = 0,2, b = 1, q = 0,5)

3.4.2 Nichtlineare stetige Regelkreise

Man kann in Verbindung mit dem Frequenzgang $F_0(j\omega)$ des linearen Systemteils das Vorhandensein und die Parameter von sich im Regelkreis ausbildenden Grenzschwingungen feststellen. Bezeichnet man die Amplituden und Kreisfrequenzen derartiger Grenzschwingungen mit $\hat{x}_{ei}$ und ω_i (i = 1, 2, ...), muß für diese Werte die Gleichung der harmonischen Balance

$$1 + F_0(j\omega_i)N(\hat{x}_{ei}) = 0 \qquad (3.272)$$

erfüllt sein. Da $F_0(j\omega)$ und $N(\hat{x}_e)$ im allgemeinen komplexe Funktionen sind, entspricht Gl. (3.272) zwei reellen Gleichungen für die beiden Unbekannten $\hat{x}_{ei}$ und ω_i. Man kann sie auf analytische, graphische oder numerische Weise lösen. Für die graphische Lösung mit dem Zwei-Ortskurven-Verfahren bringt man Gl. (3.272) in die Form

$$F_0(j\omega_i) = -\frac{1}{N(\hat{x}_{ei})} \equiv N_I(\hat{x}_{ei}) \qquad (3.273)$$

Man hat also die Schnittpunkte der Ortskurve des Frequenzgangs $F_0(j\omega)$ des linearen Systemteils mit der negativ inversen Beschreibungsfunktion $N_I(\hat{x}_e)$ zu bestimmen. Diese Aufgabe erledigt man auf effiziente Weise mit den Programmen 4.8, 4.39 und 4.40 zur Berechnung von Frequenzgängen und von (negativ inversen) Beschreibungsfunktionen.

Beispiel 3.46. Der Frequenzgang der linearen dynamischen Übertragungsglieder eines einschleifigen Regelkreises sei durch

$$F_0(j\omega) = \frac{K_0}{j\omega(1 + T_1 j\omega)(1 + T_2 j\omega)}$$

mit dem Übertragungsbeiwert $K_0 = 1{,}80 \text{ sec}^{-1}$ und den Zeitkonstanten $T_1 = 1$ sec, $T_2 = 0{,}2$ sec gegeben. Für den in Beispiel 3.45 angegebenen Dreipunktschalter ohne (a = 0,2, b = 1, q = 1) und mit (a = 0,2, b = 1, q = 0,5) Hysterese stelle man fest, ob der Regelkreis Grenzschwingungen ausführen kann und welche Parameter diese Grenzschwingungen haben.

Die negativ inversen Beschreibungsfunktionen $N_I(\hat{x}_e)$ des Dreipunktschalters haben wir für die angegebenen Parameterwerte schon in Beispiel 3.45 berechnet und in Bild 3.97 dargestellt. Es reicht daher aus, die Nyquist-Ortskurve $F_0(j\omega)$ zu berechnen und im gleichen Diagramm darzustellen; diese Aufgabe erledigen wir mit dem in Abschn. 2.3.2 eingeführten Frequenzgangprogramm 4.8. Nach dem Einlesen des Programms läuft die Rechnung im Frequenzbereich $1{,}58 \text{ sec}^{-1} < \omega < 2{,}37 \text{ sec}^{-1}$ wie folgt ab

Größe	Eingabe	Befehle	Anzeige	Größe
		EE 2nd FIX 3		
n	3	A	3.000 00	n
a_3	.2	R/S	2.000 00	n − 1
a_2	1.2	R/S	1.000 00	n − 2
a_1	1	R/S	0.000 00	n − 3
a_0	0	R/S	−1.000 00	n − 4
m	1	B	1.000 00	m

236   3.4 Regelungstechnik

Größe	Eingabe	Befehle	Anzeige	Größe
b_1	0	R/S	0.000 00	m − 1
b_0	1.8	R/S	−1.000 00	m − 2
ω_E	2.371	2nd A′	2.371 00	ω_E
	40	1/x INV 2nd log R/S	1.059 00	k_ω
ω_A	1.585	C	1.585 00	ω_A
		R/S	−5.588 −01	Re F_0
		R/S	−1.462 −01	Im F_0
usw.				

Insgesamt erhält man für den Real- und Imaginärteil von $F_0(\omega)$ im interessierenden Frequenzbereich die Wertetafel 3.98.

T a f e l 3.98 Komponenten der Nyquist-Ortskurve für Beispiel 3.46

ω in sec^{-1}	1,585	1,679	1,778	1,884
Re F_0	−0,5588	−0,5083	−0,4607	−0,4158
Im F_0	−0,1462	−0,1101	−0,07931	−0,0534

ω in sec^{-1}	1,995	2,114	2,239	2,372
Re F_0	−0,374	−0,3352	−0,2992	−0,2662
Im F_0	−0,03182	−0,01408	0,0002795	0,01168

Der Frequenzgang $F_0(\omega)$ (Bild 3.99) liefert die folgenden Aussagen:

– Bei der Schaltkennlinie ohne Hysterese (Fall a) verfehlt die Nyquist-Ortskurve $F_0(j\omega)$ die Ortskurve der negativ inversen Beschreibungsfunktion $N_I(\hat{x}_e)$ knapp. Da die Gleichung der harmonischen Balance nicht erfüllt ist, sind keine Grenzschwingungen möglich. Nach einer F a u s t - r e g e l [14] kann man annehmen, daß der Regelkreis asymptotisch stabil ist.

– Bei der Schaltkennlinie mit Hysterese (Fall b) ergibt sich ein Schnittpunkt von $F_0(\omega)$ und $N_I(\hat{x}_e)$, dessen Parameter $\hat{x}_{e1} \approx 0{,}48$, $\omega_1 \approx 1{,}94$ sec^{-1} man durch Interpolation bestimmt. Aus

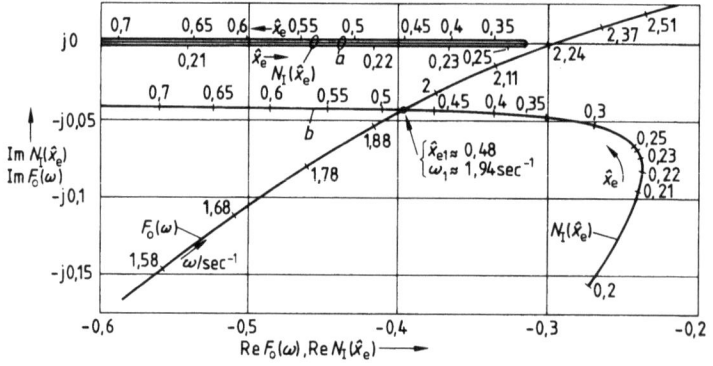

3.99
Graphische Bestimmung der Parameter der Grenzschwingung im nichtlinearen Regelkreis
a) Dreipunktschalter (a = 0,2, b = 1, q = 1)
b) Dreipunktschalter mit Hysterese (a = 0,2, b = 1, q = 0,5)

3.4.2 Nichtlineare stetige Regelkreise

der gegenseitigen Orientierung der beiden Ortskurven kann man ableiten [15], daß diese Grenzschwingung stabil ist. Der Regelkreis führt daher eine stabile Grenzschwingung mit der Amplitude $\hat{x}_{e1} \approx 0{,}48$ und der Kreisfrequenz $\omega_1 \approx 1{,}94 \text{ sec}^{-1}$ aus, zeigt also in der Regel unbrauchbares Verhalten.

Man kann das Zwei-Ortskurven-Verfahren auch für den Entwurf eines Regelkreises einsetzen. Ähnlich wie beim Entwurf linearer Regelkreise, bei dem die Ortskurve $F_0(\omega)$ nicht den kritischen Punkt $-1 + j0$ der komplexen Ebene umfahren darf, muß man hier das Schneiden der beiden Ortskurven $F_0(\omega)$ und $N_I(\hat{x}_e)$ vermeiden. Häufig sind Form und Parameter der nichtlinearen Kennlinie und damit die Ortskurve $N_I(\hat{x}_e)$ vorgegeben. Man wird daher meist versuchen, die Ortskurve $F_0(\omega)$ durch Verändern der Kreisverstärkung K_0 in ihrer Größe und/oder durch Einführen eines Kompensationsnetzwerkes in ihrer Form derart zu verändern, daß ein Schnittpunkt vermieden wird. Bei Kennlinien ohne Hysterese, bei denen $N_I(\hat{x}_e)$ den konstanten Phasenwinkel $\varphi_I = -\pi$ hat, kann man vorteilhaft das Frequenzkennlinienverfahren einsetzen [14]; bei mehrdeutigen Kennlinien sollte man den Entwurf aber in der komplexen Nyquist-Ebene durchführen.

Beispiel 3.47. Man stabilisiere den in Beispiel 3.46 gegebenen Regelkreis mit hysteresebehafteten Dreipunktschalter durch Herabsetzen der Kreisverstärkung K_0. Wie weit muß man K_0 herabsetzen, damit mit Sicherheit kein Schnittpunkt der Ortskurven auftritt?

Aus Form und gegenseitiger Lage der Ortskurven in Bild 3.99 erkennt man, daß die Kreisverstärkung K_0 soweit herabzusetzen ist, daß die Ortskurve $F_0(\omega)$ den Bauch der Ortskurve $N_I(\hat{x}_e)$ bei $\hat{x}_e \approx 0{,}23$ verfehlt, bei dem der Realteil etwa $-0{,}235$ ist. Andererseits nähert sich $F_0(\omega)$ für die Kreisfrequenz $\omega \to 0$ einer Asymptote parallel zur imaginären Achse im Abstand $-K_0(T_1 + T_2)$. Aus dem Gleichsetzen dieser Bedingung erhält man die maximal zulässige Kreisverstärkung

$$K_0' = \frac{0{,}235}{T_1 + T_2} = \frac{0{,}235}{1 \text{ sec} + 0{,}2 \text{ sec}} \approx 0{,}2 \text{ sec}^{-1}$$

Die Ortskurve $F_0(\omega)$ erhält man am einfachsten, indem man alle Werte der für $K_0 = 1{,}8$ berechneten Real- und Imaginärteile von F_0 mit dem Faktor $0{,}2/1{,}8 \approx 0{,}111$ multipliziert; das T-Register leistet auch hier gute Dienste. Die beiden Ortskurven für diesen Fall sind in Bild 3.100 ausschnittsweise dargestellt.

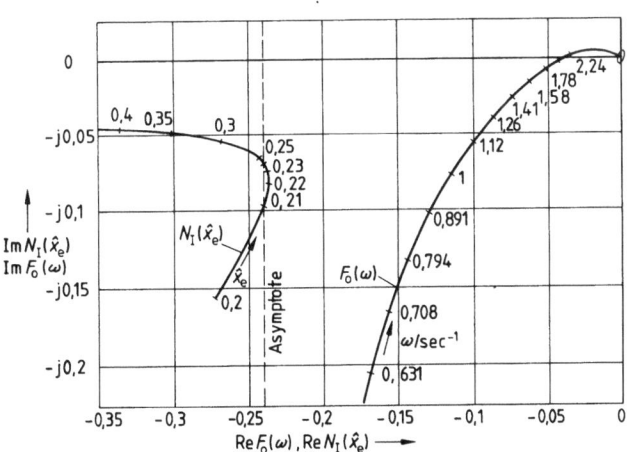

3.100 Lage der Ortskurven bei reduzierter Kreisverstärkung

3.4.2.2 Phasenebene. Das dynamische Verhalten einschleifiger Regelkreise kann man vielfach näherungsweise durch eine gewöhnliche Differentialgleichung 2. Ordnung mit konstanten Koeffizienten beschreiben. Enthält der Regelkreis keine nichtlinearen Übertragungsglieder, kann man diese Differentialgleichung leicht geschlossen lösen und das Verhalten des Regelkreises anhand dieser Lösung studieren.

Die Systemanalyse wird erheblich schwieriger, wenn nichtlineare Bauglieder vorhanden sind, da diese eine analytische Lösung meist unmöglich machen. Zwar kann man immer die Systemgleichungen numerisch oder mit einem Analogrechner integrieren, man erhält jedoch meist keine allgemeingültigen Aussagen beispielsweise über die Stabilität des Regelkreises. Hier füllt die Methode der Phasen- oder Zustandsebene eine Lücke, da man mit ihr die Mannigfaltigkeit der Bewegungen eines nichtlinearen Regelkreises mit vertretbarem Aufwand ermitteln und in einem Diagramm in übersichtlicher Form darstellen kann.

Die Theorie der Phasenebene wird in der regelungstechnischen Literatur hinreichend ausführlich dargestellt (s. insbesondere [14], [53]). Hier soll daher nur an einem Beispiel gezeigt werden, wie man den programmierbaren Taschenrechner effektiv zur Systemanalyse mit der Phasenebene einsetzen kann. Gegeben sei der in Bild 3.101 dargestellte einschleifige Regelkreis, der aus einem Proportionalregler, einem nichtlinearen statischen Stellglied und einer verzögert integrierenden Regelstrecke besteht. Das dynamische Verhalten des Regelkreises soll bezüglich der Anfangsbedingungen der Regelstrecke untersucht werden.

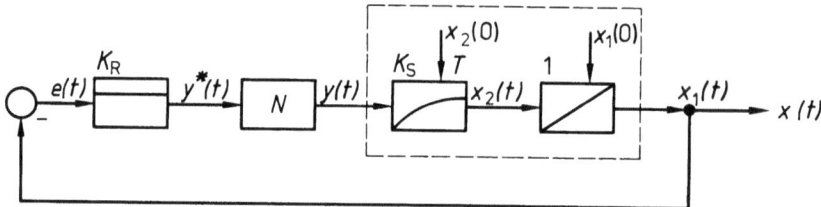

3.101   Signalflußplan des einschleifigen nichtlinearen Regelkreises
e(t) Regeldifferenz   x(t) Regelgröße
y*(t) Regler-Ausgangsgröße $x_1(t), x_2(t)$ Zustandsgrößen   y(t) Stellgröße

Die Gleichungen des Regelkreises seien wie folgt gegeben:

Proportionalregler $y^*(t) = K_p e(t)$ \hfill (3.274)

mit Proportionalbeiwert K_p und Regeldifferenz e(t).

3.4.2 Nichtlineare stetige Regelkreise

Stellglied   Dreipunktschalter mit Hysterese (s. Bild 3.93a)

$$y(t) = \begin{cases} +b & \text{für } y^* > a \\ +b & \text{für } qa < y^* \leqslant a \text{ and } \dot{y}^* < 0 \\ 0 & \text{für } qa < y^* \leqslant a \text{ and } \dot{y}^* > 0 \\ 0 & \text{für } -qa < y^* \leqslant qa \\ 0 & \text{für } -qa > y^* \geqslant -a \text{ und } \dot{y}^* < 0 \\ -b & \text{für } -qa > y^* \geqslant -a \text{ und } \dot{y}^* > 0 \\ -b & \text{für } y^* < -a \end{cases} \quad (3.275)$$

Durch spezielle Vorgabe von Schaltschwelle a, Begrenzungswert b und Schaltschwellen-Verhältnis q kann man aus diesen für bestimmte Intervalle geltenden Gleichungen die in Bild 3.93b angegebenen einfacheren Kennlinien ableiten.

Regelstrecke $T\dot{x}_2(t) + x_2(t) = K_s y(t)$ (3.276)

$\dot{x}_1(t) = x_2(t)$ (3.277)

mit Proportionalbeiwert K_s und Zeitkonstante T der Regelstrecke.

Während man üblicherweise den Verlauf der Regelgröße $x(t) \equiv x_1(t)$ oder der Regeldifferenz e(t) über der Zeit aufträgt, werden bei der Methode der Phasenebene die Systembewegungen in einer durch die Zustandsgrößen x_1 und x_2 aufgespannten Ebene dargestellt. Ausgehend von einem Punkt der Phasenebene, der durch die Anfangswerte $x_1(0)$ und $x_2(0)$ festgelegt ist, durchlaufen die Zustandsvariablen $x_1(t)$ und $x_2(t)$ mit wachsender Zeit t Zustandskurven (T r a j e k t o r i e n) in der x_1-x_2-Ebene, aus denen man die dynamischen Eigenschaften des Regelkreises leicht ablesen kann; die laufende Zeit t kann man als Parameter auffassen und die Trajektorien entsprechend skalieren.

Um zu einer Bestimmungsgleichung für die Zustandskurven zu kommen, eliminiert man die Variable t aus Gl. (3.276) und (3.277). Für die I-T_2-Regelstrecke erhält man aus Gl. (3.276) zunächst

$$\dot{x}_2(t) = \frac{K_s y(t) - x_2(t)}{T} \quad (3.278)$$

Schreibt man formal

$$\dot{x}_2(t) \equiv \frac{dx_2(t)}{dt} = \frac{dx_2(t)}{dx_1(t)} \cdot \frac{dx_1(t)}{dt} \quad (3.279)$$

und ersetzt $dx_1/dt \equiv \dot{x}_1$ durch x_2 nach Gl. (3.277), gewinnt man die Differentialgleichung

$$\frac{dx_2(t)}{dx_1(t)} = \frac{K_s y(t) - x_2(t)}{Tx_2(t)} \quad (3.280)$$

in der x_1 die unabhängige und x_2 die abhängige Variable ist; die Zeit t tritt also nicht mehr explizit auf. Diese Differentialgleichung kann man durch Trennen der

240   3.4 Regelungstechnik

Variablen integrieren, da die Stellgröße y nur die konstanten Werte ± b und 0 annehmen kann. Berücksichtigt man die Anfangswerte $x_1(0)$ und $x_2(0)$, findet man die Gleichung der Trajektorien

$$x_1(t) = x_1(0) - T\{x_2(t) - x_2(0)\} + TK_s y \ln\left|\frac{x_2(0) - K_s y}{x_2(t) - K_s y}\right| \qquad (3.281)$$

Bei gleichen Parametern Zeitkonstante T, Übertragungsbeiwert K_s und Stellgröße y wird die Trajektorie des Regelkreises durch die Anfangswerte $x_1(0)$ und $x_2(0)$ eindeutig festgelegt. Die Trajektoriengleichung wertet man zweckmäßig mit dem Taschenrechner aus; ein hierfür verwendbares Programm 4.41 ist in Abschn. 4 angegeben.

Beispiel 3.48. Man berechne mit dem Programm 4.41 nacheinander die Zustandskurven des Regelkreises für die Anfangswerte $x_1(0) = -4, -2, 0, 2$ und 4 und $x_2(0) = 0$ für die Stellgrößen $y = +b$, $y = 0$ und $y = -b$ und stelle diese in der Phasenebene dar. Der Begrenzungswert sei $b = 2$, die Verstärkung $K_s = 1 \text{ sec}^{-1}$ und die Zeitkonstante $T = 1$ sec.

Um den Rechenaufwand gering zu halten, sollte man sich vor dem Einschalten des Rechners über einige Eigenschaften der Trajektorien klar werden. Für den Fall $b = 0$ erhält man mit den gegebenen Anfangsbedingungen den einfachen linearen Zusammenhang

$$x_1(t) = x_1(0) - Tx_2(t) \qquad (3.282)$$

also eine Geradenschar mit der Steigung $-T$ und dem Scharparameter $x_1(0)$; diese kann man auch ohne Zuhilfenahme des Rechners zeichnen (s. Bild 3.102b). Auch für $y = \pm b$ kann man die Trajektorienschar durch Parallelverschieben aus der Trajektorie für $x_1(0) = 0$ erzeugen; es reicht daher aus, die durch den Punkt $x_1(0) = x_2(0) = 0$ verlaufende Zustandskurve zu bestimmen. Für sie gilt nach Gl. (3.281)

$$x_1(t) = -Tx_2(t) + TK_s y \ln\left|\frac{-K_s y}{x_2(t) - K_s y}\right| \qquad (3.283)$$

Setzt man hier nacheinander $y = +b$ und $y = -b$ ein, erkennt man, daß die Trajektorien für $+b$ und $-b$ punktsymmetrisch zum Ursprung sind. Es reicht daher aus, nur die Zustandskurve für $y = +b$ zu berechnen.

Nach diesen Vorüberlegungen, die den Umfang der Rechenarbeit stark verringern, läuft die Rechnung nach dem Einlesen des Programms 4.41 wie folgt ab

Größe	Eingabe	Befehle	Anzeige	Größe
		A		
a	1	R/S	1.	a
b	2	R/S	2.	b
q	1	R/S	1.	q
T	1	R/S	1.	T
K_P	1	R/S	1.	K_P
K_s	1	R/S	1.	K_s
		B		
x_{10}	0	R/S	0.	x_{10}
x_{20}	0	R/S	0.	x_{20}

3.4.2 Nichtlineare stetige Regelkreise 241

Größe	Eingabe	Befehle	Anzeige	Größe
		C		
y	2	R/S	2.	y
x_2	0	R/S	2.	y
		R/S	0.	x_2
		R/S	0.	x_1
x_2	.5	R/S	2	y
		R/S	0.5	x_2
		R/S	0.075	x_1

usw.

Die berechneten Kurvenscharen sind in Bild 3.102 dargestellt. Die in den Diagrammen eingezeichneten Durchlaufrichtungen erhält man aus der Überlegung, daß wegen $\dot{x}_1 = x_2$ für $x_2 > 0$ (obere Halbebene) der Wert von x_1 immer zunehmen und für $x_2 < 0$ (untere Halbebene) stets abnehmen muß.

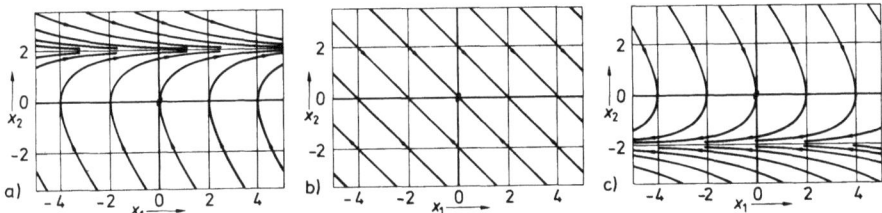

3.102 Zustandskurven der linearen I-T$_1$-Regelstrecke
  a) y(t) = b,   b) y(t) = 0,   c) y(t) = −b

Bisher haben wir nur das Verhalten der Regelstrecke für sich bei Aufschalten eines konstanten Stellsignals y untersucht. Infolge der Rückkopplung ist aber die Stellgröße von der Regelgröße $x(t) \equiv x_1(t)$ und – bei Schaltkennlinien mit Hysterese – auch von der Änderungsgeschwindigkeit $\dot{x}(t) \equiv x_2(t)$ der Regelgröße abhängig. Durch Einsetzen von

$$y^*(t) = K_P e(t) = -K_P x_1(t) \tag{3.284}$$

und $\quad \dot{y}^*(t) = K_P \dot{e}(t) = -K_P \dot{x}_1(t) = -K_P x_2(t) \tag{3.285}$

in die Definitionsgleichung (3.275) des Dreipunktschalters erhält man die Schaltbedingungen

$$y(t) = \begin{cases} +b & \text{für } x_1 < -a/K_P \\ +b & \text{für } -qa/K_P > x_1 \geqslant -a/K_P \text{ und } x_2 > 0 \\ 0 & \text{für } -qa/K_P > x_1 \geqslant -a/K_P \text{ und } x_2 < 0 \\ 0 & \text{für } qa/K_P > x_1 \geqslant -qa/K_P \\ 0 & \text{für } qa/K_P < x_1 \leqslant a/K_P \text{ und } x_2 > 0 \\ -b & \text{für } qa/K_P < x_1 \leqslant a/K_P \text{ und } x_2 < 0 \\ -b & \text{für } x_1 > a/K_P \end{cases} \tag{3.286}$$

3.4 Regelungstechnik

Sie lassen sich durch Geradenzüge in der Phasenebene darstellen. Für die einfacheren Kennlinien kann man hieraus die Schaltbedingungen durch entsprechende Vorgabe der Kennlinienparameter a und q gewinnen; die Ergebnisse sind in Tafel 3.103 zusammengestellt.

T a f e l 3.103 Schaltbedingungen mit P-Regler

Name Parameter	Kennlinie	Schaltbedingung in der Zustandsebene
Zweipunkt $a = 0$ $b > 0$ $q = 1$		
Zweipunkt mit Hysterese $a > 0$ $b > 0$ $q = -1$		
Dreipunkt $a > 0$ $b > 0$ $q = 1$		
Dreipunkt mit Hysterese $a > 0$ $b > 0$ $-1 < q < 1$		

Die Zustandskurve für vorgegebene Anfangsbedingungen $x_1(0)$ und $x_2(0)$ setzt sich aus Teilstücken der in Bild 3.102 dargestellten Trajektorien zusammen, wobei zwischen den Werten $y = +b$, 0 und $-b$ an den Bereichsgrenzen selbsttätig umgeschaltet wird. Beim Berechnen der Trajektorien erfordert das Ermitteln der Umschaltpunkte einen nicht unerheblichen Aufwand, da dies iterativ geschehen muß. Neben dem Auswerten der Gleichungen der Trajektorien sollte man daher dem Taschenrechner besonders das iterative Auffinden der genauen Umschaltpunkte übertragen; das Programm 4.41 ist entsprechend angelegt.

3.4.2 Nichtlineare stetige Regelkreise   243

Beispiel 3.49. Für den in Bild 3.101 dargestellten einschleifigen Regelkreis mit hysteresebehaftetem Dreipunktschalter berechne man mit dem Programm 4.41 die Zustandskurve. Es sind gegeben: Proportionalbeiwert $K_P = 1$, Schaltschwelle $a = 0{,}2$, Begrenzungswert $b = 1$, Schwellenverhältnis $q = 0{,}5$, Übertragungsbeiwert $K_s = 1$ sec^{-1}, Zeitkonstante $T = 1$ sec und die Anfangswerte $x_1(0) = 0{,}5$, $x_2(0) = 0{,}5$ sec^{-1}.

Nach dem Einlesen des Programms erhält man den Rechengang

Größe	Eingabe	Befehle	Anzeige	Größe
		A		
a	.2	R/S	0.2	a
b	1	R/S	1.	b
q	.5	R/S	0.5	q
T	1	R/S	1.	T
K_P	1	R/S	1.	K_P
K_s	1	R/S	1.	K_s
		B		
x_{10}	.5	R/S	0.5	x_{10}
x_{20}	.5	R/S	0.5	x_{20}
		D		
x_2	.4	R/S	−1.	y
		R/S	0.4	x_2
		R/S	0.531	x_1
usw. bis				
x_2	.7 +/−	R/S	0.	y
		R/S	−0.696	x_2
		R/S	0.1	x_1

Der Wert x_2 an der Schaltgrenze wird von Programm selbsttätig durch Iteration ermittelt. Weitergehen auf der Trajektorie für $y = 0$ liefert dann

x_2	.6 +/−	R/S	0.	y
		R/S	−0.6	x_2
		R/S	0.004	x_1

usw.

Die sich bei den vorgegebenen Anfangswerten einstellende Zustandskurve ist in Bild 3.104 dargestellt. Ausgehend von der durch die Koordinaten $x_1(0)$ und $x_2(0)$ bestimmten Anfangslage nimmt die Regelgröße $x(t) \equiv x_1(t)$ trotz der negativen Stellgröße $y = -b$ zunächst noch zu, bis die positive Anfangsgeschwindigkeit abgebaut ist. Nach dem Eintreten in den 4. Quadranten der Phasenebene nimmt x_1 wieder ab und erreicht bei $x_1 = qa/K_P = 0{,}1$ die untere positive Schaltschwelle des Dreipunktschalters. Der Bereich zwischen den Schaltschwellen wird anschließend mit der Stellgröße $y = 0$ durchlaufen. Bei $x_1 = -a/K_P = -0{,}2$ wird die negative Schaltschwelle des Relais erreicht und die positive Stellgröße $y = +b$ auf die Regelstrecke gegeben. Dieser Ablauf wiederholt sich mit abnehmender Amplitude; die Trajektorie nähert sich aber nicht dem Nullpunkt der Phasenebene, sondern einer in sich geschlossenen Zustandskurve. Ein derartiger G r e n z z y k l u s entspricht einer periodischen, aber nicht harmonischen Dauerschwingung

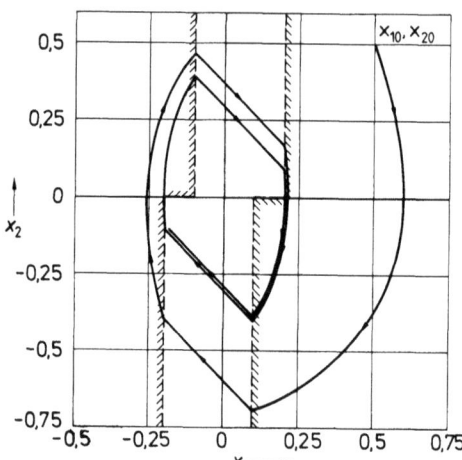

3.104
Zustandskurve des einschleifigen nichtlinearen Regelkreises

des Regelkreises, der meist unerwünscht ist. Durch geeignete regelungstechnische Korrekturen, die man aus dem Trajektorienbild ableiten kann, muß man diese Schwingungen beseitigen und ein Einlaufen der Trajektorien in den Nullpunkt der Phasenebene bewirken [14], [53].

4 Programme

Hier werden einige für Aufgabenstellungen aus der Elektrotechnik wichtige, vielseitig einsetzbare Programme mitgeteilt und besprochen. Sie sind in einer einheitlichen und erprobten übersichtlichen Form zusammengestellt und können daher unmittelbar eingesetzt werden.

Die für die Lösungswege erforderliche Theorie wird in den Abschnitten 2 und 3 knapp dargestellt. Für weitere Einzelheiten und ihre Ableitung wird auf die im Anhang zusammengestellte weiterführende und ergänzende Literatur und die übrigen Bände der Reihe „Leitfaden der Elektrotechnik" verwiesen. Lehrbücher der Elektrotechnik können also durch diese kurzen wiederholenden Erläuterungen nicht ersetzt werden.

Es werden zunächst die Grundgedanken, die die Auswahl und den Aufbau der Programme bestimmten, dargelegt und einige Hinweise für die Benutzer der Programme, die sich hieraus ergeben, erklärt. Anschließend ist zusammengestellt, wo fertige mathematische Programme zu finden sind. Schließlich folgen Programme, die meist auch in Teilen benutzt werden können.

Auf das Angeben von Programmablaufplänen, also Flußdiagrammen und Struktogrammen, wird in diesem Buch verzichtet, da hier nicht das Aufstellen, sondern das praktische, kurzfristige Anwenden von Programmen gelehrt werden soll und dieses Ziel mit ausführlichen Anleitungen für den Benutzer besser erreicht werden kann.

4.1 Leitlinien

Für Auswahl und Aufbau der hier mitgeteilten Programme gelten die folgenden Gesichtspunkte. Außerdem sollten Programmanwender die anschließenden Hinweise beachten.

4.1.1 Auswahl der Programme

Man kann für jede etwas längere Berechnung ein Programm aufstellen – es kann aber nicht Sinn dieses Buches sein, Berechnungsprobleme, die nur selten vorkommen oder eine geringe didaktische Bedeutung haben, aufzugreifen. Auch brauchen

246   4.1 Leitlinien

keine Alternativprogramme zu solchen, die in Programmsammlungen oder durch die Software-Module allgemein zugänglich sind, angeboten zu werden, wenn sie keine entscheidenden Vorteile bieten. Schließlich war es nicht Ziel der Verfasser, Entwurfsprogramme für Bauelemente und -gruppen mitzuteilen, da sie oft didaktisch wenig ergiebig und meist auf spezielle Lösungen zugeschnitten sind.

Es wird vielmehr versucht, möglichst vielseitig einsetzbare Programme anzugeben und so vorzuführen, wie man mit möglichst wenigen Programmen die wichtigsten Aufgaben der Elektrotechnik lösen kann. Dies verlangt, daß die benutzten Bestimmungsgleichungen taschenrechnerfreundlich (s. Abschn. 1.3.2) gemacht, bestimmte Berechnungsverfahren — wie in Abschn. 2 und 3 gezeigt — bevorzugt und die Lösungswege, wie in den Beispielen in Abschn. 2 und 3 dargestellt, auf diese Verfahren eingerichtet werden.

4.1.2 Aufbau der Programme

Um die in Abschn. 4.1.1 aufgestellten Forderungen erfüllen zu können, enthalten die mitgeteilten Programme im allgemeinen Vorbereitungs- und einzeln benutzbare Unter- oder Teilprogramme. Sie sind meist vielfältig verzweigt und wenden, wenn dies möglich ist, Modul-Programme an.

Programmschritt- und Datenregisterkapazität sowie die große Anzahl der möglichen Labels, indirekte Adressierung und Flags bei den Rechnern TI 58 und TI 59 erlauben in Verbindung mit der Nutzung der Software-Module einen beträchtlichen Bedienungskomfort, der in den mitgeteilten Programmen genutzt wird. Er kann durch Einsatz des Druckers PC-100 C noch erheblich gesteigert werden. Ein- und Ausgabe erfolgen meist automatisch im ingenieurgemäßen vierziffrigen Exponentialformat (s. Abschn. 1.2.3.5) — und teilweise über die gleichen Tasten. Die vorgegebenen Daten können in beliebigem Format eingetastet werden. Gelegentlich sind verschiedene Programme rationell ineinander geschachtelt.

Häufig kommt ein Programm mit 240 Programmzeilen, also der normalen Programmschrittzahl des TI 58 und der Kapazität einer Magnetkartenseite aus oder kann durch Verschieben der Speicherbereiche oder Aufteilen bzw. Vereinfachen des Programms im TI 58 verarbeitet werden. Eine Magnetkarte (mit 2 Seiten und 480 Programmzeilen) reicht nur in Ausnahmefällen nicht aus.

Die Rechenzeit ist bei den meisten Programmen außerordentlich gering, so daß auch umständlichere Modul-Programme eingebaut werden können, wenn sie die Programmzeilen des Anwenderprogramms zu vermindern helfen.

4.1.3 Hinweise für den Benutzer

Um die mitgeteilten Programme möglichst rationell, also schnell und fehlerfrei, einsetzen zu können, sollte ihr Benutzer sich streng an die zugehörigen Anleitungen halten. Programme werden hier i. allg. in folgender Reihenfolge aufgeführt:

— Grundlagen
— Programmbeschreibung
— Benutzeranleitung (Schrittfolgen, Tastenplan, Datenregister)
— Testbeispiel
— aufgelistetes Programm

Für die Grundlagen wird meist auf Abschn. 2 und 3 verwiesen. Die Programmbeschreibung informiert über Besonderheiten. An die mit der Benutzeranleitung vorgeschriebenen Schrittfolgen muß man sich halten, wenn man Fehler vermeiden will. Der Tastenplan erleichtert die Bedienung der Programmadreßtasten. Anhand der aufgelisteten Datenregister können die Speicherinhalte überprüft werden.

Besonders wichtig ist es, mit den Testbeispielen zu kontrollieren, ob das Programm richtig eingelesen wurde. Die Programmliste enthält in jeder Programmzeile in 4 Spalten nebeneinander Schrittnummer (Programmschritt-Adresse), Tastenkode, zugehöriges Drucksymbol und Tastenfolge, wie sie beim Eintasten des Programms einzugeben ist — diese allerdings nur, wenn das Drucksymbol in der 3. Spalte die erforderliche Tastenfolge nicht unmittelbar wiedergibt. Hierfür werden stets die im Tastenfeld verwendeten Symbole benutzt; es wird also keine Taste unterschlagen. Die ersten drei Spalten werden vom Drucker nach dem Befehl **2nd List** ausgedruckt. Da im Learnmodus Schrittnummer und Tastenkode angezeigt werden, kann man mit ihnen sowie den aufgelisteten Labels — z. B. über die Befehle **GTO** bzw. **SST** und **BST** — das Programm leicht überprüfen.

4.2 Mathematische Programme und Programmteile

Um dem Benutzer Anregungen für das Aufstellen eigener Programme zu geben, wird hier auf für die Rechner TI 58 und TI 59 unmittelbar benutzbare Algorithmen verwiesen, die in den Modulprogrammen enthalten oder an anderer Stelle zu finden sind. Auch wird gezeigt, wie man einige wichtige periodische Funktionen durch Unterprogramme verwirklichen kann.

4.2.1 Hinweise auf Algorithmen

In Tafel 4.1 ist zusammengestellt, in welchen Programmen oder Teilen von Programmen bestimmte (alphabetisch eingeordnete) mathematische Probleme in für die Rechner TI 58 und TI 59 aufbereiteter Weise aufgegriffen werden.

4.2 Mathematische Programme und Programmteile

Tafel 4.1 Hinweise auf Algorithmen

Problem	Programm	Quelle
Bessel-Funktionen		[19], [35]
Beta-Funktion		[24]
Differentialgleichungen	4.12, MU-18	[19], [35]
Digamma-Funktion		[24]
elliptische Integrale		[24]
Exponentialintegrale		[24]
Faltungsintegral	EE-15	
Fourier-Analyse	4.11, EE-17, MU-19	[19]
Fresnel-Integral		[24]
Gamma-Funktion	MU-11	[24]
Horner-Schema		[19], [35]
Hyperbel-Funktionen	MU-10	[35]
Integralcosinus		[24]
Integrallogarithmus		[24]
Integralsinus		[24]
Integration	ML-09, ML-10	[19]
Interpolation	MU-14	
Iteration		[19]
Komplexe Arithmetik	ML-04, EE-04	
Komplexe Funktionen	ML-05, ML-06, EE-05, EE-06	
Legendre-Funktionen		[24]
lineare Gleichungssysteme	ML-02	
Matrizenrechnung	ML-02, ML-03	
Maxima und Minima	MU-16	[19]
Multiplikation von Polynomen	EE-10	
Nullstellen	ML-08, MU-15, EE-16	
orthogonale Polynome		[24]
Polygamma-Funktionen		[24]
Regressionsanalyse	4.13 bis 4.16, ML-01, ST-18	
Romberg-Integration	MU-17	
Theta-Funktionen		[24]
Zeta-Funktionen		[24]

4.2.2 Periodische Funktionen

Der Elektrotechniker arbeitet auch mit n i c h t s i n u s f ö r m i g e n periodischen Eingangsfunktionen. Für eine Berechnung der durch solche Erregungen verursachten Antwort kann man beispielsweise die Funktionen von Bild 4.2 einfach über t r i g o n o m e t r i s c h e Funktionen, also die Befehle **2nd sin** und **2nd cos**, und ihre Umkehrfunktionen, also über **INV 2nd sin** und **INV 2nd cos**, gewinnen. Vorteilhaft einsetzbar sind hierfür auch noch die Betragsfunktion über **2nd |x|** und die Signumfunktion über **2nd Op 10**.

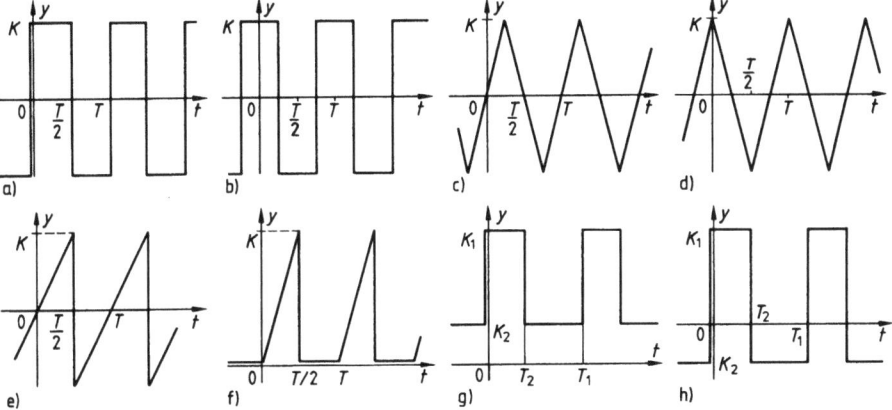

4.2 Periodische Funktionen.
a), b) Rechteck, c), d) Dreieck, e) Sägezahn, f) lückender Sägezahn, g), h) allgemeines Rechteck

Es werden hier einige Schrittfolgen für die Rechner TI 58 und TI 59 mitgeteilt, mit denen man die angegebenen periodischen Funktionen verwirklichen kann. Man beachte, daß an S p r u n g s t e l l e n der Funktionswert nicht definiert ist, die Berechnung also nur für benachbarte Funktionswerte vorgenommen werden sollte.

Außerdem wird jeweils vorausgesetzt, daß die Variable t im Anzeigeregister steht und die zu Beginn der Prozedur benötigten Kennwerte K und T in den angegebenen Datenregistern gespeichert sind. Wenn diese Schrittfolgen als Unterprogramme eingesetzt werden sollen, müssen sie natürlich ein Label erhalten.

Wenn im Anschluß an die mitgeteilten Schrittfolgen noch ein konstanter Summand K_2 hinzuaddiert bzw. subtrahiert wird, kann man diese periodischen Funktionen auch beliebig um einen neuen Mittelwert K_2 anheben oder absenken. Dies wird im letzten Beispiel gezeigt.

Für ähnliche I m p u l s e , die nicht periodisch sind, kann man natürlich kürzere Schrittfolgen angeben.

D a t e n r e g i s t e r für die Funktionen in Bild 4.2a bis e: R01: T, R02: K.

Symmetrische Rechteckfunktion. Mit der Schrittfolge

```
000  70 RAD   2nd Rad    007  02  2           014  10 10
001  53 (                008  55  ÷           015  65  ×
002  53 (                009  43 RCL          016  43 RCL
003  24 CE               010  01  01          017  02  02
004  65  ×               011  54  )           018  54  )
005  89  π    2nd π      012  38 SIN  2nd sin 019  92 RTN  INV SBR
006  65  ×               013  69 OP   2nd Op
```

250   4.2 Mathematische Programme und Programmteile

läßt sich die Rechteckfunktion von Bild 4.2a verwirklichen. Die phasenverschobene Funktion von Bild 4.2b erhält man, wenn man den Programmschritt 012 mit **2nd cos** überschreibt.

Dreieckfunktion. Mit der Schrittfolge (bis Schritt 013 identisch mit der vorhergehenden)

```
013  22 INV              017  65  ×
014  38 SIN  2nd sin     018  43 RCL          021  89  π    2nd π
015  65  ×               019  02  02          022  54  )
016  02  2               020  55  ÷           023  92 RTN   INV SBR
```

kann man die Dreieckfunktion von Bild 4.2c darstellen. Die phasenverschobene Funktion von Bild 4.2d ergibt sich, wenn der Programmschritt 012 mit **2nd cos** überschrieben wird.

Sägezahnfunktion. Mit der Schrittfolge

```
000  70 RAD  2nd Rad   011  01  01
001  53  (             012  54  )             022  89  π    2nd π
002  53  (             013  42 STD            023  54  )
003  53  (             014  03  03            024  65  ×
004  24 CE             015  39 COS  2nd cos   025  43 RCL
005  65  ×             016  22 INV            026  03  03
006  89  π   2nd π     017  39 COS  2nd cos   027  38 SIN   2nd sin
007  65  ×             018  65  ×             028  69 OP    2nd Op
008  02  2             019  43 RCL            029  10  10
009  55  ÷             020  02  02            030  54  )
010  43 RCL            021  55  ÷             031  92 RTN   INV SBR
```

stellt sich die Sägezahnfunktion von Bild 4.2e ein. Es wird noch das Datenregister R03 als Zwischenspeicher benutzt.

Lückende Sägezahnfunktion. Die Schrittfolge

```
000  70 RAD  2nd Rad   013  42 STD
001  53  (             014  03  03            026  10  10
002  53  (             015  39 COS  2nd cos   027  54  )
003  53  (             016  22 INV            028  54  )
004  24 CE             017  39 COS  2nd cos   029  65  ×
005  65  ×             018  65  ×             030  43 RCL
006  89  π   2nd π     019  53  (             031  02  02
007  65  ×             020  01  1             032  55  ÷
008  02  2             021  85  +             033  02  2
009  55  ÷             022  43 RCL            034  55  ÷
010  43 RCL            023  03  03            035  89  π    2nd π
011  01  01            024  38 SIN  2nd sin   036  54  )
012  54  )             025  69 OP   2nd Op    037  92 RTN   INV SBR
```

ermöglicht eine lückende Sägezahnfunktion nach Bild 4.2f. Auch diese Schrittfolge belegt das Datenregister R03.

Allgemeine Rechteckfunktion. Die allgemeine Rechteckfunktion nach Bild 4.2g oder h zeichnet sich durch ein wählbares Tastverhältnis T_2/T_1 mit $T_2 \leqslant T_1/2$ und wählbare Scheitelwerte K_1 und K_2 aus. Man erzielt sie beispielsweise mit der Schrittfolge

```
000  70  RAD    2nd Rad      022  53  (                          044  03  03
001  53  (                   023  02  2                          045  55  ÷
002  53  (                   024  65  ×                          046  02  2
003  53  (                   025  89  π      2nd π               047  54  )
004  24  CE                  026  55  ÷                          048  29  CP    2nd CP
005  42  STO                 027  43  RCL                        049  22  INV
006  05  05                  028  01  01                         050  77  GE    2nd x⩾t
007  65  ×                   029  65  ×                          051  25  CLR
008  89  π      2nd π        030  53  (                          052  76  LBL   2nd Lbl
009  65  ×                   031  43  RCL                        053  24  CE
010  02  2                   032  05  05                         054  85  +
011  55  ÷                   033  75  -                          055  43  RCL
012  43  RCL                 034  43  RCL                        056  04  04
013  01  01                  035  02  02                         057  54  )
014  54  )                   036  54  )                          058  92  RTN   INV SBR
015  38  SIN    2nd sin      037  54  )                          059  76  LBL   2nd Lbl
016  69  OP     2nd Op       038  38  SIN    2nd sin             060  25  CLR
017  10  10                  039  69  OP     2nd Op              061  00  0
018  65  ×                   040  10  10                         062  61  GTO
019  53  (                   041  54  )                          063  24  CE
020  01  1                   042  65  ×
021  75  -                   043  43  RCL
```

Datenspeicher. R01: T_1, R02: T_2, R03: $K_1 - K_2$, R04: K_2, R05: Zwischenspeicher.

Label. CE, CLR.

4.3 Parallel- und Kettenschaltungen der Sinusstromtechnik. Komplexe Spannungs- und Stromteilerregel

Grundlagen. Sie sind in Abschn. 2.2.1 dargestellt.

Programmbeschreibung. Mit diesem Programm können die in Bild 2.20 bis 2.22 dargestellten Schaltungen untersucht und die in Gl. (2.20) bis (2.44) betrachteten Größen berechnet werden. Es wendet die Modul-Programme ML-04 und ML-05 an. Ein- und Ausgabedaten werden vierziffrig im Exponentialformat und normaler-

4.3 Parallel- und Kettenschaltungen der Sinusstromtechnik

weise in der Komponentenform der komplexen Größen angezeigt. Über die Taste 2nd E′ kann ein vierziffriges technisches Anzeigeformat eingestellt werden.

Benutzeranleitung. Jeder Berechnung sollte — wenn erforderlich — das Bestimmen der resultierenden Blindwiderstände entsprechend a) vorausgehen, und sie sollte dann mit dem Einlesen von $\underline{Z}_1$ nach b) beginnen.

Aufgabe	Schritt	Ziel	Eingabe	Befehle	Anzeige
a) Eingabe von Frequenz, Induktivität und Kapazität sowie Berechnen von Kreisfrequenz und Blindwiderständen	1	Eingeben der Frequenz	{f}	2nd B′	{f}
	2	Eingeben der Induktivität	{L}	R/S	{L}
	3	Eingeben der Kapazität	{C}	R/S	{C}
	4	Berechnen der Kreisfrequenz ω		R/S	{ω}
	5	Berechnen des Blindwiderstands X_L		R/S	{X_L}
	6	Berechnen des Blindwiderstands X_C		R/S	{X_C}
	7	Berechnen des Blindwiderstands X		R/S	{X}

Über die Taste E wird der Wert {C} = $9 \cdot 10^{50}$ für den Fall, daß keine Kapazität in Reihe zur Induktivität liegt, zur Verfügung gestellt. Dann kann auch die Berechnung mit Schritt 5 beendet werden.

Aufgabe	Schritt	Ziel	Eingabe	Befehle	Anzeige
b) Eingabe komplexer Widerstände	1	Eingeben des Wirkwiderstands	{R_1}	A	{R_1}
	2	Eingeben des Blindwiderstands	{X_1}	A	{X_1}
	3	Eingeben des Wirkwiderstands	{R_2}	2nd A′	{R_2}
	4	Eingeben des Blindwiderstands	{X_2}	2nd A′	{X_2}
	5	Eingeben des Wirkwiderstands	{R_3}	B	{R_3}
	6	Eingeben des Blindwiderstands	{X_3}	B	{X_3}

Der komplexe Widerstand $\underline{Z}_3$ braucht nicht eingegeben zu werden. Dagegen müssen alle Schritte 1 bis 4 (auch für X_1 oder X_2 = 0) ausgeführt werden.

Aufgabe	Schritt	Ziel	Eingabe	Befehle	Anzeige
c) Eingabe der Spannung	1	Eingeben der Wirkkomponente	{U_w}	B	{U_w}
	2	Eingeben der Blindkomponente	{U_b}	B	{U_b}
d) Eingabe des Stromes	\multicolumn{5}{l}{Wie unter c); Einlesen mit Taste B nach b); Schritt 5 oder 6 oder c) bzw. d) löschen sich gegenseitig aus.}
e) Eingabe in der Exponentialform	1	Eingeben des Betrags	{A}	x ⇄ t	
	2	Eingeben des Phasenwinkels und Umwandeln in die Komponentenform	{φ}	2nd P→R x ⇄ t	
	3	Speichern der Wirkkomponente A_w		wahlweise A, 2nd A′, B	
	4	Speichern der Blindkomponente A_b		x ⇄ t wahlweise A, 2nd A′, B	
f) Berechnen des Gesamtwiderstands einer Parallelschaltung	\multicolumn{5}{l}{Die komplexen Widerstände $\underline{Z}_1$ und $\underline{Z}_2$ müssen eingelesen sein.}
	1	Berechnen der Wirkkomponente		D	{R_g}
	2	Berechnen der Blindkomponente		x ⇄ t	{X_g}

4.3 Parallel- und Kettenschaltungen der Sinusstromtechnik   253

Aufgabe	Schritt	Ziel	Eingabe Befehle	Anzeige
g) Berechnen des Gesamtwiderstands einer Reihen-Parallelschaltung nach Bild 2.23		Die komplexen Widerstände $\underline{Z}_1, \underline{Z}_2$ und $\underline{Z}_3$ müssen eingelesen sein.		
	1	Berechnen der Wirkkomponente	2nd D'	{R_g}
	2	Berechnen der Blindkomponente	x⇄t	{X_g}
h) Berechnen des Gesamtwiderstands einer Kettenschaltung nach Bild 2.22		Zunächst ist wie unter b) und g) vorzugehen. Anschließend werden wie bei Schritt 3 bis 6 von b) die Werte {R_4}, {X_4}, {R_5}, {X_5} eingegeben, und g) wird wiederholt. In dieser Folge können beliebig viele Widerstände entsprechend Bild 2.22 parallel oder in Reihe geschaltet werden. Mehr als zwei parallele Widerstände sollten vorher entsprechend f), mehrere in Reihe liegende Widerstände können z. B. über das Modulprogramm ML-04 zusammengefaßt werden.		
i) Berechnen der Teilspannung eines Spannungsteilers		Die Widerstände $\underline{Z}_1$ und $\underline{Z}_2$ müssen entsprechend b), Schritt 1 bis 4, die Gesamtspannung $\underline{U}$ muß nach c) eingelesen sein.		
	1	Berechnen der Wirkkomponente U_{1w}	C	{U_{1w}}
	2	Berechnen der Blindkomponente U_{1b}	x⇄t	{U_{1b}}
j) Berechnen des Teilstroms eines Stromteilers		Die Widerstände $\underline{Z}_1$ und $\underline{Z}_2$ müssen entsprechend b), Schritt 1 bis 4, der Gesamtstrom $\underline{I}$ muß nach d) eingelesen sein.		
	1	Berechnen der Wirkkomponente I_{1w}	2nd C'	{I_{1w}}
	2	Berechnen der Blindkomponente I_{1b}	x⇄t	{I_{1b}}
k) Ausgabe in der Exponentialform	1	Berechnen der Wirkkomponente A_w	wahlweise C, C', D, D'	{A_w}
	2	Berechnen der Blindkomponente A_b	x⇄t	{A_b}
	3	Berechnen des Phasenwinkels φ	INV 2nd P→R	{φ}
	4	Berechnen des Betrags A	x⇄t	{A}
l) Ausgabe im vierziffrigen technischen Format	1	Berechnen der Wirkkomponente A_w	wahlweise C, C', D, D'	{A_w}
	2	Einstellen des Anzeigeformats	2nd E'	{A_w}
	3	Rückstellen des Anzeigeformats	R/S	{A_w}
	4	Anzeigen der Blindkomponente A_b	x⇄t	{A_b}
	5	Einstellen des Anzeigeformats	2nd E'	{A_b}
	6	Rückstellen des Anzeigeformats	R/S	{A_b}
		Dieses Anzeigeformat kann in analoger Weise auch im Anschluß an k) eingestellt werden.		

Tastenplan

R_2, X_2	$f, L, C, \omega, X_L, X_C, X$	$\underline{I}_1$	$\underline{Z}_g$	Eng
R_1, X_1	$R_3, X_3, \underline{U}, \underline{I}$	$\underline{U}_1$	$\underline{Z}_1 \parallel \underline{Z}_2$	∞

Datenregister. R01: R_1, R02: X_1, R03: R_2, R04: X_2, R05: R_3, U_w, I_w, R06: X_3, U_b, I_b, R07: f, ω, R08: L, X_L, R09: C, X_C, R11 bis R14: Zwischenspeicher.

4.3 Parallel- und Kettenschaltungen der Sinusstromtechnik

Testbeispiele

Eingabe	Befehle	Anzeige		Eingabe	Befehle	Anzeige		Befehle	Anzeige
50	2nd B'	5.000 01		1	A	1.000 00		2nd D'	5.000 −01
.1	R/S	1.000 −01		0	A	0.000 00		x⇄t	−2.500 00
	E	9.000 50		0	2nd A'	0.000 00		C	1.475 −01
	R/S	3.142 02		2	2nd A'	2.000 00		x⇄t	−1.377 00
	R/S	3.142 01		0	B	0.000 00		2nd C'	−6.923 −02
	R/S	−3.537 −54		3 +/−	B	−3.000 00		x⇄t	−2.054
	R/S	3.142 01			D	8.000 −01			
	2nd E'	31.420 00			x⇄t	4.000 −01			
	R/S	3.142 00							

Aufgelistetes Programm 4.3

```
000  76 LBL   2nd Lbl      038  76 LBL   2nd Lbl      076  52 EE
001  11 A                  039  42 STO                077  71 SBR
002  71 SBR                040  42 STO                078  45 Y×
003  44 SUM                041  09 09                 079  36 PGM   2nd Pgm
004  48 EXC   2nd Exc      042  91 R/S                080  04 04
005  02 02                 043  02 2                  081  13 C
006  48 EXC   2nd Exc      044  49 PRD   2nd Prd      082  92 RTN   INV SBR
007  01 01                 045  07 07                 083  76 LBL   2nd Lbl
008  43 RCL                046  89 π     2nd π        084  35 1/X
009  02 02                 047  49 PRD   2nd Prd      085  36 PGM   2nd Pgm
010  24 CE                 048  07 07                 086  04 04
011  92 RTN   INV SBR      049  43 RCL                087  12 B
012  76 LBL   2nd Lbl      050  07 07                 088  36 PGM   2nd Pgm
013  16 A'    2nd A'       051  91 R/S                089  05 05
014  36 PGM   2nd Pgm      052  49 PRD   2nd Prd      090  15 E
015  04 04                 053  08 08                 091  92 RTN   INV SBR
016  16 A'    2nd A'       054  43 RCL                092  76 LBL   2nd Lbl
017  92 RTN   INV SBR      055  08 08                 093  23 LNX
018  76 LBL   2nd Lbl      056  91 R/S                094  43 RCL
019  12 B                  057  43 RCL                095  01 01
020  48 EXC   2nd Exc      058  07 07                 096  42 STO
021  06 06                 059  49 PRD   2nd Prd      097  11 11
022  48 EXC   2nd Exc      060  09 09                 098  43 RCL
023  05 05                 061  43 RCL                099  02 02
024  43 RCL                062  09 09                 100  42 STO
025  06 06                 063  35 1/X                101  12 12
026  24 CE                 064  94 +/−                102  92 RTN   INV SBR
027  92 RTN   INV SBR      065  91 R/S                103  76 LBL   2nd Lbl
028  76 LBL   2nd Lbl      066  85 +                  104  52 EE
029  17 B'    2nd B'       067  43 RCL                105  43 RCL
030  71 SBR                068  08 08                 106  11 11
031  44 SUM                069  95 =                  107  42 STO
032  42 STO                070  92 RTN   INV SBR      108  03 03
033  07 07                 071  76 LBL   2nd Lbl      109  43 RCL
034  91 R/S                072  33 X²                 110  12 12
035  42 STO                073  71 SBR                111  42 STO
036  08 08                 074  35 1/X                112  04 04
037  91 R/S                075  71 SBR                113  36 PGM   2nd Pgm
```

114	04	04		154	76	LBL	2nd Lbl
115	13	C		155	14	D
116	92	RTN	INV SBR	156	71	SBR
117	76	LBL	2nd Lbl	157	23	LNX
118	45	Y^x		158	43	RCL
119	43	RCL		159	03	03
120	05	05		160	42	STO
121	42	STO		161	13	13
122	03	03		162	43	RCL
123	43	RCL		163	04	04
124	06	06		164	42	STO
125	42	STO		165	14	14
126	04	04		166	71	SBR
127	92	RTN	INV SBR	167	35	1/X
128	76	LBL	2nd Lbl	168	71	SBR
129	44	SUM		169	52	EE
130	58	FIX	2nd Fix	170	43	RCL
131	03	03		171	13	13
132	52	EE		172	42	STO
133	92	RTN	INV SBR	173	03	03
134	76	LBL	2nd Lbl	174	43	RCL
135	13	C		175	14	14
136	71	SBR		176	42	STO
137	23	LNX		177	04	04
138	71	SBR		178	36	PGM	2nd Pgm
139	33	X^2		179	04	04
140	92	RTN	INV SBR	180	13	C
141	76	LBL	2nd Lbl	181	92	RTN	INV SBR
142	18	C'	2nd C'	182	76	LBL	2nd Lbl
143	43	RCL		183	19	D'	2nd D'
144	03	03		184	14	D
145	42	STO		185	71	SBR
146	11	11		186	45	Y^x
147	43	RCL		187	36	PGM	2nd Pgm
148	04	04		188	04	04
149	42	STO		189	12	B
150	12	12		190	92	RTN	INV SBR
151	71	SBR		191	76	LBL	2nd Lbl
152	33	X^2		192	15	E
153	92	RTN	INV SBR	193	09	9

194	52	EE
195	05	5
196	00	0
197	61	GTO
198	42	STO
199	76	LBL	2nd Lbl
200	10	E'	2nd E'
201	52	EE
202	22	INV
203	52	EE
204	57	ENG	2nd Eng
205	91	R/S
206	22	INV
207	57	ENG	2nd Eng
208	52	EE
209	54	)
210	92	RTN	INV SBR

Labels

001	11	A
013	16	A'
019	12	B
029	17	B'
039	42	STO
072	33	X^2
084	35	1/X
093	23	LNX
104	52	EE
118	45	Y^x
129	44	SUM
135	13	C
142	18	C'
155	14	D
183	19	D'
192	15	E
200	10	E'

4.4 Zustandsgrößen komplexer Verbraucher. Transformationszweitore. Umrechnung unbedingt äquivalenter Schaltungen

Grundlagen. Sie sind in Abschn. 2.2.4 und 2.3.3 dargestellt.

Programmbeschreibung. Dieses Programm kombiniert drei verschiedene Aufgaben, nämlich
— mit Label E, A, B und 2nd B' das Berechnen der Zustandsgrößen für die Schaltung von Bild 2.11,

256 4.4 Zustandsgrößen komplexer Verbraucher

— mit Label **E, A, 2nd A', C, 2nd C'** und **2nd E'** das Bestimmen von Transformationszweitoren nach Bild 2.31 und
— mit Label **E, A, D** und **2nd D'** das Umrechnen unbedingt äquivalenter Schaltungen nach Bild 2.51.

Hierdurch wird das rationelle Nutzen der normalen 240 Programmschritte des TI 58 bzw. einer Magnetkartenseite erreicht. Im Label **2nd B'** wird das Modul-Programm ML-04 angewendet. Mit Label **E** wird ein vierziffriges Exponentialformat eingestellt. Für die Ergebnisse von Label **C** und **2nd C'** kann über die Taste **2nd E'** auf ein vierziffriges technisches Anzeigeformat umgestellt werden.

Benutzeranleitung

Aufgabe	Schritt	Ziel	Eingabe	Befehle	Anzeige
a) Berechnung der Zustandsgrößen von Bild 2.11	1	Programmvorbereitung		E	0.000 00
	2	Eingeben des inneren Wirkwiderstands	$\{R_i\}$	A	$\{R_i\}$
	3	Eingeben des äußeren Wirkwiderstands	$\{R_a\}$	R/S	$\{R_a\}$
	4	Eingeben der Quellenspannung	$\{U_q\}$	B	$\{U_q\}$
	5	Eingeben des inneren Blindwiderstands	$\{X_i\}$	R/S	$\{X_i\}$
	6	Eingeben des äußeren Blindwiderstands	$\{X_a\}$	R/S	$\{X_a\}$
	7	Berechnen des Verbraucherstroms I_a		2nd B'	$\{I_a\}$
	8	Berechnen der Verbraucherspannung U_a		R/S	$\{U_a\}$
	9	Berechnen der Verbraucherleistung P_a		R/S	$\{P_a\}$
	10	Eingeben eines neuen äußeren Widerstands $\{R_a\}$ und Berechnen des Verbraucherstroms		R/S	$\{I_a\}$
	usw.				
b) Berechnung von Transformationszweitoren	1	Programmvorbereitung		E	0.000 00
	2	Eingeben des inneren Wirkwiderstands	$\{R_i\}$	A	$\{R_i\}$
	3	Eingeben des äußeren Wirkwiderstands	$\{R_a\}$	R/S	$\{R_a\}$
	4	Eingeben der Kreisfrequenz	$\{\omega\}$	2nd A'	$\{\omega\}$
	5	Berechnen der Induktivität L_1		C	$\{L_1\}$
	6	Berechnen der Kapazität C_2		x⇄t	$\{C_2\}$
	7	Berechnen der Kapazität C_1		2nd C'	$\{C_1\}$
	8	Berechnen der Induktivität L_2		x⇄t	$\{L_2\}$
	Schritt 5 und 6 oder 7 und 8 dürfen auch fehlen.				
c) Berechnung von unbedingt äquivalenten Schaltungen nach Bild 2.31a	1	Programmvorbereitung		E	0.000 00
	2	Eingeben des Scheinwiderstands	$\{Z_1\}$	B	$\{Z_1\}$
	3	Eingeben des Scheinwiderstands	$\{Z_2\}$	R/S	$\{Z_2\}$
	4	Eingeben des Scheinwiderstands	$\{Z_3\}$	R/S	$\{Z_3\}$
	5	Berechnen des Scheinwiderstands Z_{1a}		2nd D'	$\{Z_{1a}\}$
	6	Berechnen des Scheinwiderstands Z_{2a}		R/S	$\{Z_{2a}\}$
	7	Berechnen des Scheinwiderstands Z_{3a}		R/S	$\{Z_{3a}\}$

4.4 Zustandsgrößen komplexer Verbraucher 257

d) Berechnung von unbedingt äquivalenten Schaltungen nach Bild 2.31b

1 bis 4 wie unter c)
5 Berechnen des Scheinwiderstands Z_{1b} D $\{Z_{1b}\}$
6 Berechnen des Scheinwiderstands Z_{2b} R/S $\{Z_{2b}\}$
7 Berechnen des Scheinwiderstands Z_{3b} R/S $\{Z_{3b}\}$

Für die Berechnungen unter c) und d) muß die Reihenfolge der Schritte eingehalten werden. Man darf Z jeweils durch R, L oder 1/C ersetzen, muß also die Kapazität C mit dem Befehl 1/x eingeben und ebenso bei der entsprechenden Ausgabe 1/x vor und nach der Anzeige folgen lassen.

e) Anzeige im vierziffrigen technischen Format

Jeweils nach Berechnen eines Werts ist die folgende Schrittfolge einzufügen.
a Anzeigeformat einstellen   **2nd E′**
b Anzeigeformat rückstellen   **R/S**

Tastenplan

ω	I_a, U_a, P_a	C_1, I_2	Z_a	Eng
R_i, R_a	$U_q, X_i, X_a, Z_1, Z_2, Z_3$	L_1, C_2	Z_b	PV

Datenspeicher. R01: R_a, R02: X_a, Z_3, R03: R_i, R04: X_i, Z_2, R05: Zwischenspeicher, R07: Z_a, R08: ω, R09: U_q, Z_1, R10: I_a

Testbeispiele

Eingaben	Befehle	Anzeige	Eingaben	Befehle	Anzeige
	E	0.000 00		E	0.000 00
366.7	A	3.667 02	100	A	1.000 02
100	R/S	1.000 02	8 EE 3	R/S	8.000 03
16.67	B	1.667 01	4 EE 5	2nd A′	4.000 05
	2nd B′	3.572 −02		C	2.250 −03
	R/S	3.572 00		x ⇄ t	2.813 −09
	R/S	1.276 −01		2nd C′	2.778 −09
400	R/S	2.174 −02		2nd E′	2.778 −09
				R/S	0.000 00
				x ⇄ t	2.222 −03
	E	0.000 00		E	0.000 00
5 EE 3	B	5.000 03	35 EE 3	B	3.500 04
30 EE 3	R/S	3.000 04	5.833 EE 3	R/S	5.833 03
5 EE 9 +/−	1/x R/S	2.000 08	3.673 EE 9 +/−	1/x R/S	2.723 08
	2nd D′	3.500 04			
	R/S	5.833 03		D	5.000 03
	R/S 1/x	3.673 −09		R/S	3.000 04
				R/S 1/x	4.999 −09

4.4 Zustandsgrößen komplexer Verbraucher

Aufgelistetes Programm 4.4

000	92	RTN	INV SBR	054	43	RCL		108	09	09	
001	76	LBL	2nd Lbl	055	08	08		109	95	=	
002	43	RCL		056	95	=		110	42	STO	
003	29	CP	2nd CP	057	32	X⫶T		111	10	10	
004	43	RCL		058	71	SBR		112	91	R/S	
005	03	03		059	42	STO		113	65	×	
006	75	-		060	65	×		114	43	RCL	
007	43	RCL		061	43	RCL		115	07	07	
008	01	01		062	08	08		116	95	=	
009	95	=		063	95	=		117	91	R/S	
010	22	INV		064	35	1/X		118	43	RCL	
011	77	GE	2nd x ≥ t	065	32	X⫶T		119	10	10	
012	23	LNX		066	92	RTN	INV SBR	120	33	X²	
013	65	×		067	76	LBL	2nd Lbl	121	65	×	
014	43	RCL		068	18	C'	2nd C'	122	43	RCL	
015	01	01		069	71	SBR		123	06	06	
016	95	=		070	43	RCL		124	95	=	
017	34	√X		071	65	×		125	91	R/S	
018	42	STO		072	43	RCL		126	42	STO	
019	05	05		073	08	08		127	01	01	
020	92	RTN	INV SBR	074	95	=		128	42	STO	
021	76	LBL	2nd Lbl	075	35	1/X		129	06	06	
022	42	STO		076	32	X⫶T		130	17	B'	2nd B'
023	43	RCL		077	71	SBR		131	76	LBL	2nd Lbl
024	03	03		078	42	STO		132	11	A	
025	65	×		079	55	÷		133	42	STO	
026	43	RCL		080	43	RCL		134	03	03	
027	01	01		081	08	08		135	91	R/S	
028	55	÷		082	95	=		136	42	STO	
029	43	RCL		083	32	X⫶T		137	01	01	
030	05	05		084	92	RTN	INV SBR	138	42	STO	
031	95	=		085	76	LBL	2nd Lbl	139	06	06	
032	92	RTN	INV SBR	086	17	B'	2nd B'	140	92	RTN	INV SBR
033	76	LBL	2nd Lbl	087	43	RCL		141	76	LBL	2nd Lbl
034	23	LNX		088	01	01		142	16	A'	2nd A'
035	94	+/-		089	32	X⫶T		143	42	STO	
036	35	1/X		090	43	RCL		144	08	08	
037	65	×		091	02	02		145	92	RTN	INV SBR
038	43	RCL		092	22	INV		146	76	LBL	2nd Lbl
039	03	03		093	37	P/R	2nd P→R	147	12	B	
040	95	=		094	32	X⫶T		148	42	STO	
041	34	√X		095	42	STO		149	09	09	
042	65	×		096	07	07		150	91	R/S	
043	43	RCL		097	29	CP	2nd CP	151	42	STO	
044	01	01		098	36	PGM	2nd Pgm	152	04	04	
045	95	=		099	04	04		153	91	R/S	
046	42	STO		100	12	B		154	42	STO	
047	05	05		101	32	X⫶T		155	02	02	
048	92	RTN	INV SBR	102	22	INV		156	92	RTN	INV SBR
049	76	LBL	2nd Lbl	103	37	P/R	2nd P→R	157	76	LBL	2nd Lbl
050	13	C		104	32	X⫶T		158	15	E	
051	71	SBR		105	35	1/X		159	29	CP	2nd CP
052	43	RCL		106	65	×		160	47	CMS	2nd CMs
053	55	÷		107	43	RCL		161	58	FIX	2nd Fix

```
162  03  03              194  65  ×               226  91  R/S
163  25  CLR             195  43  RCL             227  53  (
164  52  EE              196  09  09              228  24  CE
165  81  RST             197  55  ÷               229  55  ÷
166  76  LBL   2nd Lbl   198  43  RCL             230  43  RCL
167  10  E'    2nd E'    199  04  04              231  09  09
168  52  EE              200  95  =               232  54  )
169  22  INV             201  92  RTN  INV SBR    233  33  X²
170  52  EE              202  53  (               234  65  ×
171  57  ENG   2nd Eng   203  43  RCL             235  43  RCL
172  91  R/S             204  06  06              236  02  02
173  22  INV             205  55  ÷               237  95  =
174  57  ENG   2nd Eng   206  43  RCL             238  92  RTN  INV SBR
175  52  EE              207  04  04
176  92  RTN   INV SBR   208  54  )
177  76  LBL   2nd Lbl   209  33  X²
178  14  D               210  65  ×               Labels
179  43  RCL             211  43  RCL
180  09  09              212  02  02              002  43  RCL
181  35  1/X             213  95  =               022  42  STD
182  85  +               214  92  RTN  INV SBR    034  23  LNX
183  43  RCL             215  76  LBL  2nd Lbl    050  13  C
184  04  04              216  19  D'   2nd D'     068  18  C'
185  35  1/X             217  43  RCL             086  17  B'
186  95  =               218  09  09              132  11  A
187  35  1/X             219  85  +               142  16  A'
188  42  STD             220  43  RCL             147  12  B
189  06  06              221  04  04              158  15  E
190  91  R/S             222  95  =               167  10  E'
191  76  LBL   2nd Lbl   223  91  R/S             178  14  D
192  85  +               224  71  SBR             192  85  +
193  24  CE              225  85  +               216  19  D'
```

4.5 Umrechnung von Reihen- und Parallelschaltungen

Grundlagen. Sie sind in Abschn. 2.3.2 behandelt.

Programmbeschreibung. Durch Anwenden von Gl. (2.67) bis (2.70) sowie Gl. (2.20), (2.27) und (2.30) können sowohl Wirk- und Blindwiderstände als auch Induktivitäten und Kapazitäten unmittelbar umgerechnet werden. Über ein Flag, das mit den Tasten **2nd A'** gesetzt wird, erreicht man, daß zum Eingeben und Berechnen der Daten einer Schaltung die gleichen Tasten benutzt werden können. Ein- und Ausgabewerte werden mit vier Ziffern im Exponentialformat angezeigt und können über **2nd E'** auf ein vierziffriges technisches Anzeigeformat umgestellt werden.

4.5 Umrechnung von Reihen-Parallelschaltungen

Benutzeranleitung

Aufgabe	Schritt	Ziel	Eingabe	Befehle	Anzeige
a) Umrechnung der Parallel- in eine Reihen-Ersatzschaltung Gegeben: R_p, X_p Gesucht: R_r, X_r	1 2 3 4 5	Programmwahl Eingeben des Wirkwiderstands Eingeben des Blindwiderstands Berechnen des Wirkwiderstands Berechnen des Blindwiderstands	 $\{R_p\}$ $\{X_p\}$ 	A B R/S 2nd B' R/S	 $\{R_p\}$ $\{X_p\}$ $\{R_r\}$ $\{X_r\}$
b) Gegeben: R_p, L_p, f Gesucht: R_r, L_r	1 + 2 3 4 5 6	wie unter a) Eingeben der Induktivität Eingeben der Frequenz Berechnen des Wirkwiderstands Berechnen der Induktivität	 $\{L_p\}$ $\{f\}$ 	 C E 2nd B' 2nd C'	 $\{L_p\}$ $\{X_p\}$ $\{R_r\}$ $\{L_r\}$
c) Gegeben: R_p, C_p, f Gesucht: R_r, C_r	1 + 2 3 4 5 6	wie unter a) Eingeben der Kapazität Eingeben der Frequenz Berechnen des Wirkwiderstands Berechnen der Kapazität	 $\{C_p\}$ $\{f\}$ 	 D E 2nd B' 2nd D'	 $\{C_p\}$ $\{X_p\}$ $\{R_r\}$ $\{C_r\}$
d) Umrechnung der Reihen- in eine Parallel-Ersatzschaltung Gegeben: R_r, X_r Gesucht: R_p, X_p	1 2 3 4 5	Programmwahl Eingeben des Wirkwiderstands Eingeben des Blindwiderstands Berechnen des Wirkwiderstands Berechnen des Blindwiderstands	 $\{R_r\}$ $\{X_r\}$ 	2nd A' 2nd B' R/S B R/S	 $\{R_r\}$ $\{X_r\}$ $\{R_p\}$ $\{X_p\}$
e) Gegeben: R_r, L_r, f Gesucht: R_p, L_p	1 + 2 3 4 5 6	wie unter d) Eingeben der Induktivität Eingeben der Frequenz Berechnen des Wirkwiderstands Berechnen der Induktivität	 $\{L_r\}$ $\{f\}$ 	 2nd C' E B C	 $\{L_r\}$ $\{X_r\}$ $\{R_p\}$ $\{L_p\}$
f) Gegeben: R_r, C_r, f Gesucht: R_p, C_p	1 + 2 3 4 5 6	wie unter d) Eingeben der Kapazität Eingeben der Frequenz Berechnen des Wirkwiderstands Berechnen der Kapazität	 $\{C_r\}$ $\{f\}$ 	 2nd D' E B D	 $\{C_r\}$ $\{X_r\}$ $\{R_p\}$ $\{C_p\}$

Man beachte, daß stets zunächst $\{L\}$ oder $\{C\}$ und anschließend erst $\{f\}$ eingelesen werden dürfen; nach Eingabe der Frequenz f wird der Blindwiderstand X angezeigt. Durch diesen Wert wird der vorher unter **B** oder **2nd B'** eingegebene Wert $\{X\}$ gelöscht. Wenn für L oder C die falsche Ausgabetaste gedrückt wird, blinkt 1.1111111 00 dreimal auf und bleibt dann stehen.

Aufgabe	Schritt	Ziel	Eingabe	Befehle	Anzeige
g) Ausgabe im vierziffrigen technischen Format	1 bis 6 7 8	wie unter a) bis f) Anzeigeformat einstellen Anzeigeformat zurückstellen		 2nd E' R/S	

4.5 Umrechnung von Reihen-Parallelschaltungen

Tastenplan	r in p	R_r, X_r	L_r	C_r	Eng
	p in r	R_p, X_p	L_p	C_p	f

Datenregister. R01: R, R02: X, R03: L, R04: C, R05: f, ω, R11 und R12: Zwischenspeicher

Testbeispiele

Eingabe	Befehle	Anzeige		Eingabe	Befehle	Anzeige
	2nd A'				2nd A'	
1 EE 3	2nd B'	1.000 03		1 EE 3	2nd B'	1.000 03
1	2nd C'	1.000 00		2 EE 6 +/−	2nd D'	2.000 −06
50	E	3.142 02		50	E	−1.592 03
	B	1.099 03			B	3.533 03
	C	1.113 01			D	1.434 −06
	2nd E'	11.130 00			A	
	R/S	1.113 01		2 EE 3	B	2.000 03
				1 +/− EE 3	R/S	−1.000 03
					2nd B'	4.000 02
					R/S	−8.000 02

Aufgelistetes Programm 4.5

```
000  76 LBL  2nd Lbl      026  00 00              052  95 =
001  11 A                 027  23 LNX             053  91 R/S
002  71 SBR               028  76 LBL  2nd Lbl    054  76 LBL  2nd Lbl
003  24 CE                029  35 1/X             055  42 STO
004  22 INV               030  42 STO             056  65 ×
005  86 STF  2nd Stflg    031  01 01              057  43 RCL
006  00 00                032  91 R/S             058  01 01
007  92 RTN  INV SBR      033  42 STO             059  55 ÷
008  76 LBL  2nd Lbl      034  02 02              060  43 RCL
009  16 A'   2nd A'       035  92 RTN  INV SBR    061  02 02
010  71 SBR               036  76 LBL  2nd Lbl    062  95 =
011  24 CE                037  17 B'   2nd B'     063  42 STO
012  86 STF  2nd Stflg    038  87 IFF  2nd Ifflg  064  12 12
013  00 00                039  00 00              065  92 RTN  INV SBR
014  92 RTN  INV SBR      040  35 1/X             066  76 LBL  2nd Lbl
015  76 LBL  2nd Lbl      041  71 SBR             067  23 LNX
016  24 CE                042  43 RCL             068  71 SBR
017  29 CP   2nd CP       043  43 RCL             069  43 RCL
018  47 CMS  2nd CMs      044  02 02              070  55 ÷
019  58 FIX  2nd Fix      045  33 x²              071  43 RCL
020  03 03                046  65 ×               072  01 01
021  52 EE                047  43 RCL             073  95 =
022  92 RTN  INV SBR      048  01 01              074  91 R/S
023  76 LBL  2nd Lbl      049  55 ÷               075  43 RCL
024  12 B                 050  43 RCL             076  11 11
025  87 IFF  2nd Ifflg    051  11 11              077  55 ÷
```

4.5 Umrechnung von Reihen-Parallelschaltungen

078	43	RCL		131	49	PRD	2nd Prd	184	35	1/X
079	02	02		132	42	STO		185	94	+/-
080	95	=		133	04	04		186	42	STO
081	42	STO		134	92	RTN	INV SBR	187	02	02
082	12	12		135	76	LBL	2nd Lbl	188	92	RTN	INV SBR
083	92	RTN	INV SBR	136	19	D'	2nd D'	189	76	LBL	2nd Lbl
084	76	LBL	2nd Lbl	137	87	IFF	2nd Ifflg	190	85	+
085	43	RCL		138	00	00		191	01	1
086	43	RCL		139	49	PRD	2nd Prd	192	55	÷
087	01	01		140	76	LBL	2nd Lbl	193	09	9
088	33	X²		141	44	SUM		194	95	=
089	85	+		142	29	CP	2nd CP	195	66	PAU	2nd Pause
090	43	RCL		143	71	SBR		196	66	PAU	2nd Pause
091	02	02		144	42	STO		197	66	PAU	2nd Pause
092	33	X²		145	77	GE	2nd x≥t	198	92	RTN	INV SBR
093	95	=		146	85	+		199	76	LBL	2nd Lbl
094	42	STO		147	65	×		200	10	E'	2nd E'
095	11	11		148	43	RCL		201	52	EE
096	92	RTN	INV SBR	149	05	05		202	22	INV
097	76	LBL	2nd Lbl	150	95	=		203	52	EE
098	13	C		151	35	1/X		204	57	ENG	2nd Eng
099	87	IFF	2nd Ifflg	152	94	+/-		205	91	R/S
100	00	00		153	92	RTN	INV SBR	206	22	INV
101	33	X²		154	76	LBL	2nd Lbl	207	57	ENG	2nd Eng
102	76	LBL		155	15	E		208	52	EE
103	45	Y^x		156	42	STO		209	54	)
104	42	STO		157	05	05		210	92	RTN	INV SBR
105	03	03		158	02	2				
106	92	RTN	INV SBR	159	49	PRD	2nd Prd			
107	76	LBL	2nd Lbl	160	05	05		**Labels**		
108	18	C'	2nd C'	161	89	π	2nd π			
109	87	IFF	2nd Ifflg	162	49	PRD	2nd Prd	001	11	A
110	00	00		163	05	05		009	16	A'
111	45	Y^x		164	29	CP	2nd CP	016	24	CE
112	76	LBL	2nd Lbl	165	43	RCL		024	12	B
113	33	X²		166	03	03		029	35	1/X
114	29	CP	2nd CP	167	67	EQ	2nd x=t	037	17	B'
115	71	SBR		168	75	-		055	42	STO
116	42	STO		169	65	×		067	23	LNX
117	22	INV		170	43	RCL		085	43	RCL
118	77	GE	2nd x≥t	171	05	05		098	13	C
119	85	+		172	95	=		103	45	Y^x
120	55	÷		173	42	STO		108	18	C'
121	43	RCL		174	02	02		113	33	X²
122	05	05		175	92	RTN	INV SBR	126	14	D
123	95	=		176	76	LBL	2nd Lbl	131	49	PRD
124	92	RTN	INV SBR	177	75	-		136	19	D'
125	76	LBL	2nd Lbl	178	43	RCL		141	44	SUM
126	14	D		179	04	04		155	15	E
127	87	IFF	2nd Ifflg	180	65	×		177	75	-
128	00	00		181	43	RCL		190	85	+
129	44	SUM		182	05	05		200	10	E'
130	76	LBL	2nd Lbl	183	95	=				

4.6 Komplexe Stern-Dreieck-Umwandlung

Grundlagen. Sie sind in Abschn. 2.3.1 erläutert.

Programmbeschreibung. Das Programm arbeitet mit Gl. (2.61) bis (2.66). Für die komplexen Operationen wird das Modulprogramm ML-04 eingesetzt. Das Programm ermöglicht durch Einbau eines Flags, das mit den Tasten E und 2nd E' gesetzt bzw. gelöscht wird, wahlweise Gl. (2.61) oder (2.62) zu berechnen. Ein- und Ausgabewerte werden vierziffrig im Exponentialformat angezeigt.

Das Programm arbeitet in Ein- und Ausgabe mit der Komponentenform des komplexen Widerstands $\underline{Z} = R + jX$; es kann auf die Exponentialform eingestellt werden. Vor jeder Rechnung sind über E bzw. 2nd E' alle Datenregister zu löschen, und das Flag ist zurückzusetzen.

Tastenplan	Ausgabe:	$\underline{Z}_a, \underline{Z}_{ab},$	$\underline{Z}_b, \underline{Z}_{bc},$	$\underline{Z}_c, \underline{Z}_{ca}$		$\curlywedge$ in $\triangle$
	Eingabe:	$\underline{Z}_a, \underline{Z}_{ab}$	$\underline{Z}_b, \underline{Z}_{bc}$	$\underline{Z}_c, \underline{Z}_{ca}$	$\underline{D}, \underline{S}$	$\triangle$ in $\curlywedge$

Datenregister. R00 bis R04: komplexe Arithmetik, R09: D_w, S_w, R10: D_b, S_b, R11: R_a, R_{ab}, R12: X_a, X_{ab}, R13: R_b, R_{bc}, R14: X_b, X_{bc}, R15: R_c, R_{ca}, R16: X_c, X_{ca}

Flag. F1

Testbeispiele

Eingabe	Befehle	Anzeige		Eingabe	Befehle	Anzeige
	2nd E'	0.000 00			E	0.000 00
5	A	5.000 00		32	A	3.200 01
25	R/S	2.500 01		30	R/S	3.000 01
20	B	2.000 01		10	B	1.000 01
20	R/S	2.000 01		25	R/S	2.500 01
10	C	1.000 01		20	C	2.000 01
20	R/S	2.000 01		40	R/S	4.000 01
	D	3.500 02			D	4.114 02
	2nd A'	4.100 01			2nd A'	1.118 01
	R/S	7.300 01			R/S	1.319 01
	2nd B'	5.154 01			2nd B'	6.049 00
	R/S	5.231 01			R/S	8.474 00
	2nd C'	1.250 01			2nd C'	2.790 00
	R/S	6.500 01			R/S	1.024 01

4.6 Komplexe Stern-Dreieck-Umwandlung

Benutzeranleitung

Aufgabe	Schritt	Ziel	Eingabe	Befehle	Anzeige
a) Umrechnung der komplexen Widerstände $\underline{Z}_a$, $\underline{Z}_b$, $\underline{Z}_c$ einer Sternschaltung in die komplexen Widerstände $\underline{Z}_{ab}$, $\underline{Z}_{bc}$, $\underline{Z}_{ca}$ einer gleichwertigen Dreieckschaltung	1	Programmwahl		2nd E'	0.000 00
	2	Eingeben von Wirkwiderstand	$\{R_a\}$	A	$\{R_a\}$
	3	Eingeben von Blindwiderstand	$\{X_a\}$	R/S	$\{X_a\}$
	4	Eingeben von Wirkwiderstand	$\{R_b\}$	B	$\{R_b\}$
	5	Eingeben von Blindwiderstand	$\{X_b\}$	R/S	$\{X_b\}$
	6	Eingeben von Wirkwiderstand	$\{R_c\}$	C	$\{R_c\}$
	7	Eingeben von Blindwiderstand	$\{X_c\}$	R/S	$\{X_c\}$
	8	Zwischenrechnung		D	
	9	Berechnen von Wirkwiderstand R_{ab}		2nd A'	$\{R_{ab}\}$
	10	Berechnen von Blindwiderstand X_{ab}		R/S	$\{X_{ab}\}$
	11	Berechnen von Wirkwiderstand R_{bc}		2nd B'	$\{R_{bc}\}$
	12	Berechnen von Blindwiderstand X_{bc}		R/S	$\{X_{bc}\}$
	13	Berechnen von Wirkwiderstand R_{ca}		2nd C'	$\{R_{ca}\}$
	14	Berechnen von Blindwiderstand X_{ca}		R/S	$\{X_{ca}\}$

Die Schritte 2./3., 4./5. und 6./7. dürfen ebenso wie die Schritte 8./9., 10./11. und 12./13. untereinander in der Reihenfolge vertauscht werden; es können also z. B. die Widerstände R_{bc} und X_{bc} allein berechnet werden. (Die Widerstände $\underline{Z}_a$, $\underline{Z}_b$ und $\underline{Z}_c$ müssen allerdings vollständig eingegeben sein.) Eine Komponente $X_i = 0$ braucht nicht, eine Komponente $R_i = 0$ muß dagegen eingegeben werden. Auf die Zuordnung der Widerstände zu den Tasten ist streng zu achten.

Aufgabe	Schritt	Ziel	Eingabe	Befehle	Anzeige
b) Umrechnung der komplexen Widerstände $\underline{Z}_{ab}$, $\underline{Z}_{bc}$, $\underline{Z}_{ca}$ einer Dreieckschaltung in die komplexen Widerstände $\underline{Z}_a$, $\underline{Z}_b$, $\underline{Z}_c$ einer gleichwertigen Sternschaltung	1	Programmwahl		E	0.000 00
	2	Eingeben von Wirkwiderstand	$\{R_{ab}\}$	A	$\{R_{ab}\}$
	3	Eingeben von Blindwiderstand	$\{X_{ab}\}$	R/S	$\{X_{ab}\}$
	4	Eingeben von Wirkwiderstand	$\{R_{bc}\}$	B	$\{R_{bc}\}$
	5	Eingeben von Blindwiderstand	$\{X_{bc}\}$	R/S	$\{X_{bc}\}$
	6	Eingeben von Wirkwiderstand	$\{R_{ca}\}$	C	$\{R_{ca}\}$
	7	Eingeben von Blindwiderstand	$\{X_{ca}\}$	R/S	$\{X_{ca}\}$
	8	Zwischenrechnung		D	
	9	Berechnen von Wirkwiderstand R_a		2nd A'	$\{R_a\}$
	10	Berechnen von Blindwiderstand X_a		R/S	$\{X_a\}$
	11	Berechnen von Wirkwiderstand R_b		2nd B'	$\{R_b\}$
	12	Berechnen von Blindwiderstand X_b		R/S	$\{X_b\}$
	13	Berechnen von Wirkwiderstand R_c		2nd C'	$\{R_c\}$
	14	Berechnen von Blindwiderstand X_c		R/S	$\{X_c\}$

Es gilt wieder das zu a) Gesagte.

Aufgabe	Schritt	Ziel	Eingabe	Befehle	Anzeige
c) Eingabe in der Polarform $\underline{Z} = Z\,\underline{/\varphi}$	1	Eingeben des Betrags	$\{Z\}$	x⇄t	
	2	Eingeben des Phasenwinkels	$\{\varphi\}$		
	3	Umwandeln in die Komponentenform		2nd P→R x⇄t	
	4	Einlesen des Wirkwiderstands	$\{R\}$	wahlweise A, B, C,	
	5	Einlesen des Blindwiderstands	$\{X\}$	x⇄t R/S	

4.6 Komplexe Stern-Dreieck-Umwandlung

Aufgabe	Schritt	Ziel	Befehle	Anzeige
d) Ausgabe in der Polarform $\underline{Z}$ = $Z\underline{/\varphi}$	1	Berechnen des Wirkwiderstands R	wahlweise A′, B′, C′	{R}
	2	Berechnen des Blindwiderstands X	R/S	{X}
	3	Berechnen des Phasenwinkels φ	INV 2nd P → R	{φ}
	4	Berechnen des Betrags Z	x ⇄ t	{Z}

Aufgelistetes Programm 4.6

```
000  76 LBL   2nd Lbl        041  15 15                  082  04 04
001  24 CE                   042  42 STO                 083  36 PGM   2nd Pgm
002  43 RCL                  043  03 03                  084  04 04
003  09 09                   044  43 RCL                 085  13 C
004  42 STO                  045  16 16                  086  43 RCL
005  01 01                   046  42 STO                 087  09 09
006  43 RCL                  047  04 04                  088  42 STO
007  10 10                   048  61 GTO                 089  03 03
008  42 STO                  049  24 CE                  090  43 RCL
009  02 02                   050  76 LBL   2nd Lbl       091  10 10
010  36 PGM   2nd Pgm        051  18 C'    2nd C'        092  42 STO
011  04 04                   052  87 IFF   2nd Ifflg     093  04 04
012  18 C'    2nd C'         053  01 01                  094  36 PGM   2nd Pgm
013  91 R/S                  054  35 1/X                 095  04 04
014  32 X:T                  055  76 LBL   2nd Lbl       096  18 C'    2nd C'
015  92 RTN   INV SBR        056  33 X²                  097  43 RCL
016  76 LBL   2nd Lbl        057  43 RCL                 098  01 01
017  16 A'    2nd A'         058  11 11                  099  42 STO
018  87 IFF   2nd Ifflg      059  42 STO                 100  09 09
019  01 01                   060  03 03                  101  43 RCL
020  23 LNX                  061  43 RCL                 102  02 02
021  76 LBL   2nd Lbl        062  12 12                  103  42 STO
022  35 1/X                  063  42 STO                 104  10 10
023  43 RCL                  064  04 04                  105  92 RTN   INV SBR
024  13 13                   065  61 GTO                 106  76 LBL   2nd Lbl
025  42 STO                  066  24 CE                  107  19 D'    2nd D'
026  03 03                   067  76 LBL   2nd Lbl       108  43 RCL
027  43 RCL                  068  14 D                   109  01 01
028  14 14                   069  36 PGM   2nd Pgm       110  42 STO
029  42 STO                  070  04 04                  111  09 09
030  04 04                   071  13 C                   112  43 RCL
031  61 GTO                  072  87 IFF   2nd Ifflg     113  02 02
032  24 CE                   073  01 01                  114  42 STO
033  76 LBL   2nd Lbl        074  19 D'    2nd D'        115  10 10
034  17 B'    2nd B'         075  43 RCL                 116  43 RCL
035  87 IFF   2nd Ifflg      076  15 15                  117  13 13
036  01 01                   077  42 STO                 118  42 STO
037  33 X²                   078  03 03                  119  01 01
038  76 LBL   2nd Lbl        079  43 RCL                 120  43 RCL
039  23 LNX                  080  16 16                  121  14 14
040  43 RCL                  081  42 STO                 122  42 STO
```

266 4.6 Komplexe Stern-Dreieck-Umwandlung

```
123  02 02              160  42 STD              197  44 SUM
124  71 SBR             161  11 11               198  10 10
125  42 STD             162  44 SUM              199  92 RTN  INV SBR
126  43 RCL             163  09 09               200  76 LBL  2nd Lbl
127  11 11              164  91 R/S              201  15 E
128  42 STD             165  42 STD              202  22 INV
129  01 01              166  02 02               203  76 LBL  2nd Lbl
130  43 RCL             167  42 STD              204  10 E'   2nd E'
131  12 12              168  12 12               205  86 STF  2nd Stflg
132  42 STD             169  44 SUM              206  01 01
133  02 02              170  10 10               207  29 CP   2nd CP
134  76 LBL  2nd Lbl    171  92 RTN  INV SBR     208  47 CMS  2nd CMs
135  42 STD             172  76 LBL  2nd Lbl     209  25 CLR
136  43 RCL             173  12 B                210  52 EE
137  15 15              174  42 STD              211  58 FIX  2nd Fix
138  42 STD             175  03 03               212  03 03
139  03 03              176  42 STD              213  92 RTN  INV SBR
140  43 RCL             177  13 13
141  16 16              178  44 SUM
142  42 STD             179  09 09              Labels
143  04 04              180  91 R/S
144  36 PGM  2nd Pgm    181  42 STD              001  24 CE
145  04 04              182  04 04               017  16 A'
146  13 C               183  42 STD              022  35 1/X
147  43 RCL             184  14 14               034  17 B'
148  01 01              185  44 SUM              039  23 LNX
149  44 SUM             186  10 10               051  18 C'
150  09 09              187  92 RTN  INV SBR     056  33 X²
151  43 RCL             188  76 LBL  2nd Lbl     068  14 D
152  02 02              189  13 C                107  19 D'
153  44 SUM             190  42 STD              135  42 STD
154  10 10              191  15 15               157  11 A
155  92 RTN  INV SBR    192  44 SUM              173  12 B
156  76 LBL  2nd Lbl    193  09 09               189  13 C
157  11 A               194  91 R/S              201  15 E
158  42 STD             195  42 STD              204  10 E'
159  01 01              196  16 16
```

4.7 Lösung komplexer Gleichungssysteme

Grundlagen. Sie sind in Abschn. 2.2.5 dargestellt.

Programmbeschreibung. Es wird das Modulprogramm ML-02 angewendet und jedesmal nach Eingabe einer (ungeraden) Spalte der Koeffizienten-Determinante nach Gl. (2.60) durch ein Ergänzungsprogramm die folgende (gerade) Spalte automatisch eingelesen.

Hierfür muß jedesmal der Programmstatus geändert werden. Auch dürfen die Eingabedaten nicht in der komplexen Exponentialform eingegeben und über **2nd P → R** in die Komponentenform umgewandelt werden, da das Modulprogramm ML-02

4.7 Lösung komplexer Gleichungssysteme 267

bei der Eingabe das T-Register benutzt. Die in der Komponentenform berechneten Ausgabedaten können dagegen unmittelbar über **INV 2nd P → R** in die Exponentialform umgerechnet werden.

Auf diese Weise kann man mit dem TI 58 ein komplexes Gleichungssystem 3. Ordnung und mit dem TI 59 ein solches bis zur 4. Ordnung lösen.

Benutzeranleitung

Aufgabe	Schritt	Ziel	Eingabe	Befehle	Anzeige
a) Eingabe der Matrixordnung	1	Programmwahl		**2nd Pgm 02**	0
	2	Eingeben von	2n	**A**	2n
		Man beachte, daß das hier zu lösende Gleichungssystem die doppelte Ordnung 2n der komplexen Matrix hat.			
b) Eingabe der Koeffizienten	1	Programmvorbereitung	1	**B**	1
	2	Eingeben der Koeffizienten einer Spalte (also von 2n Werten)			
	2a	Realteil	$\{A_{11w}\}$	**R/S**	$\{A_{11w}\}$
	2b	Imaginärteil	$\{A_{11b}\}$	**R/S**	$\{A_{11b}\}$
		⋮	⋮		⋮
			$\{A_{1nw}\}$	**R/S**	$\{A_{1nw}\}$
			$\{A_{1nb}\}$	**R/S**	$\{A_{1nb}\}$
	3	Ändern des Programmstatus		**2nd Pgm 00**	
	4	Einlesen der nächsten Spalte		**SBR STO**	
	5	weiter wie unter 2 bis 4		**2nd Pgm 02**	
		(Nach dem automatischen Einlesen der geraden Spalten steht in der Anzeige die Ordnungszahl i der nächsten reellen Spalte).			
c) Übriges Vorgehen		Wie unter Schritt 4 bis 8 der Programminstruktion ML-02. Der Spaltenvektor $\underline{B}$ kann nur in der Komponentenform unmittelbar eingegeben werden.			
d) Ausgabe in komplexer Polarform		Die gesuchten komplexen Größen $\underline{X}_i$ werden mit Schritt 7 oder 8 der Programminstruktion ML-02 unmittelbar in Komponentenform in der Reihenfolge Realteil, Imaginärteil angezeigt. Daher führt folgendes Vorgehen zur Exponentialform			
	7 oder 8	Vorgeben des Index	i	**2nd A'**	i
		Berechnen des Realteils		**R/S**	$\{X_{iw}\}$
		Berechnen des Imaginärteils		**x ⇄ t R/S**	$\{X_{ib}\}$
		Berechnen des Phasenwinkels		**INV 2nd P → R**	$\{\varphi_i\}$
		Anzeigen des Betrags		**x ⇄ t**	$\{X_i\}$

Tastenplan. Wie Programminstruktion ML-02.

Datenregister. Wie Programminstruktion ML-02.

4.7 Lösung komplexer Gleichungssysteme

Testbeispiel

Eingabe	Befehle	Anzeige		Eingabe	Befehle	Anzeige	
	2nd Pgm 02	0			2nd Pgm 00		
4	A	4.			SBR STO	5.000	00
1	B	1.			2nd Pgm 02		
10	R/S	10.			C	3.250	04
5	R/S	5.		1	D	1.000	00
0	R/S	0.		380	R/S	3.800	02
5 +/−	R/S	−5.		0	R/S	0.000	00
	2nd Pgm 00			190 +/−	R/S	−1.900	02
	SBR STO	3.000	00	329.1 +/−	R/S	−3.291	02
	2nd Pgm 02				E	1.000	00
	E				2nd A'		
0	R/S	0.000	00		R/S	3.576	01
5 +/−	R/S	−5.000	00		R/S	−1.287	01
0	R/S	0.000	00		R/S	1.002	01
15 +/−	R/S	−1.500	01		R/S	−8.378	00

Aufgelistetes Programm 4.7

```
000  76 LBL   2nd Lbl      025  73 RC*  RCL 2nd Ind  050  44 SUM
001  42 STO                026  00 00                051  43 RCL
002  43 RCL                027  94 +/−               052  01 01
003  01 01                 028  72 ST*  STO 2nd Ind  053  75 −
004  85 +                  029  01 01                054  07 7
005  43 RCL                030  01 1                 055  95 =
006  07 07                 031  44 SUM               056  55 ÷
007  95 =                  032  01 01                057  43 RCL
008  32 X¦T                033  22 INV               058  07 7
009  43 RCL                034  44 SUM               059  85 +
010  01 01                 035  00 00                060  01 1
011  75 −                  036  73 RC*  RCL 2nd Ind  061  95 =
012  43 RCL                037  00 00                062  52 EE
013  07 07                 038  72 ST*  STO 2nd Ind  063  58 FIX  2nd Fix
014  95 =                  039  01 01                064  03 03
015  42 STO                040  03 3                 065  92 RTN  INV SBR
016  00 00                 041  44 SUM
017  02 2                  042  00 00
018  44 SUM                043  43 RCL
019  00 00                 044  01 01
020  76 LBL   2nd Lbl      045  67 EQ   2nd x = t   Labels
021  43 RCL                046  44 SUM
022  01 1                  047  61 GTO               001  42 STO
023  44 SUM                048  43 RCL               021  43 RCL
024  01 01                 049  76 LBL  2nd Lbl      050  44 SUM
```

4.8 Frequenzgang aus gebrochen rationalen Übertragungsfunktionen

Grundlagen. Mit diesem Programm lassen sich für die Übertragungsfunktionen

$$F_0(s) = \frac{b_0 + b_1 s + b_2 s^2 + \ldots + b_m s^m}{a_0 + a_1 s + a_2 s^2 + \ldots + a_n s^n} \qquad (4.1)$$

und $\quad F_w(s) = \dfrac{F_0(s)}{1 + F_0(s)} \qquad (4.2)$

die Frequenzgänge

$$\underline{F}_0 = F_0 \underline{/\varphi_0} = \text{Re } \underline{F}_0 + j \text{Im } \underline{F}_0 \qquad (4.3)$$

und $\quad \underline{F}_w = F_w \underline{/\varphi_w} = \text{Re } \underline{F}_w + j \text{Im } \underline{F}_w \qquad (4.4)$

bestimmen, wobei die Koeffizienten a_i und b_i bekannt sein müssen. Das Nennerpolynom darf die Ordnung $n = 9$, das Zählerpolynom $m = 8$ aufweisen.

Programmbeschreibung. Das Programm berechnet die für $s = j\omega$ komplexen Polynome von Gl. (4.1) und (4.2) mit der komplexen Arithmetik des Modulprogramms ML-04, vermeidet aber den Übergang auf den für dieses Programm sonst angewendeten Winkelmodus rad. Die Ausgabeart kann gewählt werden.

Das aufgelistete Programm ist für einen Betrieb ohne Drucker angegeben, enthält aber auch die Befehle für eine Druckroutine, mit der alle Eingabewerte und jeweils vorher die zugehörigen Indizes der Koeffizienten sowie jeweils 3 Ausgabewerte von den Eingaben und untereinander abgesetzt ausgedruckt werden. Für den Betrieb mit dem Drucker PC-100 C sind außerdem an den gekennzeichneten Stellen die R/S-Befehle durch die in Klammern stehenden Befehle **2nd Prt** zu ersetzen.

Man beachte, daß bei der Umwandlung von Real- und Imaginärteilen in Betrag F und Phasenwinkel φ über die Befehle **INV 2nd P → R** der Phasenwinkel stets im Bereich $-90° \leq \varphi \leq 270°$ angegeben wird, Bodediagramme jedoch auch Phasenwinkel außerhalb dieses Bereichs aufweisen können. Dann muß man die Winkel mit Grenzbetrachtungen berichtigen (s. Beispiel 3.42).

Tastenplan	ω_E, k_ω		φ, F	φ, F_{dB}
	n, a_i	m, b_i	ω_A, Re $\underline{F}_0$, Im $\underline{F}_0$	ω_A, Re $\underline{F}_w$, Im $\underline{F}_w$

Datenregister. R00: Zähler, R01 bis 04: komplexe Arithmetik, R05: Zähler, R06 und R07: Zwischenspeicher, R08: ω_A, ω_i, R09: m, R10 bis R17: b_0 bis b_8, R18: k_ω, R19: n, R20 bis R28: a_0 bis a_9, R29: ω_1.

4.8 Frequenzgang aus gebrochen rationalen Übertragungsfunktionen

Flags. F0, F1.

Testbeispiel. Vorgegeben ist die Übertragungsfunktion

$$F_0(s) = \frac{1 + 2 \sec s + 3 \sec^2 s^2}{4 \sec s + 5 \sec^2 s^2 + 6 \sec^3 s^3}$$

Es soll $\underline{F}_0$ als Real- und Imaginärteil und $\underline{F}_w$ mit Phasenwinkel φ_w und Amplitude F_w in dB für die Kreisfrequenz $\omega = 2 \sec^{-1}$ berechnet werden.

Eingabe	Befehle	Anzeige		Eingabe	Befehle	Anzeige	
	EE 2nd Fix 3			1	R/S	−1.000	00
3	A	3.000	00	2	C	2.000	00
6	R/S	2.000	00		R/S	3.000	−02
5	R/S	1.000	00		R/S	−2.600	−01
4	R/S	0.000	00		RST 2nd D'		
2	B	2.000	00	2	D	2.000	00
3	R/S	1.000	00		R/S	−6.925	01
2	R/S	0.000	00		R/S	−1.217	01

Benutzeranleitung

Aufgabe	Schritt	Ziel	Eingabe	Befehle	Anzeige
a) Eingabe der Zählerkoeffizienten	1	Wahl des Anzeigeformats		EE 2nd Fix 3	0.000
	2	Eingeben des Polynomgrades	n	A	n
	3	Eingeben des Koeffizienten	$\{a_n\}$	R/S	n − 1
	4	Eingeben des Koeffizienten	$\{a_{n-1}\}$	R/S	n − 2
	usw. bis		$\{a_0\}$	R/S	−1.000 00
b) Eingabe der Nennerkoeffizienten	1	Eingeben des Polynomgrades	m	B	m
	2	Eingeben des Koeffizienten	$\{b_m\}$	R/S	m − 1
	3	Eingeben des Koeffizienten	$\{b_{m-1}\}$	R/S	m − 2
	usw. bis		$\{b_0\}$	R/S	−1.000 00

Man beginnt also mit dem Eingeben des Koeffizienten höchster Ordnung, wobei vorher in der Anzeige der Index des jeweilig einzugebenden Koeffizienten stehen muß. Das Programm arbeitet nur mit Ordnungszahlen $n \geq 1$ bzw. $m \geq 1$; daher muß u. U. $a_1 = 0$ oder $b_1 = 0$ eingegeben werden – ebenso gegebenenfalls auch a_i bzw. $b_i = 0$.

Aufgabe		Ziel		Befehle	
c) Wahl der Ausgabeart		absolute Amplitude		2nd C'	
		Amplitude in dB		2nd D'	

Der Phasenwinkel wird in diesem Fall vorher in ° angezeigt bzw. gedruckt. Ohne Betätigen dieser Tasten erscheinen die Funktionswerte als absolute Real- und Imaginärteile. Soll die Ausgabeart gewechselt werden, müssen durch Betätigen von **RST** zuvor alle Flags zurückgestellt werden.

4.8 Frequenzgang aus gebrochen rationalen Übertragungsfunktionen

Aufgabe	Schritt	Ziel	Eingabe	Befehle	Anzeige
d) Berechnen eines bestimmten Werts $\underline{F}_0$	1	Eingeben des Anfangswerts der Kreisfrequenz	$\{\omega_A\}$	C	$\{\omega_A\}$
	2	Berechnen des Realteils[1]		R/S	Re $\{\underline{F}_0\}$
	3	Berechnen des Imaginärteils		R/S	Im $\{\underline{F}_0\}$
		usw. mit einem neuen Wert $\{\omega\}$ für Schritt 1			
e) Berechnen eines bestimmten Werts $\underline{F}_w$	1	Eingeben des Anfangswerts der Kreisfrequenz	$\{\omega_A\}$	D	$\{\omega_A\}$
	2	Berechnen des Realteils[1]		R/S	Re $\{\underline{F}_w\}$
	3	Berechnen des Imaginärteils		R/S	Im $\{\underline{F}_w\}$

usw. mit einem neuen Wert $\{\omega\}$ für Schritt 1
Wenn die Berechnung von $\underline{F}_w$ auf $\underline{F}_0$ oder umgekehrt umgestellt werden soll, muß vorher **RST** (Rückstellen der Flags) getastet und die Ausgabeart nach c) neu gewählt werden.

f) automatischer Ablauf	1	Eingeben des Endwerts der Kreisfrequenz $\{\omega_E\}$		2nd A'	$\{\omega_E\}$
	2	Eingeben des Frequenzfaktors	k_ω	R/S	k_ω

und weiter wie unter d) bzw. e)
Es werden Funktionswerte in einem Bereich $\omega_A \leq \omega_i \leq \omega_E$ unter Anwenden des Frequenzfaktors k_ω, der die Kreisfrequenz automatisch auf $\omega_{i+1} = k_\omega \omega_i$ ändert, berechnet. Nach Schritt 3 wird zunächst der neue Wert $\{\omega_i\}$ angezeigt.
Bei Anschluß des Druckers PC-100 C werden die unter „Anzeige" aufgeführten Werte gedruckt, und der vorgegebene Frequenzbereich wird automatisch durchlaufen.

---

[1] oder Ausgabe entsprechend c)

Aufgelistetes Programm 4.8

```
000  76 LBL  2nd Lbl      019  99 PRT  2nd Prt      038  42 STO
001  12  B                020  91 R/S               039  05  05
002  98 ADV  2nd Adv      021  99 PRT  2nd Prt      040  42 STO
003  42 STO               022  72 ST*  STO 2nd Ind  041  00  00
004  09  09               023  00  00               042  02   2
005  42 STO               024  97 DSZ  2nd Dsz      043  00   0
006  05  05               025  00  00               044  44 SUM
007  42 STO               026  23 LNX               045  00  00
008  00  00               027  91 R/S               046  61 GTO
009  01   1               028  76 LBL  2nd Lbl      047  42 STO
010  00   0               029  23 LNX               048  76 LBL  2nd Lbl
011  44 SUM               030  69 OP   2nd Op       049  10  E'   2nd E'
012  00  00               031  35  35              050  98 ADV  2nd Adv
013  76 LBL  2nd Lbl      032  17  B'   2nd B'      051  91 R/S  (2nd Prt)
014  42 STO               033  76 LBL  2nd Lbl      052  42 STO
015  76 LBL  2nd Lbl      034  11  A                053  08  08
016  17  B'   2nd B'      035  98 ADV  2nd Adv      054  43 RCL
017  43 RCL               036  42 STO               055  19  19
018  05  05               037  19  19               056  42 STO
```

4.8 Frequenzgang aus gebrochen rationalen Übertragungsfunktionen

057	00	00		113	42	STO		169	02	02
058	42	STO		114	03	03		170	14	D
059	05	05		115	76	LBL	2nd Lbl	171	61	GTO
060	02	2		116	85	+		172	13	C
061	00	0		117	43	RCL		173	76	LBL	2nd Lbl
062	44	SUM		118	08	08		174	14	D
063	05	05		119	42	STO		175	86	STF	2nd Stflg
064	71	SBR		120	04	04		176	02	02
065	35	1/X		121	36	PGM	2nd Pgm	177	10	E'	2nd E'
066	43	RCL		122	04	04		178	42	STO
067	20	20		123	13	C		179	03	03
068	44	SUM		124	73	RC*	RCl 2nd Ind	180	01	1
069	01	01		125	05	05		181	44	SUM
070	43	RCL		126	44	SUM		182	03	03
071	01	01		127	01	01		183	43	RCL
072	42	STO		128	69	OP	2nd Op	184	02	02
073	06	06		129	35	35		185	42	STO
074	43	RCL		130	97	DSZ	2nd Dsz	186	04	04
075	02	02		131	00	00		187	36	PGM	2nd Pgm
076	42	STO		132	85	+		188	04	04
077	07	07		133	43	RCL		189	18	C'	2nd C'
078	43	RCL		134	08	08		190	61	GTO
079	09	09		135	42	STO		191	65	×
080	42	STO		136	04	04		192	76	LBL	2nd Lbl
081	00	00		137	36	PGM	2nd Pgm	193	44	SUM
082	42	STO		138	04	04		194	32	X:T
083	05	05		139	13	C		195	22	INV
084	01	1		140	92	RTN	INV SBR	196	37	P/R	2nd P→R
085	00	0		141	76	LBL	2nd Lbl	197	91	R/S	(2nd Prt)
086	44	SUM		142	13	C		198	32	X:T
087	05	05		143	10	E'	2nd E'	199	91	R/S	(2nd Prt)
088	71	SBR		144	76	LBL	2nd Lbl	200	61	GTO
089	35	1/X		145	65	×		201	24	CE
090	43	RCL		146	87	IFF	2nd Ifflg	202	76	LBL	2nd Lbl
091	10	10		147	00	00		203	43	RCL
092	44	SUM		148	44	SUM		204	32	X:T
093	01	01		149	87	IFF	2nd Ifflg	205	22	INV
094	43	RCL		150	01	01		206	37	P/R	2nd P→R
095	06	06		151	43	RCL		207	91	R/S	(2nd Prt)
096	42	STO		152	91	R/S	(2nd Prt)	208	32	X:T
097	03	03		153	32	X:T		209	28	LOG	2nd Log
098	43	RCL		154	91	R/S	(2nd Prt)	210	65	×
099	07	07		155	76	LBL	2nd Lbl	211	02	2
100	42	STO		156	24	CE		212	00	0
101	04	04		157	43	RCL		213	95	=
102	36	PGM	2nd Pgm	158	29	29		214	91	R/S	(2nd Prt)
103	04	04		159	32	X:T		215	61	GTO
104	18	C'	2nd C'	160	43	RCL		216	24	CE
105	92	RTN	INV SBR	161	08	08		217	76	LBL	2nd Lbl
106	76	LBL	2nd Lbl	162	77	GE	2nd x≥t	218	16	A'	2nd A'
107	35	1/X		163	52	EE		219	42	STO
108	00	0		164	65	×		220	29	29
109	42	STO		165	43	RCL		221	91	R/S	(2nd Prt)
110	01	01		166	18	18		222	91	R/S
111	42	STO		167	95	=		223	42	STO
112	02	02		168	87	IFF	2nd Ifflg	224	18	18

```
225  91 R/S   (2nd Prt)     237  76 LBL   2nd Lbl      049  10 E'
226  92 RTN   INV SBR       238  52 EE                 107  35 1/X
227  76 LBL   2nd Lbl       239  91 R/S                116  85 +
228  18 C'    2nd C'                                   142  13 C
229  86 STF   2nd Stflg                                145  65 ×
230  00 00                  Labels                     156  24 CE
231  92 RTN   INV SBR                                  174  14 D
232  76 LBL   2nd LBL                                  193  44 SUM
233  19 D'    2nd D'        001  12 B                  203  43 RCL
234  86 STF   2nd Stflg     014  42 STO                218  16 A'
235  01 01                  016  17 B'                 228  18 C'
236  92 RTN   INV SBR       029  23 LNX                233  19 D'
                            034  11 A                  238  52 EE
```

4.9 Frequenzgang des komplexen Eingangswiderstands eines Ketten-Netzwerks

Grundlagen. Um den Gesamtwiderstand $\underline{Z}_g$ einer Kettenschaltung nach Bild 4.3a mit den Elementen Wirkwiderstand R_i, Induktivität L_i und Kapazität C_i nach Bild 4.3b zu bestimmen, berechnet man am einfachsten zunächst den Parallelwiderstand der beiden letzten Widerstände $\underline{Z}_1$ und $\underline{Z}_2$, faßt diesen Widerstand mit $\underline{Z}_3$ zusammen, berechnet die nächste Parallelschaltung und kommt so schließlich bis zum unmittelbar am Eingang liegenden Widerstand $\underline{Z}_i$.

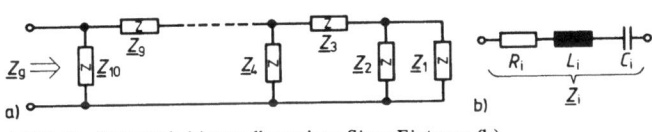

4.3 Ketten-Netzwerk (a) aus allgemeinen Sinus-Eintoren (b)

Man kann auf diese Weise grundsätzlich beliebig lange Kettenschaltungen betrachten, muß die Schaltung aber für jede Frequenz f bzw. Kreisfrequenz $\omega = 2\pi f$ erneut durchrechnen.

Programmbeschreibung. Zuerst muß die Anzahl n der komplexen Teilwiderstände $\underline{Z}_i$ (bis maximal n = 10) und es müssen entsprechend der Numerierung in Bild 4.3a die Kennwerte der Bauelemente – in beliebiger Reihenfolge – eingelesen werden. Nach Vorgabe des Index i sucht das Programm mithilfe einer indirekten Adressierung das zugehörige Datenregister. Für die Kapazitäten gibt das Programm zunächst einen Wert $C_i = 1$ TF, für die Widerstände $R_i = 0$ und die Induktivitäten $L_i = 0$ vor, so daß nur abweichende Werte eingegeben zu werden brauchen. (Dies entspricht für übliche Frequenzen ω dem kapazitiven Blindwiderstand $X_C \approx 0$; für sehr kleine Frequenzen kann diese Vorgabe Fehler verursachen. Für $\omega \to 0$ sollte man daher eine Grenzbetrachtung anstellen.)

4.9 Frequenzgang des komplexen Eingangswiderstands

Nach Wahl eines Frequenzwerts berechnet das Programm den für ihn geltenden komplexen Gesamtwiderstand. Dieser kann in Komponentenform $\underline{Z}_g = R_g + jX_g$ oder in Polarform $\underline{Z}_g = Z_g \,\underline{/\varphi_g}$ − auch mit Z_g in dB − angezeigt sowie die Frequenz f bzw. ω um einen Faktor k_f automatisch verändert werden. Wenn man die gekennzeichneten **R/S**-Befehle durch (die in Klammern stehenden) Print-Befehle ersetzt, kann man den Frequenzgang auch automatisch in den gewählten Abständen bis zu einem vorgegebenen Endwert des Frequenzbereichs berechnen lassen. Alle Werte werden im vierziffrigen Exponentialformat angezeigt.

Das Programm wendet das Modulprogramm ML-04 an. Es verlangt den TI 59 und eine Speicherbereichsverteilung 479.59 oder 319.79. (Es könnte dann für 22 komplexe Teilwiderstände benutzt werden.) Eine Reduzierung auf den TI 58 bei der Speicherbereichsverteilung 319.19 wäre wenig sinnvoll.

Benutzeranleitung

Aufgabe	Schritt	Ziel	Eingabe	Befehle	Anzeige
a) Eingabe der Teilwiderstandszahl	1	Programmvorbereitung		**A**	
	2	Eingeben der Anzahl	n	**R/S**	1.000 −09
b) Eingabe der Wirkwiderstände	1	Vorgeben des Index	i	**B**	i + 10
	2	Eingeben des Widerstands	$\{R_i\}$	**R/S**	$\{R_i\}$
c) Eingabe der Induktivitäten	1	Vorgeben des Index	i	**C**	i + 20
	2	Eingeben der Induktivität	$\{L_i\}$	**R/S**	$\{L_i\}$
d) Eingabe der Kapazitäten	1	Vorgeben des Index	i	**D**	i + 30
	2	Eingeben der Kapazitäten	$\{C_i\}$	**R/S**	$\{1/C_i\}$
e) Wahl der Ausgabe	1	Ausgeben der Polarform		**2nd D'**	
	2	Ausgeben des Betrages in dB		**2nd E'**	
		Diese Befehle setzen Flags; sie können über **RST** zurückgesetzt werden. Ohne diese Befehle werden Wirkanteil R_g und Blindanteil X_g angezeigt.			
f) Berechnung des Frequenzgangs		Eingeben des Anfangswerts der			
	1	Frequenz	$\{f_A\}$	**E**	$\{\omega_A\}$
	2	Eingeben des Endwerts der Frequenz	$\{f_E\}$	**R/S**	$\{\omega_E\}$
	3	Eingeben des Frequenzfaktors	k_f	**R/S**	k_f
	4	Anzeigen der 1. Kreisfrequenz		**R/S**	$\{\omega_1\}$
	5	Berechnen des 1. Wirkanteils		**R/S**	$\{R_{g1}\}$
	6	Berechnen des 1. Blindanteils		**R/S**	$\{X_{g1}\}$
	7	Anzeigen der 2. Kreisfrequenz		**R/S**	$\{\omega_2\}$
usw.					

Die angegebene Schrittfolge muß eingehalten werden; lediglich das Eingeben unter b) bis d) kann in beliebiger Reihenfolge geschehen.

Tastenplan

			Z, φ	dB	
n	R_i	L_i	C_i		$\omega_A, \omega_E, k_f, R_g, X_g$

4.9 Frequenzgang des komplexen Eingangswiderstands

Datenregister. R00: Zähler, R01 bis R04: Modulprogramm ML-04, R05 und R06: Zwischenspeicher, R07 bis R09: Zähler für R_i, L_i, C_i, R10: n, R11 bis R20: R_i, R21 bis R30: L_i, R31 bis R40: C_i, R41: ω_A, R42: ω_E, R43: k_f

Testbeispiel

Eingabe	Befehle	Anzeige		Eingabe	Befehle	Anzeige	
	A			8	R/S	8.000	00
5	R/S	1.000	−09	5	D	3.500	00
1	B	1.100	01	4	1/x R/S	4.000	00
2	R/S	2.000	00	2	x 2nd π = 1/x E	1.000	00
1	C	2.100	01		R/S	6.283	00
1	R/S	1.000	00	2	R/S	2.000	00
2	D	3.200	00		R/S	1.000	00
1	R/S	1.000	00		R/S	1.139	01
3	B	1.300	00		R/S	−4.267	00
6	R/S	6.000	00		R/S	2.000	00
4	B	1.400	01		R/S	1.126	01
7	R/S	7.000	00		R/S	−2.160	00
5	B	1.500	01				

Aufgelistetes Programm 4.9

```
000  76 LBL   2nd Lbl        026  07 07                    052  07 07
001  38 SIN   2nd sin        027  42 STO                   053  44 SUM
002  53 (                    028  03 03                    054  03 03
003  73 RC*   RCL 2nd Ind    029  71 SBR                   055  71 SBR
004  08 08                   030  38 SIN   2nd sin         056  38 SIN   2nd sin
005  65 ×                    031  42 STO                   057  44 SUM
006  43 RCL                  032  04 04                    058  04 04
007  41 41                   033  71 SBR                   059  71 SBR
008  54 )                    034  39 COS   2nd cos         060  39 COS   2nd cos
009  92 RTN   INV SBR        035  44 SUM                   061  44 SUM
010  76 LBL   2nd Lbl        036  04 04                    062  04 04
011  39 COS   2nd cos        037  36 PGM   2nd Pgm         063  36 PGM   2nd Pgm
012  53 (                    038  04 04                    064  04 04
013  73 RC*   RCL 2nd Ind    039  13 C                     065  18 C'    2nd C'
014  09 09                   040  69 OP    2nd Op          066  92 RTN   INV SBR
015  55 ÷                    041  37 37                    067  76 LBL   2nd Lbl
016  43 RCL                  042  69 OP    2nd Op          068  23 LNX
017  41 41                   043  38 38                    069  43 RCL
018  54 )                    044  69 OP    2nd Op          070  01 01
019  94 +/−                  045  39 39                    071  42 STO
020  92 RTN   INV SBR        046  92 RTN   INV SBR         072  05 05
021  76 LBL   2nd Lbl        047  76 LBL   2nd Lbl         073  43 RCL
022  25 CLR                  048  35 1/X                   074  02 02
023  71 SBR                  049  71 SBR                   075  42 STO
024  52 EE                   050  52 EE                    076  06 06
025  73 RC*   RCL 2nd Ind    051  73 RC*   RCL 2nd Ind     077  71 SBR
```

4.9 Frequenzgang des komplexen Eingangswiderstands

078	25	CLR		134	42	STO		190	71	SBR	
079	43	RCL		135	07	07		191	39	COS	2nd cos
080	05	05		136	02	2		192	44	SUM	
081	42	STO		137	01	1		193	02	02	
082	03	03		138	42	STO		194	97	DSZ	2nd Dsz
083	43	RCL		139	08	08		195	00	00	
084	06	06		140	03	3		196	23	LNX	
085	42	STO		141	01	1		197	76	LBL	2nd Lbl
086	04	04		142	42	STO		198	61	GTO	
087	71	SBR		143	09	09		199	43	RCL	
088	35	1/X		144	73	RC*	RCL 2nd Ind	200	01	01	
089	61	GTO		145	07	07		201	87	IFF	2nd Ifflg
090	33	X²		146	42	STO		202	00	00	
091	76	LBL	2nd Lbl	147	01	01		203	85	+	
092	22	INV		148	71	SBR		204	91	R/S	(2nd Prt)
093	65	×		149	38	SIN	2nd sin	205	43	RCL	
094	02	2		150	42	STO		206	02	02	
095	65	×		151	02	02		207	91	R/S	(2nd Prt)
096	89	π	2nd π	152	71	SBR		208	76	LBL	2nd Lbl
097	95	=		153	39	COS	2nd cos	209	95	=	
098	92	RTN	INV SBR	154	44	SUM		210	43	RCL	
099	76	LBL	2nd Lbl	155	02	02		211	43	43	
100	52	EE		156	69	OP	2nd Op	212	49	PRD	2nd Prd
101	69	OP	2nd Op	157	30	30		213	41	41	
102	27	27		158	71	SBR		214	61	GTO	
103	69	OP	2nd Op	159	25	CLR		215	65	×	
104	28	28		160	73	RC*	RCL 2nd Ind	216	76	LBL	2nd Lbl
105	69	OP	2nd Op	161	07	07		217	85	+	
106	29	29		162	42	STO		218	32	X:T	
107	92	RTN	INV SBR	163	03	03		219	43	RCL	
108	76	LBL	2nd Lbl	164	71	SBR		220	02	02	
109	15	E		165	38	SIN	2nd sin	221	22	INV	
110	71	SBR		166	42	STO		222	37	P/R	2nd P→R
111	22	INV		167	04	04		223	32	X:T	
112	42	STO		168	71	SBR		224	87	IFF	2nd Ifflg
113	41	41		169	39	COS	2nd cos	225	01	01	
114	91	R/S		170	44	SUM		226	55	÷	
115	71	SBR		171	04	04		227	91	R/S	(2nd Prt)
116	22	INV		172	71	SBR		228	32	X:T	
117	42	STO		173	35	1/X		229	91	R/S	(2nd Prt)
118	42	42		174	76	LBL	2nd Lbl	230	61	GTO	
119	91	R/S		175	33	X²		231	95	=	
120	42	STO		176	22	INV		232	76	LBL	2nd Lbl
121	43	43		177	97	DSZ	2nd Dsz	233	55	÷	
122	91	R/S		178	00	00		234	28	LOG	2nd log
123	76	LBL	2nd Lbl	179	61	GTO		235	65	×	
124	65	×		180	71	SBR		236	02	2	
125	43	RCL		181	52	EE		237	00	0	
126	41	41		182	73	RC*	RCL 2nd Ind	238	95	=	
127	91	R/S	(2nd Prt)	183	07	07		239	91	R/S	(2nd Prt)
128	43	RCL		184	44	SUM		240	32	X:T	
129	10	10		185	01	01		241	91	R/S	(2nd Prt)
130	42	STO		186	71	SBR		242	61	GTO	
131	00	00		187	38	SIN	2nd sin	243	95	=	
132	01	1		188	44	SUM		244	76	LBL	2nd Lbl
133	01	1		189	02	02		245	11	A	

246	86	STF	2nd Stflg	280	01	1		314	00	00	
247	08	08		281	00	0		315	92	RTN	INV SBR
248	47	CMS	2nd CMs	282	76	LBL	2nd Lbl	316	76	LBL	2nd Lbl
249	52	EE		283	43	RCL		317	10	E'	2nd E'
250	58	FIX	2nd Fix	284	95	=		318	86	STF	2nd Stflg
251	03	03		285	42	STO		319	01	01	
252	91	R/S		286	00	00		320	92	RTN	INV SBR
253	42	STO		287	91	R/S					
254	10	10		288	72	ST*	STO 2nd Ind				
255	42	STO		289	00	00		Labels			
256	00	00		290	92	RTN	INV SBR				
257	85	+		291	76	LBL	2nd Lbl	001	38	SIN	
258	03	3		292	13	C		011	39	COS	
259	01	1		293	85	+		022	25	CLR	
260	95	=		294	02	2		048	35	1/X	
261	42	STO		295	00	0		068	23	LNX	
262	09	09		296	61	GTO		092	22	INV	
263	01	1		297	43	RCL		100	52	EE	
264	52	EE		298	76	LBL	2nd Lbl	109	15	E	
265	09	9		299	14	D		124	65	×	
266	94	+/-		300	85	+		175	33	X²	
267	76	LBL	2nd Lbl	301	03	3		198	61	GTO	
268	42	STO		302	00	0		209	95	=	
269	69	OP	2nd Op	303	95	=		217	85	+	
270	39	39		304	42	STO		233	55	÷	
271	72	ST*	STO 2nd Ind	305	00	00		245	11	A	
272	09	09		306	91	R/S		268	42	STO	
273	97	DSZ	2nd Dsz	307	35	1/X		278	12	B	
274	00	00		308	72	ST*	STO 2nd Ind	283	43	RCL	
275	42	STO		309	00	00		292	13	C	
276	92	RTN	INV SBR	310	92	RTN	INV SBR	299	14	D	
277	76	LBL	2nd Lbl	311	76	LBL	2nd Lbl	312	19	D'	
278	12	B		312	19	D'	2nd D'	317	10	E'	
279	85	+		313	86	STF	2nd Stflg				

4.10 Übergangsverhalten. Berechnung von Zeitfunktionen

Grundlagen. Mit der Zeitfunktion

$$f(t) = \{a_1 + a_2 t + b_1 e^{-f_1 t} + b_2 t e^{-f_2 t} +$$
$$+ [c_1 \cos(\omega_1 t) + d_1 \sin(\omega_1 t)] e^{-f_3 t}\} \epsilon(t) +$$
$$+ \{a_3 + a_4(t - T_1) + b_3 e^{-f_4(t - T_1)} + b_4(t - T_1) e^{-f_5(t - T_1)} +$$
$$+ [c_2 \cos \omega_2(t - T_1) + d_2 \sin \omega_2(t - T_1)] e^{-f_6(t - T_1)}\} \epsilon(t - T_1) +$$
$$+ \{a_5 + a_6(t - T_2) + b_5 e^{-f_7(t - T_2)} + [c_3 \cos \omega_3(t - T_3) +$$
$$+ d_3 \sin \omega_3(t - T_3)] e^{-f_8(t - T_3)}\} \epsilon(t - T_3) \quad (4.5)$$

lassen sich, wenn alle Summanden und Faktoren a_i bis f_i und T_i in beliebiger Weise Null werden dürfen, sehr viele Sprung-, Impuls- und Rampenantworten [57] und

278 4.10 Übergangsverhalten. Berechnung von Zeitfunktionen

auch die Antworten vieler Systeme auf Exponential-, Sinus- oder andere Erregungen bzw. Änderungen der Eingangsfunktion berechnen. Die z. B. über eine Laplace-Transformation [57] gefundene Zeitfunktion muß allerdings in einer zur Gl. (4.5) passenden Form gebracht werden. Die Testbeispiele veranschaulichen dies. Mit diesem Programm kann man auch eine Fourier-Synthese vornehmen.

Programmbeschreibung. Das aufgelistete Programm ist für einen Betrieb mit oder ohne Drucker gleichermaßen geeignet. Es enthält auch die Befehle für die Druckroutine, mit der alle Eingabedaten und jeweils 2 Ausgabedaten untereinander abgesetzt ausgedruckt werden. Bei Anschluß des Druckers PC-100 C werden die Eingabedaten auf dem Druckstreifen durch hintergesetzte Buchstaben A bis C und A' bis E' unterschieden, der jeweilige Zeitwert durch ein folgendes S gekennzeichnet. Wenn kein Drucker angeschlossen ist, werden die Ergebnisse über **R/S**-Befehle abgerufen.

Benutzeranleitung

Aufgabe	Schritt	Ziel	Eingabe	Befehl	Anzeige
a) Eingabe der vorgegebenen Daten	1	Programmvorbereitung		E	0.000 00
	2	Eingeben von	$\{t_E\}$	A	$\{t_E\}$
	3	Eingeben von	$\{\Delta t\}$	R/S	$\{\Delta t\}$
	4	Eingeben von	$\{a_1\}$	R/S	$\{a_1\}$
	5	Eingeben von	$\{a_2\}$	R/S	$\{a_2\}$
	6	Eingeben von	$\{b_1\}$	B	$\{b_1\}$

und weiter entsprechend dem Tastenplan. Es können beliebige Größen gleich Null gesetzt und daher auch beliebige Tasten ausgelassen werden. Zwischenwerte in einer Eingabefolge, die Null sind, müssen natürlich mit **0** eingegeben werden. Auch muß $T_1 = 0$ und $T_2 = 0$, wenn Daten unter **B'** und **C'** bzw. **E'** folgen, eingetastet werden.

b) Berechnen von Funktionswerten in einem gewünschten Bereich $t_A \leqslant t \leqslant t_E$		Eingeben des Zeitanfangswerts	$\{t_A\}$	D	$\{t_A\}$
		Berechnen von		R/S	$\{f(t)\}$

Endwert des Zeitbereichs t_E und Zeitschritt Δt müssen nach a) eingegeben sein. Sie können nach Unterbrechen des Programms (z. B. durch die Befehle **R/S** und **A** ff.) verändert werden; die Berechnung muß anschließend mit der Taste **D** erneut eingeleitet werden.

Bei Anschluß des Druckers PC-100 C werden die unter „Anzeige" aufgeführten Werte gedruckt, wobei die Zeitwerte durch das Hinweiszeichen S gekennzeichnet werden, und der vorgegebene Zeitbereich wird automatisch durchlaufen.

c) Bestimmen eines bestimmten Funktionswerts

Schrittfolge wie unter b). Für t_E und Δt dürfen beliebige Werte eingegeben sein; wenn $t_A < t_E$ ist, wird automatisch weitergerechnet, bis $t \geqslant t_E$ ist. (Mit $\Delta t = 0$ wiederholt der Rechner unablässig die Berechnung für $t = 0$.) Jeder automatische Ablauf kann durch den Befehl **R/S** gestoppt werden.

4.10 Übergangsverhalten. Berechnung von Zeitfunktionen 279

Tastenplan

T_1, a_3, a_4	b_3, f_4, b_4, f_5	ω_2, c_2, d_2, f_6	T_2, a_5, a_6, b_5, f_7	ω_3, c_3, d_3, f_8
$t_E, \Delta t, a_1, a_2$	b_1, f_1, b_2, f_2	ω_1, c_1, d_1, f_3	$t_A, f(t)$	PV

Testbeispiele

a) Vorgegeben ist die Zeitfunktion

$$f(t) = \{1 - e^{-1\sec^{-1}t} - 1\sec^{-1}t\,e^{-1\sec^{-1}t}\}\,\epsilon(t) + \{-1 + e^{-1\sec^{-1}(t-3\sec)}$$
$$+ 1\sec^{-1}(t-3\sec)e^{-1\sec^{-1}(t-3\sec)}\}\,\epsilon(t-3\sec)$$

Es soll f(t) für die Zeit t = 4 sec berechnet werden.

Eingabe	Befehle	Anzeige	Eingabe	Befehle	Anzeige
	E	0.000 00	3	2nd A'	3.000 00
4	A	4.000 00	1 +/−	R/S	−1.000 00
1	R/S	1.000 00		+/− 2nd B'	1.000 00
	R/S	1.000 00		R/S	1.000 00
	+/− B	−1.000 00		R/S	1.000 00
	+/− R/S	1.000 00		R/S	1.000 00
	+/− R/S	−1.000 00		D	4.000 00
	+/− R/S	1.000 00		R/S	6.442 −01

b) Vorgegeben ist mit $\omega = 314{,}2\ \sec^{-1}$ die Zeitfunktion

$$f(t) = -12{,}25\,e^{-5\sec^{-1}t} + [6{,}124\cos(\omega t) - 3{,}535\sin(\omega t)]e^{-16{,}67\sec^{-1}t}$$
$$+ [5{,}358\cos(\omega t) - 3{,}094\sin(\omega t)]e^{-0{,}7692\sec^{-1}t}$$
$$+ 0{,}7655\cos(\omega t) - 0{,}4419\sin(\omega t)$$

Es soll f(t) für die Zeit t = 5 msec bestimmt werden.

Eingabe	Befehle	Anzeige	Eingabe	Befehle	Anzeige
	E	0.000 00	2nd π EE 2	2nd C'	3.142 02
5 EE 3 +/−	A	5.000 −03	5.358	R/S	5.358 00
1	R/S	1.000 00	3.094 +/−	R/S	−3.094 00
12.25 +/−	B	−1.225 01	.7692	R/S	7.692 −01
5	R/S	5.000 00	0	2nd D'	0.000 00
2nd π EE 2	C	3.142 02	2nd π EE 2	2nd E'	3.142 02
6.124	R/S	6.124 00	.7655	R/S	7.655 −01
3.535 +/−	R/S	−3.535 00	.4419 +/−	R/S	−4.419 −01
16.67	R/S	1.667 01	5 EE 3 +/−	D	5.000 −03
0	2nd A'	0.000 00		R/S	−1.873 01

4.10 Übergangsverhalten. Berechnung von Zeitfunktionen

Datenregister. R00: Zähler, R01: f_3, R02: d_1, R03: c_1, R04: ω_1, R05: b_2, R06: f_2, R07: b_1, R08: f_1, R09: f_5, R10: d_2, R11: c_2, R12: ω_2, R13: b_4, R14: f_5, R15: b_3, R16: f_4, R17: f_7, R18: d_3, R19: c_3, R20: ω_3, R21: b_5, R22: f_8, R23: a_1, R24: a_2, R25: ωt, R26: t_E, R27: t_n, R28: Δt, R29: $f(t)$, R30: T_1, R31: T_2, R32: a_3, R33: a_4, R34: a_5, R35: a_6, R36: t'

Aufgelistetes Programm 4.10

000	92	RTN	INV SBR	044	65	×		088	76	LBL	2nd Lbl
001	76	LBL	2nd Lbl	045	73	RC*	RCL 2nd Ind	089	14	D	
002	23	LNX		046	00	00		090	42	STO	
003	69	OP	2nd Op	047	95	=		091	27	27	
004	30	30		048	85	+		092	42	STO	
005	53	(		049	53	(		093	36	36	
006	43	RCL		050	69	OP	2nd Op	094	98	ADV	2nd Adv
007	36	36		051	30	30		095	69	OP	2nd Op
008	65	×		052	43	RCL		096	00	00	
009	73	RC*	RCL 2nd Ind	053	25	25		097	03	3	
010	00	00		054	38	SIN	2nd sin	098	06	6	
011	54	)		055	65	×		099	69	OP	2nd Op
012	94	+/-		056	73	RC*	RCL 2nd Ind	100	04	04	
013	22	INV		057	00	00		101	43	RCL	
014	23	LNX		058	95	=		102	27	27	
015	32	X:T		059	65	×		103	71	SBR	
016	69	OP	2nd Op	060	53	(		104	04	04	
017	30	30		061	69	OP	2nd Op	105	74	74	
018	32	X:T		062	30	30		106	43	RCL	
019	65	×		063	43	RCL		107	23	23	
020	73	RC*	RCL 2nd Ind	064	36	36		108	42	STO	
021	00	00		065	65	×		109	29	29	
022	95	=		066	73	RC*	RCL 2nd Ind	110	22	INV	
023	44	SUM		067	00	00		111	87	IFF	2nd If flg
024	29	29		068	54	)		112	02	02	
025	92	RTN	INV SBR	069	94	+/-		113	42	STO	
026	76	LBL	2nd Lbl	070	22	INV		114	43	RCL	
027	39	COS	2nd cos	071	23	LNX		115	31	31	
028	69	OP	2nd Op	072	95	=		116	32	X:T	
029	30	30		073	44	SUM		117	43	RCL	
030	53	(		074	29	29		118	27	27	
031	43	RCL		075	92	RTN	INV SBR	119	22	INV	
032	36	36		076	76	LBL	2nd Lbl	120	77	GE	2nd x≥t
033	65	×		077	38	SIN	2nd sin	121	42	STO	
034	73	RC*	RCL 2nd Ind	078	71	SBR		122	43	RCL	
035	00	00		079	23	LNX		123	34	34	
036	54	)		080	43	RCL		124	44	SUM	
037	42	STO		081	36	36		125	29	29	
038	25	25		082	65	×		126	43	RCL	
039	39	COS	2nd cos	083	71	SBR		127	27	27	
040	32	X:T		084	23	LNX		128	75	-	
041	69	OP	2nd Op	085	71	SBR		129	43	RCL	
042	30	30		086	39	COS	2nd cos	130	31	31	
043	32	X:T		087	92	RTN	INV SBR	131	95	=	

4.10 Übergangsverhalten. Berechnung von Zeitfunktionen

```
132  42  STO
133  36  36
134  65  ×
135  43  RCL
136  35  35
137  95  =
138  44  SUM
139  29  29
140  02  2
141  03  3
142  42  STO
143  00  00
144  71  SBR
145  23  LNX
146  71  SBR
147  39  COS        2nd cos
148  76  LBL        2nd Lbl
149  42  STO
150  22  INV
151  87  IFF        2nd If flg
152  01  01
153  44  SUM
154  43  RCL
155  30  30
156  32  X:T
157  43  RCL
158  27  27
159  22  INV
160  77  GE         2nd x ≥ t
161  44  SUM
162  43  RCL
163  32  32
164  44  SUM
165  29  29
166  43  RCL
167  27  27
168  75  -
169  43  RCL
170  30  30
171  95  =
172  42  STO
173  36  36
174  65  ×
175  43  RCL
176  33  33
177  95  =
178  44  SUM
179  29  29
180  01  1
181  07  7
182  42  STO
183  00  00
184  71  SBR
185  38  SIN        2nd sin
186  76  LBL        2nd Lbl
187  44  SUM
188  43  RCL
189  27  27
190  42  STO
191  36  36
192  65  ×
193  43  RCL
194  24  24
195  95  =
196  44  SUM
197  29  29
198  09  9
199  42  STO
200  00  00
201  71  SBR
202  38  SIN        2nd sin
203  71  SBR
204  04  04
205  70  70
206  43  RCL
207  28  28
208  44  SUM
209  27  27
210  43  RCL
211  26  26
212  32  X:T
213  43  RCL
214  27  27
215  77  GE         2nd x ≥ t
216  43  RCL
217  61  GTO
218  14  D
219  76  LBL        2nd Lbl
220  11  A
221  42  STO
222  26  26
223  01  1
224  03  3
225  69  OP         2nd Op
226  04  04
227  43  RCL
228  26  26
229  69  OP         2nd Op
230  06  06
231  91  R/S
232  99  PRT        2nd Prt
233  42  STO
234  28  28
235  91  R/S
236  99  PRT        2nd Prt
237  42  STO
238  23  23
239  91  R/S
240  99  PRT        2nd Prt
241  42  STO
242  24  24
243  91  R/S
244  92  RTN        INV SBR
245  76  LBL        2nd Lbl
246  12  B
247  42  STO
248  07  07
249  01  1
250  04  4
251  69  OP         2nd Op
252  04  04
253  43  RCL
254  07  07
255  69  OP         2nd Op
256  06  06
257  91  R/S
258  99  PRT        2nd Prt
259  42  STO
260  08  08
261  91  R/S
262  99  PRT        2nd Prt
263  42  STO
264  05  05
265  91  R/S
266  99  PRT        2nd Prt
267  42  STO
268  06  06
269  91  R/S
270  92  RTN        INV SBR
271  76  LBL        2nd Lbl
272  13  C
273  42  STO
274  04  04
275  01  1
276  05  5
277  69  OP         2nd Op
278  04  04
279  43  RCL
280  04  04
281  69  OP         2nd Op
282  06  06
283  91  R/S
284  99  PRT        2nd Prt
285  42  STO
286  03  03
287  91  R/S
288  99  PRT        2nd Prt
289  42  STO
290  02  02
291  91  R/S
292  99  PRT        2nd Prt
293  42  STO
294  01  01
295  91  R/S
296  92  RTN        INV SBR
297  76  LBL        2nd Lbl
298  16  A'         2nd A'
299  42  STO
```

4.10 Übergangsverhalten. Berechnung von Zeitfunktionen

```
300  30  30                    356  06   6                 412  76  LBL  2nd Lbl
301  01   1                    357  05   5                 413  10  E'   2nd E'
302  03   3                    358  69  OP   2nd Op        414  42  STO
303  06   6                    359  04  04                 415  20  20
304  05   5                    360  43  RCL                416  01   1
305  69  OP   2nd Op            361  12  12                 417  07   7
306  04  04                    362  69  OP   2nd Op        418  06   6
307  86  STF  2nd Stflg         363  06  06                 419  05   5
308  01  01                    364  91  R/S                420  69  OP   2nd Op
309  43  RCL                   365  99  PRT  2nd Prt       421  04  04
310  30  30                    366  42  STO                422  43  RCL
311  69  OP   2nd Op            367  11  11                 423  20  20
312  06  06                    368  91  R/S                424  69  OP   2nd Op
313  91  R/S                   369  99  PRT  2nd Prt       425  06  06
314  99  PRT  2nd Prt           370  42  STO                426  91  R/S
315  42  STO                   371  10  10                 427  99  PRT  2nd Prt
316  32  32                    372  91  R/S                428  42  STO
317  91  R/S                   373  99  PRT  2nd Prt       429  19  19
318  99  PRT  2nd Prt           374  42  STO                430  91  R/S
319  42  STO                   375  09  09                 431  99  PRT  2nd Prt
320  33  33                    376  91  R/S                432  42  STO
321  91  R/S                   377  92  RTN  INV SBR       433  18  18
322  76  LBL  2nd Lbl           378  76  LBL  2nd Lbl       434  91  R/S
323  17  B'   2nd B'            379  19  D'   2nd D'        435  99  PRT  2nd Prt
324  42  STO                   380  42  STO                436  42  STO
325  15  15                    381  31  31                 437  17  17
326  01   1                    382  01   1                 438  91  R/S
327  04   4                    383  06   6                 439  92  RTN  INV SBR
328  06   6                    384  06   6                 440  76  LBL  2nd Lbl
329  05   5                    385  05   5                 441  15  E
330  69  OP   2nd Op            386  69  OP   2nd Op        442  47  CMS  2nd CMs
331  04  04                    387  04  04                 443  29  CP   2nd CP
332  43  RCL                   388  86  STF  2nd Stflg     444  69  OP   2nd Op
333  15  15                    389  02  02                 445  00  00
334  69  OP   2nd Op            390  43  RCL                446  58  FIX  2nd Fix
335  06  06                    391  31  31                 447  03  03
336  91  R/S                   392  69  OP   2nd Op        448  70  RAD  2nd Rad
337  99  PRT  2nd Prt           393  06  06                 449  25  CLR
338  42  STO                   394  91  R/S                450  52  EE
339  16  16                    395  99  PRT  2nd Prt       451  81  RST
340  91  R/S                   396  42  STO                452  76  LBL  2nd Lbl
341  99  PRT  2nd Prt           397  34  34                 453  43  RCL
342  42  STO                   398  91  R/S                454  92  RTN  INV SBR
343  13  13                    399  99  PRT  2nd Prt
344  91  R/S                   400  42  STO
345  99  PRT  2nd Prt           401  35  35
346  42  STO                   402  91  R/S                470  69  OP   2nd Op
347  14  14                    403  99  PRT  2nd Prt       471  00  00
348  91  R/S                   404  42  STO                472  43  RCL
349  92  RTN  INV SBR           405  21  21                 473  29  29
350  76  LBL  2nd Lbl           406  91  R/S                474  69  OP   2nd Op
351  18  C'   2nd C'            407  99  PRT  2nd Prt       475  06  06
352  42  STO                   408  42  STO                476  69  OP   2nd Op
353  12  12                    409  22  22                 477  08  08
354  01   1                    410  91  R/S                478  91  R/S
355  05   5                    411  92  RTN  INV SBR       479  92  RTN  INV SBR
```

Labels

						323	17	B'
002	23	LNX		187	44 SUM	351	18	C'
027	39	COS		220	11 A	379	19	D'
077	38	SIN		246	12 B	413	10	E'
089	14	D		272	13 C	441	15	E
149	42	STD		298	16 A'	453	43	RCL

4.11 Numerische Fourier-Analyse. Kennwerte nichtsinusförmiger Wechselvorgänge

Grundlagen. Sie sind in Abschn. 2.6.2 dargestellt.

Programmbeschreibung. Mit diesem Programm kann man alle Größen von Gl. (2.86) bis (2.100) bestimmen. Es enthält eine Druckroutine, die Ein- und Ausgabedaten durch Abstände unterteilt und die ersten Ausgaben je Programmtaste durch nachgesetzte Zeichen C, D, D' und E' kennzeichnet. Es ist auf den Rechner TI 59 zugeschnitten. Wenn es mit dem Drucker PC-100 C benutzt werden soll, sind an den gekennzeichneten Stellen die bei der Programmliste in Klammern stehenden Print-Befehle (**2nd Prt** und **2nd Op 06**) einzubauen.

Das Programm kann auch für einen manuellen Betrieb mit dem Rechner TI 58 vereinfacht, d. h. verkürzt werden. Wegen der begrenzten Speicherkapazität sind dann aber nur noch Amplitude c_ν, Phasenwinkel φ_ν und linearer Mittelwert $\bar{y}$ berechenbar.

Die Größen von Gl. (2.91), (2.92) und (2.95) können über das Modul-Programm ML-10 mit der Simpson-Näherung genauer bestimmt werden. An Sprungstellen sind hier wie dort die arithmetischen Mittel der Sprungordinaten als Stützwert y_i zu nehmen.

Testbeispiel. Es wird eine Dreieckfunktion mit den unter Eingabe zu finden Daten benutzt. Hiermit ergeben sich die unter Anzeige angegebenen Werte.

Eingabe	Befehle	Anzeige		Eingabe	Befehle	Anzeige
	E	0.			R/S	0.
8	A	1.			R/S	3.
2.5	B	2.			R/S	0.439 00
4	R/S	3.			R/S	−90
2.5	R/S	4.			D	1.000 00
1	R/S	5.			R/S	2.092 00
.5 +/−	R/S	6.			R/S	1.837 00
2 +/−	R/S	7.			R/S	8.783 −01
.5 +/−	R/S	8.			2nd D'	1.750 00
1	R/S	9.			R/S	1.195 00
	C	1.			R/S	1.050 00
	R/S	2.651 00		4	R/S	2.177 01
	R/S	90.			R/S	1.484 −01
	R/S	2.			R/S	9.889 −01

4.11 Numerische Fourier-Analyse

Tastenplan

			$\overline{|y|}$, F, w, $\hat{y}$, ξ	k, g
n	y_i	c_ν, φ_ν	$\overline{y}$, y_{eff}, $y_{eff\sim}$, s	PV

Datenregister. R00: Zähler, R01: i, R02: n/2, 2/n, R03: ν, R04: y_i, R05: 360/n, R06: 360 iν/n, R07: b_{11}, (n/2) -1, R08: a_{11}, R09: b_{10}, R10: a_{10}, R11: b_9, R12: a_9, R13: b_8, R14: a_8, R15: b_7, R16: a_7, R17: b_6, R18: a_6, R19: b_5, R20: a_5, R21: b_4, R22: a_4, R23: b_3, R24: a_3, R25: b_2, R26: a_2, R27: b_1, 0,001 c_1, R28: a_1, φ_ν, R29: a_0, $\overline{y}$, R30: y_{eff}, R31: $y_{eff\sim}$, R32: $\overline{|y|}$, R33: c_ν^2

Benutzeranleitung

Aufgabe	Schritt	Ziel	Eingabe	Befehl	Anzeige
a) Eingeben der Stützwerte	1	Programmvorbereitung		E	0
	2	Eingeben der Anzahl der Stützwerte	n	A	1
	3	Eingeben des Stützwerts	$\{y_1\}$	B	2
	4	Eingeben des Stützwerts	$\{y_2\}$	R/S	3
	usw. insgesamt n Werte y_i			R/S	n + 1

Da zwischendurch je nach Anzahl n der Stützwerte längere Zwischenrechnungen ablaufen, muß die Aufforderung der Anzeige, die den Index des einzugebenden Stützwerts y_i angibt, jeweils abgewartet werden.

b) Berechnen von Amplitude und Phasenwinkel

Nach dem Eintasten der Funktionswerte entsprechend a) können über die Taste **C** Amplitude c_ν und Phasenwinkel φ_ν abgefragt werden. Das Programm enthält eine Druckroutine, die nicht nur die Eingabedaten ausdruckt, sondern auch für die einzelnen Ordnungszahlen in Dreiergruppen Ordnungszahl ν, Amplitude c_ν und Phasenwinkel φ_ν druckt. Die Amplitude (und die Daten unter **D**, **D'** und **E**) wird vierziffrig im Exponentialformat angegeben; der Phasenwinkel ist auf volle ° gerundet. Wenn die Amplitude kleiner als 0,001 c_1 ist, wird 0 angezeigt. Es werden nur Werte für die Ordnungszahlen nach Gl. (2.88) berechnet.

c) Berechnen der übrigen Kennwerte

Über die Tasten **D**, **D'** und **E'** können die Größen von Gl. (2.91) bis (2.100) berechnet werden — der Scheitelfaktor jedoch nur, wenn vorher entsprechend dem Tastenplan der Scheitelwert $\hat{y}$ eingegeben ist. Die Reihenfolge **D**, **D'**, **E'** muß eingehalten werden.

Aufgelistetes Programm 4.11

```
000   92 RTN   INV SBR     004   98 ADV   2nd Adv     008   42 STO
001   76 LBL   2nd Lbl     005   55 ÷                 009   02 02
002   11 A                 006   02 2                 010   75 -
003   99 PRT   2nd Prt     007   95 =                 011   01 1
```

4.11 Numerische Fourier-Analyse

```
012  95  =
013  22  INV
014  77  GE       2nd x ≥ t
015  85  +
016  76  LBL      2nd Lbl
017  75  -
018  43  RCL
019  02  02
020  35  1/X
021  42  STO
022  02  02
023  65  ×
024  01  1
025  08  8
026  00  0
027  95  =
028  42  STO
029  05  05
030  01  1
031  99  PRT      2nd Prt
032  92  RTN      INV SBR
033  76  LBL      2nd Lbl
034  85  +
035  42  STO
036  07  07
037  32  X:T
038  86  STF      2nd Stflg
039  00  00
040  61  GTO
041  75  -
042  76  LBL      2nd Lbl
043  12  B
044  42  STO
045  04  04
046  99  PRT      2nd Prt
047  44  SUM
048  29  29
049  50  I×I      2nd |x|
050  44  SUM
051  32  32
052  33  X²
053  44  SUM
054  30  30
055  02  2
056  09  9
057  42  STO
058  00  00
059  76  LBL      2nd Lbl
060  52  EE
061  69  OP       2nd Op
062  30  30
063  43  RCL
064  05  05
065  65  ×
066  43  RCL
067  01  01
068  65  ×

069  43  RCL
070  03  03
071  95  =
072  42  STO
073  06  06
074  39  COS      2nd cos
075  65  ×
076  43  RCL
077  04  04
078  95  =
079  74  SM*      SUM 2nd Ind
080  00  00
081  69  OP       2nd Op
082  30  30
083  43  RCL
084  06  06
085  38  SIN      2nd sin
086  65  ×
087  43  RCL
088  04  04
089  95  =
090  74  SM*      SUM 2nd Ind
091  00  00
092  43  RCL
093  03  03
094  67  EQ       2nd x = t
095  24  CE
096  01  1
097  44  SUM
098  03  03
099  61  GTO
100  52  EE
101  76  LBL      2nd Lbl
102  24  CE
103  01  1
104  42  STO
105  03  03
106  44  SUM
107  01  01
108  43  RCL
109  01  01
110  99  PRT      2nd Prt
111  91  R/S
112  61  GTO
113  12  B
114  76  LBL      2nd Lbl
115  13  C
116  02  2
117  08  8
118  42  STO
119  00  00
120  01  1
121  05  5
122  69  OP       2nd Op
123  04  04
124  98  ADV      2nd Adv
125  01  1

126  42  STO
127  03  03
128  91  R/S      (2nd Op)
129  06  6
130  71  SBR
131  23  LNX
132  71  SBR
133  71  SBR
134  55  ÷
135  01  1
136  00  0
137  00  0
138  00  0
139  95  =
140  42  STO
141  27  27
142  32  X:T
143  76  LBL      2nd Lbl
144  42  STO
145  91  R/S      (2nd Prt)
146  98  ADV      2nd Adv
147  69  OP       2nd Op
148  30  30
149  01  1
150  44  SUM
151  03  03
152  87  IFF      2nd Ifflg
153  00  00
154  55  ÷
155  01  1
156  02  2
157  76  LBL      2nd Lbl
158  65  ×
159  32  X:T
160  43  RCL
161  03  03
162  67  EQ       2nd x = t
163  43  RCL
164  91  R/S      (2nd Prt)
165  71  SBR
166  23  LNX
167  72  ST*      STO 2nd Ind
168  00  00
169  32  X:T
170  42  STO
171  28  28
172  43  RCL
173  27  27
174  32  X:T
175  73  RC*      RCL 2nd Ind
176  00  00
177  77  GE       2nd x ≥ t
178  44  SUM
179  00  0
180  61  GTO
181  42  STO
182  76  LBL      2nd Lbl
```

4.11 Numerische Fourier-Analyse

183	43	RCL		240	58	FIX	2nd Fix	297	32	32	
184	91	R/S		241	03	03		298	02	2	
185	92	RTN	INV SBR	242	52	EE		299	22	INV	
186	76	LBL	2nd Lbl	243	98	ADV	2nd Adv	300	49	PRD	2nd Prd
187	44	SUM		244	43	RCL		301	32	32	
188	71	SBR		245	02	02		302	43	RCL	
189	71	SBR		246	49	PRD	2nd Prd	303	32	32	
190	33	X²		247	29	29		304	91	R/S	(2nd Op)
191	44	SUM		248	02	2		305	68	NOP	(06)
192	33	33		249	22	INV		306	35	1/X	
193	43	RCL		250	49	PRD	2nd Prd	307	65	×	
194	28	28		251	29	29		308	43	RCL	
195	61	GTO		252	43	RCL		309	30	30	
196	42	STO		253	29	29		310	95	=	
197	76	LBL	2nd Lbl	254	91	R/S	(2nd Op)	311	91	R/S	(2nd Prt)
198	23	LNX		255	06	6		312	43	RCL	
199	73	RC*	RCL 2nd Ind	256	43	RCL		313	31	31	
200	00	00		257	02	02		314	55	÷	
201	32	X:T		258	49	PRD	2nd Prd	315	43	RCL	
202	69	OP	2nd Op	259	30	30		316	32	32	
203	30	30		260	02	2		317	95	=	
204	73	RC*	RCL 2nd Ind	261	22	INV		318	99	PRT	2nd Prt
205	00	00		262	49	PRD	2nd Prd	319	91	R/S	
206	22	INV		263	30	30		320	99	PRT	2nd Prt
207	37	P/R	2nd P→R	264	43	RCL		321	55	÷	
208	32	X:T		265	30	30		322	43	RCL	
209	65	×		266	34	√X		323	31	31	
210	43	RCL		267	42	STO		324	95	=	
211	02	02		268	30	30		325	99	PRT	2nd Prt
212	95	=		269	91	R/S	(2nd Prt)	326	92	RTN	INV SBR
213	92	RTN	INV SBR	270	33	X²		327	76	LBL	2nd Lbl
214	76	LBL	2nd Lbl	271	75	-		328	10	E'	2nd E'
215	55	÷		272	43	RCL		329	01	1	
216	43	RCL		273	29	29		330	07	7	
217	07	07		274	33	X²		331	06	6	
218	85	+		275	95	=		332	05	5	
219	01	1		276	34	√X		333	69	OP	2nd Op
220	95	=		277	42	STO		334	04	04	
221	61	GTO		278	31	31		335	43	RCL	
222	65	×		279	91	R/S	(2nd Prt)	336	33	33	
223	76	LBL	2nd Lbl	280	55	÷		337	34	√X	
224	71	SBR		281	43	RCL		338	55	÷	
225	58	FIX	2nd Fix	282	30	30		339	02	2	
226	03	03		283	95	=		340	34	√X	
227	52	EE		284	99	PRT	2nd Prt	341	55	÷	
228	91	R/S	(2nd Prt)	285	92	RTN	INV SBR	342	43	RCL	
229	22	INV		286	76	LBL	2nd Lbl	343	30	30	
230	52	EE		287	19	D'	2nd D'	344	95	=	
231	58	FIX	2nd Fix	288	01	1		345	91	R/S	2nd Op
232	00	00		289	06	6		346	68	NOP	(06)
233	92	RTN	INV SBR	290	06	6		347	33	X²	
234	76	LBL	2nd Lbl	291	05	5		348	94	+/-	
235	14	D		292	69	OP	2nd Op	349	85	+	
236	01	1		293	04	04		350	01	1	
237	06	6		294	43	RCL		351	95	=	
238	69	OP	2nd Op	295	02	02		352	34	√X	
239	04	04		296	49	PRD	2nd Prd	353	99	PRT	2nd Prt

354	92	RTN	INV SBR	368	32	X:T		060	52	EE
355	76	LBL	2nd Lbl	369	25	CLR		102	24	CE
356	15	E		370	22	INV		115	13	C
357	47	CMS	2nd CMs	371	58	FIX	2nd Fix	144	42	STO
358	29	CP	2nd CP	372	22	INV		158	65	×
359	69	OP	2nd Op	373	52	EE		183	43	RCL
360	00	00		374	81	RST		187	44	SUM
361	01	1		375	92	RTN	INV SBR	198	23	LNX
362	42	STO						215	55	÷
363	03	03		**Labels**				224	71	SBR
364	42	STO		002	11	A		235	14	D
365	01	01		017	75	−		287	19	D'
366	01	1		034	85	+		328	10	E'
367	01	1		043	12	B		356	15	E

4.12 Numerische Lösung von Differentialgleichungen 1. Grades. Einschalten einer Eisendrossel an Sinusspannung. Langsamer Hochlauf eines Antriebs mit Drehstrom-Asynchronmotor

Grundlagen. Lineare Differentialgleichungen löst man vorteilhaft mit der Laplace-Transformation — s. Abschn. 2.5.1 und [57], [59]. Für n i c h t l i n e a r e Differentialgleichungen 1. Grades, die in der Form

$$y' = f(x, y) \qquad (4.10)$$

angegeben werden können, sind Taschenrechnerprogramme für numerische Lösungen in [19], [22], [35] beschrieben. Hier wird das Modulprogramm MU-18 eingesetzt, mit dem man auch Differentialgleichungen 2. Grades lösen kann. Es wendet das Verfahren von R u n g e - K u t t a an, das in [4], [47], [58] näher erklärt ist.
Außerdem werden hier zwei Zusatzprogramme mitgeteilt, deren Grundlagen in Abschn. 2.6.3 und 3.2.2.3 erläutert sind.

Programmbeschreibung. Das Grundprogramm erweitert das Modulprogramm MU-18 um einen automatischen Ablauf und eine Druckroutine. Eingabedaten und Funktionswerte werden daher bei Anschluß des Druckers PC-100 C fortlaufend ausgedruckt, bis der Ablauf durch einen **R/S**-Befehl unterbrochen wird. Alle Werte werden im vierziffrigen Exponentialformat angezeigt. Die abhängige Variable ist durch den hintergesetzten Buchstaben Y gekennzeichnet.
Das Programm erfordert den Software-Modul MU; es ist für den Rechner TI 58 geeignet. Wenn kein Drucker zur Verfügung steht, sind an den gekennzeichneten Stellen im aufgelisteten Programm die ursprünglichen Programmschritte durch die in

4.12 Numerische Lösung von Differentialgleichungen 1. Grades

Klammern stehenden Befehle zu ersetzen; dann wird das Programm über R/S-Befehle manuell gesteuert.

Außerdem werden 3 Zusatzprogramme mitgeteilt:

— ein Programm zum Berechnen des Drehzahlverlaufs beim langsamen Hochlauf von Antrieben mit Drehstrom-Asynchronmotoren,
— ein Programm zum Berechnen des Stromverlaufs beim Einschalten von Eisendrosseln an Sinusspannungen und
— ein kurzes Testprogramm.

Diese Programme folgen mit den Schrittnummern unmittelbar aufeinander; sie haben teilweise ein gemeinsames Einleseprogramm. Zusammen mit dem Grundprogramm belegen sie nur eine Magnetkartenseite. Aufgerufen wird von dem Grundprogramm jeweils nur das Programmsegment **2nd A′** mit der niedrigsten Schrittnummer. Wenn man eines der folgenden Programme ebenfalls über **2nd A′** einsetzen will, muß man die vorhergehenden gleichen Label überschreiben – z.B. mit **2nd C′** und **2nd D′**.

Benutzeranleitung. Es wird vorausgesetzt, daß das aufgelistete Grundprogramm eingelesen ist.

Aufgabe	Schritt	Ziel	Eingabe	Befehle	Anzeige
a) Eingeben der Berechnungsprogramme für $y' = f(x, y)$	1	Springen zum Ende des Grundprogramms		GTO 057	
	2	Umschalten auf den Learn-Modus		LRN	057 00
	3	Eintasten des Zusatzprogramms, beginnend mit			
				2nd Lbl	058 00
				2nd A′	059 00
				⋮	
	4	Abschließen des Zusatzprogramms mit		INV SBR	xxx 00
	5	Umschalten auf den Run-Modus		LRN	

In diesen Zusatzprogrammen dürfen keine Befehle = und **CLR** und keine Label **A, B, C, D, E** und **2nd E′** vorkommen. Es muß für x und y die Datenregister R10 und R11 aufrufen; es darf die Datenregister R01 und R02 sowie R09 bis R19 nicht belegen.

Aufgabe	Schritt	Ziel	Eingabe	Befehle	Anzeige
b) Eingeben der Kennwerte für Hochlauf	1	Programmvorbereitung		2nd E′ 2nd B′	2.000 01
	2	Eingeben des Koeffizienten	$\{a_0\}$	R/S	$\{a_0\}$
	usw. bis		⋮	⋮	⋮
	7	Eingeben des Koeffizienten	$\{a_5\}$	R/S	$\{a_5\}$
c) Eingeben der Kennwerte für die Eisendrossel	1	Programmvorbereitung		2nd E′ 2nd B′	2.000 01
	2	Eingeben des Koeffizienten	$\{b_1\}$	R/S	$\{b_1\}$
	3	Eingeben des Koeffizienten	$\{A_2\}$	R/S	$\{A_2\}$
	4	Eingeben des Koeffizienten	$\{B_2\}$	R/S	$\{B_2\}$
	5	Eingeben des Koeffizienten	$\{A_3\}$	R/S	$\{A_3\}$
	6	Eingeben des Koeffizienten	$\{B_3\}$	R/S	$\{B_3\}$
	7	Eingeben des Koeffizienten	$\{K\}$	R/S	$\{K\}$
	8	Eingeben des Wirkwiderstands	$\{R\}$	R/S	$\{R\}$

4.12 Numerische Lösung von Differentialgleichungen 1. Grades

Aufgabe	Schritt	Ziel	Eingabe	Befehle	Anzeige
	9	Eingeben der Spannung	$\{\hat{u}\}$	R/S	$\{\hat{u}\}$
	10	Eingeben der Kreisfrequenz	$\{\omega\}$	R/S	$\{\omega\}$
	11	Eingeben des Schaltphasenwinkels	$\{\psi\}$	R/S	$\{\psi\}$
		Schritt 11 darf auch fehlen.			
d) Berechnung der Funktionswerte	1	Eingeben des Anfangswerts	$\{x_A\}$	A	$\{x_A\}$
	2	Eingeben des Anfangswerts	$\{y_A\}$	B	$\{y_A\}$
	3	Eingeben der Schrittweite	$\{\Delta x\}$	C	$\{\Delta x\}$
	4	Eingeben der Zwischenschrittzahl	n	D	n
	5	Berechnen der Funktionswerte		E	$\{x_i\}$
				R/S	$\{y_i\}$
		Abbrechen des Rechengangs		R/S	

Datenregister

Grundprogramm: R09: Zähler, R10: x_i, R11: y_i, R12: y_i', R13: y_i, R14: y_i', R15: Δx, R16 bis R18: Zwischenspeicher, R19: n

Zusatzprogramm a): R03: Zwischenspeicher, R20: a_0, R21: a_1, R22: a_2, R23: a_3, R24: a_4, R25: a_5

Zusatzprogramm b): R03 und R04: Zwischenspeicher, R20: b_1, R21: A_2, R22: B_2, R23: A_3, R24: B_3, R25: K, R26: R, R27: $\hat{u}$, R28: ω, R29: ψ

Tastenplan	y'	K			PV
	x_0	y_0	Δx	n	x_i, y_i

Testbeispiele

a) Es wird die in Abschn. 3.2.2.3 abgeleitete Differentialgleichung

$$\frac{dn_r}{dt_r} = a_0 + a_1 n_r^3 + a_2 n_r^6 - a_3 e^{-a_4 n_r} - a_5 n_r^2$$

betrachtet. Sie erfordert das Zusatzprogramm a), das entsprechend der Benutzeranleitung einzulesen ist. Anschließend findet man

Eingabe	Befehle	Anzeige	Eingabe	Befehle	Anzeige
	2nd E' 2nd B'	2.000 01	0	A	0.000 00
.9	R/S	9.000 −01		B	0.000 00
6.5	R/S	6.500 00	.1	C	1.000 −01
7.5 +/−	R/S	−7.500 00	4	D	4.000 00
.3	R/S	3.000 −01		E	1.000 −01
10	R/S	1.000 01		R/S	6.785 −02
1.02	R/S	1.020 00			

4.12 Numerische Lösung von Differentialgleichungen 1. Grades

b) Die in Abschn. 2.6.3 abgeleitete Differentialgleichung

$$\frac{di}{dt} = K \frac{\hat{u} \sin(\omega t + \psi) - iR}{b_1 + A_2 e^{B_2 |i|} + A_3 e^{B_3 |i|}}$$

soll für die Werte von Beispiel 2.46 gelöst werden. Mit dem Zusatzprogramm b) findet man

Eingabe	Befehle	Anzeige	Eingabe	Befehle	Anzeige
	2nd E' 2nd B'	2.000 01	311.1	R/S	3.111 02
1.256 EE 6 +/−	R/S	1.256 −06	2nd π EE 2		3.142 02
4.52 EE 5 +/−	R/S	4.520 −05	0	A	0.000 00
8.272 +/− EE 2 +/−	R/S	−8.272 −02		B	0.000 00
2.667 EE 3 +/−	R/S	2.667 −03	1 EE 3 +/−	C	1.000 −03
2.514 +/−	R/S	−2.514 00	8	D	8.000 00
1.095 EE 3 +/−	R/S	1.095 −03		E	1.000 −03
2.1	R/S	2.100 00		R/S	2.004 −02

c) Mit dem kurzen Testprogramm für

$$y' = \frac{1 + y^2}{1 + x^2}$$

erhält man nach Einlesen des aufgelisteten Programms c)

Eingabe	Befehle	Anzeige	Befehle	Anzeige
	2nd E'	0.000 00	E	3.000 00
2	A	2.000 00	R/S	1.333 00
1	B	1.000 00	R/S	4.000 00
	C	1.000 00	R/S	1.571 00
4	D	4.000 00		

Aufgelistetes Programm 4.12 Differentialgleichung

```
000  76 LBL  2nd Lbl     019  42 STO             038  58 FIX  2nd Fix
001  11 A                020  01 01              039  03 03
002  99 PRT  2nd Prt     021  92 RTN  INV SBR    040  92 RTN  INV SBR
003  42 STO              022  76 LBL  2nd Lbl    041  76 LBL  2nd Lbl
004  10 10               023  14 D               042  15 E
005  42 STO              024  99 PRT  2nd Prt    043  43 RCL
006  02 02               025  42 STO             044  01 01
007  92 RTN  INV SBR     026  19 19              045  44 SUM
008  76 LBL  2nd Lbl     027  92 RTN  INV SBR    046  02 02
009  12 B                028  76 LBL  2nd Lbl    047  43 RCL
010  99 PRT  2nd Prt     029  10 E'  2nd E'      048  02 02
011  42 STO              030  47 CMS  2nd CMs    049  91 R/S  (2nd Prt)
012  11 11               031  29 CP   2nd CP     050  36 PGM  2nd Pgm
013  42 STO              032  04 4               051  18 18
014  13 13               033  05 5               052  15 E
015  92 RTN  INV SBR     034  69 OP   2nd Op     053  91 R/S  (2nd Op)
016  76 LBL  2nd Lbl     035  04 04              054  06 6
017  13 C                036  25 CLR             055  61 GTO
018  99 PRT  2nd Prt     037  52 EE              056  15 E
```

4.12 Numerische Lösung von Differentialgleichungen 1. Grades

Labels

			009	12	B	029	10	E'
			017	13	C	042	15	E
001	11	A	023	14	D	058	16	A'

Aufgelistetes Programm 4.12a) Langsamer Hochlauf

057	76	LBL	2nd Lbl	083	44	SUM		109	43	RCL		
058	16	A'	2nd A'	084	03	03		110	25	25		
059	53	(		085	53	(		111	54	)		
060	43	RCL		086	53	(		112	22	INV		
061	20	20		087	43	RCL		113	44	SUM		
062	42	STO		088	11	11		114	03	03		
063	03	03		089	65	×		115	43	RCL		
064	43	RCL		090	43	RCL		116	03	03		
065	11	11		091	24	24		117	92	RTN	INV SBR
066	45	Y×		092	54	)		118	76	LBL	2nd Lbl
067	03	3		093	94	+/−		119	17	B'	2nd B'
068	65	×		094	22	INV		120	02	2	
069	43	RCL		095	23	LNX		121	00	0	
070	21	21		096	24	CE		122	42	STO	
071	54	)		097	65	×		123	00	00	
072	44	SUM		098	43	RCL		124	91	R/S	
073	03	03		099	23	23		125	76	LBL	2nd Lbl
074	53	(		100	54	)		126	75	−	
075	43	RCL		101	22	INV		127	72	ST*	STO 2nd Ind
076	11	11		102	44	SUM		128	00	00	
077	45	Y×		103	03	03		129	69	OP	2nd Op
078	06	6		104	53	(		130	20	20	
079	65	×		105	43	RCL		131	91	R/S	
080	43	RCL		106	11	11		132	61	GTO	
081	22	22		107	33	X²		133	75	−	
082	54	)		108	65	×					

Aufgelistetes Programm 4.12 b) Eisendrossel

134	76	LBL	2nd Lbl	151	27	27		168	43	RCL		
135	16	A'	2nd A'	152	49	PRD	2nd Prd	169	20	20		
136	70	RAD	2nd Rad	153	03	03		170	42	STO		
137	53	(		154	53	(		171	04	04		
138	43	RCL		155	43	RCL		172	53	(		
139	28	28		156	26	26		173	53	(		
140	65	×		157	65	×		174	43	RCL		
141	43	RCL		158	43	RCL		175	22	22		
142	10	10		159	11	11		176	65	×		
143	85	+		160	54	)		177	43	RCL		
144	43	RCL		161	22	INV		178	11	11		
145	29	29		162	44	SUM		179	50	I×I	2nd |x|
146	54	)		163	03	03		180	54	)		
147	38	SIN	2nd sin	164	43	RCL		181	22	INV		
148	42	STO		165	25	25		182	23	LNX		
149	03	03		166	49	PRD	2nd Prd	183	24	CE		
150	43	RCL		167	03	03		184	65	×		

```
185  43 RCL        195  43 RCL              205  54 )
186  21 21         196  11 11               206  44 SUM
187  54 )          197  50 I×I    2nd |x|   207  04 04
188  44 SUM        198  54 )                208  43 RCL
189  04 04         199  22 INV              209  04 04
190  53 (          200  23 LNX              210  22 INV
191  53 (          201  24 CE               211  49 PRD   2nd Prd
192  43 RCL        202  65 ×                212  03 03
193  24 24         203  43 RCL              213  43 RCL
194  65 ×          204  23 23               214  03 03
                                             215  92 RTN   INV SBR
```

Aufgelistetes Programm 4.12 c) Test

```
216  76 LBL   2nd Lbl    223  11 11         230  43 RCL
217  16 A'    2nd A'     224  33 X²         231  10 10
218  53 (                225  54 )          232  33 X²
219  53 (                226  55 ÷          233  54 )
220  01 1                227  53 (          234  54 )
221  85 +                228  01 1          235  92 RTN   INV SBR
222  43 RCL              229  85 +
```

4.13 Regressionsanalyse mit zwei Regressionskoeffizienten

Grundlagen. Sie sind in Abschn. 3.1.1.1 dargestellt.

Programmbeschreibung. Es wird die bei den Rechnern TI 58 und TI 59 fest verdrahtete lineare Regression benutzt und auf die in Tafel 3.1 zusammengestellten Funktionen über die angegebenen Programmadresstasten A bis C' angewendet. Die Konstante b muß jeweils gewählt werden, wobei die aufgeführten Bedingungen zu beachten sind; widrigenfalls blinkt die Anzeige wegen der aufgetretenen Fehlerbedingung.

Die nach Tafel 3.1 erforderlichen Substitutionen werden über Flags gesteuert; daher muß jede neue Regression mit dem Befehl **RST** beginnen. Zugehörige Datenpaare werden nach Wahl der Regressionsfunktion einfach über den Befehl **R/S** eingegeben. Die Anzeige zeigt jeweils die Anzahl der eingegebenen Datenpaare an. Über **2nd E'** können falsche Datenpaare eliminiert werden. Über die Taste E erhält man den Korrelationskoeffizienten, die Regressionskoeffizienten und nach Vorgabe eines Anfangswerts x_A und der Schrittweite Δx die fortlaufenden Datenpaare der Regressionsfunktion. Über **2nd D'** kann man einzelne Datenpaare aufrufen. Man kann daher auch nach Vorgabe von 2 Punkten die in Tafel 3.1 aufgeführten Funktionen vollständig berechnen.

Alle Werte werden im vierziffrigen Exponentialformat angezeigt.

4.13 Regressionsanalyse mit zwei Regressionskoeffizienten

Benutzeranleitung

Aufgabe	Schritt	Ziel	Eingabe	Befehle	Anzeige
a) Eingabe der Datenpaare	1	Programmvorbereitung		**RST**	
	2	Wahl der Regressionsfunktion		A, B, C, D, A', B', C'	
	(3)	Wahl der Konstanten	b	R/S	
	4	Eingabe des 1. Datenpaars	$\{x_1\}$	R/S	
	5	Eingabe des.1. Datenpaars	$\{y_1\}$	R/S	1.000 00
	6	Eingabe des 2. Datenpaars	$\{x_2\}$	R/S	
	7	Eingabe des 2. Datenpaars	$\{y_2\}$	R/S	2.000 00
	usw.				

Es müssen mindestens 2 und es dürfen beliebig viele Datenpaare eingegeben werden. Für die Programmteile C und D entfällt Schritt 3.

b) Löschen einer falschen Eingabe		Löschen des letzten Datenpaars		**2nd E'**	

Nach Eingeben eines falschen Werts x_i muß auch noch ein (beliebiger) Wert y_i eingegeben worden sein, um beide rückgängig machen zu können. Keiner dieser beiden Werte darf 0 sein! Da hierbei nach einem Vorschlag von [66] in das Hire-Register hineinindividiert wird, muß mit dem Exponentialformat gearbeitet werden.

Aufgabe	Schritt	Ziel	Eingabe	Befehle	Anzeige
c) Bestimmen der Kenn- und Funktionswerte der Regressionsfunktion	1	Bestimmen des Korrelationskoeffizienten		E	r
	2	Bestimmen des 1. Regressionskoeffizienten		R/S	$\{a_0\}$
	3	Bestimmen des 2. Regressionskoeffizienten		R/S	$\{a_1\}$
	4	Eingeben des Anfangswerts	$\{x_A\}$	R/S	$\{x_A\}$
	5	Eingeben des Schrittweite	$\{\Delta x\}$	R/S	$\{\Delta x\}$
	6	Anzeigen der unabhängigen Variablen		R/S	$\{x_1\}$
	7	Anzeigen der abhängigen Variablen		R/S	$\{y_1\}$
	8	Anzeigen der unabhängigen Variablen		R/S	$\{x_2\}$
	9	Anzeigen der abhängigen Variablen		R/S	$\{y_2\}$
	usw.				
d) Bestimmen bestimmter Funktionswerte	1	Programmvorbereitung		**2nd D'**	
	2	Vorgeben der unabhängigen Variablen und Berechnen der abhängigen Variablen	$\{x_i\}$	R/S	$\{y_i\}$

Dieser Programmteil kann unabhängig von c) ablaufen.

Datenregister. R01: Σy, R02: Σy^2, R03: n, R04: Σx, R05: Σx^2, R06: Σxy, R07: x_i, R08: Δx, R09: b

Flags. F1 bis F8

Tastenplan

$a_0 x^{a_1} + b$	$a_0 a_1^{bx}$	$a_0 e^{a_1 x^b}$	x_i, y_i	$\Sigma -$
$a_0 + a_1 x^b$	$\dfrac{1}{a_0 + a_1 x^b}$	$a_0 + a_1 \ln x$	$\dfrac{1}{a_0 + a_1 \ln x}$	$r, a_0, a_1, x_A, \Delta x, x_i, y_i$

4.13 Regressionsanalyse mit zwei Regressionskoeffizienten

Testbeispiele

Eingabe	Befehle	Anzeige		Eingabe	Befehle	Anzeige
	RST A			0	R/S	
.5	R/S			3	R/S	1.000 00
0	R/S			2	R/S	
3	R/S	1.000 00		4	R/S	2.000 00
2	R/S				E	1.000 00
4	R/S	2.000 00			R/S	3.000 00
3	R/S				R/S	1.155 00
3	R/S	3.000 00		2	R/S	
	2nd E'	2.000 00		1	R/S	
	E	1.000 00			RST 2nd C'	
	R/S	3.000 00		1	R/S	
	R/S	7.071 −01		0	R/S	
2	R/S			3	R/S	1.000 00
1	R/S			2	R/S	
	R/S	2.000 00		2	R/S	2.000 00
	R/S	4.000 00			E	−1.000 00
	RST B				R/S	3.000 00
2	R/S				R/S	−2.027 −01
0	R/S			2	R/S	
3	R/S	1.000 00		1	R/S	
2	R/S				R/S	2.000 00
4	R/S	2.000 00			R/S	2.000 00
	E	−1.000 00			RST C	
	R/S	3.333 −01		4	R/S	
	R/S	−2.083 −02		7	R/S	1.000 00
2	R/S			2	R/S	
1	R/S			4	R/S	2.000 00
	R/S	2.000 00			E	1.000 00
	R/S	4.000 00			R/S	1.000 00
	RST 2nd A'				R/S	4.328 00
3	R/S			2	R/S	
4	R/S			1	R/S	
7	R/S	1.000 00			R/S	2.000 00
2	R/S				R/S	4.000 00
4	R/S	2.000 00			RST D	
	E	1.000 00		4	R/S	
	R/S	2.500 −01		7	R/S	1.000 00
	R/S	2.000 00		2	R/S	
2	R/S			4	R/S	2.000 00
1	R/S				E	−1.000 00
	R/S	2.000 00			R/S	3.571 −01
	R/S	4.000 00			R/S	−1.546 −01
	RST 2nd B'			2	R/S	
1	R/S			1	R/S	

4.13 Regressionsanalyse mit zwei Regressionskoeffizienten

Eingabe	Befehle	Anzeige		Eingabe	Befehle	Anzeige
	R/S	2.000 00			2nd D'	
	R/S	4.000 00		4	R/S	7.000 00

Das Programm braucht nur für die zu benutzenden Segmente getestet zu werden.

Hinweis. Das Programmsegment **2nd E'** (Schritt 275 bis 289) erreicht man durch Eintasten der folgenden Schrittfolge und anschließendes Löschen aller Befehle **STO** über **2nd Del** (s. Abschn. 1.2.5.5).

```
275  76 LBL   2nd Lbl      283  82  82              291  42 STO
276  10 E'    2nd E'       284  42 STO              292  82  82
277  01  1                 285  17  17              293  42 STO
278  42 STO                286  42 STO              294  18  18
279  82  82                287  82  82              295  22 INV
280  42 STO                288  42 STO              296  78 Σ+    2nd Σ+
281  57  57                289  78  78              297  91 R/S
282  42 STO                290  32 X:T
```

Aufgelistetes Programm 4.13

```
000  76 LBL   2nd Lbl     030  76 LBL   2nd Lbl    060  30 TAN   2nd tan
001  68 NOP   2nd Nop     031  85  +               061  71 SBR
002  53  (                032  22 INV              062  68 NOP   2nd Nop
003  24 CE                033  23 LNX              063  61 GTO
004  45 Y×                034  61 GTO              064  59 INT   2nd Int
005  43 RCL               035  65  ×               065  76 LBL   2nd Lbl
006  09  09               036  76 LBL   2nd Lbl    066  49 PRD   2nd Prd
007  54  )                037  75  -               067  71 SBR
008  92 RTN   INV SBR     038  22 INV              068  69 OP    2nd Op
009  76 LBL   2nd Lbl     039  23 LNX              069  61 GTO
010  69 OP    2nd Op      040  61 GTO              070  59 INT   2nd Int
011  53  (                041  95  =               071  76 LBL   2nd Lbl
012  24 CE                042  76 LBL   2nd Lbl    072  54  )
013  65  ×                043  35 1/X              073  35 1/X
014  43 RCL               044  22 INV              074  61 GTO
015  09  09               045  23 LNX              075  45 Y×
016  54  )                046  61 GTO              076  76 LBL   2nd Lbl
017  92 RTN   INV SBR     047  45 Y×               077  28 LOG   2nd log
018  76 LBL   2nd Lbl     048  76 LBL   2nd Lbl    078  23 LNX
019  52 EE                049  38 SIN   2nd sin    079  61 GTO
020  22 INV               050  53  (               080  59 INT   2nd Int
021  23 LNX               051  24 CE               081  76 LBL   2nd Lbl
022  53  (                052  75  -               082  79  x̄    2nd x̄
023  24 CE                053  43 RCL              083  35 1/X
024  85  +                054  09  09              084  61 GTO
025  43 RCL               055  54  )               085  39 COS   2nd cos
026  09  09               056  23 LNX              086  76 LBL   2nd Lbl
027  54  )                057  61 GTO              087  89  π     2nd π
028  61 GTO               058  39 COS   2nd cos    088  23 LNX
029  45 Y×                059  76 LBL   2nd Lbl    089  61 GTO
```

4.13 Regressionsanalyse mit zwei Regressionskoeffizienten

090	39	COS	2nd cos	146	76	LBL	2nd Lbl	202	89	π	2nd π
091	76	LBL	2nd Lbl	147	24	CE		203	87	IFF	2nd Ifflg
092	15	E		148	69	OP	2nd Op	204	08	08	
093	69	OP	2nd Op	149	14	14		205	38	SIN	2nd sin
094	13	13		150	87	IFF	2nd Ifflg	206	76	LBL	2nd Lbl
095	91	R/S		151	06	06		207	39	COS	2nd cos
096	69	OP	2nd Op	152	54	)		208	78	Σ+	2nd Σ+
097	12	12		153	87	IFF	2nd Ifflg	209	91	R/S	
098	87	IFF	2nd Ifflg	154	07	07		210	61	GTO	
099	01	01		155	35	1/X		211	55	÷	
100	85	+		156	87	IFF	2nd Ifflg	212	76	LBL	2nd Lbl
101	76	LBL	2nd Lbl	157	08	08		213	12	B	
102	65	×		158	52	EE		214	71	SBR	
103	91	R/S		159	76	LBL	2nd Lbl	215	25	CLR	
104	32	X:T		160	45	Y^x		216	86	STF	2nd Stflg
105	87	IFF	2nd Ifflg	161	91	R/S		217	06	06	
106	02	02		162	43	RCL		218	61	GTO	
107	75	-		163	08	08		219	94	+/-	
108	76	LBL	2nd Lbl	164	44	SUM		220	76	LBL	2nd Lbl
109	95	=		165	07	07		221	18	C'	2nd C'
110	91	R/S		166	61	GTO		222	71	SBR	
111	42	STO		167	19	D'	2nd D'	223	25	CLR	
112	07	07		168	76	LBL	2nd Lbl	224	86	STF	2nd Stflg
113	91	R/S		169	11	A		225	07	07	
114	42	STO		170	71	SBR		226	86	STF	2nd Stflg
115	08	08		171	25	CLR		227	01	01	
116	91	R/S		172	76	LBL	2nd Lbl	228	61	GTO	
117	76	LBL	2nd Lbl	173	94	+/-		229	94	+/-	
118	19	D'	2nd D'	174	86	STF	2nd Stflg	230	76	LBL	2nd Lbl
119	43	RCL		175	04	04		231	13	C	
120	07	07		176	76	LBL	2nd Lbl	232	71	SBR	
121	91	R/S		177	22	INV		233	25	CLR	
122	87	IFF	2nd Ifflg	178	91	R/S		234	76	LBL	2nd Lbl
123	03	03		179	42	STO		235	57	ENG	2nd Eng
124	53	(		180	09	09		236	86	STF	2nd Stflg
125	87	IFF	2nd Ifflg	181	91	R/S		237	03	03	
126	04	04		182	76	LBL	2nd Lbl	238	91	R/S	
127	43	RCL		183	55	÷		239	61	GTO	
128	87	IFF	2nd Ifflg	184	87	IFF	2nd Ifflg	240	55	÷	
129	05	05		185	03	03		241	76	LBL	2nd Lbl
130	44	SUM		186	28	LOG	2nd log	242	14	D	
131	76	LBL	2nd Lbl	187	87	IFF	2nd Ifflg	243	71	SBR	
132	53	(		188	04	04		244	25	CLR	
133	23	LNX		189	30	TAN	2nd tan	245	86	STF	2nd Stflg
134	61	GTO		190	87	IFF	2nd Ifflg	246	06	06	
135	24	CE		191	05	05		247	61	GTO	
136	76	LBL	2nd Lbl	192	49	PRD	2nd Prd	248	57	ENG	2nd Eng
137	43	RCL		193	76	LBL	2nd Lbl	249	76	LBL	2nd Lbl
138	71	SBR		194	59	INT	2nd Int	250	16	A'	2nd A'
139	68	NOP	2nd Nop	195	32	X:T		251	71	SBR	
140	61	GTO		196	91	R/S		252	25	CLR	
141	24	CE		197	87	IFF	2nd Ifflg	253	86	STF	2nd Stflg
142	76	LBL	2nd Lbl	198	06	06		254	01	01	
143	44	SUM		199	79	x̄	2nd x̄	255	86	STF	2nd Stflg
144	71	SBR		200	87	IFF	2nd Ifflg	256	03	03	
145	69	OP	2nd Op	201	07	07		257	86	STF	2nd Stflg

258	08	08		285	82	HIR		
259	61	GTO		286	18	18		
260	22	INV		287	22	INV		
261	76	LBL	2nd Lbl	288	78	Σ+	2nd Σ+	
262	17	B'	2nd B'	289	91	R/S		
263	71	SBR		290	61	GTO		
264	25	CLR		291	55	÷		
265	86	STF	2nd Stflg	292	76	LBL	2nd Lbl	
266	05	05		293	25	CLR		
267	86	STF	2nd Stflg	294	29	CP	2nd CP	
268	02	02		295	47	CMS	2nd CMs	
269	86	STF	2nd Stflg	296	52	EE		
270	01	01		297	58	FIX	2nd Fix	
271	86	STF	2nd Stflg	298	03	03		
272	07	07		299	92	RTN	INV SBR	
273	61	GTO		**Labels**				
274	22	INV		001	68	NOP		
275	76	LBL	2nd Lbl	010	69	OP		
276	10	E'	2nd E'	019	52	EE		
277	01	1		031	85	+		
278	82	HIR	(s. Abschn.	037	75	−		
279	57	57	1.2.5.5)	043	35	1/X		
280	82	HIR		049	38	SIN		
281	17	17		060	30	TAN		
282	82	HIR		066	49	PRD		
283	78	78		072	54	)		
284	32	X:T						

077	28	LOG
082	79	X̄
087	89	π
092	15	E
102	65	×
109	95	=
118	19	D'
132	53	(
137	43	RCL
143	44	SUM
147	24	CE
160	45	Y^x
169	11	A
173	94	+/−
177	22	INV
183	55	÷
194	59	INT
207	39	COS
213	12	B
221	18	C'
231	13	C
235	57	ENG
242	14	D
250	16	A'
262	17	B'
276	10	E'
293	25	CLR

4.14 Regressionsanalyse mit drei Regressionskoeffizienten

Grundlagen. Sie werden in Abschn. 3.1.1.2 behandelt.

Programmbeschreibung. Zunächst wird über die Programmadreßtasten A bis D die Regressionsfunktion und der Exponent b gewählt. Anschließend werden unter Nutzung der fest verdrahteten statistischen Funktion **2nd Σ+** die nach Gl. (3.6) benötigten Summen gebildet, und es wird durch Anwendung des Modul-Programms ML-02 das Gleichungssystem (3.6) gelöst. Da nur gut konditionierte Gleichungssysteme brauchbare Lösungen liefern [26], blinkt etwa 20 sec nach Betätigen der Taste E die berechnete Koeffizienten-Determinante dreimal auf. (Bei Anschluß des Druckers PC-100 C wird sie automatisch ausgedruckt.)

Über **2nd A'** kann die Regressionsfunktion mit den bestimmten Regressionskoeffizienten berechnet und über **2nd E'** können falsche Datenpaare eliminiert werden. (Da hierbei in das Hire-Register hineinindividiert wird, muß mit dem Exponentialformat gearbeitet werden. Für die Programmeingabe s. Programm 4.13.) Die Substitutionen werden über Flags gesteuert. Die in Tafel 3.6 aufgeführten Bedingungen müssen eingehalten werden. Die Inhalte der Datenregister wechseln,

4.14 Regressionsanalyse mit drei Regressionskoeffizienten

weil die interne Rechner-Software dies verlangt. Alle Werte werden im vierziffrigen Exponentialformat angezeigt. Über **2nd B'** kann man auch die Koeffizienten a_0, a_1 und a_2 vorgeben und dann für eine über **A** bis **D** gewählte Funktion über **2nd A'** die Funktionswerte bestimmen.

Benutzeranleitung

Aufgabe	Schritt	Ziel	Eingabe	Befehle	Anzeige
a) Eingabe der Datenpaare	1	Programmvorbereitung		2nd D'	
	2	Wahl des Exponenten und der Regressionsfunktion	b	A, B, C oder D	
	3	Eingabe des 1. Datenpaars	$\{x_i\}$	R/S	
	4	Eingabe des 1. Datenpaars	$\{y_i\}$	R/S	1.000 00
	5	Eingabe des 2. Datenpaars	$\{x_2\}$	R/S	
	6	Eingabe des 2. Datenpaars	$\{y_2\}$	R/S	2.000 00
	usw.	Es müssen mindestens 3 und es dürfen beliebig viele Datenpaare eingegeben werden.			
b) Löschen einer falschen Eingabe		Löschen des letzten Datenpaars		2nd E'	
		Nach Eingeben eines falschen Werts x_i muß also auch noch ein (beliebiger) Wert y_i eingegeben worden sein, um beide rückgängig machen zu können. Keiner dieser beiden Werte darf 0 sein! (s. Programm 4.13.)			
c) Bestimmung der Kennwerte	1	Bestimmen des 1. Regressionskoeffizienten		E	$\{a_0\}$
	2	Bestimmen des 2. Regressionskoeffizienten		R/S	$\{a_1\}$
	3	Bestimmen des 3. Regressionskoeffizienten		R/S	$\{a_2\}$
d) Bestimmung der Funktionswerte	1	Eingeben des Anfangswerts	$\{x_A\}$	2nd A'	$\{x_A\}$
	2	Eingeben der Schrittweite	$\{\Delta x\}$	R/S	$\{\Delta x\}$
	3	Anzeige der unabhängigen Variablen		R/S	$\{x_1\}$
	4	Anzeige der abhängigen Variablen		R/S	$\{y_1\}$
	5	Anzeige der unabhängigen Variablen		R/S	$\{x_2\}$
	6	Anzeige der abhängigen Variablen		R/S	$\{y_2\}$
	usw.				
e) Vorgabe der Regressionskoeffizienten	1	Wahl der Funktion und Eingeben der Konstanten	b	2nd D' A, B, C oder D b	
	2	Eingeben von	$\{a_0\}$	2nd B'	$\{a_0\}$
	3	Eingeben von	$\{a_1\}$	R/S	$\{a_1\}$
	4	Eingeben von	$\{a_2\}$	R/S	$\{a_2\}$
		und weiter wie unter d).			

Tastenplan

$x_A, \Delta x, y$	↓ a_0, a_1, a_2		PV	Σ−
$a_0 + a_1 x^b + a_2 x^{2b}$	$\dfrac{1}{a_0 + a_1 x^b + a_2 x^{2b}}$	$a_0 a_1^{x^b} a_2^{x^{2b}}$	$a_0 e^{a_1(x-a_2)^2}$	a_0, a_1, a_2

4.14 Regressionsanalyse mit drei Regressionskoeffizienten

Testbeispiele

Eingaben	Befehle	Anzeige		Eingaben	Befehle	Anzeige
	2nd D'			1	R/S	
2	A	2.000 00		10	R/S	1.000 00
4	R/S			5	R/S	
10	R/S	1.000 00		1 EE 3	R/S	2.000 00
9	R/S			9	R/S	
7	R/S	2.000 00		10	R/S	3.000 00
11	R/S				E	(1.638 04)[1]
9	R/S	3.000 00				7.499 −01
5	R/S				R/S	1.778 01
5	R/S	4.000 00			R/S	7.499 −01
	2nd E'	3.000 00		1	2nd A'	
	E	(7.453 10)[1]		1	R/S	
		1.193 01			R/S	1.000 00
	R/S	−1.350 −01			R/S	1.000 01
	R/S	9.158 −04			2nd D'	
4	2nd A'			1	A	
1	R/S			3	2nd B'	
	R/S	4.000 00		2	R/S	
	R/S	1.000 01		1	R/S	
	2nd D'			1	2nd A'	
1	B	1.000 00			R/S	1.000 00
4	R/S				R/S	6.000 00
10	R/S	1.000 00			2nd D' D	1.000 00
9	R/S			2	R/S	
7	R/S	2.000 00		3	R/S	1.000 00
11	R/S			5	R/S	
9	R/S	3.000 00		6	R/S	2.000 00
	E	(4.900 03)[1]		8	R/S	
		−6.000 −02		2	R/S	3.000 00
	R/S	5.397 −02			E	(2.916 03)[1]
	R/S	−3.492 −03				6.069 00
4	2nd A'				R/S	−9.954 −02
1	R/S				R/S	4.661 00
	R/S	4.000 00		2	2nd A'	
	R/S	1.000 01		1	R/S	
	2nd D'				R/S	2.000 00
1	C	1.000 00			R/S	3.000 00

Das Programm braucht nur für die benötigten Segmente getestet zu werden.

---

[1] dreimal blinkend

4.14 Regressionsanalyse mit drei Regressionskoeffizienten

Datenregister. R01: $\Sigma\, y_i$, Zeiger, R02: $\Sigma\, y_i^2$, Zeiger, R03: n, Zeiger, R04: $\Sigma\, x_i$, Zähler, R05: $\Sigma\, x_i^2$, Zähler, R06: $\Sigma x_i y_i$, Determinante, R07: 3, R08: n, R09: $\Sigma\, x_i$, R10: $\Sigma\, x_i^2$, R11: $\Sigma\, x_i$, R12: $\Sigma\, x_i^2$, R13: $\Sigma\, x_i^3$, R14: Σx_i^2, R15: $\Sigma\, x_i^3$, R16: $\Sigma\, x_i^4$, R17: x_i, R18: x_i^2, R20: $\Sigma\, x_i^2 y_i$, a_0, R21: $\Sigma\, x_i y_i$, a_1, R22: $\Sigma\, y_i$, a_2, R23: b, R24: x_A, R25: Δx.

Flags. F1, F2, F4

Aufgelistetes Programm 4.14

```
000  92 RTN   INV SBR      044  76 LBL   2nd Lbl     088  49 PRD   2nd Prd
001  76 LBL   2nd Lbl      045  52 EE                089  21 21
002  43 RCL                046  42 STO               090  02  2
003  35 1/X                047  08 08                091  94 +/-
004  61 GTO                048  65  ×                092  22 INV
005  52 EE                 049  43 RCL               093  49 PRD   2nd Prd
006  76 LBL   2nd Lbl      050  07 07                094  21 21
007  44 SUM                051  33 X²                095  43 RCL
008  23 LNX                052  95  =                096  20 20
009  61 GTO                053  44 SUM               097  75  -
010  52 EE                 054  20 20                098  43 RCL
011  76 LBL   2nd Lbl      055  43 RCL               099  21 21
012  42 STO                056  08 08                100  33 X²
013  91 R/S                057  78 Σ+   2nd Σ+       101  65  ×
014  45 Y×                 058  61 GTO               102  43 RCL
015  43 RCL                059  42 STO               103  22 22
016  23 23                 060  76 LBL   2nd Lbl     104  95  =
017  95  =                 061  23 LNX               105  22 INV
018  42 STO                062  43 RCL               106  23 LNX
019  07 07                 063  20 20                107  42 STO
020  33 X²                 064  22 INV               108  20 20
021  33 X²                 065  23 LNX               109  43 RCL
022  44 SUM                066  42 STO               110  21 21
023  16 16                 067  20 20                111  48 EXC   2nd Exc
024  43 RCL                068  91 R/S               112  22 22
025  07 07                 069  43 RCL               113  42 STO
026  65  ×                 070  21 21                114  21 21
027  33 X²                 071  22 INV               115  61 GTO
028  95  =                 072  23 LNX               116  45 Y×
029  44 SUM                073  42 STO               117  76 LBL   2nd Lbl
030  15 15                 074  21 21                118  15 E
031  43 RCL                075  91 R/S               119  43 RCL
032  07 07                 076  43 RCL               120  03 03
033  32 X:T                077  22 22                121  42 STO
034  91 R/S                078  22 INV               122  08 08
035  87 IFF   2nd Ifflg    079  23 LNX               123  43 RCL
036  01 01                 080  42 STO               124  04 04
037  43 RCL                081  22 22                125  42 STO
038  87 IFF   2nd Ifflg    082  92 RTN   INV SBR     126  09 09
039  02 02                 083  76 LBL   2nd Lbl     127  42 STO
040  44 SUM                084  35 1/X               128  11 11
041  87 IFF   2nd Ifflg    085  43 RCL               129  43 RCL
042  04 04                 086  22 22                130  05 05
043  44 SUM                087  22 INV               131  42 STO
```

4.14 Regressionsanalyse mit drei Regressionskoeffizienten

132	10	10		189	01	01		246	20	20

```
132  10  10                189  01  01                246  20  20
133  42  STO               190  61  GTO               247  95  =
134  12  12                191  11  A                 248  87  IFF     2nd Ifflg
135  42  STO               192  76  LBL   2nd Lbl     249  01  01
136  14  14                193  13  C                 250  75  -
137  43  RCL               194  86  STF   2nd Stflg   251  76  LBL     2nd Lbl
138  15  15                195  02  02                252  65  ×
139  42  STO               196  61  GTO               253  91  R/S
140  13  13                197  11  A                 254  43  RCL
141  43  RCL               198  76  LBL   2nd Lbl     255  25  25
142  06  06                199  14  D                 256  44  SUM
143  42  STO               200  86  STF   2nd Stflg   257  24  24
144  21  21                201  04  04                258  61  GTO
145  43  RCL               202  01  1                 259  85  +
146  01  01                203  42  STO              260  76  LBL     2nd Lbl
147  42  STO               204  23  23                261  75  -
148  22  22                205  61  GTO               262  35  1/X
149  03  3                 206  42  STO               263  61  GTO
150  42  STO               207  76  LBL   2nd Lbl     264  65  ×
151  07  07                208  16  A'    2nd A'      265  76  LBL     2nd Lbl
152  36  PGM   2nd Pgm     209  42  STO               266  55  ÷
153  02  02                210  24  24                267  43  RCL
154  13  C                 211  91  R/S               268  21  21
155  66  PAU   2nd Pause   212  42  STO               269  45  Y^x
156  66  PAU   2nd Pause   213  25  25                270  43  RCL
157  66  PAU   2nd Pause   214  91  R/S               271  26  26
158  36  PGM   2nd Pgm     215  76  LBL   2nd Lbl     272  95  =
159  02  02                216  85  +                 273  65  ×
160  15  E                 217  43  RCL               274  53  (
161  87  IFF   2nd Ifflg   218  24  24                275  43  RCL
162  02  02                219  91  R/S               276  22  22
163  23  LNX               220  45  Y^x               277  45  Y^x
164  87  IFF   2nd Ifflg   221  43  RCL               278  43  RCL
165  04  04                222  23  23                279  26  26
166  35  1/X               223  95  =                 280  54  )
167  76  LBL   2nd Lbl     224  42  STO               281  33  X²
168  45  Y^x               225  26  26                282  65  ×
169  43  RCL               226  87  IFF   2nd Ifflg   283  43  RCL
170  20  20                227  02  02                284  20  20
171  91  R/S               228  55  ÷                 285  95  =
172  43  RCL               229  87  IFF   2nd Ifflg   286  61  GTO
173  21  21                230  04  04                287  65  ×
174  91  R/S               231  24  CE                288  76  LBL     2nd Lbl
175  43  RCL               232  33  X²                289  24  CE
176  22  22                233  65  ×                 290  75  -
177  91  R/S               234  43  RCL               291  43  RCL
178  61  GTO               235  22  22                292  22  22
179  16  A'    2nd A'      236  95  =                 293  95  =
180  76  LBL   2nd Lbl     237  85  +                 294  33  X²
181  11  A                 238  43  RCL               295  65  ×
182  42  STO               239  26  26                296  43  RCL
183  23  23                240  65  ×                 297  21  21
184  61  GTO               241  43  RCL               298  95  =
185  42  STO               242  21  21                299  22  INV
186  76  LBL   2nd Lbl     243  95  =                 300  23  LNX
187  12  B                 244  85  +                 301  65  ×
188  86  STF   2nd Stflg   245  43  RCL               302  43  RCL
```

303	20	20		333	17	17		363	91	R/S
304	95	=		334	33	X²		364	42	STO
305	61	GTO		335	65	×		365	22	22
306	65	×		336	82	HIR		366	92	RTN	INV SBR
307	76	LBL	2nd Lbl	337	18	18				
308	10	E'		338	95	=				
309	01	1	2nd E'	339	22	INV		**Labels**		
310	82	HIR	(s. Abschn	340	44	SUM				
311	57	57	1.2.5.5.)	341	20	20		002	43	RCL
312	82	HIR		342	82	HIR		007	44	SUM
313	17	17		343	18	18		012	42	STO
314	82	HIR		344	22	INV		045	52	EE
315	78	78		345	78	Σ+	2nd Σ+	061	23	LNX
316	33	X²		346	61	GTO		084	35	1/X
317	33	X²		347	42	STO		118	15	E
318	22	INV		348	76	LBL	2nd Lbl	168	45	Y^X
319	44	SUM		349	19	D'	2nd D'	181	11	A
320	16	16		350	47	CMS	2nd CMs	187	12	B
321	82	HIR		351	29	CP	2nd CP	193	13	C
322	17	17		352	52	EE		199	14	D
323	65	×		353	58	FIX	2nd Fix	208	16	A'
324	33	X²		354	03	03		216	85	+
325	95	=		355	81	RST		252	65	×
326	22	INV		356	76	LBL	2nd Lbl	261	75	-
327	44	SUM		357	17	B'	2nd B'	266	55	÷
328	15	15		358	42	STO		289	24	CE
329	82	HIR		359	20	20		308	10	E'
330	17	17		360	91	R/S		349	19	D'
331	32	X:T		361	42	STO		357	17	B'
332	82	HIR		362	21	21				

4.15 Regressionsanalyse mit vier Regressionskoeffizienten

Grundlagen. Sie werden in Abschn. 3.1.1.2 erläutert.

Programmbeschreibung. Über die Programmadreßtasten **A** und **B** kann man die Regressionsfunktion entsprechend Tafel 3.8 wählen; es muß dann der gewünschte Exponent b vorgegeben werden. Anschließend werden unter Nutzung der fest verdrahteten statistischen Funktion **2nd Σ +** die nach Gl. (3.8) benötigten Produkte und Summen gebildet, und es wird durch Anwendung des Modulprogramms ML-02 das Gleichungssystem (3.8) gelöst. Da nur gut konditionierte Matrizengleichungen brauchbare Lösungen liefern [26], blinkt etwa 40 sec nach Betätigen der Taste **E** die berechnete Koeffizienten-Determinante dreimal auf. (Bei Anschluß des Druckers PC-100 C wird sie automatisch ausgedruckt.)

Über **2nd A'** kann die Regressionsfunktion mit den ermittelten Regressionskoeffizienten berechnet werden. Die Substitutionen werden über ein Flag gesteuert. Die Inhalte der Datenregister wechseln, weil die interne Rechner-Software dies verlangt. Alle Werte werden im vierziffrigen Exponentialformat angezeigt. Über **2nd B'** kann man auch die Koeffizienten a_1, a_2 und a_3 vorgeben und dann für eine über **A** oder **B** gewählte Funktion über **2nd A'** die Funktionswerte bestimmen.

4.15 Regressionsanalyse mit vier Regressionskoeffizienten

Datenregister. R01: Σy_i, Zeiger, R02: Σy_i^2, Zeiger, R03: n, Zeiger, R04: Σx_i, Zähler, R05: Σx_i^2, Zähler, R06: $\Sigma x_i y_i$, Determinante, R07: 4, R08: n, R09: Σx_i, R10: Σx_i^2, R11: Σx_i^3, R12: Σx_i, R13: Σx_i^2, R14: Σx_i^3, R15: Σx_i^4, R16: Σx_i^2, R17: Σx_i^3, R18: Σx_i^4, R19: Σx_i^5, R20: Σx_i^3, R21: Σx_i^4, R22: Σx_i^5, R23: Σx_i^6, R28: $\Sigma x_i^3 y_i$, a_0, R29: Σy_i, a_1, R30: $\Sigma x_i y_i$, a_2, R31: $x_i^2 y_i$, a_3, R32: Δx, R33: Zwischenspeicher, R34: b, R35: x_a

Flag: F1

Tastenplan

$x_A, \Delta x, y$	$\downarrow a_0, a_1, a_2, a_3$		
$a_0 + a_1 x^b + a_2 x^{2b} + a_3 x^{3b}$	$\dfrac{1}{a_0 + a_1 x^b + a_2 x^{2b} + a_3 x^{3b}}$	PV	a_0, a_1, a_2, a_3

Testbeispiele

Eingabe	Befehle	Anzeige	Eingabe	Befehle	Anzeige
	D	0.000 00		D	0.000 00
.9	A	9.000 −01	1	B	1.000 00
0	R/S	0.000 00	0	R/S	0.000 00
5	R/S	1.000 00	1	R/S	1.000 00
3	R/S	1.000 00	5	R/S	1.000 00
3	R/S	2.000 00	2	R/S	2.000 00
10	R/S	3.688 00	8	R/S	6.000 00
10	R/S	3.000 00	4	R/S	3.000 00
12	R/S	8.943 00	13	R/S	9.000 00
0	R/S	4.000 00	2	R/S	4.000 00
	E	(9.850 07)[1]		E	(3.894 09)[1]
		5.000 00			1.000 00
	R/S	−4.912 00		R/S	−6.554 −02
	R/S	1.987 00		R/S	−1.250 −02
	R/S	−1.623 −01		R/S	1.122 −03
3	2nd A'	3.000 00	5	2nd B'	5.000 00
1	R/S	1.000 00	4	R/S	4.000 00
	R/S	3.000 00	3	R/S	3.000 00
	R/S	3.000 00	2	R/S	2.000 00
	R/S	4.000 00	1	B	1.000 00
			1	2nd A'	1.000 00
			1	R/S	1.000 00
				R/S	1.000 00
				R/S	7.143 −02

[1] dreimal blinkend

4.15 Regressionsanalyse mit vier Regressionskoeffizienten

Benutzeranleitung

Aufgabe	Schritt	Ziel	Eingabe	Befehle	Anzeige
a) Eingabe der Datenpaare	1	Programmvorbereitung		D	
	2	Wahl des Exponenten und der Regressionsfunktion	b	A oder B	
	3	Eingeben des 1. Datenpaars	$\{x_1\}$	R/S	
	4	Eingeben des 1. Datenpaars	$\{y_1\}$	R/S	1.000 00
	5	Eingeben des 2. Datenpaars	$\{x_2\}$	R/S	
	6	Eingeben des 2. Datenpaars	$\{y_2\}$	R/S	2.000 00
	usw.				

Es müssen mindestens 4 und es dürfen beliebig viele Datenpaare in beliebiger Reihenfolge eingegeben werden.

b) Bestimmung der Kennwerte	1	Bestimmen des 1. Regressionskoeffizienten		E	$\{a_0\}$
	2	Bestimmen des 2. Regressionskoeffizienten		R/S	$\{a_1\}$
	3	Bestimmen des 3. Regressionskoeffizienten		R/S	$\{a_2\}$
	4	Bestimmen des 4. Regressionskoeffizienten		R/S	$\{a_3\}$
c) Bestimmung der Funktionswerte	1	Eingeben des Anfangswerts	$\{x_A\}$	2nd A′	$\{x_A\}$
	2	Eingeben der Schrittweite	$\{\Delta x\}$	R/S	$\{\Delta x\}$
	3	Anzeigen der unabhängigen Variablen		R/S	$\{x_1\}$
	4	Anzeigen der abhängigen Variablen		R/S	$\{y_1\}$
	5	Anzeigen der unabhängigen Variablen		R/S	$\{x_2\}$
	6	Anzeigen der abhängigen Variablen		R/S	$\{y_2\}$
	usw.				
d) Vorgabe der Regressionskoeffizienten	1	Wahl der Funktion und Eingeben des Exponenten	b	D A oder B	b
	2	Eingeben des Koeffizienten	$\{a_0\}$	2nd B′	$\{a_0\}$
	3	Eingeben des Koeffizienten	$\{a_1\}$	R/S	$\{a_1\}$
	4	Eingeben des Koeffizienten	$\{a_2\}$	R/S	$\{a_2\}$
	5	Eingeben des Koeffizienten	$\{a_3\}$	R/S	$\{a_3\}$

und weiter wie unter c)

Aufgelistetes Programm 4.15

```
000  92 RTN   INV SBR      013  76 LBL   2nd Lbl    026  42 STO
001  76 LBL   2nd Lbl      014  43 RCL              027  91 R/S
002  19 D'    2nd D'       015  35 1/X              028  45 YX
003  65  ×                 016  61 GTO              029  43 RCL
004  43 RCL                017  52 EE               030  34 34
005  07 07                 018  76 LBL   2nd Lbl    031  95 =
006  95 =                  019  18 C'    2nd C'     032  42 STO
007  92 RTN   INV SBR      020  65 ×                033  07 07
008  76 LBL   2nd Lbl      021  43 RCL              034  45 YX
009  75 -                  022  33 33               035  03 3
010  35 1/X                023  85 +                036  95 =
011  61 GTO                024  92 RTN   INV SBR    037  44 SUM
012  65 ×                  025  76 LBL   2nd Lbl    038  11 11
```

4.15 Regressionsanalyse mit vier Regressionskoeffizienten

039	44	SUM		095	01	01		151	16 A'	2nd A'
040	14	14		096	61	GTO		152	42 STO	
041	44	SUM		097	11	A		153	35 35	
042	17	17		098	76	LBL	2nd Lbl	154	91 R/S	
043	44	SUM		099	15	E		155	42 STO	
044	20	20		100	43	RCL		156	32 32	
045	19	D'	2nd D'	101	03	03		157	91 R/S	
046	44	SUM		102	42	STO		158	76 LBL	2nd Lbl
047	15	15		103	08	08		159	85 +	
048	44	SUM		104	43	RCL		160	43 RCL	
049	18	18		105	04	04		161	35 35	
050	44	SUM		106	42	STO		162	91 R/S	
051	21	21		107	09	09		163	45 Y^x	
052	19	D'	2nd D'	108	42	STO		164	43 RCL	
053	44	SUM		109	12	12		165	34 34	
054	19	19		110	43	RCL		166	95 =	
055	44	SUM		111	05	05		167	42 STO	
056	22	22		112	42	STO		168	33 33	
057	19	D'	2nd D'	113	10	10		169	65 ×	
058	44	SUM		114	42	STO		170	43 RCL	
059	23	23		115	13	13		171	31 31	
060	43	RCL		116	42	STO		172	85 +	
061	07	07		117	16	16		173	43 RCL	
062	32	X:T		118	43	RCL		174	30 30	
063	91	R/S		119	06	06		175	95 =	
064	87	IFF	2nd Ifflg	120	42	STO		176	18 C'	2nd C'
065	01	01		121	31	31		177	43 RCL	
066	43	RCL		122	43	RCL		178	29 29	
067	76	LBL	2nd Lbl	123	01	01		179	95 =	
068	52	EE		124	42	STO		180	18 C'	2nd C'
069	42	STO		125	30	30		181	43 RCL	
070	08	08		126	04	4		182	28 28	
071	65	×		127	42	STO		183	95 =	
072	43	RCL		128	07	07		184	87 IFF	2nd Ifflg
073	07	07		129	36	PGM	2nd Pgm	185	01 01	
074	33	X²		130	02	02		186	75 −	
075	95	=		131	13	C		187	76 LBL	2nd Lbl
076	44	SUM		132	66	PAU	2nd Pause	188	65 ×	
077	29	29		133	66	PAU	2nd Pause	189	91 R/S	
078	19	D'	2nd D'	134	66	PAU	2nd Pause	190	43 RCL	
079	44	SUM		135	36	PGM	2nd Pgm	191	32 32	
080	28	28		136	02	02		192	44 SUM	
081	43	RCL		137	15	E		193	35 35	
082	08	08		138	43	RCL		194	61 GTO	
083	78	Σ+	2nd Σ+	139	28	28		195	85 +	
084	61	GTO		140	91	R/S		196	76 LBL	2nd Lbl
085	42	STO		141	43	RCL		197	17 B'	2nd B'
086	76	LBL	2nd Lbl	142	29	29		198	42 STO	
087	11	A		143	91	R/S		199	28 28	
088	42	STO		144	43	RCL		200	91 R/S	
089	34	34		145	30	30		201	42 STO	
090	61	GTO		146	91	R/S		202	29 29	
091	42	STO		147	43	RCL		203	91 R/S	
092	76	LBL	2nd Lbl	148	31	31		204	42 STO	
093	12	B		149	92	RTN	INV SBR	205	30 30	
094	86	STF	2nd Stflg	150	76	LBL	2nd Lbl	206	91 R/S	

207	42	STO	217	03	03	026	42	STO
208	31	31	218	81	RST	068	52	EE
209	92	RTN	INV SBR			087	11	A
210	76	LBL	2nd Lbl			093	12	B
211	14	D		**Labels**		099	15	E
212	25	CLR				151	16	A'
213	47	CMS	2nd CMs	002	19 D'	159	85	+
214	29	CP	2nd CP	009	75 –	188	65	×
215	52	EE		014	43 RCL	197	17	B'
216	58	FIX	2nd Fix	019	18 C'	211	14	D

4.16 Rekursive Regressionsanalyse

Grundlagen. Sie sind in Abschn. 3.1.1.3 dargestellt.

Programmbeschreibung. Über die Taste **A** wird die lineare Regression auf den g e -
r a d e n Kennlinienteil von Bild 1 angewandt, und mit den Tasten **2nd A'** können
die Kenngrößen a_1 und b_1 und der Korrelationskoeffizient r_1 aufgerufen werden.

Für die Punkte im m i t t l e r e n Kennlinienteil (also dort, wo der betragsmäßig
größere Koeffizient b_3 noch einen geringen Einfluß hat) wird über die Taste **B**
nach Eingabe der Kennliniendaten der von der berechneten Gerade herrührende
Anteil eliminiert, und es werden die Kenngrößen a_2 und b_2 berechnet. Sie und
der zugehörige Korrelationskoeffizient r_2 können über die Tasten **2nd B'** zur Anzeige gebracht werden.

Mit den Datenpunkten des u n t e r e n Kennlinienteils findet man über die Taste
C analog die Kenngrößen a_3, b_3, b_3' und r_3, die wieder über **2nd C'** angezeigt werden.

Über die Taste **D** kann man anschließend nach Vorgabe eines Anfangswerts x_A
und einer Schrittweite Δx die Funktion $y = f(x)$ berechnen. Gute Approximationen sind nur für Korrelationskoeffizienten in der Nähe von ± 1 zu erwarten. Falsche Vorzeichen deuten auf einen falschen Ansatz, also eine schlechte Wahl der
Kennlinienteilbereiche hin.

Es liegt nahe, dieses Programm derart auszubauen, daß die Koeffizienten a_1 bis b_3
auch über die Tasten **A'** bis **C'** eingegeben werden können. Es muß dann vorher
über die Taste **E** ein Flag gesetzt werden.

Die Daten werden im vierziffrigen Exponentialformat angezeigt. Nach Eingabe
eines Datenpaars erscheint ihre Ordnungszahl, d.h. für den 3. Datenpunkt z. B.
eine 3. Bei der Eingabe von $y = 0$ über die Tasten **B** und **C** blinkt die Anzeige; man
sollte dann Werte in der Nähe von Null wählen.

4.16 Rekursive Regressionsanalyse 307

Benutzeranleitung.

a) **Bestimmung der Regressionsgeraden** $y_1 = a_1 + b_1 x$

Aufgabe	Schritt	Ziel	Eingabe	Befehle	Anzeige
aa) Eingabe der Daten im oberen geraden Kennlinienbereich	1	Programmvorbereitung		A	0.000 00
	2	Eingeben von	$\{x_{o1}\}$	R/S	0.000 00
	3	Eingeben von	$\{y_{o1}\}$	R/S	1.000 00
	4	Eingeben von	$\{x_{o2}\}$	R/S	
	5	Eingeben von	$\{y_{o2}\}$	R/S	2.000 00
	usw.				
ab) Ausgabe der Kenngrößen der Approximationsgeraden	1	Anzeigen von a_1		2nd A'	$\{a_1\}$
	2	Anzeige von b_1		R/S	$\{b_1\}$
	3	Anzeigen von r_1		R/S	$\{r_1\}$

b) **Bestimmung der 1. Exponentialfunktion** $y_2 = a_2 e^{b_2 x}$

Aufgabe	Schritt	Ziel	Eingabe	Befehle	Anzeige
ba) Eingabe der Daten aus dem mittleren Kennlinienbereich	1	Programmvorbereitung		B	0.000 00
	2	Eingeben von	$\{x_{m1}\}$	R/S	0.000 00
	3	Eingeben von	$\{y_{m1}\}$	R/S	1.000 00
	4	Eingeben von	$\{x_{m2}\}$	R/S	
	5	Eingeben von	$\{y_{m2}\}$	R/S	2.000 00
	usw.				
bb) Ausgabe der Kenngrößen der 1. Exponentialfunktion	1	Anzeigen von a_2		2nd B'	$\{a_2\}$
	2	Anzeige von b_2		R/S	$\{b_2\}$
	3	Anzeigen von r_2		R/S	$\{r_2\}$

c) **Bestimmung der 2. Exponentialfunktion** $y_3 = a_3' e^{b_3 x}$

Aufgabe	Schritt	Ziel	Eingabe	Befehle	Anzeige
ca) Eingabe der Daten aus dem unteren Kennlinienbereich	1	Eingeben von	$\{y_0\}$	2nd D'	y_0
	2	Programmvorbereitung		C	0.000 00
	3	Eingeben von	$\{x_{u1}\}$	R/S	0.000 00
	4	Eingeben von	$\{y_{u1}\}$	R/S	1.000 00
	5	Eingeben von	$\{x_{u2}\}$	R/S	
	6	Eingeben von	$\{y_{u2}\}$	R/S	2.000 00
	usw.				
	Bei $y_0 = 0$ kann Schritt 1 entfallen.				
cb) Ausgabe der Kenngrößen der 2. Exponentialfunktion	1	Anzeigen von a_3		2nd C'	$\{a_3\}$
	2	Anzeigen von a_3'		R/S	$\{a_3'\}$
	3	Anzeigen von b_3		R/S	$\{b_3\}$
	4	Anzeigen von r_3		R/S	$\{r_3\}$
	Der Unterschied zwischen a_3 und a_3' sollte nicht zu groß sein. Die Approximierungsfunktion rechnet stets mit a_3'.				
d) Eingabe der Koeffizienten a_1 bis b_3	1	Programmvorbereitung		E	
	2	Eingeben von	$\{a_1\}$	2nd A'	$\{a_1\}$

4.16 Rekursive Regressionsanalyse

Aufgabe	Schritt	Ziel	Eingabe	Befehle	Anzeige
	3	Eingeben von	$\{b_1\}$	R/S	$\{b_1\}$
	4	Eingeben von	$\{a_2\}$	2nd B'	$\{a_2\}$
	5	Eingeben von	$\{b_2\}$	R/S	$\{b_2\}$
	6	Eingeben von	$\{a_3'\}$	2nd C'	$\{a_3'\}$
	7	Eingeben von	$\{b_3\}$	R/S	$\{b_3\}$
e) Bestimmen von Werten der Approximationsfunktion	1	Eingeben von	$\{x_A\}$	D	$\{x_A\}$
	2	Eingeben von	$\{\Delta x\}$	R/S	$\{\Delta x\}$
	3	Anzeigen von x_1		R/S	$\{x_1\}$
	4	Anzeigen von y_1		R/S	$\{y_1\}$
	5	Anzeigen von x_2		R/S	$\{x_2\}$
	usw.				

Tastenplan

a_1, b_1, r_1	a_2, b_2, r_2	a_3, a_3', b_3, r_3	y_0	
x_o, y_o	x_m, y_m	x_u, y_u	$x_A, \Delta x, y_i$	EK

Datenregister. R01 bis R06: lineare Regression, R07: y_0, R08: Δx, R09: x_i, R10: a_1, R11: b_1, R12: a_2, R13: b_2, R14: a_3', R15: b_3

Testbeispiel

Eingabe	Befehle	Anzeige	Eingabe	Befehle	Anzeige
	A	0.000 00	10	R/S	2.000 00
2.5	R/S	0.000 00		2nd C'	2.765 01
240	R/S	1.000 00		R/S	3.553 01
2.1	R/S	3.500 00		R/S	−1.676 00
230	R/S	2.000 00		R/S	−1.000 00
	2nd A'	1.775 02	0	D	0.000 00
	R/S	2.500 01	.1	R/S	0.000 00
	R/S	1.000 00		R/S	0.000 00
	B	0.000 00		R/S	1.000 −01
.64	R/S	0.000 00		R/S	2.709 01
160	R/S	1.000 00		E	2.709 01
.192	R/S	1.640 00	1	2nd A'	1.000 00
60	R/S	2.000 00	1 +/−	2nd B'	−1.000 00
	2nd B'	−2.130 02	1 +/−	R/S	−1.000 00
	R/S	−2.890 00	0	D	0.000 00
	R/S	−1.000 00	1	R/S	0.000 00
	C	0.000 00		R/S	0.000 00
.148	R/S	0.000 00		R/S	1.000 00
40	R/S	1.000 00		R/S	6.321 −01
.06	R/S	1.148 00			

4.16 Rekursive Regressionsanalyse

Aufgelistetes Programm 4.16

000	76	LBL	2nd Lbl	054	35	1/X		108	91	R/S	
001	85	+		055	76	LBL	2nd Lbl	109	32	X:T	
002	53	(		056	52	EE		110	42	STO	
003	43	RCL		057	91	R/S		111	13	13	
004	09	09		058	32	X:T		112	91	R/S	
005	65	×		059	91	R/S		113	69	OP	2nd Op
006	43	RCL		060	78	Σ+	2nd Σ+	114	13	13	
007	11	11		061	61	GTO		115	92	RTN	INV SBR
008	85	+		062	52	EE		116	76	LBL	2nd Lbl
009	43	RCL		063	92	RTN	INV SBR	117	13	C	
010	10	10		064	76	LBL	2nd Lbl	118	71	SBR	
011	54	)		065	16	A'	2nd A'	119	35	1/X	
012	92	RTN	INV SBR	066	87	IFF	2nd Ifflg	120	76	LBL	2nd Lbl
013	76	LBL	2nd Lbl	067	00	00		121	43	RCL	
014	75	-		068	22	INV		122	91	R/S	
015	53	(		069	69	OP	2nd Op	123	42	STO	
016	53	(		070	12	12		124	09	09	
017	43	RCL		071	42	STO		125	32	X:T	
018	13	13		072	10	10		126	91	R/S	
019	65	×		073	91	R/S		127	75	-	
020	43	RCL		074	32	X:T		128	71	SBR	
021	09	09		075	42	STO		129	75	-	
022	54	)		076	11	11		130	71	SBR	
023	22	INV		077	91	R/S		131	71	SBR	
024	23	LNX		078	69	OP	2nd Op	132	61	GTO	
025	24	CE		079	13	13		133	43	RCL	
026	65	×		080	92	RTN	INV SBR	134	76	LBL	2nd Lbl
027	43	RCL		081	76	LBL	2nd Lbl	135	18	C'	2nd C'
028	12	12		082	12	B		136	87	IFF	2nd Ifflg
029	54	)		083	71	SBR		137	00	00	
030	92	RTN	INV SBR	084	35	1/X		138	24	CE	
031	76	LBL	2nd Lbl	085	76	LBL	2nd Lbl	139	69	OP	2nd Op
032	35	1/X		086	44	SUM		140	12	12	
033	58	FIX	2nd Fix	087	91	R/S		141	22	INV	
034	03	03		088	42	STO		142	23	LNX	
035	52	EE		089	09	09		143	91	R/S	
036	36	PGM	2nd Pgm	090	32	X:T		144	43	RCL	
037	01	01		091	91	R/S		145	07	07	
038	71	SBR		092	71	SBR		146	75	-	
039	25	CLR		093	71	SBR		147	43	RCL	
040	92	RTN	INV SBR	094	61	GTO		148	10	10	
041	76	LBL	2nd Lbl	095	44	SUM		149	75	-	
042	71	SBR		096	76	LBL	2nd Lbl	150	43	RCL	
043	75	-		097	17	B'	2nd B'	151	12	12	
044	71	SBR		098	87	IFF	2nd Ifflg	152	95	=	
045	85	+		099	00	00		153	42	STO	
046	95	=		100	23	LNX		154	14	14	
047	50	|×|	2nd |x|	101	69	OP	2nd Op	155	91	R/S	
048	23	LNX		102	12	12		156	32	X:T	
049	78	Σ+	2nd Σ+	103	22	INV		157	42	STO	
050	92	RTN	INV SBR	104	23	LNX		158	15	15	
051	76	LBL	2nd Lbl	105	94	+/-		159	91	R/S	
052	11	A		106	42	STO		160	69	OP	2nd Op
053	71	SBR		107	12	12		161	13	13	

```
162  92 RTN  INV SBR      195  95  =              228  13  13
163  76 LBL  2nd Lbl      196  91  R/S            229  92 RTN  INV SBR
164  14  D                197  43 RCL             230  76 LBL  2nd Lbl
165  42 STO               198  08  08             231  24 CE
166  09  09               199  44 SUM             232  42 STO
167  91 R/S               200  09  09             233  14  14
168  42 STO               201  61 GTO             234  91 R/S
169  08  08               202  42 STO             235  42 STO
170  76 LBL  2nd Lbl      203  76 LBL  2nd Lbl    236  15  15
171  42 STO               204  19  D'   2nd D'    237  92 RTN  INV SBR
172  43 RCL               205  42 STO
173  09  09               206  07  07
174  91 R/S               207  92 RTN  INV SBR    Labels
175  71 SBR               208  76 LBL  2nd Lbl
176  85  +                209  15  E              001  85  +
177  85  +                210  47 CMS  2nd CMs    014  75  -
178  71 SBR               211  86 STF  2nd Stflg  032  35  1/X
179  75  -                212  00  00             042  71 SBR
180  85  +                213  92 RTN  INV SBR    052  11  A
181  53  (                214  76 LBL  2nd Lbl    056  52 EE
182  53  (                215  22 INV             065  16  A'
183  43 RCL               216  42 STO             082  12  B
184  15  15               217  10  10             086  44 SUM
185  65  ×                218  91 R/S             097  17  B'
186  43 RCL               219  42 STO             117  13  C
187  09  09               220  11  11             121  43 RCL
188  54  )                221  92 RTN  INV SBR    135  18  C'
189  22 INV               222  76 LBL  2nd Lbl    164  14  D
190  23 LNX               223  23 LNX             171  42 STO
191  24 CE                224  42 STO             204  19  D'
192  65  ×                225  12  12             209  15  E
193  43 RCL               226  91 R/S             215  22 INV
194  14  14               227  42 STO             223  23 LNX
                                                  231  24 CE
```

4.17 Auswertung des Belastungsversuchs von Gleichstrom-Nebenschlußmotoren

Grundlagen. Sie sind in Abschn. 3.1.2.1 zusammengestellt.

Programmbeschreibung. Das Programm ermittelt aus den Meßdaten über eine lineare Regression die Kennwerte der mit Gl. (3.10) und (3.11) beschriebenen Geraden. Mit ihnen werden schließlich Gl. (3.12) und (3.14) berechnet.

Die Drehzahl ist in der Einheit min^{-1} einzugeben und wird in dieser Einheit angezeigt. Sonst werden nur Größengleichungen benutzt. Wenn die übrigen Größen mit SI-Einheiten vorgegeben werden, erhält man daher auch die berechneten Größen als Zahlenwert für die entsprechende SI-Einheit.

4.17 Belastungsversuch von Gleichstrom-Nebenschlußmotoren   311

Benutzeranleitung

Aufgabe	Schritt	Ziel	Eingabe	Befehle	Anzeige
a) Bestimmen der Drehzahl-Kennlinie	1	Einstellen des Anzeigeformats		EE 2nd Fix 3	
	2	Programmvorbereitung		A	0.000 00
	3	Eingeben des 1. Drehmoments	$\{M_1\}$	x⇄t	0.000 00
	4	Eingeben der 1. Drehzahl	$\{n_1\}$	2nd Σ+	1.000 00
	5	Eingeben des 2. Drehmoments	$\{M_2\}$	x⇄t	$\{M_1\}+1$
	usw. alle Meßdaten M_i, n_i				
	2n+3	Bestimmen der Leerlaufdrehzahl		2nd A′	$\{n_0\}$
	2n+4	Bestimmen des Drehzahlkoeffizienten		R/S	$\{b_n\}$
	2n+5	Bestimmen des Korrelationskoeffizienten		R/S	$\{r_n\}$
b) Bestimmen der Stromkennlinie	1	Programmvorbereitung		B	0.000 00
	2	Eingeben des 1. Drehmoments	$\{M_1\}$	x⇄t	0.000 00
	3	Eingeben des 1. Stroms	$\{I_{A1}\}$	2nd Σ+	1.000 00
	4	Eingeben des 2. Drehmoments	$\{M_2\}$	x⇄t	$\{M_2\}+1$
	usw. alle Meßdaten M_i, I_{Ai}				
	2n+2	Bestimmen des Leerlaufstroms		2nd B′	$\{I_{A0}\}$
	2n+3	Bestimmen des Stromkoeffizienten		R/S	$\{b_I\}$
	2n+4	Bestimmen des Korrelationskoeffizienten		R/S	$\{r_I\}$
c) Bestimmen der Kennwerte der Leistungsaufnahmegeraden	1	Eingeben der Spannung	$\{U\}$	C	$\{U\}$
	2	Eingeben der Erregungsleistung	$\{P_E\}$	R/S	$\{P_E\}$
	3	Bestimmen der Leerlaufleistung		2nd C′	$\{P_0\}$
	4	Bestimmen des Leistungskoeffizienten		R/S	$\{b_P\}$
d) Bestimmen von Leistungsabgabe und Wirkungsgrad	1	Eingeben des Drehmomentschritts	$\{\Delta M\}$	D	$\{\Delta M\}$
	2	Bestimmen des 1. Drehmoments		R/S	$\{M_1\}$
	3	Bestimmen der 1. Leistungsabgabe		R/S	$\{P_{21}\}$
	4	Bestimmen des 1. Wirkungsgrads		R/S	η_1
	5	Bestimmen des 2. Drehmoments		R/S	$\{M_2\}$
	usw. bis zum gewünschten Drehmoment M_{max}				

Tastenplan

n_0, b_n, r_n	I_{A0}, b_I, r_I	P_0, b_P	
M_i, n_i	M_i, I_{Ai}	U, P_E	↓ ΔM, →M, P_2, η

Datenregister. R01 bis R09: lineare Regression, R10: n_0, R11: b_n, R12: I_{A0}, R13: b_I, R14: P_0, R15: b_P, R16: U, R17: ΔM, R18: M

Testbeispiel

Eingabe	Befehle	Anzeige	Eingabe	Befehle	Anzeige
	EE 2nd Fix 3 A	0.000 00		2nd A′	1.503 03
49.5	x⇄t	0.000 00		R/S	−1.273 00
1440	2nd Σ+	1.000 00		R/S	−1.000 00
.8	x⇄t	5.050 01		B	0.000 00
1502	2nd Σ+	2.000 00	49.5	x⇄t	0.000 00

4.17 Belastungsversuch von Gleichstrom-Nebenschlußmotoren

Eingabe	Befehle	Anzeige		Eingabe	Befehle	Anzeige
	R/S	7.331 −01			R/S	1.613 02
	R/S	1.000 00		5	D	5.000 00
220	C	2.200 02			R/S	0.000 00
280	R/S	2.800 02			R/S	0.000 00
	2nd C'	5.470 02			R/S	0.000 00
37.5	2nd Σ +	1.000 00			R/S	5.000 00
.8	x ⇄ t	5.050 00			R/S	7.836 02
1.8	2nd Σ +	2.000 00			R/S	5.790 −01
	2nd B'	1.214 00				

Aufgelistetes Programm 4.17

```
000  76  LBL   2nd Lbl      039  92  RTN   INV SBR      078  24  CE
001  11  A                  040  76  LBL   2nd Lbl      079  65  ×
002  36  PGM   2nd Pgm      041  13  C                  080  43  RCL
003  01  01                 042  42  STO                081  11  11
004  71  SBR                043  16  16                 082  85  +
005  25  CLR                044  91  R/S                083  43  RCL
006  91  R/S                045  92  RTN   INV SBR      084  10  10
007  92  RTN   INV SBR      046  76  LBL   2nd Lbl      085  95  =
008  76  LBL   2nd Lbl      047  18  C'    2nd C'       086  65  ×
009  16  A'    2nd A'       048  24  CE                 087  43  RCL
010  69  OP    2nd Op       049  85  +                  088  18  18
011  12  12                 050  43  RCL                089  65  ×
012  42  STO                051  12  12                 090  89  π    2nd π
013  10  10                 052  65  ×                  091  55  ÷
014  91  R/S                053  43  RCL                092  03  3
015  32  X:T                054  16  16                 093  00  0
016  42  STO                055  95  =                  094  95  =
017  11  11                 056  42  STO                095  91  R/S
018  91  R/S                057  14  14                 096  24  CE
019  69  OP    2nd Op       058  91  R/S                097  55  ÷
020  13  13                 059  43  RCL                098  53  (
021  92  RTN   INV SBR      060  16  16                 099  43  RCL
022  76  LBL   2nd Lbl      061  65  ×                  100  14  14
023  12  B                  062  43  RCL                101  85  +
024  11  A                  063  13  13                 102  43  RCL
025  92  RTN   INV SBR      064  95  =                  103  15  15
026  76  LBL   2nd Lbl      065  42  STO                104  65  ×
027  17  B'    2nd B'       066  15  15                 105  43  RCL
028  69  OP    2nd OP       067  92  RTN   INV SBR      106  18  18
029  12  12                 068  76  LBL   2nd Lbl      107  54  )
030  42  STO                069  14  D                  108  95  =
031  12  12                 070  42  STO                109  91  R/S
032  91  R/S                071  17  17                 110  43  RCL
033  32  X:T                072  91  R/S                111  17  17
034  42  STO                073  76  LBL   2nd Lbl      112  44  SUM
035  13  13                 074  15  E                  113  18  18
036  91  R/S                075  43  RCL                114  61  GTO
037  69  OP    2nd Op       076  18  18                 115  15  E
038  13  13                 077  91  R/S
```

Labels			023	12	B	047	18	C'
			027	17	B'	069	14	D
001	11	A	041	13	C	074	15	E
009	16	A'						

4.18 Berechnung der Belastungskennlinien von Drehstrom-Asynchronmotoren aus Leerlauf- und Kurzschlußversuch

Grundlagen. Sie sind in Abschn. 3.1.2.2 dargestellt.

Programmbeschreibung. Dieses Programm berechnet Gl. (3.15), (3.24), (3.26) und (3.31) bis (3.34) und arbeitet hierfür mit Gl. (3.16) bis (3.30).

Wenn statt der vorausgesetzten Dreieckschaltung eine Sternschaltung im Ständer vorliegt, ist über **2nd A'** zunächst ein Flag zu setzen und so die Berechnung umzustellen.

Das Programm führt unter **A** eine lineare Regression der Leerlaufverluste entsprechend Bild 3.20 durch. Man beachte, daß sie nur für den unteren linearen Kennlinienbereich vorgenommen werden soll. Nach Eingabe der Datentripel steht in der Anzeige eine fortlaufende Ziffer. Falsche Tripel können über **2nd E'** wieder rückgängig gemacht werden (für die Programmeingabe s. Programm 4.13).

Über die Tasten **B** und **C** werden die Widerstände der Ersatzschaltung von Bild 3.21 berechnet und zur Kontrolle angezeigt. Für den Leerlaufversuch wird vorausgesetzt, daß der Ständerwiderstand R_1 kalt bleibt — für alle übrigen Daten wird jedoch mit dem Warmwiderstand R_{1w} gearbeitet.

Nach Eingabe weiterer Daten über **D** muß man eine Schrittweite Δs für den Schlupf vorgeben und über **E** die Berechnung aller Werte für die Belastungskennlinie I_1, $\cos\varphi_1$, P_1, n, P_2, $\eta = f(M)$ einleiten. Vor jeder Wertegruppe blinkt der zugehörige Schlupfwert zweimal in der Anzeige. Die Werte für $M = 0$ werden nicht neu berechnet, sondern sind dem Leerlaufversuch zu entnehmen.

Die Berechnung kann nur in der angegebenen Reihenfolge vorgenommen werden. Sie nutzt die Modulprogramme ML-04 und ML-05. Alle Daten werden im vierziffrigen Exponentialformat angezeigt.

Datenregister. R00: R_{1k}, R_{1w}, R01 bis R06: lineare Regression, R01 bis R04: komplexe Arithmetik, R04: n, R05: P_{10N}, I_1, R06: I_{Fe}, R07: P_d, R08: U_{1N}, R09: P_R, R10: P_1, R11: X_h, R12: R_2', R13: X_σ', R14: n_d, R15: I_{1N}, P_{Zu}, R16: Δs, R17: Δs, R18: P_{Cu2}, R19: P_{FeN}

Flag. F0

4.18 Belastungskennlinien von Drehstrom-Asynchronmotoren

Benutzeranleitung

Aufgabe	Schritt	Ziel	Eingabe	Befehle	Anzeige
a) Schaltung der Ständerwicklungen		Bei Sternschaltung ist zunächst die Taste **2nd A'** zu betätigen. Mit **RST** wird wieder auf Dreieckschaltung umgestellt.			
b) Eingabe der Leerlaufdaten	1	Programmvorbereitung		A	
	2	Eingeben des kalten Ständerstrangwiderstands	$\{R_{1k}\}$	R/S	$\{R_{1k}\}$
	3	Eingeben des 1. Spannungswerts	$\{U_{101}\}$	R/S	
	4	Eingeben des 1. Leistungswerts	$\{P_{101}\}$	R/S	
	5	Eingeben des 1. Stromwerts	$\{I_{101}\}$	R/S	1.000 00
	6	Eingeben des 2. Spannungswerts	$\{U_{102}\}$	R/S	
	usw.				
c) Auswertung des Leerlaufversuchs	1	Bestimmen der Reibungsverluste		B	$\{P_{R0}\}$
	2	Eingeben der Nennspannung	$\{U_{1N}\}$	R/S	
	3	Eingeben der Nenn-Leerlaufleistung	$\{P_{10N}\}$	R/S	$\{P_{1k}\}$
	4	Eingeben des Nenn-Leerlaufstroms und	$\{I_{10N}\}$		
	5	Berechnen der Eisenverluste P_{FeN}		R/S	$\{P_{FeN}\}$
	6	Berechnen des Eisenverlustwiderstands R_{Fe}		R/S	$\{R_{Fe}\}$
	7	Berechnen des Hauptblindwiderstands X_h		R/S	$\{X_h\}$
d) Auswertung des Kurzschlußversuchs	1	Eingeben der Meßtemperatur	$\{\vartheta_k\}$	C	
	2	Eingeben der Betriebstemperatur und	$\{\vartheta_w\}$		
	3	Berechnen des Warmwiderstands R_{1w}		R/S	$\{R_{1w}\}$
	4	Eingeben der Stillstandsspannung	$\{U_{1A}\}$	R/S	
	5	Eingeben des Stillstandsstroms	$\{I_{1A}\}$	R/S	$\{I_{1A}\}$
	6	Eingeben der Stillstandsleistung	$\{P_{1A}\}$		
	7	Berechnen des Läuferwirkwiderstands R'_2		R/S	$\{R'_2\}$
	8	Berechnen des Streublindwiderstands X'_σ		R/S	$\{X'_\sigma\}$
e) Eingabe der Nenndaten	1	Eingeben der Drehfelddrehzahl	$\{n_d\}$	D	$\{n_d\}$
	2	Eingeben der Leerlaufdrehzahl	$\{n_0\}$	R/S	
	3	Eingeben der Nennleistung	$\{P_{2N}\}$	R/S	
	4	Eingeben des Nennstroms	$\{I_{1N}\}$	R/S	
f) Berechnung der Belastungskennlinie	1	Vorgeben der Schrittweite und Berechnen des 1. Ständerstroms	Δs	E	$\{I_1\}$[1]
	2	Berechnen des 1. Wirkfaktors		R/S	$\cos \varphi_1$
	3	Berechnen der 1. Leistungsaufnahme		R/S	$\{P_1\}$
	4	Berechnen der 1. Drehzahl		R/S	$\{n\}$
	5	Berechnen der 1. Leistungsabgabe		R/S	$\{P_2\}$
	6	Berechnen des 1. Drehmoments		R/S	$\{M\}$
	7	Berechnen des 1. Wirkungsgrads		R/S	η
	8	Berechnen des 2. Ständerstroms		R/S	$\{I_1\}$[1]
	usw.				

---

[1] Zugehöriger Schlupfwert s blinkt vorher zweimal auf.

4.18 Belastungskennlinien von Drehstrom-Asynchronmotoren

Tastenplan

A			Σ –
R_{1k}, U_{10i}, P_{10i}, I_{10i}	P_R, U_{1N}, P_{10N}, I_{10N}, P_{Fe}, R_{Fe}, X_h	ϑ_k, ϑ_w, U_{1A}, I_{1A}, P_{1A}, R'_2, X'_σ	n_d, n_0, P_{2N}, I_{1N}	Δs, I_1, $\cos\varphi_1$, P_1, n, P_2, M, η

Testbeispiel

Eingabe	Befehle	Anzeige		Eingabe	Befehle	Anzeige
	2nd A' A	0.000 00		4.5	R/S	4.500 00
3	R/S	3.000 00		456	R/S	1.285 01
350	R/S	0.000 00			R/S	4.355 01
108	R/S	9.000 00		1500	D	1.500 03
1.02	R/S	1.000 00		1430	R/S	2.924 09
260	R/S	1.225 05		2700	R/S	1.350 01
71	R/S	9.000 00		4.55	R/S	6.521 –01
.74	R/S	2.000 00		2 EE 3 +/–	E	(2.000 –03)[1]
	B	2.597 01				1.757 00
500	R/S	1.732 00			R/S	1.984 –01
204	R/S	9.000 00			R/S	3.019 02
1.74	R/S	1.508 01			R/S	1.497 03
	R/S	4.974 03			R/S	8.313 01
	R/S	5.011 02			R/S	5.303 –01
20	C	2.350 02			R/S	2.753 –01
95	R/S	1.165 01			R/S	(4.000 –03)[1]
120	R/S	1.732 00				1.785 00

[1] dreimal aufblinkend

Aufgelistetes Programm 4.18

```
000  76 LBL   2nd LBL      011  71 SBR                022  43 RCL
001  43 RCL                012  25 CLR                023  76 LBL  2nd Lbl
002  03  3                 013  47 CMS   2nd CMs      024  22 INV
003  49 PRD   2nd Prd      014  52 EE                 025  91 R/S
004  00  00                015  58 FIX   2nd Fix      026  33 X²
005  61 GTO                016  03  03                027  32 X:T
006  22 INV                017  91 R/S                028  91 R/S
007  76 LBL   2nd Lbl      018  42 STO                029  75  –
008  11  A                 019  00  00                030  53  (
009  36 PGM   2nd Pgm      020  87 IFF   2nd Ifflg    031  43 RCL
010  01  01                021  00  00                032  00  00
```

4.18 Belastungskennlinien von Drehstrom-Asynchronmotoren

033	65	×		089	09	09		145	43 RCL
034	91	R/S		090	95	=		146	00 00
035	33	X²		091	55	÷		147	91 R/S
036	95	=		092	43	RCL		148	42 STO
037	78	Σ+	2nd Σ+	093	08	08		149	12 12
038	61	GTO		094	55	÷		150	03 3
039	22	INV		095	43	RCL		151	34 √X
040	76	LBL	2nd Lbl	096	11	11		152	49 PRD 2nd Prd
041	12	B		097	95	=		153	12 12
042	69	OP	2nd Op	098	22	INV		154	91 R/S
043	12	12		099	39	COS	2nd cos	155	42 STO
044	42	STO		100	32	X:T		156	13 13
045	09	09		101	43	RCL		157	91 R/S
046	91	R/S		102	11	11		158	55 ÷
047	42	STO		103	32	X:T		159	43 RCL
048	08	08		104	37	P/R	2nd P→R	160	12 12
049	03	3		105	42	STO		161	55 ÷
050	34	√X		106	02	02		162	43 RCL
051	49	PRD	2nd Prd	107	32	X:T		163	13 13
052	08	08		108	75	-		164	95 =
053	91	R/S		109	43	RCL		165	22 INV
054	42	STO		110	06	06		166	39 COS 2nd cos
055	05	05		111	95	=		167	32 X:T
056	75	-		112	42	STO		168	43 RCL
057	53	(		113	01	01		169	12 12
058	43	RCL		114	36	PGM	2nd Pgm	170	55 ÷
059	00	00		115	05	05		171	43 RCL
060	65	×		116	15	E		172	13 13
061	91	R/S		117	43	RCL		173	95 =
062	42	STO		118	02	02		174	32 X:T
063	11	11		119	65	×		175	37 P/R 2nd P→R
064	33	X²		120	43	RCL		176	32 X:T
065	95	=		121	08	08		177	75 -
066	75	-		122	95	=		178	43 RCL
067	43	RCL		123	94	+/-		179	00 00
068	09	09		124	42	STO		180	95 =
069	95	=		125	11	11		181	42 STO
070	42	STO		126	92	RTN	INV SBR	182	01 01
071	19	19		127	76	LBL	2nd Lbl	183	32 X:T
072	91	R/S		128	13	C		184	42 STO
073	55	÷		129	42	STO		185	02 02
074	43	RCL		130	11	11		186	36 PGM 2nd Pgm
075	08	08		131	11	A		187	05 05
076	95	=		132	03	3		188	15 E
077	42	STO		133	05	5		189	43 RCL
078	06	06		134	44	SUM		190	11 11
079	55	÷		135	01	01		191	35 1/X
080	43	RCL		136	85	+		192	44 SUM
081	08	08		137	91	R/S		193	02 02
082	95	=		138	95	=		194	36 PGM 2nd Pgm
083	35	1/X		139	55	÷		195	05 05
084	91	R/S		140	43	RCL		196	15 E
085	43	RCL		141	01	01		197	43 RCL
086	05	05		142	95	=		198	01 01
087	75	-		143	49	PRD	2nd Prd	199	42 STO
088	43	RCL		144	00	00		200	12 12

4.18 Belastungskennlinien von Drehstrom-Asynchronmotoren

201	91	R/S		257	43	RCL		313	33	X²	
202	43	RCL		258	11	11		314	65	×	
203	02	02		259	35	1/X		315	43	RCL	
204	42	STO		260	22	INV		316	00	00	
205	13	13		261	44	SUM		317	95	=	
206	92	RTN	INV SBR	262	02	02		318	42	STO	
207	76	LBL	2nd Lbl	263	36	PGM	2nd Pgm	319	07	07	
208	14	D		264	05	05		320	01	1	
209	42	STO		265	15	E		321	85	+	
210	14	14		266	43	RCL		322	43	RCL	
211	91	R/S		267	00	00		323	13	13	
212	45	Yˣ		268	44	SUM		324	55	÷	
213	03	3		269	01	01		325	43	RCL	
214	95	=		270	36	PGM	2nd Pgm	326	11	11	
215	22	INV		271	05	05		327	95	=	
216	49	PRD	2nd Prd	272	15	E		328	42	STO	
217	09	09		273	43	RCL		329	03	03	
218	91	R/S		274	08	08		330	43	RCL	
219	55	÷		275	49	PRD	2nd Prd	331	12	12	
220	02	2		276	01	01		332	55	÷	
221	00	0		277	49	PRD	2nd Prd	333	43	RCL	
222	00	0		278	02	02		334	17	17	
223	55	÷		279	43	RCL		335	55	÷	
224	91	R/S		280	06	06		336	43	RCL	
225	33	X²		281	44	SUM		337	11	11	
226	95	=		282	01	01		338	95	=	
227	42	STO		283	43	RCL		339	94	+/−	
228	15	15		284	01	01		340	42	STO	
229	92	RTN	INV SBR	285	32	X:T		341	04	04	
230	76	LBL	2nd Lbl	286	43	RCL		342	36	PGM	2nd Pgm
231	15	E		287	02	02		343	04	04	
232	42	STO		288	22	INV		344	18	C'	2nd C'
233	16	16		289	37	P/R	2nd P→R	345	43	RCL	
234	76	LBL	2nd Lbl	290	32	X:T		346	01	01	
235	42	STO		291	42	STO		347	32	X:T	
236	44	SUM		292	05	05		348	43	RCL	
237	17	17		293	91	R/S		349	02	02	
238	43	RCL		294	32	X:T		350	22	INV	
239	17	17		295	39	COS	2nd cos	351	37	P/R	2nd P→R
240	66	PAU	2nd Pause	296	91	R/S		352	32	X:T	
241	66	PAU	2nd Pause	297	65	×		353	33	X²	
242	43	RCL		298	32	X:T		354	65	×	
243	12	12		299	65	×		355	43	RCL	
244	55	÷		300	43	RCL		356	12	12	
245	43	RCL		301	08	08		357	95	=	
246	17	17		302	95	=		358	42	STO	
247	95	=		303	42	STO		359	18	18	
248	42	STO		304	10	10		360	55	÷	
249	01	01		305	91	R/S		361	43	RCL	
250	43	RCL		306	75	−		362	07	07	
251	13	13		307	43	RCL		363	95	=	
252	42	STO		308	19	19		364	94	+/−	
253	02	02		309	75	−		365	85	+	
254	36	PGM	2nd Pgm	310	53	(		366	01	1	
255	05	05		311	43	RCL		367	95	=	
256	15	E		312	05	05		368	65	×	

4.18 Belastungskennlinien von Drehstrom-Asynchronmotoren

369	43	RCL		406	65	×		443	76	LBL	2nd Lbl
370	14	14		407	06	6		444	18	C'	2nd C'
371	95	=		408	00	0		445	42	STO	
372	91	R/S		409	95	=		446	01	01	
373	42	STO		410	91	R/S		447	02	2	
374	04	04		411	43	RCL		448	03	3	
375	45	Y^x		412	03	03		449	05	5	
376	03	3		413	55	÷		450	44	SUM	
377	95	=		414	43	RCL		451	01	01	
378	65	×		415	10	10		452	85	+	
379	43	RCL		416	95	=		453	91	R/S	
380	09	09		417	91	R/S		454	95	=	
381	94	+/−		418	43	RCL		455	55	÷	
382	85	+		419	16	16		456	43	RCL	
383	43	RCL		420	61	GTO		457	01	01	
384	07	07		421	42	STO		458	95	=	
385	75	−		422	76	LBL	2nd Lbl	459	49	PRD	2nd Prd
386	43	RCL		423	16	A'	2nd A'	460	00	00	
387	18	18		424	86	STF	2nd Stflg	461	43	RCL	
388	75	−		425	00	00		462	00	00	
389	43	RCL		426	92	RTN	INV SBR	463	92	RTN	INV SBR
390	05	05		427	76	LBL	2nd Lbl				
391	33	X²		428	10	E'	2nd E'				
392	65	×		429	01	1		**Labels**			
393	43	RCL		430	82	HIR					
394	15	15		431	57	57	(s. Abschn.	001	43	RCL	
395	95	=		432	82	HIR	1.2.5.5)	008	11	A	
396	91	R/S		433	17	17		024	22	INV	
397	42	STO		434	82	HIR		041	12	B	
398	03	03		435	78	78		128	13	C	
399	55	÷		436	32	X:T		208	14	D	
400	02	2		437	82	HIR		231	15	E	
401	55	÷		438	18	18		235	42	STO	
402	89	π	2nd π	439	22	INV		423	16	A'	
403	55	÷		440	78	Σ+	2nd Σ+	428	10	E'	
404	43	RCL		441	61	GTO		444	18	C'	
405	04	04		442	22	INV					

4.19 Komplexe Ströme und Spannungen einer unsymmetrischen Dreiphasen-Sternschaltung. Symmetrische Komponenten

Grundlagen. Sie sind in Abschn. 3.2.1 erläutert.

Programmbeschreibung. Das Programm folgt dem durch Gl. (3.35) bis (3.45) vorgeschriebenen Algorithmus. Da für die Summanden in Gl. (3.35) bis (3.39) gleichartige mathematische Operationen auszuführen sind und in Gl. (3.43) bis (3.45) der eine Summand aus dem anderen durch Multiplikation mit $/120°$ entsteht, kann man mit entsprechenden Unterprogrammen, Verschieben der Speicherinhalte und indirektes Adressieren das Programm sinnvoll vereinfachen.

4.19 Unsymmetrische Dreiphasenschaltung   319

Alle Daten werden vierziffrig im Exponentialformat angezeigt. Für $I_0 < 0{,}001\ I_m$ erscheint 0 in der Anzeige. Um dieses Programm mit dem Rechner TI 58 nutzen zu können, muß es in zwei Teile zerlegt werden.

Benutzeranleitung

Aufgabe	Schritt	Ziel	Eingabe	Befehle	Anzeige
a) Eingabe der vorgegebenen Daten	1	Programmvorbereitung		RST	0
	2	Eingeben des Scheinwiderstands	$\{Z_1\}$	A	$\{Z_1\}$
	3	Eingeben des Phasenwinkels	$\{\varphi_1\}$	R/S	$\{\varphi_1\}$
	4	Eingeben des Scheinwiderstands	$\{Z_2\}$	B	$\{Z_2\}$
	5	Eingeben des Phasenwinkels	$\{\varphi_2\}$	R/S	$\{\varphi_2\}$
	6	Eingeben des Scheinwiderstands	$\{Z_3\}$	C	$\{Z_3\}$
	7	Eingeben des Phasenwinkels	$\{\varphi_3\}$	R/S	$\{\varphi_3\}$
	8	Eingeben des Spannungsbetrags	$\{U_{12}\}$	D	$\{U_{12}\}$
	9	Eingeben des Spannungsphasenwinkels	$\{\varphi_{12}\}$	R/S	$\{\varphi_{12}\}$

Diese Reihenfolge sollte eingehalten werden. Wenn die Phasenwinkel $\varphi_i = 0$ sind, können die Schritte 3, 5, 7 oder 9 entfallen.

b) Berechnung der Ströme und Spannungen	1	Berechnen des Stromes I_1		2nd A'	$\{I_1\}$
	2	Berechnen des Phasenwinkels φ_{I1}		R/S	$\{\varphi_{I1}\}$
	3	Berechnen der Spannung U_1		R/S	$\{U_1\}$
	4	Berechnen des Phasenwinkels φ_{U1}		R/S	$\{\varphi_{U1}\}$
	5	Berechnen des Stromes I_2		2nd B'	$\{I_2\}$

und weiter wie bei Schritt 2. Analoges gilt für das Berechnen des Stromes I_3 mit **2nd C'**.

	n + 1	Berechnen der Spannung U_E		2nd D'	$\{U_E\}$
	n + 2	Berechnen des Phasenwinkels φ_E		R/S	$\{\varphi_E\}$

Jede Berechnung muß mit Schritt 1, also **2nd A'**, beginnen.

c) Bestimmung der symmetrischen Komponenten	1	Programmvorbereitung		E	
	2	Eingeben des Stromes	$\{I_1\}$	2nd A'	$\{I_1\}$
	3	Eingeben des Phasenwinkels	$\{\varphi_1\}$	R/S	$\{\varphi_1\}$
	4	Eingeben des Stromes	$\{I_2\}$	2nd B'	$\{I_2\}$
	5	Eingeben des Phasenwinkels	$\{\varphi_2\}$	R/S	$\{\varphi_2\}$
	6	Eingeben des Stromes	$\{I_3\}$	2nd C'	$\{I_3\}$
	7	Eingeben des Phasenwinkels	$\{\varphi_3\}$	R/S	$\{\varphi_3\}$
	8	Berechnen der Mitkomponente I_m		2nd E'	$\{I_m\}$
	9	Berechnen des Phasenwinkels φ_m		R/S	$\{\varphi_m\}$
	10	Berechnen der Gegenkomponente I_g		R/S	$\{I_g\}$
	11	Berechnen des Phasenwinkels φ_g		R/S	$\{\varphi_g\}$
	12	Berechnen der Nullkomponente I_0		R/S	$\{I_0\}$
	13	Berechnen des Phasenwinkels φ_0		R/S	$\{\varphi_0\}$
	14	Berechnen des Unsymmetriegrads I_g/I_m		R/S	I_g/I_m

Anstelle der Ströme $\underline{I}_i$ bzw. Stromkomponenten können ebenso Spannungen $\underline{U}_i$ bzw. Spannungskomponenten eingegeben und berechnet werden. Es werden auch unmittelbar (ohne Schritt 2 bis 7) die symmetrischen Komponenten für die unter b) zuletzt bestimmten Größen berechnet.

4.19 Unsymmetrische Dreiphasenschaltung

Tastenplan

$\underline{I}_1, \underline{U}_1$	$\underline{I}_2, \underline{U}_2$	$\underline{I}_3, \underline{U}_3$	$\underline{U}_M$	$\underline{I}_m, \underline{I}_g, \underline{I}_0, I_g/I_m$
$\underline{Z}_1$	$\underline{Z}_2$	$\underline{Z}_3$	$\underline{U}_{12}$	SK

Datenregister. R00: Zähler, R01 und R02: Zwischenspeicher, R03 bis R07: Z, φ, R09: $U_{12}, I_g/I_m$, R10: φ_{12}, R11: bis R16: $\underline{I}_1, \underline{U}_1$, R17: N, R18: φ_N, R19: 120

Testbeispiel

Eingabe	Befehle	Anzeige		Befehle	Anzeige
	RST	0		R/S	−1.045 02
20	A	2.000 01		2nd C'	1.878 01
60	R/S	6.000 01		R/S	7.275 01
40	B	4.000 01		R/S	1.878 02
90	R/S	9.000 01		R/S	4.275 01
10	C	1.000 01		2nd D'	1.657 02
30 +/−	R/S	−3.000 01		R/S	−2.137 02
380	D	3.800 02		E	−2.137 02
	2nd A'	1.925 01		2nd E'	2.194 02
	R/S	−9.158 01		R/S	−3.000 01
	R/S	3.849 02		R/S	3.678 −10
	R/S	−3.158 01		R/S	1.365 02
	2nd B'	5.205 00		R/S	1.657 02
	R/S	−1.945 02		R/S	−3.367 01
	R/S	2.082 02			

Aufgelistetes Programm 4.19

```
000  76 LBL  2nd Lbl      021  69 OP   2nd Op      042  32 X:T
001  11 A                 022  20 20               043  43 RCL
002  71 SBR               023  71 SBR              044  08 08
003  38 SIN  2nd sin      024  25 CLR              045  37 P/R   2nd P→R
004  42 STO               025  43 RCL              046  44 SUM
005  03 03                026  05 05               047  02 02
006  91 R/S               027  32 X:T              048  32 X:T
007  42 STO               028  43 RCL              049  44 SUM
008  04 04                029  06 06               050  01 01
009  92 RTN  INV SBR      030  75 −                051  43 RCL
010  76 LBL  2nd Lbl      031  06 6                052  01 01
011  16 A'   2nd A'       032  00 0                053  32 X:T
012  87 IFF  2nd Ifflg    033  95 =                054  43 RCL
013  00 00                034  37 P/R  2nd P→R     055  02 02
014  85 +                 035  44 SUM              056  22 INV
015  01 1                 036  02 02               057  37 P/R   2nd P→R
016  00 0                 037  32 X:T              058  42 STO
017  42 STO               038  44 SUM              059  02 02
018  00 00                039  01 01               060  43 RCL
019  76 LBL  2nd Lbl      040  43 RCL              061  10 10
020  44 SUM               041  07 07               062  44 SUM
```

4.19 Unsymmetrische Dreiphasenschaltung 321

063	02	02		119	43	RCL		175	76	LBL	2nd Lbl
064	43	RCL		120	43	RCL		176	18	C'	2nd C'
065	18	18		121	03	03		177	87	IFF	2nd Ifflg
066	22	INV		122	48	EXC	2nd Exc	178	00	00
067	44	SUM		123	08	08		179	95	=
068	02	02		124	48	EXC	2nd Exc	180	61	GTO
069	32	X:T		125	07	07		181	44	SUM
070	65	×		126	48	EXC	2nd Exc	182	92	RTN	INV SBR
071	43	RCL		127	06	06		183	76	LBL	2nd Lbl
072	09	09		128	48	EXC	2nd Exc	184	14	D
073	55	÷		129	05	05		185	42	STO
074	43	RCL		130	48	EXC	2nd Exc	186	09	09
075	17	17		131	04	04		187	71	SBR
076	95	=		132	48	EXC	2nd Exc	188	24	CE
077	72	ST*	STO 2nd Ind	133	03	03		189	71	SBR
078	00	00		134	92	RTN	INV SBR	190	48	EXC	2nd Exc
079	71	SBR		135	76	LBL	2nd Lbl	191	71	SBR
080	48	EXC	2nd Exc	136	42	STO		192	24	CE
081	73	RC*	RCL 2nd Ind	137	01	1		193	71	SBR
082	00	00		138	02	2		194	48	EXC	2nd Exc
083	91	R/S		139	00	0		195	71	SBR
084	69	OP	2nd Op	140	42	STO		196	24	CE
085	20	20		141	19	19		197	71	SBR
086	43	RCL		142	92	RTN	INV SBR	198	48	EXC	2nd Exc
087	02	02		143	76	LBL	2nd Lbl	199	71	SBR
088	74	SM*	SUM 2nd Ind	144	25	CLR		200	22	INV
089	00	00		145	00	0		201	42	STO
090	73	RC*	RCL 2nd Ind	146	42	STO		202	18	18
091	00	00		147	01	01		203	32	X:T
092	91	R/S		148	42	STO		204	42	STO
093	69	OP	2nd Op	149	02	02		205	17	17
094	30	30		150	92	RTN	INV SBR	206	71	SBR
095	43	RCL		151	76	LBL	2nd Lbl	207	42	STO
096	07	07		152	12	B		208	42	STO
097	64	PD*	2nd Prd 2nd Ind	153	42	STO		209	16	16
098	00	00		154	05	05		210	94	+/-
099	73	RC*	RCL 2nd Ind	155	91	R/S		211	42	STO
100	00	00		156	42	STO		212	14	14
101	91	R/S		157	06	06		213	43	RCL
102	69	OP	2nd Op	158	92	RTN	INV SBR	214	09	09
103	20	20		159	76	LBL	2nd Lbl	215	91	R/S
104	43	RCL		160	17	B'	2nd B'	216	42	STO
105	08	08		161	87	IFF	2nd Ifflg	217	10	10
106	74	SM*	SUM 2nd Ind	162	00	00		218	92	RTN	INV SBR
107	00	00		163	75	-		219	76	LBL	2nd Lbl
108	73	RC*	RCL 2nd Ind	164	61	GTO		220	22	INV
109	00	00		165	44	SUM		221	43	RCL
110	92	RTN	INV SBR	166	92	RTN	INV SBR	222	01	01
111	76	LBL	2nd Lbl	167	76	LBL	2nd Lbl	223	32	X:T
112	48	EXC	2nd Exc	168	13	C		224	43	RCL
113	71	SBR		169	42	STO		225	02	02
114	43	RCL		170	07	07		226	22	INV
115	71	SBR		171	91	R/S		227	37	P/R	2nd P→R
116	43	RCL		172	42	STO		228	92	RTN	INV SBR
117	92	RTN	INV SBR	173	08	08		229	76	LBL	2nd Lbl
118	76	LBL	2nd Lbl	174	92	RTN	INV SBR	230	24	CE

4.19 Unsymmetrische Dreiphasenschaltung

231	71	SBR		287	76	LBL	2nd Lbl	343	02	02	
232	52	EE		288	19	D'	2nd D'	344	43	RCL	
233	71	SBR		289	71	SBR		345	10	10	
234	23	LNX		290	25	CLR		346	44	SUM	
235	92	RTN	INV SBR	291	71	SBR		347	02	02	
236	76	LBL	2nd Lbl	292	52	EE		348	43	RCL	
237	52	EE		293	85	+		349	18	18	
238	43	RCL		294	43	RCL		350	22	INV	
239	03	03		295	19	19		351	44	SUM	
240	65	×		296	95	=		352	02	02	
241	43	RCL		297	71	SBR		353	43	RCL	
242	05	05		298	23	LNX		354	02	02	
243	95	=		299	71	SBR		355	92	RTN	INV SBR
244	32	X:T		300	48	EXC	2nd Exc	356	76	LBL	2nd Lbl
245	43	RCL		301	71	SBR		357	15	E	
246	04	04		302	24	CE		358	86	STF	2nd Stflg
247	85	+		303	71	SBR		359	00	00	
248	43	RCL		304	48	EXC	2nd Exc	360	92	RTN	INV SBR
249	06	06		305	71	SBR		361	76	LBL	2nd Lbl
250	95	=		306	52	EE		362	10	E'	2nd E'
251	92	RTN	INV SBR	307	75	-		363	71	SBR	
252	76	LBL	2nd Lbl	308	43	RCL		364	30	TAN	2nd tan
253	23	LNX		309	19	19		365	91	R/S	
254	37	P/R	2nd P→R	310	95	=		366	42	STO	
255	44	SUM		311	71	SBR		367	10	10	
256	02	02		312	23	LNX		368	35	1/X	
257	32	X:T		313	71	SBR		369	42	STO	
258	44	SUM		314	48	EXC	2nd Exc	370	09	09	
259	01	01		315	71	SBR		371	43	RCL	
260	92	RTN	INV SBR	316	22	INV		372	02	02	
261	76	LBL	2nd Lbl	317	42	STO		373	91	R/S	
262	85	+		318	02	02		374	71	SBR	
263	71	SBR		319	32	X:T		375	30	TAN	2nd tan
264	38	SIN	2nd sin	320	42	STO		376	49	PRD	2nd Prd
265	42	STO		321	01	01		377	09	09	
266	11	11		322	43	RCL		378	91	R/S	
267	91	R/S		323	09	09		379	43	RCL	
268	42	STO		324	49	PRD	2nd Prd	380	02	02	
269	12	12		325	01	01		381	91	R/S	
270	92	RTN	INV SBR	326	43	RCL		382	71	SBR	
271	76	LBL	2nd Lbl	327	17	17		383	30	TAN	
272	75	-		328	22	INV		384	42	STO	2nd tan
273	42	STO		329	49	PRD	2nd Prd	385	01	01	
274	13	13		330	01	01		386	43	RCL	
275	91	R/S		331	03	3		387	10	10	
276	42	STO		332	34	ΓX		388	55	÷	
277	14	14		333	22	INV		389	01	1	
278	92	RTN	INV SBR	334	49	PRD	2nd Prd	390	00	0	
279	76	LBL	2nd Lbl	335	01	01		391	00	0	
280	95	=		336	43	RCL		392	95	=	
281	42	STO		337	01	01		393	32	X:T	
282	15	15		338	91	R/S		394	43	RCL	
283	91	R/S		339	03	3		395	01	01	
284	42	STO		340	00	0		396	22	INV	
285	16	16		341	22	INV		397	77	GE	2nd x≥t
286	92	RTN	INV SBR	342	44	SUM		398	45	Y^x	

399	91	R/S		436	22	INV		473	71	SBR
400	43	RCL		437	37	P/R	2nd P → R	474	25	CLR
401	02	02		438	42	STO		475	91	R/S
402	91	R/S		439	02	02		476	91	R/S
403	76	LBL	2nd Lbl	440	32	X:T		477	61	GTO
404	35	1/X		441	55	÷		478	35	1/X
405	43	RCL		442	03	3				
406	09	09		443	95	=				
407	92	RTN	INV SBR	444	92	RTN	INV SBR	**Labels**		
408	76	LBL	2nd Lbl	445	76	LBL	2nd Lbl			
409	30	TAN	2nd tan	446	39	COS	2nd cos	001	11	A
410	71	SBR		447	73	RC*	RCL 2nd Ind	011	16	A'
411	42	STO		448	00	00		020	44	SUM
412	71	SBR		449	32	X:T		112	48	EXC
413	25	CLR		450	69	OP	2nd Op	119	43	RCL
414	43	RCL		451	20	20		136	42	STO
415	19	19		452	73	RC*	RCL 2nd Ind	144	25	CLR
416	44	SUM		453	00	00		152	12	B
417	14	14		454	37	P/R	2nd P → R	160	17	B'
418	22	INV		455	44	SUM		168	13	C
419	44	SUM		456	02	02		176	18	C'
420	16	16		457	32	X:T		184	14	D
421	01	1		458	44	SUM		220	22	INV
422	01	1		459	01	01		230	24	CE
423	42	STO		460	69	OP	2nd Op	237	52	EE
424	00	00		461	20	20		253	23	LNX
425	71	SBR		462	92	RTN	INV SBR	262	85	+
426	39	COS	2nd cos	463	76	LBL	2nd Lbl	272	75	−
427	71	SBR		464	38	SIN	2nd sin	280	95	=
428	39	COS	2nd cos	465	29	CP	2nd CP	288	19	D'
429	71	SBR		466	47	CMS	2nd CMs	357	15	E
430	39	COS	2nd cos	467	58	FIX	2nd Fix	362	10	E'
431	43	RCL		468	03	03		404	35	1/X
432	01	01		469	52	EE		409	30	TAN
433	32	X:T		470	92	RTN	INV SBR	446	39	COS
434	43	RCL		471	76	LBL	2nd Lbl	464	38	SIN
435	02	02		472	45	Y^x		472	45	Y^x

4.20 Spannungsänderung von Transformator und einseitig gespeister Leitung. Wirkungsgrad des Transformators

Grundlagen. Sie sind in Abschn. 3.3.2.1 aufgeführt.

Programmbeschreibung. Dieses Programm arbeitet mit Gl. (3.46) bis (3.51).

Tastenplan

↓ R_L, X_L, I_{1N}, U_1, I_r, φ_{min}, φ_{max}, $\Delta\varphi$		
↓ u_k, φ_k, I_r, φ_{min}, φ_{max}, $\Delta\varphi$	→ U'_2/U_1, $U'_{2\varphi}/U_1$ ↓ V_r, S_r, I_r, $\cos\varphi$	→ P_{2r}, η

324   4.20 Spannungsänderung und Wirkungsgrad des Transformators

Datenregister. R01: u_k, Z_k, R02: $-\varphi_k$, R03: I_r, R04: φ_{min}, R05: φ_{max}, R06: $\Delta\varphi$, R11: V_r, R12: S_r, R13: I_r, R14: $\cos\varphi$, R15: Zwischenspeicher, R16: P_{2r}

Testbeispiel

Eingabe	Befehle	Anzeige	Eingabe	Befehle	Anzeige
	EE 2nd Fix 3			D	4.000 −01
.06	A	6.000 −02		R/S	9.855 −01
74.93	R/S	−7.493 01	10	2nd A'	
1	R/S	1.000 00	20	R/S	2.236 01
60	R/S	6.000 01	25	R/S	2.500 01
	B	5.000 −01	10 EE 3	R/S	1.000 04
	R/S	9.422 −01	.5	R/S	5.000 −01
	R/S	−5.785 −02	60	R/S	6.000 01
7.8	C	7.800 00		B	5.000 −01
500	R/S	5.000 02		R/S	9.721 −01
.5	2nd C'	5.000 −01		R/S	−2.790 −02
.8	R/S	8.000 −01			

Benutzeranleitung

Aufgabe	Schritt	Ziel	Eingabe	Befehle	Anzeige
a) Bestimmung der Spannungsänderung eines Transformators	1	Einstellen des Anzeigeformats		EE 2nd Fix 3	
	2	Eingeben der relativen Kurzschlußspannung	u_k	A	u_k
	3	Eingeben des Kurzschlußwinkels	$\{\varphi_k\}$	R/S	$\{\varphi_k\}$
	4	Eingeben des relativen Stroms	I_r	R/S	I_r
	5	Eingeben des kleinsten Phasenwinkels	$\{\varphi_{min}\}$	R/S	$\{\varphi_{min}\}$
	6	Eingeben des größten Phasenwinkels	$\{\varphi_{max}\}$	R/S	$\{\varphi_{max}\}$
	7	Eingeben des Phasenwinkelschritts	$\{\Delta\varphi\}$	R/S	$\{\Delta\varphi\}$
	8	Berechnen des 1. Leistungsfaktors		B	$\cos\varphi$
	9	Berechnen des 1. relativen Spannung		R/S	U_2'/U_1
	10	Berechnen der 1. Spannungsänderung		R/S	$U_{2\varphi}'/U_1$
	11	Berechnen des 2. Leistungsfaktors		R/S	$\cos\varphi$
	usw.				

Nach jedem Wert $U_{2\varphi}'/U_1$ kann durch Betätigen der Taste x⇄t der Phasenwinkel φ_{12} zur Anzeige gebracht werden. − Wenn die Spannungsänderung nur für einen Phasenwinkel φ berechnet werden soll, braucht nur dieser Wert mit Schritt 5 eingegeben zu werden, und Schritt 6 und 7 entfallen.

Aufgabe	Schritt	Ziel	Eingabe	Befehle	Anzeige
b) Bestimmung der Spannungsänderung einer Leitung	1	Einstellen des Anzeigeformats		EE 2nd Fix 3	
	2	Eingeben des Wirkwiderstands	$\{R_k\}$	2nd A'	
	3	Eingeben des Blindwiderstands	$\{X_k\}$	R/S	$\{Z_k\}$
	4	Eingeben des Nennstroms	$\{I_{1N}\}$	R/S	$\{I_{1N}\}$
	5	Eingeben der Eingangsspannung	$\{U_1\}$	R/S	$\{U_1\}$
	und weiter wie unter Schritt 2 von a).				

4.20 Spannungsänderung und Wirkungsgrad des Transformators 325

Aufgabe	Schritt	Ziel	Eingabe	Befehle	Anzeige
c) Bestimmung des Wirkungs- grads	1	Einstellen des Anzeigeformats		EE 2nd Fix 3	
	2	Eingeben der bezogenen Verluste	V_r	R/S	V_r
	3	Eingeben der bezogenen Scheinleistung	S_r	R/S	S_r
	4	Eingeben des relativen Stroms	I_r	2nd C'	I_r
	5	Eingeben des Leistungsfaktors	$\cos\varphi$	R/S	$\cos\varphi$
	6	Berechnen der relativen Leistungsabgabe		D	P_{2r}
	7	Berechnen des Wirkungsgrads	η	R/S	η

Aufgelistetes Programm 4.20

```
000  76 LBL  2nd Lbl      037  01  01              074  32 X:T
001  11  A                038  91 R/S             075  91 R/S
002  42 STO               039  22 INV             076  75  -
003  01  01               040  49 PRD  2nd Prd    077  01  1
004  91 R/S               041  01  01             078  95  =
005  94 +/-               042  91 R/S             079  91 R/S
006  42 STO               043  71 SBR             080  43 RCL
007  02  02               044  33 X²              081  05  05
008  91 R/S               045  92 RTN  INV SBR    082  32 X:T
009  76 LBL  2nd Lbl      046  76 LBL  2nd Lbl    083  43 RCL
010  33 X²                047  12  B              084  04  04
011  42 STO               048  43 RCL             085  67 EQ  2nd x=t
012  03  03               049  04  04             086  23 LNX
013  91 R/S               050  39 COS  2nd cos    087  43 RCL
014  42 STO               051  91 R/S             088  06  06
015  04  04               052  43 RCL             089  44 SUM
016  91 R/S               053  01  01             090  04  04
017  42 STO               054  65  ×              091  12  B
018  05  05               055  43 RCL             092  76 LBL  2nd Lbl
019  91 R/S               056  03  03             093  23 LNX
020  42 STO               057  95  =              094  91 R/S
021  06  06               058  32 X:T             095  92 RTN  INV SBR
022  92 RTN  INV SBR      059  43 RCL             096  76 LBL  2nd Lbl
023  76 LBL  2nd Lbl      060  02  02             097  13  C
024  16  A'  2nd A'       061  85  +              098  42 STO
025  32 X:T               062  43 RCL             099  11  11
026  91 R/S               063  04  04             100  91 R/S
027  22 INV               064  95  =              101  42 STO
028  37 P/R  2nd P→R      065  37 P/R  2nd P→R    102  12  12
029  94 +/-               066  32 X:T             103  92 RTN  INV SBR
030  42 STO               067  94 +/-             104  76 LBL  2nd Lbl
031  02  02               068  85  +              105  18 C'  2nd C'
032  32 X:T               069  01  1              106  42 STO
033  42 STO               070  95  =              107  13  13
034  01  01               071  32 X:T             108  91 R/S
035  91 R/S               072  22 INV             109  42 STO
036  49 PRD  2nd Prd      073  37 P/R  2nd P→R    110  14  14
```

111	92	RTN	INV SBR	128	65	×		145	15	15
112	76	LBL	2nd Lbl	129	43	RCL		146	85	+
113	14	D		130	11	11		147	01	1
114	43	RCL		131	95	=		148	95	=
115	13	13		132	42	STO		149	92	RTN INV SBR
116	65	×		133	15	15				
117	43	RCL		134	85	+		**Labels**		
118	14	14		135	43	RCL				
119	95	=		136	16	16		001	11	A
120	42	STO		137	65	×		010	33	X²
121	16	16		138	43	RCL		024	16	A'
122	91	R/S		139	12	12		047	12	B
123	01	1		140	95	=		093	23	LNX
124	85	+		141	94	+/−		097	13	C
125	43	RCL		142	35	1/X		105	18	C'
126	13	13		143	65	×		113	14	D
127	33	X²		144	43	RCL				

4.21 Zuleitungsunterbrechung des Drehstrom-Asynchronmotors

Grundlagen. Sie sind in Abschn. 3.2.2.5 zusammengestellt.

Programmbeschreibung. Das Programm arbeitet mit Gl. (3.67) bis (3.74). Ein- und Ausgabedaten richten sich nach dem Tastenplan. Für die Anzeige wird ein vierziffriges Exponentialformat verwendet.

Normalerweise werden die Kennlinien punktweise nach Eingabe der entsprechenden Daten berechnet. Das Programmsegment **A** liegt am Schluß des Programms, so daß es leicht ergänzt werden kann, um die Kennlinien automatisch zu berechnen, wenn für die Eingabedaten Näherungsfunktionen bestimmt werden können.

Datenregister. R00: U, R01: I_{pn}, R02: I_{nn}, R03: P_{1pn}, R04: P_{1nn}, R05: M_{pn}, R06: M_{nn}, R07: φ_m, R08: φ_g, R09: N, R10: I_{pn}/I_{nn}, R11: $P_{1\,res}$, R12: n

Tastenplan	U	I_{pn}, I_{nn}	P_{1pn}, P_{1nn}	M_{pn}, M_{nn}	
Testbeispiel	n	I_V	P_{1res}	M_{res}, P_{2res}, η	PV

Eingabe	Befehle	Eingabe	Befehle	Anzeige	
	E	835	R/S		
380	2nd A'	980	A		
57	2nd B'		B	8.758	01
390	R/S		C	2.824	04
33100	2nd C'		D	2.165	02
130300	R/S		R/S	2.222	−01
293	2nd D'		R/S	7.870	−01

4.21 Zuleitungsunterbrechung des Drehstrom-Asynchronmotors 327

Benutzeranleitung

Aufgabe	Schritt	Ziel	Eingabe	Befehle	Anzeige
a) Eingabe der Daten des symmetrischen Betriebs	1	Programmvorbereitung		E	
	2	Eingeben der Außenleiterspannung	{U}	2nd A'	{U}
	3	Eingeben des Außenleiterstroms für positive Drehzahl	$\{I_{pn}\}$	2nd B'	$\{I_{pn}\}$
	4	Eingeben des Außenleiterstroms für negative Drehzahl	$\{I_{nn}\}$	R/S	$\{I_{nn}\}$
	5	Eingeben der Leistungsaufnahme für positive Drehzahl	$\{P_{1pn}\}$	2nd C'	$\{\varphi_m\}$
	6	Eingeben der Leistungsaufnahme für negative Drehzahl	$\{P_{1nn}\}$	R/S	$\{\varphi_g\}$
	7	Eingeben des Drehmoments für positive Drehzahl	$\{M_{pn}\}$	2nd D'	$\{M_{pn}\}$
	8	Eingeben des Drehmoments für negative Drehzahl	$\{M_{nn}\}$	R/S	$\{M_{nn}\}$
	9	Eingeben der Drehzahl	{n}	A	{n}

Die Daten dürfen auch in anderer Reihenfolge der Programmadreßtasten eingelesen werden.

	1	Berechnen des Außenleiterstroms I_V		B	$\{I_V\}$
b) Berechnung der Kennwerte für die Zuleitungsunterbrechung	2	Berechnen der Leistungsaufnahme P_{1res}		C	$\{P_{1res}\}$
	3	Berechnen des Drehmoments M_{1res}		D	$\{M_{1res}\}$
	4	Berechnen der Leistungsabgabe P_{2res}		R/S	$\{P_{2res}\}$
	5	Berechnen des Wirkungsgrads η		R/S	η

Jede Berechnung muß mit dem Schritt 1 beginnen. Schritt 2 kann ausgelassen werden, wenn auch Schritt 5 entfällt.

Aufgelistetes Programm 4.21

```
000  76  LBL   2nd Lbl      019  55   ÷              038  44  SUM
001  24  CE                  020  43  RCL            039  09   09
002  55  ÷                   021  09   09            040  43  RCL
003  43  RCL                 022  95   =             041  07   07
004  00   00                 023  92  RTN  INV SBR   042  75   -
005  55  ÷                   024  76  LBL   2nd Lbl  043  43  RCL
006  03   3                  025  12   B             044  08   08
007  34  ΓX                  026  01   1             045  95   =
008  95   =                  027  42  STO            046  39  COS  2nd cos
009  22  INV                 028  09   09            047  65   ×
010  39  COS   2nd cos       029  43  RCL            048  02   2
011  92  RTN   INV SBR       030  01   01            049  65   ×
012  76  LBL   2nd Lbl       031  55   ÷             050  43  RCL
013  52  EE                  032  43  RCL            051  10   10
014  65   ×                  033  02   02            052  95   =
015  43  RCL                 034  95   =             053  44  SUM
016  10   10                 035  42  STO            054  09   09
017  33  X²                  036  10   10            055  03   3
018  95   =                  037  33  X²             056  55   ÷
```

057	43	RCL		096	95	=		
058	09	09		097	91	R/S		
059	95	=		098	55	÷		
060	34	ΓX		099	43	RCL		
061	65	×		100	11	11		
062	43	RCL		101	95	=		
063	01	01		102	92	RTN	INV SBR	
064	95	=		103	76	LBL	2nd Lbl	
065	92	RTN	INV SBR	104	16	A'	2nd A'	
066	76	LBL	2nd Lbl	105	42	STO		
067	13	C		106	00	00		
068	43	RCL		107	92	RTN	INV SBR	
069	03	03		108	76	LBL	2nd Lbl	
070	85	+		109	17	B'	2nd B'	
071	43	RCL		110	42	STO		
072	04	04		111	01	01		
073	71	SBR		112	91	R/S		
074	52	EE		113	42	STO		
075	42	STO		114	02	02		
076	11	11		115	92	RTN	INV SBR	
077	92	RTN	INV SBR	116	76	LBL	2nd Lbl	
078	76	LBL	2nd Lbl	117	18	C'	2nd C'	
079	14	D		118	42	STO		
080	43	RCL		119	03	03		
081	05	05		120	55	÷		
082	75	−		121	43	RCL		
083	43	RCL		122	01	01		
084	06	06		123	71	SBR		
085	71	SBR		124	24	CE		
086	52	EE		125	42	STO		
087	91	R/S		126	07	07		
088	65	×		127	91	R/S		
089	89	π	2nd π	128	42	STO		
090	65	×		129	04	04		
091	43	RCL		130	55	÷		
092	12	12		131	43	RCL		
093	55	÷		132	02	02		
094	03	3		133	71	SBR		
095	00	0		134	24	CE		

135	42	STO		
136	08	08		
137	92	RTN	INV SBR	
138	76	LBL	2nd Lbl	
139	19	D'	2nd D'	
140	42	STO		
141	05	05		
142	91	R/S		
143	42	STO		
144	06	06		
145	92	RTN	INV SBR	
146	76	LBL	2nd Lbl	
147	15	E		
148	47	CMS	2nd CMs	
149	52	EE		
150	58	FIX	2nd Fix	
151	03	03		
152	92	RTN	INV SBR	
153	76	LBL	2nd Lbl	
154	11	A		
155	42	STO		
156	12	12		
157	92	RTN	INV SBR	

Labels

001	24	CE
013	52	EE
025	12	B
067	13	C
079	14	D
104	16	A'
109	17	B'
117	18	C'
139	19	D'
147	15	E
154	11	A

4.22 Kennwerte von dreiphasigen Freileitungen

Grundlagen. Die Gleichungen, von denen dieses Programm ausgeht, sind in Abschn. 3.2.3.1 zusammengestellt.

Programmbeschreibung. Gl. (3.75) bis (3.89) werden mit diesem Programm verarbeitet. Über die Taste **A** wird das Programm für Einzelleiter und über **2nd A'** das für Bündelleiter eingeleitet. Es können bis zu n = 8 Teilleiter vorhanden sein; der zugehörige Bündelfaktor k wird Tafel 3.38 entnommen und manuell eingege-

4.22 Kennwerte von dreiphasigen Freileitungen 329

ben. Der mittlere Leiterabstand d_{gmi} kann entweder unmittelbar eingegeben oder aus den Abständen der Teilleiter berechnet werden; in diesem Fall wird zunächst $d_{gmi} = 0$ eingegeben (s. Benutzeranleitung). Reaktanzen und Kapazitäten sowie die Nullimpedanz können getrennt und in beliebiger Reihenfolge bestimmt werden, wenn die Segmente **A** bzw. **A'** gesetzt sind. Um Programmspeicherplätze zu sparen, werden eine umgerechnete Induktionskonstante $\mu_0/(2\pi) = 0{,}2 \cdot 10^{-6}$ H/m und eine Verschiebungskonstante $2\pi\epsilon_0 \approx 1/(18 \cdot 10^9)$ F/m gespeichert.

Die Ergebnisse werden im technischen Format mit 3 Stellen nach dem Komma angezeigt.

Testbeispiele

Einzelleiter			Bündelleiter		
Eingabe	Befehle	Anzeige	Eingabe	Befehle	Anzeige
	A	1.000 00		2nd A'	0.000 00
0	R/S	1.000 00	4	R/S	4.000 00
4.3	R/S	2.000 00	2	√x R/S	1.414 00
3.2	R/S	3.000 00	.4	R/S	1.000 00
4.3	R/S	3.897 00	0	R/S	1.000 00
.0112	R/S	11.200 −03	11.07	R/S	2.000 00
50	R/S	55.556 −12	7	R/S	3.000 00
	B	1.220 −06	11.82	R/S	9.712 00
	R/S	383.398 −06	.01095	R/S	10.950 −03
	C	1.000 00	50	R/S	55.556 −12
6.5	R/S	1.000 00		B	812.999 −09
22.22	R/S	2.000 00		R/S	255.411 −06
17.7	R/S	3.000 00		C	1.000 00
17.7	R/S	14.511 00	9.5	R/S	1.000 00
	R/S	1.000 00	35.2	R/S	2.000 00
40	R/S	2.000 00	24.7	R/S	3.000 00
36	R/S	3.000 00	24.7	R/S	21.031 00
40	R/S	38.620 00		R/S	1.000 00
	R/S	9.981 −12	51	R/S	2.000 00
	R/S	1.839 −12	42	R/S	3.000 00
	R/S	4.463 −12	51	R/S	47.804 00
	D	148.044 −06		R/S	14.339 −12
.107 EE 3 +/−	R/S	255.044 −06		R/S	2.640 −12
	R/S	366.357 06		R/S	6.418 −12
100	R/S	1.416 −03		D	148.044 −06
			.116 EE 3 +/−	R/S	177.044 −06
				R/S	366.357 06
			50	R/S	1.062 −03

4.22 Kennwerte von dreiphasigen Freileitungen

Tastenplan

BL, n, k, a, d_{gmi}, d_{12}, d_{23}, d_{31}, r_{ers}, f			
EL, d_{gmi}, d_{12}, d_{23}, d_{31}, r, f	L', X'	f_D, H_1, H_2, H_3, h_{gmi} $D_{12'}$, $D_{23'}$, $D_{31'}$, D_{gmi}, C_b', C_L', C_e'	R', R_0', ρ_e, X_0'

Datenregister. R01: r, r_{ers}, R02: d_{gmi}, R03: n, R04: k, R05: a, R06: h_{gmi}, R07: D_{gmi}, R08: f, R09: ω, R10: ρ_e, R11: $\mu_0/2\pi$, R12: $2\pi\epsilon_0$, R13: R', R14: X', R15: $0{,}7 f_D$, R16: α_1', R17: α_2', R18: α_1'/α_2', R19: C_b', R20: C_e', R21: C_L', R22: R_0', R23: X_0'

Benutzeranleitung

Aufgabe	Schritt	Ziel	Eingabe	Befehle	Anzeige
a) Berechnung der Kennwerte von Einzelleitern	1	Programmvorbereitung		A	1.000 00
	2	Eingeben des mittleren Leiterabstands oder, wenn dieser noch zu berechnen ist,	$\{d_{gmi}\}$	R/S	$\{d_{gmi}\}$
	2	Eingeben von Null für den mittleren Abstand	0	R/S	1.000 00
	2a	Eingeben des 1. Leiterabstands von 1 nach 2	$\{d_{12}\}$	R/S	2.000 00
	2b	Eingeben des 2. Leiterabstands von 2 nach 3	$\{d_{23}\}$	R/S	3.000 00
	2c	Eingeben des 3. Leiterabstands von 3 nach 1 und Berechnen des mittleren Leiterabstands	$\{d_{31}\}$	R/S	$\{d_{gmi}\}$
	3	Eingeben des Seilradius	$\{r\}$	R/S	$\{r\}$
	4	Eingeben der Frequenz	$\{f\}$	R/S	$2\pi\epsilon_0$
	5	Berechnen der Induktivität L'		B	$\{L'\}$
	6	Berechnen der Reaktanz X'		R/S	$\{X'\}$
	7	Programmvorbereitung für Kapazitätsberechnung		C	1.000 00
	8	Eingeben des Durchhangs	$\{f_D\}$	R/S	1.000 00
	9	Eingeben der 1. Aufhängehöhe	$\{H_1\}$	R/S	2.000 00
	10	Eingeben der 2. Aufhängehöhe	$\{H_2\}$	R/S	3.000 00
	11	Eingeben der 3. Aufhängehöhe und Berechnen der mittleren geometrischen Seilhöhe	$\{H_3\}$	R/S	$\{h_{gmi}\}$
	12	Vorbereitung der Eingabe der Spiegelabstände		R/S	1.000 00
	13	Eingeben des 1. Abstands	$\{D_{12'}\}$	R/S	2.000 00
	14	Eingeben des 2. Abstands	$\{D_{23'}\}$	R/S	3.000 00
	15	Eingeben des 3. Abstands	$\{D_{31'}\}$	R/S	$\{D_{gmi}\}$
	16	Berechnen der Betriebskapazität C_b'		R/S	$\{C_b'\}$

4.22 Kennwerte von dreiphasigen Freileitungen 331

Aufgabe	Schritt	Ziel	Eingabe	Befehle	Anzeige
	17	Berechnen der Leiterkapazität C'_L		R/S	$\{C'_L\}$
	18	Berechnen der Erdkapazität C'_e		R/S	$\{C'_e\}$
	19	Programmvorbereitung für die Nullimpedanz		D	3.000 00
	20	Eingeben des bezogenen Wirkwiderstands und Berechnen des Nullwirkwiderstands R'_0	$\{R'\}$	R/S	$\{R'_0\}$
	21	Vorbereiten der Eingabe des spezifischen Erdwiderstands		R/S	
	22	Eingeben des spezifischen Erdwiderstands und Berechnen der Nullreaktanz X'_0	$\{\rho_e\}$	R/S	$\{X'_0\}$
b) Berechnung der Kennwerte von Bündelleitern	1	Programmvorbereitung für Bündelleiter		2nd A'	0.000 00
	2	Eingeben der Teilleiterzahl	$\{n\}$	R/S	$\{n\}$
	3	Eingeben des Bündelfaktors	$\{k\}$	R/S	$\{k\}$
	4	Eingeben des Bündelleiterabstands	$\{a\}$	R/S	1.000 00
	5	Eingeben des mittleren Leiterabstands oder, wenn dieser noch zu berechnen ist, weiter wie unter a) Schritt 2a bis c — sonst weiter wie unter a) Schritt 3	$\{d_{gmi}\}$	R/S	$\{d_{gmi}\}$

Aufgelistetes Programm 4.22

```
000   76 LBL   2nd Lbl      023   01 01              046   12 12
001   11 A                  024   91 R/S             047   92 RTN        INV SBR
002   47 CMS   2nd CMs      025   42 STD             048   76 LBL        2nd Lbl
003   29 CP    2nd CP       026   08 08              049   22 INV
004   57 ENG   2nd Eng      027   65 ×               050   01 1
005   58 FIX   2nd Fix      028   02 2               051   95 =
006   03 03                 029   65 ×               052   91 R/S
007   01 1                  030   89 π    2nd π      053   42 STD
008   42 STD                031   95 =               054   02 02
009   03 03                 032   42 STD             055   02 2
010   42 STD                033   09 09              056   95 =
011   04 04                 034   02 2               057   91 R/S
012   76 LBL   2nd Lbl      035   52 EE              058   49 PRD        2nd Prd
013   24 CE                 036   07 7               059   02 02
014   91 R/S                037   94 +/-             060   03 3
015   67 EQ    2nd x = t    038   42 STD             061   95 =
016   22 INV                039   11 11              062   91 R/S
017   76 LBL   2nd Lbl      040   01 1               063   49 PRD        2nd Prd
018   32 X:T                041   08 8               064   02 02
019   42 STD                042   52 EE              065   43 RCL
020   02 02                 043   09 9               066   02 02
021   91 R/S                044   35 1/X             067   22 INV
022   42 STD                045   42 STD             068   45 Y^X
```

4.22 Kennwerte von dreiphasigen Freileitungen

```
069  03   3
070  95   =
071  61   GTO
072  32   X:T
073  76   LBL      2nd Lbl
074  16   A'       2nd A'
075  47   CMS      2nd CMs
076  29   CP       2nd CP
077  57   ENG      2nd Eng
078  58   FIX      2nd Fix
079  03   03
080  04   4
081  32   X:T
082  91   R/S
083  42   STO
084  03   03
085  91   R/S
086  42   STO
087  04   04
088  76   LBL      2nd Lbl
089  25   CLR
090  91   R/S
091  42   STO
092  05   05
093  01   1
094  29   CP       2nd CP
095  61   GTO
096  24   CE
097  76   LBL      2nd Lbl
098  12   B
099  43   RCL
100  11   11
101  65   ×
102  53   (
103  53   (
104  43   RCL
105  02   02
106  55   ÷
107  53   (
108  53   (
109  43   RCL
110  04   04
111  65   ×
112  43   RCL
113  01   01
114  65   ×
115  43   RCL
116  05   05
117  45   Y^x
118  53   (
119  43   RCL
120  03   03
121  75   -
122  01   1
123  54   )
124  54   )

125  22   INV
126  45   Y^x
127  43   RCL
128  03   03
129  54   )
130  42   STO
131  01   01
132  54   )
133  23   LNX
134  85   +
135  93   .
136  02   2
137  05   5
138  55   ÷
139  43   RCL
140  03   03
141  54   )
142  95   =
143  91   R/S
144  65   ×
145  43   RCL
146  09   09
147  95   =
148  42   STO
149  14   14
150  92   RTN      INV SBR
151  76   LBL      2nd Lbl
152  13   C
153  25   CLR
154  01   1
155  95   =
156  91   R/S
157  42   STO
158  15   15
159  93   .
160  07   7
161  49   PRD      2nd Prd
162  15   15
163  01   1
164  95   =
165  91   R/S
166  75   -
167  43   RCL
168  15   15
169  95   =
170  42   STO
171  06   06
172  02   2
173  95   =
174  91   R/S
175  75   -
176  43   RCL
177  15   15
178  95   =
179  49   PRD      2nd Prd
180  06   06

181  03   3
182  95   =
183  91   R/S
184  75   -
185  43   RCL
186  15   15
187  95   =
188  49   PRD      2nd Prd
189  06   06
190  43   RCL
191  06   06
192  22   INV
193  45   Y^x
194  03   3
195  95   =
196  42   STO
197  06   06
198  91   R/S
199  01   1
200  95   =
201  91   R/S
202  42   STO
203  07   07
204  02   2
205  95   =
206  91   R/S
207  49   PRD      2nd Prd
208  07   07
209  03   3
210  95   =
211  91   R/S
212  49   PRD      2nd Prd
213  07   07
214  43   RCL
215  07   07
216  22   INV
217  45   Y^x
218  03   3
219  95   =
220  42   STO
221  07   07
222  91   R/S
223  43   RCL
224  06   06
225  65   ×
226  43   RCL
227  02   02
228  65   ×
229  02   2
230  55   ÷
231  43   RCL
232  01   01
233  55   ÷
234  43   RCL
235  07   07
236  95   =
```

4.22 Kennwerte von dreiphasigen Freileitungen

```
237  23 LNX
238  35 1/X
239  65  ×
240  43 RCL
241  12  12
242  95  =
243  42 STO
244  19  19
245  91 R/S
246  43 RCL
247  06  06
248  65  ×
249  02  2
250  55  ÷
251  43 RCL
252  01  01
253  95  =
254  23 LNX
255  55  ÷
256  43 RCL
257  12  12
258  95  =
259  42 STO
260  16  16
261  43 RCL
262  07  07
263  55  ÷
264  43 RCL
265  02  02
266  95  =
267  23 LNX
268  55  ÷
269  43 RCL
270  12  12
271  95  =
272  42 STO
273  17  17
274  55  ÷
275  43 RCL
276  16  16
277  95  =
278  35 1/X
279  42 STO
280  18  18
281  75  -
282  01  1
283  95  =
284  55  ÷
285  53  (
286  43 RCL
287  18  18
288  45 Yˣ
289  03  3
290  85  +
```

```
291  02  2
292  75  -
293  03  3
294  65  ×
295  43 RCL
296  18  18
297  54  )
298  55  ÷
299  43 RCL
300  17  17
301  95  =
302  42 STO
303  21  21
304  91 R/S
305  43 RCL
306  19  19
307  75  -
308  03  3
309  65  ×
310  43 RCL
311  21  21
312  95  =
313  42 STO
314  20  20
315  92 RTN    INV SBR
316  76 LBL    2nd Lbl
317  14  D
318  89  π     2nd π
319  33  X²
320  65  ×
321  01  1
322  52 EE
323  07  7
324  94 +/-
325  65  ×
326  43 RCL
327  08  08
328  65  ×
329  03  3
330  85  +
331  91 R/S
332  42 STO
333  13  13
334  55  ÷
335  43 RCL
336  03  03
337  95  =
338  42 STO
339  22  22
340  91 R/S
341  03  3
342  06  6
343  06  6
344  93  .
```

```
345  03  3
346  05  5
347  07  7
348  52 EE
349  06  6
350  65  ×
351  53  (
352  91 R/S
353  42 STO
354  10  10
355  55  ÷
356  43 RCL
357  08  08
358  54  )
359  45 Yˣ
360  53  (
361  03  3
362  55  ÷
363  02  2
364  54  )
365  55  ÷
366  43 RCL
367  01  01
368  55  ÷
369  43 RCL
370  02  02
371  33  X²
372  95  =
373  23 LNX
374  65  ×
375  43 RCL
376  09  09
377  65  ×
378  43 RCL
379  11  11
380  95  =
381  42 STO
382  23  23
383  92 RTN    INV SBR
```

Labels

```
001  11  A
013  24  CE
018  32  X:T
049  22  INV
074  16  A'
089  25  CLR
098  12  B
152  13  C
317  14  D
```

4.23 Zusatzlast für einseitig gespeiste Drehstromleitungen

Grundlagen. Die Bestimmungsgleichungen für dieses Programm sind in Abschnitt 3.2.3.3 zusammengestellt.

Programmbeschreibung. Gl. (3.95) bis (3.99) werden in diesem Programm abgearbeitet. Es besteht aus zwei Eingabeteilen (Segmente **A** und **B**), einem Berechnungsteil (Segment **C**) und einem Druckteil (Segment **D**). Nach Eingabe der Leitungsdaten berechnet das Programm nach weiterer Eingabe der Längen den jeweiligen Abstand L des Lastangriffspunkts zur Einspeisung und zeigt ihn an. Nach Eingabe der zugehörigen Last wird die Kennzahl des nächsten Lastangriffspunkts angezeigt. Längen und Abnehmerlasten werden in einer Schleife verarbeitet. Es können maximal 23 Lastangriffspunkte berücksichtigt werden.

Im Segment C wird nach Eingabe der Entfernung L_X der Zusatzlast P_X vom Einspeisepunkt die zulässige Zusatzlast aufgrund der vorgegebenen relativen Spannungsdifferenz Δu nach Gl. (3.97) und der Strom I_A im ersten Leitungsabschnitt berechnet. Hierbei werden alle Abstände L_ν, die größer als L_X sind, um ein Register nach oben verschoben; ebenso alle zugehörigen Lasten. Ist der Strom I_A größer als der nach VDE 0298 bzw. DIN 48202 bzw. 204 zulässige, so wird letzterer eingegeben und die dann zulässige Zusatzlast berechnet. Sie muß kleiner oder höchstens gleich der nach Gl. (3.97) berechneten sein. Schließlich wird die tatsächliche Spannungsdifferenz Δu unter Berücksichtigung der höchstzulässigen Zusatzlast nach Gl. (3.97) und (3.99) berechnet.

Das Druckprogramm im Segment D druckt nach Lastangriffspunkten geordnet die Abstände L in m und Abnahmelasten P in W; ferner den höchstzulässigen Strom I_A im 1. Leitungsabschnitt in A und die relative tatsächliche Spannungsdifferenz Δu, die sich nach Erfüllung der Forderung nach Δu_z und I_N einstellen.

Ohne Drucker werden nur die Segmente **A**, **B** und **C** in dieser Reihenfolge abgearbeitet; Segment **D** wird bei Abfrage nur durchlaufen.

Benutzeranleitung

Aufgabe	Schritt	Ziel	Eingabe	Befehle	Anzeige
a) Eingabe	1	Programmvorbereitung		**A**	0 00
der Kenn-	2	Eingeben des mittleren Leistungsfaktors	$\cos \varphi_{mi}$	R/S	$\cos \varphi_{mi}$
daten der	3	Eingeben der Nennspannung	$\{U_N\}$	R/S	$\{U_N\}$
Übertragung	4	Eingeben der relativen zulässigen Spannungsdifferenz	Δu_t	R/S	Δu_t
	5	Eingeben des Wirkwiderstandsbelags	$\{R'\}$	R/S	$\{R'\}$
	6	Eingeben des Blindwiderstandsbelags	$\{X'\}$	R/S	$\{\varphi_{mi}\}$
	7a	Bei negativem Phasenwinkel φ_{mi}		+/− R/S	$\{\psi_{mi}\}$
	7b	sonst		R/S	$\{\psi_{mi}\}$

4.23 Zusatzlast für einseitig gespeiste Drehstromleitungen 335

Aufgabe	Schritt	Ziel	Eingabe	Befehle	Anzeige
	8	Programmvorbereitung		B	1.000 00
	9	Eingeben der 1. Entfernung zwischen Punkt I und 1	ℓ_1	R/S	$\{L_1\}$
	10	Eingeben d. Abnahmelast in Punkt 1	P_1	R/S	2.000 00
	11	Eingeben der 2. Entfernung zwischen Punkt 1 und 2	ℓ_2	R/S	$\{L_2\}$
	12	Eingeben d. Abnahmelast in Punkt 2	P_2	R/S	3.000 00
	usw.	alle ℓ_i und P_i			
b) Auswertung	1	Programmvorbereitung		C	0 00
	2	Eingeben des Abstands der Zusatzlast	$\{L_X\}$	R/S	$\{P_X\}$
	3	Berechnen des Stroms im ersten Leitungsabschnitt		R/S	$\{I_A\}$
	4	Eingeben des zulässigen Nennstroms der Leitung und Berechnen der dann zulässigen Zusatzlast	$\{I_N\}$	R/S	$\{P_X\}$
	5	Berechnen der tatsächlichen relativen Spannungsdifferenz		R/S	Δu
c) Ausdrucken der Ergebnisse	1	Programmvorbereitung Druckteil und Ausdrucken der Lastangriffspunkte (gekennzeichnet durch eine Nummer), ihrer Abstände vom Speisepunkt und ihrer Lastabgaben einschließlich Zusatzlast in der nun geordneten Reihenfolge sowie Ausdrucken des Stroms im ersten Leitungsabschnitt und der tatsächlichen relativen Spannungsdifferenz		D	$\{L_\nu\}$ $\{P_\nu\}$ $\{I_A\}$ Δu

Tastenplan

| PV, $\cos\varphi_{mi}$, U_N, Δu_{zul}, R', X', VZ | PV, ℓ_i, P_i | PV, L_x, I, P_x, Δu |

Datenregister. R00: Indexregister, R01: Zählregister für ℓ, R02: Zählregister für P, R03: Dekrementregister, R04: $\cos\varphi_{mi}$, R05: U_N, R06: Δu, R07: ψ_{mi}, R08: L_x, R09: ΣL_ν, R10 bis R32: L_1 bis L_{23}, R33 bis R55: P_1 bis P_{23}, R56: ΣP_ν, R57: $\Sigma P_\nu L_\nu$, R58: I_A, R59: I_N

Testbeispiel

Eingabe	Befehle	Anzeige	Eingabe	Befehle	Anzeige
	A	0 00	.074 EE 3 +/−	R/S	74.000 −06
.9	R/S	900.000 −03	.107 EE 3 +/−	R/S	25.842 00
20 EE 3	R/S	20.000 03	+/−	R/S	125.822 −06
.06	R/S	60.000 −03		B	1.000 00

336   4.23 Zusatzlast für einseitig gespeiste Drehstromleitungen

Eingabe	Befehle	Anzeige		Eingabe	Befehle	Anzeige	
4.8 EE 3	R/S	4.800	03	C		0	00
3 EE 6	R/S	2.000	00	10.2 EE 3	R/S	9.568	06
3.2 EE 3	R/S	8.000	03		R/S	675.761	00
6 EE 6	R/S	3.000	00	453	R/S	2.623	06
4.3 EE 3	R/S	12.300	03		R/S	0.038	00
2.5 EE 6	R/S	4.000	00				

Befehl	Ausdruck	Ausdruck	Ausdruck
D	1. L = 4800.000 M P = 3.0 06 W	2. L = 8000.000 M P = 6.0 06 W 3. L = 10200.000 M P = 2.6 06 W	4. L = 12300.000 M P = 2.5 06 W IA = 453.0 A ΔU = 0.038

Aufgelistetes Programm 4.23

```
000   76 LBL   2nd Lbl      025   30 TAN   2nd tan      050   00   00
001   11 A                  026   95 =                  051   91 R/S
002   47 CMS   2nd CMs      027   42 STO               052   44 SUM
003   57 ENG   2nd Eng      028   07   07              053   09   09
004   58 FIX   2nd Fix      029   91 R/S              054   43 RCL
005   03   03               030   76 LBL   2nd Lbl     055   09   09
006   25 CLR                031   12 B                 056   72 ST*   STO 2nd Ind
007   91 R/S                032   25 CLR               057   01   01
008   42 STO                033   01   1               058   65 ×
009   04   04               034   00   0               059   91 R/S
010   91 R/S                035   42 STO              060   72 ST*   STO 2nd Ind
011   42 STO                036   01   01              061   02   02
012   05   05               037   03   3               062   44 SUM
013   91 R/S                038   03   3               063   56   56
014   42 STO                039   42 STO              064   95 =
015   06   06               040   02   02              065   44 SUM
016   91 R/S                041   02   2               066   57   57
017   75 -                  042   03   3               067   69 OP   2nd Op
018   91 R/S                043   42 STO              068   21   21
019   65 ×                  044   03   03              069   69 OP   2nd Op
020   43 RCL                045   76 LBL   2nd Lbl     070   22   22
021   04   04               046   42 STO              071   97 DSZ   2nd Dsz
022   22 INV                047   69 OP   2nd Op       072   03   03
023   39 COS   2nd cos      048   20   20              073   42 STO
024   91 R/S                049   43 RCL              074   76 LBL   2nd Lbl
```

4.23 Zusatzlast für einseitig gespeiste Drehstromleitungen

```
075  13  C                      131  73  RC*   RCL 2nd Ind   187  48  EXC   2nd Exc
076  69  OP    2nd Op            132  03  03                 188  32  X:T
077  31  31                      133  95  =                  189  76  LBL   2nd Lbl
078  25  CLR                     134  91  R/S                190  48  EXC   2nd Exc
079  91  R/S                     135  29  CP    2nd CP       191  72  ST*   STO 2nd Ind
080  42  STO                     136  76  LBL   2nd Lbl      192  00  00
081  08  08                      137  52  EE                 193  65  ×
082  32  X:T                     138  63  EX*   2nd Exc 2nd Ind 194 73 RC* RCL 2nd Ind
083  43  RCL                     139  02  02                 195  03  03
084  01  01                      140  69  OP    2nd Op       196  95  =
085  42  STO                     141  22  22                 197  85  +
086  03  03                      142  22  INV                198  43  RCL
087  69  OP    2nd Op            143  67  EQ    2nd x = t    199  57  57
088  23  23                      144  52  EE                 200  95  =
089  76  LBL   2nd Lbl           145  73  RC*   RCL 2nd Ind  201  65  ×
090  43  RCL                     146  00  00                 202  43  RCL
091  73  RC*   RCL 2nd Ind       147  85  +                  203  07  07
092  01  01                      148  43  RCL               204  55  ÷
093  22  INV                     149  56  56                 205  43  RCL
094  77  GE    2nd x ≥ t         150  95  =                  206  05  05
095  44  SUM                     151  55  ÷                  207  33  X²
096  72  ST*   STO 2nd Ind       152  03  3                  208  95  =
097  03  03                      153  34  √x                 209  22  INV
098  69  OP    2nd Op            154  55  ÷                  210  57  ENG   2nd Eng
099  31  31                      155  43  RCL               211  42  STO
100  69  OP    2nd Op            156  05  05                 212  06  06
101  33  33                      157  55  ÷                  213  58  FIX   2nd Fix
102  69  OP    2nd Op            158  43  RCL               214  03  03
103  32  32                      159  04  04                 215  92  RTN   INV SBR
104  61  GTO                     160  50  I×I   2nd |x|      216  76  LBL   2nd Lbl
105  43  RCL                     161  95  =                  217  14  D
106  76  LBL   2nd Lbl           162  42  STO               218  22  INV
107  44  SUM                     163  58  58                 219  57  ENG   2nd Eng
108  32  X:T                     164  91  R/S                220  22  INV
109  72  ST*   STO 2nd Ind       165  42  STO               221  52  EE
110  03  03                      166  59  59                 222  22  INV
111  43  RCL                     167  65  ×                  223  58  FIX   2nd Fix
112  02  02                      168  03  3                  224  01  1
113  42  STO                     169  34  √x                 225  00  0
114  00  00                      170  65  ×                  226  42  STO
115  53  (                       171  43  RCL               227  00  00
116  43  RCL                     172  05  05                 228  03  3
117  57  57                      173  65  ×                  229  03  3
118  94  +/-                     174  43  RCL               230  42  STO
119  85  +                       175  04  04                 231  02  02
120  43  RCL                     176  50  I×I   2nd |x|      232  29  CP    2nd CP
121  06  06                      177  75  -                  233  76  LBL   2nd Lbl
122  65  ×                       178  43  RCL               234  99  PRT   2nd Prt
123  43  RCL                     179  56  56                 235  98  ADV   2nd Adv
124  05  05                      180  95  =                  236  58  FIX   2nd Fix
125  33  X²                      181  91  R/S                237  00  00
126  55  ÷                       182  32  X:T                238  43  RCL
127  43  RCL                     183  73  RC*   RCL 2nd Ind  239  02  02
128  07  07                      184  00  00                 240  75  -
129  54  )                       185  22  INV                241  03  3
130  55  ÷                       186  77  GE    2nd x = t    242  02  2
```

338   4.23 Zusatzlast für einseitig gespeiste Drehstromleitungen

243	95	=		290	04	04		337	59	59	
244	99	PRT	2nd Prt	291	58	FIX	2nd Fix	338	22	INV	
245	22	INV		292	01	01		339	77	GE	2nd x ≥ t
246	58	FIX	2nd Fix	293	57	ENG	2nd Eng	340	33	X²	
247	25	CLR		294	73	RC*	RCL 2nd Ind	341	32	X⁀T	
248	69	OP	2nd Op	295	02	02		342	76	LBL	2nd Lbl
249	00	00		296	69	OP	2nd Op	343	33	X²	
250	02	2		297	06	06		344	69	OP	2nd Op
251	07	7		298	22	INV		345	06	06	
252	00	0		299	57	ENG	2nd Eng	346	22	INV	
253	00	0		300	22	INV		347	58	FIX	2nd Fix
254	06	6		301	58	FIX	2nd Fix	348	25	CLR	
255	04	4		302	69	OP	2nd Op	349	69	OP	2nd Op
256	69	OP	2nd Op	303	20	20		350	00	00	
257	02	02		304	69	OP	2nd Op	351	07	7	
258	69	OP	2nd Op	305	22	22		352	05	5	
259	05	05		306	73	RC*	RCL 2nd Ind	353	04	4	
260	00	0		307	02	02		354	01	1	
261	00	0		308	22	INV		355	00	0	
262	03	3		309	67	EQ	2nd x = t	356	00	0	
263	00	0		310	99	PRT	2nd Prt	357	06	6	
264	69	OP	2nd Op	311	98	ADV	2nd Adv	358	04	4	
265	04	04		312	25	CLR		359	69	OP	2nd Op
266	58	FIX	2nd Fix	313	69	OP	2nd Op	360	02	02	
267	03	03		314	00	00		361	69	OP	2nd Op
268	73	RC*	RCL 2nd Ind	315	02	2		362	05	05	
269	00	00		316	04	4		363	58	FIX	2nd Fix
270	69	OP	2nd Op	317	01	1		364	03	03	
271	06	06		318	03	3		365	43	RCL	
272	22	INV		319	00	0		366	06	06	
273	58	FIX	2nd Fix	320	00	0		367	99	PRT	2nd Prt
274	25	CLR		321	06	6		368	22	INV	
275	69	OP	2nd Op	322	04	4		369	58	FIX	2nd Fix
276	00	00		323	69	OP	2nd Op	370	92	RTN	INV SBR
277	03	3		324	02	02					
278	03	3		325	69	OP	2nd Op	**Labels**			
279	00	0		326	05	05		001	11	A	
280	00	0		327	01	1		031	12	B	
281	06	6		328	03	3		046	42	STO	
282	04	4		329	69	OP	2nd Op	075	13	C	
283	69	OP	2nd Op	330	04	04		090	43	RCL	
284	02	02		331	58	FIX	2nd Fix	107	44	SUM	
285	69	OP	2nd Op	332	01	01		137	52	EE	
286	05	05		333	43	RCL		190	48	EXC	
287	04	4		334	58	58		217	14	D	
288	03	3		335	32	X⁀T		234	99	PRT	
289	69	OP	2nd Op	336	43	RCL		343	33	X²	

4.24 Dreisträngiger Kurzschlußstrom

Grundlagen. Die Bedeutung des Kurzschlußstroms wird in Band IX ausführlich erläutert; die erforderlichen Bestimmungsgrößen und -gleichungen sind in Abschn. 3.2.3.4 zusammengestellt.

4.24 Dreisträngiger Kurzschlußstrom

Programmbeschreibung. Dieses Programm berechnet die Kennwerte von Gl. (3.100) bis (3.107) entsprechend dem Tastenplan. Nach Eingeben der vorgegebenen Netz-Kenndaten kann man entweder den Stoßkurzschlußstrom I_s oder die Zeitwerte i_k des Kurzschlußstroms in einem vorzugebenden Zeitbereich $t_A \leqslant t \leqslant t_E$ mit dem Zeitschritt Δt bestimmen.

Mit der Programmvorbereitung über **2nd E'** werden alle Speicher gelöscht. Es wird eine Anzeige im technischen Format mit 3 Nachkommastellen eingestellt. Die Programmsegmente müssen stets von **A** über **B** und **C** nach **2nd C'** oder über **D** nach **E** abgearbeitet werden. Unter **D** und **E** können die Variablen leicht verändert werden. Winkel werden in ° eingegeben und angezeigt. Nicht angezeigte Kenndaten kann man aus den Datenregistern abrufen.

Um die zu berechnenden Kenngrößen Impedanzwinkel φ, Kurzschlußimpedanz Z_k, Anfangskurzschlußwechselstrom I_k'', Stoßziffer κ, Stoßkurzschlußstrom I_s sowie Zeitpunkt t und Zeitwert i_k des Kurzschlußstroms mit dem Drucker PC-100 C ausdrucken zu können, sind vor die jeweiligen **R/S**-Befehle die Befehle **2nd Prt** eingefügt.

Benutzeranleitung

Aufgabe	Schritt	Ziel	Eingabe	Befehle	Anzeige
a) Bestimmen der Netzkennwerte	1	Programmvorbereitung		2nd E'	
	2	Eingeben des Kurzschlußwirkwiderstands	$\{R_k\}$	A	$\{R_k\}$
	3	Eingeben des Kurzschlußblindwiderstands und Berechnen des Impedanzwinkels	$\{X_k\}$	R/S	$\{\varphi_k\}$
	4	Berechnen der Impedanz Z_k		R/S	$\{Z_k\}$
	5	Eingeben des Spannungsfaktors	c	B	c
	6	Eingeben der Nennspannung und Berechnen des Anfangskurzschlußwechselstroms I_k''	$\{U_N\}$	R/S	$\{I_k''\}$
	7	Eingeben der Frequenz und Berechnen der Zeitkonstanten T	$\{f\}$	C	$\{T\}$
b) Bestimmen des Stoßkurzschlußstroms	1	Berechnen der Stoßziffer κ		2nd C'	κ
	2	Berechnen des Stoßkurzschlußstroms I_s		R/S	$\{I_s\}$
c) Bestimmen der Kurzschlußstrom-Zeitwerte	1	Eingeben des Schaltphasenwinkels	$\{\psi\}$	D	$\{\gamma\}$
	2	Eingeben des Zeitanfangswerts	$\{t_A\}$	E	$\{t_A\}$
	3	Eingeben des Zeitschritts	$\{\Delta t\}$	R/S	$\{\Delta t\}$
	4	Eingeben des Zeitendwerts	$\{t_E\}$	R/S	$\{t_E\}$
	5	Anzeige der 1. Zeit		R/S	$\{t_1\}$
	6	Berechnen des 1. Stromzeitwerts		R/S	$\{i_{k1}\}$
	7	Anzeige der 2. Zeit		R/S	$\{t_2\}$
	usw.				

4.24 Dreisträngiger Kurzschlußstrom

Tastenplan

		I_s		PV
R_k, X_k, φ_k, Z_k	c, U_N, I_k''	f, T	γ	$t_A, \Delta t, t_E, i_k$

Datenregister. R01: R_k, R02: X_k, R03: φ, R04: Z_k, R05: I_k'', R06: ω, R07: T, R08: γ, R09: t_A, t_i, R10: Δt, T-Register: t_E

Testbeispiel

Eingabe	Befehle	Anzeige		Eingabe	Befehle	Anzeige	
	2nd E'				R/S	27.202	03
.179	A	0.000	00	30	D	−34.183	00
.37	R/S	64.183	00	2 EE 3 +/−	E	2.000	−03
	R/S	411.024	−03		R/S	2.000	−03
1.1	B	1.100	00	20 EE 3 +/−	R/S	2.000	−03
10 EE 3	R/S	15.451	03		R/S	9.752	03
50	C	6.580	−03				
	2nd C'	1.245	00				

Aufgelistetes Programm 4.24

```
000  76  LBL   2nd Lbl      028  53  (              056  09  09
001  15  E                  029  53  (              057  43  RCL
002  42  STO                030  43  RCL            058  09  09
003  09  09                 031  09  09             059  22  INV
004  91  R/S                032  55  ÷              060  77  GE    2nd x≥t
005  42  STO                033  43  RCL            061  24  CE
006  10  10                 034  07  07             062  91  R/S
007  91  R/S                035  54  )              063  65  ×
008  85  +                  036  94  +/−            064  65  ×
009  43  RCL                037  22  INV            065  76  LBL   2nd Lbl
010  10  10                 038  23  LNX            066  11  A
011  95  =                  039  65  ×              067  42  STO
012  32  X:T                040  43  RCL            068  01  01
013  76  LBL   2nd Lbl      041  08  08             069  32  X:T
014  24  CE                 042  38  SIN  2nd sin   070  91  R/S
015  43  RCL                043  95  =              071  42  STO
016  09  09                 044  65  ×              072  02  02
017  99  PRT   2nd Prt      045  43  RCL            073  22  INV
018  91  R/S                046  05  05             074  37  P/R   2nd P→R
019  65  ×                  047  65  ×              075  42  STO
020  43  RCL                048  02  2              076  03  03
021  06  06                 049  34  √x             077  99  PRT   2nd Prt
022  85  +                  050  95  =              078  91  R/S
023  43  RCL                051  99  PRT  2nd Prt   079  32  X:T
024  08  08                 052  91  R/S            080  42  STO
025  95  =                  053  43  RCL            081  04  04
026  38  SIN  2nd sin       054  10  10             082  99  PRT   2nd Prt
027  75  −                  055  44  SUM            083  92  RTN   INV SBR
```

```
084  76 LBL   2nd Lbl      121  95 =                   158  05 05
085  12 B                  122  42 STO                 159  65 ×
086  65 ×                  123  07 07                  160  02 2
087  91 R/S                124  92 RTN   INV SBR       161  34 √x
088  55 ÷                  125  76 LBL   2nd Lbl       162  95 =
089  03 3                  126  18 C'    2nd C'        163  99 PRT   2nd Prt
090  34 √x                 127  01 1                   164  92 RTN   INV SBR
091  55 ÷                  128  75 −                   165  76 LBL   2nd Lbl
092  43 RCL                129  53 (                   166  14 D
093  04 04                 130  53 (                   167  85 +
094  95 =                  131  09 9                   168  43 RCL
095  42 STO                132  00 0                   169  03 03
096  05 05                 133  75 −                   170  94 +/−
097  99 PRT   2nd Prt      134  43 RCL                 171  95 =
098  92 RTN   INV SBR      135  03 03                  172  42 STO
099  76 LBL   2nd Lbl      136  94 +/−                 173  08 08
100  13 C                  137  54 )                   174  92 RTN   INV SBR
101  65 ×                  138  55 ÷                   175  76 LBL   2nd Lbl
102  03 3                  139  43 RCL                 176  10 E'    2nd E'
103  06 6                  140  06 06                  177  47 CMS   2nd CMs
104  00 0                  141  55 ÷                   178  29 CP    2nd CP
105  95 =                  142  43 RCL                 179  57 ENG   2nd Eng
106  42 STO                143  07 07                  180  58 FIX   2nd Fix
107  06 06                 144  54 )                   181  03 03
108  35 1/X                145  94 +/−                 182  92 RTN   INV SBR
109  55 ÷                  146  22 INV
110  89 π     2nd π        147  23 LNX
111  65 ×                  148  65 ×                   Labels
112  01 1                  149  43 RCL
113  08 8                  150  03 03                  001  15 E
114  00 0                  151  94 +/−                 014  24 CE
115  65 ×                  152  38 SIN   2nd sin       066  11 A
116  43 RCL                153  95 =                   085  12 B
117  02 02                 154  99 PRT   2nd Prt       100  13 C
118  55 ÷                  155  91 R/S                 126  18 C'
119  43 RCL                156  65 ×                   166  14 D
120  01 01                 157  43 RCL                 176  10 E'
```

4.25 Begrenzung des einsträngigen Kurzschlußstroms. Schrittspannung

Grundlagen. Die Bedeutung der Begrenzung von Kurzschlußströmen nimmt mit dem Anwachsen der Kraftwerksleistungen zu. In Band IX und in Abschn. 3.2.3.5 und 3.2.3.6 sind die Bestimmungsgleichungen zusammengestellt.

Programmbeschreibung. Dieses Programm berechnet die Kennwerte von Gl. (3.108) bis (3.119). Nach Eingeben der Netz-, Transformator- und Erderdaten wird der gesuchte Wirkwiderstand R_M berechnet. Die Anzeige blinkt, wenn der Erderwiderstand, der mit dem Begrenzungswiderstand in Reihe liegt, zu groß ist, so daß R_M negativ sein müßte.

Mit der Programmvorbereitung über **2nd E'** werden alle Speicher gelöscht, Anzeigeformat und Festkomma vorgegeben und der Winkelmodus rad eingestellt. Unter

4.25 Begrenzung des einsträngigen Kurzschlußstroms

A erfolgt die Eingabe der Netzdaten und die Berechnung der Reaktanzen; unter C die Eingabe der Daten zur Berechnung der Potentiale und Schrittspannungen. Die zusätzlichen Label **SUM** und **RCL** sind eingebaut, um die erste Schrittspannung, die Null ist, anzuzeigen.

Die eingebauten Printbefehle bewirken das Ausdrucken des über den Befehl **2nd Pause** kurz angezeigten Ortes x, für den das Potential jeweils zu bestimmen ist, des dort herrschenden Potentials φ und der Schrittspannung U_{Sch}. Nicht angezeigte Kenngrößen können den Datenregistern entnommen werden.

Benutzeranleitung

Aufgabe	Schritt	Ziel	Eingabe	Befehle	Anzeige
a) Bestimmen der Netzkennwerte und Berechnen des Begrenzungswiderstands	1	Programmvorbereitung		2nd E'	
	2	Eingeben des Spannungsfaktors	c	A	c
	3	Eingeben der Nennspannung	$\{U_N\}$	R/S	$\{c\,U_N^2\}$
	4	Eingeben der Kurzschlußleistung und Berechnen der Netzersatzreaktanz	$\{S_k''\}$	R/S	$\{X_{ne}\}$
	5	Eingeben der Kurzschlußspannung	u_k	R/S	$\{u_k U_N^2\}$
	6	Eingeben der Transformatornennleistung und Berechnen d. Transformatorreaktanz	$\{S_{NT}\}$	R/S	$\{X_T\}$
	7	Eingeben des Nullreaktanzfaktors und Berechnen der Transformatornullreaktanz	p	R/S	$\{X_{0T}\}$
	8	Eingeben des spezifischen Erdwiderstands	$\{\rho_E\}$	R/S	$\{\rho_E/2\}$
	9	Eingeben der Länge der Erdungsanlage	$\{a\}$	R/S	$\{a\}$
	10	Eingeben der Breite der Erdungsanlage	$\{b\}$	R/S	
	11	Eingeben des zulässigen Kurzschlußstroms und Berechnen des Begrenzungswiderstands	$\{I_{k(1)}\}$	R/S	$\{R_M\}$
b) Berechnen der Potentiale und der Schrittspannungen	1	Eingeben des Anfangswerts des Abstands von Erdermitte	$\{x_A\}$	B	$\{x_A\}$
	2	Eingeben der Schrittweite Berechnen des Potentials am 1. Ort	$\{\Delta x\}$	R/S	$\{x_1\}$ [1]) $\{\varphi_1\}$
	3	Berechnen der Schrittspannung U_{Sch12}		R/S	$\{U_{Sch12}\}$
	4	Berechnen des 2. Ortes und des Potentials φ_2		R/S	$\{x_2\}$ [1]) $\{\varphi_2\}$
	5 usw.	Berechnen der Schrittspannung U_{Sch23}		R/S	$\{U_{Sch23}\}$

[1]) blinkt dreimal auf

Tastenplan

c, U_N, S_k'', u_k, S_{NT}, p, ρ_E, a, b, $I_{k(1)}$, R_M	x_A, Δx, φ

Datenregister. R01: X_{ne}, R02: X_T, R03: X_{0T}, R04: A, R05: R_E, R06: R_{oE}, R07: c, R08: U_N, R09: $I_{k(1)}$, R10: R_M, R11: x, R12: Δx

4.25 Begrenzung des einsträngigen Kurzschlußstroms

Testbeispiel

Eingabe	Befehle	Anzeige	Eingabe	Befehle	Anzeige
	2nd E'	0.000 00			
1.1	A	1.100 00	100	R/S	209.578 03
110 EE 3	R/S	13.310 09			
2000 EE 6	R/S	6.655 00	1.5 EE 3	R/S	41.127 00
.12	R/S	1.452 09	50	B	50.000 00
100 EE 6	R/S	14.520 00	1	R/S	50.000 00[1]
1.5	R/S	21.780 00			375.000 00
50	R/S	25.000 00		R/S	0.000 00
100	R/S	100.000 00			

[1] blinkt dreimal auf

Aufgelistetes Programm 4.25

```
000   76  LBL  2nd Lbl    035   65   ×            070   01   01
001   11  A               036   91   R/S          071   85   +
002   42  STO             037   54   )            072   43   RCL
003   07  07              038   42   STO          073   02   02
004   65  ×               039   04   04           074   54   )
005   91  R/S             040   34   √x̄           075   65   ×
006   42  STO             041   95   =            076   02   2
007   08  08              042   42   STO          077   54   )
008   33  x²              043   05   05           078   33   x²
009   55  ÷               044   65   ×            079   95   =
010   91  R/S             045   03   3            080   34   √x̄
011   95  =               046   95   =            081   75   -
012   42  STO             047   42   STO          082   43   RCL
013   01   01             048   06   06           083   06   06
014   91  R/S             049   43   RCL          084   95   =
015   65  ×               050   07   07           085   55   ÷
016   43  RCL             051   65   ×            086   03   3
017   08  08              052   43   RCL          087   95   =
018   33  x²              053   08   08           088   42   STO
019   55  ÷               054   65   ×            089   10   10
020   91  R/S             055   03   3            090   91   R/S
021   95  =               056   34   √x̄           091   22   INV
022   42  STO             057   55   ÷            092   77   GE  2nd x≥t
023   02  02              058   91   R/S          093   14   D
024   65  ×               059   42   STO          094   91   R/S
025   91  R/S             060   09   09           095   76   LBL  2nd Lbl
026   95  =               061   95   =            096   14   D
027   42  STO             062   33   x²           097   43   RCL
028   03  03              063   75   -            098   05   05
029   91  R/S             064   53   (            099   65   ×
030   55  ÷               065   43   RCL          100   65   ×
031   02  2               066   03   03           101   91   R/S
032   55  ÷               067   85   +            102   76   LBL  2nd Lbl
033   53  (               068   53   (            103   12   B
034   91  R/S             069   43   RCL          104   42   STO
```

```
105  11  11              133  66 PAU   2nd Pause    161  99 PRT   2nd Prt
106  91  R/S             134  54  )                 162  91 R/S
107  42  STO             135  22 INV                163  43 RCL
108  12  12              136  38 SIN   2nd sin      164  12  12
109  76  LBL   2nd Lbl   137  95  =                 165  44 SUM
110  13  C               138  99 PRT   2nd Prt      166  11  11
111  43  RCL             139  91 R/S                167  61 GTO
112  09  09              140  75  -                 168  13  C
113  65  ×               141  32 X:T               169  76 LBL   2nd Lbl
114  43  RCL             142  95  =                 170  10 E'    2nd E'
115  05  05              143  50 |×|   2nd |x|     171  47 CMS   2nd CMs
116  65  ×               144  67 EQ    2nd x=t     172  29 CP    2nd CP
117  02  2               145  44 SUM                173  57 ENG   2nd Eng
118  55  ÷               146  61 GTO                174  58 FIX   2nd Fix
119  89  π    2nd π      147  43 RCL                175  03  03
120  65  ×               148  76 LBL   2nd Lbl     176  70 RAD   2nd Rad
121  53  (               149  44 SUM                177  92 RTN   INV SBR
122  43  RCL             150  25 CLR
123  04  04              151  99 PRT   2nd Prt
124  34  √x              152  91 R/S                      Labels
125  55  ÷               153  43 RCL
126  02  2               154  12  12                001  11  A
127  55  ÷               155  44 SUM                096  14  D
128  43  RCL             156  11  11                103  12  B
129  11  11              157  61 GTO                110  13  C
130  99  PRT   2nd Prt   158  13  C                 149  44 SUM
131  66  PAU   2nd Pause 159  76 LBL   2nd Lbl     160  43 RCL
132  66  PAU   2nd Pause 160  43 RCL                170  10 E'
```

4.26 Gasdurchschlag koaxialer Zylinderelektroden

Grundlagen. Die Bestimmungsgleichungen, von denen dieses Programm ausgeht, sind im Abschn. 3.2.3.7 zusammengestellt.

Programmbeschreibung. Das Programm wird mit der Taste **A** gestartet. Es wird stets die Nummer des Datenregisters angezeigt, das den folgenden einzugebenden Wert übernimmt.

Mit dem Modulprogramm ML-08 und dem Programmsegment **A'** wird die elektrische Feldstärke E_A nach Gl. (3.122) berechnet. Das Modulprogramm ML-08 erfordert die Vorgabe einer Höchstfeldstärke $E_{A\,max}$, bei der die Nullstellensuche abgebrochen wird. Hier wird zweckmäßig ein Wert vorgegeben, der oberhalb von technisch möglichen Anfangsfeldstärken liegt, z.B. 50 MV/m.

Schlagweite s, Ausnutzungsfaktor η und Durchschlagspannung U_d werden nach Vorgabe einer Schrittweite Δr_1 und des größten Radius $r_{1\,max}$ automatisch berechnet. Steht ein Drucker PC-100 C zur Verfügung, sind die Befehle **R/S** durch die in Klammern stehenden Befehle **2nd Prt** zu ersetzen. Die Ergebnisse werden im technischen Format mit drei Stellen hinter dem Komma angezeigt.

4.26 Gasdurchschlag koaxialer Zylinderelektroden

Benutzeranleitung

Schritt	Ziel	Eingabe	Befehle	Anzeige
1	Programmvorbereitung		A	11.
2	Eingeben des Radius	$\{r_2\}$	R/S	12.
3	Eingeben des Drucks	$\{p\}$	R/S	13.
4	Eingeben des kritischen Werts	$\{K\}$	R/S	14.
5	Eingeben der Gaskonstante	$\{B\}$	R/S	15.
6	Eingeben der Gaskonstante	$\{A\}$	R/S	19.
7	Eingeben des kleinsten Innenradius	$\{r_{1\,min}\}$	R/S	20.
8	Eingeben der Radiendifferenz	$\{\Delta r_1\}$	R/S	21.
9	Eingeben des größten Innenradius	$\{r_{1\,max}\}$	R/S	2.
10	Eingeben der Höchstfeldstärke und Berechnen des 1. Innenradius r_1	$\{E_{A\,max}\}$	R/S	$\{r_1\}$
11	Berechnen der 1. Anfangsfeldstärke E_A		R/S	$\{E_A\}$
12	Berechnen der 1. Schlagweite s		R/S	$\{s\}$
13	Berechnen des 1. Ausnutzungsfaktors η		R/S	η
14	Berechnen der 1. Durchschlagspannung U_d		R/S	$\{U_d\}$
15	Berechnen des 2. Innenradius r_1 usw.		R/S	$\{r_1\}$

Datenregister. R00: Zähler, R01: Zähler, R02: $E_{A\,max}$, R03: ΔE_1, R04 bis R09: belegt durch Programm ML-08, R10: r_1, R11: r_2, R12: p, R13: K, R14: B, R15: A, R16: $-Bp/E_1$, s, R17: $f(E_1)$, η, R18: E_1, E_A, R19: r_{1A}, R20: Δr_1, R21: r_{1E}

Testbeispiel

Eingabe	Befehl	Anzeige		Eingabe	Befehl	Anzeige	
	A	11.		.01	R/S	2.1	01
.1	R/S	12.		.09	R/S	2.	00
1.013 EE 5	R/S	1.3	01	50 EE 6	R/S	10.000	−03
13.3	R/S	1.4	01		R/S	4.132	06
190	R/S	1.5	01		R/S	90.000	−03
6.45	R/S	1.9	01		R/S	255.843	−03
.01	R/S	2.0	01		R/S	95.136	03

Aufgelistetes Programm 4.26

```
000  76 LBL   2nd Lbl      010  55  ÷             020  17  17
001  16 A'    2nd A'       011  43 RCL            021  53  (
002  42 STO                012  18  18            022  43 RCL
003  18  18                013  54  )             023  16  16
004  53  (                 014  94 +/-            024  65  ×
005  43 RCL                015  42 STO            025  43 RCL
006  14  14                016  16  16            026  11  11
007  65  ×                 017  22 INV            027  55  ÷
008  43 RCL                018  23 LNX            028  43 RCL
009  12  12                019  42 STO            029  10  10
```

4.26 Gasdurchschlag koaxialer Zylinderelektroden

```
030  54   )
031  22   INV
032  23   LNX
033  94   +/-
034  44   SUM
035  17   17
036  53   (
037  43   RCL
038  15   15
039  65   ×
040  43   RCL
041  18   18
042  65   ×
043  43   RCL
044  10   10
045  55   ÷
046  43   RCL
047  14   14
048  54   )
049  49   PRD           2nd Prd
050  17   17
051  53   (
052  43   RCL
053  13   13
054  75   -
055  43   RCL
056  17   17
057  54   )
058  92   RTN           INV SBR
059  76   LBL           2nd Lbl
060  91   R/S
061  43   RCL
062  01   01
063  91   R/S
064  72   ST*           STO 2nd Ind
065  01   01
066  69   OP            2nd Op
067  21   21
068  97   DSZ           2nd Dsz
069  00   00
070  91   R/S
071  92   RTN           INV SBR
072  76   LBL           2nd Lbl
073  11   A
074  01   1
075  01   1
076  42   STO
077  01   01
078  05   5
079  42   STO
080  00   00
081  71   SBR
082  91   R/S
083  01   1
084  09   9
085  42   STO
086  01   01
087  03   3
088  42   STO
089  00   00
090  71   SBR
091  91   R/S
092  02   2
093  50   I×I           2nd |x|
094  91   R/S
095  42   STO
096  02   02
097  93   .
098  05   5
099  52   EE
100  06   6
101  42   STO
102  03   03
103  01   1
104  52   EE
105  02   2
106  42   STO
107  08   08
108  43   RCL
109  19   19
110  42   STO
111  10   10
112  76   LBL           2nd Lbl
113  97   DSZ           2nd Dsz
114  57   ENG           2nd Eng
115  58   FIX           2nd Fix
116  03   03
117  43   RCL
118  08   08
119  42   STO
120  01   01
121  43   RCL
122  10   10
123  91   R/S           (2nd Prt)
124  36   PGM           2nd Pgm
125  08   08
126  15   E
127  42   STO
128  18   18
129  91   R/S           (2nd Prt)
130  53   (
131  53   (
132  43   RCL
133  11   11
134  42   STO
135  16   16
136  55   ÷
137  43   RCL
138  10   10
139  22   INV
140  44   SUM
141  16   16
142  54   )
143  42   STO
144  17   17
145  23   LNX
146  55   ÷
147  53   (
148  43   RCL
149  17   17
150  75   -
151  01   1
152  54   )
153  54   )
154  42   STO
155  17   17
156  43   RCL
157  16   16
158  91   R/S           (2nd Prt)
159  53   (
160  43   RCL
161  17   17
162  91   R/S           (2nd Prt)
163  65   ×
164  43   RCL
165  16   16
166  65   ×
167  43   RCL
168  18   18
169  54   )
170  91   R/S           (2nd Prt)
171  43   RCL
172  21   21
173  32   X:T
174  43   RCL
175  10   10
176  77   GE            2nd x≥t
177  93   .
178  43   RCL
179  20   20
180  44   SUM
181  10   10
182  61   GTO
183  97   DSZ           2nd Dsz
184  76   LBL           2nd Lbl
185  93   .
186  58   FIX           2nd Fix
187  09   09
188  92   RTN           INV SBR
```

Labels

```
001  16   A'
060  91   R/S
073  11   A
113  97   DSZ
185  93   .
```

4.27 Kennwerte und Frequenzgang einfacher Reihen- und Parallelschwingkreise

Grundlagen. Sie sind in Abschn. 3.3.1.1 bis 3.3.1.3 erläutert.

Programmbeschreibung. Für verlustbehaftete Reihen- bzw. Parallelschwingkreise nach Bild 3.47 bzw. 3.50 werden aus Wirkwiderstand R, Induktivität L und Kapazität C die Kennwerte Resonanzfrequenz f_p, Resonanz-Blindwiderstand X_p, Verlustfaktor d, Gütefaktor Q und Bandbreite B berechnet. Über Taste **A** wird das Programm gestartet.
Der Frequenzgang dieser Schwingkreise wird mit Gl. (3.123), (3.124) bzw. (3.133) und dem komplexen Ohmschen Gesetz von Gl. (2.33) bestimmt. Eingabedaten sind untere Frequenzgrenze f_A, Schrittweite Δf und obere Frequenzgrenze f_E. Reihenschwingkreise werden mit der Quellenspannung U_q gespeist, während Parallelschwingkreise mit dem Quellenstrom I_q erregt werden. Hierauf ist bei der Eingabe zu achten (s. Benutzeranleitung). Ausgegeben werden Frequenz f und Strom $\underline{I}$ bzw. Spannung $\underline{U}$ nach Betrag F und Phase φ.
Bei Reihenschwingkreisen wird Flag F0 im Programmsegment **B'** gesetzt und bei Parallelschwingkreisen im Segment **B** gelöscht. Vor jeder Dateneingabe wird die aktuelle Nummer des zu belegenden Datenregisters angezeigt. Das Programm nutzt das Modul-Programm ML-05. Für einen Betrieb mit dem Drucker PC-100 C

Testbeispiele	a) Reihenschwingkreis		b) Parallelschwingkreis		
Eingabe	Befehle	Anzeige	Eingabe	Befehle	Anzeige
	2nd Eng	13.000 00		2nd Eng	13.000 00
	2nd Fix 3 A			2nd Fix 3 A	
5	R/S	14.000 00	43.56 EE 3	R/S	14.000 00
.2 EE 3 +/−	R/S	15.000 00	620.2 EE 6 +/−	R/S	15.000 00
550 EE 12 +/−	R/S	550.000 −12	6.8 EE 9 +/−	R/S	6.800 −09
	2nd B'	19.000 00		B	19.000 00
2	R/S	2.000 00	40 EE 6 +/−	R/S	40.000 −06
	2nd C'	479.870 03		2nd C'	77.500 03
	R/S	603.023 00		R/S	302.003 00
	R/S	8.292 −03		R/S	6.933 −03
	R/S	120.605 00		R/S	144.237 00
	R/S	3.979 03		R/S	537.308 00
	2nd A'	16.000 00		2nd A'	16.000 00
481864	R/S	17.000 00	76.5 EE 3	R/S	17.000 00
100	R/S	18.000 00	100	R/S	18.000 00
481864	R/S	481.864 03	78.5 EE 3	R/S	78.500 00
	C	481.864 03		C	76.500 03
	R/S	282.826 −03		R/S	449.477 −03
	R/S	−45.003 00		R/S	75.051 00

4.27 Reihen- und Parallelschwingkreise

sind in der Programmliste an den gekennzeichneten Stellen die **R/S**-Befehle durch **2nd Prt**-Befehle zu überschreiben.

Datenregister. R00: Zähler, R01: Zähler, R03: ωL, R04: ωC, R01 bis R04: komplexe Arithmetik, R10: f, R11: ω, R12: X_r, B_p, R13: R_r, R_p, R14: L, R15: C, R16: f_A, R17: Δf, R18: f_E, R19: U_q, I_q, R20: f_ρ, R21: X_ρ, R22: d, R23: Q, R24: B

Flag. F0 bei Reihenschwingkreisen gesetzt.

Tastenplan

f_A, Δf, f_E	U_q	f_ρ, X_ρ, d, Q, B
R, L, C	I_q	f_n, $\underline{F}_n$

Benutzeranleitung

Aufgabe	Schritt	Ziel	Eingabe	Befehle	Anzeige
	1	Wahl des Anzeigeformats		2nd Eng	
				2nd Fix 3	
a) Eingabe der Bauelementdaten	2	Programmwahl		A	13.000 00
	3	Eingeben des Wirkwiderstands	{R}	R/S	14.000 00
	4	Eingeben der Induktivität	{L}	R/S	15.000 00
	5	Eingeben der Kapazität	{C}	R/S	{C}
b) Vorgabe des Reihenschwingkreises	1	Programmwahl		2nd B'	19.000 00
	2	Eingeben der Quellenspannung	{U_q}	R/S	{U_q}
		Schritt 2 darf entfallen, wenn nur die Kennwerte benötigt werden.			
c) Vorgabe des Parallelschwingkreises	1	Programmwahl		B	19.000 00
	2	Eingeben des Quellenstroms	{I_q}	R/S	{I_q}
		Schritt 2 darf entfallen, wenn nur die Kennwerte benötigt werden.			
d) Berechnung der Kennwerte	1	Bestimmen der Resonanzfrequenz f_ρ		2nd C'	{f_ρ}
	2	Bestimmen des Resonanz-Blindwiderstands X_ρ		R/S	{X_ρ}
	3	Bestimmen des Verlustfaktors d		R/S	d
	4	Bestimmen des Gütefaktors Q		R/S	Q
	5	Bestimmen der Bandbreite B		R/S	{B}
		Diesem Rechengang haben die Teile a) und b) oder c) vorauszugehen.			
e) Vorgabe des Frequenzbereichs	1	Programmwahl		2nd A'	16.000 00
	2	Eingeben der Anfangsfrequenz	{f_A}	R/S	17.000 00
	3	Eingeben der Schrittweite	{Δf}	R/S	18.000 00
	4	Eingeben der Endfrequenz	{f_E}	R/S	{f_E}
f) Berechnung des Frequenzgangs	1	Bestimmen der 1. Frequenz		C	{f_1}
	2	Bestimmen des 1. Betrags		R/S	{F_1}
	3	Bestimmen des 1. Phasenwinkels		R/S	{φ_1}
	usw.				

Diese Berechnung kann für die Frequenz $f_{n+1} = f_n + \Delta f$ wiederholt werden, sofern die Bedingung $f_A \leq f_{n+1} \leq f_E$ erfüllt ist. Diesem Rechengang müssen die Teile a) und b) oder c) sowie e) vorausgehen.

Aufgelistetes Programm 4.27

000	76	LBL	2nd Lbl	054	89	π	2nd π	108	76	LBL	2nd Lbl
001	91	R/S		055	54	)		109	97	DSZ	2nd Dsz
002	43	RCL		056	35	1/X		110	53	(	
003	01	01		057	42	STO		111	53	(	
004	91	R/S		058	20	20		112	02	2	
005	72	ST*	STO 2nd Ind	059	91	R/S	(2nd Prt)	113	65	×	
006	01	01		060	53	(		114	89	π	2nd π
007	69	OP	2nd Op	061	53	(		115	65	×	
008	21	21		062	43	RCL		116	43	RCL	
009	97	DSZ	2nd Dsz	063	14	14		117	10	10	
010	00	00		064	55	÷		118	54	)	
011	91	R/S		065	43	RCL		119	42	STO	
012	92	RTN	INV SBR	066	15	15		120	11	11	
013	76	LBL	2nd Lbl	067	54	)		121	42	STO	
014	11	A		068	34	√X		122	04	04	
015	01	1		069	42	STO		123	65	×	
016	03	3		070	21	21		124	43	RCL	
017	42	STO		071	91	R/S	(2nd Prt)	125	14	14	
018	01	01		072	55	÷		126	54	)	
019	03	3		073	43	RCL		127	42	STO	
020	42	STO		074	13	13		128	03	03	
021	00	00		075	54	)		129	43	RCL	
022	71	SBR		076	22	INV		130	15	15	
023	91	R/S		077	87	IFF	2nd Ifflg	131	49	PRD	2nd Prd
024	92	RTN	INV SBR	078	00	00		132	04	04	
025	76	LBL	2nd Lbl	079	42	STO		133	87	IFF	2nd Ifflg
026	16	A'	2nd A'	080	35	1/X		134	00	00	
027	01	1		081	76	LBL	2nd Lbl	135	52	EE	
028	06	6		082	42	STO		136	53	(	
029	42	STO		083	42	STO		137	43	RCL	
030	01	01		084	22	22		138	04	04	
031	03	3		085	91	R/S	(2nd Prt)	139	75	-	
032	42	STO		086	35	1/X		140	43	RCL	
033	00	00		087	42	STO		141	03	03	
034	71	SBR		088	23	23		142	35	1/X	
035	91	R/S		089	91	R/S	(2nd Prt)	143	54	)	
036	92	RTN	INV SBR	090	53	(		144	61	GTO	
037	76	LBL	2nd Lbl	091	43	RCL		145	57	ENG	2nd Eng
038	18	C'	2nd C'	092	20	20		146	76	LBL	2nd Lbl
039	57	ENG	2nd Eng	093	65	×		147	52	EE	
040	58	FIX	2nd Fix	094	43	RCL		148	53	(	
041	03	03		095	22	22		149	43	RCL	
042	53	(		096	54	)		150	03	03	
043	53	(		097	42	STO		151	75	-	
044	43	RCL		098	24	24		152	43	RCL	
045	14	14		099	91	R/S	(2nd Prt)	153	04	04	
046	65	×		100	98	ADV	2nd Adv	154	35	1/X	
047	43	RCL		101	92	RTN	INV SBR	155	54	)	
048	15	15		102	76	LBL	2nd Lbl	156	76	LBL	2nd Lbl
049	54	)		103	13	C		157	57	ENG	2nd Eng
050	34	√X		104	43	RCL		158	42	STO	
051	65	×		105	16	16		159	12	12	
052	02	2		106	42	STO		160	42	STO	
053	65	×		107	10	10		161	02	02	

162	43 RCL		188	37 P/R	2nd P→R	214	17 B'	2nd B'
163	13 13		189	32 X:T		215	86 STF	2nd Stflg
164	87 IFF	2nd Ifflg	190	91 R/S	(2nd Prt)	216	00 00	
165	00 00		191	32 X:T		217	01 1	
166	58 FIX	2nd Fix	192	91 R/S	(2nd Prt)	218	09 9	
167	35 1/X		193	98 ADV	2nd Adv	219	50 I×I	2nd |x|
168	76 LBL	2nd Lbl	194	43 RCL		220	91 R/S	
169	58 FIX	2nd Fix	195	18 18		221	42 STO	
170	42 STO		196	32 X:T		222	19 19	
171	01 01		197	43 RCL		223	92 RTN	INV SBR
172	43 RCL		198	10 10				
173	19 19		199	77 GE	2nd x≥t	**Labels**		
174	35 1/X		200	66 PAU	2nd Pause			
175	49 PRD	2nd Prd	201	43 RCL		001	91 R/S	
176	01 01		202	17 17		014	11 A	
177	49 PRD	2nd Prd	203	44 SUM		026	16 A'	
178	02 02		204	10 10		038	18 C'	
179	43 RCL		205	61 GTO		082	42 STO	
180	10 10		206	97 DSZ	2nd Dsz	103	13 C	
181	91 R/S	(2nd Prt)	207	76 LBL	2nd Lbl	109	97 DSZ	
182	36 PGM	2nd Pgm	208	66 PAU	2nd Pause	147	52 EE	
183	05 05		209	92 RTN	INV SBR	157	57 ENG	
184	15 E		210	76 LBL	2nd Lbl	169	58 FIX	
185	60 DEG	2nd Deg	211	12 B		208	66 PAU	
186	32 X:T		212	22 INV		211	12 B	
187	22 INV		213	76 LBL	2nd Lbl	214	17 B'	

4.28 Kennwerte und Frequenzgang für Parallelschaltung von Spule und Kondensator

Grundlagen. Sie sind in Abschn. 3.3.1.1 bis 3.3.1.3 behandelt.

Programmbeschreibung. Für den verlustbehafteten Schwingkreis in Bild 3.53a werden aus den Schaltungselementen Resonanzfrequenz f_p, Resonanz-Blindwiderstand X_p, Verlustfaktor d, Gütefaktor Q und Bandbreite B anhand der genauen Gleichungen berechnet. Das Programm wird mit Taste **A** gestartet. Vor jeder Dateneingabe wird die aktuelle Nummer des zu belegenden Datenregisters angezeigt. Mit Taste **B** wird die Berechnung und Ausgabe der Kennwerte eingeleitet. Die Resonanzfrequenz f_p wird nach Gl. (3.141) exakt berechnet.

Die zur Berechnung des Frequenzgangs erforderlichen Daten werden über die Taste **C** eingegeben. Eingabedaten sind untere Frequenzgrenze f_A, Schrittweite Δf, obere Frequenzgrenze f_E und Quellenstrom I_q. Mit Taste **D** wird die Berechnung von Frequenz f und komplexer Spannung $\underline{U}$ gestartet, die nach Betrag und Phase angezeigt wird. Einzelberechnungen sind möglich, wenn für die Frequenz f_A und f_E gleiche Werte eingegeben werden und die Schrittweite Δf größer als Null ist.

4.28 Kennwerte und Frequenzgang für Parallelschaltung

Das Programm nutzt das Modul-Programm ML-05. Steht ein Drucker PC-100 C zur Verfügung, so sind an den gekennzeichneten Stellen in der Programmliste die R/S-Befehle mit den **2nd Prt**-Befehlen zu überschreiben. Beim TI 58 ist die Speicherbereichsverteilung 319.19 einzustellen.

Benutzeranleitung

Aufgabe	Schritt	Ziel	Eingabe	Befehle	Anzeige
a) Eingabe der Schaltungsdaten nach Bild 3.53a	1	Programmvorbereitung		A	6.000 00
	2	Eingeben des Wirkwiderstands	{R_L}	R/S	7.000 00
	3	Eingeben der Induktivität	{L}	R/S	8.000 00
	4	Eingeben des Wirkwiderstands	{R_C}	R/S	9.000 00
	5	Eingeben der Kapazität	{C}	R/S	{C}
b) Berechnung der Kennwerte	1	Programmwahl		B	
	2	Berechnen der Resonanzfrequenz f_p		R/S	{f_p}
	3	Berechnen des Resonanz-Blindwiderstands X_p		R/S	{X_p}
	4	Berechnen des Verlustfaktors d		R/S	d
	5	Berechnen des Gütefaktors Q		R/S	Q
	6	Berechnen der Bandbreite B		R/S	{B}
c) Berechnung des Frequenzgangs	1	Programmwahl		C	16.000 00
	2	Eingeben der Anfangsfrequenz	{f_A}	R/S	17.000 00
	3	Eingeben der Schrittweite	{Δf}	R/S	18.000 00
	4	Eingeben der Endfrequenz	{f_E}	R/S	19.000 00
	5	Eingeben des Quellenstroms	{I_q}	R/S	{I_q}
	6	Programmwahl		D	
	7	Berechnen der 1. Frequenz		R/S	{f_A}
	8	Berechnen der 1. Spannung		R/S	{U}
	9	Berechnen des 1. Phasenwinkels		R/S	{φ_u}
	usw.				

Diese Berechnung kann für die Frequenz $f_{n+1} = f_n + \Delta f$ fortgesetzt werden, sofern die Bedingung $f_A \leq f_{n+1} \leq f_E$ erfüllt ist.
Teil a) ist Voraussetzung für b) und c).

Testbeispiel

Eingabe	Befehle	Anzeige	Eingabe	Befehle	Anzeige
	A	6.000 00		R/S	1.407 06
50	R/S	7.000 00		C	16.000 00
5.71 EE 6 +/−	R/S	8.000 00	14.132 EE 6	R/S	17.000 00
.5	R/S	9.000 00	100	R/S	18.000 00
22 EE 12 +/−	R/S	22.000 −12	14.132 EE 6	R/S	19.000 00
	B	14.132 06	1	R/S	1.000 00
	R/S	511.928 00		D	14.132 06
	R/S	99.597 −03		R/S	5.140 03
	R/S	10.040 00		R/S	−37.868 −03

4.28 Kennwerte und Frequenzgang für Parellelschaltung

Datenregister. R00: Zähler, R01: Zähler, R01 bis R04: komplexe Arithmetik, R05: C/L, R06: R_L, R07: L, R08: R_C, R09: C, R10: f, f_ρ, R11: ω, ω_ρ, R12: G_p, R13: B_p, R14: U, X_ρ, R15: φ_u, d, R16: f_A, R17: Δf, R18: f_E, R19: I_q

Tastenplan

R_L, L, R_C, C	f_ρ, X_ρ, d, Q, B	$f_A, \Delta f, f_E, I_q$	f, U, φ_u

Aufgelistetes Programm 4.28

```
000  76  LBL         2nd Lbl     044  44  SUM                     088  43  RCL
001  16  A'          2nd A'      045  13  13                      089  19  19
002  43  RCL                     046  43  RCL                     090  35  1/X
003  06  06                      047  12  12                      091  49  PRD     2nd Prd
004  42  STO                     048  92  RTN       INV SBR       092  01  01
005  01  01                      049  76  LBL       2nd Lbl       093  49  PRD     2nd Prd
006  53  (                       050  13  C                       094  02  02
007  43  RCL                     051  01  1                       095  43  RCL
008  11  11                      052  06  6                       096  10  10
009  65  ×                       053  42  STO                     097  91  R/S     (2nd Prt)
010  43  RCL                     054  01  01                      098  36  PGM     2nd Pgm
011  07  07                      055  04  4                       099  05  05
012  54  )                       056  42  STO                     100  15  E
013  42  STO                     057  00  00                      101  60  DEG     2nd Deg
014  02  02                      058  71  SBR                     102  32  X:T
015  36  PGM         2nd Pgm     059  91  R/S                     103  22  INV
016  05  05                      060  92  RTN       INV SBR       104  37  P/R     2nd P→R
017  15  E                       061  76  LBL       2nd Lbl       105  32  X:T
018  42  STO                     062  14  D                       106  91  R/S     (2nd Prt)
019  12  12                      063  43  RCL                     107  32  X:T
020  32  X:T                     064  16  16                      108  91  R/S     (2nd Prt)
021  42  STO                     065  42  STO                     109  98  ADV     2nd Adv
022  13  13                      066  10  10                      110  43  RCL
023  43  RCL                     067  76  LBL       2nd Lbl       111  18  18
024  08  08                      068  97  DSZ       2nd Dsz       112  32  X:T
025  42  STO                     069  53  (                       113  43  RCL
026  01  01                      070  02  2                       114  10  10
027  53  (                       071  65  ×                       115  77  GE      2nd x≥t
028  43  RCL                     072  89  π         2nd π         116  66  PAU     2nd Pause
029  11  11                      073  65  ×                       117  43  RCL
030  65  ×                       074  43  RCL                     118  17  17
031  43  RCL                     075  10  10                      119  44  SUM
032  09  09                      076  54  )                       120  10  10
033  54  )                       077  42  STO                     121  61  GTO
034  35  1/X                     078  11  11                      122  97  DSZ     2nd Dsz
035  94  +/-                     079  16  A'        2nd A'        123  76  LBL     2nd Lbl
036  42  STO                     080  43  RCL                     124  66  PAU     2nd Pause
037  02  02                      081  12  12                      125  92  RTN     INV SBR
038  36  PGM         2nd Pgm     082  42  STO                     126  76  LBL     2nd Lbl
039  05  05                      083  01  01                      127  91  R/S
040  15  E                       084  43  RCL                     128  43  RCL
041  44  SUM                     085  13  13                      129  01  01
042  12  12                      086  42  STO                     130  91  R/S
043  32  X:T                     087  02  02                      131  72  ST*     STO 2nd Ind
```

4.28 Kennwerte und Frequenzgang für Parallelschaltung   353

```
132  01  01                 176  85  +                  220  55  ÷
133  69  OP    2nd Op       177  01  1                  221  89  π    2nd π
134  21  21                 178  54  )                  222  54  )
135  97  DSZ   2nd Dsz      179  49  PRD   2nd Prd      223  42  STO
136  00  00                 180  11  11                 224  10  10
137  91  R/S                181  53  (                  225  91  R/S  (2nd Prt)
138  92  RTN   INV SBR      182  53  (                  226  16  A'   2nd A'
139  76  LBL   2nd Lbl      183  53  (                  227  53  (
140  11  A                  184  53  (                  228  43  RCL
141  57  ENG   2nd Eng      185  01  1                  229  14  14
142  58  FIX   2nd Fix      186  75  -                  230  91  R/S  (2nd Prt)
143  03  03                 187  43  RCL                231  65  ×
144  06  6                  188  06  06                 232  43  RCL
145  42  STO                189  33  x²                 233  12  12
146  01  01                 190  65  ×                  234  54  )
147  04  4                  191  43  RCL                235  42  STO
148  42  STO                192  05  05                 236  15  15
149  00  00                 193  54  )                  237  91  R/S  (2nd Prt)
150  71  SBR                194  55  ÷                  238  35  1/X
151  91  R/S                195  43  RCL                239  91  R/S  (2nd Prt)
152  92  RTN   INV SBR      196  11  11                 240  53  (
153  76  LBL   2nd Lbl      197  54  )                  241  43  RCL
154  12  B                  198  34  √x                 242  10  10
155  53  (                  199  42  STO                243  65  ×
156  53  (                  200  11  11                 244  43  RCL
157  53  (                  201  65  ×                  245  15  15
158  43  RCL                202  43  RCL                246  54  )
159  09  09                 203  07  07                 247  91  R/S  (2nd Prt)
160  42  STO                204  54  )                  248  92  RTN  INV SBR
161  11  11                 205  42  STO
162  55  ÷                  206  14  14
163  43  RCL                207  35  1/X
164  07  07                 208  65  ×                  Labels
165  49  PRD   2nd Prd      209  43  RCL
166  11  11                 210  06  06                 001  16  A'
167  54  )                  211  33  x²                 050  13  C
168  42  STO                212  54  )                  062  14  D
169  05  05                 213  44  SUM                068  97  DSZ
170  65  ×                  214  14  14                 124  66  PAU
171  43  RCL                215  53  (                  127  91  R/S
172  08  08                 216  43  RCL                140  11  A
173  33  x²                 217  11  11                 154  12  B
174  54  )                  218  55  ÷
175  94  +/-                219  02  2
```

4.29 Frequenzgang induktiv und kapazitiv gekoppelter Bandfilter

Grundlagen. Sie sind in Abschn. 3.3.1.4 und 3.3.2.1 dargestellt.

Programmbeschreibung. Für das kapazitiv bzw. induktiv gekoppelte Bandfilter nach Bild 3.55 wird aus den Schaltungsdaten Amplituden- und Phasenverlauf der

4.29 Frequenzgang induktiv und kapazitiv gekoppelter Bandfilter

komplexen Ausgangsspannung $\underline{U}_2$ berechnet. Das Bandfilter wird mit dem Quellenstrom I_1 gespeist.

Die Dateneingabe wird mit der Taste **A** eingeleitet. Bei kapazitiver Kopplung ist über die Tasten **2nd B'** die Koppelkapazität C_K einzugeben, während bei induktiver Kopplung über die Taste **B** die Gegeninduktivität M eingelesen wird. Flag 0 ist für kapazitiv gekoppelte Bandfilter gesetzt.

Die Berechnung des Frequenzgangs wird mit der Taste **C** gestartet. Das Programm nutzt das Modulprogramm ML-04. Steht ein Drucker PC-100 C zur Verfügung, so sind an den gekennzeichneten Stellen in der Programmliste die **R/S**-Befehle mit **2nd Prt**-Befehlen zu überschreiben. Einzelberechnungen sind möglich, wenn für die Frequenzen f_A und f_E gleiche Werte eingegeben werden und die Schrittweite Δf größer als Null ist.

Datenregister. R00: Zähler, R01: Zähler, R01 bis R04: komplexe Arithmetik, R10: f, R11: ω, R12: k, R13: σ, R14: R_1, R15: L_1, R16: C_1, R17: R_2, R18: L_2, R19: C_2, R20: C_k, M, R21: f_A, R22: Δf, R23: f_E, R24: I_1, R25: Im $\underline{Y}_k$, R26: Re $\underline{Z}_{21}$, R27: Im $\underline{Z}_{21}$, R28: Re $\underline{U}_2$, R29: Im $\underline{U}_2$

Benutzeranleitung

Aufgabe	Schritt	Ziel	Eingabe	Befehle	Anzeige
a) Eingabe der	1	Programmvorbereitung		A	14.000 00
Schaltungsdaten	2	Eingeben des Wirkwiderstands	{R_1}	R/S	15.000 00
für Bandfilter	3	Eingeben der Induktivität	{L_1}	R/S	16.000 00
nach Bild 3.55	4	Eingeben der Kapazität	{C_1}	R/S	17.000 00
	5	Eingeben des Wirkwiderstands	{R_2}	R/S	18.000 00
	6	Eingeben der Induktivität	{L_2}	R/S	19.000 00
	7	Eingeben der Kapazität	{C_2}	R/S	{C_2}
b) Eingabe bei	1	Programmwahl		2nd B'	20.000 00
kapazitiver	2	Eingeben der Koppelkapazität	{C_K}	R/S	21.000 00
Kopplung	3	Eingeben der Anfangsfrequenz	{f_A}	R/S	22.000 00
	4	Eingeben der Schrittweite	{Δf}	R/S	23.000 00
	5	Eingeben der Endfrequenz	{f_E}	R/S	24.000 00
	6	Eingeben des Eingangsstroms	{I_1}	R/S	{I_1}
c) Eingabe bei	1	Programmwahl		B	20.000 00
induktiver	2	Einlesen der Gegeninduktivität	{M}	R/S	21.000 00
Kopplung	3 bis 6	wie unter b)			
d) Berechnung	1	Programmwahl und Berechnen		C	{f_A}
des Frequenz-		der 1. Frequenz			
gangs	2	Berechnen der 1. Spannung		R/S	{U_2}
	3	Berechnen des 1. Phasenwinkels		R/S	{φ_u}
	usw.				

Die Berechnung wird für die Frequenz $f_{n+1} = f_n + \Delta f$ wiederholt, sofern die Bedingung $f_A \leqslant f_{n+1} \leqslant f_E$ erfüllt ist.
Diesem Programm müssen die Teile a) u n d b) o d e r c) vorangehen.

4.29 Frequenzgang induktiv und kapazitiv gekoppelter Bandfilter

Flag. F0 für kapazitiv gekoppelte Bandfilter gesetzt.

Tastenplan	$C_K, f_A, \Delta f, f_E, I_1$		
$R_1, L_1, C_1, R_2, L_2, C_2$	$M, f_A, \Delta f, f_E, I_1$	f, U, φ_u	

Testbeispiele

a) Bandfilter mit kapazitiver Kopplung

Eingabe	Befehle	Anzeige
	A	14.000 00
33.86 EE 3	R/S	15.000 00
75.17 EE 6 +/−	R/S	16.000 00
332.3 EE 12 +/−	R/S	17.000 00
33.86 EE 3	R/S	18.000 00
75.17 EE 6 +/−	R/S	19.000 00
332.3 EE 12 +/−	R/S	332.300 −12
	2nd B'	20.000 00
4.7 EE 12 +/−	R/S	21.000 00
.95 EE 6	R/S	22.000 00
5 EE 3	R/S	23.000 00
1.05 EE 6	R/S	24.000 00
59.103 EE 6 +/−	R/S	59.103 −06
	C	950.000 03
	R/S	27.530 −03
	R/S	256.086 00
	usw.	

b) Bandfilter mit induktiver Kopplung

Eingabe	Befehle	Anzeige
	A	14.000 00
47 EE 3	R/S	15.000 00
105.8 EE 6 +/−	R/S	16.000 00
239.4 EE 12 +/−	R/S	17.000 00
47 EE 3	R/S	18.000 00
105.8 EE 6 +/−	R/S	19.000 00
239.4 EE 12 +/−	R/S	239.400 −12
	B	20.000 00
1.496 EE 6 +/−	R/S	21.000 00
.96 EE 6	R/S	22.000 00
2.5 EE 3	R/S	23.000 00
1.04 EE 6	R/S	24.000 00
1	R/S	1.000 00
	C	960.000 03
	R/S	1.459 03
	R/S	69.792 00
	usw.	

Aufgelistetes Programm 4.29

```
000   76 LBL    2nd Lbl      018   94 +/-              036   18 18
001   10 E'     2nd E'       019   42 STO              037   54 )
002   53 (                   020   02 02               038   35 1/X
003   53 (                   021   43 RCL              039   94 +/-
004   02 2                   022   14 14               040   42 STO
005   65 x                   023   35 1/X              041   04 04
006   89 π     2nd π         024   42 STO              042   53 (
007   65 x                   025   01 01               043   43 RCL
008   43 RCL                 026   43 RCL              044   11 11
009   10 10                  027   17 17               045   65 x
010   54 )                   028   35 1/X              046   43 RCL
011   42 STO                 029   42 STO              047   20 20
012   11 11                  030   03 03               048   54 )
013   65 x                   031   53 (                049   94 +/-
014   43 RCL                 032   43 RCL              050   42 STO
015   15 15                  033   11 11               051   25 25
016   54 )                   034   65 x                052   87 IFF   2nd Ifflg
017   35 1/X                 035   43 RCL              053   00 00
```

4.29 Frequenzgang induktiv und kapazitiv gekoppelter Bandfilter

054	24	CE		110	04	04		166	97	DSZ	2nd Dsz
055	53	(		111	10	E'	2nd E'	167	10	E'	2nd E'
056	43	RCL		112	36	PGM	2nd Pgm	168	43	RCL	
057	12	12		113	04	04		169	10	10	
058	33	X²		114	18	C'	2nd C'	170	91	R/S	(2nd Prt)
059	55	÷		115	42	STO		171	43	RCL	
060	43	RCL		116	26	26		172	28	28	
061	25	25		117	42	STO		173	32	X:T	
062	54	)		118	28	28		174	43	RCL	
063	94	+/−		119	32	X:T		175	29	29	
064	42	STO		120	42	STO		176	22	INV	
065	25	25		121	27	27		177	37	P/R	2nd P→R
066	43	RCL		122	42	STO		178	32	X:T	
067	13	13		123	29	29		179	91	R/S	(2nd Prt)
068	35	1/X		124	43	RCL		180	32	X:T	
069	49	PRD	2nd Prd	125	24	24		181	91	R/S	(2nd Prt)
070	02	02		126	49	PRD	2nd Prd	182	43	RCL	
071	49	PRD	2nd Prd	127	28	28		183	23	23	
072	04	04		128	49	PRD	2nd Prd	184	32	X:T	
073	49	PRD	2nd Prd	129	29	29		185	43	RCL	
074	25	25		130	92	RTN	INV SBR	186	10	10	
075	76	LBL	2nd Lbl	131	76	LBL	2nd Lbl	187	77	GE	2nd x≥t
076	24	CE		132	13	C		188	66	PAU	2nd Pause
077	53	(		133	87	IFF	2nd Ifflg	189	43	RCL	
078	43	RCL		134	00	00		190	22	22	
079	11	11		135	25	CLR		191	44	SUM	
080	65	×		136	53	(		192	10	10	
081	43	RCL		137	53	(		193	61	GTO	
082	16	16		138	43	RCL		194	97	DSZ	2nd Dsz
083	54	)		139	20	20		195	76	LBL	2nd Lbl
084	44	SUM		140	55	÷		196	66	PAU	2nd Pause
085	02	02		141	53	(		197	92	RTN	INV SBR
086	53	(		142	43	RCL		198	76	LBL	2nd Lbl
087	43	RCL		143	15	15		199	11	A	
088	11	11		144	65	×		200	57	ENG	2nd Eng
089	65	×		145	43	RCL		201	58	FIX	2nd Fix
090	43	RCL		146	18	18		202	03	03	
091	19	19		147	54	)		203	01	1	
092	54	)		148	34	√X		204	04	4	
093	44	SUM		149	54	)		205	42	STO	
094	04	04		150	42	STO		206	01	01	
095	36	PGM	2nd Pgm	151	12	12		207	06	6	
096	04	04		152	33	X²		208	42	STO	
097	13	C		153	94	+/−		209	00	00	
098	00	0		154	85	+		210	76	LBL	2nd Lbl
099	42	STO		155	01	1		211	91	R/S	
100	03	03		156	54	)		212	43	RCL	
101	43	RCL		157	42	STO		213	01	01	
102	25	25		158	13	13		214	91	R/S	
103	94	+/−		159	76	LBL	2nd Lbl	215	72	ST*	STO 2nd Ind
104	42	STO		160	25	CLR		216	01	01	
105	04	04		161	43	RCL		217	69	OP	2nd Op
106	33	X²		162	21	21		218	21	21	
107	44	SUM		163	42	STO		219	97	DSZ	2nd Dsz
108	01	01		164	10	10		220	00	00	
109	36	PGM	2nd Pgm	165	76	LBL	2nd Lbl	221	91	R/S	

```
222  92 RTN  INV SBR        234  05 5              Labels
223  76 LBL  2nd Lbl         235  42 STO
224  12 B                    236  00 00            001  10 E'
225  22 INV                  237  71 SBR           076  24 CE
226  76 LBL  2nd Lbl         238  91 R/S           132  13 C
227  17 B'   2nd B'          239  92 RTN  INV SBR  160  25 CLR
228  86 STF  2nd Stflg                             166  97 DSZ
229  00 00                                         196  66 PAU
230  02 2                                          199  11 A
231  00 0                                          211  91 R/S
232  42 STO                                        224  12 B
233  01 01                                         227  17 B'
```

4.30 Umrechnung von Zweitorparametern

Grundlagen. Wenn man für die komplexen Zweitorparameter $\underline{V}_{ik} = a_{ik} + jb_{ik}$ allgemein die Matrizenschreibweise

$$(\underline{V}) = \begin{bmatrix} \underline{V}_{11} & \underline{V}_{12} \\ \underline{V}_{21} & \underline{V}_{22} \end{bmatrix} \qquad (4.6)$$

anwendet, kann man nach Band XI und [16] mit den Determinanten

$$\underline{V} = \underline{V}_{11}\underline{V}_{22} - \underline{V}_{12}\underline{V}_{21} \qquad (4.7)$$

die verschiedenen Parameter ineinander umrechnen.
Es gilt für die W i d e r s t a n d s m a t r i x

$$(\underline{Z}) = \frac{1}{\underline{Y}}\begin{bmatrix} \underline{Y}_{22} & -\underline{Y}_{12} \\ -\underline{Y}_{21} & \underline{Y}_{11} \end{bmatrix} = \frac{1}{\underline{A}_{21}}\begin{bmatrix} \underline{A}_{11} & \underline{A} \\ 1 & \underline{A}_{22} \end{bmatrix} = \frac{1}{\underline{H}_{22}}\begin{bmatrix} \underline{H} & \underline{H}_{12} \\ -\underline{H}_{21} & 1 \end{bmatrix} \qquad (4.8)$$

die L e i t w e r t m a t r i x

$$(\underline{Y}) = \frac{1}{\underline{Z}}\begin{bmatrix} \underline{Z}_{22} & -\underline{Z}_{12} \\ -\underline{Z}_{21} & \underline{Z}_{11} \end{bmatrix} = \frac{1}{\underline{H}_{11}}\begin{bmatrix} 1 & -\underline{H}_{12} \\ \underline{H}_{21} & \underline{H} \end{bmatrix} \qquad (4.9)$$

die K e t t e n m a t r i x

$$(\underline{A}) = \frac{1}{\underline{Z}_{21}}\begin{bmatrix} \underline{Z}_{11} & \underline{Z} \\ 1 & \underline{Z}_{22} \end{bmatrix} \qquad (4.10)$$

und die H y b r i d m a t r i x

$$(\underline{H}) = \frac{1}{\underline{Z}_{22}}\begin{bmatrix} \underline{Z} & \underline{Z}_{12} \\ -\underline{Z}_{21} & 1 \end{bmatrix} = \frac{1}{\underline{Y}_{11}}\begin{bmatrix} 1 & -\underline{Y}_{12} \\ \underline{Y}_{21} & \underline{Y} \end{bmatrix} \qquad (4.11)$$

Man erkennt, daß bei dieser Auswahl von 8 Umrechnungsmatrizen aus 12 möglichen nur 4 verschiedene Algorithmen auftreten, die man in einem Taschenrechnerprogramm noch gut verarbeiten kann. Durch mehrmaliges Umrechnen kann man so alle Parameter ineinander überführen.

Auch die Rückwärts-Hybridmatrix

$$(\underline{H}') = \frac{1}{\underline{H}} \begin{bmatrix} \underline{H}_{11} & -\underline{H}_{21} \\ -\underline{H}_{12} & \underline{H}_{22} \end{bmatrix} \tag{4.12}$$

läßt sich in diese Überlegung einbeziehen, wenn man beachtet, daß bei der Eingabe (oder Ausgabe) die komplexen Parameter $\underline{H}_{11}$ und $\underline{H}_{22}$ (oder $\underline{H}'_{11}$ und $\underline{H}'_{22}$) gegeneinander vertauscht werden müssen.

Der Umkehrungssatz [16] ermöglicht mit den Bedingungen

$$\underline{Z}_{12} = \underline{Z}_{21} \tag{4.13}$$

$$\underline{Y}_{12} = \underline{Y}_{21} \tag{4.14}$$

$$\underline{H}_{12} = -\underline{H}_{21} \tag{4.15}$$

$$\underline{A} = 1 \tag{4.16}$$

eine gute und leichte Kontrolle.

Programmbeschreibung. Durch Setzen eines Flags wird die Ein- und Ausgabe der Zweitorparameter über die gleichen Tasten **A** bis **D** erreicht. Vor dem Eingeben neuer Daten muß daher über **E** das Flag zurückgesetzt werden.

Mit den Tasten **2nd A'** bis **2nd D'** werden entsprechend Gl. (4.8) bis (4.12) vier verschiedene Rechenvorgänge eingeleitet. Die möglichen Umrechnungen ergeben sich aus dem Tastenplan.

Es werden die Standard-Solid-State-Software-Programme ML-04 und ML-05 angewendet und die Parameter in der komplexen Komponentenform ausgegeben. Daher muß, wenn mit **Inv 2nd P → R** auf die komplexe Exponentialform umgerechnet werden soll, vorher **2nd Deg** gedrückt werden.

Ein- und Ausgabedaten werden nach Tasten von **E** automatisch im vierziffrigen Exponentialformat angezeigt.

Durch Anwenden der indirekten Adressierung und relativ vieler Unterprogramme konnte das Programm auf 439 Schritte begrenzt werden. Bei Verzicht auf die Teile **C'** und **D'** oder durch entsprechende Aufteilung kann man es auf den Rechner TI 58 zuschneiden.

Benutzeranleitung

Aufgabe	Schritt	Ziel	Eingabe	Befehle	Anzeige
a) Eingabe der	1	Programmvorbereitung		E	
umzurechnenden	2	Eingeben des Realteils	{a_{11}}	A	
Parameter in	3	Eingeben des Imaginärteils	{b_{11}}	R/S	
Komponentenform	4	Eingeben des Realteils	{a_{12}}	B	

4.30 Umrechnung von Zweitorparametern

Aufgabe	Schritt	Ziel	Eingabe	Befehle	Anzeige
	5	Eingeben des Imaginärteils	$\{b_{12}\}$	R/S	
	6	Eingeben des Realteils	$\{a_{21}\}$	C	
	7	Eingeben des Imaginärteils	$\{b_{21}\}$	R/S	
	8	Eingeben des Realteils	$\{a_{22}\}$	D	
	9	Eingeben des Imaginärteils	$\{b_{22}\}$	R/S	

Werte $b_{ik} = 0$ brauchen nicht eingegeben zu werden.
Die Tastenfolge ist beliebig.

Aufgabe	Schritt	Ziel	Befehle	Anzeige
b) Umrechnung der Ketten- in Widerstandsparameter und umgekehrt	10	Umrechnen	2nd A'	1.000 00
c) Umrechnung der Widerstands- in Leitwertparameter und umgekehrt sowie der Hybrid- in die Rückwärts-Hybridparameter	10	Umrechnen	2nd B'	2.000 00
d) Umrechnung der Leitwert- in Hybridparameter und umgekehrt	10	Umrechnen	2nd C'	3.000 00
e) Umrechnung der Hybrid- in Widerstandsparameter und umgekehrt	10	Umrechnen	2nd D'	4.000 00

f) Umrechnung der Hybrid- in Kettenparameter

Schritt 10 wie unter e)
Anzeige wie unter g)
Schritt 10 wie unter b)
Die verschiedenen Umrechnungen können also beliebig nacheinander vorgenommen werden, wenn nur zwischendurch die gerade errechneten Werte vollständig (zumindest unter **A** und **D**) zur Anzeige gebracht werden.

g) Ausgabe der umgerechneten Parameter

Wie Schritt 2 bis 9 von a). Die Tastenfolge ist beliebig.

h) Ausgabe der Rückwärts-Hybridparameter

	Befehle
Entgegen a) ist hier	
Ausgeben des Realteils a_{11}	D
Ausgeben des Imaginärteils b_{11}	R/S
Ausgeben des Realteils a_{22}	A
Ausgeben des Imaginärteils b_{22}	R/S

Die übrige Zuordnung stimmt mit a) überein.

360 4.30 Umrechnung von Zweitorparametern

Tastenplan	$(\underline{A}) \leftrightarrow (\underline{Z})$	$(\underline{H}) \rightarrow (\underline{H'})$ $(\underline{Z}) \leftrightarrow (\underline{Y})$	$(\underline{Y}) \leftrightarrow (\underline{H})$	$(\underline{H}) \leftrightarrow (\underline{Z})$	
	$\underline{V}_{11}$	$\underline{V}_{12}$	$\underline{V}_{21}$	$\underline{V}_{22}$	PV

Datenregister. R00: Zähler, R01 bis R04: komplexe Arithmetik, R10 und R11: Zwischenspeicher, R12: b_{22}, R13: a_{22}, R14: b_{21}, R15: a_{21}, R16: b_{12}, R17: a_{12}, R18: b_{11}, R19: a_{11}.

Testbeispiel

Eingabe	Befehle	Anzeige	Befehle	Anzeige
	E			
.5294	A	5.294 −01	C	3.934 −02
.1176	R/S	1.176 −01	R/S	2.328 −01
.7059 +/−	B	−7.059 −01	D	6.557 −03
4.176	R/S	4.176 00	R/S	−1.276 −01
.2353	C	2.353 −01	2nd C'	3.000 00
.05882 +/−	R/S	−5.882 −02	A	5.625 −01
2.353	D	2.353 00	R/S	1.438 00
1.412	R/S	1.412 00	B	3.125 −01
	2nd A'	1.000 00	R/S	−1.875 −01
	A	2.000 00	C	−3.125 −01
	R/S	1.000 00	R/S	1.875 −01
	B	4.000 00	D	6.250 −02
	R/S	1.000 00	R/S	−6.250 −02
	C	4.000 00	2nd D'	4.000 00
	R/S	1.000 00	A	2.000 00
	D	8.000 00	R/S	1.000 00
	R/S	8.000 00	B	4.000 00
	2nd B'	2.000 00	R/S	1.000 00
	A	2.361 −01	C	4.000 00
	R/S	−6.033 −01	R/S	1.000 00
	B	3.934 −02	D	8.000 00
	R/S	2.328 −01	R/S	8.000 00

Wenn nur ein Teil des Programms benutzt werden soll, genügt es, auch nur diesen zu testen.

Aufgelistetes Programm 4.30

```
000  92 RTN  INV SBR      009  01  01              018  43 RCL
001  76 LBL  2nd Lbl      010  91 R/S             019  19  19
002  11  A                011  42 STO             020  42 STO
003  87 IFF  2nd Ifflg    012  18  18             021  01  01
004  00  00               013  42 STO             022  91 R/S
005  85  +                014  02  02             023  43 RCL
006  42 STO               015  92 RTN  INV SBR    024  18  18
007  19  19               016  76 LBL  2nd Lbl    025  42 STO
008  42 STO               017  85  +              026  02  02
```

4.30 Umrechnung von Zweitorparametern

027	92	RTN	INV SBR	083	43	RCL	139	18	18	
028	76	LBL	2nd Lbl	084	13	13	140	71	SBR	
029	12	B		085	42	STO	141	35	1/X	
030	87	IFF	2nd Ifflg	086	03	03	142	92	RTN	INV SBR
031	00	00		087	91	R/S	143	76	LBL	2nd Lbl
032	75	–		088	43	RCL	144	35	1/X	
033	42	STO		089	12	12	145	43	RCL	
034	17	17		090	42	STO	146	13	13	
035	91	R/S		091	04	04	147	42	STO	
036	42	STO		092	92	RTN	INV SBR	148	01	01	
037	16	16		093	76	LBL	2nd Lbl	149	43	RCL	
038	92	RTN	INV SBR	094	44	SUM	150	12	12	
039	76	LBL	2nd Lbl	095	86	STF	2nd Stflg	151	42	STO	
040	75	–		096	00	00	152	02	02	
041	43	RCL		097	36	PGM	2nd Pgm	153	92	RTN	INV SBR
042	17	17		098	04	04	154	76	LBL	2nd Lbl
043	91	R/S		099	13	C	155	24	CE	
044	43	RCL		100	42	STO	156	42	STO	
045	16	16		101	11	11	157	04	04	
046	92	RTN	INV SBR	102	32	X:T	158	36	PGM	2nd Pgm
047	76	LBL	2nd Lbl	103	42	STO	159	04	04	
048	13	C		104	10	10	160	13	C	
049	87	IFF	2nd Ifflg	105	43	RCL	161	92	RTN	INV SBR
050	00	00		106	17	17	162	76	LBL	2nd Lbl
051	55	÷		107	42	STO	163	23	LNX	
052	42	STO		108	01	01	164	42	STO	
053	15	15		109	43	RCL	165	04	04	
054	91	R/S		110	16	16	166	36	PGM	2nd Pgm
055	42	STO		111	42	STO	167	04	04	
056	14	14		112	02	02	168	18	C'	2nd C'
057	92	RTN	INV SBR	113	71	SBR	169	92	RTN	INV SBR
058	76	LBL	2nd Lbl	114	45	Y^X	170	76	LBL	2nd Lbl
059	55	÷		115	71	SBR	171	45	Y^X	
060	43	RCL		116	24	CE	172	43	RCL	
061	15	15		117	22	INV	173	15	15	
062	91	R/S		118	44	SUM	174	42	STO	
063	43	RCL		119	11	11	175	03	03	
064	14	14		120	32	X:T	176	43	RCL	
065	92	RTN	INV SBR	121	22	INV	177	14	14	
066	76	LBL	2nd Lbl	122	44	SUM	178	92	RTN	INV SBR
067	14	D		123	10	10	179	76	LBL	2nd Lbl
068	87	IFF	2nd Ifflg	124	43	RCL	180	25	CLR	
069	00	00		125	11	11	181	42	STO	
070	65	×		126	42	STO	182	13	13	
071	42	STO		127	01	01	183	32	X:T	
072	13	13		128	43	RCL	184	42	STO	
073	42	STO		129	10	10	185	12	12	
074	03	03		130	42	STO	186	92	RTN	INV SBR
075	91	R/S		131	02	02	187	76	LBL	2nd Lbl
076	42	STO		132	92	RTN	INV SBR	188	38	SIN	2nd sin
077	12	12		133	76	LBL	2nd Lbl	189	42	STO	
078	42	STO		134	22	INV	190	15	15	
079	04	04		135	42	STO	191	32	X:T	
080	92	RTN	INV SBR	136	19	19	192	42	STO	
081	76	LBL	2nd Lbl	137	32	X:T	193	14	14	
082	65	×		138	42	STO	194	92	RTN	INV SBR

4.30 Umrechnung von Zweitorparametern

195	39 COS	2nd cos
196	43 RCL	
197	19 19	
198	42 STO	
199	03 03	
200	43 RCL	
201	18 18	
202	92 RTN	INV SBR
203	76 LBL	2nd Lbl
204	39 COS	2nd cos
205	43 RCL	
206	19 19	
207	42 STO	
208	03 03	
209	43 RCL	
210	18 18	
211	92 RTN	INV SBR
212	76 LBL	2nd Lbl
213	30 TAN	2nd tan
214	43 RCL	
215	19 19	
216	42 STO	
217	01 01	
218	43 RCL	
219	18 18	
220	42 STO	
221	02 02	
222	92 RTN	INV SBR
223	76 LBL	2nd Lbl
224	71 SBR	
225	42 STO	
226	17 17	
227	32 X:T	
228	42 STO	
229	16 16	
230	92 RTN	INV SBR
231	76 LBL	2nd Lbl
232	52 EE	
233	43 RCL	
234	17 17	
235	42 STO	
236	03 03	
237	43 RCL	
238	16 16	
239	92 RTN	INV SBR
240	76 LBL	2nd Lbl
241	16 A'	2nd A'
242	71 SBR	
243	44 SUM	
244	71 SBR	
245	45 Y^x	
246	71 SBR	
247	23 LNX	
248	71 SBR	
249	71 SBR	
250	43 RCL	
251	15 15	
252	42 STO	
253	01 01	
254	43 RCL	
255	14 14	
256	42 STO	
257	02 02	
258	36 PGM	2nd Pgm
259	05 05	
260	15 E	
261	71 SBR	
262	38 SIN	2nd sin
263	71 SBR	
264	39 COS	2nd cos
265	71 SBR	
266	24 CE	
267	71 SBR	
268	22 INV	
269	71 SBR	
270	45 Y^x	
271	71 SBR	
272	24 CE	
273	71 SBR	
274	25 CLR	
275	01 1	
276	92 RTN	INV SBR
277	76 LBL	2nd Lbl
278	17 B'	2nd B'
279	71 SBR	
280	44 SUM	
281	01 1	
282	09 9	
283	42 STO	
284	00 00	
285	71 SBR	
286	42 STO	
287	71 SBR	
288	42 STO	
289	71 SBR	
290	42 STO	
291	71 SBR	
292	42 STO	
293	01 1	
294	94 +/-	
295	49 PRD	2nd Prd
296	17 17	
297	49 PRD	2nd Prd
298	16 16	
299	49 PRD	2nd Prd
300	15 15	
301	49 PRD	2nd Prd
302	14 14	
303	43 RCL	
304	19 19	
305	48 EXC	2nd Exc
306	13 13	
307	42 STO	
308	19 19	
309	43 RCL	
310	18 18	
311	48 EXC	2nd Exc
312	12 12	
313	42 STO	
314	18 18	
315	02 2	
316	92 RTN	INV SBR
317	76 LBL	2nd Lbl
318	42 STO	
319	73 RC*	RCL 2nd Ind
320	00 00	
321	42 STO	
322	01 01	
323	69 OP	2nd Op
324	30 30	
325	73 RC*	RCL 2nd Ind
326	00 00	
327	42 STO	
328	02 02	
329	69 OP	2nd Op
330	20 20	
331	43 RCL	
332	11 11	
333	42 STO	
334	03 03	
335	43 RCL	
336	10 10	
337	71 SBR	
338	23 LNX	
339	72 ST*	STO 2nd Ind
340	00 00	
341	69 OP	2nd Op
342	30 30	
343	32 X:T	
344	72 ST*	STO 2nd Ind
345	00 00	
346	69 OP	2nd Op
347	30 30	
348	92 RTN	INV SBR
349	76 LBL	2nd Lbl
350	18 C'	2nd C'
351	71 SBR	
352	44 SUM	
353	71 SBR	
354	39 COS	2nd cos
355	71 SBR	
356	23 LNX	
357	71 SBR	
358	25 CLR	
359	71 SBR	
360	30 TAN	2nd tan
361	36 PGM	2nd Pgm
362	05 05	

4.30 Umrechnung von Zweitorparametern   363

```
363  15  E                399  12  12
364  42  STO              400  71  SBR
365  19  19               401  23  LNX
366  32  X:T              402  71  SBR
367  42  STO              403  22  INV
368  18  18               404  36  PGM   2nd Pgm
369  71  SBR              405  05  05
370  52  EE               406  15  E
371  71  SBR              407  71  SBR
372  24  CE               408  25  CLR
373  94  +/-              409  71  SBR
374  42  STO              410  52  EE
375  17  17               411  71  SBR
376  32  X:T              412  24  CE
377  94  +/-              413  71  SBR
378  42  STO              414  71  SBR
379  16  16               415  71  SBR
380  71  SBR              416  35  1/X
381  30  TAN   2nd tan    417  71  SBR
382  71  SBR              418  45  Y^x
383  45  Y^x              419  71  SBR
384  71  SBR              420  24  CE
385  24  CE               421  94  +/-
386  71  SBR              422  42  STO
387  38  SIN   2nd sin    423  15  15
388  03  3                424  32  X:T
389  92  RTN   INV SBR    425  94  +/-
390  76  LBL   2nd Lbl    426  42  STO
391  19  D'    2nd D'     427  14  14
392  71  SBR              428  04  4
393  44  SUM              429  92  RTN   INV SBR
394  43  RCL              430  76  LBL   2nd Lbl
395  13  13               431  15  E
396  42  STO              432  29  CP    2nd CP
397  03  03               433  47  CMS   2nd CMs
398  43  RCL              434  58  FIX   2nd Fix
```

```
435  03  03
436  25  CLR
437  52  EE
438  81  RST
```

Labels

```
002  11  A
017  85  +
029  12  B
040  75  -
048  13  C
059  55  ÷
067  14  D
082  65  ×
094  44  SUM
134  22  INV
144  35  1/X
155  24  CE
163  23  LNX
171  45  Y^x
180  25  CLR
188  38  SIN
204  39  COS
213  30  TAN
224  71  SBR
232  52  EE
241  16  A'
278  17  B'
318  42  STO
350  18  C'
391  19  D'
431  15  E
440  90  LST
```

4.31 Umrechnung von Transistor-Kennwerten

Grundlagen. Sie sind in Abschn. 3.3.2.2 und in Band XI erläutert. Sind für einen Transistor in Emittergrundschaltung die Zweitorparameter in Leitwertform bekannt, so lassen sich nach [16] für die B a s i s schaltung die Elemente der Leitwertmatrix

$$\begin{bmatrix} \underline{Y}_{11B} & \underline{Y}_{12B} \\ \underline{Y}_{21B} & \underline{Y}_{22B} \end{bmatrix} = \begin{bmatrix} \underline{Y}_{11E} + \underline{Y}_{12E} + \underline{Y}_{21E} + \underline{Y}_{22E} & -(\underline{Y}_{12E} + \underline{Y}_{22E}) \\ -(\underline{Y}_{21E} + \underline{Y}_{22E}) & \underline{Y}_{22E} \end{bmatrix} \quad (4.17)$$

angeben. Für den Transistor in K o l l e k t o r schaltung gilt die Leitwertmatrix

$$\begin{bmatrix} \underline{Y}_{11C} & \underline{Y}_{12C} \\ \underline{Y}_{21C} & \underline{Y}_{22C} \end{bmatrix} = \begin{bmatrix} \underline{Y}_{11E} & -(\underline{Y}_{11E} + \underline{Y}_{12E}) \\ -(\underline{Y}_{11E} + \underline{Y}_{21E}) & \underline{Y}_{11E} + \underline{Y}_{12E} + \underline{Y}_{21E} + \underline{Y}_{22E} \end{bmatrix} \quad (4.18)$$

4.31 Umrechnung von Transistor-Kennwerten

Programmbeschreibung. Dieses Programm berechnet für einen Transistor die Zweitorparameter in Leitwertform. Nach Eingabe der Frequenz und der Daten der Giacoletto-Ersatzschaltung werden im 1. Teilprogramm die komplexen Leitwerte der Emitterschaltung ermittelt – s. a) und b) der Benutzeranleitung.

Das 2. Teilprogramm berechnet nach Gl. (4.17) und (4.18) die komplexen Leitwerte für die B a s i s - bzw. K o l l e k t o r s c h a l t u n g und geht von den bekannten Leitwerten der Emitterschaltung aus. Diese Werte können auch direkt eingelesen werden – s. c), d) bzw. e) der Benutzeranleitung.

Die Teilprogramme können bei normaler Speicherbereichsverteilung unmittelbar in den TI 58 eingelesen werden. Wegen der gleichen Datenregisterbelegung kann man sie auch nacheinander benutzen. Beim TI 59 darf man beide Teilprogramme gleichzeitig hintereinander speichern; dabei können (aber brauchen nicht) die dann doppelt vorhandenen Programmsegmente **Lb1 R/S** bis **Lb1 2nd Adv** Programmschritte 064 bis 098 im Teil 2) fortgelassen werden.

Über die eingesetzten Modulprogramme erhält man komplexe Leitwerte in der Komponentenform. Zum Anwenden des Druckers PC-100 C sind entsprechend der Programmliste die **R/S**-Befehle durch die in Klammern hinter ihnen stehenden **2nd Prt**-Befehle zu ersetzen.

Benutzeranleitung zum 1. Teil

Aufgabe	Schritt	Ziel	Eingabe	Befehle	Anzeige
a) Eingabe der Transistordaten der Giacoletto-Ersatzschaltung	1	Wahl des Anzeigeformats		**2nd Eng 2nd Fix 3**	
	2	Programmwahl		**2nd A'**	5.000 00
	3	Eingeben der Frequenz	$\{f\}$	R/S	6.000 00
	4	Eingeben des Basisbahnwiderstands	$\{r_{B'B}\}$	R/S	7.000 00
	5	Eingeben des Steuerwirkleitwerts	$\{g_{B'E}\}$	R/S	8.000 00
	6	Eingeben der Diffusionskapazität	$\{C_{B'E}\}$	R/S	9.000 00
	7	Eingeben des Rückwirkungswirkleitwerts	$\{g_{CB'}\}$	R/S	10.000 00
	8	Eingeben der Sperrschichtkapazität	$\{C_{CB'}\}$	R/S	11.000 00
	9	Eingeben des Ausgangswirkleitwerts	$\{g_{CE}\}$	R/S	12.000 00
	10	Eingeben der Ausgangskapazität	$\{C_{CE}\}$	R/S	13.000 00
	11	Eingeben der Transistorsteilheit	$\{S\}$	R/S	$\{S\}$
b) Berechnung der Zweitorparameter für die E m i t t e r - s c h a l t u n g	1	Programmwahl		A	
	2	Bestimmen des primären Kurzschluß-		R/S	$\{\mathrm{Re}\,\underline{Y}_{11E}\}$
	3	leitwerts		R/S	$\{\mathrm{Im}\,\underline{Y}_{11E}\}$
	4	Bestimmen des sekundären Kernleit-		R/S	$\{\mathrm{Re}\,\underline{Y}_{12E}\}$
	5	werts		R/S	$\{\mathrm{Im}\,\underline{Y}_{12E}\}$
	6	Bestimmen des primären Kernleit-		R/S	$\{\mathrm{Re}\,\underline{Y}_{21E}\}$
	7	werts		R/S	$\{\mathrm{Im}\,\underline{Y}_{21E}\}$
	8	Bestimmen des sekundären Kurz-		R/S	$\{\mathrm{Re}\,\underline{Y}_{22E}\}$
	9	schlußleitwerts		R/S	$\{\mathrm{Im}\,\underline{Y}_{22E}\}$

Dem Programmteil b) muß a) vorausgehen.

4.31 Umrechnung von Transistor-Kennwerten 365

Benutzeranleitung zum 2. Teil

Aufgabe	Schritt	Ziel	Eingabe	Befehle	Anzeige
c) Eingabe der	1	Wahl des Anzeigeformats		2nd Eng	2nd Fix 3
Transistordaten	2	Programmwahl		2nd B'	14.000 00
für die Emitter-	3	Eingeben des Leitwerts	{Re $\underline{Y}_{11E}$}	R/S	15.000 00
schaltung	4	Eingeben des Leitwerts	{Im $\underline{Y}_{11E}$}	R/S	16.000 00
	5	Eingeben des Leitwerts	{Re $\underline{Y}_{12E}$}	R/S	17.000 00
	6	Eingeben des Leitwerts	{Im $\underline{Y}_{12E}$}	R/S	18.000 00
	7	Eingeben des Leitwerts	{Re $\underline{Y}_{21E}$}	R/S	19.000 00
	8	Eingeben des Leitwerts	{Im $\underline{Y}_{21E}$}	R/S	20.000 00
	9	Eingeben des Leitwerts	{Re $\underline{Y}_{22E}$}	R/S	21.000 00
	10	Eingeben des Leitwerts	{Im $\underline{Y}_{22E}$}	R/S	{Im $\underline{Y}_{22E}$}
d) Berechnung	1	Programmwahl		B	
der Zweitor-	2	Bestimmen des primären Kurzschluß-		R/S	{Re $\underline{Y}_{11B}$}
parameter für	3	leitwerts		R/S	{Im $\underline{Y}_{11B}$}
die Basis-	4	Bestimmen des sekundären Kern-		R/S	{Re $\underline{Y}_{12B}$}
schaltung	5	leitwerts		R/S	{Im $\underline{Y}_{12B}$}
aus der Leitwert-	6	Bestimmen des primären Kern-		R/S	{Re $\underline{Y}_{21B}$}
matrix der	7	leitwerts		R/S	{Im $\underline{Y}_{21B}$}
Emitterschaltung	8	Bestimmen des sekundären Kurzschluß-		R/S	{Re $\underline{Y}_{22B}$}
		leitwerts		R/S	{Im $\underline{Y}_{22B}$}

Dem Programmteil d) muß b) oder c) vorausgehen.

Aufgabe	Schritt	Ziel	Eingabe	Befehle	Anzeige
e) Berechnung	1	Programmwahl		C	
der Zweitor-	2	Bestimmen des primären Kurzschluß-		R/S	{Re $\underline{Y}_{11C}$}
parameter für die	3	leitwerts		R/S	{Im $\underline{Y}_{11C}$}
Kollektor-	4	Bestimmen des sekundären Kern-		R/S	{Re $\underline{Y}_{12C}$}
schaltung	5	leitwerts		R/S	{Im $\underline{Y}_{12C}$}
aus der Leitwert-	6	Bestimmen des primären Kern-		R/S	{Re $\underline{Y}_{21C}$}
matrix der	7	leitwerts		R/S	{Im $\underline{Y}_{21C}$}
Emitterschaltung	8	Bestimmen des sekundären Kurzschluß-		R/S	{Re $\underline{Y}_{22C}$}
	9	leitwerts		R/S	{Im $\underline{Y}_{22C}$}

Dem Programmteil e) muß b) oder c) vorausgehen.

Datenregister. R00: Zähler, R01: Zähler, R01 bis R04: komplexe Arithmetik, R05: f, ω, R06: $r_{B'B}$, R07: $g_{B'E}$, R08: $C_{B'E}$, R09: $g_{CB'}$, R10: $C_{CB'}$, R11: g_{CE}, R12: C_{CE}, R13: S, R14: Re $\underline{Y}_{11E}$, R15: Im $\underline{Y}_{11E}$, R16: Re $\underline{Y}_{12E}$, R17: Im $\underline{Y}_{12E}$, R18: Re $\underline{Y}_{21E}$, R19: Im $\underline{Y}_{21E}$, R20: Re $\underline{Y}_{22E}$, R21: Im $\underline{Y}_{22E}$, R22: Re $\underline{Y}_{11B}$, Re $\underline{Y}_{11C}$, R23: Im $\underline{Y}_{11B}$, Im $\underline{Y}_{11C}$, R24: Re $\underline{Y}_{12B}$, Re $\underline{Y}_{12C}$, R25: Im $\underline{Y}_{12B}$, Im $\underline{Y}_{12C}$, R26: Re $\underline{Y}_{21B}$, Re $\underline{Y}_{21C}$, R27: Im $\underline{Y}_{21B}$, Im $\underline{Y}_{21C}$, R28: Re $\underline{Y}_{22B}$, Re $\underline{Y}_{22C}$, R29: Im $\underline{Y}_{22B}$, Im $\underline{Y}_{22C}$

Tastenplan

f, $r_{B'B}$, $g_{B'E}$, ...	Re $\underline{Y}_{11E}$, Im $\underline{Y}_{11E}$, ...		
($\underline{Y}_E$)	($\underline{Y}_E$) → ($\underline{Y}_B$)	($\underline{Y}_E$) → ($\underline{Y}_C$)	

4.31 Umrechnung von Transistor-Kennwerten

Testbeispiele

Eingabe	a) 1. Teilprogramm Befehle	Anzeige		b) 2. Teilprogramm Befehle	Anzeige	
	2nd Eng 2nd Fix 3			2nd Eng 2nd Fix 3		
	2nd A'	5.000	00	B	35.041	–03
35 EE 6	R/S	6.000	00	R/S	4.143	–03
3	R/S	7.000	00	R/S	–3.453	–06
1.1 EE 3 +/–	R/S	8.000	00	R/S	–233.781	–06
20 EE 12 +/–	R/S	9.000	00	R/S	33.885	–03
0	R/S	10.000	00	R/S	225.178	–06
.6 EE 12 +/–	R/S	11.000	00	R/S	5.234	–06
5 EE 6 +/–	R/S	12.000	00	R/S	365.270	–06
1 EE 12 +/–	R/S	13.000	00	C	1.157	–03
34 EE 3 +/–	R/S	34.000	–03	R/S	4.500	–03
	A	1.157	–03	R/S	–1.156	–03
	R/S	4.500	–03	R/S	–4.368	–03
	R/S	–1.781	–06	R/S	–35.038	–03
	R/S	–131.489	–06	R/S	3.909	–03
	R/S	33.880	–03	R/S	35.041	–03
	R/S	–590.448	–06	R/S	4.143	–03
	R/S	5.234	–06			
	R/S	365.270	–06			

Das Testbeispiel zum 1. Teilprogramm muß diesem Rechengang vorausgehen.

Aufgelistetes Programm 4.31, Teil 1

```
000  76 LBL   2nd Lbl        024  72 ST*   STO 2nd Ind   048  01  01
001  65  ×                    025  00  00                 049  91 R/S
002  42 STO                   026  92 RTN   INV SBR       050  72 ST*  STO 2nd Ind
003  00  00                   027  76 LBL   2nd Lbl       051  01  01
004  73 RC*   RCL 2nd Ind     028  16  A'   2nd A'        052  69 OP   2nd Op
005  00  00                   029  05  5                  053  21  21
006  42 STO                   030  53  (                  054  97 DSZ  2nd Dsz
007  01  01                   031  91 R/S                 055  00  00
008  69 OP    2nd Op          032  65  ×                  056  91 R/S
009  20  20                   033  02  2                  057  92 RTN  INV SBR
010  73 RC*   RCL 2nd Ind     034  65  ×                  058  76 LBL  2nd Lbl
011  00  00                   035  89  π    2nd π         059  99 PRT  2nd Prt
012  42 STO                   036  54  )                  060  04  4
013  02  02                   037  42 STO                 061  42 STO
014  69 OP    2nd Op          038  05  05                 062  00  00
015  30  30                   039  06  6                  063  76 LBL  2nd Lbl
016  36 PGM   2nd Pgm         040  42 STO                 064  98 ADV  2nd Adv
017  04  04                   041  01  01                 065  73 RC*  RCL 2nd Ind
018  13  C                    042  08  8                  066  01  01
019  72 ST*   STO 2nd Ind     043  42 STO                 067  91 R/S  (2nd Prt)
020  00  00                   044  00  00                 068  69 OP   2nd Op
021  69 OP    2nd Op          045  76 LBL   2nd Lbl       069  21  21
022  20  20                   046  91 R/S                 070  73 RC*  RCL 2nd Ind
023  32 X:T                   047  43 RCL                 071  01  01
```

4.31 Umrechnung von Transistor-Kennwerten

```
072  91 R/S   (2nd Prt)
073  69 OP    2nd Op
074  21 21
075  98 ADV   2nd Adv
076  97 DSZ   2nd Dsz
077  00 00
078  98 ADV   2nd Adv
079  92 RTN   INV SBR
080  76 LBL   2nd Lbl
081  11 A
082  53 (
083  43 RCL
084  05 05
085  65 ×
086  53 (
087  43 RCL
088  08 08
089  85 +
090  43 RCL
091  10 10
092  54 )
093  54 )
094  42 STO
095  02 02
096  42 STO
097  15 15
098  53 (
099  43 RCL
100  07 07
101  85 +
102  43 RCL
103  09 09
104  54 )
105  42 STO
106  01 01
107  42 STO
108  14 14
109  43 RCL
110  06 06
111  49 PRD   2nd Prd
112  01 01
113  49 PRD   2nd Prd
114  02 02
115  01 1
116  44 SUM
117  01 01
118  36 PGM   2nd Pgm
119  05 05
120  15 E

121  36 PGM   2nd Pgm
122  04 04
123  10 E'    2nd E'
124  01 1
125  04 4
126  71 SBR
127  65 ×
128  53 (
129  43 RCL
130  13 13
131  85 +
132  43 RCL
133  09 09
134  42 STO
135  20 20
136  94 +/-
137  42 STO
138  16 16
139  54 )
140  42 STO
141  18 18
142  53 (
143  43 RCL
144  05 05
145  65 ×
146  43 RCL
147  10 10
148  54 )
149  42 STO
150  21 21
151  94 +/-
152  42 STO
153  17 17
154  42 STO
155  19 19
156  01 1
157  06 6
158  71 SBR
159  65 ×
160  01 1
161  08 8
162  71 SBR
163  65 ×
164  43 RCL
165  20 20
166  42 STO
167  03 03
168  43 RCL
169  21 21

170  42 STO
171  04 04
172  36 PGM   2nd Pgm
173  04 04
174  13 C
175  43 RCL
176  06 06
177  49 PRD   2nd Prd
178  01 01
179  49 PRD   2nd Prd
180  02 02
181  43 RCL
182  01 01
183  44 SUM
184  20 20
185  43 RCL
186  02 02
187  44 SUM
188  21 21
189  43 RCL
190  11 11
191  44 SUM
192  20 20
193  53 (
194  43 RCL
195  05 05
196  65 ×
197  43 RCL
198  12 12
199  54 )
200  44 SUM
201  21 21
202  01 1
203  04 4
204  42 STO
205  01 01
206  71 SBR
207  99 PRT   2nd Prt
208  92 RTN   INV SBR
```

Labels

```
001  65 ×
028  16 A'
046  91 R/S
059  99 PRT
064  98 ADV
081  11 A
```

Aufgelistetes Programm 4.31, Teil 2

```
000  76 LBL   2nd Lbl
001  44 SUM
002  42 STO
003  00 00
004  53 (
005  43 RCL
006  14 14
007  85 +
008  43 RCL
009  16 16
010  85 +
011  43 RCL
```

4.31 Umrechnung von Transistor-Kennwerten

012	18	18		068	91	R/S		124	19	19
013	85	+		069	72	ST*	STO 2nd Ind	125	44	SUM
014	43	RCL		070	01	01		126	27	27
015	20	20		071	69	OP	2nd Op	127	01	1
016	54	)		072	21	21		128	94	+/-
017	72	ST*	STO 2nd Ind	073	97	DSZ	2nd Dsz	129	49	PRD	2nd Prd
018	00	00		074	00	00		130	24	24
019	53	(		075	91	R/S		131	49	PRD	2nd Prd
020	43	RCL		076	92	RTN	INV SBR	132	25	25
021	15	15		077	76	LBL	2nd Lbl	133	49	PRD	2nd Prd
022	85	+		078	99	PRT	2nd Prt	134	26	26
023	43	RCL		079	04	4		135	49	PRD	2nd Prd
024	17	17		080	42	STO		136	27	27
025	85	+		081	00	00		137	02	2
026	43	RCL		082	76	LBL	2nd Lbl	138	02	2
027	19	19		083	98	ADV	2nd Adv	139	42	STO
028	85	+		084	73	RC*	RCL 2nd Ind	140	01	01
029	43	RCL		085	01	01		141	71	SBR
030	21	21		086	91	R/S	(2nd Prt)	142	99	PRT	2nd Prt
031	54	)		087	69	OP	2nd Op	143	92	RTN	INV SBR
032	69	OP	2nd Op	088	21	21		144	76	LBL	2nd Lbl
033	20	20		089	73	RC*	RCL 2nd Ind	145	13	C
034	72	ST*	STO 2nd Ind	090	01	01		146	01	1
035	00	00		091	91	R/S	(2nd Prt)	147	04	4
036	92	RTN	INV SBR	092	69	OP	2nd Op	148	71	SBR
037	76	LBL	2nd Lbl	093	21	21		149	42	STO
038	42	STO		094	98	ADV	2nd Adv	150	02	2
039	42	STO		095	97	DSZ	2nd Dsz	151	08	8
040	00	00		096	00	00		152	71	SBR
041	73	RC*	RCL 2nd Ind	097	98	ADV	2nd Adv	153	44	SUM
042	00	00		098	92	RTN	INV SBR	154	61	GTO
043	42	STO		099	76	LBL	2nd Lbl	155	43	RCL
044	22	22		100	12	B		156	92	RTN	INV SBR
045	42	STO		101	02	2		157	76	LBL	2nd Lbl
046	24	24		102	00	0		158	17	B'	2nd B'
047	42	STO		103	71	SBR		159	01	1
048	26	26		104	42	STO		160	04	4
049	42	STO		105	02	2		161	42	STO
050	28	28		106	02	2		162	01	01
051	69	OP	2nd Op	107	71	SBR		163	08	8
052	20	20		108	44	SUM		164	42	STO
053	73	RC*	RCL 2nd Ind	109	76	LBL	2nd Lbl	165	00	00
054	00	00		110	43	RCL		166	71	SBR
055	42	STO		111	43	RCL		167	91	R/S
056	23	23		112	16	16		168	92	RTN	INV SBR
057	42	STO		113	44	SUM				
058	25	25		114	24	24				

Labels

059	42	STO
060	27	27
061	42	STO
062	29	29
063	92	RTN	INV SBR
064	76	LBL	2nd Lbl
065	91	R/S
066	43	RCL
067	01	01

115	43	RCL
116	17	17
117	44	SUM
118	25	25
119	43	RCL
120	18	18
121	44	SUM
122	26	26
123	43	RCL

001	44	SUM
038	42	STO
065	91	R/S
070	99	PRT
083	98	ADV
100	12	B
110	43	RCL
145	13	C
156	17	B'

4.32 Ketten- und Wellenparameter von T- und Π-Gliedern

Grundlagen. Sie sind in Abschn. 3.3.2.3 und 3.3.3.1 dargestellt.

Programmbeschreibung. Für symmetrische T- oder Π-Glieder nach Bild 3.63 werden aus den komplexen Widerständen $\underline{Z}_I$ und $\underline{Z}_{II}$ die Kettenparameter bestimmt. Bei Π-Gliedern ist Flag F0 gesetzt.

Aus den ermittelten oder eingelesenen Kettenparametern werden für passive und kopplungssymmetrische Zweitore die Wellenparameter berechnet und ausgegeben (s. Benutzeranleitung). Da die beiden Kettenparameter $\underline{A}_{11}$ und $\underline{A}_{22}$ gleich groß sind, wird auf die Ein- und Ausgabe von $\underline{A}_{22}$ verzichtet. Vor jeder Dateneingabe wird die aktuelle Nummer des zu belegenden Datenregisters angezeigt. Steht ein Drucker PC-100 C zur Verfügung, so sind in der Programmliste an den gekennzeichneten Stellen die **R/S**-Befehle durch **2nd Prt**-Befehle zu ersetzen.

Bei Anwendung des Taschenrechners TI 58 ist die Speicherbereichsverteilung 319.19 über **2nd Op 17** einzustellen.

Datenregister. R00: Zähler, R01: Zähler, R01 bis R04: komplexe Arithmetik, R03: a in Np, R04: b in rad, R05: Re $\underline{Z}_L$, R06: Im $\underline{Z}_L$, R07: a in dB, R08: b in °, R10: Re $\underline{Z}_I$, R11: Im $\underline{Z}_I$, R12: Re $\underline{Z}_{II}$, R13: Im $\underline{Z}_{II}$, R14: Re $\underline{A}_{11}$, R15: Im $\underline{A}_{11}$, R16: Re $\underline{A}_{12}$, R17: Im $\underline{A}_{12}$, R18: Re $\underline{A}_{21}$, R19: Im $\underline{A}_{21}$

Testbeispiele a) Tiefpaßfilter als Π- bzw. T-Glied (Durchlaßbereich)

Eingabe	Befehle	Anzeige	Eingabe	Befehle	Anzeige
	2nd Eng 2nd Fix 3			R/S	6.220 −03
	2nd A'	10.000 00		R/S	555.090 −03
.6	R/S	11.000 00		R/S	75.824 00
51.84	R/S	12.000 00		R/S	0.000 00
0	R/S	13.000 00		R/S	10.367 −03
96.46 +/−	R/S	−96.460 00		2nd B'	14.000 00
	B	462.575 −03	462.575 EE 3 +/−	R/S	15.000 00
	R/S	6.220 −03	6.22 EE 3 +/−	R/S	16.000 00
	R/S	600.000 −03	555.09 EE 3 +/−	R/S	17.000 00
	R/S	51.840 00	75.824	R/S	18.000 00
	R/S	−64.485 −06	0	R/S	19.000 00
	R/S	15.163 −03	10.367 EE 3 +/−	R/S	10.367 −03
	C	7.016 −03		C	7.018 −03
	R/S	1.090 00		R/S	1.090 00
	R/S	58.472 00		R/S	85.522 00
	R/S	−462.709 −03		R/S	−313.041 −03
	R/S	60.939 −03		R/S	60.956 −03
	R/S	62.447 00		R/S	62.447 00
	A	462.575 −03			

4.32 Ketten- und Wellenparameter von T- und Π-Gliedern

b) Tiefpaßfilter als Π-Glied (Sperrbereich)

Eingabe	Befehle	Anzeigen		Befehle	Anzeigen	
	2nd Eng 2nd Fix 3			R/S	129.600	00
	2nd A'	10.000	00	R/S	−403.113	−06
.6	R/S	11.000	00	R/S	−35.232	−03
129.6	R/S	12.000	00	C	1.503	00
0	R/S	13.000	00	R/S	3.134	00
38.58 +/−	R/S	−38.580	00	R/S	206.555	−03
	B	−2.359	00	R/S	−60.648	00
	R/S	15.552	−03	R/S	13.057	00
	R/S	600.000	−03	R/S	179.583	00

Flag. F0 ist bei der Π-Ersatzschaltung gesetzt.

Tastenplan

$\underline{Z}_I, \underline{Z}_{II}$	$\underline{A}_{11}, \underline{A}_{12}, \underline{A}_{21}$	
T-Glied, $\underline{Z}_I, \underline{Z}_{II}, \rightarrow \underline{A}_{ij}$	Π-Glied, $\underline{Z}_I, \underline{Z}_{II}, \rightarrow \underline{A}_{ij}$	$\underline{A}_{11}, \underline{A}_{12}, \underline{A}_{21} \rightarrow \underline{Z}_L, \underline{g}$

Benutzeranleitung

Aufgabe	Schritt	Ziel	Eingabe	Befehle	Anzeige
a) Eingabe der komplexen Widerstände $\underline{Z}_I$ und $\underline{Z}_{II}$	1	Wahl des Anzeigeformats		2nd Eng 2nd Fix 3	
	2	Programmwahl		2nd A'	10.000 00
	3	Eingeben des komplexen	{Re $\underline{Z}_I$}	R/S	11.000 00
	4	Längswiderstands $\underline{Z}_I$	{Im $\underline{Z}_I$}	R/S	12.000 00
	5	Eingeben des komplexen	{Re $\underline{Z}_{II}$}	R/S	13.000 00
	6	Querwiderstands $\underline{Z}_{II}$	{Im $\underline{Z}_{II}$}	R/S	{Im $\underline{Z}_{II}$}
b) Berechnung der Kettenparameter für eine T-Ersatzschaltung	1	Programmwahl		A	
	2	Bestimmen der komplexen reziproken		R/S	{Re $\underline{A}_{11}$}
	3	Spannungsübersetzung im Leerlauf		R/S	{Im $\underline{A}_{11}$}
	4	Bestimmen des komplexen primären		R/S	{Re $\underline{A}_{12}$}
	5	Kernleitwerts im Kurzschluß		R/S	{Im $\underline{A}_{12}$}
	6	Bestimmen des komplexen primären		R/S	{Re $\underline{A}_{21}$}
	7	Kernwiderstands im Leerlauf		R/S	{Im $\underline{A}_{21}$}
c) Berechnung der Kettenparameter für eine Π-Ersatzschaltung	1	Programmwahl		B	
	2	Bestimmen der Kettenparameter wie unter b) usw.		R/S	
d) Eingabe der Kettenparameter für ein passives kopplungssymmetrisches Zweitor	1	Programmwahl		2nd B'	14.000 00
	2	Eingeben der komplexen	{Re $\underline{A}_{11}$}	R/S	15.000 00
	3	reziproken Spannungsübersetzung im Leerlauf	{Im $\underline{A}_{11}$}	R/S	16.000 00

4.32 Ketten- und Wellenparameter von T- und Π-Gliedern 371

Aufgabe	Schritt	Ziel	Eingabe	Befehle	Anzeige
	4	Eingeben des komplexen	{Re $\underline{A}_{12}$}	R/S	17.000 00
	5	primären Kernleitwerts im Kurzschluß	{Im $\underline{A}_{12}$}	R/S	18.000 00
	6	Eingeben des komplexen	{Re $\underline{A}_{21}$}	R/S	19.000 00
	7	primären Kernwiderstands im Leerlauf	{Im $\underline{A}_{21}$}	R/S	{Im $\underline{A}_{21}$}
e) Berechnung der Wellenparameter aus den Kettenparametern	1	Programmwahl		C	
	2	Bestimmen des Wellendämpfungsmaßes a in Np		R/S	{a}
	3	Bestimmen des Wellenphasenmaßes b in rad		R/S	{b}
	4	Bestimmen des komplexen Wellenwider-		R/S	{Re $\underline{Z}_L$}
	5	stands		R/S	{Im $\underline{Z}_L$}
	6	Bestimmen des Wellendämpfungsmaßes a in dB		R/S	{a}
	7	Bestimmen des Wellenphasenmaßes b in °		R/S	{b}

Den Programmteilen b) oder c) muß a) vorangehen.
Dem Programmteil e) muß b), c) oder d) vorangehen.

Aufgelistetes Programm 4.32

```
000  76  LBL   2nd Lbl        029  01   1              058  13  C
001  19  D'    2nd D'         030  02   2              059  42  STO
002  42  STO                  031  19   D'    2nd D'   060  16  16
003  07  07                   032  03   3              061  32  X:T
004  92  RTN   INV SBR        033  10   E'    2nd E'   062  42  STO
005  76  LBL   2nd Lbl        034  36   PGM   2nd Pgm  063  17  17
006  10  E'    2nd E'         035  04   04             064  01  1
007  42  STO                  036  18   C'    2nd C'   065  02  2
008  08  08                   037  42   STO           066  19  D'   2nd D'
009  73  RC*   RCL 2nd Ind    038  14   14             067  01  1
010  07  07                   039  32   X:T            068  10  E'   2nd E'
011  72  ST*   STO 2nd Ind    040  42   STO            069  36  PGM  2nd Pgm
012  08  08                   041  15   15             070  05  05
013  69  OP                   042  01   1              071  15  E
014  27  27                   043  44   SUM            072  42  STO
015  69  OP    2nd Op          044  14   14             073  18  18
016  28  28                   045  02   2              074  32  X:T
017  73  RC*   RCL 2nd Ind    046  44   SUM            075  42  STO
018  07  07                   047  01   01             076  19  19
019  72  ST*   STO 2nd Ind    048  87   IFF   2nd Ifflg 077  61  GTO
020  08  08                   049  00   00             078  61  GTO
021  92  RTN   INV SBR        050  89   π     2nd π    079  76  LBL  2nd Lbl
022  76  LBL   2nd Lbl        051  01   1              080  89  π    2nd π
023  15  E                    052  00   0              081  01  1
024  01  1                    053  19   D'    2nd D'   082  02  2
025  00  0                    054  03   3              083  19  D'   2nd D'
026  19  D'    2nd D'         055  10   E'    2nd E'   084  03  3
027  01  1                    056  36   PGM   2nd Pgm  085  10  E'   2nd E'
028  10  E'    2nd E'         057  04   04             086  36  PGM  2nd Pgm
```

4.32 Ketten- und Wellenparameter von T- und Π-Gliedern

087	04	04		144	00	0		201	53	(
088	18	C'	2nd C'	145	32	X:T		202	32	X:T
089	42	STO		146	77	GE	2nd x≥t	203	42	STO
090	18	18		147	85	+		204	04	04
091	32	X:T		148	01	1		205	65	×
092	42	STO		149	94	+/−		206	01	1
093	19	19		150	49	PRD	2nd Prd	207	08	8
094	01	1		151	01	01		208	00	0
095	00	0		152	49	PRD	2nd Prd	209	55	÷
096	19	D'	2nd D'	153	02	02		210	89	π	2nd π
097	01	1		154	76	LBL	2nd Lbl	211	54	)
098	06	6		155	85	+		212	42	STO
099	10	E'	2nd E'	156	43	RCL		213	08	08
100	76	LBL	2nd Lbl	157	02	02		214	03	3
101	61	GTO		158	32	X:T		215	42	STO
102	01	1		159	43	RCL		216	01	01
103	04	4		160	01	01		217	71	SBR
104	42	STO		161	42	STO		218	99	PRT	2nd Prt
105	01	01		162	05	05		219	92	RTN	INV SBR
106	76	LBL	2nd Lbl	163	32	X:T		220	76	LBL	2nd Lbl
107	99	PRT	2nd Prt	164	42	STO		221	16	A'	2nd A'
108	06	6		165	06	06		222	01	1
109	42	STO		166	01	1		223	00	0
110	00	00		167	08	8		224	42	STO
111	57	ENG	2nd Eng	168	19	D'	2nd D'	225	01	01
112	58	FIX	2nd Fix	169	03	3		226	04	4
113	03	03		170	10	E'	2nd E'	227	42	STO
114	76	LBL	2nd Lbl	171	36	PGM	2nd Pgm	228	00	00
115	98	ADV	2nd Adv	172	04	04		229	76	LBL	2nd Lbl
116	73	RC*	RCL 2nd Ind	173	13	C		230	91	R/S
117	01	01		174	01	1		231	43	RCL
118	91	R/S	(2nd Prt)	175	04	4		232	01	01
119	69	OP	2nd Op	176	19	D'	2nd D'	233	91	R/S
120	21	21		177	03	3		234	72	ST*	STO 2nd Ind
121	97	DSZ	2nd Dsz	178	10	E'	2nd E'	235	01	01
122	00	00		179	36	PGM	2nd Pgm	236	69	OP	2nd Op
123	98	ADV	2nd Adv	180	04	04		237	21	21
124	92	RTN	INV SBR	181	12	B		238	97	DSZ	2nd Dsz
125	76	LBL	2nd Lbl	182	53	(		239	00	00
126	13	C		183	36	PGM	2nd Pgm	240	91	R/S
127	01	1		184	05	05		241	92	RTN	INV SBR
128	06	6		185	16	A'	2nd A'	242	76	LBL	2nd Lbl
129	19	D'	2nd D'	186	42	STO		243	17	B'	2nd B'
130	01	1		187	03	03		244	01	1
131	10	E'	2nd E'	188	42	STO		245	04	4
132	01	1		189	07	07		246	42	STO
133	08	8		190	53	(		247	01	01
134	19	D'	2nd D'	191	01	1		248	06	6
135	03	3		192	22	INV		249	42	STO
136	10	E'	2nd E'	193	23	LNX		250	00	00
137	36	PGM	2nd Pgm	194	28	LOG	2nd log	251	71	SBR
138	04	04		195	65	×		252	91	R/S
139	18	C'	2nd C'	196	02	2		253	92	RTN	INV SBR
140	36	PGM	2nd Pgm	197	00	0		254	76	LBL	2nd Lbl
141	05	05		198	54	)		255	11	A
142	14	D		199	49	PRD	2nd Prd	256	22	INV
143	32	X:T		200	07	07		257	76	LBL	2nd Lbl

```
258  12  B            Labels           115  98 ADV
259  86  STF  2nd Stflg                126  13  C
260  00  00            001  19  D'     155  85  +
261  15  E             006  10  E'     221  16  A'
262  92  RTN  INV SBR  023  15  E      230  91  R/S
                       080  89  π      243  17  B'
                       101  61  GTO    255  11  A
                       107  99  PRT    258  12  B
```

4.33 Bemessung von Tief-, Hoch- und Bandpaß sowie Bandsperre (Grund- und M-Halbglieder)

Grundlagen. Die Gleichungen, die dem Programm zugrunde liegen, sind in Abschn. 3.3.3.2 und 3.3.3.3 zusammengestellt.

Programmbeschreibung. Ausgehend von der Wellenparameter-Theorie werden aus dem vorgegebenen Nennwert des Wellenwiderstands R und den Grenzfrequenzen f_{c1} bzw. f_{c2} für Tief-, Hoch- oder Bandpässe bzw. Bandsperren die Induktivitäten und Kapazitäten der in Bild 3.66 dargestellten Halbglieder berechnet. Die hierzu passenden Zobel- bzw. M-Halbglieder lassen sich für T- oder Π-Grundglieder anschließend bestimmen. Es sind zwei Teilprogramme angegeben, die für den TI-58 aufeinanderfolgend benutzt werden können (Teil 2 mit der Speicherbereichsverteilung 319.19). Teil 1 muß vor dem Einlesen des Teils 2 abgeschlossen sein; die Inhalte der Datenregister und Flags werden von Teil 2 übernommen. Werden im 2. Teil versehentlich alle Flags gelöscht, z. B. durch den **RST**-Befehl, so weist die Anzeige 999 im Segment E auf diesen Fehler hin. Für den TI-59 können beide Teilprogramme bei der Speicherbereichsverteilung 559.49 aufeinanderfolgend eingelesen werden.

Das Programm wird mit den Tasten **2nd A'** gestartet. Vor jeder Dateneingabe wird die aktuelle Nummer des zu belegenden Datenregisters angezeigt. Die Berechnung der Schaltungselemente wird für den Tief- oder Hochpaß mit der Taste **A** oder **B** eingeleitet. Bandpaß bzw. Bandsperre sind den Tasten **C** bzw. **D** zugeordnet. Die Flags F0 bis F3 kennzeichnen die vier Filtertypen und werden in den Segmenten **A** bis **D** gesetzt. Sind die Induktivitäten und Kapazitäten des in Bild 3.69 dargestellten M-Gliedes zu berechnen, so wird Flag F4 gesetzt. Über die Tasten **2nd E'** wird der Faktor M eingegeben.

Schaltungselemente, die in der Ausgabe formal vorgesehen sind, aber bei dem aktuellen Filtertyp nicht vorkommen, erhalten während der Berechnung den Wert Null. Steht der Drucker PC-100 C zur Verfügung, so sind in der Programmliste an den gekennzeichneten Stellen die **R/S**-Befehle durch **2nd Prt**-Befehle zu ersetzen.

Benutzeranleitung für Teil 1

Aufgabe	Schritt	Ziel	Eingabe	Befehle	Anzeige
a) Eingabe der vor- gegebenen Größen	1	Programmwahl		2nd A'	10.000 00
	2	Eingeben des Nenn-Wellenwider- stands	{R}	R/S	11.000 00
	3	Eingeben der 1. Grenzfrequenz	$\{f_{c1}\}$	R/S	12.000 00
	4	Eingeben der 2. Grenzfrequenz Schritt 4 entfällt für b) und c)	$\{f_{c2}\}$	R/S	$\{f_{c2}\}$
b) Vorbereitung für Tiefpaß	5	Programmwahl		A	0.000 00
c) Vorbereitung für Hochpaß	5	Programmwahl		B	0.000 00
d) Vorbereitung für Bandpaß	5	Programmwahl		C	{R}
e) Vorbereitung für Bandsperre	5	Programmwahl Bei Schritt 5 ist b), c), d) oder e) zu wählen.		D	{R}
f) Berechnung der Halbgliedelemente gemäß Bild 3.66	6	Bestimmen der Induktivität L_I		2nd B'	$\{L_I\}$
	7	Bestimmen der Kapazität C_I		R/S	$\{C_I\}$
	8	Bestimmen der Induktivität L_{II}		R/S	$\{L_{II}\}$
	9	Bestimmen der Kapazität C_{II}		R/S	$\{C_{II}\}$

Benutzeranleitung für Teil 2

Aufgabe	Schritt	Ziel	Eingabe	Befehle	Anzeige
g) Eingeben des Zo- belfaktors M	1	Programmwahl		E	17.000 00
	2	Eingeben des Zobel-Faktors	M	R/S	M
h) Berechnung und Ausgabe der Induk- tivitäten und Kapa- zitäten des M-Halb- gliedes gemäß Bild 3.69 b mit Wellen- widerstand Z_{MT}	3	Programmwahl und Bestimmen der Längsinduktivität		2nd C'	$\{L_I M\}$
	4	Bestimmen der Längskapazität		R/S	$\{C_I/M\}$
	5	Bestimmen der Längsinduktivität		R/S	$\{L_{II}/E\}$
	6	Bestimmen der Längskapazität		R/S	$\{C_{II}E\}$
	7	Bestimmen der Querinduktivität		R/S	$\{L_{II}/M\}$
	8	Bestimmen der Querkapazität Als Abkürzung ist $E = (1 - M^2)/M$ gewählt.		R/S	$\{C_{II}M\}$
i) Berechnung und Ausgabe der Induk- tivitäten und Kapa- zitäten des M-Halb- gliedes gemäß Bild 3.68b mit Wellen- widerstand $Z_{M\Pi}$	3	Programmwahl und Bestimmen der Längsinduktivität		2nd D'	$\{L_I M\}$
	4	Bestimmen der Längskapazität		R/S	$\{C_I/M\}$
	5	Bestimmen der Querinduktivität		R/S	$\{L_I E\}$
	6	Bestimmen der Querkapazität		R/S	$\{C_I/E\}$
	7	Bestimmen der Querinduktivität		R/S	$\{L_{II}/M\}$
	8	Bestimmen der Querkapazität Als Abkürzung wird $E = (1 - M^2)/M$ benutzt.		R/S	$\{C_{II}M\}$

4.33 Bemessung von Tief-, Hoch- und Bandpaß sowie Bandsperre   375

Aufgabe	Schritt	Ziel	Eingabe	Befehle	Anzeige
j) Berechnung der Kenngrößen für M-Halbglieder und Ausgabe der wichtigsten Eingabedaten aus Teilprogramm 1	1	Programmwahl und Anzeigen des Zobelfaktors		2nd E'	{M}
	2	Bestimmen der normierten Sperrfrequenz Ω_∞		R/S	{Ω_∞}
	3	Ausgeben des Nenn-Wellenwiderstands R		R/S	{R}
	4	Ausgeben der Grenzfrequenz f_{c1}		R/S	{f_{c1}}
	5	Ausgeben der Grenzfrequenz f_{c2}		R/S	{f_{c2}}
	6	Ausgeben der Sperrfrequenz $f_{\infty 1}$		R/S	{$f_{\infty 1}$}
	7	Ausgeben der Sperrfrequenz $f_{\infty 2}$		R/S	{$f_{\infty 2}$}

g) muß j) vorangehen.
Es ist alternativ h) oder i) zu wählen.

Datenregister. R00: Zähler, R01: Zähler, R04: $\omega_{\infty 1}$, R05: $\omega_{\infty 2}$, R06: $1-M^2$, R08: 2π, R09: $(1-M^2)/M$, R10: R, R11: f_{c1}, ω_{c1}, R12: f_{c2}, ω_{c2}, R13: L_I, R14: C_I, R15: L_{II}, R16: C_{II}, R17: M, R18: Ω_∞, R19: $(\omega_{c2} - \omega_{c1})/(2\omega_0)$

Flags. F0, F1, F2, F3, F4

Tastenplan

R, f_{c1}, f_{c2}	L_I, C_I, L_{II}, C_{II}	T	Π	M
TP	HP	BP	BSP	M, Ω_∞, R, f_{c1}, f_{c2}, $f_{\infty 1}$, $f_{\infty 2}$

Testbeispiele

a) Hochpaß mit Grund- und M-Halbgliedern (Teilprogramme 1 und 2)

Eingabe	Befehle	Anzeige	Eingabe	Befehle	Anzeige
	2nd A'	10.000 00		2nd E'	17.000 00
588	R/S	11.000 00	.6	R/S	600.000−03
2 EE 6	R/S	12.000 00		2nd C'	28.075−06
	A	0.000 00		R/S	0.000 00
	2nd B'	46.792−06		R/S	0.000 00
	R/S	0.000 00		R/S	144.358−12
	R/S	0.000 00		R/S	0.000 00
	R/S	135.336−12		R/S	81.202−12

b) Hochpaß mit Grund-Halbglied (Teilprogramm 1)

Eingabe	Befehle	Anzeige		Befehle	Anzeige
	2nd A'	10.000 00		2nd B'	0.000 00
612	R/S	11.000 00		R/S	520.114−12
500 EE 3	R/S	12.000 00		R/S	194.806−06
	B	0.000 00		R/S	0.000 00

4.33 Bemessung von Tief-, Hoch- und Bandpaß sowie Bandsperre

c) Bandpaß mit Grund- und M-Halbgliedern (Teilprogramme 1 und 2)

Eingabe	Befehle	Anzeige	Befehle	Anzeige
	2nd A'	10.000 00	R/S	3.566 −09
187.5	R/S	11.000 00	R/S	2.122 −03
70 EE 3	R/S	12.000 00	R/S	2.006 −09
85 EE 3	R/S	85.000 03	R/S	125.385 −06
	C	187.500 00	R/S	33.953 −09
	2nd B'	1.989 −03	E	600.000 −03
	R/S	2.140 −09	R/S	1.250 00
	R/S	75.231 −06	R/S	187.500 00
	R/S	56.588 −09	R/S	70.000 03
	2nd E'	17.000 00	R/S	85.000 03
.6	R/S	600.000 −03	R/S	68.329 03
	2nd D'	1.194 −03	R/S	87.079 03

d) Bandsperre mit Grund- und M-Halbgliedern (Teilprogramme 1 und 2)

Eingabe	Befehle	Anzeige	Befehle	Anzeige
	2nd A'	10.000 00	R/S	11.052 −09
480	R/S	11.000 00	R/S	1.432 −03
130 EE 3	R/S	12.000 00	R/S	755.721 −12
180 EE 3	R/S	180.000 03	R/S	2.546 −03
	D	480.000 00	R/S	425.093 −12
	2nd B'	163.236 −06	E	600.000 −03
	R/S	6.631 −09	R/S	1.250 00
	R/S	1.528 −03	R/S	480.000 00
	R/S	708.489 −12	R/S	130.000 03
	2nd E'	17.000 00	R/S	180.000 03
.6	R/S	600.000 −03	R/S	134.272 03
	2nd C'	97.942 −06	R/S	174.272 03

Aufgelistetes Programm 4.33, Teil 1

```
000  76  LBL   2nd Lbl      015  00  0                030  42  STO
001  16  A'    2nd A'       016  50  IxI  2nd |x|     031  12  12
002  57  ENG   2nd Eng      017  91  R/S              032  32  X:T
003  58  FIX   2nd Fix      018  42  STO              033  43  RCL
004  03  03                 019  10  10               034  08  08
005  53  (                  020  01  1                035  49  PRD  2nd Prd
006  02  2                  021  01  1                036  12  12
007  65  x                  022  50  IxI  2nd |x|     037  32  X:T
008  89  π     2nd π        023  91  R/S              038  92  RTN  INV SBR
009  54  )                  024  49  PRD  2nd Prd     039  76  LBL  2nd Lbl
010  42  STO                025  11  11               040  25  CLR
011  08  08                 026  01  1                041  03  3
012  42  STO                027  02  2                042  42  STO
013  11  11                 028  50  IxI  2nd |x|     043  00  00
014  01  1                  029  91  R/S              044  76  LBL  2nd Lbl
```

4.33 Bemessung von Tief-, Hoch- und Bandpaß sowie Bandsperre

045	97	DSZ	2nd Dsz	102	48	EXC	2nd Exc	159	42	STO	
046	22	INV		103	13	13		160	16	16	
047	86	STF	2nd Stflg	104	48	EXC	2nd Exc	161	92	RTN	INV SBR
048	40	IND	2nd Ind	105	15	15		162	76	LBL	2nd Lbl
049	00	00		106	48	EXC	2nd Exc	163	54	)	
050	97	DSZ	2nd Dsz	107	13	13		164	53	(	
051	00	00		108	48	EXC	2nd Exc	165	53	(	
052	97	DSZ	2nd Dsz	109	14	14		166	43	RCL	
053	22	INV		110	48	EXC	2nd Exc	167	12	12	
054	86	STF	2nd Stflg	111	16	16		168	75	-	
055	00	00		112	48	EXC	2nd Exc	169	43	RCL	
056	92	RTN	INV SBR	113	14	14		170	11	11	
057	76	LBL	2nd Lbl	114	92	RTN	INV SBR	171	54	)	
058	11	A		115	76	LBL	2nd Lbl	172	55	÷	
059	71	SBR		116	17	B'	2nd B'	173	32	X:T	
060	25	CLR		117	43	RCL		174	43	RCL	
061	86	STF	2nd Stflg	118	13	13		175	11	11	
062	00	00		119	91	R/S	(2nd Prt)	176	55	÷	
063	71	SBR		120	43	RCL		177	43	RCL	
064	53	(		121	14	14		178	12	12	
065	00	0		122	91	R/S	(2nd Prt)	179	54	)	
066	42	STO		123	98	ADV	2nd Adv	180	42	STO	
067	14	14		124	43	RCL		181	14	14	
068	42	STO		125	15	15		182	42	STO	
069	15	15		126	91	R/S	(2nd Prt)	183	15	15	
070	92	RTN	INV SBR	127	43	RCL		184	32	X:T	
071	76	LBL	2nd Lbl	128	16	16		185	35	1/X	
072	12	B		129	91	R/S	(2nd Prt)	186	42	STO	
073	71	SBR		130	98	ADV	2nd Adv	187	13	13	
074	25	CLR		131	98	ADV	2nd Adv	188	42	STO	
075	86	STF	2nd Stflg	132	92	RTN	INV SBR	189	16	16	
076	01	01		133	76	LBL	2nd Lbl	190	43	RCL	
077	71	SBR		134	53	(		191	10	10	
078	53	(		135	00	0		192	49	PRD	2nd Prd
079	00	0		136	42	STO		193	13	13	
080	42	STO		137	12	12		194	49	PRD	2nd Prd
081	13	13		138	53	(		195	15	15	
082	42	STO		139	43	RCL		196	22	INV	
083	16	16		140	10	10		197	49	PRD	2nd Prd
084	92	RTN	INV SBR	141	55	÷		198	14	14	
085	76	LBL	2nd Lbl	142	43	RCL		199	22	INV	
086	13	C		143	11	11		200	49	PRD	2nd Prd
087	71	SBR		144	54	)		201	16	16	
088	25	CLR		145	42	STO		202	92	RTN	INV SBR
089	86	STF	2nd Stflg	146	13	13					
090	02	02		147	42	STO		**Labels**			
091	71	SBR		148	15	15		001	16	A'	
092	54	)		149	53	(		040	25	CLR	
093	92	RTN	INV SBR	150	43	RCL		045	97	DSZ	
094	76	LBL	2nd Lbl	151	10	10		058	11	A	
095	14	D		152	65	×		072	12	B	
096	71	SBR		153	43	RCL		086	13	C	
097	25	CLR		154	11	11		095	14	D	
098	86	STF	2nd Stflg	155	54	)		116	17	B'	
099	03	03		156	35	1/X		134	53	(	
100	71	SBR		157	42	STO		163	54	)	
101	54	)		158	14	14					

378   4.33 Bemessung von Tief-, Hoch- und Bandpaß sowie Bandsperre

Aufgelistetes Programm 4.33, Teil 2

000	76	LBL	2nd Lbl	054	22	INV		108	19	19	
001	34	√X		055	49	PRD	2nd Prd	109	75	-	
002	53	(		056	09	09		110	43	RCL	
003	53	(		057	92	RTN	INV SBR	111	11	11	
004	53	(		058	76	LBL	2nd Lbl	112	49	PRD	2nd Prd
005	43	RCL		059	15	E		113	19	19	
006	04	04		060	00	0		114	54	)	
007	35	1/X		061	42	STO		115	55	÷	
008	33	X²		062	05	05		116	02	2	
009	85	+		063	43	RCL		117	54	)	
010	01	1		064	06	06		118	48	EXC	2nd Exc
011	54	)		065	34	√X		119	19	19	
012	34	√X		066	35	1/X		120	34	√X	
013	85	+		067	42	STO		121	22	INV	
014	01	1		068	18	18		122	49	PRD	2nd Prd
015	54	)		069	22	INV		123	19	19	
016	65	×		070	87	IFF	2nd Ifflg	124	22	INV	
017	43	RCL		071	00	00		125	87	IFF	2nd Ifflg
018	04	04		072	75	-		126	02	02	
019	54	)		073	53	(		127	65	×	
020	42	STO		074	43	RCL		128	53	(	
021	05	05		075	11	11		129	43	RCL	
022	92	RTN	INV SBR	076	65	×		130	18	18	
023	76	LBL	2nd Lbl	077	43	RCL		131	65	×	
024	96	WRT	2nd Write	078	18	18		132	43	RCL	
025	53	(		079	54	)		133	19	19	
026	24	CE		080	42	STO		134	54	)	
027	55	÷		081	04	04		135	42	STO	
028	43	RCL		082	61	GTO		136	04	04	
029	08	08		083	93	.		137	71	SBR	
030	54	)		084	76	LBL	2nd Lbl	138	34	√X	
031	91	R/S	(2nd Prt)	085	75	-		139	61	GTO	
032	92	RTN	INV SBR	086	22	INV		140	55	÷	
033	76	LBL	2nd Lbl	087	87	IFF	2nd Ifflg	141	76	LBL	2nd Lbl
034	10	E'	2nd E'	088	01	01		142	65	×	
035	01	1		089	85	+		143	22	INV	
036	07	7		090	53	(		144	87	IFF	2nd Ifflg
037	50	I×I	2nd |x|	091	43	RCL		145	03	03	
038	91	R/S		092	11	11		146	66	PAU	2nd Pause
039	42	STO		093	55	÷		147	53	(	
040	17	17		094	43	RCL		148	43	RCL	
041	53	(		095	18	18		149	19	19	
042	01	1		096	54	)		150	55	÷	
043	75	-		097	42	STO		151	43	RCL	
044	43	RCL		098	04	04		152	18	18	
045	17	17		099	61	GTO		153	54	)	
046	33	X²		100	93	.		154	42	STO	
047	54	)		101	76	LBL	2nd Lbl	155	04	04	
048	42	STO		102	85	+		156	71	SBR	
049	06	06		103	53	(		157	34	√X	
050	42	STO		104	53	(		158	76	LBL	2nd Lbl
051	09	09		105	43	RCL		159	55	÷	
052	43	RCL		106	12	12		160	53	(	
053	17	17		107	42	STO		161	43	RCL	

4.33 Bemessung von Tief-, Hoch- und Bandpaß sowie Bandsperre

```
162  11  11                     216  68  NOP   2nd Nop       270  13  13
163  65  ×                      217  98  ADV   2nd Adv       271  65  ×
164  43  RCL                    218  92  RTN   INV SBR       272  43  RCL
165  12  12                     219  76  LBL   2nd Lbl       273  09  09
166  54  )                      220  19  D'    2nd D'        274  54  )
167  42  STO                    221  22  INV                 275  91  R/S   (2nd Prt)
168  04  04                     222  76  LBL   2nd Lbl       276  53  (
169  34  ГX                     223  18  C'    2nd C'        277  43  RCL
170  49  PRD   2nd Prd          224  86  STF   2nd Stflg     278  14  14
171  05  05                     225  04  04                  279  55  ÷
172  53  (                      226  53  (                   280  43  RCL
173  43  RCL                    227  43  RCL                 281  09  09
174  04  04                     228  17  17                  282  54  )
175  55  ÷                      229  65  ×                   283  91  R/S   (2nd Prt)
176  43  RCL                    230  43  RCL                 284  76  LBL   2nd Lbl
177  05  05                     231  13  13                  285  98  ADV   2nd Adv
178  54  )                      232  54  )                   286  53  (
179  42  STO                    233  91  R/S   (2nd Prt)    287  43  RCL
180  04  04                     234  53  (                   288  15  15
181  76  LBL   2nd Lbl          235  43  RCL                 289  55  ÷
182  93  .                      236  14  14                  290  43  RCL
183  43  RCL                    237  55  ÷                   291  17  17
184  17  17                     238  43  RCL                 292  54  )
185  91  R/S   (2nd Prt)        239  17  17                  293  91  R/S   (2nd Prt)
186  43  RCL                    240  54  )                   294  53  (
187  18  18                     241  91  R/S   (2nd Prt)    295  43  RCL
188  91  R/S   (2nd Prt)        242  22  INV                 296  16  16
189  43  RCL                    243  87  IFF   2nd Ifflg     297  65  ×
190  10  10                     244  04  04                  298  43  RCL
191  91  R/S   (2nd Prt)        245  89  π     2nd π         299  17  17
192  43  RCL                    246  53  (                   300  54  )
193  11  11                     247  43  RCL                 301  91  R/S   (2nd Prt)
194  71  SBR                    248  15  15                  302  98  ADV   2nd Adv
195  96  WRT   2nd Write        249  55  ÷                   303  92  RTN   INV SBR
196  43  RCL                    250  43  RCL
197  12  12                     251  09  09                  **Labels**
198  71  SBR                    252  54  )
199  96  WRT   2nd Write        253  91  R/S   (2nd Prt)    001  34  ГX
200  43  RCL                    254  53  (                   024  96  WRT
201  04  04                     255  43  RCL                 034  10  E'
202  71  SBR                    256  16  16                  059  15  E
203  96  WRT   2nd Write        257  65  ×                   085  75  -
204  43  RCL                    258  43  RCL                 102  85  +
205  05  05                     259  09  09                  142  65  ×
206  71  SBR                    260  54  )                   159  55  ÷
207  96  WRT   2nd Write        261  91  R/S   (2nd Prt)    182  93  .
208  61  GTO                    262  98  ADV   2nd Adv       211  66  PAU
209  68  NOP   2nd Nop          263  61  GTO                 216  68  NOP
210  76  LBL   2nd Lbl          264  98  ADV   2nd Adv       220  19  D'
211  66  PAU   2nd Pause        265  76  LBL   2nd Lbl       223  18  C'
212  09  9                      266  89  π     2nd π         266  89  π
213  09  9                      267  98  ADV   2nd Adv       285  98  ADV
214  09  9                      268  53  (
215  76  LBL   2nd Lbl          269  43  RCL
```

4.34 Betriebsdämpfungsmaß für Tiefpässe

Grundlagen. Sie sind in Abschn. 3.3.4 zusammengestellt.

Programmbeschreibung. Ausgehend von den in Bild 3.72, 3.73 oder 3.74 dargestellten Schaltungen und mit den dort festgelegten Indizes wird aus der vorgegebenen Ausgangsspannung $\underline{U}_a$ mit Gl. (3.218) und (3.219) die Quellenspannung $\underline{U}_q$ und mit G. (3.216) das Betriebsdämpfungsmaß a_B in Abhängigkeit der Frequenz f berechnet. Die Anzahl der Knoten ist durch die zur Verfügung stehenden Datenregister begrenzt (TI 58: $2 \leq n \leq 7$). Liegt wie in Bild 3.73 eine Π-Ersatzschaltung vor, so ist für die Induktivitäten L_i und L_a der Wert Null einzugeben.

Die Dateneingabe wird mit den Tasten **A** und **B** eingeleitet. Vor jeder Eingabe gibt das Anzeigeregister die aktuelle Nummer des zu belegenden Datenregisters an. Die Berechnung des frequenzabhängigen Betriebsdämpfungsmaßes wird mit Taste **C** gestartet. Steht ein Drucker PC-100 C zur Verfügung, so sind in der Programmliste an den gekennzeichneten Stellen die **R/S**-Befehle durch **2nd Prt**-Befehle zu ersetzen.

Benutzeranleitung

Aufgabe	Schritt	Ziel	Eingabe	Befehle	Anzeige
a) Eingabe des Frequenzbereichs	1	Programmwahl		A	7.000 00
	2	Eingeben der Anfangsfrequenz	$\{f_A\}$	R/S	8.000 00
	3	Eingeben der Schrittweite	$\{\Delta f\}$	R/S	9.000 00
	4	Eingeben der Endfrequenz	$\{f_E\}$	R/S	$\{f_E\}$
b) Eingabe der Schaltungselementdaten (s. Bild 3.72)	5	Programmwahl		B	10.000 00
	6	Eingeben der Knotenzahl	n	R/S	17.000 00
	7	Eingeben des Innenwiderstands	$\{R_i\}$	R/S	18.000 00
	8	Eingeben der Längsinduktivität	$\{L_i\}$	R/S	19.000 00
	9	Eingeben des Abschlußwiderstandes	$\{R_a\}$	R/S	20.000 00
	10	Eingeben der Längsinduktivität	$\{L_a\}$	R/S	21.000 00
	11	Eingeben der Querkapazität	$\{C_1\}$	R/S	22.000 00
	12	Eingeben der Längsinduktivität	$\{L_{12}\}$	R/S	23.000 00
	13	Eingeben der Querkapazität	$\{C_2\}$	R/S	24.000 00
	14	Eingeben der Längsinduktivität	$\{L_{23}\}$	R/S	25.000 00
	15	Eingeben der Querkapazität	$\{C_3\}$	R/S	26.000 00
	usw.				
c) Berechnung des frequenzabhängigen Betriebsdämpfungsmaßes	1	Programmwahl und Bestimmen der 1. Frequenz		C	$\{f\}$
	2	Bestimmen des 1. Betriebsdämpfungsmaßes		R/S	$\{a_B\}$
	usw.				

Die Berechnung kann für die Frequenz $f_{n+1} = f_n + \Delta f$ fortgesetzt werden, sofern die Bedingung $f_A \leq f_{n+1} \leq f_E$ erfüllt ist.

4.34 Betriebsdämpfungsmaß für Tiefpässe

Datenregister. R00: Zähler, R01: Zähler, R01 bis R04: komplexe Arithmetik, R03: U_q, R04: φ_u, R05: Zähler, R06: Zähler, R07: f_A, R08: Δf, R09: f_E, R10: n, R11: f, R12: ω, R13: Re $\underline{U}$, R14: Im $\underline{U}$, R15: Re $\underline{I}$, R16: Im $\underline{I}$, R17: R_i, R18: L_i, R19: R_a, R20: L_a, R21: C_1, R22: L_{12}, R23: C_2, R24: L_{23}, R25: C_3 usw.

Tastenplan.

$f_A, \Delta f, f_E$	n, R_i, L_i, R_a, L_a, C_1, L_{12}, C_2, L_{23}, ...	f, a_B	

Testbeispiel

Eingabe	Befehle	Anzeige	Eingabe	Befehle	Anzeige
	A	7.000 00	0	R/S	21.000 00
50 EE 3	R/S	8.000 00	452 EE 12 +/−	R/S	22.000 00
100 EE 3	R/S	9.000 00	117.4 EE 6 +/−	R/S	23.000 00
1.2 EE 6	R/S	1.200 06	674 EE 12 +/−	R/S	24.000 00
	B	10.000 00	117.4 EE 6 +/−	R/S	25.000 00
3	R/S	17.000 00	452 EE 12 +/−	R/S	452.000 −12
600	R/S	18.000 00		C	50.000 03
0	R/S	19.000 00		R/S	32.287 −03
600	R/S	20.000 00			

Aufgelistetes Programm 4.34

```
000  76 LBL   2nd Lbl      024  42 STO              048  42 STO
001  52 EE                 025  04 04               049  05 05
002  00 0                  026  36 PGM   2nd Pgm    050  71 SBR
003  42 STO                027  04 04               051  52 EE
004  01 01                 028  13 C                052  44 SUM
005  53 (                  029  92 RTN   INV SBR    053  13 13
006  43 RCL                030  76 LBL   2nd Lbl    054  32 X:T
007  12 12                 031  16 A'    2nd A'     055  44 SUM
008  65 ×                  032  01 1                056  14 14
009  73 RC*   RCL 2nd Ind  033  03 3                057  92 RTN   INV SBR
010  00 00                 034  42 STO              058  76 LBL   2nd Lbl
011  54 )                  035  05 05               059  13 C
012  42 STO                036  71 SBR              060  43 RCL
013  02 02                 037  52 EE               061  07 07
014  69 OP    2nd Op       038  44 SUM              062  42 STO
015  20 20                 039  15 15               063  11 11
016  73 RC*   RCL 2nd Ind  040  32 X:T              064  76 LBL   2nd Lbl
017  05 05                 041  44 SUM              065  65 ×
018  42 STO                042  16 16               066  53 (
019  03 03                 043  92 RTN   INV SBR    067  02 2
020  69 OP    2nd Op       044  76 LBL   2nd Lbl    068  65 ×
021  25 25                 045  17 B'    2nd B'     069  89 π    2nd π
022  73 RC*   RCL 2nd Ind  046  01 1                070  65 ×
023  05 05                 047  05 5                071  43 RCL
```

4.34 Betriebsdämpfungsmaß für Tiefpässe

```
072  11   11
073  91   R/S   (2nd Prt)
074  54   )
075  42   STO
076  12   12
077  02   2
078  00   0
079  42   STO
080  00   00
081  01   1
082  42   STO
083  13   13
084  00   0
085  42   STO
086  06   06
087  42   STO
088  14   14
089  42   STO
090  16   16
091  43   RCL
092  19   19
093  35   1/X
094  42   STO
095  15   15
096  17   B'      2nd B'
097  76   LBL     2nd Lbl
098  75   -
099  69   OP      2nd Op
100  26   26
101  16   A'      2nd A'
102  43   RCL
103  06   06
104  66   PAU     2nd Pause
105  32   X:T
106  43   RCL
107  10   10
108  67   EQ      2nd x = t
109  85   +
110  17   B'      2nd B'
111  61   GTO
112  75   -
113  76   LBL     2nd Lbl
114  85   +
115  01   1
116  08   8
117  42   STO
118  00   00
119  17   B'      2nd B'
120  53   (
121  43   RCL
122  15   15
123  65   ×
124  43   RCL
125  17   17
126  54   )
127  44   SUM
128  13   13
129  53   (
130  43   RCL
131  16   16
132  65   ×
133  43   RCL
134  17   17
135  54   )
136  44   SUM
137  14   14
138  43   RCL
139  13   13
140  42   STO
141  01   01
142  43   RCL
143  14   14
144  42   STO
145  02   02
146  36   PGM     2nd Pgm
147  05   05
148  12   B
149  42   STO
150  03   03
151  32   X:T
152  42   STO
153  04   04
154  53   (
155  53   (
156  53   (
157  43   RCL
158  19   19
159  55   ÷
160  43   RCL
161  17   17
162  54   )
163  34   √X
164  65   ×
165  43   RCL
166  03   03
167  55   ÷
168  02   2
169  54   )
170  28   LOG     2nd log
171  65   ×
172  02   2
173  00   0
174  54   )
175  91   R/S     (2nd Prt)
176  43   RCL
177  09   09
178  32   X:T
179  43   RCL
180  11   11
181  77   GE
182  66   PAU     2nd x ≥ t
183  43   RCL            2nd Pause
184  08   08
185  44   SUM
186  11   11
187  61   GTO
188  65   ×
189  76   LBL     2nd Lbl
190  66   PAU     2nd Pause
191  92   RTN     INV SBR
192  76   LBL     2nd Lbl
193  12   B
194  01   1
195  00   0
196  50   I×I     2nd |x|
197  91   R/S
198  42   STO
199  10   10
200  01   1
201  07   7
202  42   STO
203  01   01
204  53   (
205  02   2
206  65   ×
207  43   RCL
208  10   10
209  85   +
210  03   3
211  54   )
212  42   STO
213  00   00
214  76   LBL     2nd Lbl
215  91   R/S
216  43   RCL
217  01   01
218  91   R/S
219  72   ST*     STO 2nd Ind
220  01   01
221  69   OP      2nd Op
222  21   21
223  97   DSZ     2nd Dsz
224  00   00
225  91   R/S
226  92   RTN     INV SBR
227  76   LBL     2nd Lbl
228  11   A
229  58   FIX     2nd Fix
230  03   03
231  57   ENG     2nd Eng
232  07   7
233  42   STO
234  01   01
235  03   3
236  42   STO
237  00   00
238  61   GTO
239  91   R/S
```

Labels		059	13	C	190	66	PAU
001	52 EE	065	65	×	193	12	B
031	16 A'	098	75	-	215	91	R/S
045	17 B'	114	85	+	228	11	A

4.35 Betriebsdämpfungsmaß für Bandpässe

Grundlagen. Sie sind in Abschn. 3.3.4 zusammengestellt.

Programmbeschreibung. Ausgehend von der in Bild 3.72 bzw. 3.77 dargestellten Schaltung wird aus der vorgegebenen Ausgangsspannung $\underline{U}_a$ mit Gl. (3.216) bis (3.218) die Quellenspannung $\underline{U}_q$ und das Betriebsdämpfungsmaß a_B in Abhängigkeit der Frequenz berechnet. Die Anzahl der Knoten ist nur durch die zur Verfügung stehenden Datenregister begrenzt (TI 59: $2 \leqslant n \leqslant 14$ — bei der Speicherbereichsverteilung 319.79 bis $n \leqslant 19$).

Die Dateneingabe wird mit den Tasten **A** und **B** gestartet. Vor jeder Eingabe wird die aktuelle Nummer des zu belegenden Datenregisters angezeigt.

Kommen in einer bestimmten Schaltung nicht sämtliche Schaltungselemente vor, wie z. B. in Bild 3.76, so darf bei der Dateneingabe für Induktivitäten im Längszweig und Kapazitäten im Querzweig der Wert Null eingegeben werden. Für Kapazitäten im Längszweig und Induktivitäten im Querzweig, deren Einfluß vernachlässigbar gering bleiben muß, sind entsprechend große Werte einzugeben (s. Testbeispiel).

Die Berechnung des frequenzabhängigen Betriebsdämpfungsmaßes wird mit Taste **C** eingeleitet. Steht ein Drucker PC-100 C zur Verfügung, so sind in der Programmliste an den gekennzeichneten Stellen die **R/S**-Befehle durch **2nd Prt**-Befehle zu ersetzen. In jedem Berechnungszyklus wird die aktuelle Knotennummer einmal zur Anzeige gebracht.

Datenregister. R00: Zähler, R01: Zähler, R01 bis R04: komplexe Arithmetik, R03: $\underline{U}_q$, R04: φ_u, R05: Zähler, R06: Zähler, R07: f_A, R08: Δf, R09: f_E, R10: n, R11: f, R12: ω, R13: Re $\underline{U}$, R14: Im $\underline{U}$, R15: Re $\underline{I}$, R16: Im $\underline{I}$, R17: R_i, R18: L_i, R19: C_i, R20: R_a, R21: L_a, R22: C_a, R23: L_1, R24: C_1, R25: L_{12}, R26: C_{12}, R27: L_2, R28: C_2, R29: L_{23}, R30: C_{23}, R31: L_3, R32: C_3, usw.

Tastenplan

| $f_A, \Delta f, f_E$ | n, R_i, L_i, C_i, R_a, L_a, C_a, L_1, C_1, L_{12}, C_{12}, L_2, C_2, usw. | f, a_B | | |

4.35 Betriebsdämpfungsmaß für Bandpässe

Benutzeranleitung

Aufgabe	Schritt	Ziel	Eingabe	Befehle	Anzeige
a) Eingabe des Frequenzbereichs	1	Programmvorbereitung		A	7.000 00
	2	Eingeben der Anfangsfrequenz	$\{f_A\}$	R/S	8.000 00
	3	Eingeben der Schrittweite	$\{\Delta f\}$	R/S	9.000 00
	4	Eingeben der Endfrequenz	$\{f_E\}$	R/S	$\{f_E\}$
b) Eingabe der Schaltungselementdaten (s. Bild 3.72 und 3.77)	5	Programmwahl		B	10.000 00
	6	Eingeben der Knotenzahl	n	R/S	17.000 00
	7	Eingeben des Innenwiderstands	$\{R_i\}$	R/S	18.000 00
	8	Eingeben der Längsinduktivität	$\{L_i\}$	R/S	19.000 00
	9	Eingeben der Längskapazität	$\{C_i\}$	R/S	20.000 00
	10	Eingeben des Abschlußwiderstands	$\{R_a\}$	R/S	21.000 00
	11	Eingeben der Längsinduktivität	$\{L_a\}$	R/S	22.000 00
	12	Eingeben der Längskapazität	$\{C_a\}$	R/S	23.000 00
	13	Eingeben der Querinduktivität	$\{L_1\}$	R/S	24.000 00
	14	Eingeben der Querkapazität	$\{C_1\}$	R/S	25.000 00
	15	Eingeben der Längsinduktivität	$\{L_{12}\}$	R/S	26.000 00
	16	Eingeben der Längskapazität	$\{C_{12}\}$	R/S	27.000 00
	17	Eingeben der Querinduktivität	$\{L_2\}$	R/S	28.000 00
	18	Eingeben der Querkapazität	$\{C_2\}$	R/S	29.000 00
		usw.			
c) Berechnung des frequenzabhängigen Betriebsdämpfungsmaßes	1	Programmwahl		C	
	2	Bestimmen der 1. Frequenz		R/S	$\{f\}$
	3	Bestimmen des 1. Betriebsdämpfungsmaßes in dB		R/S	$\{a_B\}$
		usw.			

Diese Berechnung wird für die Frequenz $f_{n+1} = f_n + \Delta f$ fortgesetzt, sofern die Bedingung $f_A \leqslant f_{n+1} \leqslant f_E$ erfüllt ist.

Testbeispiel

Eingabe	Befehle	Anzeige	Eingabe	Befehle	Anzeige
	A	7.000 00	0	R/S	22.000 00
1.4 EE 6	R/S	8.000 00	357.39 EE 12 +/−	R/S	23.000 00
200 EE 3	R/S	9.000 00	6.21 EE 6 +/−	R/S	24.000 00
7 EE 6	R/S	7.000 06	0	R/S	25.000 00
	B	10.000 00	29.53 EE 6 +/−	R/S	26.000 00
2	R/S	17.000 00	100 EE 6 +/−	R/S	27.000 00
2 EE 3	R/S	18.000 00	10	R/S	28.000 00
0	R/S	19.000 00	51.31 EE 12 +/−	R/S	51.310−12
100 EE 6 +/−	R/S	20.000 00		C	1.400 06
50	R/S	21.000 00		R/S	22.608 00

Aufgelistetes Programm 4.35

000	76	LBL	2nd Lbl	053	15	15		106	65	×	
001	52	EE		054	32	X:T		107	43	RCL	
002	00	0		055	44	SUM		108	11	11	
003	42	STO		056	16	16		109	54	)	
004	01	01		057	92	RTN	INV SBR	110	42	STO	
005	69	OP	2nd Op	058	76	LBL	2nd Lbl	111	12	12	
006	20	20		059	17	B'	2nd B'	112	02	2	
007	73	RC*	RCL 2nd Ind	060	01	1		113	01	1	
008	05	05		061	05	5		114	42	STO	
009	42	STO		062	42	STO		115	00	00	
010	03	03		063	05	05		116	01	1	
011	69	OP	2nd Op	064	53	(		117	42	STO	
012	25	25		065	53	(		118	13	13	
013	73	RC*	RCL 2nd Ind	066	43	RCL		119	00	0	
014	05	05		067	12	12		120	42	STO	
015	42	STO		068	65	×		121	06	06	
016	04	04		069	73	RC*	RCL 2nd Ind	122	42	STO	
017	36	PGM	2nd Pgm	070	00	00		123	14	14	
018	04	04		071	54	)		124	42	STO	
019	13	C		072	69	OP	2nd Op	125	16	16	
020	92	RTN	INV SBR	073	20	20		126	43	RCL	
021	76	LBL	2nd Lbl	074	75	-		127	20	20	
022	16	A'	2nd A'	075	53	(		128	35	1/X	
023	01	1		076	43	RCL		129	42	STO	
024	03	3		077	12	12		130	15	15	
025	42	STO		078	65	×		131	17	B'	2nd B'
026	05	05		079	73	RC*	RCL 2nd Ind	132	76	LBL	2nd Lbl
027	53	(		080	00	00		133	75	-	
028	53	(		081	54	)		134	69	OP	2nd Op
029	43	RCL		082	35	1/X		135	26	26	
030	12	12		083	54	)		136	16	A'	2nd A'
031	65	×		084	42	STO		137	43	RCL	
032	73	RC*	RCL 2nd Ind	085	02	02		138	06	06	
033	00	00		086	71	SBR		139	66	PAU	2nd Pause
034	54	)		087	52	EE		140	32	X:T	
035	35	1/X		088	44	SUM		141	43	RCL	
036	94	+/-		089	13	13		142	10	10	
037	69	OP	2nd Op	090	32	X:T		143	67	EQ	2nd x = t
038	20	20		091	44	SUM		144	85	+	
039	85	+		092	14	14		145	17	B'	2nd B'
040	53	(		093	92	RTN	INV SBR	146	61	GTO	
041	43	RCL		094	76	LBL	2nd Lbl	147	75	-	
042	12	12		095	13	C		148	76	LBL	2nd Lbl
043	65	×		096	43	RCL		149	85	+	
044	73	RC*	RCL 2nd Ind	097	07	07		150	01	1	
045	00	00		098	42	STO		151	08	8	
046	54	)		099	11	11		152	42	STO	
047	54	)		100	76	LBL	2nd Lbl	153	00	00	
048	42	STO		101	65	×		154	17	B'	2nd B'
049	02	02		102	53	(		155	53	(	
050	71	SBR		103	02	2		156	43	RCL	
051	52	EE		104	65	×		157	15	15	
052	44	SUM		105	89	π	2nd π	158	65	×	

```
159  43 RCL          204  43 RCL             249  42 STO
160  17  17          205  03  03             250  10  10
161  54  )           206  55  ÷              251  01   1
162  44 SUM          207  02  2              252  07   7
163  13  13          208  54  )              253  42 STO
164  53  (           209  28 LOG   2nd log   254  01  01
165  43 RCL          210  65  ×              255  53  (
166  16  16          211  02  2              256  53  (
167  65  ×           212  00  0              257  43 RCL
168  43 RCL          213  54  )              258  10  10
169  17  17          214  91 R/S   (2nd Prt) 259  85  +
170  54  )           215  98 ADV   2nd Adv   260  01   1
171  44 SUM          216  43 RCL             261  54  )
172  14  14          217  09  09             262  65  ×
173  43 RCL          218  32 X:T             263  04   4
174  13  13          219  77 GE    2nd x≥t   264  54  )
175  42 STO          220  66 PAU   2nd Pause 265  42 STO
176  01  01          221  43 RCL             266  00  00
177  43 RCL          222  08  08             267  76 LBL  2nd Lbl
178  14  14          223  44 SUM             268  91 R/S
179  42 STO          224  11  11             269  43 RCL
180  02  02          225  61 GTO             270  01  01
181  36 PGM 2nd Pgm  226  65  ×              271  91 R/S
182  05  05          227  76 LBL   2nd Lbl   272  72 ST*  STO 2nd Ind
183  12  B           228  66 PAU   2nd Pause 273  01  01
184  42 STO          229  92 RTN   INV SBR   274  69 OP   2nd Op
185  03  03          230  76 LBL   2nd Lbl   275  21  21
186  32 X:T          231  11  A              276  97 DSZ  2nd Dsz
187  42 STO          232  58 FIX   2nd Fix   277  00  00
188  04  04          233  03  03             278  91 R/S
189  43 RCL          234  57 ENG   2nd Eng   279  92 RTN  INV SBR
190  11  11          235  07   7
191  91 R/S (2nd Prt) 236 42 STO            **Labels**
192  32 X:T          237  01  01
193  53  (           238  03   3             001  52  EE
194  53  (           239  42 STO             022  16  A'
195  53  (           240  00  00             059  17  B'
196  43 RCL          241  61 GTO             095  13  C
197  20  20          242  91 R/S             101  65  ×
198  55  ÷           243  76 LBL   2nd Lbl   133  75  −
199  43 RCL          244  12  B              149  85  +
200  17  17          245  01   1             228  66  PAU
201  54  )           246  00   0             231  11  A
202  34 √X           247  50 |×|  2nd |x|    244  12  B
203  65  ×           248  91 R/S             268  91  R/S
```

4.36 Einfache reelle Nullstellen von Polynomen

Grundlagen. Die einfachen reellen Nullstellen des Polynoms

$$y = a_0 + a_1 x + a_2 x^2 + \ldots + a_n x^n \qquad (4.19)$$

sollen im Bereich $x_A \leqslant x \leqslant x_E$ bestimmt werden. Mit dem Modulprogramm ML-07 kann man Polynome nach Gl. (4.19) entwickeln und mit dem Modulpro-

4.36 Einfache reelle Nullstellen von Polynomen

gramm ML-08 Nullstellen berechnen. Beide Programme lassen sich aber nicht unmittelbar zusammen benutzen, da sie teilweise gleiche Datenregister und Programmadreßtasten belegen. Daher wird hier ein gegenüber dem Modulprogramm ML-07 vereinfachtes Programm zur Polynom-Entwicklung als Zusatzprogramm zum Modulprogramm ML-08 mitgeteilt.

Die theoretischen Grundlagen werden in [45] bei den Modulprogrammen ML-07 und ML-08 erläutert.

Programmbeschreibung. Bei der normalen Speicherbereichsverteilung des TI 58 kann man schon die reellen Nullstellen von Polynomen bis zum Grad n = 15 bestimmen; dies dürfte für die meisten Anwendungen in der Elektrotechnik ausreichen (bei der Speicherbereichsverteilung 079.49 sogar bis n = 35).

Die Programmschritte 24 und 28 sind als Befehle **A** und **2nd E'** einzugeben, da die Schrittfolgen **2nd Dsz 11** und **2nd Dsz 10** nicht unmittelbar erzeugt werden können (s. Abschn. 1.2.5.4).

Die Anzeige erfolgt im vierziffrigen Exponentialformat. Es wird nur e i n e Nullstelle im vorgegebenen Intervall Δx ermittelt; diese müssen daher klein genug vorgegeben werden. Die Fehlerschranke ϵ darf nicht kleiner als $x_A \cdot 10^{-12}$ gewählt werden, da sie sonst nicht eingehalten werden kann.

Benutzeranleitung

Aufgabe	Schritt	Ziel	Eingabe	Befehle	Anzeige
a) Eingabe der Koeffizienten	1	Programmvorbereitung		2nd B'	
	2	Eingeben des Polynomgrades	n	R/S	n
	3	Vorgeben des 1. Index	0	2nd C'	0.000 00
	4	Eingeben des Koeffizienten	$\{a_0\}$	R/S	$\{a_0\}$
	5	Eingeben des Koeffizienten	$\{a_1\}$	R/S	$\{a_1\}$
	usw. bis		$\{a_n\}$	R/S	$\{a_n\}$
		Zur Korrektur des Koeffizienten a_i tastet man i ein, drückt die Tasten **2nd C'**, liest $\{a_i\}$ ein und bringt diesen Wert über **R/S** in den zugehörigen Speicher.			
b) Bestimmen der Nullstellen	1	Programmwahl		2nd Pgm 08	
	2	Eingeben der unteren Suchgrenze	$\{x_A\}$	A	$\{x_A\}$
	3	Eingeben der oberen Suchgrenze	$\{x_E\}$	B	$\{x_E\}$
	4	Eingeben der Intervallbreite	$\{\Delta x\}$	C	$\{\Delta x\}$
	5	Eingeben der Fehlergrenze	ϵ	D	ϵ
	6	Berechnen der Nullstellen		E	$\{x_{oi}\}$

Schritt 6 ist zu wiederholen, bis in der Anzeige 9.999 99 blinkt; dies weist darauf hin, daß in dem vorgegebenen Bereich alle Nullstellen berechnet wurden. Wenn keine n Nullstellen bestimmt wurden, liegen sie entweder außerhalb dieses Bereichs, oder die vorgegebene Intervallbreite Δx war zu groß, oder es gibt konjugiert komplexe Nullstellen, die man mit dem Modulprogramm EE-09 finden kann. Für andere Grenzwerte können Schritt 2 bis 6 wiederholt werden.

4.36 Einfache reelle Nullstellen von Polynomen

Datenregister. R01 bis R09: wie ML-08, R10: Zeiger, R11: Zähler, R12: x_i, R13: n, R14: a_0, R15: a_1 usw.

Tastenplan

	PV, n	a_i		
x_A	x_E	Δx	ϵ	x_{oi}

Testbeispiel. Für das Polynom

$$y = -6 + 11x - 6x^2 + x^3 = (x-1)(x-2)(x-3)$$

sind die Nullstellen zu bestimmen.

Eingabe	Befehle	Anzeige	Eingabe	Befehle	Anzeige
	2nd Pgm 00			2nd Pgm 08	
0	2nd B'	0.000 00	0	A	0.000 00
3	R/S	3.000 00	4	B	4.000 00
0	2nd C'	0.000 00	.7	C	7.000 −01
6 +/−	R/S	−6.000 00	.01	D	1.000 −02
11	R/S	1.100 01		E	9.980 −01
6 +/−	R/S	−6.000 00		E	1.999 00
1	R/S	1.000 00		E	3.000 00
				E	9.999 99
					(blinkend)

Aufgelistetes Programm 4.36

```
000  76 LBL    2nd Lbl      026  22 INV
001  16 A'     2nd A'       027  97 DSZ    2nd Dsz
002  42 STO                 028  10 10     2nd E'
003  12 12                  029  70 RAD    2nd Rad
004  53 (                   030  53 (
005  43 RCL                 031  24 CE
006  13 13                  032  65 ×
007  42 STO                 033  43 RCL
008  11 11                  034  12 12
009  85 +                   035  85 +
010  01 1                   036  73 RC*   RCL 2nd Ind
011  04 4                   037  10 10
012  54 )                   038  54 )
013  42 STO                 039  61 GTO
014  10 10                  040  60 DEG   2nd Deg
015  01 1                   041  76 LBL   2nd Lbl
016  44 SUM                 042  70 RAD   2nd Rad
017  11 11                  043  92 RTN   INV SBR
018  73 RC*   RCL 2nd Ind   044  76 LBL   2nd Lbl
019  10 10                  045  17 B'    2nd B'
020  76 LBL   2nd Lbl       046  52 EE
021  60 DEG   2nd Deg       047  58 FIX   2nd Fix
022  22 INV                 048  03 03
023  97 DSZ   2nd Dsz       049  91 R/S
024  11 11    A             050  42 STO
025  70 RAD   2nd Rad       051  13 13

052  92 RTN   INV SBR
053  76 LBL   2nd Lbl
054  18 C'    2nd C'
055  53 (
056  24 CE
057  85 +
058  32 X:T
059  01 1
060  04 4
061  54 )
062  42 STO
063  10 10
064  32 X:T
065  92 RTN   INV SBR
066  76 LBL   2nd Lbl
067  50 I×I   2nd |x|
068  72 ST*   STO 2nd Ind
069  10 10
070  32 X:T
071  01 1
072  44 SUM
073  10 10
074  32 X:T
075  92 RTN   INV SBR
076  61 GTO
077  50 I×I   2nd |x|
```

Labels	001	16	A'	045	17	B'
	021	60	DEG	054	18	C'
	042	70	RAD	067	50	I×I

4.37 Impuls-, Sprung- und Rampenantwort des PD-T_1-Gliedes

Grundlagen. Die Impuls-, Sprung- und Rampenantwort des allgemeinen rationalen Übertragungsgliedes 1. Ordnung (PD-T_1- oder PP-T_1-Gliedes) wird nach den in Tafel 3.83 angegebenen Beziehungen errechnet.

Programmbeschreibung. Das Programm besteht aus Unterprogrammen zur Eingabe der Parameter des PD-T_1-Gliedes (Proportionalbeiwert K, Zeitkonstante T, Vorhaltzeit T_v) und der Zeitparameter (Anfangszeitpunkt t_A, Zeitschritt Δt, Endzeitpunkt t_E) sowie zur Berechnung der Impuls-, Sprung- und Rampenantwort. Wenn zum Zeitpunkt $t_A = 0$ δ-Funktionen in der Eingangs- und Ausgangszeitfunktion auftreten, wird der Wert 999 angezeigt.

Bei Anschluß des Druckers PC-100 C und Austausch der R/S-Befehle durch die in Klammern stehenden 2nd Prt-Befehle gemäß Programmliste werden die Systemantworten im Bereich $t_A \leqslant t \leqslant t_E$ automatisch berechnet und ausgedruckt.

Datenregister. R10: K, R11: T, R12: T_v, R13: t_A, R14: Δt, R15: t_E, R16: T_v/T, R17: K/T, R18: KT, R19: t, R20: x_e, R21: x_a

Tastenplan

K, T, T_v, t_0, Δt, t_f	$\delta(t)$	$\epsilon(t)$	r(t)

Testbeispiel. Man berechne die Rampenantwort des PD-T_1-Gliedes mit dem Proportionalitätsbeiwert K = 2, der Zeitkonstanten T = 1 sec und der Vorhaltzeit T_v = 2 sec im Bereich $0 \leqslant t \leqslant 4$ sec mit dem Intervall $\Delta t = 0,2$ sec.

Eingabe	Befehle	Anzeige	Befehle	Anzeige
	2nd Fix 3 A		D	
2	EE R/S	2.000 00	R/S	0.000 00
1	R/S	1.000 00	R/S	0.000 00
2	R/S	2.000 00	R/S	0.000 00
0	R/S	0.000 00	R/S	2.000 –01
.2	R/S	2.000 –01	R/S	2.000 –01
4	R/S	2.000 00	R/S	7.625 –01
			usw.	

4.37 Impuls-, Sprung- und Rampenantwort des PD-T_1-Gliedes

Benutzeranleitung

Aufgabe	Schritt	Ziel	Eingabe	Befehle	Anzeige
a) Wahl des Anzeigeformats	1	Vorgeben des Anzeigeformats und Programmvorbereitung		EE 2nd Fix 3 A	0.000 00
b) Parametereingabe	1	Eingeben des Proportionalbeiwerts	{K}	R/S	{K}
	2	Eingeben der Zeitkonstanten	{T}	R/S	{T}
	3	Eingeben der Vorhaltzeit	{T_v}	R/S	{T_v}
	4	Eingeben des Anfangszeitpunkts	{t_A}	R/S	{t_A}
	5	Eingeben des Zeitschritts	{Δt}	R/S	{Δt}
	6	Eingeben des Endzeitpunkts	{t_E}	R/S	{T_v/T}
c) Berechnen der Impulsantwort	1	Anzeigen des Zeitpunkts		B	{t_i}
	2	Anzeigen der Eingangsgröße		R/S	{x_e}
	3	Anzeigen der Ausgangsgröße		R/S	{x_a}
	usw.				
d) Berechnen der Sprungantwort	1	Anzeigen des Zeitpunkts		C	{t_i}
	2	Anzeigen der Eingangsgröße		R/S	{x_e}
	3	Anzeigen der Ausgangsgröße		R/S	{x_a}
	usw.				
e) Berechnen der Rampenantwort	1	Anzeigen des Zeitpunkts		D	{t_i}
	2	Anzeigen der Eingangsgröße		R/S	{x_e}
	3	Anzeigen der Ausgangsgröße		R/S	{x_a}
	usw.				

Durch fortlaufendes Betätigen von **R/S** unter c), d) und e) werden nacheinander Zeitpunkt t_i und Werte der Eingangsgröße $x_e(t_i)$ und der Ausgangsgröße $x_a(t_i)$ angezeigt.

Aufgelistetes Programm 4.37

```
000  76 LBL   2nd Lbl     018  91 R/S         036  17 17
001  11  A                019  42 STO         037  43 RCL
002  25 CLR               020  15 15          038  12 12
003  91 R/S               021  43 RCL         039  55  ÷
004  42 STO               022  10 10          040  43 RCL
005  10 10                023  65  ×          041  11 11
006  91 R/S               024  43 RCL         042  95  =
007  42 STO               025  11 11          043  42 STO
008  11 11                026  95  =          044  16 16
009  91 R/S               027  42 STO         045  91 R/S
010  42 STO               028  18 18          046  76 LBL   2nd Lbl
011  12 12                029  43 RCL         047  97 DSZ   2nd Dsz
012  91 R/S               030  10 10          048  43 RCL
013  42 STO               031  55  ÷          049  14 14
014  13 13                032  43 RCL         050  44 SUM
015  91 R/S               033  11 11          051  19 19
016  42 STO               034  95  =          052  43 RCL
017  14 14                035  42 STO         053  19 19
```

4.37 Impuls-, Sprung- und Rampenantwort des PD-T_1-Gliedes

054 32 X:T	110 65 ×	166 99 PRT 2nd Prt
055 43 RCL	111 43 RCL	167 71 SBR
056 15 15	112 17 17	168 97 DSZ 2nd Dsz
057 77 GE 2nd x ≥ t	113 95 =	169 61 GTO
058 98 ADV 2nd Adv	114 42 STO	170 70 RAD 2nd Rad
059 91 R/S	115 21 21	171 76 LBL 2nd Lbl
060 76 LBL 2nd Lbl	116 71 SBR	172 14 D
061 98 ADV 2nd Adv	117 99 PRT 2nd Prt	173 43 RCL
062 32 X:T	118 71 SBR	174 13 13
063 92 RTN INV SBR	119 97 DSZ 2nd Dsz	175 42 STO
064 76 LBL 2nd Lbl	120 61 GTO	176 19 19
065 42 STO	121 60 DEG 2nd Deg	177 76 LBL 2nd Lbl
066 55 ÷	122 76 LBL 2nd Lbl	178 80 GRD 2nd Grad
067 43 RCL	123 67 EQ 2nd x = t	179 42 STO
068 11 11	124 42 STO	180 20 20
069 95 =	125 19 19	181 55 ÷
070 94 +/−	126 09 9	182 43 RCL
071 22 INV	127 09 9	183 11 11
072 23 LNX	128 09 9	184 95 =
073 65 ×	129 42 STO	185 94 +/−
074 53 (	130 20 20	186 22 INV
075 01 1	131 42 STO	187 23 LNX
076 75 −	132 21 21	188 94 +/−
077 43 RCL	133 71 SBR	189 85 +
078 16 16	134 99 PRT 2nd Prt	190 01 1
079 95 =	135 00 0	191 95 =
080 92 RTN INV SBR	136 42 STO	192 65 ×
081 76 LBL 2nd Lbl	137 20 20	193 53 (
082 99 PRT 2nd Prt	138 71 SBR	194 01 1
083 43 RCL	139 97 DSZ 2nd Dsz	195 75 −
084 19 19	140 61 GTO	196 43 RCL
085 91 R/S (2nd Prt)	141 60 DEG 2nd Deg	197 16 16
086 43 RCL	142 76 LBL 2nd Lbl	198 54)
087 20 20	143 13 C	199 95 =
088 91 R/S (2nd Prt)	144 01 1	200 94 +/−
089 43 RCL	145 42 STO	201 85 +
090 21 21	146 20 20	202 53 (
091 91 R/S (2nd Prt)	147 43 RCL	203 43 RCL
092 92 RTN INV SBR	148 13 13	204 19 19
093 76 LBL 2nd Lbl	149 42 STO	205 55 ÷
094 12 B	150 19 19	206 43 RCL
095 43 RCL	151 76 LBL 2nd Lbl	207 11 11
096 13 13	152 70 RAD 2nd Rad	208 54)
097 32 X:T	153 71 SBR	209 95 =
098 00 0	154 42 STO	210 65 ×
099 67 EQ 2nd x = t	155 94 +/−	211 43 RCL
100 67 EQ 2nd x = t	156 85 +	212 18 18
101 42 STO	157 01 1	213 95 =
102 20 20	158 95 =	214 42 STO
103 32 X:T	159 65 ×	215 21 21
104 42 STO	160 43 RCL	216 71 SBR
105 19 19	161 10 10	217 99 PRT 2nd Prt
106 76 LBL 2nd Lbl	162 95 =	218 71 SBR
107 60 DEG 2nd Deg	163 42 STO	219 97 DSZ 2nd Dsz
108 71 SBR	164 21 21	220 61 GTO
109 42 STO	165 71 SBR	221 80 GRD 2nd Grad

Labels					
		061 98 ADV		123 67 EQ	
		065 42 STO		143 13 C	
		082 99 PRT		152 70 RAD	
001	11 A	094 12 B		172 14 D	
047	97 DSZ	107 60 DEG		178 80 GRD	

4.38 Impuls-, Rampen- und Sprungantwort des P-T$_2$-Gliedes

Grundlagen. Das Programm berechnet die Impuls-, Sprung- und Rampenantwort des linearen, zeitinvarianten Verzögerungsglieds 2. Ordnung (P-T$_2$-Glied) nach den in Tafel 3.84 angegebenen Gleichungen.

Programmbeschreibung. Das Programm enthält Unterprogramme zur Eingabe der Parameter des P-T$_2$-Gliedes (Proportionalbeiwert K, Dämpfungsgrad ϑ, Kennzeit T_0) und der Zeitparameter (Anfangszeitpunkt t_A, Zeitschritt Δt, Endzeitpunkt t_E) sowie zur Berechnung der Systemantwort auf einen Einheitsimpuls $\delta(t)$, einen Einheitssprung $\epsilon(t)$ oder eine Einheitsanstiegsfunktion $r(t)$. Der Wert der δ-Funktion zum Zeitpunkt t_A wird durch die Anzeige 999 gekennzeichnet.

Bei Anschluß des Druckers PC-100 C und Austausch der R/S-Befehle durch die in der Programmliste in Klammern stehenden **2nd Prt**-Befehle werden die Systemantworten im Bereich $t_A \leq t \leq t_E$ automatisch berechnet und ausgedruckt.

Datenregister. R00: K, R01: ϑ, R02: T_0, R03: t_A, R04: Δt, R05: t_E, R06: $\sqrt{\vartheta^2 - 1}$, R07: $\sqrt{1 - \vartheta^2}$, R08: T_1, R09: T_2, R10: ω_0, R11: ω_d, R12: δ, R13: ψ, R14: φ, R15: t, R16: $\exp(-t/T_2)$, R17: $\exp(-t/T_1)$, R18: x_e, R19: x_a.

Flags. F0 ist gesetzt, wenn $\vartheta > 1$, sowie F1, wenn $\vartheta < 1$.

Erforderliche Speicherbereichsverteilung: 799.19

Testbeispiel. Man berechne die Sprungantwort des P-T$_2$-Gliedes mit dem Proportionalbeiwert K = 1, dem Dämpfungsgrad ϑ = 0,616 und der Kennzeit T_0 = 0,062 sec im Bereich $0 \leq t \leq 0,5$ sec mit dem Zeitschritt Δt = 0,02 sec.

Eingabe	Befehle	Anzeige	Befehle	Anzeige
	2nd Fix 3	0.000	C	0.000
	A	0.000	R/S	1.000
1	R/S	1.000	R/S	0.000
.616	R/S	0.616	R/S	0.020
.062	R/S	9.935	R/S	1.000
0	R/S	0.000	R/S	0.045
.02	R/S	0.020	usw.	
.5	R/S	1.327		

4.38 Impuls-, Rampen- und Sprungantwort des P-T$_2$-Gliedes

Tastenplan

K, ϑ, T$_0$, t$_A$, Δt, t$_E$	$\delta(t)$	$\epsilon(t)$	r(t)

Benutzeranleitung

Aufgabe	Schritt	Ziel	Eingabe	Befehle	Anzeige
a) Dateneingabe	1	Wahl des Anzeigeformats		2nd FIX 3	0.000
	2	Programmvorbereitung		A	0.000
	3	Eingeben des Proportionalbeiwerts	{K}	R/S	{K}
	4	Eingeben des Dämpfungsgrads	ϑ	R/S	ϑ
	5	Eingeben der Kennzeit	{T$_0$}	R/S	{ϑ/T$_0$}
	6	Eingeben des Anfangszeitpunkts	{t$_A$}	R/S	{t$_A$}
	7	Eingeben des Zeitschritts	{Δt}	R/S	{Δt}
	8	Eingeben des Endzeitpunkts	{t$_E$}	R/S	{T$_2$}
b) Berechnung der Impulsantwort	1	Anzeigen des Zeitpunkts		B	{t$_i$}
	2	Anzeigen der Eingangsgröße		R/S	{x$_e$}
	3	Anzeigen der Ausgangsgröße		R/S	{x$_a$}
	usw.				
c) Berechnung der Sprungantwort	1	Anzeigen des Zeitpunkts		C	{t$_i$}
	2	Anzeigen der Eingangsgröße		R/S	{x$_e$}
	3	Anzeigen der Ausgangsgröße		R/S	{x$_a$}
	usw.				
d) Berechnung der Rampenantwort	1	Anzeigen des Zeitpunkts		D	{t$_i$}
	2	Anzeige der Eingangsgröße		R/S	{x$_e$}
	3	Anzeigen der Ausgangsgröße		R/S	{x$_a$}
	usw.				

Durch fortlaufendes Betätigen von **R/S** unter b), c) und d) werden nacheinander Zeitpunkt t$_i$ und Werte der Eingangsgröße x$_e$(t$_i$) und der Ausgangsgröße x$_a$(t$_i$) angezeigt.

Aufgelistetes Programm 4.38

```
000  76  LBL   2nd Lbl      013  42  STO           026  04   04
001  11  A                  014  10   10          027  91  R/S
002  70  RAD   2nd Rad      015  65   ×           028  42  STO
003  91  R/S                016  43  RCL          029  05   05
004  42  STO                017  01   01          030  01    1
005  00   00                018  95    =          031  32  X:T
006  91  R/S                019  42  STO          032  43  RCL
007  42  STO                020  12   12          033  01   01
008  01   01                021  91  R/S          034  67   EQ   2nd x = t
009  91  R/S                022  42  STO          035  47  CMS   2nd CMs
010  42  STO                023  03   03          036  22  INV
011  02   02                024  91  R/S          037  77   GE   2nd x ≥ t
012  35  1/X                025  42  STO          038  48  EXC   2nd Exc
```

4.38 Impuls-, Rampen- und Sprungantwort des P-T$_2$-Gliedes

039	86	STF	2nd Stflg	095	42	STO		151	16	16		
040	00	00		096	07	07		152	32	X:T		
041	22	INV		097	65	×		153	43	RCL		
042	86	STF	2nd Stflg	098	32	X:T		154	15	15		
043	01	01		099	43	RCL		155	55	÷		
044	33	X²		100	10	10		156	43	RCL		
045	75	−		101	95	=		157	08	08		
046	01	1		102	42	STO		158	95	=		
047	95	=		103	11	11		159	94	+/−		
048	34	√X		104	32	X:T		160	22	INV		
049	85	+		105	22	INV		161	23	LNX		
050	32	X:T		106	38	SIN	2nd sin	162	42	STO		
051	43	RCL		107	42	STO		163	17	17		
052	01	01		108	13	13		164	92	RTN	INV SBR
053	95	=		109	43	RCL		165	76	LBL	2nd Lbl
054	65	×		110	07	07		166	99	PRT	2nd Prt
055	43	RCL		111	65	×		167	43	RCL		
056	02	02		112	02	2		168	15	15		
057	95	=		113	65	×		169	91	R/S	(2nd Prt)
058	42	STO		114	43	RCL		170	43	RCL		
059	08	08		115	01	01		171	18	18		
060	32	X:T		116	95	=		172	91	R/S	(2nd Prt)
061	94	+/−		117	22	INV		173	43	RCL		
062	85	+		118	38	SIN	2nd sin	174	19	19		
063	43	RCL		119	42	STO		175	91	R/S	(2nd Prt)
064	01	01		120	14	14		176	92	RTN	INV SBR
065	95	=		121	91	R/S		177	76	LBL	2nd Lbl
066	65	×		122	76	LBL	2nd Lbl	178	12	B		
067	43	RCL		123	97	DSZ	2nd Dsz	179	43	RCL		
068	02	02		124	43	RCL		180	03	03		
069	95	=		125	04	04		181	42	STO		
070	42	STO		126	44	SUM		182	15	15		
071	09	09		127	15	15		183	32	X:T		
072	91	R/S		128	43	RCL		184	00	0		
073	76	LBL	2nd Lbl	129	15	15		185	67	EQ	2nd x = t
074	47	CMS	2nd CMs	130	32	X:T		186	67	EQ	2nd x = t
075	22	INV		131	43	RCL		187	42	STO		
076	86	STF	2nd Stflg	132	05	05		188	18	18		
077	00	00		133	77	GE	2nd x ≥ t	189	32	X:T		
078	22	INV		134	98	ADV	2nd Adv	190	76	LBL	2nd Lbl
079	86	STF	2nd Stflg	135	25	CLR		191	87	IFF	2nd Ifflg
080	01	01		136	91	R/S		192	87	IFF	2nd Ifflg
081	91	R/S		137	76	LBL	2nd Lbl	193	00	00		
082	76	LBL	2nd Lbl	138	98	ADV	2nd Adv	194	68	NOP	2nd Nop
083	48	EXC	2nd Exc	139	32	X:T		195	87	IFF	2nd Ifflg
084	86	STF	2nd Stflg	140	92	RTN	INV SBR	196	01	01		
085	01	01		141	76	LBL	2nd Lbl	197	69	OP	2nd Op
086	22	INV		142	42	STO		198	76	LBL	2nd Lbl
087	86	STF	2nd Stflg	143	55	÷		199	60	DEG	2nd Deg
088	00	00		144	43	RCL		200	55	÷		
089	33	X²		145	09	09		201	32	X:T		
090	94	+/−		146	95	=		202	43	RCL		
091	85	+		147	94	+/−		203	02	02		
092	01	1		148	22	INV		204	95	=		
093	95	=		149	23	LNX		205	94	+/−		
094	34	√X		150	42	STO		206	22	INV		

4.38 Impuls-, Rampen- und Sprungantwort des P-T$_2$-Gliedes

207	23	LNX		263	65	×		319	32	X:T	
208	65	×		264	43	RCL		320	00	0	
209	32	X:T		265	12	12		321	67	EQ	2nd x = t
210	65	×		266	94	+/−		322	57	ENG	2nd Eng
211	43	RCL		267	54	)		323	32	X:T	
212	00	00		268	22	INV		324	76	LBL	2nd Lbl
213	55	÷		269	23	LNX		325	86	STF	2nd Stflg
214	43	RCL		270	95	=		326	87	IFF	2nd Ifflg
215	02	02		271	65	×		327	00	00	
216	33	X²		272	43	RCL		328	65	×	
217	95	=		273	00	00		329	87	IFF	2nd Ifflg
218	42	STO		274	65	×		330	01	01	
219	19	19		275	43	RCL		331	75	−	
220	71	SBR		276	10	10		332	76	LBL	2nd Lbl
221	99	PRT	2nd Prt	277	33	X²		333	85	+	
222	71	SBR		278	55	÷		334	55	÷	
223	97	DSZ	2nd Dsz	279	43	RCL		335	32	X:T	
224	61	GTO		280	11	11		336	43	RCL	
225	60	DEG	2nd Deg	281	95	=		337	02	02	
226	76	LBL	2nd Lbl	282	42	STO		338	95	=	
227	68	NOP	2nd Nop	283	19	19		339	94	+/−	
228	71	SBR		284	71	SBR		340	22	INV	
229	42	STO		285	99	PRT	2nd Prt	341	23	LNX	
230	75	−		286	71	SBR		342	65	×	
231	32	X:T		287	97	DSZ	2nd Dsz	343	53	(	
232	95	=		288	61	GTO		344	53	(	
233	65	×		289	69	OP	2nd Op	345	32	X:T	
234	43	RCL		290	76	LBL	2nd Lbl	346	55	÷	
235	00	00		291	67	EQ	2nd x = t	347	43	RCL	
236	55	÷		292	42	STO		348	02	02	
237	53	(		293	15	15		349	54	)	
238	43	RCL		294	42	STO		350	85	+	
239	08	08		295	19	19		351	01	1	
240	75	−		296	09	9		352	95	=	
241	43	RCL		297	09	9		353	94	+/−	
242	09	09		298	09	9		354	85	+	
243	95	=		299	42	STO		355	01	1	
244	42	STO		300	18	18		356	95	=	
245	19	19		301	71	SBR		357	65	×	
246	71	SBR		302	99	PRT	2nd Prt	358	43	RCL	
247	99	PRT	2nd Prt	303	00	0		359	00	00	
248	71	SBR		304	42	STO		360	95	=	
249	97	DSZ	2nd Dsz	305	18	18		361	42	STO	
250	61	GTO		306	71	SBR		362	19	19	
251	68	NOP	2nd Nop	307	97	DSZ	2nd Dsz	363	71	SBR	
252	76	LBL	2nd Lbl	308	61	GTO		364	99	PRT	2nd Prt
253	69	OP	2nd Op	309	87	IFF	2nd Ifflg	365	71	SBR	
254	65	×		310	76	LBL	2nd Lbl	366	97	DSZ	2nd Dsz
255	43	RCL		311	13	C		367	61	GTO	
256	11	11		312	01	1		368	85	+	
257	95	=		313	42	STO		369	76	LBL	2nd Lbl
258	38	SIN	2nd sin	314	18	18		370	65	×	
259	65	×		315	43	RCL		371	71	SBR	
260	53	(		316	03	03		372	42	STO	
261	43	RCL		317	42	STO		373	65	×	
262	15	15		318	15	15		374	43	RCL	

4.38 Impuls-, Rampen- und Sprungantwort des P-T$_2$-Gliedes

375	08	08		431	10	10		487	43	RCL
376	95	=		432	55	÷		488	02	02
377	75	-		433	43	RCL		489	94	+/-
378	43	RCL		434	11	11		490	95	=
379	09	09		435	95	=		491	22	INV
380	65	×		436	94	+/-		492	23	LNX
381	32	X:T		437	85	+		493	85	+
382	95	=		438	01	1		494	32	X:T
383	55	÷		439	95	=		495	01	1
384	53	(		440	65	×		496	95	=
385	43	RCL		441	43	RCL		497	65	×
386	08	08		442	00	00		498	43	RCL
387	75	-		443	95	=		499	15	15
388	43	RCL		444	42	STO		500	95	=
389	09	09		445	19	19		501	75	-
390	95	=		446	71	SBR		502	53	(
391	94	+/-		447	99	PRT	2nd Prt	503	02	2
392	85	+		448	71	SBR		504	65	×
393	01	1		449	97	DSZ	2nd Dsz	505	43	RCL
394	95	=		450	61	GTO		506	02	02
395	65	×		451	75	-		507	65	×
396	43	RCL		452	76	LBL	2nd Lbl	508	53	(
397	00	00		453	57	ENG	2nd Eng	509	01	1
398	95	=		454	00	0		510	75	-
399	42	STO		455	42	STO		511	32	X:T
400	19	19		456	19	19		512	95	=
401	71	SBR		457	71	SBR		513	65	×
402	99	PRT	2nd Prt	458	99	PRT	2nd Prt	514	43	RCL
403	71	SBR		459	71	SBR		515	00	00
404	97	DSZ	2nd Dsz	460	97	DSZ	2nd Dsz	516	95	=
405	61	GTO		461	61	GTO		517	42	STO
406	65	×		462	86	STF	2nd Stflg	518	19	19
407	76	LBL	2nd Lbl	463	76	LBL	2nd Lbl	519	71	SBR
408	75	-		464	14	D		520	99	PRT	2nd Prt
409	65	×		465	43	RCL		521	71	SBR
410	32	X:T		466	03	03		522	97	DSZ	2nd Dsz
411	43	RCL		467	42	STO		523	61	GTO
412	12	12		468	15	15		524	35	1/X
413	94	+/-		469	32	X:T		525	76	LBL	2nd Lbl
414	95	=		470	00	0		526	33	X²
415	22	INV		471	67	EQ	2nd x = t	527	42	STO
416	23	LNX		472	58	FIX	2nd Fix	528	18	18
417	65	×		473	32	X:T		529	71	SBR
418	53	(		474	76	LBL	2nd Lbl	530	42	STO
419	32	X:T		475	89	π	2nd π	531	94	+/-
420	65	×		476	87	IFF	2nd Ifflg	532	85	+
421	43	RCL		477	00	00		533	01	1
422	11	11		478	33	X²		534	95	=
423	85	+		479	87	IFF	2nd Ifflg	535	65	×
424	43	RCL		480	01	01		536	43	RCL
425	13	13		481	34	√X		537	08	08
426	54	)		482	76	LBL	2nd Lbl	538	33	X²
427	38	SIN	2nd sin	483	35	1/X		539	95	=
428	95	=		484	42	STO		540	75	-
429	65	×		485	18	18		541	53	(
430	43	RCL		486	55	÷		542	43	RCL

```
543  09  09              587  95  =               631  97  DSZ  2nd Dsz
544  33  x²              588  38  SIN  2nd sin    632  61  GTO
545  65  ×               589  65  ×               633  34  √x
546  53  (               590  53  (               634  76  LBL  2nd Lbl
547  01  1               591  32  X:T             635  58  FIX  2nd Fix
548  75  -               592  65  ×               636  42  STO
549  32  X:T             593  32  X:T             637  18  18
550  95  =               594  43  RCL             638  42  STO
551  55  ÷               595  12  12              639  19  19
552  53  (               596  94  +/-             640  71  SBR
553  43  RCL             597  54  )               641  99  PRT  2nd Prt
554  08  08              598  22  INV             642  71  SBR
555  75  -               599  23  LNX             643  97  DSZ  2nd Dsz
556  43  RCL             600  65  ×               644  61  GTO
557  09  09              601  43  RCL             645  89  π    2nd π
558  95  =               602  10  10
559  94  +/-             603  55  ÷
560  85  +               604  43  RCL             Labels
561  43  RCL             605  11  11
562  15  15              606  95  =               001  11  A
563  95  =               607  94  +/-             074  47  CMS
564  65  ×               608  85  +               083  48  EXC
565  43  RCL             609  02  2               123  97  DSZ
566  00  00              610  65  ×               138  98  ADV
567  95  =               611  43  RCL             142  42  STO
568  42  STO             612  01  01              166  99  PRT
569  19  19              613  95  =               178  12  B
570  71  SBR             614  65  ×               191  87  IFF
571  99  PRT  2nd Prt    615  43  RCL             199  60  DEG
572  71  SBR             616  02  02              227  68  NOP
573  97  DSZ  2nd Dsz    617  95  =               253  69  OP
574  61  GTO             618  94  +/-             291  67  EQ
575  33  x²              619  85  +               311  13  C
576  76  LBL  2nd Lbl    620  32  X:T             325  86  STF
577  34  √x              621  95  =               333  85  +
578  42  STO             622  65  ×               370  65  ×
579  18  18              623  43  RCL             408  75  -
580  65  ×               624  00  00              453  57  ENG
581  32  X:T             625  95  =               464  14  D
582  43  RCL             626  42  STO             475  89  π
583  11  11              627  19  19              483  35  1/X
584  85  +               628  71  SBR             526  33  x²
585  43  RCL             629  99  PRT  2nd Prt    577  34  √x
586  14  14              630  71  SBR             635  58  FIX
```

4.39 Beschreibungsfunktion des verallgemeinerten linearen Kennlinienglieds

Grundlagen. Beschreibungsfunktion $N(\hat{x}_e)$ und negativ inverse Beschreibungsfunktion $N_I(\hat{x}_e)$ des verallgemeinerten linearen Kennliniengliedes werden nach Gl. (3.265), (3.266), (3.270) und (3.271) berechnet.

4.39 Beschreibungsfunktion des linearen Kennlinienglieds

Programmbeschreibung. Das Programm enthält Segmente zur Kennlinienauswahl, zur Parametereingabe, zur Wahl der Ausgabeform und zur Berechnung von $N(\hat{x}_e)$ bzw. $N_I(\hat{x}_e)$. Die Form der Kennlinie wird durch Drücken der Tasten **A** (lineare Kennlinie mit Begrenzung), **B** (lineare Kennlinie mit Begrenzung und Hysterese), **C** (lineare Kennlinie mit Totzone und Begrenzung) oder **D** (lineare Kennlinie mit Totzone, Begrenzung und Hysterese) bestimmt; das Programm erwartet dann die Eingabe der relevanten Kennlinienparameter nach Bild 3.92: Obere Schaltschwelle a, Begrenzungwert b, Verstärkung im linearen Bereich K und Schaltschwellenverhältnis q. Die – bei hysteresebehafteten Kennlinien komplexe – Beschreibungsfunktion $N(\hat{x}_e)$ oder negativ inverse Beschreibungsfunktion $N_I(\hat{x}_e)$ kann man wahlweise in kartesischen Koordinaten (Real- und Imaginärteil, Taste **2nd A'**), in Polarkoordinaten (Betrag und Phase, Taste **2nd B'**) oder in logarithmischen Polarkoordinaten (Betrag in dB, Phase in °, Taste **2nd C'**) ausgeben. Durch Betätigen der Taste **2nd D'** erhält man nach Vorgabe des Eingangswerts $\hat{x}_e$ die Beschreibungsfunktion $N(\hat{x}_e)$ bzw. über **2nd E'** die negativ inverse Beschreibungsfunktion $N_I(\hat{x}_e)$. Bei der Eingabe von $\hat{x}_e$ sind die Bedingungen $\hat{x}_e > a$ und $\hat{x}_e \neq 0$ zu beachten.

Benutzeranleitung

Aufgabe	Schritt	Ziel	Eingabe	Befehle	Anzeige	
a) Wahl des Anzeigeformats und Zurücksetzen der Flags				EE 2nd Fix 3 RST	0.000	00
b) Auswahl der Kennlinie und Dateneingabe						
ba) lineare Kennlinie mit Begrenzung	1	Auswählen der Kennlinie		**A**	0.000	00
	2	Eingeben der Verstärkung	K	**R/S**	K	
	3	Eingeben des Begrenzungswerts	b	**R/S**	b	
bb) lineare Kennlinie mit Begrenzung und Hysterese	1	Auswählen der Kennlinie		**B**	−1.000	00
	2	Eingeben der Verstärkung	K	**R/S**	K	
	3	Eingeben der Schaltschwelle	a	**R/S**	a	
	4	Eingeben des Begrenzungswerts	b	**R/S**	b	
bc) lineare Kennlinie mit Totzone und Begrenzung	1	Auswählen der Kennlinie		**C**	1.000	00
	2	Eingeben der Verstärkung	K	**R/S**	K	
	3	Eingeben der Schaltschwelle	a	**R/S**	a	
	4	Eingeben des Begrenzungswerts	b	**R/S**	b	
bd) lineare Kennlinie mit Totzone, Begrenzung und Hysterese	1	Auswählen der Kennlinie		**D**	0.000	00
	2	Eingeben der Verstärkung	K	**R/S**	K	
	3	Eingeben der Schaltschwelle	a	**R/S**	a	
	4	Eingeben des Begrenzungswerts	b	**R/S**	b	
	5	Eingeben des Schwellenverhältnisses	q	**R/S**	q	
c) Wahl der Ausgabeform						
ca) kartesische Koordinaten		Ausgeben als Real- und Imaginärteil		**2nd A'**		
cb) Polarkoordinaten		Ausgeben als absoluter Betrag und Phasenwinkel in °		**2nd B'**		

4.39 Beschreibungsfunktion des linearen Kennliniengliedes 399

Aufgabe	Schritt	Ziel	Eingabe	Befehle	Anzeige
cc) logarithmische Polarkoordinaten		Ausgeben als Betrag in dB und Phasenwinkel in °		2nd C'	
d) Berechnung der Beschreibungsfunktion					
da) $N(\hat{x}_e)$	1	Programmvorbereitung		2nd D'	
	2	Eingeben des Eingangszeitwerts	$\{\hat{x}_e\}$	R/S	Re $\{N\}$, $\|N\|$ oder $\|N\|_{dB}$
	3	usw.		R/S	Im $\{N\}$ oder φ
db) $N_I(\hat{x}_e)$	1	Programmvorbereitung		2nd E'	
	2	Eingeben des Eingangszeitwerts	$\{\hat{x}_e\}$	R/S	Re $\{N_I\}$, $\|N_I\|$ oder $\|N_I\|_{dB}$
	3			R/S	Im $\{N_I\}$ oder φ_I
		usw.			

Durch Vorgabe weiterer Werte $\hat{x}_e$ können $N(\hat{x}_e)$ und $N_I(\hat{x}_e)$ punktweise berechnet werden.

Das Programm ist stets von a) nach d) abzuarbeiten, und unter b), c) und d) ist jeweils eine Alternative zu wählen.

Datenregister. R10: K, R11: a, R12: b, R13: q, R14: $\hat{x}_e$, R15: $K\hat{x}_e$, R16: $(b + Ka)/(K\hat{x}_e)$, R17: $(b + Kqa)/(K\hat{x}_e)$, R18: $a/\hat{x}_e$, R19: b', R22: $|N(\hat{x}_e)|$, R23: $\varphi(\hat{x}_e)$.

Flags. Gesetzt werden F0 für lineare Kennlinie mit Sättigung, F1 für Ausgabe in kartesischen Koordinaten, F2 für Ausgabe in Polarkoordinaten und F3 für Berechnung von $N(\hat{x}_e)$.

Tastenplan

kartesisch	polar	logarithmisch polar	$N(\hat{x}_e)$	$N_I(\hat{x}_e)$
∫ K, b	∫∫ K, a, b	∫ K, a, b	∫ K, a, b, q	

Testbeispiel. Man berechne die Beschreibungsfunktion $N(\hat{x}_e)$ der verallgemeinerten linearen Kennlinie mit Totzone, Begrenzung und Hysterese mit der Verstärkung K = 1, der Schaltschwelle a = 0,2, dem Begrenzungswert b = 2,5 und dem Schaltschwellenverhältnis q = 0,5 im Bereich $0{,}20 \leq \hat{x}_e \leq 0{,}25$ mit der Schrittweite $\Delta\hat{x}_e = 0{,}01$ und gebe die Ergebnisse in logarithmischen Polarkoordinaten an.

Eingabe	Befehle	Anzeige	Eingabe	Befehle	Anzeige
	EE 2nd Fix 3 RST D	0.000 00	.5	R/S	5.000 −01
1.	R/S	1.000 00		2nd C'	5.000 −01
.2	R/S	2.000 −01		2nd D'	5.000 −01
2.5	R/S	2.500 00	.200001	R/S	−1.099 02
				R/S	−2.994 01

4.39 Beschreibungsfunktion des linearen Kennliniengliedes

Aufgelistetes Programm 4.39

000	25	CLR		054	86	STF	2nd Stflg	108	89	π	2nd π
001	91	R/S		055	00	00		109	76	LBL	2nd Lbl
002	76	LBL	2nd Lbl	056	92	RTN	INV SBR	110	61	GTO	
003	11	A		057	76	LBL	2nd Lbl	111	43	RCL	
004	00	0		058	16	A'	2nd A'	112	12	12	
005	42	STO		059	86	STF	2nd Stflg	113	32	X:T	
006	11	11		060	01	01		114	75	−	
007	86	STF	2nd Stflg	061	22	INV		115	43	RCL	
008	00	00		062	86	STF	2nd Stflg	116	11	11	
009	71	SBR		063	02	02		117	95	=	
010	58	FIX	2nd Fix	064	91	R/S		118	65	×	
011	91	R/S		065	76	LBL	2nd Lbl	119	43	RCL	
012	76	LBL	2nd Lbl	066	17	B'	2nd B'	120	10	10	
013	12	B		067	86	STF	2nd Stflg	121	95	=	
014	01	1		068	02	02		122	77	GE	2nd x⩾t
015	94	+/−		069	22	INV		123	71	SBR	
016	42	STO		070	86	STF	2nd Stflg	124	42	STO	
017	13	13		071	01	01		125	19	19	
018	71	SBR		072	91	R/S		126	61	GTO	
019	58	FIX	2nd Fix	073	76	LBL	2nd Lbl	127	89	π	2nd π
020	91	R/S		074	18	C'	2nd C'	128	76	LBL	2nd Lbl
021	76	LBL	2nd Lbl	075	22	INV		129	71	SBR	
022	13	C		076	86	STF	2nd Stflg	130	32	X:T	
023	01	1		077	01	01		131	42	STO	
024	42	STO		078	22	INV		132	19	19	
025	13	13		079	86	STF	2nd Stflg	133	76	LBL	2nd Lbl
026	71	SBR		080	02	02		134	89	π	2nd π
027	58	FIX	2nd Fix	081	91	R/S		135	70	RAD	2nd Rad
028	91	R/S		082	76	LBL	2nd Lbl	136	43	RCL	
029	76	LBL	2nd Lbl	083	19	D'	2nd D'	137	10	10	
030	14	D		084	86	STF	2nd Stflg	138	65	×	
031	71	SBR		085	03	03		139	43	RCL	
032	58	FIX	2nd Fix	086	61	GTO		140	14	14	
033	91	R/S		087	70	RAD	2nd Rad	141	95	=	
034	42	STO		088	76	LBL	2nd Lbl	142	42	STO	
035	13	13		089	10	E'	2nd E'	143	15	15	
036	91	R/S		090	22	INV		144	43	RCL	
037	76	LBL	2nd Lbl	091	86	STF	2nd Stflg	145	19	19	
038	58	FIX	2nd Fix	092	03	03		146	85	+	
039	91	R/S		093	76	LBL	2nd Lbl	147	43	RCL	
040	42	STO		094	70	RAD	2nd Rad	148	10	10	
041	10	10		095	91	R/S		149	65	×	
042	87	IFF	2nd Ifflg	096	42	STO		150	43	RCL	
043	00	00		097	14	14		151	11	11	
044	68	NOP	2nd Nop	098	32	X:T		152	55	÷	
045	91	R/S		099	43	RCL		153	55	÷	
046	42	STO		100	11	11		154	43	RCL	
047	11	11		101	22	INV		155	15	15	
048	76	LBL	2nd Lbl	102	77	GE	2nd x⩾t	156	95	=	
049	68	NOP	2nd Nop	103	61	GTO		157	42	STO	
050	91	R/S		104	00	0		158	16	16	
051	42	STO		105	42	STO		159	43	RCL	
052	12	12		106	19	19		160	19	19	
053	22	INV		107	61	GTO		161	85	+	

4.39 Beschreibungsfunktion des linearen Kennlinienglieds 401

```
162  43 RCL           218  54 )              274  11 11
163  10  10           219  34 √x             275  65 ×
164  65  ×            220  95 =              276  43 RCL
165  43 RCL           221  85 +              277  19 19
166  13  13           222  43 RCL            278  55 ÷
167  65  ×            223  17  17            279  89 π        2nd π
168  43 RCL           224  65  ×             280  55 ÷
169  11  11           225  53  (             281  43 RCL
170  95  =            226  33 x²             282  14 14
171  55  ÷            227  94 +/-            283  33 x²
172  43 RCL           228  85  +             284  65 ×
173  15  15           229  01  1             285  53 (
174  95  =            230  54  )             286  01 1
175  42 STO           231  34 √x             287  75 -
176  17  17           232  95  =             288  43 RCL
177  43 RCL           233  75  -             289  13 13
178  11  11           234  43 RCL            290  54 )
179  55  ÷            235  18  18            291  95 =
180  43 RCL           236  65  ×             292  60 DEG   2nd Deg
181  14  14           237  53  (             293  22 INV
182  95  =            238  33 x²             294  37 P/R   2nd P→R
183  42 STO           239  94 +/-            295  87 IFF   2nd Ifflg
184  18  18           240  85  +             296  03 03
185  43 RCL           241  01  1             297  60 DEG   2nd Deg
186  16  16           242  54  )             298  94 +/-
187  22 INV           243  34 √x             299  75 -
188  38 SIN  2nd sin  244  95  =             300  01 1
189  85  +            245  75  -             301  08 8
190  43 RCL           246  53  (             302  00 0
191  17  17           247  43 RCL            303  95 =
192  22 INV           248  18  18            304  76 LBL   2nd Lbl
193  38 SIN  2nd sin  249  65  ×             305  60 DEG   2nd Deg
194  75  -            250  43 RCL            306  42 STO
195  43 RCL           251  13  13            307  23 23
196  18  18           252  54  )             308  32 X:T
197  22 INV           253  65  ×             309  87 IFF   2nd Ifflg
198  38 SIN  2nd sin  254  32 X:T            310  03 03
199  75  -            255  53  (             311  50 I×I   2nd |x|
200  53  (            256  01  1             312  35 1/X
201  43 RCL           257  75  -             313  76 LBL   2nd Lbl
202  18  18           258  32 X:T            314  50 I×I   2nd |x|
203  65  ×            259  33 x²             315  42 STO
204  43 RCL           260  54  )             316  22 22
205  13  13           261  34 √x             317  32 X:T
206  54  )            262  95  =             318  22 INV
207  22 INV           263  65  ×             319  87 IFF   2nd Ifflg
208  38 SIN  2nd sin  264  43 RCL            320  02 02
209  85  +            265  10  10            321  28 LOG   2nd log
210  43 RCL           266  55  ÷             322  32 X:T
211  16  16           267  89 π    2nd π     323  91 R/S
212  65  ×            268  95 =              324  43 RCL
213  53  (            269  32 X:T            325  23 23
214  33 x²            270  02  2             326  61 GTO
215  94 +/-           271  94 +/-            327  66 PAU   2nd Pause
216  85  +            272  65  ×             328  76 LBL   2nd Lbl
217  01  1            273  43 RCL            329  28 LOG   2nd log
```

330	87	IFF	2nd Ifflg	348	32	X:T		022	13	C
331	01	01		349	43	RCL		030	14	D
332	87	IFF	2nd Ifflg	350	23	23		038	58	FIX
333	32	X:T		351	37	P/R	2nd P→R	049	68	NOP
334	28	LOG	2nd log	352	42	STO		058	16	A'
335	65	×		353	24	24		066	17	B'
336	02	2		354	32	X:T		074	18	C'
337	00	0		355	91	R/S		083	19	D'
338	54	)		356	43	RCL		089	10	E'
339	91	R/S		357	24	24		094	70	RAD
340	43	RCL		358	76	LBL	2nd Lbl	110	61	GTO
341	23	23		359	66	PAU	2nd Pause	129	71	SBR
342	61	GTO		360	61	GTO		134	89	π
343	66	PAU	2nd Pause	361	70	RAD	2nd Rad	305	60	DEG
344	76	LBL	2nd Lbl					314	50	I×I
345	87	IFF	2nd Ifflg	**Labels**				329	28	LOG
346	43	RCL		003	11	A		345	87	IFF
347	22	22		013	12	B		359	66	PAU

4.40 Beschreibungsfunktion des verallgemeinerten Relais-Kennliniengliedes

Grundlagen. Die Beschreibungsfunktion $N(\hat{x}_e)$ bzw. die negativ inverse Beschreibungsfunktion $N_I(\hat{x}_e)$ des verallgemeinerten statischen Relais-Kennliniengliedes wird nach Gl. (3.268) bis (3.271) berechnet.

Programmbeschreibung. Das Programm enthält Segmente zur Kennlinienauswahl, zur Parametereingabe, zur Wahl der Ausgabeform und zur Berechnung von $N(\hat{x}_e)$ bzw. $N_I(\hat{x}_e)$. Die Form der Kennlinie wird durch Drücken der Tasten **A** (Zweipunkt-Relais), **B** (Zweipunkt-Relais mit Hysterese), **C** (Dreipunkt-Relais) oder **D** (Dreipunkt-Relais mit Hysterese) bestimmt; das Programm erwartet dann die Eingabe der relevanten Kennlinienparameter nach Bild 3.93: Obere Schaltschwelle a, Begrenzungswert b und Schaltschwellenverhältnis q. Die bei hysteresebehafteten Kennlinien komplexe Beschreibungsfunktion $N(\hat{x}_e)$ oder negativ inverse Beschreibungsfunktion $N_I(\hat{x}_e)$ kann man wahlweise in kartesischen Koordinaten (Real- und Imaginärteil, Taste **2nd A'**), in Polarkoordinaten (Betrag und Phase, Taste **2nd B'**) oder in logarithmischen Polarkoordinaten (Betrag in dB, Phase in °, Taste **2nd C'**) ausgeben. Durch Betätigen der Taste **2nd D'** erhält man nach Vorgabe des Eingangswerts $\hat{x}_e$ die Beschreibungsfunktion $N(\hat{x}_e)$ bzw. über **2nd E'** die negativ inverse Beschreibungsfunktion $N_I(\hat{x}_e)$. Bei der Eingabe von $\hat{x}_e$ sind die Bedingungen $\hat{x}_e \geq a$ und $\hat{x}_e \neq 0$ zu beachten.

Datenregister. R11: a, R12: b, R13: q, R14: $\hat{x}_e$, R15: $a/\hat{x}_e$, R16: $2b/(\pi a)$, R22: $|N(\hat{x}_e)|$, R23: $\varphi(\hat{x}_e)$, R24: Im $\{N(\hat{x}_e)\}$

Flags. Gesetzt werden F0 für Zweipunktkennlinie, F1 für Ausgabe in kartesischen Koordinaten, F2 für Ausgabe in Polarkoordinaten und F3 für Berechnung von $N(\hat{x}_e)$.

Benutzeranleitung

Aufgabe	Schritt	Ziel	Eingabe	Befehle	Anzeige
a) Wahl des Anzeigeformats und Zurücksetzen der Flags				EE 2nd FIX 3 RST	0.000 00
b) Auswahl der Kennlinie und Parametereingabe					
ba) Zweipunktrelais	1	Auswählen der Kennlinie		A	0.000 00
	2	Eingeben des Begrenzungswerts	b	R/S	b
bb) Zweipunktrelais mit Hysterese	1	Auswählen der Kennlinie		B	−1.000 00
	2	Eingeben der Schaltschwelle	a	R/S	a
	3	Eingeben des Begrenzungswerts	b	R/S	b
bc) Dreipunktrelais	1	Auswählen der Kennlinie		C	1.000 00
	2	Eingeben der Schaltschwelle	a	R/S	a
	3	Eingeben des Begrenzungswerts	b	R/S	b
bd) Dreipunktrelais mit Hysterese	1	Auswählen der Kennlinie		D	0.000 00
	2	Eingeben der Schaltschwelle	a	R/S	a
	3	Eingeben des Begrenzungswerts	b	R/S	b
	4	Eingeben des Schwellenverhältnisses	q	R/S	q
c) Wahl der Ausgabeform					
ca) Kartesische Koordinaten		Ausgeben als Real- und Imaginärteil		2nd A'	
cb) Polarkoordinaten		Ausgeben als Betrag und Phase in °		2nd B'	
cc) logarithmische Polarkoordinaten		Ausgeben als Betrag in dB und Phase in °		2nd C'	
d) Berechnung der Beschreibungsfunktion					
da) $N(\hat{x}_e)$	1	Programmvorbereitung		2nd D'	
	2	Eingeben des Eingangszeitwerts	$\{\hat{x}_e\}$	R/S	Re $\{N\}$, $\|N\|$ oder $\|N\|_{dB}$
	3			R/S	Im $\{N\}$ oder φ
	usw.				
db) $N_I(\hat{x}_e)$	1	Programmvorbereitung		2nd E'	
	2	Eingeben des Eingangszeitwerts	$\{\hat{x}_e\}$	R/S	Re $\{N_I\}$, $\|N_I\|$ oder $\|N\|_{dB}$
	3			R/S	Im $\{N_I\}$ oder φ
	usw.				

Durch Vorgabe weiterer Werte $\hat{x}_e$ können $N(\hat{x}_e)$ und $N_I(\hat{x}_e)$ punktweise berechnet werden.
Das Programm ist stets von a) nach d) abzuarbeiten, und unter b), c) und d) ist jeweils eine Alternative zu wählen.

4.40 Beschreibungsfunktion des Relais-Kennliniengliedes

Tastenplan

kartesisch	polar	logarithmisch polar	$N(\hat{x}_e)$	$N_I(\hat{x}_e)$
⌐ b	⊓ a, b	⌐ a, b	⊓ a, b, q	

Testbeispiel. Man berechne die Beschreibungsfunktion $N(\hat{x}_e)$ des Zweipunktrelais mit Hysterese mit der Schaltschwelle a = 0,2 und dem Begrenzungswert b = 2,5 im Bereich $0{,}20 \leq \hat{x}_e \leq 0{,}25$ mit der Schrittweite $\Delta\hat{x}_e = 0{,}01$ und gebe die Ergebnisse in logarithmischen Polarkoordinaten an.

Eingabe	Befehle	Anzeige	Eingabe	Befehle	Anzeige
	EE 2nd Fix 3 RST B	−1.000 00		2nd D'	2.500 00
.2	R/S	2.000−01	.2	R/S	2.404 01
2.5	R/S	2.500 00		R/S	−9.000 01
	2nd C'	2.500 00	usw.		

Aufgelistetes Programm 4.40

```
000  25 CLR              033  71 SBR              066  86 STF  2nd Stflg
001  91 R/S              034  58 FIX  2nd Fix     067  02  02
002  76 LBL  2nd Lbl     035  91 R/S              068  22 INV
003  11  A               036  42 STO             069  86 STF  2nd Stflg
004  00  0               037  13  13              070  01  01
005  42 STO              038  91 R/S              071  91 R/S
006  11  11              039  76 LBL  2nd Lbl     072  76 LBL  2nd Lbl
007  42 STO              040  58 FIX  2nd Fix     073  18  C'   2nd C'
008  13  13              041  87 IFF  2nd Ifflg   074  22 INV
009  86 STF  2nd Stflg   042  00  00              075  86 STF  2nd Stflg
010  00  00              043  68 NOP  2nd Nop     076  01  01
011  71 SBR              044  91 R/S              077  22 INV
012  58 FIX  2nd Fix     045  42 STO             078  86 STF  2nd Stflg
013  91 R/S              046  11  11              079  02  02
014  76 LBL  2nd Lbl     047  76 LBL  2nd Lbl     080  91 R/S
015  12  B               048  68 NOP  2nd Nop     081  76 LBL  2nd Lbl
016  01  1               049  91 R/S              082  19  D'   2nd D'
017  94 +/−              050  42 STO             083  86 STF  2nd Stflg
018  42 STO              051  12  12              084  03  03
019  13  13              052  22 INV              085  61 GTO
020  71 SBR              053  86 STF  2nd Stflg   086  70 RAD  2nd Rad
021  58 FIX  2nd Fix     054  00  00              087  76 LBL  2nd Lbl
022  91 R/S              055  92 RTN  INV SBR     088  10  E'   2nd E'
023  76 LBL  2nd Lbl     056  76 LBL  2nd Lbl     089  22 INV
024  13  C               057  16  A'   2nd A'    090  86 STF  2nd Stflg
025  01  1               058  86 STF  2nd Stflg   091  03  03
026  42 STO              059  01  01              092  76 LBL  2nd Lbl
027  13  13              060  22 INV              093  70 RAD  2nd Rad
028  71 SBR              061  86 STF  2nd Stflg   094  91 R/S
029  58 FIX  2nd Fix     062  02  02              095  42 STO
030  91 R/S              063  91 R/S              096  14  14
031  76 LBL  2nd Lbl     064  76 LBL  2nd Lbl     097  70 RAD  2nd Rad
032  14  D               065  17  B'   2nd B'    098  35 1/X
```

4.40 Beschreibungsfunktion des Relais-Kennliniengliedes

```
099  65  ×              149  13   13              199  87  IFF   2nd Ifflg
100  32  X:T            150  95   =               200  32  X:T
101  43  RCL            151  65   ×               201  28  LOG   2nd log
102  12  12             152  43   RCL             202  65  ×
103  65  ×              153  15   15              203  02  2
104  02  2              154  65   ×               204  00  0
105  55  ÷              155  43   RCL             205  54  )
106  89  π    2nd π     156  16   16              206  91  R/S
107  95  =              157  95   =               207  43  RCL
108  42  STO            158  94   +/-             208  23  23
109  16  16             159  60   DEG  2nd Deg    209  61  GTO
110  32  X:T            160  22   INV             210  66  PAU   2nd Pause
111  65  ×              161  37   P/R  2nd P→R    211  76  LBL   2nd Lbl
112  43  RCL            162  87   IFF  2nd Ifflg  212  87  IFF   2nd Ifflg
113  11  11             163  03   '03            213  43  RCL
114  95  =              164  60   DEG  2nd Deg    214  22  22
115  42  STO            165  94   +/-             215  32  X:T
116  15  15             166  75   -               216  43  RCL
117  33  x²             167  01   1               217  23  23
118  94  +/-            168  08   8               218  37  P/R   2nd P→R
119  85  +              169  00   0               219  42  STO
120  01  1              170  95   =               220  24  24
121  95  =              171  76   LBL  2nd Lbl    221  32  X:T
122  34  √x             172  60   DEG  2nd Deg    222  91  R/S
123  85  +              173  42   STO            223  43  RCL
124  53  (              174  23   23              224  24  24
125  53  (              175  32   X:T             225  76  LBL   2nd Lbl
126  53  (              176  87   IFF  2nd Ifflg  226  66  PAU   2nd Pause
127  43  RCL            177  03   03              227  61  GTO
128  15  15             178  50   I×I  2nd |x|    228  70  RAD   2nd Rad
129  33  x²             179  35   1/X
130  65  ×              180  76   LBL  2nd Lbl    Labels
131  43  RCL            181  50   I×I  2nd |x|
132  13  13             182  42   STO            003  11  A
133  33  x²             183  22   22              015  12  B
134  54  )              184  32   X:T             024  13  C
135  94  +/-            185  22   INV             032  14  D
136  85  +              186  87   IFF  2nd Ifflg  040  58  FIX
137  01  1              187  02   02              048  68  NOP
138  54  )              188  28   LOG  2nd log    057  16  A'
139  34  √x             189  32   X:T             065  17  B'
140  95  =              190  91   R/S             073  18  C'
141  65  ×              191  43   RCL             082  19  D'
142  43  RCL            192  23   23              088  10  E'
143  16  16             193  61   GTO             093  70  RAD
144  95  =              194  66   PAU  2nd Pause  172  60  DEG
145  32  X:T            195  76   LBL  2nd Lbl    181  50  I×I
146  01  1              196  28   LOG  2nd log    196  28  LOG
147  75  -              197  87   IFF  2nd Ifflg  212  87  IFF
148  43  RCL            198  01   01              226  66  PAU
```

4.41 Zustandskurven des einschleifigen Regelkreises

Grundlagen. Die Phasentrajektorien des einschleifigen nichtlinearen Regelkreises nach Bild 3.101 werden durch Auswerten von Gl. (3.286) punktweise ermittelt. Der Regelkreis besteht aus einem P-Regler, einem Relais-Stellglied und einer linearen, verzögernd integrierenden Regelstrecke im Vorwärtszweig und einer Einheitsrückführung. Das nichtlineare Stellglied hat die in Bild 3.93a dargestellte statische verallgemeinerte Relaiskennlinie, aus der durch Vorgabe der Kennlinienparameter die in Bild 3.93b gezeigten Spezialfälle abgeleitet werden können. Die zu den Kennlinien gehörenden Schaltbedingungen nach Tafel 3.103 werden iterativ ausgewertet.

Programmbeschreibung. Das Programm enthält Segmente zur Eingabe der Parameter und der Anfangswerte und zur Berechnung der Zustandskurven des offenen und des geschlossenen Regelkreises. Die Beiwerte des Regelkreises sind in der Reihenfolge Schaltschwelle a, Begrenzungswert b, Schwellenverhältnis q, Streckenzeitkonstante T, Proportionalbeiwerte K_P und K_S einzugeben. Die Zustandskurve wird durch Vorgabe der Anfangswerte x_{1A} und x_{2A} festgelegt. Die durch den Anfangspunkt x_{1A}, x_{2A} verlaufende Trajektorie des offenen Regelkreises wird punktweise durch Vorgabe der Stellgröße y und der Phasenvariablen x_2 berechnet. Dagegen erfordert das Berechnen der Trajektorie des geschlossenen Regelkreises nur die Eingabe der Variablen x_2, da die Stellgröße y aus der Schließungsbedingung des Kreises selbsttätig ermittelt wird. Liegt zwischen zwei vorgegebenen Werten von x_2 eine Schaltschwelle, werden die Koordinaten des Umschaltpunkts mit großer Genauigkeit iterativ ermittelt.

Datenregister. R01: Δ, R02: y_i, R05: a, R06: b, R07: q, R08: T, R09: K_P, R10: K_S, R11: x_{10}, x_{1i}, R12: x_{20}, x_{2i}, R13: $x_{1,i+1}$, R14: $x_{2,i+1}$, R15: y_{i+1}, R16: $K_S y_i$, R17: a/K_P, R18: qa/K_P.

Testbeispiel. Man berechne die Zustandskurve des geschlossenen Regelkreises mit Zweipunktschalter durch den Anfangspunkt $x_{1A} = 0,5$, $x_{2A} = 0,5$. Die Systemparameter seien Schaltschwelle a = 0,2, Begrenzungswert b = 2, Schwellenverhältnis q = −1, Zeitkonstante T = 1 sec, Proportionalbeiwert $K_P = 1$, Streckenverstärkung $K_S = 1$ sec^{-1}.

Eingabe	Befehle	Anzeige	Eingabe	Befehle	Anzeige
	2nd Fix 3 A	0.000	.5	R/S	0.500
.2	R/S	0.200	.5	R/S	0.500
2	R/S	2.000		D	−2.000
1	+/− R/S	−1.000	.3	R/S	−2.000
1	R/S	1.000		R/S	0.300
1	R/S	1.000		R/S	0.533
1	R/S	1.000	usw.		
	B				

4.41 Zustandskurven des einschleifigen Regelkreises

Tastenplan

a, b, q, T, K_P, K_S	x_{1A}, x_{2A}	OK, y, $x_2 \to x_1$	GK, $x_2 \to x_1$

Benutzeranleitung

Aufgabe	Schritt	Ziel	Eingabe	Befehle	Anzeige
a) Wahl des Anzeigeformats				2nd Fix 3	0.000
b) Parametereingabe	1	Programmvorbereitung		A	0.000
	2	Eingeben der Schaltschwelle	a	R/S	a
	3	Eingeben des Begrenzungswerts	b	R/S	b
	4	Eingeben des Schwellenverhältnisses	q	R/S	q
	5	Eingeben der Zeitkonstanten	T	R/S	T
	6	Eingeben der Regelverstärkung	K_P	R/S	K_P
	7	Eingeben der Streckenverstärkung	K_S	R/S	K_S
c) Eingabe der Anfangswerte	1	Programmvorbereitung		B	
	2	Eingeben des Anfangswerts	x_{1A}	R/S	x_{1A}
	3	Eingeben des Anfangswerts	x_{2A}	R/S	x_{2A}
d) Berechnung der Zustandskurven					
da) Offener Kreis	1	Programmvorbereitung		C	
	2	Eingeben der Stellgröße	y	R/S	y
	3	Eingeben der Zustandsgröße	x_2	R/S	y
	4	Berechnen der nächsten Zustandsgröße x_{2i}		R/S	x_{2i}
	5	Berechnen der nächsten Zustandsgröße x_{1i}		R/S	x_{1i}
	usw.				
db) Geschlossener Kreis	1	Programmvorbereitung		D	
	2	Eingeben der Zustandsgröße	x_2	R/S	y
	3	Berechnen der nächsten Zustandsgröße x_{2i}		R/S	x_{2i}
	4	Berechnen der nächsten Zustandsgröße x_{1i}		R/S	x_{1i}
	usw.				

Nach Eingabe eines neuen Wertes x_{2i} werden y_i, x_{2i} und x_{1i} angezeigt.

Aufgelistetes Programm 4.41

```
000   76 LBL   2nd Lbl     007   06 06            014   91 R/S
001   11 A                 008   91 R/S           015   42 STO
002   91 R/S               009   42 STO           016   09 09
003   42 STO               010   07 07            017   35 1/X
004   05 05                011   91 R/S           018   65 ×
005   91 R/S               012   42 STO           019   43 RCL
006   42 STO               013   08 08            020   05 05
```

4.41 Zustandskurven des einschleifigen Regelkreises

```
021  95  =                077  75  -                133  13  13
022  42  STO              078  43  RCL              134  22  INV
023  17  17               079  16  16               135  77  GE    2nd x ≥ t
024  65  ×                080  95  =                136  85  +
025  43  RCL              081  35  1/X              137  32  X:T
026  07  07               082  65  ×                138  43  RCL
027  95  =                083  53  (                139  17  17
028  42  STO              084  43  RCL              140  32  X:T
029  18  18               085  12  12               141  22  INV
030  43  RCL              086  75  -                142  77  GE    2nd x ≥ t
031  09  09               087  43  RCL              143  95  =
032  91  R/S              088  16  16               144  67  EQ    2nd x = t
033  42  STO              089  95  =                145  95  =
034  10  10               090  50  I×I  2nd |x|    146  76  LBL   2nd Lbl
035  91  R/S              091  23  LNX              147  75  -
036  76  LBL  2nd Lbl     092  65  ×                148  43  RCL
037  12  B                093  43  RCL              149  06  06
038  91  R/S              094  16  16               150  94  +/-
039  42  STO              095  65  ×                151  92  RTN   INV SBR
040  11  11               096  43  RCL              152  76  LBL   2nd Lbl
041  91  R/S              097  08  08               153  55  ÷
042  42  STO              098  95  =                154  43  RCL
043  12  12               099  85  +                155  17  17
044  91  R/S              100  76  LBL  2nd Lbl    156  94  +/-
045  76  LBL  2nd Lbl     101  76  LBL  2nd Lbl    157  32  X:T
046  13  C                102  43  RCL              158  43  RCL
047  91  R/S              103  08  08               159  13  13
048  42  STO              104  65  ×                160  22  INV
049  02  02               105  53  (                161  77  GE    2nd x ≥ t
050  76  LBL  2nd Lbl     106  43  RCL              162  85  +
051  96  WRT  2nd Write   107  12  12               163  67  EQ    2nd x = t
052  91  R/S              108  75  -                164  85  +
053  42  STO              109  43  RCL              165  32  X:T
054  14  14               110  14  14               166  43  RCL
055  71  SBR              111  95  =                167  18  18
056  42  STO              112  85  +                168  32  X:T
057  71  SBR              113  43  RCL              169  22  INV
058  99  PRT  2nd Prt     114  11  11               170  77  GE    2nd x ≥ t
059  61  GTO              115  95  =                171  95  =
060  96  WRT  2nd Write   116  42  STO              172  67  EQ    2nd x = t
061  76  LBL  2nd Lbl     117  13  13               173  95  =
062  42  STO              118  92  RTN  INV SBR    174  61  GTO
063  43  RCL              119  76  LBL  2nd Lbl    175  75  -
064  02  02               120  77  GE   2nd x ≥ t  176  76  LBL   2nd Lbl
065  65  ×                121  00  0                177  85  +
066  32  X:T              122  32  X:T              178  43  RCL
067  43  RCL              123  43  RCL              179  06  06
068  10  10               124  14  14               180  92  RTN   INV SBR
069  95  =                125  22  INV              181  76  LBL   2nd Lbl
070  42  STO              126  77  GE   2nd x ≥ t  182  95  =
071  16  16               127  55  ÷                183  00  0
072  00  0                128  43  RCL              184  92  RTN   INV SBR
073  67  EQ   2nd x = t   129  18  18               185  76  LBL   2nd Lbl
074  76  LBL  2nd Lbl     130  94  +/-              186  99  PRT   2nd Prt
075  43  RCL              131  32  X:T              187  43  RCL
076  14  14               132  43  RCL              188  02  02
```

4.41 Zustandskurven des einschleifigen Regelkreises

189	91	R/S		240	43	RCL		291	60	DEG	2nd Deg
190	43	RCL		241	12	12		292	43	RCL	
191	14	14		242	95	=		293	01	01	
192	42	STO		243	55	÷		294	55	÷	
193	12	12		244	02	2		295	02	2	
194	91	R/S		245	95	=		296	95	=	
195	43	RCL		246	76	LBL	2nd Lbl	297	61	GTO	
196	13	13		247	97	DSZ	2nd Dsz	298	97	DSZ	2nd Dsz
197	42	STO		248	42	STO		299	76	LBL	2nd Lbl
198	11	11		249	01	01		300	69	OP	2nd Op
199	92	RTN	INV SBR	250	50	I×I	2nd |x|	301	43	RCL	
200	76	LBL	2nd Lbl	251	32	X:T		302	13	13	
201	14	D		252	00	0		303	58	FIX	2nd Fix
202	43	RCL		253	93	.		304	03	03	
203	11	11		254	00	0		305	52	EE	
204	42	STO		255	00	0		306	22	INV	
205	13	13		256	00	0		307	52	EE	
206	43	RCL		257	01	1		308	22	INV	
207	12	12		258	32	X:T		309	58	FIX	2nd Fix
208	42	STO		259	22	INV		310	42	STO	
209	14	14		260	77	GE	2nd x≥t	311	13	13	
210	71	SBR		261	69	OP	2nd Op	312	71	SBR	
211	77	GE	2nd x≥t	262	43	RCL		313	77	GE	2nd x≥t
212	42	STO		263	01	01		314	42	STO	
213	02	02		264	85	+		315	02	02	
214	76	LBL	2nd Lbl	265	43	RCL		316	71	SBR	
215	81	RST		266	12	12		317	99	PRT	2nd Prt
216	91	R/S		267	95	=		318	61	GTO	
217	42	STO		268	42	STO		319	81	RST	
218	14	14		269	14	14					
219	71	SBR		270	71	SBR		**Labels**			
220	42	STO		271	42	STO					
221	71	SBR		272	71	SBR		001	11	A	
222	77	GE	2nd x≥t	273	77	GE	2nd x≥t	037	12	B	
223	42	STO		274	42	STO		046	13	C	
224	15	15		275	15	15		051	96	WRT	
225	32	X:T		276	32	X:T		062	42	STO	
226	43	RCL		277	43	RCL		101	76	LBL	
227	02	02		278	02	02		120	77	GE	
228	22	INV		279	22	INV		147	75	−	
229	67	EQ	2nd x = t	280	67	EQ	2nd x = t	153	55	÷	
230	68	NOP	2nd Nop	281	60	DEG	2nd Deg	177	85	+	
231	71	SBR		282	43	RCL		182	95	=	
232	99	PRT	2nd Prt	283	14	14		186	99	PRT	
233	61	GTO		284	42	STO		201	14	D	
234	81	RST		285	12	12		215	81	RST	
235	76	LBL	2nd Lbl	286	43	RCL		236	68	NOP	
236	68	NOP	2nd Nop	287	13	13		247	97	DSZ	
237	43	RCL		288	42	STO		291	60	DEG	
238	14	14		289	11	11		300	69	OP	
239	75	−		290	76	LBL	2nd Lbl				

4.42 Anzeige des Inhalts der Hire-Register

Grundlagen. Einzelheiten zur Bedeutung und zur Wirkungsweise der Hire-Register enthalten Abschn. 1.2.5.5 sowie [64] und [66].

Programmbeschreibung. Mit diesem Programm kann man die Inhalte H1 bis H8 der 8 Hire-Register nacheinander zur Anzeige bringen – nach Ersatz der **R/S**- durch **2nd Prt**-Befehle kann man sie auch automatisch durch den Drucker PC-100 C ausdrucken lassen. Auf diese Weise ist festzustellen, welche Operationen welche Hire-Register belegen und welche Hire-Register u. U. bei Mangel an Speicherplätzen zu anderen Aufgaben herangezogen werden können – aber auch, wie bestimmte Schrittfolgen Inhalte von Hire-Registern überschreiben.

Dieses Leseprogramm ist auf die Programmschritt-Adressen 439 bis 479 verteilt worden, um es so als kleines Programm auf einer nicht ganz vollen Magnetkartenseite 2 zusätzlich unterbringen zu können; es kann natürlich einem beliebigen Programm-Adressenbereich zugeordnet werden. Als Label wurde **2nd List** gewählt, da angenommen wird, daß mit diesem Label selten gearbeitet wird; es darf in den eingelesenen Programmen (oder auf der verwendeten Magnetkartenseite) nicht anderweitig benutzt werden.

Das nachfolgend aufgelistete Programm kann nicht unmittelbar eingetastet werden. Vielmehr muß man wie in Beispiel 1.28 verfahren. (Es können auch analog zum Programm 4.13 erst zum Schluß alle Befehle **STO** durch **2nd Del** gelöscht werden.) Datenspeicher werden nicht belegt; es kommt nur das Label **2nd List** vor. Nach dem Eintasten bzw. Einlesen wird es über **SBR 2nd List** aufgerufen und jeweils über **R/S** weitergeschaltet.

Testbeispiel

Eingabe	Befehle	Anzeige	Befehle	Anzeige
	CLR	0	R/S	3
1	+	1.	R/S	3.
2	x (	2.	R/S	4
3	+	3.	R/S	4.
4	x (	4.	R/S	5
5	+	5.	R/S	5.
6	x (	6.	R/S	6
7	+	7.	R/S	6.
8	=	767.	R/S	7
	SBR 2nd List	1	R/S	7.
	R/S	1.	R/S	8
	R/S	2	R/S CE	8.
	R/S	2.		

Benutzeranleitung

Aufgabe	Schritt	Ziel	Befehle	Anzeige
Anzeige der Inhalte der Hire-Register	1	Anzeigen der Speicher-Nr.	**SBR 2nd List**	1
	2	Anzeigen des Speicherinhalts	**R/S**	H1
	3	Anzeigen der Speicher-Nr.	**R/S**	2
	usw.			

Aufgelistetes Programm 4.42

```
439  76 LBL  2nd Lbl       453  82 HIR         467  91 R/S
440  90 LST  2nd List      454  13  13         468  82 HIR
441  01  1                 455  91 R/S         469  16  16
442  91 R/S                456  04  4          470  91 R/S
443  82 HIR  (s. Abschn.   457  91 R/S         471  07  7
444  11  11   1.2.5.5)     458  82 HIR         472  91 R/S
445  91 R/S                459  14  14         473  82 HIR
446  02  2                 460  91 R/S         474  17  17
447  91 R/S                461  05  5          475  91 R/S
448  82 HIR                462  91 R/S         476  08  8
449  12  12                463  82 HIR         477  91 R/S
450  91 R/S                464  15  15         478  82 HIR
451  03  3                 465  91 R/S         479  18  18
452  91 R/S                466  06  6
```

Anhang

1 Formelzeichen (Auswahl)

(In Klammern Abschnittsnummer der erstmaligen Verwendung der Zeichen)

Die Zeitwerte sind entweder durch kleine Buchstaben (u, i) oder durch den Index t (z. B. bei S_t), als Zeitfunktionswerte auch durch f(t) wie in y(t), die Effektivwerte durch große Buchstaben (z. B. U, I), die Scheitelwerte wie in $\hat{i}$, $\hat{u}$, die linearen Mittelwerte wie in $\overline{i}$, $\overline{u}$ und die Gleichrichtwerte wie in $|i|$, $|u|$ gekennzeichnet. Die Formelzeichen komplexer Größen und Zeiger sind unterstrichen (z. B. $\underline{I}$, $\underline{i}$, $\underline{S}$, $\underline{Z}$). Konjugiert komplexe Größen sind durch * hervorgehoben (z. B. $\underline{Z}^*$). Bildfunktionen erkennt man an der Schreibweise F(s) oder U(s). Fortlaufende Zahlen als Indizes dienen im allgemeinen der Unterscheidung bzw. Numerierung (z. B. U_1, U_2, U_3). (Die Tastsymbole sind — außer in den Programmlisten — halbfett gesetzt.)

Die zunächst zusammengestellten Indizes kennzeichnen im allgemeinen unmißverständlich die angegebene Zuordnung. Die mit diesen Indizes versehenen Formelzeichen werden daher nur für Ausnahmen in der folgenden Formelzeichenliste aufgeführt. Auch sind die nur auf wenigen zusammenhängenden Seiten benutzten Formelzeichen hier nicht angegeben.

Indizes

A	Anfangswert	max	Größtwert
a	außen, Ausgang	min	Kleinstwert
B	Basis	N	Nenner
b	Blindanteil	p	Parallelschaltung
C	Kapazität	q	Quelle
Cu	Kupfer	R	Regler
c	Grenzwert	r	Reihenschaltung
dB	Dezibel	T	T-Schaltung
E	Endwert	S	Strecke
e	Eingang	w	Wirkanteil
Fe	Eisen	Z	Zähler
g	gesamt	μ	fortlaufende Numerierung
gmi	mittlerer geometrischer Wert	Π	Π-Schaltung
I	Strom	ρ	Resonanz
i	fortlaufende Numerierung	1	primär
j	fortlaufende Numerierung	2	sekundär
k	Kurzschluß	I	Längszweig
L	Induktivität	II	Querzweig
ℓ	Leerlauf		

Formelzeichen

A	Querschnitt (1.2.5.1)	g_B	Betriebsdämpfungsmaß (3.3.4)
A	Fläche des Maschenerders (3.2.3.5)	g_w	Wellendämpfungsmaß (3.3.2.3)
$\underline{A}$	komplexer Faktor (3.3.2.2)	g(t)	Impulsantwort, Gewichtsfunktion (2.5.3)
A_i	Regressionskoeffizient (3.1.1.2)		
A_{mn}	Kettenparameter (3.3.2.1)	H	magnetische Feldstärke (2.6.3)
a	Dämpfungsmaß (3.3.2.1)	H	Seilaufhängehöhe (3.2.3.1)
a	Schaltschwelle (3.4.1.2)	H_{mn}	Hybridparameter (3.3.2.1)
a_B	Betriebsdämpfungsmaß (3.3.4)	h	Seilhöhe (3.2.3.1)
a_i	Koeffizient (2.4.1)	h(t)	Übergangsfunktion (2.5.2)
a_w	Wellendämpfungsmaß (3.3.2.1)	I	Strom (1.2.2.4)
a_ν	Fourierkoeffizient (2.6.2)	I_e	Erdstrom (3.2.3.6)
B	Bandbreite (3.3.1.1)	$I_{k(1)}$	einsträngiger Kurzschlußstrom (3.2.3.5)
B	Blindleitwert (2.2.2)		
B	magnetische Induktion (2.6.3)	I_k''	Anfangskurzschlußwechselstrom (3.2.3.4)
b	Begrenzungswert (3.4.1.2)		
b	Exponent (3.1.1.1)	I_s	Stoßkurzschlußstrom (3.2.3.4)
b	Phasenmaß (3.3.2.1)	J	Trägheitsmoment (3.2.2.3)
b_B	Betriebsphasenmaß (3.3.4)	j	$=\sqrt{-1}$ (2.2.1)
b_i	Koeffizient (2.4.1)	K	Übertragungsbeiwert (3.2.2.4)
b_w	Wellenphasenmaß (3.3.2.3)	K	normierter Kopplungsfaktor (3.3.1.5)
b_ν	Fourierkoeffizient (1.2.3)	K_D	Differenzierbeiwert (2.5.2)
C	Kapazität (1.2.3)	K_I	Integrierbeiwert (2.4.3)
C_b	Betriebskapazität (3.2.3.1)	K_0	Übertragungsbeiwert (3.4.1.1)
C_E	Erdkapazität (3.2.3.1)	K_∞	Übertragungsbeiwert (3.4.1.1)
C_L	Leiterkapazität (3.2.3.1)	k	Anzahl der Knotenpunkte (2.1.4)
c	Spannungsfaktor (3.2.3.4)	k	Klirrfaktor (2.6.2)
c_ν	Fourieramplitude (2.6.2)	k	Bündelfaktor (3.2.3.1)
D	Abstand gespiegelter Leiter (3.2.3.1)	k	Kopplungsfaktor (3.3.1.5)
$\underline{D}$	komplexer Dämpfungsfaktor (3.3.4)	k_E	Erdkonstante (3.2.3.1)
d	Durchmesser (1.2.5.1)	k_ω	Frequenzfaktor (4.8)
d	Verlustfaktor (3.3.1.1)	L	Induktivität (2.2.1)
d	Leiterabstand (3.2.3.1)	L	Entfernung (3.2.3.3)
E	elektrische Feldstärke (3.2.3.7)	ℓ	Länge (2.6.3)
e(t)	Regeldifferenz (3.4.2.2)	ℓ	Exponent (3.4.1.1)
e	= 2,718 Basis des natürlichen Logarithmus (1.2.2.2)	M	Drehmoment (3.1.1.1)
		M	Gegeninduktivität (3.3.2.1)
F	Amplitude des Frequenzgangs (2.4.2)	M	Faktor für Zobel-Glieder (3.3.3.3)
F(s)	Übertragungsfunktion (2.4.1)	m	Exponent (2.4.1)
$F_w(j\omega)$	Führungsfrequenzgang (3.4.1.5)	m	Anzahl der Spannungsgleichungen (2.1.4)
$F_0(j\omega)$	Frequenzgang des offenen Regelkreises (3.4.1.4)		
		N	Windungszahl (1.2.3)
f	Frequenz (1.2.3.4)	N(s)	Nennerpolynom (3.4.1.2)
f_m	Mittenfrequenz (3.3.1.5)	$N(\hat{x}_e)$	Beschreibungsfunktion (3.4.2.1)
G	Wirkleitwert (2.1.4.2)	$N_I(\hat{x}_e)$	negativ inverse Beschreibungsfunktion (3.4.2.1)
$\underline{g}$	komplexes Dämpfungsmaß (3.3.2.3)		

n	Drehzahl (3.1.2.1)	U	Spannung (1.2.2.4)
n	Exponent (2.4.1)	U_d	Durchschlagspannung (3.2.3.7)
n	Teilleiterzahl (3.2.3.1)	U_N	Nennspannung (3.2.3.2)
P	Wirkleistung (1.2.5.1)	U_{Sch}	Schrittspannung (3.2.3.6)
P(s)	Polynom (3.4.1.1)	u_k	relative Kurzschlußspannung (3.2.3.5)
p	Nullreaktanzfaktor (3.2.3.5)	w(t)	Führungsgröße (3.4.1.5)
p	Druck (3.2.3.7)	X	Blindwiderstand (2.2.1)
p_i	Koeffizient (3.4.1.1)	$X(\hat{x}_e)$	Realteil der Beschreibungsfunktion (3.4.2.1)
Q	Blindleistung (2.2.2)		
Q	Gütefaktor (3.3.1.1)	X(s)	Bildfunktion (2.5.1)
Q(s)	Polynom (3.4.1.1)	X_g	Gegenreaktanz (3.2.3.5)
q	Schwellenverhältnis (3.4.1.2)	$X_I(s)$	Realteil der negativ inversen Beschreibungsfunktion (3.4.2.1)
q_i	Koeffizient (3.4.1.1)		
R	Wirkwiderstand (1.2.2.4)	X_m	Mitreaktanz (3.2.3.5)
R(s)	Polynom (3.4.1.1)	X_{ne}	Netzersatzreaktanz (3.2.3.5)
R_i	innerer Widerstand (2.1.1)	X_0	Nullreaktanz (3.2.3.1)
R_E	Erderwiderstand (3.2.3.5)	x	Veränderliche (1.2.2.2)
R_{Er}	Erdwiderstand (3.2.3.1)	x(t)	Regelgröße, Zustandsvariable (3.4.1.1)
R_M	Kurzschlußstrom-Begrenzungswiderstand (3.2.3.5)		
		Y	Scheinleitwert (2.2.1)
R_V	Verlustwiderstand (3.3.1.2)	$Y(\hat{x}_e)$	Imaginärteil der Beschreibungsfunktion (3.4.2.1)
R_0	Nullwirkwiderstand (3.2.3.1)		
r	Anzahl der Stromgleichungen (2.1.4)	$Y_I(\hat{x}_e)$	Imaginärteil der negativ inversen Beschreibungsfunktion (3.4.2.1)
r	Korrelationskoeffizient (3.1.1.1)		
r	Seilradius (3.2.3.1)	Y_{mn}	Leitwertparameter (3.3.2.1)
r(t)	Einheits-Anstiegsfunktion (3.4.1.3)	y	abhängige Veränderliche (1.2.2.2)
$r_{B'B}$	Basisbahnwiderstand (3.3.2.2)	y(t)	Stellgröße (3.4.2.2)
r_i	Koeffizient (3.4.1.1)	$y^*(t)$	Regler-Ausgangsgröße (3.4.2.2)
S	Stromdichte (1.2.5.1)	Z	Scheinwiderstand (2.2.1)
S	Scheinleistung (2.2.1)	Z(s)	Zählerpolynom (3.4.1.2)
S	Transistorsteilheit (3.3.2.2)	Z_L	Wellenwiderstand (3.3.2.3)
S_k''	Anfangskurzschlußwechselstromleistung (3.2.3.5)	Z_{mn}	Widerstandsparameter (3.3.2.1)
		z	Anzahl der Zweige (2.1.4)
S_{NT}	Transformator-Nennscheinleistung (3.2.3.5)	α	Potentialkoeffizient (3.2.3.1)
		γ	Schaltphasenwinkel des Stroms (3.2.3.4)
s	komplexe Bildvariable (2.4.1)		
s	Schlupf (3.1.2.2)	Δ	Differenzoperator, Schrittweite (1.2.5.1)
s_j	Nullstellen des Nennerpolynoms (3.4.1.1)		
		$\Delta \underline{A}$	Determinante der komplexen Kettenmatrix (3.3.2.1)
s_{zi}	Nullstellen des Zählerpolynoms (3.4.1.1)		
		$\Delta \underline{H}$	– – – Hybridmatrix (3.3.2.1)
T	Periodendauer (2.2)	$\Delta \underline{Y}$	– – – Leitwertmatrix (3.3.2.1)
T	Zeitkonstante (2.4.2)	$\Delta \underline{Z}$	– – – Widerstandsmatrix (3.3.2.1)
T_j	Nennerzeitkonstante (3.4.1.1)	Δu	relative Spannungsdifferenz (3.2.3.3)
T_v	Vorhaltzeit (3.4.1.3)	δ	Abklingkonstante (2.4.3)
T_0	Kennzeit (3.4.1.3)	δ(t)	Einheits-Impulsfunktion (Dirac-Stoß) (3.4.1.3)
t	Zeit (1.2.4)		

δ_e	Eindringtiefe (3.2.3.1)	τ_{zi}	Zählerzeitkonstante (3.4.1.1)
ϵ	Fehlergrenze (1.2.2.5)	Φ	Fluß (1.2.3.4)
$\epsilon(t)$	Einheitssprungfunktion (2.5.2)	φ	Phasenwinkel (1.2.3.4)
ϵ_0	Verschiebungskonstante (3.2.3.1)	φ	Potential (3.2.3.6)
η	Wirkungsgrad (3.1.2.1)	φ_R	Phasenrand (3.4.1.4)
η	Ausnutzungsfaktor (3.2.3.7)	ψ	Schaltphasenwinkel der Spannung (2.6.3)
Θ	Dämpfungswinkel (3.2.2.4)		
ϑ	Dämpfungsgrad (2.4.3)	ψ_{mi}	mittlerer spezifischer Längswiderstand (3.2.3.2)
ϑ	Temperatur (3.1.2.2)		
κ	Stoßziffer (3.2.3.4)	Ω	Winkelgeschwindigkeit (3.2.2.4)
λ	Streckenleitwert (3.2.3.2)	Ω	normierte Frequenz (3.3.1.5)
μ_0	Induktionskonstante (3.2.3.1)	Ω_H	Höckerfrequenz (3.3.1.5)
ν	Ordnungszahl (2.6.2)	ω	Kreisfrequenz (1.2.4)
π	= 3,142 Kreiszahl (1.2.2.2)	ω_d	Eigenkreisfrequenz (2.4.3)
ρ_E	spezifischer Erdreichwiderstand (3.2.3.1)	ω_E	Eckkreisfrequenz (2.4.3)
		ω_g	Grenzkreisfrequenz (3.4.1.4)
σ	Selektion (3.3.1.5)	ω_m	Mittenkreisfrequenz (3.3.1.5)
τ_j	Nennerzeitkonstante (3.4.1.1)	ω_0	Kennkreisfrequenz (2.4.3)

2 Ergänzendes Schrifttum

A. Bücher

[1] AEG-Telefunken: Datenbuch Kleinleistungstransistoren Berlin 1977
[2] Alt, H.: Anwendung programmierbarer Taschenrechner. Bd 1. Angewandte Mathematik – Finanzmathematik – Statistik – Informatik für UPN-Rechner, Braunschweig 1979
[3] –: Bd 2. Allgemeine Elektrotechnik, Nachrichtentechnik für UPN-Rechner. Braunschweig 1980
[4] Becker, J.; Dreyer, H.-J.; Haacke, W.; Nabert, R.: Numerische Mathematik für Ingenieure. Stuttgart 1977
[5] Böhmer, E.: Elemente der angewandten Elektrotechnik. Braunschweig 1979
[6] Brauch, W.; Dreyer, H.-J.; Haacke, W.: Mathematik für Ingenieure. Stuttgart 1981
[7] Brunk, M.: Verstärkertechnik. Darmstadt 1973
[8] Diepold, P.: Taschenrechner-Programme zur Statistik. Frankfurt 1979
[9] Ebel, T.: Regelungstechnik. Stuttgart 1978
[10] Eckhardt, H.: Numerische Verfahren in der Energietechnik. Stuttgart 1978
[11] Edminster, J. A.: Elektrische Netzwerke. Düsseldorf 1976
[12] Eisberg, M.: Mathematische Physik für Benutzer programmierbarer Taschenrechner. München 1978

[13] Feldtkeller, R.: Einführung in die Theorie der Hochfrequenz-Bandfilter. Stuttgart 1969
[14] Föllinger, O.: Nichtlineare Regelungen. München 1978
[15] —: Regelungstechnik. Berlin 1980
[16] Freitag, H.: Einführung in die Vierpoltheorie. Stuttgart 1981
[17] Gewald, K.; Haake, G.; Pfadler, W.: Software Engineering. München 1977
[18] Gille, J. C.; Pelegrin, M.; Decaulne, P.: Lehrgang der Regelungstechnik. München 1964
[19] Gloistehn, H. H.: Programmieren von Taschenrechnern. Bd 3. Lehr- und Übungsbuch für den TI 58 und TI 59. Braunschweig 1978
[20] Hamming, R. W.: Numerical Methods for Scientists and Engineers. Tokyo 1973
[21] Holbrook, J. G.: Laplace-Transformation. Braunschweig 1973
[22] Hoyer, K.; Schnell, G.: Differentialgleichungen in der Elektrotechnik. Braunschweig 1978
[23] Huelsmann, L. P.: Digitale Berechnungen in der elementaren Netzwerktheorie. München 1972
[24] Kahlig, P.: Anwendung programmierbarer Taschenrechner. Bd 3. Mathematische Routinen der Physik, Chemie und Technik für AOS-Rechner. Braunschweig 1979
[25] Kötting, H.: Iteration und Approximation mit Taschenrechnern. Würzburg 1978
[26] Kremer, H.: Numerische Berechnung linearer Netzwerke und Systeme. Berlin 1978
[27] Landgraf, Ch.; Schneider, G.: Elemente der Regelungstechnik. Berlin 1970
[28] Langrehr, H.: Rechnungsgrößen für Hochspannungsanlagen. Berlin 1974
[29] Ludwig, H.-J.: Programmieren von Taschenrechnern. Bd 5. Programmoptimierung für AOS-Rechner. Braunschweig 1979
[30] Mehlhorn, K.: Effiziente Algorithmen. Stuttgart 1977
[31] Oppelt, W.: Kleines Handbuch technischer Regelungsvorgänge. Weinheim 1972
[32] Pestel, E.; Kollmann, E.: Grundlagen der Regelungstechnik. Braunschweig 1961
[33] Ralston, A.; Wilf, H. S.: Mathematische Methoden für Digitalrechner. München 1969 und 1972
[34] Sacher, W.: Statistik für Benutzer programmierbarer Taschenrechner. München 1977
[35] Schärf, J.; Schierer, J.; Aigner, H.; Baron, W.: Programmieren mit den Taschenrechnern TI 58 und TI 59. Wien 1980
[36] Schauer, H.; Barta, G.: Methoden der Programmerstellung für Tisch- und Taschenrechner. Wien 1979
[37] Schröder, H.: Elektrische Nachrichtentechnik. Berlin 1963/1965
[38] Schumny, H.: Taschenrechner + Mikrocomputer Jahrbuch 1980. Braunschweig 1979
[39] Selder, H.: Einführung in die Numerische Mathematik für Ingenieure. München 1979
[40] Starkermann, R.: Die harmonische Linearisierung. Mannheim 1970
[41] Steinbuch, K.; Rupprecht, W.: Nachrichtentechnik. Berlin 1973
[42] Stetter, M. J.: Numerik für Informatiker. München 1976
[43] Stiefel, E.: Einführung in die numerische Mathematik. Stuttgart 1976

[44] Texas Instruments: Individuelles Programmieren. 1977
[45] –: Standard Software Modul. 1977
[46] –: Electrical Engineering. 1979
[47] –: Math/Utilities. 1978
[48] –: Programmsammlung Statistik. 1978
[49] –: Programmsammlung EE 1. Elektrotechnik
[50] –: Gebrauchsanweisung PC-100 C
[51] Tietze, U.; Schenk, Ch.: Halbleiter-Schaltungstechnik. Berlin 1978
[52] Törnig, W.: Numerische Mathematik für Ingenieure und Physiker. Berlin 1979
[53] Truxal, J. G.: Entwurf automatischer Regelsysteme. München 1960
[54] Vaske, P.: Berechnung von Gleichstromschaltungen. Stuttgart 1978
[55] –: Berechnung von Wechselstromschaltungen. Stuttgart 1980
[56] –: Berechnung von Drehstromschaltungen. Stuttgart 1973
[57] –: Übertragungsverhalten elektrischer Netzwerke. Stuttgart 1977
[58] Venz, G.: Lösung von Differentialgleichungen mit programmierbaren Taschenrechnern. München 1978
[59] Weber, H.: Laplace-Transformation. Stuttgart 1978
[60] Wirth, N.: Systematisches Programmieren. Stuttgart 1978
[61] Zinke, O.; Brunswig, H.: Lehrbuch der Hochfrequenztechnik. Berlin 1973 und 1974
[62] Zurmühl, R.: Praktische Mathematik für Ingenieure und Physiker. Berlin 1961

B. Zeitschriften

[63] CHIP, Vogel-Verlag, Würzburg
[64] display, H. Schnepf, Köln
[65] Funkschau, Franzis-Verlag München mit Rubriken „Mikrocomputer" und „Rechner"
[66] PPX, W. Bauer, Koblenz
[67] Regelungstechnik, Verlag Oldenbourg, München mit Rubrik „Regelungstechnik mit dem Taschenrechner"

Sachverzeichnis

Abklingkonstante 111
Abschlußwiderstand 198, 200f., 203, 380, 384
Adresse 4
Adressieren, indirektes 8
Adreß-Tasten 8
äquivalente Schaltung 103f., 255ff.
Algorithmus 2, 48, 247f.
Amplitudengang 105, 108, 223f.
–, Führungsfrequenzgang 225
Anfangs/feldstärke 178, 345
– kurzschlußwechselstrom 174, 339
– wert 240
Ankerstromkennlinie 143
Anpassungsbedingung 62, 83
Anstiegsantwort 216
Antrieb 153ff., 158ff., 225, 387ff.
–, Zustandsgleichung 158
Antwort 114
Anzeige/feld 6
– format 5, 18ff., 48
– –, kombiniertes 22
– –, technisches 20, 23
– register 5, 30f.
AOS 8
Approximation 121f.
–, Übertragungsfunktion 209
Areafunktion 31f.
Arithmetik, komplexe 73
Aufhängehöhe 166, 330
Ausbreitungswiderstand, Erder, 175f.
Ausgangsfunktion 114

Ausgangs/größe, lineares Übertragungsglied 207
– kapazität 194, 364
– wirkleitwert 194, 364
– zeitfunktion 207, 217, 219, 229f., 389
Ausnutzungsfaktor 177, 345
Ansteuerung, symmetrische 229
Außenleiter/spannung, 170f.
– spannungsdifferenz 172
– strom 150, 164

Band/breite 180ff., 192, 347f., 350f.
– filter 179, 185ff., 192f., 204, 353ff.
– –, geschlossener Regelkreis 221
– paß 107, 198ff., 204, 373f., 376, 383
– sperre 198ff., 373ff.
Basis/bahnwiderstand 194, 364
– schaltung 193f., 363ff.
Bauelement, nichtlineares 228, 238
Begrenzung 398f.
Begrenzungs/kennlinie 228
– wert 230ff., 239f., 243, 398f., 402ff.
– widerstand 175ff., 341f.
Belastungs/kennlinie 144f., 149, 313ff.
– versuch 143ff., 310ff.
Benutzeranleitung 11, 45, 48, 51ff., 246f.

Beschreibungsfunktion 205, 229f., 232, 235, 397ff.
–, Katalog 230
–, Komponenten 233f.
–, negativ inverse 230, 232ff., 397ff.
–, Ortskurve 236
–, reell 233
–, verallgemeinertes lineares Kennlinienglied 397ff.
–, verallgemeinertes Relais-Kennlinienglied 402ff.
Betragsoptimum 207, 227
Betriebs/dämpfung 203, 380
– dämpfungsfaktor 202
– dämpfungsmaß 202ff., 380, 383
– frequenz 181
– kapazität 167f., 330
– parameter 202
Bezugs-Knotenpunkt 66
Bild/bereich 114, 207
– variable 104, 207
Blind/komponente 71
– leistung 73
– leitwert 202
– widerstand 71, 125, 180, 202, 204
– –, bezogener 168, 170, 173
Block 213f.
Bode-Diagramm 105ff., 222
Breitbandtransformationsschaltung 204
Bündel/faktor 166, 328, 331
– leiter 166, 328, 331

Charakteristik 230ff.

Sachverzeichnis

Dämpfung, Einschwingvorgang 221 f.
Dämpfungsgrad 111, 161, 217, 219 f., 392 f.
Daten/fehler 16 f.
— register 5, 51
Dauerschwingung 243
Dekrement 32
Determinante 192, 357
Differentialgleichung 128 ff., .238, 287 ff.
—, gewöhnliche 205, 237
—, 2. Ordnung 228
Differenzierbeiwert 225
Diffusionskapazität 194, 364
Dirac-Stoß 216
Display 5, 20
Dreh/feldleistung 148
— moment 143, 148, 165
Drehstrom-Asynchronmotor 123, 135, 138, 145 ff., 158 f., 164 f., 287 ff., 313 ff., 326 ff.
—, Ersatzschaltung 146
—, Hochlauf 158 f., 287 ff.
—, Zuleitungsunterbrechung 164 f., 326 ff.
Drehzahl 143, 148, 159
Dreieck/funktion 250
— -Stern-Umwandlung 96 ff., 263 ff.
Dreiphasen/-Sternschaltung, unsymmetrisch 318 ff.
— -Wechselstrom 150 ff.
Dreipunkt/glied 242
— -Relais 402 f.
— schalter 231, 233 ff., 241, 243
Dreispannungsmesser-Verfahren 79
Drucker 9, 39
Drucksymbol 12
Durch/hang 166, 330
— laßbereich 197 ff., 369
— schlagspannung 178, 345

Eckkreisfrequenz 111
Effektivwert 71, 125
Eigenkreisfrequenz 111
Eindringtiefe 167
Eingangs/amplitude 230, 232 ff.
— größe 207, 229
— widerstand 203, 273 ff.
— zeitfunktion 114, 205, 217, 219, 389
Einheit 40 f.
Einheits/anstiegsfunktion 392
— impuls 392
— rückführung 406
— sprung 392
Einschwingvorgang 221, 224 f.
Einseilleiter 116
Eisen/drossel 128 f., 287 ff.
— verlust 146, 155
Emitter 194
— -Schaltung 193, 363 ff.
Energietechnik 149 ff.
Entwurf, Regler 214, 225
—, Regelkreis 206 f., 214
Entwurfsverfahren 227
Erderwiderstand 177
Erd/kapazität 167 f., 331
— konstante 167
— strom 177
— widerstand 167, 176, 342
Erregung 114
Ersatz/quelle 60 f.
— schaltung 146, 154
— —, T- 195, 198 ff., 370
— —, Π- 195 ff., 370, 380
Exponent 4 f., 40
Exponential/form 80
— format 19 f.
— —, vierziffriges 22

Faltungsintegral 119 f.
Fehlerausgleich 132
Feldstärke, elektrische 178, 344 f.
Festkomma 20 f.

Festwertspeicher 6
Filter 179, 198 f.
— bemessung 179
— element 198
— typ 199, 201, 373
Flag 5, 46, 51
Flußdiagramm 45
Formelzeichen 40, 412 ff.
Formfaktor 125
Fourier 229
— -Analyse 124 f., 283 ff.
Freileitung 166 ff., 328 ff.
Frequenz 70, 181 ff., 186, 188 ff., 192 ff., 203 f., 347 f., 351, 355, 364, 380, 383
— abhängigkeit 203
— bereich 114, 203 f. 213, 221, 235 f., 348, 380, 384
— gang 104 ff., 181, 186, 189, 205, 222, 225, 227, 235 f., 269 ff., 273 ff., 347 f., 350 f., 354 f.
— —, Ortskurve 235
— — programm 221 f., 235
— kennlinie 221 f.
— —, geschlossener Regelkreis 224
— —, offener Regelkreis 222
— — -Verfahren 205, 207 f., 221, 224, 237
Führungsfrequenzgang 225
Funktion 7
—, gebrochen rationale 104, 214
—, harmonische 229
—, komplexe 235
—, nichtharmonische 229
—, periodische 248 f.

Gas/durchschlag 177 f., 344 ff.
— konstante 178, 345
Gegeninduktivität 188, 190, 193, 354 f.

Sachverzeichnis

Gegen/kopplung 215
– reaktanz 175
– system 152, 164
Genauigkeit 7, 12 ff.
–, stationäre 221, 224 f.
Gesamt/übertragungsfunktion, Kreisschaltung 215
– widerstand 42
Gewichtsfunktion 119, 207, 216
Giacoletto-Ersatzschaltung 193 f., 364
Gleich/richter 126 f.
– richtwert 125
– strom 56 ff.
– – -Nebenschlußmotor 143 f., 160 ff., 310 ff.
– – –, Signalflußplan 160
– term 229
Gleichungssystem 87, 266 ff.
–, komplexes 266 ff.
Grenz/frequenz 180 f., 187 ff., 192 f., 199 ff., 224, 373 ff.
– kreisfrequenz 222
– schwingung 229, 235 ff.
– –, nichtharmonische 229
– –, stabile 236
– zyklus 243
Größengleichung 40 f.
Grund/glied 200 f., 373, 375
– kette 198, 200
– kettenhalbglied 199, 201
–, kettenglied 200
– schaltung, Signalflußplan 214
– schwingung 229
– schwingungsgehalt 125
Gütefaktor 180 f., 188 f., 192, 347 ff.

Halbglied 198 ff., 373 f., 376
Harmonische 229
harmonische Balance 228, 235

Hauptblindwiderstand 146
Hire-Register 32 ff., 410 f.
Hochlauf, langsamer 158 ff., 287 ff.
–, schneller 160 ff.
Hochpaß 198, 373 ff.
Höckerfrequenz 187
Horner-Schema 212
Hybrid/form 191 f.
– matrix 191, 357
Hyperbelfunktion 31 f.
Hysterese 230, 233 ff., 398 f., 402 f.
– kennlinie 228

Impuls/antwort 119, 216 ff., 224, 389 f., 392 ff.
– –, PD-T_1-Glied 389 ff.
– –, P-T_2-Glied 392 ff.
– funktion 216
Index 412
Induktivität 70 f., 179, 181, 183 ff., 188 ff., 192, 196, 198 ff., 203 f., 347 f., 351, 355, 373 f., 383
Innenwiderstand 181 ff., 202 f., 380, 384
Intergrierbeiwert 225
Interpolation 122

Kapazität 70 f., 179, 183 ff., 196, 198 ff., 347 f., 351, 355, 373 f., 383
Kenn/kreisfrequenz 111, 161
– linie, hysteresebehaftet 398, 402
– –, Imaginärteil 231
– –, linear 398 f.
– –, nichtlinear 230, 237
– –, mehrdeutig 237
– –, ohne Hysterese 232, 237
– –, punktsymmetrisch 229
– –, Realteil 231

Kenn/linie, Relais- 230, 234, 402 ff.
– linien/glied, linear 230, 233
– – parameter 406
– – typ 230 f.
– zeit 217, 220, 392 f.
Kernwiderstand 186, 371
Ketten/bruch 209
– form 191 f.
– matrix 191, 357
– netzwerk 273 ff.
– parameter 195 ff., 357, 369 ff.
– schaltung 195, 202, 214 f., 251 ff., 273 ff.
Kirchhoffsche Gesetze 57, 64
Klirrfaktor 125
Knoten 202, 204, 380, 383
– punkt-Leitwert-Matrix 168 ff.
– – potential-Verfahren 66 f.
– – satz 57
– – –, komplexer 72
– spannung 203
Koeffizienten, Übertragungsfunktion 207
Kollektor 194
– diode 194
– schaltung 194, 363 ff.
Kompensations/netzwerk 237
– – im Vorwärtszweig 221
– regler 221
– –, Übertragungsfunktion 223
– schaltung 221
komplexe Bildvariable 207
– Größe 46
– Rechnung 80 ff.
komplexer Leitwert 183, 194, 364
– Verbraucher 255 ff.
– Widerstand 180 f., 183, 190, 196 ff., 370
komplexes Gleichungssystem 266 ff.

Komponenten/form 46, 80, 87
–, symmetrische 151f., 318ff.
Kondensatoren 179
Konditionierung 17
Konstante, Rechnen mit 26ff.
Koordinaten, kartesische 398f., 402f.
– transformation 232
Korrelationskoeffizient 132
Korrespondenztabelle 114
Koppelkapazität 188f., 354f.
Kopplung, induktive 186, 188, 192f., 353ff.
–, kapazitive 186ff., 353ff.
–, kritische 186
–, überkritische 187
–, unterkritische 187
Kopplungsfaktor 186ff., 190, 192
–, normierter 186ff., 192
Kreis/frequenz 70, 188, 190, 196, 198, 221, 223, 225, 229, 235
– grenzfrequenz 188, 192
– mittenfrequenz 188f.
– schaltung 214f.
– verstärkung 222, 237
Kurzschluß/-Blindwiderstand 174, 339
– leistung 175f., 342
– spannung 176, 342
– strom 156f., 165
– –, einsträngiger 175, 341
– –, dreisträngiger 174, 338
– versuch 145ff., 313ff.
– widerstand 174, 339
– winkel 174
Kurzzeichen 12

Label 4f., 47
Längsblindwiderstand 202

Längswiderstand 203, 370
– –, spezifischer 168, 170, 173
Läufer/kupferverluste 147
– strom 147
Laplace/-Transformation 113f.
– –, Korrespondenztabelle 218
– -Transformierte 205, 207, 216ff.
Last/angriffspunkt 334
– verteilung 165, 168ff.
– widerstand 181
Leerlaufversuch 145ff., 148, 313ff.
Leistung 58
–, komplexe 73
–, verfügbare 84
Leistungs/abgabe 143, 148, 165
– anpassung 62, 83ff.
– aufnahme 143, 147, 164
Leiter/abstand 166, 330f.
– kapazität 167, 330f.
Leitung 196, 323ff.
Leitungs/gleichungen 196
– theorie 179
Leitwert 183, 365
– form 191, 193f., 363f.
–, komplex 72
– matrix 191, 357, 363, 365
– parameter 194, 359
Lin-Bairstow-Methode 211, 213
Losekennlinie 228

Magnetisierungskurve 140ff.
Magnetkarte 8f., 53
Mantisse 4f.
Maschen/erder 176f.
– netz 168f.
– satz 57
– –, komplex 72
– strom-Verfahren 64f.
Maschine, elektrische 153ff.

Maschinenzahl 4
Matrix 168ff., 206
Meßtechnik 131ff.
Mikrocomputer 6f.
Mit/kopplung 215
– reaktanz 175
– system 152, 164
Mittelwert, linearer 124
Mittenfrequenz 189, 192
Modul Elektrotechnik 54f.
– praktische Mathematik 55
– programm 9, 53ff.
– Statistik 55

Nachrichtentechnik 179ff.
Nadelimpuls 216
Nassi-Shneiderman-Diagramm 45
Nennerpolynom, Ordnungszahl 214
–, Übertragungsfunktion 209, 213
–, Nullstelle 209
Nenn/spannung 169f., 173ff., 334, 339, 342
– strom, Leitungs- 173, 335
– wert, Wellenwiderstand 198ff., 373, 375
Netzwerk 56ff., 70ff., 113ff.
– analyse 56ff.
–, Gleichstrom- 56ff.
–, Sinusstrom- 70ff.
Newton-Raphson-Verfahren 211
nichtlinearer Vorgang 121ff.
nichtlineare Schaltung 128ff.
Nichtlinearität 229
–, statische 228
nichtsinusförmiger Vorgang 121ff., 248ff., 283ff.
normierte Frequenz 186ff.
– Sperrfrequenz 375
Notation, umgekehrte polnische 8
Null/impedanz 167f., 329
– reaktanz 175, 331

Nullreaktanz, Transformator- 176, 342
– faktor 176, 342
– resistanz, Erder 167, 176
– stelle 110ff., 209, 211ff.
– – von Polynomen 210ff., 386ff.
– –, reelle 211ff., 386f.
– system 152
Nyquist/-Ebene 237
– Ortskurve 235f.

Ohmsches Gesetz 57
– –, komplex 72
Operation 7
Operations-System, algebraisches 8
Operator 104
Optimierung 47ff.
Ordnungszahl 124
Ortskurve 105ff., 237

Parallel/schaltung 57, 214f., 251ff.
– –, Umrechnung 99f., 251ff.
– schwingkreis 182ff., 188, 347
Parameter, Regler- 225
–, Strecken- 225
– optimierung 205
Partialbruch 208
PD-T_1-Glied 217f., 220, 389
Periodendauer 70, 229
periodische Funktion 248f.
Permanentspeicher 8f.
Phase 398, 402
Phasen/ebene 237, 239f., 242f.
– –, Methode 228, 238f.
– –, Nullpunkt 243, 244
– gang 105, 224
– kennlinie 223
– rand 221f.
– reserve 227f.
– trajektorie 406

Phasen/verschiebungswinkel 168, 170, 173
– winkel 70, 223, 237, 398f.
PID-Regler 221f., 225, 228
Pol 110, 209
Polar/form 46, 80
– koordinate 398f., 402f.
– –, logarithmische 398f., 402ff.
Pol-Nullstellen-Diagramm 110ff.
Polynom/multiplikation 214
– Nullstelle 210ff.
– produkt 210, 215
–, reduziertes 212f.
Potenzreihenentwicklung 225
PP-T_1-Glied 217
P-Regler 242, 406
Produkt/darstellung 228
– –, Übertragungsfunktion 208f.
– form 209
– –, Polynom 213
Programm 245ff.
– aufbau 246
– mathematisches 247ff.
Programmieren 44ff.
Programmierfehler 50f.
Programm/schritt 4
– segment 5
– speicher 4
Proportionalbeiwert 161f., 218, 220, 225, 238f., 243, 389f., 392f., 406f.
Prozeß/analyse 214
–, dynamischer 213
–, linearer 214
P-T_2-Glied 217ff., 392ff.
Punkt, kritischer 237

Quellen/spannung 181, 202f., 347f., 380, 383
– strom 181, 183, 347f., 350f., 354
Quer/blindleitwert 202
– widerstand 370

Radiant 25
Rampe 218f.
Rampen/antwort 216ff., 224, 389ff.
– –, PD-T_1-Glied 389ff.
– –, P-T_2-Glied 392ff.
– funktion 216
Rauschstörung 221
RC-Netzwerk 209
Reaktanz, Freileitung 166, 329ff.
–, Gegen- 175
–, Null- 167, 331
Rechen/gang 12
– geschwindigkeit 7, 49
– schema 45
– werk 6
Rechnerfehler 13ff.
Rechteckfunktion, allgemeine 251
–, symmetrische 249
Redundanz 83
Regel/differenz 229, 238f.
– –, bleibende 224
– –, stationäre 221
– einrichtung 228
– größe 228f., 238f., 241, 243
– kreis 205f., 222, 224f., 228f., 235, 237f., 244, 406ff.
– –, Analyse 207, 216, 228
– –, asymptotische Stabilität 229
– –, Bandbreite 221
– –, Beiwerte 406
– –, dynamisches Verhalten 206, 221, 237ff.
– –, einschleifiger 206f., 221f., 224, 226f., 235, 237f., 243f., 406ff.
– –, Empfindlichkeit 221
– –, Entwurf 206f., 216, 237
– –, Genauigkeit 221
– –, geschlossener 221, 223ff., 406

Sachverzeichnis

Regelkreis, linearer 205 f., 221, 225, 228, 237
— mit Tiefpaßverhalten 229
—, offener 220 ff., 406
—, nichtlinearer 206, 236, 238, 244, 406
—, Parameteroptimierung 205
—, Signalflußplan 221
—, Sprungantwort 228
—, Stabilität 221, 238
—, stationäre Eigenschaften 221
—, stetiger 206
—, zeitinvarianter 206
Regel/strecke 206, 221 f., 225, 229, 239, 243, 406
— —, Anfangsbedingung 238
— —, Frequenzgang 226
— —, Kennwerte 222
— —, nichtlineare Eigenschaften 228
— —, Verhalten 225, 228, 241
— —, Zeitkonstante 228
— verstärker 228
— verstärkung 222
Regelung, Eigenschaften 228
—, nichtlineare 206, 228
—, stetige 205 f., 228
Regelungs/technik 205 ff., 216
— theorie 206, 228
Register/inhalt 13
— -Vergleich 17 f.
Regler 222, 225, 228 f.
— ausgangsgröße 229, 238
— entwurf 207, 214, 221
— — mit Betragsoptimum 207
— — mit Frequenzkennlinienverfahren 221
—, integrierender Anteil 224
— parameter 225 f.

Regler, PID- 221 f., 225 f., 228
—, Proportional- 238
—, Relais- 228
— schaltung 228
— synthese 209
— verstärkung 222 f., 228
— vorhaltzeit 222
— zeitkonstante 221
Regression, lineare 133
Regressions/analyse 132 ff., 292 ff., 297 ff., 302 ff., 306 ff.
— —, rekursive 139 f., 306 ff.
— gerade 132
— koeffizient 132 f., 135 f.
— polynom 135 ff.
Reibungsverlust 146
Reihen/schaltung 57, 259 ff.
— —, Umrechnung 99 f., 259 ff.
— schwingkreis 180 f., 347
Rekursionsgleichung 203
Relais/-Kennlinienglied 402 ff.
— -Stellglied 406
Resonanz 181
— -Blindwiderstand 180 ff., 347 ff.
— frequenz 180 f., 183 ff., 347 ff.
— kreisfrequenz 180
— transformation 83 ff.
Rückkopplung 241
Rücktransformation der Übertragungsfunktion 208
Rückwärts/-Hybridmatrix 358
— zweig der Gegenkopplung 215
Rückwirkungsleitwert 194, 364
Runden 18
Runge-Kutta-Verfahren 128 ff., 287

Sägezahnfunktion 250
—, lückende 250
Sättigung 230, 233
Schalt/bedingung 241 f., 406
— grenze 243
— kennlinie bei schaltenden Reglern 228
— — mit Hysterese 236 f., 241
— phasenwinkel 174 f., 339
— schwelle 230 ff., 239, 243, 398 f., 402 ff.
Schaltung, unbedingt äquivalente 103 f., 255 ff.
Schein/leistung 73
— widerstand 180
Scheitel/faktor 125
— wert 70
Schlagweite 177, 345
Schleife 5
Schließungsbedingung 406
Schnelligkeit des Einschwingvorgangs 221
Schreib-Lese-Speicher 6
Schrifttum 415 ff.
Schritt/folge 12, 39
— spannung 165, 177, 341 ff.
— weite 175, 339
Schwellenverhältnis 232 f., 243, 406 f.
Schwingkreis 179, 184 ff., 189, 347, 350
— kapazität 189, 193
— widerstand 181
Schwingungs/gehalt 125
— gleichgewicht 229
Seil/höhe 166 ff., 330
— radius 166, 330
Selektion 186 ff.
Siebschaltung 195, 197 f.
Signalflußplan 160, 205 ff., 213, 221
— -Algebra 213 f.
—, Grundschaltungen 206, 213 ff.
—, linearer 206, 215

Sinusstrom 70ff., 251ff.
Software-Modul 9, 53ff.
Solargenerator 122
Spannungs/änderung 154f., 323ff.
– differenz, relative 173, 334f.
– faktor 174f., 339, 342
– quelle 181
– teiler 57
– –, komplex 72, 251ff.
– – regel 251ff.
Speicherbereichsverteilung 49
Speisepunkt-Leitwert-Matrix 169
Sperr/bereich 197f., 201, 370
– frequenz 375
– schichtkapazität 194, 364
Spiegelabstand 167
Sprung/antwort 161f., 216ff., 224, 227f., 389ff.
– –, PD-T_1-Glied 389ff.
– –, P-T_2-Glied 392ff.
– anweisung 5
– funktion, Einheits- 216
– stelle 249
Spule 179, 350
Stabilisierungsmaßnahme 229
Stabilitätsprüfung 214
Ständerstrom 147
Standard/anzeige 19
– -Modul 54
Steilheit, Transistor- 194
Stell/glied 228, 239, 406
– –, integrierendes 238
– –, nichtlineares 229, 406
– –, verzögerndes 238
– größe 221, 229, 240f., 243, 406
– signal 241
Stern/-Dreieck-Umwandlung 96ff., 263ff.
– punktspannung 150

Stern/schaltung, unsymmetrische 150f., 318ff.
– spannung 150
Steuerwirkleitwert 194, 364
Stoß/kurzschlußstrom 174, 339
– ziffer 174, 339
Strecken/frequenzgang 225f.
– last 170f.
– leitwert 168ff.
– zeitkonstante 406
Strom/quelle 181ff.
– teiler 58
– –, komplex 72, 251ff.
– – regel 251ff.
– zeitwert 339
Struktogramm 45
symmetrische Komponenten 151f., 318ff.
– Rechteckfunktion 249
Synchronmaschine 156f.
System/analyse 238
– antwort 220, 392
– element 213
– gleichung 238
– technik 216

Taste 37ff.
Tasten/feld 6
– kode 4
– plan 45, 48, 51
– zeichen 12
Teil/leiter 166
– – zahl 166, 331
– übertragungsfunktion 214f.
Test/beispiel 11, 45, 48, 51
– funktion 216, 220
– register 5, 26ff.
Tiefpaß 196ff., 373f., 380
– charakter 228
Tot/zeit 214
– zone 230, 398f.
Trajektorie 239, 242ff., 406

Trajektorie, Berechnung 242
– des Regelkreises 240, 406
– –, Eigenschaften 240
– –, Gleichung 240, 242
Trajektorienschar 240
Transformationszweitor 84f., 255ff.
Transformator 154f., 169, 323ff.
Transistor 193f., 363f.
– daten 193, 364f.
– schaltung 194
– steilheit 194, 364
T-Register 26ff., 208

Übertragungs/funktion 114f.
– verhalten 113ff., 128f., 227ff.
– vorgang 228
Übertrager 188, 190, 192
Übertragungs/beiwert 207, 209f., 215, 218, 232, 235, 240, 243
– eigenschaft 213
– funktion 104ff., 113, 160f., 207f., 213, 215f., 221f., 269ff.
– –, Approximation 209
– –, Darstellung durch Kettenbrüche 209
– –, – – Partialbrüche 209
– –, gebrochen rational 208, 210f.
– –, Kompensationsregler 223
– –, Nullstelle 209
– –, PID-Regler 221
– –, Pol 209
– –, Produktdarstellung 209
– –, Realteil 236f.
– glied 205ff., 216ff., 389
– –, dynamisches Verhalten 216, 228f., 235
– –, Gewichtsfunktion 207

Übertragungsfunktion,
   Impulsantwort 206, 217 ff.
— —, linear 205 ff., 213,
   216, 228 f., 235
— —, nichtlinear 228 f., 238
— —, PD-T_1- 217 f., 220,
   389 ff.
— —, PP-T_1- 217, 389 ff.
— —, P-T_2- 217 ff.
— —, Rampenantwort 217 ff.
— —, Reaktion auf Test-
   funktion 216
— —, Sprungantwort 206,
   217 ff.
— —, statisches 228 f.
— —, verzögerndes Verhalten
   229
— —, zeitinvariantes 213
— —, Zeitverhalten 216, 218
— verhalten 213
Umschaltpunkt 242, 406
unbedingt äquivalente Schaltung 103 f., 255 ff.
Unsymmetriegrad 152
Unterdrücken falscher An-
   zeigen 24
Unterprogramm 5, 46 ff.
UPN (umgekehrte polnische
   Notation) 8

Verbraucher, komplexer
   255 ff.
— strom 84
Verfahrensfaktor 15 f.
Vergleichstest 5
Verlust/faktor 180 ff., 347 f.
— widerstand 179, 181 ff.,
   192
Verstärkung 222, 230, 240,
   389 f.
Verstärkungsfaktor 229
Versuchsauswertung 143 ff.
Verteilungsleitung 172 f.,
   334 f.
Verzögerungs/glied 2. Ord-
   nung 392

Verzögerungsverhalten 222
Verzweigung 5
Vierpol 190
Vorhaltzeit 217 f., 222, 389 f.
Vorwärtszweig 406
— einer Gegenkopplung 215

Wechselvorgang, nichtsinus-
   förmig 248 ff., 283 ff.
Wellen/dämpfungsmaß
   196 ff., 371
— parameter 196 f., 202,
   369, 371
— — theorie 198, 373
— phasenmaß 197, 371
— widerstand 196 ff.,
   371, 374
Welligkeit 125
Widerstand 57, 203
—, komplex 72
Widerstands/form 190
— matrix 191 f., 357
Winkel/geschwindigkeit 161
— modus 25 f.
Wirk/komponente 71
— leistung 73
Wirkungs/grad 144, 148,
   154 ff., 323 ff.
— linie 213
Wirkwiderstand 71, 180 ff.,
   185, 190, 196, 347 f.,
   351, 355
—, bezogener 168, 170, 173,
   331
Wurzel des Polynoms 209
— ortskurvenverfahren 205,
   208

Zählerpolynom der Übertragungsfunktion 209, 213
—, Ordnungszahl 214
—, Nullstelle 209
Zählpfeil 64
—, symmetrisch 192, 195
—, unsymmetrisch 192, 195 f.

Zahlen/kode 12
— wert 40
Zeigerdiagramm 77 ff.
Zeit/bereich 114, 208, 213,
   216, 218
— funktion 114 ff., 216 ff.,
   277 ff.
— —, Kurzschlußstrom 174 f.
— konstante 111, 174,
   207 ff., 215, 218, 221 f.,
   235, 239, 240, 243, 389,
   406 f.
— — der Regelstrecke 228
— schrift 417
Ziffer 4
Zuleitungsunterbrechung
   164 f., 326 ff.
Zusatzlast 172
—, zulässige 173, 335
—, thermisch zulässige 173
Zustands/ebene 238
— größe 114, 238 f., 407
— kurve 239 f., 242 ff.,
   406 ff.
— —, geschlossen 243
— —, I-T_1-Regelstrecke 241
— —, Regelkreis 240, 406
— variable 239
Zwei/-Ortskurven-Verfahren
   235, 237
— pol 179
— punkt/kennlinie 402
— — -Relais 402 f.
— — schalter 231
— tor 95, 97, 186, 190,
   195 ff., 202, 369 f.
— — gleichungen 190,
   193, 196
— — matrix 191
— — parameter 190, 193 f.,
   357 ff., 363 ff.
— — theorie 179, 190
Zobel/-Halbglied 200 f., 373
— -Endhalbglied 200 f.
Zwischenspeichern 171 f.
Zylinderelektrode 177 f.,
   344 ff.

Weitere Teubner-Fachbücher für das Ingenieurstudium

Becker/Dreyer/Haacke/Nabert
Numerische Mathematik für Ingenieure

349 Seiten mit 112 Bildern, 108 Beispielen und 52 Aufgaben. Kart. DM 38,–

Brauch/Dreyer/Haacke
Mathematik für Ingenieure
des Maschinenbaus und der Elektrotechnik

6., überarbeitete Auflage. 767 Seiten mit 490 Bildern, 540 Beispielen, 381 Aufgaben und einer Formelsammlung im Anhang. Geb. DM 58,–

Dobrinski/Krakau/Vogel
Physik für Ingenieure

5., neubearbeitete und erweiterte Auflage. XII, 581 Seiten mit 505 Bildern, 48 Tafeln, 143 Versuchen, 46 Beispielen, 284 Aufgaben, einem ausklappbaren Periodensystem der Elemente und einer mehrfarbigen Spektraltafel. Geb. DM 44,80

Haacke u. a.
Datenverarbeitung für Ingenieure
des Maschinenbaus und der Elektrotechnik

VIII, 315 Seiten mit 204 Bildern, Tafeln und zahlreichen Beispielen. Kart. DM 34,–

Stiefel
Einführung in die numerische Mathematik

5., erweiterte Auflage. 292 Seiten mit 57 Bildern, 9 Tabellen, 43 Aufgaben und zahlreichen Beispielen. Kart. DM 26,80

Waldschmidt
Schaltungen der Datenverarbeitung

264 Seiten mit 358 Beispielen, 40 Aufgaben und 7 Tafeln. Kart. DM 38,–

Wirth
Algorithmen und Datenstrukturen

2., durchgesehene Auflage. 376 Seiten mit 93 Bildern, 30 Tabellen, 69 Übungen und zahlreichen Programmen. Kart. DM 28,80

Wirth
Systematisches Programmieren
Eine Einführung

3., durchgesehene Auflage. 160 Seiten mit 55 Bildern, 64 Übungen und zahlreichen Beispielen. Kart. DM 22,80

(Fortsetzung nächste Seite)

Ebel
Regelungstechnik

2., überarbeitete Auflage. 160 Seiten mit 97 Bildern. Kart. DM 10,80

Ebel
Beispiele und Aufgaben zur Regelungstechnik

2., überarbeitete Auflage. 151 Seiten mit 122 Bildern, 21 Beispielen, 54 Aufgaben und Lösungen. Kart. DM 12,80

Eckhardt
Numerische Verfahren in der Energietechnik

208 Seiten mit 90 Bildern und 15 Beispielen. Kart. DM 16,80

Elsner
Nachrichtentheorie

Band 1: Grundlagen. 167 Seiten mit 101 Bildern, 23 Beispielen und 17 Aufgaben mit Lösungen. Kart. DM 18,80

Band 2: Der Übertragungskanal. 175 Seiten mit 114 Bildern, 23 Beispielen und 17 Aufgaben mit Lösungen. Kart. DM 18,80

Freitag
Einführung in die Vierpoltheorie

2., durchgesehene Auflage. 128 Seiten mit 77 Bildern, 23 Beispielen und 7 Tafeln. Kart. DM 10,80

Heumann
Grundlagen der Leistungselektronik

2., überarbeitete Auflage. 239 Seiten mit 211 Bildern. Kart. DM 28,80

Lautz
Elektromagnetische Felder

2., überarbeitete Auflage. 184 Seiten mit 104 Bildern. Kart. DM 25,80

Leonhard
Regelung in der elektrischen Antriebstechnik

216 Seiten mit 195 Bildern. Kart. DM 25,80

Leonhard
Regelung in der elektrischen Energieversorgung
Eine Einführung

196 Seiten mit 167 Bildern. Kart. DM 25,80

(Fortsetzung nächste Seite)

Leonhard
Statistische Analyse linearer Regelsysteme
266 Seiten mit 134 Bildern. Kart. DM 24,80

Michel
Zweitor-Analyse mit Leistungswellen
220 Seiten mit 86 Bildern und zahlreichen Beispielen. Kart. DM 22,80

Vaske
Berechnung von Drehstromschaltungen
180 Seiten mit 89 Bildern. Kart. DM 12,80

Vaske
Berechnung von Gleichstromschaltungen
2., durchgesehene Auflage. 117 Seiten mit 97 Bildern. Kart. DM 10,80

Vaske
Berechnung von Wechselstromschaltungen
2., durchgesehene Auflage. 224 Seiten mit 167 Bildern, 150 Beispielen und Aufgaben sowie 11 Tafeln. Kart. DM 15,80

Vaske
Übertragungsverhalten elektrischer Netzwerke
Frequenzgang und Übergangsfunktion
2., durchgesehene Auflage. 158 Seiten mit 87 Bildern. Kart. DM 12,80

Weber
Laplace-Transformation
für Ingenieure der Elektrotechnik
2., durchgesehene Auflage. 197 Seiten mit 96 Bildern und 124 Beispielen. Kart. DM 14,80

Preisänderungen vorbehalten

 B. G. Teubner Stuttgart

Moeller, Leitfaden der Elektrotechnik (Fortsetzung)

Band VI
Hochspannungstechnik
Von Prof. Dr.-Ing. **G. Hilgarth**, Braunschweig/Wolfenbüttel
ca. 240 Seiten mit Bildern. Kart. ca. DM 38,– ISBN 3-519-06422-7

Band VII
Programmierbare Taschenrechner in der Elektrotechnik
Anwendung der TI 58 und TI 59
Von Prof. Dr.-Ing. **P. Vaske**, Hamburg, Prof. Dr.-Ing. **F. Dörrscheidt**, Paderborn, und Prof.
D. Selle, Braunschweig/Wolfenbüttel
unter Mitwirkung von Prof. Dipl.-Ing. **R. Flosdorff**, Aachen, und Prof. Dr.-Ing. **G. Hilgarth**,
schweig/Wolfenbüttel
XII, 428 Seiten mit 143 Bildern, 32 Tafeln, 129 Beispielen und 40 Programmen. Kart. DM 3⁹
ISBN 3-519-06420-0

Band VIII
Elektrische Antriebe und Steuerungen
Von Dozent Dipl.-Ing. **H.-J. Bederke**, Lübeck, Prof. Dipl.-Ing. **R. Ptassek**, München, Dozent
Dipl.-Ing. **G. Rothenbach**, Hamburg, und Prof. Dr.-Ing. **P. Vaske**, Hamburg
2., neubearbeitete Auflage. XI, 274 Seiten mit 210 Bildern und 78 Beispielen. Kart. DM 38,–
ISBN 3-519-16410-8

Band IX
Elektrische Energieverteilung
Von Prof. Dipl.-Ing. **R. Flosdorff**, Aachen, und Prof. Dr.-Ing. **G. Hilgarth**, Braunschweig/Wolfe
3., überarbeitete Auflage. XII, 321 Seiten mit 305 Bildern und 65 Beispielen. Kart. DM 39,–
ISBN 3-519-26411-0

Band X
Grundlagen der Digitaltechnik
Von Prof. Dipl.-Ing. **L. Borucki**, Krefeld
XII, 238 Seiten mit 262 Bildern, 74 Tafeln und 51 Beispielen. Kart. DM 36,– ISBN 3-519-0€

Band XI
Grundlagen der elektrischen Nachrichtenübertragung
Von Prof. Dr.-Ing. **H. Fricke**, Braunschweig, Prof. Dr.-Ing. habil. **K. Lamberts**, Clausthal, ur
Dipl.-Ing. **E. Patzelt**, Braunschweig/Wolfenbüttel
XVI, 376 Seiten mit 302 Bildern, 15 Tafeln und 39 Beispielen. Geb. DM 44,– ISBN 3-519-06⋯

Preisänderungen vorbehalten

 B. G. Teubner Stuttgart

If you have any concerns about our products,
you can contact us on
ProductSafety@springernature.com

In case Publisher is established outside the EU,
the EU authorized representative is:
**Springer Nature Customer Service Center GmbH
Europaplatz 3, 69115 Heidelberg, Germany**

Printed by Libri Plureos GmbH
in Hamburg, Germany